英特尔FPGA中国创新中心系列丛书
教育部"产学合作-协同育人"项目系列丛书

Intel FPGA数字信号处理系统设计权威指南

从HDL、Simulink到HLS的实现

（基础篇）

何 宾 编著

电子工业出版社
Publishing House of Electronics Industry
北京·BEIJING

内 容 简 介

本书从硬件描述语言、Simulink 环境下的模型构建和 Intel FPGA 高级综合工具下的 C/C++程序设计三个不同的角度，对采用 Intel FPGA 平台构建数字信号处理系统的方法进行详细的介绍和说明。

全书共 13 章，主要内容涵盖了数字信号处理的基本理论知识，以及在 Intel FPGA 上的建模和实现方法。内容包括信号处理理论基础、数字信号处理实现方法、数值的表示和运算、Intel FPGA 数字信号处理工具、CORDIC 算法原理及实现、离散傅里叶变换原理及实现、快速傅里叶变换原理及实现、离散余弦变换原理及实现、FIR 和 IIR 滤波器原理及实现、重定时信号流图原理及实现、多速率信号处理原理及实现、多通道 FIR 滤波器原理及实现，以及其他类型数字滤波器原理及实现等内容。

本书的设计环境使用了 Intel 公司的 Quartus Prime Pro 19.4 集成开发环境和 Mathworks 的 MATLAB R2019a 集成开发环境。本书内容新颖，理论和应用并重，充分反映了 Intel FPGA 实现数字信号处理的最新方法和技术。

本书可作为相关专业开设高性能数字信号处理课程的本科和研究生教学参考书，也可作为从事 FPGA 数字信号处理相关教师、研究生和科技人员的自学参考书，还可作为 Intel 公司大学计划教师和学生培训用书。

未经许可，不得以任何方式复制或抄袭本书之部分或全部内容。
版权所有，侵权必究。

图书在版编目（CIP）数据

Intel FPGA 数字信号处理系统设计权威指南：从 HDL、Simulink 到 HLS 的实现：基础篇/何宾编著．—北京：电子工业出版社，2021.9
（英特尔 FPGA 中国创新中心系列丛书）
ISBN 978-7-121-41936-2

Ⅰ．①I… Ⅱ．①何… Ⅲ．①可编程序逻辑器件-系统设计 Ⅳ．①TP332.1

中国版本图书馆 CIP 数据核字（2021）第 182505 号

责任编辑：张　迪（zhangdi@phei.com.cn）
印　　刷：北京雁林吉兆印刷有限公司
装　　订：北京雁林吉兆印刷有限公司
出版发行：电子工业出版社
　　　　　北京市海淀区万寿路 173 信箱　邮编 100036
开　　本：787×1 092　1/16　印张：44.75　字数：1145.6 千字
版　　次：2021 年 9 月第 1 版
印　　次：2021 年 9 月第 1 次印刷
定　　价：179.00 元

凡所购买电子工业出版社图书有缺损问题，请向购买书店调换。若书店售缺，请与本社发行部联系，联系及邮购电话：(010) 88254888, 88258888。
质量投诉请发邮件至 zlts@phei.com.cn，盗版侵权举报请发邮件至 dbqq@phei.com.cn。
本书咨询联系方式：(010) 88254469；zhangdi@phei.com.cn。

英特尔 FPGA 中国创新中心系列丛书组委会

张　瑞　英特尔 FPGA 中国创新中心总经理

袁亚东　大学计划经理

李　华　北京海云捷迅科技有限公司董事长

张征宇　北京海云捷迅科技有限公司总经理

田　亮　北京海云捷迅科技有限公司副总裁

黄　琦　英特尔软件产品市场经理

推荐序（一）

众所周知，我们正在进入一个全面科技创新的时代。科技创新驱动并引领着人类社会的发展，从人工智能、自动驾驶、5G，到精准医疗、机器人等，所有这些领域的突破都离不开科技的创新，也离不开计算的创新。从 CPU、GPU，到 FPGA、ASIC，再到未来的神经拟态计算、量子计算等，英特尔正在全面布局未来端到端的计算创新，以充分释放数据的价值。中国拥有巨大的市场和引领全球创新的需求，其产业生态的全面性，以及企业创新的实力、活力和速度都令人瞩目。英特尔始终放眼长远，以丰富的生态经验和广阔的全球视野，持续推动与中国产业生态的合作共赢。以此为前提，英特尔在 2018 年建立了英特尔 FPGA 中国创新中心，与 Dell、海云捷迅等合作伙伴携手共建 AI 和 FPGA 生态，并通过组织智能大赛、产学研对接及培训认证等方式，发掘优秀团队，培养专业人才，孵化应用创新，加速智能产业在中国的发展。

英特尔 FPGA 中国创新中心系列丛书是英特尔 FPGA 中国创新中心专为 AI 和 FPGA 领域的人才培养和认证而设计编撰的系列丛书，非常高兴作为英特尔 FPGA 中国创新中心的总经理为丛书写序。同时也希望该系列丛书能为中国 AI 与 FPGA 相关产业的生态建设与人才培养添砖加瓦！

张　瑞
英特尔 FPGA 中国创新中心总经理
2019 年秋

张 瑞

英特尔 FPGA 中国创新中心总经理

张瑞先生现任英特尔 FPGA 中国创新中心总经理，总体负责中国区芯片对外合作，以及自动驾驶和 FPGA 等领域的生态建设。同时还兼任（中国）汽车电子产业联盟副理事长和副秘书长的职务，致力于推动包括 5G、机器视觉、传感器融合和自主决策等多项关键自动驾驶相关技术在中国的落地与合作。

张瑞先生拥有超过 17 年世界领先半导体公司的从业经历。在加入英特尔之前，曾在瑞萨电子和飞思卡尔半导体担任多个关键技术和管理职务。

张瑞先生曾于 2008 年编写并出版过科学技术类图书《Coldifre 处理器深入浅出》一书，该书 450 页，由北航出版社发行出版，目前已多次印刷。

推荐序（二）

自 2003 年 Altera 在中国高校开展大学计划以来，通过兴建联合实验室，组织教师培训，举行学生创新竞赛等方式，将 FPGA 技术及设计方法带到了许多高校之中，一批又一批掌握了 FPGA 技术的毕业生，从学校走向工作岗位，发挥着他们的核心骨干作用。而由 Altera 大学计划所带领的这种校企合作方式，也被越来越多的企业所采用，共同为我们的教育事业，贡献着自己的一份力量。

Altera 于 2015 年合并进入英特尔，Altera 的 FPGA 产品，也全面与英特尔的优势资源相结合，广泛地应用于人工智能、算法加速、5G 等新技术之中。而全新的 Intel FPGA 大学计划，不仅继承了之前 Altera 大学计划的所有优势，又充分地利用了英特尔的技术和资源，借助教育部产学研合作这个平台，与高校在联合课程开发、师资培训、学生系统能力培养等方面，继续展开广泛且更加深入的合作。

英特尔 FPGA 中国创新中心系列丛书的计划，就是在这样一个背景下酝酿而生的，我们希望借助英特尔的技术资源，联合 Intel FPGA 中国创新中心，再借助高校优秀教师多年的教学经验，共同为广大师生和对 FPGA 感兴趣的读者，打造一套全面的、专业的技术书籍，从而让大家可以尽快掌握和使用 FPGA 这项前沿技术。

这套英特尔 FPGA 中国创新中心系列丛书基于最新的 Intel 开发工具 Quartus Prime 软件，内容专业且全面，除了详尽的基础知识，也覆盖了与 FPGA 设计相关的时序分析、嵌入式系统、数字信号处理等高阶内容，读者可以根据自身情况选择阅读，既可以作为从入门到精通的学习教材，也可以作为学习某些关键技术点的参考手册。

最后要感谢何宾老师为本书做出的辛勤努力，也感谢每一位读者对英特尔®FPGA 的支持！

袁亚东

英特尔®FPGA 大学计划经理

2019 年 11 月 7 日于上海

前　　言

近年来，人工智能、大数据和云计算等新信息技术的应用越来越广泛，它们共同的特点就是需要对海量数据进行高性能的处理。与采用 CPU、DSP 和 GPU 实现数字信号处理（数据处理）系统相比，现场可编程门阵列（Field Programmable Gate Array，FPGA）具有天然并行处理能力，以及整体功耗较低的优势，成为新信息技术普及推广不可或缺的硬件处理平台。

一般而言，业界将 FPGA 归结为硬件（数字逻辑电路）范畴，而算法归结为软件范畴。在 10 年前，当采用 FPGA 作为数字信号处理平台时，设计者必须使用硬件描述语言来描述所构建的数字信号处理系统模型，而大多数的算法设计人员并不会使用硬件描述语言，这样对使用 FPGA 实现数字信号处理算法造成了困难，从而限制了 FPGA 的普及和推广。当采用 FPGA 作为数字信号处理实现平台时，软件算法人员希望自己只关注算法本身，而通过一些其他工具将这些软件算法直接转换为 FPGA 的硬件实现。

目前市场上使用的建模工具，多数以软件算法人员的视角来构建数字信号处理系统，这样显著降低了算法设计人员使用 FPGA 实现算法的难度，实现了软件和硬件的完美统一。本书将着重介绍 Intel 公司 Quartus Prime Pro 集成开发环境下提供的两种最新的数字信号处理建模工具：DSP Builder 工具（使用 MATLAB 环境下的 Simulink）和高级综合工具（High Level Synthesis，HLS）。这两个数字信号处理系统建模工具的出现，使得算法人员可以专注于研究算法本身。通过这些建模工具，将算法直接转换成寄存器传输级（Register Transfer Level，RTL）描述，下载到 FPGA 内进行算法实现。这样，当采用 Intel FPGA 作为数字信号处理硬件平台时，显著提高了系统的建模效率，并且可以在性能和实现成本之间进行权衡，以探索最佳的解决方案。

本书从传统的硬件描述语言、Simulink 模型设计和 C/C++高级综合三个角度，对基于 Intel Cyclone 10 GX 系列 FPGA 平台下的数字信号处理问题进行了详细介绍。全书共 13 章，主要内容包括信号处理理论基础、数字信号处理实现方法、数值的表示和运算、Intel FPGA 数字信号处理工具、CORDIC 算法原理及实现、离散傅里叶变换原理及实现、快速傅里叶变换原理及实现、离散余弦变换原理及实现、FIR 和 IIR 滤波器原理及实现、重定时信号流图原理及实现、多速率信号处理原理及实现、多通道 FIR 滤波器原理及实现，以及其他类型数字滤波器原理及实现。

本书所介绍的内容反映了 Intel FPGA 在实现高性能数字信号处理（数据处理）系统方面的最新研究成果。力图帮助读者在使用 FPGA 构建数字信号处理系统时，知道如何实现在性能和成本之间进行权衡，如何正确地使用不同的数字信号处理系统建模工具和方法，更重要的是知道如何将软件算法转换成硬件实现。

  本书在编写的过程中，得到 Intel 公司大学计划的大力支持和帮助，以及 Mathworks 公司图书计划的支持和帮助，在此向它们的支持和帮助表示衷心的感谢。本书在编写的过程中，编著者的学生罗显志、郑阳扬和甄向彻分别参与编写本书第 8 章、第 9 章和第 10 章的设计实例，在此向他们的辛勤劳动表示感谢。最后，向电子工业出版社编辑的辛勤工作表示感谢。

编著者

2021 年 8 月于北京

学 习 说 明
Study Shows

1. **本书所提供配套资源的下载地址**
   在北京汇众新特科技有限公司的官网中即可下载。
   注意： 所有教学课件及工程文件仅限购买本书读者学习使用，不得以任何方式传播！
2. **作者联络方式**
   电子邮件：hb@gpnewtech.com

目 录

第1章 信号处理理论基础 ··· 1
1.1 信号定义 ·· 1
1.2 信号增益与衰减 ·· 2
1.3 信号失真及其测量 ·· 2
1.3.1 放大器失真 ··· 2
1.3.2 信号谐波失真 ··· 3
1.3.3 谐波失真测量 ··· 4
1.4 噪声及其处理方法 ·· 4
1.4.1 噪声的定义和表示 ·· 4
1.4.2 固有噪声电平 ··· 5
1.4.3 噪声/失真链 ··· 5
1.4.4 信噪比定义和表示 ·· 6
1.4.5 信号的提取方法 ··· 7
1.5 模拟信号及其处理方法 ··· 7
1.5.1 模拟 I/O 信号的处理 ··· 7
1.5.2 模拟通信信号的处理 ·· 8
1.6 数字信号处理的关键问题 ··· 8
1.6.1 数字信号处理系统的结构 ··· 8
1.6.2 信号调理的方法 ··· 9
1.6.3 模数转换器(ADC)及量化效应 ·· 14
1.6.4 数模转换器(DAC)及信号重建 ··· 19
1.6.5 SFDR 的定义及测量 ·· 22
1.7 通信信号软件处理方法 ··· 22
1.7.1 软件无线电的定义 ··· 23
1.7.2 中频软件无线电实现 ·· 23
1.7.3 信道化处理 ··· 24
1.7.4 基站软件无线电接收机 ·· 24
1.7.5 SR 采样技术 ··· 25
1.7.6 直接数字下变频 ··· 26
1.7.7 带通采样失败的解决 ·· 27

第2章 数字信号处理实现方法 ·· 29
2.1 数字信号处理技术概念 ··· 29
2.1.1 数字信号处理技术的发展 ··· 29
2.1.2 数字信号处理算法的分类 ··· 31

2.1.3　数字信号处理实现的方法 ·· 31
2.2　基于DSPs的数字信号处理实现原理 ·· 32
　　2.2.1　DSPs的结构及流水线 ·· 33
　　2.2.2　DSPs的运行代码及性能 ·· 35
2.3　基于FPGA的数字信号处理实现原理 ·· 38
　　2.3.1　FPGA基本原理 ·· 39
　　2.3.2　逻辑阵列块和自适应逻辑块 ·· 41
　　2.3.3　块存储器 ·· 50
　　2.3.4　时钟网络和相位锁相环 ·· 52
　　2.3.5　I/O块 ·· 62
　　2.3.6　DSP块 ·· 69
2.4　FPGA执行数字信号处理的一些关键问题 ·· 71
　　2.4.1　关键路径 ·· 71
　　2.4.2　流水线 ·· 73
　　2.4.3　延迟 ·· 74
　　2.4.4　加法器 ·· 75
　　2.4.5　乘法器 ·· 78
　　2.4.6　并行/串行 ·· 83
　　2.4.7　溢出的处理 ·· 83
2.5　高性能信号处理的难点和技巧 ·· 84
　　2.5.1　设计目标 ·· 84
　　2.5.2　实现成本 ·· 85
　　2.5.3　设计优化 ·· 86

第3章　数值的表示和运算 ·· 91
3.1　整数的表示方法 ·· 91
　　3.1.1　二进制原码格式 ·· 91
　　3.1.2　二进制反码格式 ·· 92
　　3.1.3　二进制补码格式 ·· 92
3.2　整数加法运算的HDL描述 ·· 93
　　3.2.1　无符号数加法运算的HDL描述 ·· 94
　　3.2.2　有符号数加法运算的HDL描述 ·· 95
3.3　整数减法运算的HDL描述 ·· 96
　　3.3.1　无符号数减法运算的HDL描述 ·· 97
　　3.3.2　有符号数减法运算的HDL描述 ·· 98
3.4　整数乘法运算的HDL描述 ·· 100
　　3.4.1　无符号数乘法运算的HDL描述 ·· 100
　　3.4.2　有符号数乘法运算的HDL描述 ·· 101
3.5　整数除法运算的HDL描述 ·· 103
　　3.5.1　无符号数除法运算的HDL描述 ·· 103
　　3.5.2　有符号数除法运算的HDL描述 ·· 105

3.6 定点数的表示方法 ·· 106
    3.6.1 定点二进制数格式 ·· 107
    3.6.2 定点数的量化方法 ·· 108
    3.6.3 数据的标定 ·· 109
    3.6.4 归一化处理 ·· 110
    3.6.5 小数部分截断 ·· 110
    3.6.6 一种不同的方法：Trounding ··· 111
    3.6.7 定点数运算的 HDL 描述库 ·· 111
3.7 定点数加法运算的 HDL 描述 ··· 112
    3.7.1 无符号定点数加法运算的 HDL 描述 ·· 112
    3.7.2 有符号定点数加法运算的 HDL 描述 ·· 114
3.8 定点数减法运算的 HDL 描述 ··· 115
    3.8.1 无符号定点数减法运算的 HDL 描述 ·· 115
    3.8.2 有符号定点数减法运算的 HDL 描述 ·· 116
3.9 定点数乘法运算的 HDL 描述 ··· 117
    3.9.1 无符号定点数乘法运算的 HDL 描述 ·· 117
    3.9.2 有符号定点数乘法运算的 HDL 描述 ·· 118
3.10 定点数除法运算的 HDL 描述 ··· 119
    3.10.1 无符号定点数除法运算的 HDL 描述 ·· 119
    3.10.2 有符号定点数除法运算的 HDL 描述 ·· 121
3.11 浮点数的表示方法 ··· 122
    3.11.1 浮点数的格式 ·· 123
    3.11.2 浮点数的短指数表示 ··· 124
3.12 浮点数运算的 HDL 描述 ·· 124
    3.12.1 单精度浮点数加法运算的 HDL 描述 ·· 125
    3.12.2 单精度浮点数减法运算的 HDL 描述 ·· 126
    3.12.3 单精度浮点数乘法运算的 HDL 描述 ·· 127
    3.12.4 单精度浮点数除法运算的 HDL 描述 ·· 128
3.13 浮点数运算 IP 核的应用 ··· 129
    3.13.1 浮点 IP 核的功能 ·· 129
    3.13.2 建立新的设计工程 ·· 129
    3.13.3 浮点 IP 核实例的生成 ·· 130
    3.13.4 例化 IP 核实例 ··· 132
    3.13.5 生成测试平台文件 ·· 133
    3.13.6 设计的仿真 ··· 134

第 4 章 Intel FPGA 数字信号处理工具 ··· 137
4.1 Intel FPGA 模型设计基础 ··· 137
    4.1.1 用于 Intel FPGA 设计结构的 DSP Builder ··· 137
    4.1.2 用于 Intel FPGA 库的 DSP Builder ·· 139
    4.1.3 用于 Intel FPGA 器件所支持的 DSP Builder ······································ 140

		4.1.4 DSP Builder 设计流程 ………………………………………… 141

4.2 信号处理模型的构建和仿真 …………………………………………………… 142
    4.2.1 启动 DSP Builder 工具 ………………………………………… 142
    4.2.2 获取 DSP Builder 设计实例帮助 ……………………………… 143
    4.2.3 DSP Builder 菜单选项介绍 …………………………………… 145
    4.2.4 DSP Builder 中的一些基本概念 ……………………………… 147
    4.2.5 构建数字信号处理模型 ………………………………………… 151
    4.2.6 创建设计子系统 ………………………………………………… 155
    4.2.7 设置模型参数 …………………………………………………… 158
    4.2.8 信号处理模型的 Simulink 仿真 ………………………………… 168
    4.2.9 信号处理模型的 ModelSim 仿真 ……………………………… 170
    4.2.10 查看设计中所使用的资源 …………………………………… 173
    4.2.11 打开 Quartus Prime 设计工程 ……………………………… 173
    4.2.12 C++软件模型验证设计 ……………………………………… 174

4.3 信号处理模型的硬件验证 ……………………………………………………… 176
    4.3.1 硬件验证 ………………………………………………………… 177
    4.3.2 使用环路系统的硬件验证 ……………………………………… 178

4.4 包含处理器总线接口的模型设计 ……………………………………………… 186
    4.4.1 在 DSP Builder 设计中分配基地址 …………………………… 186
    4.4.2 添加 DSP Builder 设计到 Platform Designer 系统 ………… 186
    4.4.3 使用处理器更新寄存器 ………………………………………… 187

4.5 DSP Builder HDL 导入设计 …………………………………………………… 188
    4.5.1 实现原理 ………………………………………………………… 188
    4.5.2 打开 DSP Builder 工具 ………………………………………… 193
    4.5.3 建立新的设计模型 ……………………………………………… 193
    4.5.4 执行协同仿真 …………………………………………………… 201

4.6 基于 HLS 构建和验证算法模型 ………………………………………………… 203
    4.6.1 构建 C++模型和测试平台 …………………………………… 205
    4.6.2 设置高级综合编译器 …………………………………………… 210
    4.6.3 运行高级综合编译器 …………………………………………… 212
    4.6.4 查看高级设计报告 ……………………………………………… 213
    4.6.5 查看元器件 RTL 仿真波形 …………………………………… 221

第5章 CORDIC 算法原理及实现 …………………………………………………… 224

5.1 CORDIC 算法原理 ……………………………………………………………… 224
    5.1.1 圆坐标系旋转 …………………………………………………… 224
    5.1.2 线性坐标系旋转 ………………………………………………… 231
    5.1.3 双曲线坐标系旋转 ……………………………………………… 231
    5.1.4 CORDIC 算法通用表达式 …………………………………… 232

5.2 CORDIC 循环和非循环结构硬件实现原理 …………………………………… 233
    5.2.1 CORDIC 循环结构原理和实现方法 ………………………… 233

  5.2.2 CORDIC 非循环结构的实现原理 ····· 235
  5.2.3 实现 CORDIC 的非循环的流水线结构 ····· 235
5.3 向量幅度的计算 ····· 235
5.4 CORDIC 算法的模型实现 ····· 237
  5.4.1 CORDIC 算法收敛性原理 ····· 237
  5.4.2 CORDIC 象限映射实现 ····· 238
  5.4.3 向量模式下的 CORDIC 迭代实现 ····· 240
  5.4.4 旋转模式的 CORDIC 迭代实现 ····· 243
5.5 CORDIC 子系统的模型实现 ····· 245
  5.5.1 CORDIC 单元的设计 ····· 245
  5.5.2 参数化 CORDIC 单元 ····· 246
  5.5.3 旋转后标定的实现 ····· 249
  5.5.4 旋转后的象限解映射 ····· 250
5.6 圆坐标系算术功能的模型实现 ····· 252
  5.6.1 反正切的实现 ····· 252
  5.6.2 正弦和余弦的实现 ····· 254
  5.6.3 向量幅度的计算 ····· 255
5.7 流水线技术的 CORDIC 模型实现 ····· 256
  5.7.1 带有流水线并行阵列的实现 ····· 256
  5.7.2 串行结构实现 ····· 258
5.8 向量幅度精度的研究 ····· 259
  5.8.1 CORDIC 向量幅度精度控制 ····· 259
  5.8.2 CORDIC 向量幅度精度比较 ····· 261
5.9 调用 CORDIC 块的模型实现 ····· 262
5.10 CORDIC 算法的 HLS 实现 ····· 264
  5.10.1 CORDIC 算法的 C++描述 ····· 264
  5.10.2 HLS 转换设计 ····· 268
  5.10.3 优化设计 ····· 270

第 6 章 离散傅里叶变换原理及实现 ····· 272

6.1 模拟周期信号的分析：傅里叶级数 ····· 272
6.2 模拟非周期信号的分析：傅里叶变换 ····· 279
6.3 离散序列的分析：离散傅里叶变换 ····· 282
  6.3.1 离散傅里叶变换推导 ····· 282
  6.3.2 频率离散化推导 ····· 283
  6.3.3 DFT 的窗效应 ····· 284
6.4 短时傅里叶变换 ····· 291
6.5 离散傅里叶变换的运算量 ····· 293
6.6 离散傅里叶算法的模型实现 ····· 293
  6.6.1 系统模型结构 ····· 294
  6.6.2 分析复数乘法 ····· 297

6.6.3 分析复数加法 299
6.6.4 运行设计 300

第7章 快速傅里叶变换原理及实现 302

7.1 快速傅里叶变换的发展 302
7.2 Danielson-Lanczos 引理 302
7.3 按时间抽取的基-2 FFT 算法 303
7.4 按频率抽取的基-2 FFT 算法 307
7.5 Cooley-Tuckey 算法 309
7.6 基-4 和基-8 的 FFT 算法 309
7.7 FFT 计算中的字长 310
7.8 基于 MATLAB 的 FFT 的分析 312
7.9 基于模型的 FFT 设计与实现 314
7.10 基于 IP 核的 FFT 实现 323
 7.10.1 FFT IP 库 323
 7.10.2 启动 DSP Builder 工具 326
 7.10.3 构建设计模型 326
 7.10.4 配置模型参数 331
 7.10.5 运行和分析仿真结果 335
7.11 基于 C 和 HLS 的 FFT 建模与实现 336
 7.11.1 创建新的设计工程 337
 7.11.2 创建设计源文件 337
 7.11.3 设计编译和处理 342
 7.11.4 设计的高级综合 343
 7.11.5 添加循环展开用户策略 345
 7.11.6 添加存储器属性用户策略 347

第8章 离散余弦变换原理及实现 351

8.1 切比雪夫多项式 351
8.2 DCT 的起源和发展 356
8.3 DCT 和 DFT 的关系 360
8.4 二维 DCT 变换原理 362
 8.4.1 二维 DCT 变换原理 362
 8.4.2 二维 DCT 实现方法 363
8.5 二维 DCT 变换的 HLS 实现 364
 8.5.1 创建新的设计工程 364
 8.5.2 创建设计文件 365
 8.5.3 验证 C++模型 369
 8.5.4 设计综合 370
 8.5.5 查看综合结果 370
 8.5.6 运行 RTL 仿真 372
 8.5.7 添加循环合并命令 373

8.5.8　添加存储器属性命令 376
　　　8.5.9　添加循环展开命令 380

第9章　FIR和IIR滤波器原理及实现 383
9.1　模拟到数字滤波器的转换 383
　　9.1.1　微分方程近似 383
　　9.1.2　双线性交换 384
9.2　数字滤波器的分类和应用 385
9.3　FIR数字滤波器的原理和结构 386
　　9.3.1　FIR数字滤波器的特性 386
　　9.3.2　FIR滤波器的设计规则 394
9.4　IIR数字滤波器的原理和结构 397
　　9.4.1　IIR数字滤波器的原理 397
　　9.4.2　IIR数字滤波器的模型 397
　　9.4.3　IIR数字滤波器的z域分析 399
　　9.4.4　IIR数字滤波器的性能及稳定性 399
9.5　DA FIR数字滤波器的设计 402
　　9.5.1　DA FIR数字滤波器的设计原理 402
　　9.5.2　启动DSP Builder 404
　　9.5.3　添加和配置信号源子系统 404
　　9.5.4　添加和配置移位寄存器子系统 405
　　9.5.5　添加和配置位选择子系统 408
　　9.5.6　添加和配置查找表子系统 411
　　9.5.7　添加和配置加法器子系统 415
　　9.5.8　添加和配置缩放比例加法器子系统 417
　　9.5.9　添加和配置系统控制模块 421
9.6　串行MAC FIR数字滤波器的设计 424
　　9.6.1　串行和并行MAC FIR数字滤波器的原理 424
　　9.6.2　串行MAC FIR数字滤波器的结构 426
　　9.6.3　串行MAC FIR数字滤波器设计要求 428
　　9.6.4　12×8乘和累加器子系统的设计 429
　　9.6.5　数据控制逻辑子系统设计 435
　　9.6.6　地址生成器子系统的设计 442
　　9.6.7　完整串行MAC FIR数字滤波器模型的设计 447
9.7　基于FIR IP核的滤波器设计 457
　　9.7.1　SingleRateFIR IP原理 457
　　9.7.2　建立新的设计模型 458
　　9.7.3　构建基于SingleRateFIR块的滤波器模型 459
9.8　FIR数字滤波器的C++描述和HLS实现 464
　　9.8.1　设计原理 464
　　9.8.2　创建新的设计工程 465

9.8.3　创建设计文件 ··· 465
　　9.8.4　验证C++模型 ··· 467
　　9.8.5　设计综合 ··· 468
　　9.8.6　查看综合结果 ··· 468
　　9.8.7　设计优化：添加存储器属性命令 ··· 470
　　9.8.8　设计优化：添加循环展开命令 ·· 473
9.9　基于模型的IIR滤波器设计 ··· 477
　　9.9.1　Elliptic型IIR滤波器原理 ··· 477
　　9.9.2　获取Elliptic型IIR滤波器的系数和特性 ································ 477
　　9.9.3　建立新的设计模型 ·· 479
　　9.9.4　构建Elliptic型IIR滤波器模型 ·· 479

第10章　重定时信号流图原理及实现 ·· 489
10.1　信号流图基本概念 ··· 489
　　10.1.1　标准形式FIR信号流图 ·· 489
　　10.1.2　关键路径和延迟 ·· 490
10.2　割集重定时及规则 ··· 491
　　10.2.1　割集重定时概念 ··· 491
　　10.2.2　割集重定时规则1 ··· 492
10.3　不同形式的FIR滤波器 ··· 496
　　10.3.1　转置形式的FIR滤波器 ··· 496
　　10.3.2　脉动形式的FIR滤波器 ··· 502
　　10.3.3　包含流水线乘法器的脉动FIR滤波器 ···································· 504
　　10.3.4　FIR滤波器SFG乘法器流水线 ·· 504
10.4　FIR滤波器构建块 ··· 506
　　10.4.1　带加法器树的FIR滤波器 ·· 507
　　10.4.2　加法器树的流水线 ·· 507
　　10.4.3　对称FIR滤波器 ··· 508
10.5　标准形式和脉动形式FIR滤波器的实现 ·· 512
　　10.5.1　标准形式FIR滤波器模型的实现 ··· 513
　　10.5.2　脉动形式FIR滤波器模型的实现（一） ································ 518
　　10.5.3　脉动形式FIR滤波器模型的实现（二） ································ 520

第11章　多速率信号处理原理及实现 ·· 522
11.1　多速率信号处理的一些需求 ··· 522
　　11.1.1　信号重构 ··· 522
　　11.1.2　数字下变频 ··· 523
　　11.1.3　子带处理 ··· 523
　　11.1.4　提高分辨率 ··· 524
11.2　多速率操作 ·· 524
　　11.2.1　采样率转换 ··· 524
　　11.2.2　多相技术 ··· 528

11.2.3　高级重采样技术 ·· 532
11.3　多速率信号处理的典型应用 ··· 542
　　11.3.1　分析和合成滤波器 ·· 542
　　11.3.2　通信系统的应用 ·· 544
11.4　多相 FIR 滤波器的原理和实现 ·· 547
　　11.4.1　FIR 滤波器的分解 ·· 547
　　11.4.2　Noble Identity ··· 549
　　11.4.3　多相抽取和插值的实现 ·· 551
11.5　直接和多相插值器的设计 ··· 558
　　11.5.1　直接插值器的设计 ·· 558
　　11.5.2　多相插值器的设计 ·· 564
11.6　直接和多相抽取器的设计 ··· 571
　　11.6.1　直接抽取器的设计 ·· 572
　　11.6.2　构建多相抽取器模型 ··· 578
11.7　抽取和插值 IP 核原理和系统设计 ··· 585
　　11.7.1　DecimatingFIR IP 核原理和系统设计 ·· 586
　　11.7.2　InterpolatingFIR IP 核原理和系统设计 ·· 591

第 12 章　多通道 FIR 滤波器原理及实现　598

12.1　割集重定时规则 2 ·· 598
12.2　割集重定时规则 2 的应用 ··· 601
　　12.2.1　通过共享 SFG 提高效率 ·· 601
　　12.2.2　输入和输出多路复用 ··· 602
　　12.2.3　三通道滤波器的例子 ··· 603
12.3　多通道并行滤波器的实现 ··· 607
　　12.3.1　多独立通道并行滤波器设计 ·· 609
　　12.3.2　多共享通道并行滤波器设计 ·· 616
12.4　多通道串行滤波器的实现 ··· 624

第 13 章　其他类型数字滤波器原理及实现　627

13.1　滑动平均滤波器原理及结构 ·· 627
　　13.1.1　滑动平均一般原理 ·· 627
　　13.1.2　8 个权值滑动平均结构及特性 ·· 628
　　13.1.3　9 个权重滑动平均结构及特性 ·· 629
　　13.1.4　滑动平均滤波器的转置结构 ·· 630
13.2　微分器和积分器原理及特性 ·· 631
　　13.2.1　微分器原理及特性 ·· 631
　　13.2.2　积分器原理及特性 ·· 632
13.3　积分梳状滤波器原理及特性 ·· 633
13.4　中频调制信号产生和解调 ··· 637
　　13.4.1　产生中频调制信号 ·· 637
　　13.4.2　解调中频调制信号 ·· 637

13.4.3 CIC 提取基带信号 ………………………………………………………………… 639
13.4.4 CIC 滤波器的衰减及修正 …………………………………………………… 640
13.5 CIC 滤波器实现方法 ………………………………………………………………………… 640
13.6 CIC 滤波器位宽确定 ………………………………………………………………………… 643
13.6.1 CIC 抽取滤波器位宽确定 …………………………………………………… 643
13.6.2 CIC 插值滤波器位宽确定 …………………………………………………… 645
13.7 CIC 滤波器的锐化 …………………………………………………………………………… 646
13.7.1 SCIC 滤波器的特性 ……………………………………………………… 646
13.7.2 ISOP 滤波器的特性 ……………………………………………………… 649
13.8 CIC 滤波器的递归和非递归结构 ………………………………………………………… 651
13.9 基于模型的 CIC 滤波器实现 ……………………………………………………………… 655
13.9.1 单级定点 CIC 滤波器的设计 ………………………………………………… 655
13.9.2 滑动平均滤波器的设计 ……………………………………………………… 658
13.9.3 多级定点 CIC 滤波器的设计 ………………………………………………… 662
13.9.4 定点和浮点 CIC 多级滤波器的设计 ………………………………………… 667
13.9.5 CIC 抽取滤波器的设计 ……………………………………………………… 671
13.9.6 CIC 插值滤波器的设计 ……………………………………………………… 677
13.10 DecimatingCIC 和 InterpolatingCIC IP 核原理及应用 ……………………………… 684
13.10.1 DecimatingCIC IP 核原理及应用 ………………………………………… 684
13.10.2 InterpolatingCIC IP 核原理及应用 ……………………………………… 689

第 1 章　信号处理理论基础

本章将介绍信号处理中所涉及的一些基本问题，其中包括：信号定义、信号增益与衰减、信号失真及其测量、噪声及其处理方法、模拟信号及其处理方法、数字信号处理关键问题，以及通信信号软件处理方法。

本章所介绍的内容是信号处理中最基本的概念。因此，读者需要深入理解并掌握这些内容，这样才能更好地理解本书后面的内容。

1.1　信号定义

信号是指一个可测量的，能够以某种形式携带信息的，随时间变化的量。例如，语音是人们相互之间发送信息的声音信号；心跳信号（ECG）包含着一个心脏健康的信息（开/关状态）。

为了将一个真实的信号转换成一个合适的电压，或者从一个合适的电压转换成一个信号，要求在系统内必须包含传感器/驱动器及信号处理电路。例如，通过麦克风，将声音转化为相对应的电信号；通过压电陶瓷砖，将压力化为相对应的电信号；通过光传感器，将光转化为相对应的电信号；通过加速度传感器，将振动转化为相对应的电信号。

电压是一个传感器的输出，它是一个由传感器感应得到的模拟信号。根据电子系统处理信号的要求，大部分信号被转换为模拟电压，该电压信号是对被测量信号所携带信息的编码。例如，通过一个电极感知心脏的跳动，该电极会产生一个很小的电压（量级为 10^{-6}V），通过模拟集成运算放大器将该微弱电压信号放大。

语音信号使空气分子变得稀薄和收缩，通过一个麦克风来测量空气压力的变化，麦克风使用磁铁和线圈产生电压，这是对空气压力变化的真实反映，如图 1.1 所示。

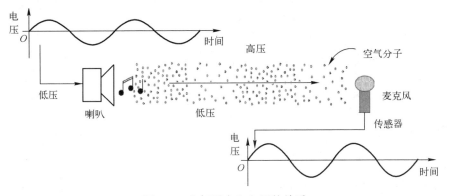

图 1.1　空气压力和电压的关系

从图 1.1 中可知，麦克风的振动膜连接到一个小磁铁上，当它移进或移出线圈时感应出电流。感应之后产生一个电压信号，或者使用某种形式的磁带记录器将电压记录下来。一旦感知了一个信号,随后就需要恢复这个信号。通过合适的驱动器和信号调理电路[如喇叭(声音)、发光二极管 LED(光)和机械调节器(振动)等]实现这个目的。

1.2 信号增益与衰减

信号传感器的电压幅度非常小,如麦克风产生的电压量级为 10^{-6} V。同样,ECG 传感器和振动传感器也存在非常类似的情况。

在记录信号或者对信号重构之前,应该将信号线性放大到一个合适的值,通常用 dB 表示这个值。例如,经过放大器将信号放大 1000 倍,则信号放大 60dB,其增益为 60dB($20\log_{10}1000 = 60$)。

一个系统,如果其输出 $y(t)$ 是输入 $x(t)$ 和系统冲激响应函数 $h(t)$ 的卷积,即

$$y(t) = x(t) * h(t) = \int_{-\infty}^{+\infty} x(\tau)h(t-\tau)\mathrm{d}\tau = \int_{-\infty}^{+\infty} h(\tau)x(t-\tau)\mathrm{d}\tau$$

则这个系统可以被视为线性系统。

> **注**:*为卷积符号,而不是乘号。

通常对于一个线性系统,$y(t) = f[x(t)]$,如果:

$$y_1(t) = f[x_1(t)]$$
$$y_2(t) = f[x_2(t)]$$

则叠加后得到下面的关系:

$$y_1(t) + y_2(t) = f[x_1(t) + x_2(t)]$$

测量系统线性最简单的一种方法就是输入一个单频正弦波,如果在所有的频率上,输出只是一个在输入频率上的正弦信号(没有谐波产生),则系统是纯线性的。

对于较大的线性动态范围,放大量通常被表示为功率放大比率($P_{\text{out}}/P_{\text{in}}$)的对数值,因为功率($P$)与电压的平方($V^2$)呈正比关系,因此:

$$A_{\text{dB}} = 10\log_{10}(P_{\text{out}}/P_{\text{in}}) = 10\log_{10}(V_{\text{out}}/V_{\text{in}})^2 = 20\log_{10}(V_{\text{out}}/V_{\text{in}})$$

因此,如果放大倍数 $A = 1000$,则功率放大是 60dB。类似地,1000 倍的衰减(增益为 0.001)对应于 -60dB 的增益或者 60dB 的衰减。

1.3 信号失真及其测量

本节将介绍信号失真及其测量,内容包括放大器失真、信号谐波失真和谐波失真测量。

1.3.1 放大器失真

如果一个输入信号在经过放大器后所产生的输出信号中包含其他频率分量的信号,就称为放大器的非线性。非线性是放大信号时最不希望看到的结果,由于非线性失真导致真实的信号所包含的信息发生了畸变,这将给后续的信号处理带来很大的困难。信号的失真表示如图 1.2 所示。

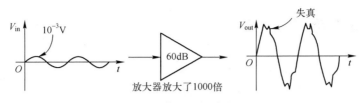

图 1.2　信号的失真表示

从图 1.2 中可知,放大器是非线性的,实际的输出信号是输入信号与 3 次谐波信号的叠加,用下式表示:

$$V_{out} = 1000V_{in} + 10V_{in}^3$$

其与噪声不同,实际上是不可能消除失真的。因此,只能使用合适的器件将失真降到最低。

实际上,在大多数情况下很难准确确定放大器的非线性方程。如果知道了这个非线性方程,那么就可能消除或解决非线性问题。然而,即便是最简单的非线性,也很难消除。例如,考虑一个叠加二次谐波的系统:

$$V_{out} = V_{in} + 0.04V_{in}^2$$

试着求解该方程,将 V_{in} 表示为 V_{out} 的函数。事实上,该方程没有唯一解。

非线性将会在数字信号处理中引起一系列的问题,如丢失或者屏蔽了想要的信号分量。在一定程度上,每个放大器都是非线性的。然而,如果在所感兴趣的信号频率范围内,非线性信号的功率非常小,则可以将放大器看作是线性的。在上面的例子里,非线性 2 次谐波分量占基波电压的 1/5(功率的 1/25),这是非常高的。因此,该放大器应看作是非线性的。根据系统的线性理论知识,也可以将系统划分为弱非线性、中度非线性或强非线性。

1.3.2　信号谐波失真

谐波失真是一种发生在输入信号频率谐波上的失真,其频率为输入信号频率的整数倍。如,一个 1kHz 的语音,谐波频率为 2kHz,3kHz,4kHz,…

谐波产生的原因是器件的输入/输出电压特性呈现非线性特性,如它可以用二阶多项式表示:

$$V_{out} = aV_{in}^2 + bV_{in} + c$$

谐波失真是由非线性的传递函数产生的。如果假定传递函数是平稳的,如不随时间变化,而且输入信号呈现周期性,则输出也将是一个周期信号。在本小节你将看到,在频域内,周期信号的傅里叶级数由基波周期频率的谐波组成。因此,对于一个周期输入信号,无论 V_{in} 和 V_{out} 之间是怎样一种函数关系(只要不随时间变化),都不会出现非谐波失真。

对于输入信号: $V_{in} = \cos(2\pi ft)$

$$V_{out} = a[\cos(2\pi ft)]^2 + b\cos(2\pi ft) + c$$
$$= \frac{a}{2}\cos(2\pi 2ft) + b\cos(2\pi ft) + \left(c + \frac{a}{2}\right)$$

根据上式可以得到频率分量:

(1) $\cos(2\pi ft)$:基波频率。

(2) $\cos(2\pi 2ft)$:2 次谐波。

V_{out} 和 V_{in} 之间更复杂的关系将导致更高次谐波,如那些大于 2 倍基频的频率。

1.3.3 谐波失真测量

对于放大器这样的器件，其常用指标是总谐波失真（Total Harmonic Distortion，THD），如图1.3所示。THD通常表示为谐波功率的和与基波功率之比，它是无量纲，用dB表示。

THD可以用下式表示：

$$\text{THD} = \frac{\sqrt{H_2^2 + H_3^2 + H_4^2 + \cdots}}{H_1}$$

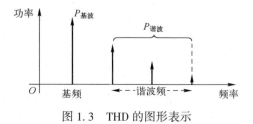

图1.3 THD的图形表示

式中，H_1表示基波功率，H_2表示2次谐波分量，H_3表示3次谐波分量……

> **注**：谐波的带宽选择是非常重要的，这是由于一些谐波序列可能有非常明显的高次谐波分量。

另一种常见的表示方法是THD+N，总谐波失真加上噪声，此处考虑输出噪声。在这种情况下，计算THD时用谐波功率总和加上噪声功率再除以基波功率。噪声功率是在输入为0的条件下测量的。

1.4 噪声及其处理方法

本节将介绍噪声及其处理方法，内容包括噪声的定义和表示、固有噪声电平、噪声/失真链、信噪比定义和表示及信号的提取方法。

1.4.1 噪声的定义和表示

一般采集的信号都含有噪声信号分量。信号处理技术经常被用来消除或者衰减噪声。在大多数情况下，将噪声看作是加性的（可叠加的），这样就可以通过线性滤波技术来处理噪声信号。数字信号处理的主要任务之一就是从采集的信号中将所感兴趣的信号分离出来。在有些情况下很容易滤除噪声，如信号加噪声与一些信号特征明显不同。如果语音信号被一种低隆隆声的信号频率混合，则可以直接滤除它。

在感兴趣的信号与噪声信号非常相似的情况下，就不能直接地滤除噪声了。例如，如果一种语音信号与另外一种语音信号混杂，则提取想要的信号就非常困难了。通常从一个信号中滤除噪声，要求了解信号和噪声的一些基本特征，如频率范围和典型的功率电平等。

噪声和失真之间有着本质的区别。噪声通常是给干扰信号起的名字，在多数情况下是可加性噪声。使用信号处理技术可以处理这种噪声的影响，而且可以尝试使用线性滤波或其他技术来衰减噪声，进而提高信噪比。失真是由一些发生在信号获取或处理的非线性过程中所引起的，通常在失真发生之后没有办法处理。

下面对可加性噪声进行进一步的说明。考虑一个被麦克风接收的声音信号$s(t)$与一个附近的声音噪声源$n(t)$混杂，将这种接收机录制下来的合成信号表示为$y(t)$，最简单的可加性噪声应该表示为

$$y(t)=s(t)+n(t)$$

稍微复杂一些的可加性噪声可以表示为

$$y(t)=s(t)+An(t)$$

这里由于声波传输路径,将噪声衰减了 A 倍。

更实际的可加性噪声可以表示为

$$y(t)=s(t)+An(t)+Bn(t-t_0)$$

该式表示噪声通过多个路径到达接收器。

在更通常的形式下,接收到的信号表示为

$$y(t)=s(t)+\int_0^\infty n(t)h(t-\tau)\mathrm{d}(\tau)$$

这里,$h(t)$ 是噪声源到接收机的声音通道的冲激响应。因此,尽管可以很准确地知道发射的噪声源,但是为了滤除噪声,仍然需要掌握声音传输路径的响应特性。

1.4.2 固有噪声电平

在时域中,一个含有噪声的正弦波如图 1.4(a)所示。在频域中,可以认为这个信号具有一个固有噪声电平,如图 1.4(b)所示。

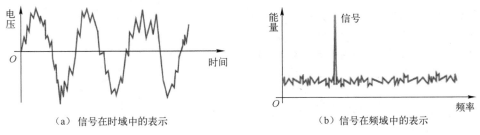

(a) 信号在时域中的表示　　　　　　(b) 信号在频域中的表示

图 1.4　含有噪声的正弦信号

固有噪声电平限制了获取真实信号的能力。如果含有噪声的信号,其功率低于固有噪声电平的噪声功率,则很难观察到该信号。但这并不意味着不能通过信号处理恢复该信号。例如,频谱扩展接收机的输入可能有一个很明显的低于固有噪声电平的信号,但接收机解扩过程的噪声压缩技术将能够恢复信号。

1.4.3 噪声/失真链

一个移动通信系统的实现结构如图 1.5 所示。从图 1.5 中可知,不同的噪声和失真叠加在这个系统中。数字信号处理的任务就是要将叠加在通信系统中的噪声/失真减少到最小,同时对其他源的衰减降到最低。下面给出该系统中噪声和失真的产生机理。

(1) 环境噪声。来自车辆引擎的噪声和风噪声等。可以使用 DSP 算法、线性滤波或者自适应滤波器来处理麦克风的噪声。在接收机处,可以使用线性或自适应滤波器,以及有源噪声控制来提高信噪比。

(2) 量化失真。量化失真或者噪声由 ADC 产生。为了提高信号的质量,理论上应尽量使用位数较多的 ADC,但实际上需要使用尽量少位数的 ADC 来降低对带宽的要求。对于一个较低位数的 ADC 而言,为了改善信号质量,可以使用量化噪声成形技术,或者混响技术。

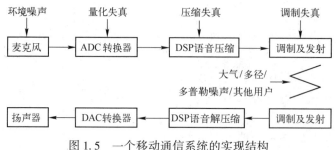

图 1.5 一个移动通信系统的实现结构

（3）语音编码/压缩噪声。为了保持低的带宽需求，需要压缩语音信号。通过压缩语音信号，可保持信号的质量和信号的完整性，但需要接受某种程度的失真或保真度。

（4）调制。调制和解调过程将产生不同程度的噪声和失真，这取决于调制的方式，以及所用的滤波技术。

（5）大气/多路径噪声。当传输电磁波信号时，由于存在信号反射和其他用户的干扰等问题，将产生一定程度的噪声。因此，希望选择更好的数字编码方案来抑制噪声。

1.4.4 信噪比定义和表示

信噪比的计算方法是取线性信号功率与噪声功率之比的对数，再乘以 10，其单位为分贝（dB）。信噪比（Signal-Noise Ratio，SNR）表示为

$$\text{SNR} = 10\lg\frac{P_{信号}}{P_{噪声}} = 10\lg\frac{V_{信号}^2}{V_{噪声}^2} = 20\lg\frac{V_{信号}}{V_{噪声}}$$

对于一个低质量的电话线而言：

$$\text{SNR} = 10\text{dB}, \quad P_{信号} = 10 \times P_{噪声}, \quad V_{信号} = \sqrt{10}\, V_{噪声}$$

对于一个磁带而言：

$$\text{SNR} = 60\text{dB}, \quad P_{信号} = 1000000 \times P_{噪声}, \quad V_{信号} = 1000 \times V_{噪声}$$

分贝的表示形式有许多，并且每种表示形式都有其特殊的定义。通常 dB 的含义是隐含的，不是显式表示的。特别是对声音信号有很多种不同的定义，如 dBA、dBm、dB SPL 或 dB HL。

（1）dBm 单位表示相对于 1mW 的分贝数。dBm 和 W 之间的关系是 10lg（功率值/1mW）。对于 40W 的功率，按 dBm 单位进行折算后的值应为 10lg（40W/1mW）= 10lg（40000）= 10lg4 + 10lg10000 = 46dBm。

（2）分贝单位为 dB，加权后可以用 dBA 表示。以"A"加权声级度为例，在将低频率及高频率的声压级值加在一起之前，会根据公式降低声压级值。声压级值加在一起后所得数值的单位为分贝（A）。经常使用分贝（A）是因为这个指标更能准确地反映人类耳朵对频率的反应。量度声压级的仪器通常都带有加权网络，以提供分贝（A）的读数。

（3）dB SPL 是声音强度的物理单位，即声音真实的强度级别，表示为：

$$\text{SPL} = 10\lg\left(\frac{I}{I_{\text{ref}}}\right)\text{dB}$$

式中，I 表示以每平方米瓦特数（W/m²）作为单位的声音强度；I_{ref} 表示 10~12W/m² 的参考强度，可近似为 1000Hz 下所能听见声音的门限值。

此外（更直观地使用声"压"电平这个名字），SPL 可表示为测量得到的声音压强和参考压强的比率，即

$$SPL = 10\lg\left(\frac{I}{I_{ref}}\right) = 10\lg\left(\frac{P^2}{P_{ref}^2}\right) = 20\lg\frac{P}{P_{ref}} dB$$

式中：

$$P_{ref} = 2 \times 10^{-5} N/m^2 = 20\mu Pa$$

强度与压强的平方成正比，即用对数测量声音是由于人类听力高达的线性范围，也出于对听力对数特性的考虑。正是因为听力的对数特性，声压电平增加 6dB 实际上并不会使响度扩大两倍。例如，110dB 和 116dB 之间的差别要比 40dB 和 46dB 之间的差别大得多。听力受损的门限值大约是 120dB。

值得注意的是，标准的大气压强在 101300N/m² 左右，一只小昆虫的腿施加的压强大约为 10N/m²。所以，耳朵和其他声音测量设备用于测量极其微小的压强变化。

（4）dB HL 是听力学界广泛应用的声音强度单位，即

$$0dB\ HL = 7.5dB\ SPL$$

1.4.5 信号的提取方法

处理模拟信号是为了提取出有用的信息，尽一切可能将噪声去除。对从电极得到的心跳信号（EGC）电压进行放大和滤波，然后滤除供电线路中 50Hz 的交流噪声。

可通过麦克风录制语音，通过设置低音和高音控制（低通和高通滤波器）去除噪声分量。

处理信号的主要目的是去除噪声，或者提高信噪比。这里显得理解噪声和失真的区别很重要。信号中的失真通常是由非线性引起的，并且没有直接的方法去除它们。解决失真问题的关键在于确保使用高质量的电子元器件。在信号处理中，将使用一系列的技术从信号中去除噪声，包括数字滤波、频域技术、自适应数字滤波检测理论和匹配滤波。

1.5 模拟信号及其处理方法

本节将介绍模拟信号及其处理方法，内容包括模拟 I/O 信号的处理和模拟通信信号的处理。

1.5.1 模拟 I/O 信号的处理

在通常情况下，模拟信号处理系统的工作原理包括：感知信号并产生模拟电压，处理这个电压，并且重构这个信号的原始模拟形式。

模拟系统有更大的灵活性来完成信号放大和滤波处理工作。在低成本和高性能的 DSPs 产生之前，使用由模拟元器件所构成的模拟计算机来处理信号与系统。对于模拟计算机而言，最基本的线性单元是求和放大器、积分器和微分器。对于明确使用的电阻器和电容器值，以及适当的输入信号，模拟计算机可以被用来求解微分方程，并产生正弦波和控制系统传递函数。

模拟积分器的电路结构如图 1.6（a）所示，模拟微分器的电路结构如图 1.6（b）所示，模拟加法器的电路结构如图 1.6（c）所示。

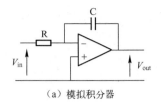 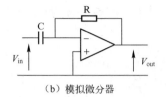 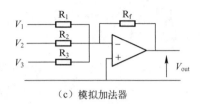

（a）模拟积分器　　　　　　　（b）模拟微分器　　　　　　　（c）模拟加法器

图 1.6　模拟信号处理单元

模拟积分器可以表示为

$$V_{out} = -\frac{1}{RC}\int_0^t V_{in}\,dt$$

模拟微分器可以表示为

$$V_{out} = -RC\frac{dV_{in}}{dt}$$

模拟加法器可以表示为

$$V_{out} = -\left(\frac{R_f}{R_1}V_1 + \frac{R_f}{R_2}V_2 + \frac{R_f}{R_3}V_3\right)$$

1.5.2　模拟通信信号的处理

对于大多数基带通信而言，通过电缆传输电压信号。一个简单的例子是电话，将语音信号转换成电压之后直接通过双绞线传输，在远端接收该信号。

在电话系统中，电话线的接口是某种形式的驱动或者放大器，它们将语音模拟电压转换为信号，并以足够的功率通过发射机传输给接收机。

一般在模拟无线通信系统中，要求调制器将电压信号转化为射频信号。

模拟通信的一个例子（单程）是 FM 广播站（调制到 100MHz 左右）或者第一代移动电话，它的语音通道只有 30kHz 的带宽。

1.6　数字信号处理的关键问题

本节将介绍数字信号处理的关键问题，内容包括数字信号处理系统的结构、信号调理的方法、模数转换器（ADC）及量化效应、数模转换器（DAC）及信号重建，以及 SFDR 的定义及测量。

1.6.1　数字信号处理系统的结构

单输入单输出语音数字信号处理系统的结构如图 1.7 所示，包括放大器、抗混叠滤波器、模数转换器（ADC）、数字信号处理器、数模转换器（DAC）、重构滤波器。

在数字信号处理系统中，模拟器件仍然扮演了非常重要的角色。来自真实世界的输入和到真实世界的输出都是模拟的。在数字信号处理系统中，应尽量简化模拟的设计要求和技术规格，取而代之的是采用更为复杂的数字处理方法，如过采样技术。在许多系统中，使用比实际需要高得多的采样率，其目的是减少使用模拟器件带来的复杂度。

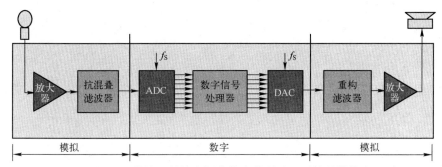

图 1.7　单输入单输出语音数字信号处理系统的结构

数字信号处理系统可以分成 3 种类型，包括：
(1) 实时输入/输出，如 DSP 通信链路；
(2) 实时输入，如语音识别系统；
(3) 实时输出，如 CD 音频重构系统。

模拟抗混叠滤波器在数字信号处理系统中非常重要，其目的是确保混叠失真不会被引入数字信号处理系统中。重构滤波器在数字信号处理系统中也非常重要，它用来确保重构的高频噪声不会出现在输出信号中。

在一个数字信号处理系统中，真实世界的信号被转换为一个模拟电压，然后用二进制数值表示。数字信号处理系统使用二进制数，通常用二进制补码表示。通过使用数字信号处理方法，很容易设计电子器件，使得两个离散值对应两个模拟电压值。通过使用数字信号处理算法，很容易实现二进制加法器、乘法器和存储器等，它们一起构成了执行高速算术运算的核心部件。DSPs、FPGA 或 ASIC 都使用二进制规则执行运算操作，大多数的 DSPs 使用二进制补码运算，它允许用一种非常方便的方式来表示负数，并且不会增加算术运算操作的开销。

1.6.2　信号调理的方法

本节将介绍信号调理的方法，内容包括抽样定理、抗混叠滤波和信号放大。

1. 抽样定理

在时域中，用时间函数 $x(t)$ 表示一个信号，用频率函数 $X(j\omega)$ 表示信号的频谱分布。$x(t)$ 与 $X(j\omega)$ 为一个傅里叶变换对。香农等人于 1948 年提出了抽样定理，用于说明 $x(t)$ 的抽样序列 $x(nT)$ 与 $x(t)$ 之间的关系。

抽样定理描述为：设 $x(t)$ 是一频带宽度有限的信号，即当 $|\omega|>\omega_m$ 时，$X(j\omega)=0$。当以大于 $2\omega_m$ 的抽样率 ω_S（等于 $2\pi/T$）对信号 $x(t)$ 进行抽样时，得到的抽样序列 $x(nT)$ 可以完全确定 $x(t)$，其中 $f_S=2\omega_m$ 的抽样频率也称为奈奎斯特频率。

抽样过程如图 1.8 所示，连续信号 $f(t)$ 抽样前后的表示如图 1.9 所示，连续信号 $f(t)$ 抽样前后的频谱分布如图 1.10 所示。

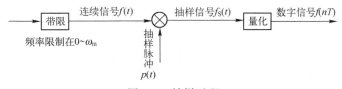

图 1.8　抽样过程

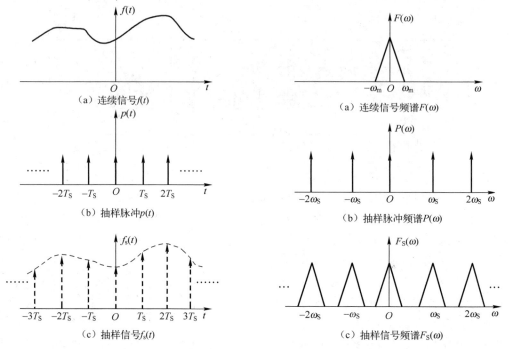

图 1.9 连续信号 $f(t)$ 抽样前后的表示　　图 1.10 连续信号 $f(t)$ 抽样前后的频谱分布

当抽样脉冲 $p(t)$ 为理想抽样信号时，表示为

$$p(t) = \delta_T(t) = \int_{n=-\infty}^{+\infty} \delta(t - nT_S) \mathrm{d}t$$

式中，T_S 为采样的周期，且 $1/T_S = f_S$ 为采样频率；角频率 $\omega_S = 2\pi/T_S$。

抽样信号 $f_S(t)$ 可以表示为

$$f_S(t) = f(t) \cdot \delta_T(t)$$

根据卷积定理可知：

$$P(\omega) = \frac{1}{2\pi} F(\omega) * P(\omega)$$

又因为周期信号 $p(t)$ 的傅里叶变换可以表示为

$$P(\omega) = 2\pi \int_{n=-\infty}^{+\infty} F_n \delta(\omega - n\omega_S) \mathrm{d}\omega$$

又因为 F_n 可以表示为

$$F_n = \frac{1}{T_S} \int_{-\frac{T_S}{2}}^{\frac{T_S}{2}} \delta_T(t) \mathrm{e}^{-jn\omega_S t} \mathrm{d}t$$

$$= \frac{1}{T_S} \int_{-\frac{T_S}{2}}^{\frac{T_S}{2}} \int_{n=-\infty}^{+\infty} \delta(t - nT_S) \mathrm{e}^{-jn\omega_S t} \mathrm{d}t$$

$$= \frac{1}{T_S}$$

$$p(\omega) = \omega_S \cdot \int_{n=-\infty}^{+\infty} \delta(\omega - n\omega_S) \mathrm{d}\omega$$

所以：

$$F_S(\omega) = \frac{1}{T_S} \int_{n=-\infty}^{+\infty} F(\omega - n\omega_S) \mathrm{d}\omega$$

从图 1.10 可以看出：

（1）当采样频率 $\omega_S \geq 2\omega_m$（ω_m 为带限信号的最高频率，也就是说在该频率上有能量的分布）时，周期延拓的 $F(\omega)$ 的频谱不会互相重叠在一起。

（2）当采样频率 $\omega_S < 2\omega_m$ 时，周期延拓的 $F(\omega)$ 的频谱就会互相重叠。这样，就会在后续还原信号时造成信号的失真，使得信号无法恢复。

所以，奈奎斯特定理是保证在对连续信号进行采样时不会发生"混叠"的最基本条件。在实际应用中，如果要恢复完整的信号，采样频率就应该为信号最高频率的 10 倍以上。

2. 抗混叠滤波

当在低于奈奎斯特频率下采样一个基带信号时，就会丢失信号的频谱信息，这就是通常所说的混叠现象。

如果一个信号存在大于 $f_S/2$ 的频率分量，则将会发生混叠现象。混叠就意味着信号的失真，在没有抗混叠和重构滤波器的数字信号处理系统中，输入一个 6kHz 的正弦信号，而采样频率为 10kHz，采样后的信号为一个 4kHz 的正弦信号。很明显，这是一个非线性的系统。

> **注**：测试系统线性特性最简单的方法就是输入一个单频正弦信号，如果输出不是同频的正弦信号，也就是可能包含其他的谐波分量，则该系统是非线性的。

用 10kHz 的采样率采样一个 9kHz 的语音信号，如图 1.11 所示。很明显，这是一个高于 $f_S/2 = 5$kHz 的信号，所以对 9kHz 的信号采样将发生频谱混叠。从图 1.11 中可以看出，当重构这个信号的时候，得到了一个 1kHz 的正弦波。

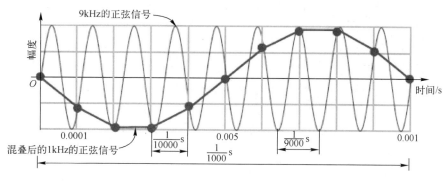

图 1.11 信号混叠（1）

> **注**：信号的相位也发生变化，与输入 9kHz 频率的信号相比，相移 180°。

根据 f_S 和输入频率的知识，可以直接计算出大于 $f_S/2$ 的输入信号混叠分量的频率。如果只观察经过采样又经过适当重构之后的输出信号，便无法确定哪个输入信号发生了混叠。

很显然，当对上面的系统使用 10kHz 的频率采样时，最好将输入信号的频率限制在 5kHz 以内。

但是，当解调一个信号时，可以利用混叠现象，如图 1.12 所示。当使用采样率为 20000sps，直接数字下变频可以被用来对 60~70kHz 带宽的信号解调，即可以发生向下混叠，将其混叠到 10kHz（ADC 的前端必须能够在相当于信号带宽的时间间隔内对信号积分）。

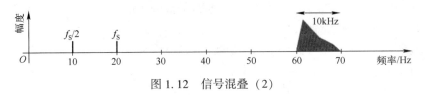

图 1.12　信号混叠（2）

如果带限信号，则输出信号将会在基带频率处混叠出相同的形状，如图 1.13 所示。

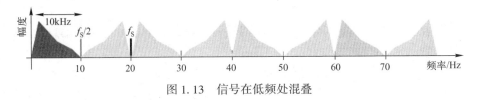

图 1.13　信号在低频处混叠

频率混叠的具体分析如图 1.14 所示。在设计中，采样频率为 $f_S = 1$kHz。

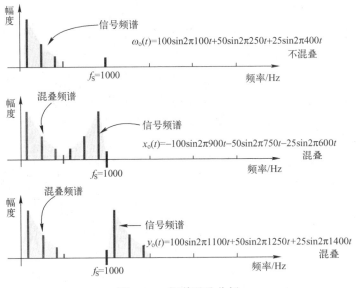

图 1.14　频谱混叠分析

如果遵守奈奎斯特定律，以 1000Hz 采样所合成的正弦信号和 $\omega(t)$，就可以把将要采样的信号表示为一个简单的（正弦波幅度）频谱。

当然，如果已经采样了信号 $x(t)$，也就是说，以 1000Hz 采样 900Hz、750Hz 和 600Hz 信号，则由于不满足奈奎斯特定律，因此这些正弦波将会分别混叠到 100Hz、250Hz 和 400Hz 频率上，也就是说，在这些频率点上存在着分量（能量分布）。

类似地，如果以 1000Hz 采样信号 $y_0(t)$，也就是说，在 1100Hz、1250Hz 和 1400Hz 的正弦波，则由于不满足奈奎斯特定律，所有这些正弦波将会分别混叠到 100Hz、250Hz 和

400Hz 频率上。

注意，频谱的混叠如图 1.15 所示。

为了避免在一般情况下出现频谱混叠，在将模拟量输入到模数转换器（ADC）之前，需要滤除所有频率高于 $f_S/2$ 的分量，如图 1.16 所示。抗混叠滤波器是一个模拟的理想矩形滤波器，其截止频率为 $f_S/2$Hz。

图 1.15 频谱图的混叠

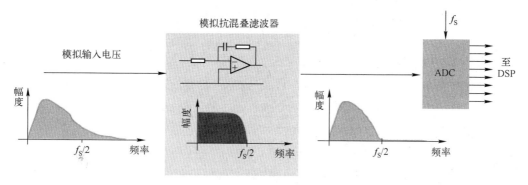

图 1.16 抗混叠滤波器

思考与练习 1-1：很明显，矩形滤波器是无法物理实现的，请说明原因。

在实际中，应该将理想矩形滤波器转换为有足够滚降和衰减的非理想矩形滤波器，如图 1.17 所示。同时，还应该保证所设计的滤波器具有理想的线性相位。因此，抗混叠滤波器的设计并不是一件容易的事情。图 1.17 中，0dB 对应的衰减为 1，$V_{out} = V_{in}$；−40dB 对应的衰减为 0.01，$V_{out} = 0.01 V_{in}$。

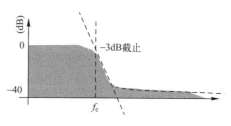

图 1.17 抗混叠滤波器特性

3. 信号放大

在模拟信号被输入到 ADC 之前，需要放大器对模拟信号进行放大，以确保模拟信号能够使用 ADC 的满量程电压输入范围，这个过程也被称为信号调理，如图 1.18 所示。

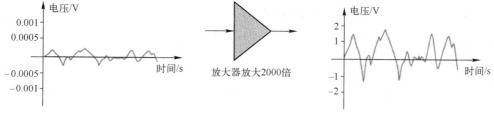

图 1.18 信号调理

对于上面的 ADC，满量程输入电压的摆动范围为−2~+2V，所以需要将传感器的输出电压放大到−2~+2V 的摆动范围，使得放大器的输出电压和 ADC 的输入电压范围相匹配。

如果一个模拟信号的幅值变化范围大于 ADC 的允许输入范围，那么 ADC 将会对该信号进行限制，如图 1.19 所示，即去掉信号中任何大于或小于 ADC 输入范围的电压。这样，就会造成信息的丢失（损失）。换句话说，当对输入信号进行放大时，如果放大后的信号摆幅大于放大器的供电电压，放大器将出现剪切效应。

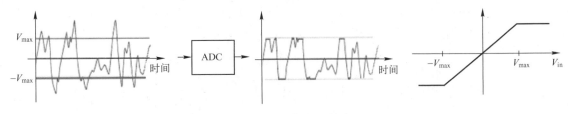

图1.19 放大器剪切效应

> **注**：在设计模拟信号调理电路时，需要确保不会出现这种情况，至少在感兴趣的信号范围内不要发生这种情况。

1.6.3 模数转换器（ADC）及量化效应

ADC是一种根据其特定的输入/输出特性，将模拟电压信号转化成所对应二进制数的一种半导体物理器件。在数模混合系统中，ADC是实现模拟信号数字化处理最重要的单元之一，也是在数字信号处理单元上实现数字信号处理算法最重要的基础。通常，ADC的类型主要包括：

（1）Flash型ADC，即使用精确调整的电阻阶梯方法。
（2）逐次近似型ADC，即内部使用DAC和比较器来决定电压值。
（3）双斜率型ADC，即内部使用一个连接到参考电压的电容，由一个数字计数器来计算电容器的充电时间。
（4）Σ-Δ型ADC，即采用过采样单比特转换器方法。

实际的采样率取决于应用领域，如对于控制系统的采样率为几十赫兹；对于生物学应用的采样率为几百赫兹；对于音频应用的采样率为几千赫兹；对于数字无线电前端的采样率为几兆赫兹。

1. ADC 线性和非线性转换

ADC最重要的一个指标就是采样率（Sample Per Second，SPS），即每秒所能转换的采样个数。

观察ADC器件的直线部分，经常称这种特性为线性，如图1.20所示。很明显，从图1.20中可知，由于出现离散台阶，因此该器件实际呈现非线性特性，并且器件本身限制了高于最大值或低于最小值电压的变化范围。然而，如果步长很小而台阶数目很大，则称该器件具有通常工作范围内的分段线性特性。

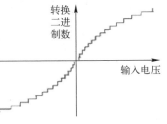

图1.20 ADC转换特性

> **注**：此处的台阶数与ADC的位数有关，该特性也决定了ADC的分辨率。

思考与练习1-2：为什么说出现了台阶就说器件是非线性的？请根据线性系统理论知识解释原因。

ADC并不一定必须具有线性特性，如在无线通信中，经常使用定义好的标准非线性量化特性（A律或μ律）。很明显，语音信号具有较大的动态范围，"oh"和"b"型的声音有很大的幅值，然而柔和的声音"sh"只有很小的幅值。如果采用均匀的量化方案，则可以表示响度大的声音，但是安静一点的声音将会降落到 LSB 门限值之下，因此将被量化到零，并且造成信息丢失。通过非线性量化器，使得低电平输入的量化电平比高电平输入小得多。通常用一个非线性电路连接一个均匀量化器来实现 A 律量化器。目前，广泛使用两种方案，即欧洲使用 A 律，美国和日本使用 μ 律。

类似地，DAC 也可能有非线性的特性。

2. ADC 零电平量化方法

ADC 可能有或者也可能没有零输出电平。例如，一个 ADC 可以有一个中间水平（Mid-Tread）或中间升高（Mid-Rise）的特性。考虑一个 3 比特的中间水平和中间升高的 ADC 转换器，如图 1.21 所示。图 1.21 中，中间升高的 ADC 转换器没有零电平输出，然而中间水平的 ADC 则有零电平输出。但是，由于使用了二进制补码的表示方法，使得在零电平之上比在零点平之下有更多的电平梯度。

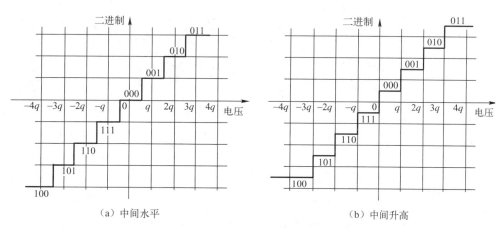

图 1.21 3 比特 ADC 在零点不同特性

对于一个位数很少的 ADC 而言，中间水平和中间升高量化之间的区别是很明显的，特别是考虑量化噪声时。典型地，对于一个幅度非常小的正弦波而言，如其幅值是 $q/10$，则输入到中间升高 ADC 后，输出为 000；相同的波形输入到中间水平的 ADC 时，将产生一个与输入正弦频率相同的方波，该方波的电平为 000 和 111。因此，中间水平 ADC 寄存了某些输入信号，但是中间升高 ADC 并没有该特征。

在信号调理之后，ADC 对调理后信号进行采样，产生与输入电压值相对应的二进制数。由于 ADC 离散电平的个数由有限的 ADC 位数决定，因此 ADC 只具有有限的精度，或者称为分辨率。这样，每个采样都会存在一个很小的误差。

量化台阶的大小为 0.0625V，如图 1.22 所示。如果使用一个 5 比特的 ADC，则最大/最小的输入电压近似为 $0.0625 \times 16 = 1$V。

3. 量化误差及其计算

实际上，可以用一个采样器和一个量化器等效 ADC，如图 1.23 所示。

如果线性 ADC 最小的步长为 qV，则每个采样的误差最大为 $q/2$V。q 表示为

$$q = \frac{V_{max}}{2^{N-1}}$$

式中,N 为 ADC 转换器的位数;V_{max} 为最大与最小输入电压差值。

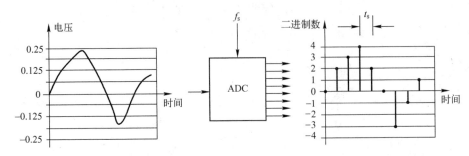

图 1.22 ADC 量化误差

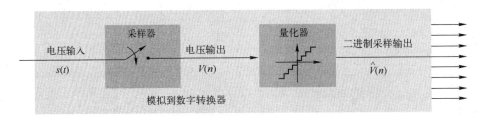

图 1.23 ADC 的组成

通常使用 dB 表示 N 位 ADC 转换器的动态范围,即表示为

$$20 \lg 2^N = 20N \lg 2 = 6.02N$$

所以,8 位 ADC 转换器的动态范围大约为 48dB。

ADC 的输出可以等效为采样信号 $V(n)$ 加上量化误差 $e(n)$,即每个采样的量化误差范围为 $\pm q/2$,可以将量化器建模为一个线性可加性噪声源,如图 1.24 所示。

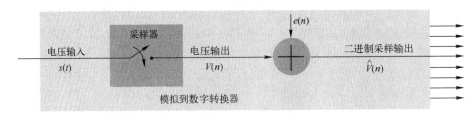

图 1.24 ADC 的等效描述

因此,量化器线性方程模型可以表示为

$$\hat{V}(n) = V(n) + e(n)$$

式中,$e(n)$ 是一个与输入信号 $V(n)$ 无关的白噪声源。

实际上,对一个量化器而言,是不可能用一组简单的数学方程式描述其输入和输出的。所以,量化噪声将会加上一个固有噪声电平。

> **注**:量化噪声并不总是随机的。当输入信号为周期性正弦波的时候,量化噪声也是周期信号。

量化噪声是周期性的，如图 1.25 所示。量化噪声的频谱如图 1.26 所示。

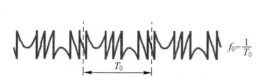

图 1.25　量化噪声的周期性

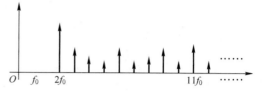

图 1.26　量化噪声的频谱

注： 上面的频谱图只是量化噪声的频谱图，所以不存在基频分量 f_0。

对于每个初始的正弦周期而言，量化噪声是相同的，频域上受到了影响，在基频的谐波上获得一系列杂散。

假设 ADC 四舍五入到最接近的数字电平，那么任意一个采样值的最大可能误差是 $q/2$V。量化噪声的均匀分布如图 1.27 所示。很明显，假定误差在 $-q/2\sim q/2$ 范围内服从均匀分布，则误差的概率密度函数是平坦的。实际上，量化误差与输入信号或多或少都有一些关联，特别是对低电平的周期信号。这个问题将在后面的章节中说明。

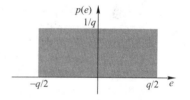

图 1.27　量化噪声的均匀分布

考虑量化误差信号的噪声功率或方差（在 1Hz 的采样频率下使用 1Ω 的电阻），可表示为

$$\int_{-\infty}^{\infty} e^2 \rho(e) \mathrm{d}e = \int_{-q/2}^{q/2} e^2 \rho(e) \mathrm{d}e = \frac{1}{3q} e^3 \bigg|_{-q/2}^{q/2} = q^2/12$$

量化误差 $e(f)$ 的频率范围为 $0\sim f_S/2$，即整个频带内都存在量化误差。

在数字信号处理领域，通常可以交替使用量化功率和量化误差的概念。严格地讲，量化误差是指量化的采样值和其真实值之间的差值。这里把这个概念扩展一下，量化误差信号是采样误差信号电压和时间的关系。当然，这个信号并不是真实存在的，它只是用于分析的目的。通常把量化误差称为量化噪声，或量化噪声信号。

噪声的概念通常局限为信号噪声，可以通过滤波器去除信号噪声。因此，更准确地说，量化噪声应该称为量化失真。

下面将给出量化噪声功率（时间平均-对比上述的统计平均）的定量计算方法。

在实际情况中，可以通过时间平均计算噪声信号功率。当取量化误差的 N 个采样（$N\to\infty$）时，平均功率表示为

$$P_{\text{噪声}} = \frac{W_{\text{噪声}}}{T} = \lim_{N\to\infty} \frac{1}{N} \sum_{n=0}^{N-1} e^2(k) \approx \frac{q^2}{12}$$

因此，量化噪声将覆盖真实信号频谱中所感兴趣的频率分量成分。

对于 N 位的信号，在最小量化值到最大量化值的范围内共有 2^N 个量化电平，可以通过下式计算量化噪声功率的均方值：

$$Q_N = 10\lg\frac{(2/2^N)^2}{12} = 10\lg 2^{-2N} + 10\lg\frac{4}{12} \approx -6.02N - 4.77(\mathrm{dB})$$

另一个有用的测量参数是信噪比（SNR）。对于要求输入电压在 $-1\sim +1$V 之间变化的 ADC 而言，如果输入信号为可能的最大值，即幅值为 1V 的正弦波，则平均输入信号功率表示为

$$E[\sin^2 2\pi ft] = 1/2$$

因此，最大 SNR 可表示为

$$\text{SNR} = 10\lg \frac{P_{信号}}{P_{噪声}} = 10\lg \frac{0.5}{(2/2^N)^2/12}$$

$$= 10\lg 2^{-2N} + 10\lg \frac{3}{2} \approx 6.02N + 1.76(\text{dB})$$

类似地，对一个理想的 16 位 ADC 而言，最大的信噪比为 98.08dB。

4. 小幅干扰降低量化噪声

在信号输入到 ADC 之前，在音频信号 $x(t)$ 中添加一个功率为 $q^2/12$ 白噪声小幅干扰信号 $d(t)$，这样就破坏了信号的相关性，如图 1.28 所示。

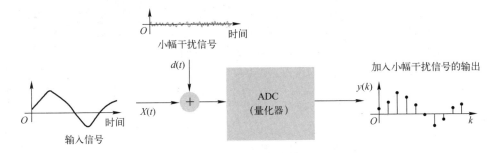

图 1.28 加入混响信号

小幅干扰加倍了数字信号中噪声的功率。在实际中，很难产生白噪声小幅干扰源。因此，经常使用伪随机二进制序列来代替。

混响是数字音频中的一个常用方法，这种方法是在信号上叠加一个小幅噪声信号，其目的就是使量化后的信号与量化噪声之间不相关，从而提高音质。

将小幅干扰噪声叠加到信号上实际上减小了 SNR，也就是说，在原信号中增加了更多的噪声，如图 1.29 所示。通过破坏不同信号分量与量化误差之间的相关性就可以改善重构后的音频信号。如果没有添加小幅干扰，那么将以谐波或音调失真的形式出现量化噪声。

16 位 ADC 可表示的幅值个数为 32767，而前面例子中的正弦波幅值只有 2V。方波特征导致重构信号中出现了奇数谐波，这种谐波位于下面的频率点：

（1）1320（3×440）Hz。
（2）2200（5×440）Hz。
（3）400Hz 的奇次分量。

当播放低分辨率的正弦波时，可以清楚地听到量化噪声导致的谐波或者音调失真，这对于人类的耳朵而言是不舒服的。当加入小幅干扰时，量化噪声的电平仍然非常高，然而量化噪声和信号之间的相关性被打破了，且背景噪声是一个白噪声。比起音调噪声，白噪声还是可以接受的。

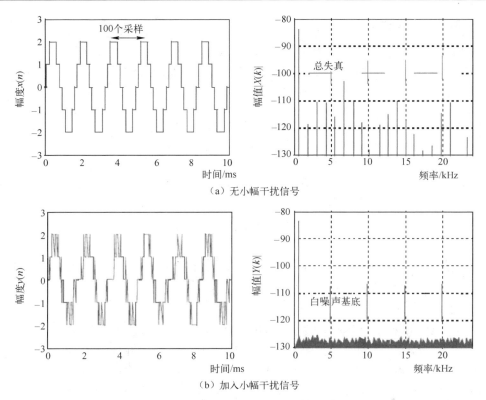

图 1.29 比较加入小幅干扰的信号效果

1.6.4 数模转换器（DAC）及信号重建

本节将介绍数模转换器（DAC）的原理以及信号的重建方法。

1. 数模转换器（DAC）的原理

DAC 是一种能够按照其特定的输入/输出特性，将二进制数据转换成所对应模拟电压的半导体器件。一个 8 位 DAC 转换的原理如图 1.30 所示。

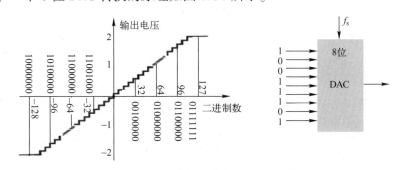

图 1.30　8 位 DAC 转换的原理

通常 DAC 的类型主要包括：

(1) 乘法 DAC，即精确调整的电阻器通过求和放大器产生输出电压。

(2) Σ-ΔDAC，单比特过采样数据。

2. 模拟信号的重建

在对信号数字化处理之后，正确地使用 DAC 就能够得到重构后的模拟信号，如图 1.31 所示。DAC 输出的信号带有一些小的台阶，这是由零阶保持特性引起的一种现象，可以通过一个重构滤波器或者一阶保持电路来消除它。

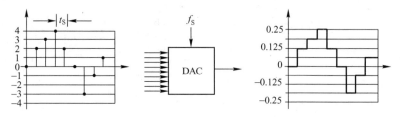

图 1.31 使用 DAC 重构信号

本质上，零阶保持电路是一个电容单元。在一个采样周期内，输入电压几乎为常数。因此，这是一个简单的低成本电路。

1) 一阶保持电路

可以在 DAC 中使用一阶保持电路，将介于两个离散采样值之间的电压近似为一条直线。很明显，一阶保持电路使得重构的模拟信号更为精确。然而，实现执行插值目标的电路并不是必需的。

实际上，一阶保持电路的电压重构产生了一个信号。在均方误差的意义下，这个信号与原始信号很接近。然而，设计一个能够在任意两个输入电压之间产生一个线性增加电压的电路并不是一件简单的事情。因此，设计者更倾向于零阶保持电路。零阶保持电路的问题可以使用重构和一个 $\sin x/x$ 补偿滤波器加以修正。

2) 模拟重构滤波器

模拟重构滤波器在 DAC 的输出信号中去除了基带信号中的高频分量，这个高频分量是以离散量化电平间的步长形式存在的，如图 1.32 所示。在时域上，真正的矩形滤波器的脉冲响应实际上是一个 sinc 函数，用下式表示：

$$\frac{\sin(\pi t/t_S)}{\pi t/t_S}$$

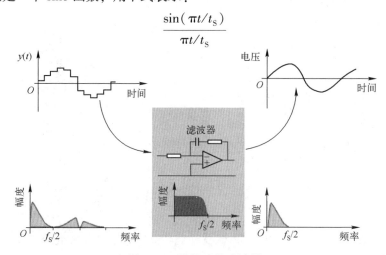

图 1.32 模拟重构滤波器

sinc 函数的时域和频域特性开始于 $t=-\infty$、结束于 $t=+\infty$，因此存在 sinc 插值的过程，如图 1.33 所示。

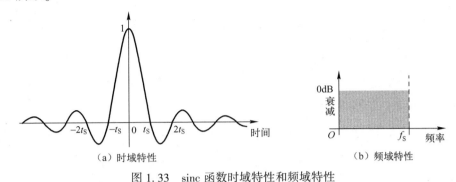

图 1.33 sinc 函数时域特性和频域特性

3）零阶保持滤波器

可以将零阶保持操作认为是一个简单的重构频率滤波操作，如图 1.34 所示。零阶保持器（Zero-Order Hold，ZOH）的频谱特性如图 1.35 所示。

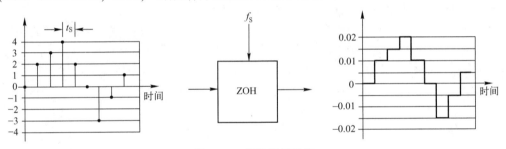

图 1.34 零阶保持操作

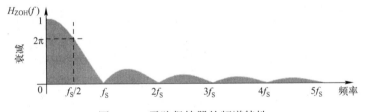

图 1.35 零阶保持器的频谱特性

步长重构导致了在 $f_S/2$ 处的衰减。零阶保持器的时域表示如图 1.36 所示。ZOH 电路的频率响应可以通过图 1.36 中的冲激响应来计算。通过傅里叶变换就可以得到频率响应，该响应特性表示为

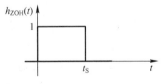

图 1.36 零阶保持器的时域表示

$$H_{ZOH}(f) = \int_0^{t_S} 1 \cdot e^{-j2\pi ft} dt = \frac{1}{j2\pi ft_S}[1 - e^{-j2\pi ft_S}]$$

$$= \left[\frac{e^{j\pi ft_S} - e^{-j\pi ft_S}}{2j(\pi ft_S)}\right] e^{-j\pi ft_S} = \frac{\sin \pi ft_S}{\pi ft_S} e^{-j\pi ft_S}$$

因此，对于理想的重构滤波器而言，应该通过下面的因子对 $f_S/2$ 频率处的 $\sin x/x$ 衰减进行补偿：

$$2/\pi = 0.637 = 20\lg 0.637 = -3.92\text{dB}$$

所以，理想的重构（同样需要理想的线性相位）的幅频响应为在 $f_s/2$ 频率处得到了 $1/0.637 = 1.569$ 增益补偿的滤波器；而高于此值的所有频率分量都将被衰减。实际上，这种模拟滤波器是无法实现的，只能尽可能地接近理想的矩形滤波器。

为了补偿衰减，可以在 DAC 之前引入一个数字滤波器，用于放大信号，它具有相反的衰减特性。在现代 DSP 系统中，通常使用过采样以降低模拟实现的难度。

1.6.5 SFDR 的定义及测量

无杂散动态范围（Spurious Free Dynamic Range，SFDR）用于对系统失真进行量化分析，它表示基本频率与杂波信号最大值的数量差。通常情况下，杂波产生于各谐波中，它用来表示器件输入和输出之间的非线性特性，偶次谐波中的杂波表示传递函数非对称失真。对于一个给定的输入信号而言，应该产生一个给定的对应输出。但是，由于系统非线性，实际输出并不等于预期值。当系统接收到大小相等、极性相反的信号时，得到的两个输出并不相等，这样的非线性就是非对称的。奇次谐波中的杂波表示系统传递函数的对称非线性，即给定的输入产生的输出失真对正负输入信号在数量上都是相等的。

在频域中，SFDR 是衡量线性特性的有效方法。如果将单音正弦信号输入系统中，则 SFDR 用于确定在一定的频率范围内的信号与第二大频率成分的功率差，如图 1.37 所示。在大多数的通信应用中，输入的信号是多音信号，由幅度、相位和频率不同的多个信号组成。

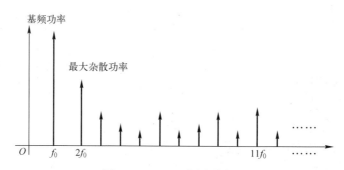

图 1.37 SFDR 的图形表示

测量 SFDR 时将引起一些混淆，更好的方法是通过多音功率比（Multi-tone Power Ratio，MTPR）进行测量，MTPR 定义为单音载波与失真的功率比。在多个频率处施加一定数量的、等幅但相位不同的信号，然后在某点测量该点的输出和该点失真的功率。

> **注**：有几个参数影响 MTPR，如单音幅度、挑选的单音频率和单音数量。在不同的情况下，得出的 MTPR 也不同。

1.7 通信信号软件处理方法

本节将介绍通信信号软件处理方法，内容包括软件无线电的定义、中频软件无线电实现、信道化处理、基站软件无线电接收机和软件无线电采样技术。

1.7.1 软件无线电的定义

近些年来,随着数字信号处理器和现场可编程门阵列器件性能的不断提高,移动通信系统越来越多地使用这些器件来增加系统的灵活性和改善系统的性能。软件无线电(Software Radio,SR)的关键技术包括:

(1) 宽频段 DAC 和 ADC 转换器的使用,将数字化处理(数字/模拟转换和模拟/数字转换)部分尽量靠近天线。

(2) 将尽可能多的功能定义到软件中(或者使用可编程硬件),用于代替传统的模拟电子元器件。

(3) 在软件中实现中频(IF)、基带和比特流处理功能。

(4) 在规范型的 SR 或者架构灵活的无线电中,硬件是简单的由软件定义的功能。

在移动设备和基站中,软件无线电技术都需要 1000MIPS 的运算性能。到目前为止,还没有实现真正意义下的软件无线电系统。而目前所采用的主要策略是用数字信号处理代替模拟信号处理,以实现数字无线电的前端。在 SR 中,数字处理单元可以替换的两个最重要的模拟单元是下变频(混频)器和信道滤波器。

SR 最主要的优点就是可编程性,通过从通信基站上下载合适的软件,就可以使移动手机既可以工作于 GSM 模式,也可以工作于 CDMA 模式。而在几年前,需要使用不同的模拟硬件来实现两种标准和天线接口。

显然,现在的大多数手机都是数字化的,可是很多数字组件都是工作在基带,以实现如回声对消、语音编码和均衡等功能。因此,数字手机或者数字无线电都与 SR 不同。

1.7.2 中频软件无线电实现

IF 软件无线电的结构如图 1.38 所示。到目前为止,SR 只是将部分波段进行数字化实现,并不是将射频的全波段数字化,取而代之的是,将射频(RF)变频至 IF,并且在 IF 上使用数字化的 SR 处理方式来折中实现。

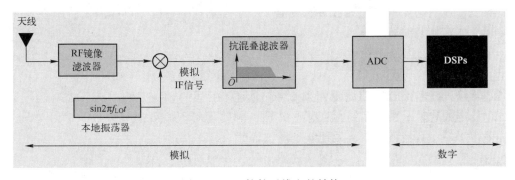

图 1.38 IF 软件无线电的结构

到目前为止,ADC 与 DAC 仍不能在保证低硬件开销的情况下实现对射频信号的采样。所以,目前大多是对 IF 采样而不是对 RF 采样。

使用传统的模拟混频技术产生 IF 信号,RF 镜像滤波器用来去除解调和/或下变频频段附近的镜像频率。将频率 f_{LO} 与 f_{GSM} 频段混频到 f_{IF},即

$$f_{IF} = f_{LO} - f_{GSM}$$

同时，镜像频率 $f_{image} = f_{LO} + f_{GSM}$ 也会向下混频到 f_{IF}。

为了简化硬件设计和降低成本，希望以固定速率采样模拟信号。但是，沿通信信号处理链进一步向下，数字信号处理的各个处理过程、与符号速率相关的问题，以及芯片速率等都要求采用不同的采样率。因此，在 SR 系统中，可变频率采样也是一个非常重要的问题，通过自适应数字信号处理可以实现这种可变频率的采样策略。

1.7.3 信道化处理

信道化处理是选择所需信息传输通道的过程。信道化包括了所有产生基带信号的必要过程，如下变频、带通滤波和解扩频等。对于一个移动终端而言，要求只选择一个用户，而一个基站要求选择和解码多个用户的信息。

考虑一个能数字化 5MHz 带宽的数字前端，如图 1.39 所示。这将由 25 个 200kHz 的 GSM 信道，或者单个 5MHz 的 UMTS 信道组成。在每一个 200kHz 的 GSM 信道中，一个以上的用户将被基带处理过程选择。

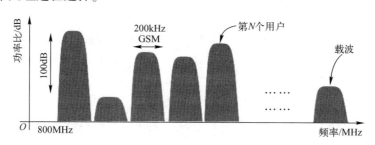

图 1.39 信道化处理

以 GSM 为例，按照上面的说明，不同的信道具有 100dB 甚至更大的动态范围。一个移动终端只要求抽取一个信道，因此一个 200kHz 带宽的数字前端就足够。另一方面，基站要求抽取所有的信道，因此需要 5MHz 的带宽，以及一组数字滤波器对每个 200kHz 的信道进行带通滤波，显然这要求快速的数字滤波器。对于多信道的情况，可能需要使用有效的滤波器组实现，如多相滤波器。

1.7.4 基站软件无线电接收机

基站软件无线电接收机的原理如图 1.40 所示。在基站 SR 接收机中，抽取多信道的过程是一个基本的要求。由于信道存在某些共性，因此就可以有效地建立数字信号处理过程，如通过多相子带滤波器就可以高效地实现滤波器组。

最后的阶段是提取（I 路和 Q 路）数据信号，并根据所使用的天线接口，执行各种 DSP 函数来完成对语音解码、解交叉和解扩等。显然，这个系统中的通道化是在数字域实现的。如果需要的话，则可以进行重新配置。

ADC 是一个具有特定性能要求的宽带器件。阻塞信号和期望信号的频率分配如图 1.41 所示。GSM 标准对 ADC 的性能要求为：如果一个阻塞信号的功率为 P_b，一个期望信号的功率为 P_d，前者比后者高 85dB，当阻塞信号与期望信号在频带上的间隔为 0.8~1.6MHz 时，接收机应该有能力忽略这个阻塞信号，期望信号的带宽为 B_W。

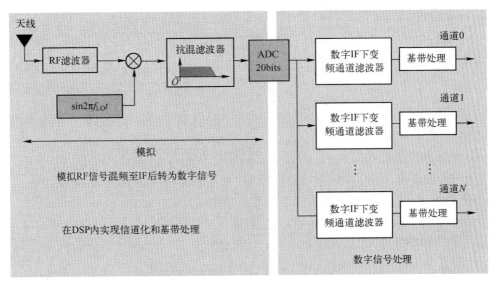

图 1.40　基带软件无线电接收机的原理

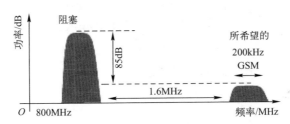

图 1.41　阻塞信号和期望信号的频率分配

变换器的满量程必须能够无删减地转化高能量的信道。因此选择满量程的范围为

$$V_{max} = 4\sqrt{P_B}$$

在这里假定信号是高斯信号，并且这种选择意味着它将减掉 5% 的时间。ADC 的位数是 b，因此步长 $q = V_{max}/2^{b-1}$。

期望带宽内量化噪声的功率为

$$Q_N = \left(\frac{q^2}{12}\right)\left(\frac{B_W}{f_S/2}\right) = \left[\frac{(V_{max}/2^{b-1})^2}{12}\right]\left(\frac{B_W}{f_S/2}\right)$$

选择 $V_{max} = 4\sqrt{P_B}$，那么 $Q_N = (32 P_B B_W)/(3 f_S 2^{2b})$。代入下列参数，通道间隔 1.6MHz，采样频率 f_S 为 6.4MHz，所要求的最小信道信噪比为 20dB，因此可以知道需要 17 位分辨率的 ADC。一旦加入了非线性的影响和抖动等，所要求的分辨率便需要 19~20 位。目前流行的 ADC 是 15 位、$f_S = 10$MHz，或者 12 位、$f_S = 100$MHz。

1.7.5　SR 采样技术

基带采样定理要求 $f_S > 2f_{max}$，f_{max} 为信号中最大的频率分量。下面给出几种采样方式下采样频率和信号频率的关系。

1. 过采样

$f_{ovs} = R f_S$，即以 f_S 的若干倍脉冲对信号采样，通过以数字方式执行部分抗混叠功能来降低模拟抗混叠的成本。

2. 正交采样

将信号分为两个信号,一个为同相位,另一个为正交相位,即 90°相移。然后使用两个采样器,它们工作在较低的采样频率 $f_s/2$ 上。此时,使用了两倍的硬件,但是采样速度减半。

3. 带通采样

满足 $f_s > 2f_b$ 的要求,其中 $f_b = f_{high} - f_{low}$,且满足 $f_{max} = f_{high}$。

以低于 f_{max} 的速率采样,仍然允许精确的信号重构,这样的信号是带限信号。也就是说,信号的镜像允许向下混叠到基带上。通常,奈奎斯特定理适用于采样任何信号,与采样一个音频信号的方式完全相同。

因此,在 2000MHz 的载频信号上采样一个 5MHz 带宽的信号,如果采用基带策略,即 $f_s \geq 2f_{max}$,则要求 ADC 以高于 4000MHz 的速率采样。

> **注**:带通采样定理,假定 5MHz 带宽落在 $N \times 5$MHz 和 $(N+1) \times 5$MHz 的范围内,就可以使用低到 10MHz 的采样频率;如果不是这样,则可以使用稍微高一点的采样频率。然而,为了避免使用昂贵的模拟 RF 滤波器,可能需要使用一些过采样技术,把采样频率提高到 2~8 倍之间。已经存在许多接近移动通信 RF 采样的实现方法。例如,以 MHz 频率和 14 位的分辨率进行采样。然而,这些系统非常昂贵,普遍使用多路复用技来达到这样高的采样频率。

1.7.6 直接数字下变频

考虑采样一个 60~70kHz 之间的带限信号,其采样频率为 $f_s = 20$kHz,如图 1.42 所示。如果该信号具有合适的带限特性,则输出信号将在基带频率上混叠出相同的形状。

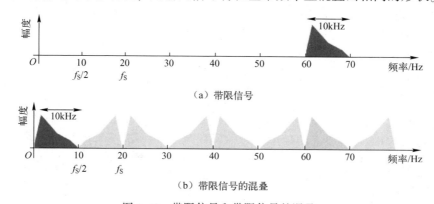

图 1.42 带限信号和带限信号的混叠

下变频到基带是通过选择复制基带混叠实现的。对于成功的带通滤波,很明显需要 $f_{low} \sim f_{high}$ 的频段落入下面的范围内:

$$k\left(\frac{f_s}{2}\right) \sim (k+1)\left(\frac{f_s}{2}\right)$$

此处 k 为一个整数,并且不跨过两个 $f_S/2$ 的混叠带,如图 1.43(a)所示的 10kHz 带宽信号。以 $f_S=20$kHz 采样上述信号,得到如图 1.43(b)所示的输出。

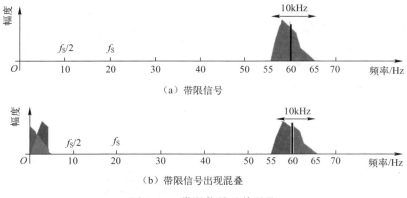

图 1.43 带限信号及其混叠

这次,60kHz 以下与以上的频率分量混叠到基带中相同的频率上,因此带通采样失败。

1.7.7 带通采样失败的解决

现在考虑采样一个介于 55~65kHz 之间的带限信号,以 $f_S=20$kHz 采样。如果这个信号具有合适的带限特性,那么输出信号将混叠,但是 55~60kHz 和 60~65kHz 的频谱都会出现在 0~5kHz 的范围内。

对于成功的带通滤波,如图 1.44 所示,很明显需要将 $f_{\text{low}} \sim f_{\text{high}}$ 之间的频段落入下面的范围内:

$$k\left(\frac{f_S}{2}\right) \sim (k+1)\left(\frac{f_S}{2}\right)$$

此处 k 为一个整数,并且不跨越两个 $f_S/2$ 的混叠带。

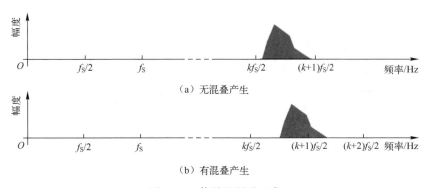

图 1.44 信号及混叠现象

下面给出带通采样频率的计算公式。为了确保带通采样将全部带通频率保留为基带上的特定频率,需要:

$$\frac{2f_{\text{high}}}{k} \leq f_S \leq \frac{2f_{\text{low}}}{k-1}$$

此处 k 为一个整数,且满足:

$$2 \leq k \leq \frac{f_{high}}{f_{high}-f_{low}}, \quad 并且 (f_{high}-f_{low}) \leq f_{low}$$

带通采样可以用来将一个射频 RF 或中频 IF 的通带信号转换成基带信号,如图 1.45 所示,即

$$\frac{2 \times 65}{k} \leq f_S \leq \frac{2 \times 55}{k-1}$$

$$2 \leq k \leq \frac{65}{10} \Rightarrow 2 \leq k \leq 6.5$$

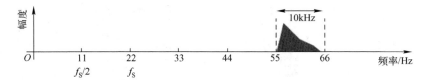

图 1.45 带限信号

如果选择最大的 k 以得到最低的采样频率值,即 $k=6$,则 f_S 的取值范围为 $21.67 \leq f_S \leq 22$,在此选择 $f_S = 22\text{kHz}$,得到带限信号的频谱如图 1.46 所示。因此,采样率略微高于 $2f_b$。通常情况下,为了简化模拟带通滤波器,采样频率可以是 3 倍或者更高。

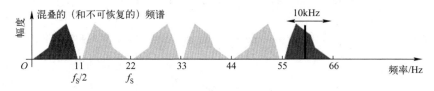

图 1.46 带限信号频谱

第 2 章　数字信号处理实现方法

数字信号处理（Digital Signal Processing，DSP）技术广泛地应用于通信与信息系统、信号与信息处理、自动控制、雷达、军事、航空航天、医疗、家用电器等许多领域。DSP 技术可以实现对所采集信号的量化、变换、滤波、估值、增强、压缩、识别等处理，以得到符合需要的信号形式。

本章在介绍数字信号处理基本概念的基础上，对数字信号处理器（Digital Signal Processors，DSPs）和现场可编程门阵列（Field Programmable Gate Array，FPGA）用于实现数字信号处理的原理和方法进行详细介绍，并对其进行比较。此外，还对 FPGA 执行数字信号处理的一些关键问题进行了讨论。

通过本章内容的介绍，说明 FPGA 在数字信号处理，尤其在高性能复杂数字信号处理方面的巨大优势。

2.1　数字信号处理技术概念

本节将介绍数字信号处理技术的发展、数字信号处理算法的分类和数字信号处理实现的方法。

2.1.1　数字信号处理技术的发展

20 世纪 80 年代，首次出现了专门用于数字信号处理的 DSPs。随着半导体工艺的不断发展，DSPs 的性能也在不断提高，价格不断降低。DSPs 以其高可靠性和良好的可重复性，以及可编程性（注：此处是指使用高级语言对 DSPs 编程）已经在消费市场和工业市场中广泛地被使用。DSPs 发展的趋势是结构多样化、集成单片化和用户化。此外，其开发工具功能更加完善，评价体系更全面、更专业。

近些年来，随着 FPGA 制造工艺的不断发展，它已经从传统的数字逻辑设计领域扩展到数字信号处理和嵌入式系统应用领域中，使得数字信号处理技术向着多元化实现的方向发展。

> **注**：图像处理单元（Graphic Processing Unit，GPU）也被用于实现数字信号处理，它不在本书所介绍的范围内。众所周知，在目前情况下，与 FPGA 相比，GPU 存在着功耗大、设计成本高和设计实现较复杂等缺点。

数字信号处理技术主要应用于以下几个方面。

（1）数字音频：在 20 世纪 80 年代，DSP 系统（如 CD 音频）对处理能力的要求并不高。数字信号处理主要用于实现从 CD 读取数据，然后通过数字模拟转换器（Digital to Analog Converter，DAC）输出。目前，CD 音频系统已经与音效系统、录制功用等结合在一起，但是对处理能力的要求仍然很低。

(2) 调制解调器：20 世纪 90 年代，传真调制解调器开始被广泛应用。从 1990 年开始到 2000 年，调制解调器的数字传输速度从 2400bps 提高到 57200bps。在调制解调器中，使用了最小均方误差（Least Mean Squares，LMS）的 DSP 算法。通过该算法，使消除回声和数据均衡成为可能，带宽受限的电话信道内使用多种信号传输方法，并且通过使用 DSP 来修正有可能在通道内出现的任何失真，这样数据传输速度就可以接近理论传输值。

(3) 数字用户回路：在 20 世纪 90 年代的最后几年里，通过使用数字用户回路（Digital Subscriber Loops，DSL）技术，使得通过传统的电话线就可以把兆比特每秒的数据率带入千家万户。概括地说，DSL 使用 DSP 技术和双绞线的高频特性。在提出高速数据通信的要求之前，大多数电话线的带宽被限制在 300~3400Hz 的范围内，但是限制了数据通信——语音带宽调制解调器。

(4) 移动多媒体应用：移动多媒体应用允许客户通过电话会议进行交流（音频和视频），用一个手持的通信器传输文件（电子邮件/传真）。音频/视频的编码/压缩算法，以及 DSP 则要求非常高的处理能力。第三代移动通信（3G）允许为手持无线设备（笔记本电脑和移动通信设备）提供高达 2Mbps 的数据率。为了实现这种高速率，传输到基站的数据和从基站得到的数据所要求的芯片速率为 5Mbps。为了实现这种高速的数据传输，使用一个叫作码分多址（Code Division Multiple Access，CDMA）的调制方案。对脉冲形成、信道均衡、回声控制和语音压缩等技术采用 DSP 策略，将要求高性能的 DSPs，其性能需要达到每秒百万级的指令运算速度。

(5) 软件无线电的应用：理想的软件无线电（Software Radio，SR）接收机通过 DSP 直接从 RF 向下变频（典型值为吉赫兹），并且最初的实现将工作在 IF 频率（从吉赫兹混降到几兆赫兹），如图 2.1 所示。

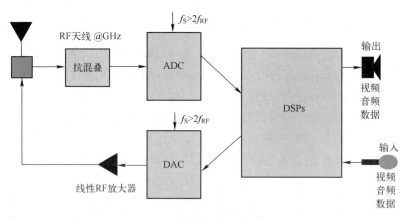

图 2.1 软件无线电结构

对于接收到的信号，在宽带模拟数字转换器（Analog to Digital Converter，ADC）采样之后完成所有的下变频/解调（称为零中频/零拍接收机）。与当前的第二代移动通信一样，所有的基带处理过程（回声对消、语音编码、均衡、解扩和信道编码）均在 DSPs 内完成。

对于第二代移动通信技术而言，一个理想的 SR 可以工作在 800~900MHz 的频谱范围内，并且可以通过简单修改 DSPs 内的软件代码来适应 AMP、GSM、DAMP 和 CT2 等。

下一代通用移动通信系统（Universal Mobile Telecommunications System，UMTS）遵循相

互协作的国际标准,将成为 SR 方案的受益者。目前,多频带无线电(特别在美国)已经覆盖 900MHz 的全球移动通信系统(Global System for Mobile communication,GSM)和 1300MHz 的数字增强无绳通信系统(Digital Enhanced Cordless Telecommunications,DECT),只不过它是用分立元器件实现的,而不是用 SR 结构实现。

对于下一代 5MHz 带宽的 CDMA 而言,如果 ADC 使用 4 倍的带通采样,则要求高于 20Mbps 的采样频率和频宽范围高达 2GHz 的模拟前端,并要求至少 18bit 的分辨率。目前,满足这种要求的器件并不存在。DAC 将要求输出 20Mbps 的采样值,其数据宽度达到 18bit,并且将其输入到一个线性射频放大器中。

SR(包括算法工具箱)的观点是:对于手机或移动终端保存的每个标准,都有相应的软件支持。或者有一个包含不同算法的工具箱(QPSK 和均衡器等),根据所使用的实际标准(GSM 和 W-CDMA 等),通过选择正确的参数来调用这些算法。

还有空中下载的概念,通过移动终端可以将所需要的软件下载到移动终端的通用硬件平台上。然而,这仍然需要进一步的研究和完善。

2.1.2 数字信号处理算法的分类

数字信号处理算法主要包含以下几个方面。

(1) 线性滤波:线性滤波主要用于从信号中去除高频背景噪声。线性滤波技术可用于任意一个应用中,前提条件是两个信号可以通过它们所占用的频带加以区分。

(2) 信号变换:用于信号分量分析和信号检测等。通过将一个信号变换到不同的域中,读者可以更加方便地观察和分析一个信号。例如,变换到 s 域(拉普拉斯域)可以允许更直接地进行数学操作,而变换到频域则可以更容易地观察不同频率的信号分量。

(3) 非线性信号增强/滤波:通过中值滤波去除脉冲噪声。在 2D 图像处理中,非线性滤波有着非常重要的应用。音频非线性滤波器用于处理脉冲噪声,因为该信号被一个脉冲所干扰。由于脉冲信号基本上包含了所有的频率分量,因此不能使用频率或相位识别滤波器。但可以使用一个中值滤波器,该滤波器把 N 个最近的采样排序,并将中间值选择出来。这样如果 N 个样本的持续时间比冲激噪声的时间长一些,幅度非常大的脉冲就可能被过滤掉。

(4) 信号分析/解释/分类:用于心电图、语音识别和图像识别等。通过将一个已知的图案与输入信号进行比较来识别输入信号,并输出某些参数化的信息。

(5) 压缩/编码:高保真音频、移动通信、视频会议和 ECG 信号压缩等。压缩是目前音频和电信业务中的一个重要领域。在高保真音频市场,CDROM 已经被通过因特网购买的压缩格式的音乐产品(如 MP3)所取代。对于电信应用而言,将语音编码后占用尽可能少的带宽,同时又保持了原有的信号质量。对于每一个新型移动设备,更强的 DSP 处理能力在允许位速率减小的同时,仍然保持了很好的信号质量,如减少信号的带宽和存储需求。

(6) 记录/复原:例如,CD、CD-R 和硬盘记录等,该过程和压缩过程相反,其目的是提取并恢复原始的信息。

2.1.3 数字信号处理实现的方法

对平台的选择取决于下面的因素:①所需要实现的功能;②处理性能的要求(速度和

精度等）；③可重复编程的能力；④生产成本；⑤可用的设计资源；⑥所需要的设计时间等。

有许多因素决定了用于指定用途的平台种类，通常在同一个系统设计中同时使用不同的平台（如 DSP+FPGA 的结构就是目前系统设计中经常使用的方法）。每个平台实现不同的功能，设计人员需要决定在不同的平台之间如何划分功能。当需要选择一个实现平台时，一个主要的考虑因素是要实现哪一个功能，在速度、精度、功耗和实现成本等方面，哪一个平台更能满足设计要求。

目前，用于实现数字信号处理的方法如下。

（1）专用集成电路（Application Specific Circuit，ASIC）：ASIC 为全定制数字（或者模数混合型）硬件，其优点主要有：①实现更加迅速和有效；②对于大批量生产，ASIC 的成本相对较低。缺点有：①流片时间长；②设计过程复杂且昂贵；③由于不具备可重复编程的能力，因此缺乏灵活性。

（2）现场可编程门阵列（Field Programmable Gate Array，FPGA）：FPGA 内提供了大量可编程的逻辑资源、布线资源和 I/O 模块。近年来，为了将 FPGA 应用于数字信号处理领域中，在 FPGA 内也集成了大量专用的 DSP 切片。

（3）数字信号处理器（Digital Signal Processors，DSPs）：DSPs 是专门用于数字信号处理的处理器芯片，典型的有 TI 公司和 ADI 公司的数字信号处理器芯片，两者在性能、功耗和成本等方面各有千秋。

下面以一个长度为 N 的数字 FIR 滤波器的实现为例，说明不同实现方法所能达到的处理性能。

（1）使用 DSPs。通过优化设计执行乘-累加（MAC）操作，N 个 MAC 操作中的每一个操作均需要按顺序执行，因此可达到的最高执行速度大约为 f_{clock}/N，其中 f_{clock} 为 DSPs 的最高时钟频率（假定可以在单处理器周期内执行一个 MAC 操作）。

（2）使用 ASIC 或 FPGA，可以全并行地实现滤波器操作，其优势就是可以同时执行 N 个 MAC 操作。对于同样的 f_{clock}，滤波器的实现速度可以快 N 倍。

（3）大多数 DSPs 提供了 32 位精度的累加器来存储 MAC 操作的结果。而对于 ASIC 与 FPGA 而言，它们理论上可以实现任意精度的操作，普通滤波器的数据宽度一般要求在 10~16bit 的范围内。显然，要达到更高的精度，则需要消耗更多的逻辑资源。

（4）如果所实现的系统要求具备可重复编程（注：这里是指软件可重复编程和硬件可重复编程）的能力时，就不能选择 ASIC。当设计人员希望所设计的系统能符合最新的标准，或者只是简单地更新设计时，可通过修改运行在 DSP 上的程序和修改 FPGA 芯片的内部实现结构来达到这个目的。

2.2 基于 DSPs 的数字信号处理实现原理

传统上，ADI 和 TI 公司的 DSPs 被业界广泛使用。一般 TI 公司的 DSPs 分为 C2000、C5000 和 C6000 三个系列。对于 TI 公司的 C6000 而言，分为定点和浮点两种类型。一般情况下，TMS320C64x 和 TMS320C62x 属于定点 DSPs；TMS320C67x 属于浮点 DSPs；TMS320C66x 同时包含定点和浮点处理单元，属于多核 DSPs。

2.2.1 DSPs 的结构及流水线

本小节将以 TI 公司的 TMS320C64x 系列的 DSPs 为例介绍 DSPs 的架构和流水线。

1. DSP 的结构及单元

TI 公司的 TMS320C64x DSPs 的内部架构如图 2.2 所示。尽管 DSPs 的架构是固定的,但它是一个软件可编程(可以使用 C 语言对其编程)的结构,能够按顺序执行程序中的各种指令,但不允许并行实现。DSPs 通常由下面的单元组成。

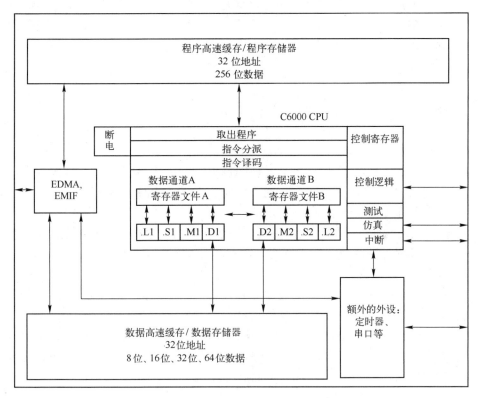

图 2.2 TMS320C64x DSPs 的内部架构

1) CPU(Central Processing Unit)

DSPs 的 CPU 主要包含取出程序单元;指令分派单元;指令译码单元;两个数据通道 A 和 B,每个通道包含 4 个功能单元(.L、.S、.M 和 .D);64 个 32 位寄存器,寄存器 A0~A31 属于寄存器文件 A,寄存器 B0~B31 属于寄存器文件 B;控制寄存器;控制逻辑;测试、仿真和中断逻辑。

(1) 在每个 CPU 时钟周期内,取出程序单元、指令分派单元和指令译码单元可以将最多 8 条 32 位的指令发送给功能单元。

(2) 每个寄存器组有 4 个功能单元(分别用 .D1、.M1、.L1、.S1 和 .D2、.M2、.L2、.S1 表示)。不同单元的具体功能如下。

① .D 单元。用于加载/保存信息从/到存储器,并执行算术操作。该单元对存储器进行读写操作,并使用偏移量。此外,它也可执行 32 位的加减法运算。

②.M 单元。用于乘法操作，在 DSPs 中有两个乘法器单元.M1 和.M2，可以实现 32×32 位的乘法运算。

③.L 单元。用于逻辑和算术运算，该单元可以执行 32/40 位的算术运算、比较运算和 32 位的逻辑操作运算。

④.S 单元。用于分支跳转、位操作和算术运算。它可执行 32 位的算术逻辑运算、位域操作，以及 32/40 位的移位操作。此外，它也用于处理分支指令。

2）总线

内部总线用于在 DSPs 的不同功能单元之间传输数据和控制信息。内部总线提供了高度的并行性。对于 TI 公司的 C6xxx 系列而言，提供了 3 类总线，即指令总线、数据总线和直接存储器存取总线，这些总线的主要功能如下。

（1）用于提取指令。

（2）用于从存储器中提取数据和滤波器的系数。

（3）用于在不同的外设和存储器之间进行直接存储器存取（Directive Memory Access，DMA）操作。

3）内部存储器

C64x 系列的 DSPs 提供 32 位可字节寻址的地址空间。内部（片上）存储器分为独立的数据空间和程序空间。当使用片外存储器时，通过外部存储器接口（External Memory Interface，EMIF）将外部存储器连接到 DSPs。

C64x 系列的 DSPs 提供了两个内部端口，用于访问内部数据存储器；提供了一个内部端口，用于访问内部程序存储器（取指宽度为 256bit）。

4）存储器和外设选项

C6000 系列的 DSPs 提供了不同的存储器和外设选项，包括大容量的片上 RAM，最大容量为 7MB；程序高速缓存；两级高速缓存；32 位外部存储器接口，支持 SDRAM、SBSRAM 和 SRAM，以及其他异步存储器；扩展的直接存储器访问（Enhanced Direct Memory Access，EDMA）控制器；以太网媒体访问控制器（Ethernet Media Access Controller，EMAC）和物理层设备管理数据输入/输出模块（Management Data Input/Output，MDIO）；主机接口（Host Port Interface，HPI）；内部集成电路总线（Inter-Integrated Circuit，I^2C）模块；多通道音频串行端口（Multichannel Audio Serial Port，McASP）；多通道缓冲串行端口（Multichannel Buffered Serial Port，McBSP）；外设部件互联（Peripheral Component Interconnect，PCI）端口；32 位通用定时器等。

2. DSPs 的流水线

DSPs 内的 CPU 通过流水线，相互重叠地实现连续取指、译码和执行操作。TI 公司的 C6000 处理器使用超流水线结构，一个处理器周期由 8 个时钟周期组成，其不仅相互重叠地执行取指和译码，而且相互重叠地执行上一个和下一个指令。TI 公司 C6000 系列 DSPs 的流水线结构如图 2.3 所示。

> **注：**（1）对于流水线的取指周期而言，细化为产生程序地址（Program Address Generate，PG）、发送程序地址（Program Address Send，PS）、程序访问准备等待（Program Access Ready Wait，PW）和接收程序取指包（Program Fetch Packet Receive，PR）阶段。

(2) 对于指令的译码周期而言,细化为指令分派(Instruction Dispatch,DP)和指令译码(Instruction Decode,DC)阶段。

(3) 对于指令的执行周期而言,细化为5个阶段,用E1~E5表示。

取指包	时钟周期												
	1	2	3	4	5	6	7	8	9	10	11	12	13
n	PG	PS	PW	PR	DP	DC	E1	E2	E3	E4	E5		
$n+1$		PG	PS	PW	PR	DP	DC	E1	E2	E3	E4	E5	
$n+2$			PG	PS	PW	PR	DP	DC	E1	E2	E3	E4	E5
$n+3$				PG	PS	PW	PR	DP	DC	E1	E2	E3	E4
$n+4$					PG	PS	PW	PR	DP	DC	E1	E2	E3
$n+5$						PG	PS	PW	PR	DP	DC	E1	E2
$n+6$							PG	PS	PW	PR	DP	DC	E1
$n+7$								PG	PS	PW	PR	DP	DC
$n+8$									PG	PS	PW	PR	DP
$n+9$										PG	PS	PW	PR
$n+10$											PG	PS	PW

图 2.3 TI 公司 C6000 系列的 DSPs 的流水线结构

2.2.2 DSPs 的运行代码及性能

本小节将从数字 FIR 滤波器与 MAC 操作、循环缓冲单元,以及代码效率和编码功能几个方面来介绍使用 DSPs 进行数字信号处理性能方面的问题。

1. 数字 FIR 滤波器与 MAC 操作

为了说明 DSPs 对 FIR 滤波算法的处理过程,首先给出一个 N 抽头 FIR 滤波器的信号流图表示,如图 2.4 所示。

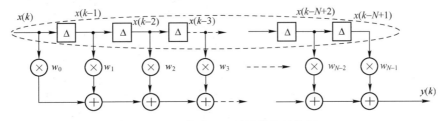

图 2.4 N 抽头 FIR 滤波器的结构图

在第 k 时刻,N 个权值 FIR 滤波器的输出可以表示为

$$y(k) = \bm{w}^\mathrm{T}\bm{x}_k = \sum_{n=0}^{N-1} w_n x(k-n)$$

其中:

$$\bm{w}^\mathrm{T} = [w_0, w_1, w_2, \cdots, w_{N-2}, w_{N-1}]$$

$$\bm{x}_k^\mathrm{T} = [x(k), x(k-1), x(k-2), \cdots, x(k-N+2), x(k-N+1)]$$

从上式可知,对于长度为 N 的 FIR 滤波算法,需要执行 N 次 MAC 操作。FIR 滤波器的算法原理如图 2.5 所示。

从图 2.5 中可知,该 FIR 滤波器的算法包含一系列

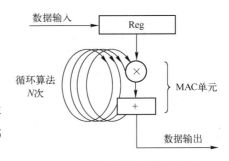

图 2.5 FIR 滤波器的算法原理

乘法和加法操作。在实际实现时，可以使用 C 语言或者汇编语言编程来实现该 FIR 滤波器的算法。

（1）通过 C 语言用一个 for 循环来实现。下面给出使用 C 语言代码实现 FIR 滤波器算法的代码：

```
for(i=0;i<N;i++)
    y+= *(h_ptr++) * *(x_ptr++)
```

其中，h_ptr 指向权值参数 h，x_ptr 指向采样参数 x。

（2）通过指针或者数组，存取存储器中所保存的输入数据和滤波器系数。为了节约所使用 DSPs 的存储器资源，一般采用动态分配存储空间的方法。下面给出使用汇编语言实现 FIR 滤波器算法的代码：

```
        MVKL    x_ptr, A5           //初始化 32 位指针
        MVKH    x_ptr, A5
        MVKL    h_ptr, A6
        MVKH    h_ptr, A6
        MVK   .S1   L, A0           //循环的次数
        ZERO  .L1   A4              //将加法器清零
Loop    LDH   .D1   *A5++, A1       //加载输入数据，并且指针加 1
        LDH   .D1   *A6++, A2       //加载权值系数，并且指针加 1
        MPY   .M1   A1, A2, A3      //将输入数据和权值相乘
        ADD   .L1   A4, A3, A4      //将结果加到累加器中
        SUB   .S1   A0, 1, A0       //将循环次数减 1
[A0]    B     .S1   Loop            //返回标号为 Loop 的地方（除非 A0=0）
        STH   .D    A4, *A7         //将结果写入存储器中
```

2. 循环缓冲单元

这里介绍在 MAC 操作过程中缓冲和更新数据的方法，如图 2.6 所示。实现长度为 N 的 FIR 滤波器需要：

（1）每个采样周期，更新抽头延迟线 x_k；

（2）不需要移动所有的数据，仅需要覆盖缓冲区中最早的数据。

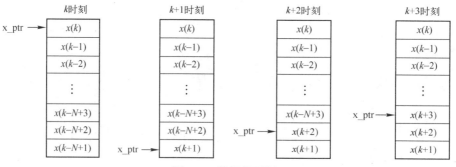

图 2.6 数据的更新

如果通过一个模 N 的操作实现指针 x_ptr 的增加或减少，则可以实现循环缓冲区，即指针循环绕到存储器阵列的任何一端。

循环缓冲区是一个非常有效的方法，它能够将存储器中所需要移动的数据量最小化。当

使用一个线性缓冲器时，加载一个新采样所需存储器移动操作的个数，如图2.7所示。

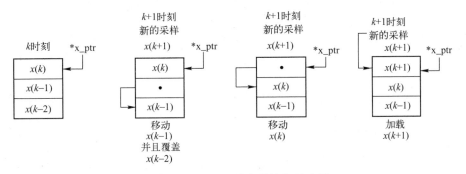

图2.7 线性循环缓冲器的实现过程

如果使用循环缓冲区，则可以将存储器所需要移动操作的次数降低到最小，如图2.8所示。

3. 代码效率和编码功能

使用DSPs完成DSP算法，除要求使用高性能的DSPs外，软件设计人员必须在代码效率和有效代码上进行深入研究。一方面，使用尽可能少的指令或者尽可能少的时钟周期来实现DSP算法；另一方面，需要权衡代码效率和代码功能。不同优化级下的代码效率如表2.1所示。

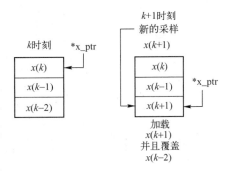

图2.8 循环缓冲器的实现过程

表2.1 不同优化级下的代码效率

语　　言	优化策略	代码效率
C	编译器优化	50%～80%（低）
线性汇编	汇编器优化	80%～100%（中）
汇编	手工优化	100%（高）

使用汇编语言编写的程序具有最优的处理器性能。当然，代码的编写也是一种艺术（这主要是因为它可以充分使用DSP的流水线和并行结构）。

传统上直接对C语言编写的程序进行交叉汇编，但是以前使用这种方法产生的代码要比直接使用汇编语言编写的代码效率低。

TI开发工具内所集成的C语言编译器功能非常强大，并且针对DSPs的内部结构进行了优化。与传统使用最优汇编语言编写代码相比，可以达到80%的优化率。此外，还可以通过对部分代码用C语言编程、部分代码用汇编语言编程来进一步改善算法的性能。

一般的编程功能都允许使用C语言和汇编语言进行混合编程。所以，与实时性处理要求密切相关的代码部分可以使用汇编语言编写，然后与剩余的C语言代码进行正确的链接。

实际上，为了分析一个算法的行为和功能，通常从C语言开始编写代码。TI的Code Composer Studio（简称CCS）开发环境内集成了大量的分析工具，用于检查代码的时间要求和效率。通过使用这些工具，可以查找程序中耗时过多的代码，然后使用汇编语言来实现它。

本质上，DSPs采用的是串行的处理方法。这种处理方法对数字信号的高性能处理产生了非常严重的瓶颈。

在使用单核和多核 DSPs 进行信号处理时：①提高时钟速度的时候，会提高采样率；②随着系数个数的增加，也就是算法复杂度增加的时候，采样率会显著降低。与采用单核 DSPs 相比，采用双核 DSPs 处理信号的性能并没有明显提高。此外，由于多核 DSPs 的结构非常复杂，如图 2.9 所示，对算法开发人员而言，也带来不小的难度。

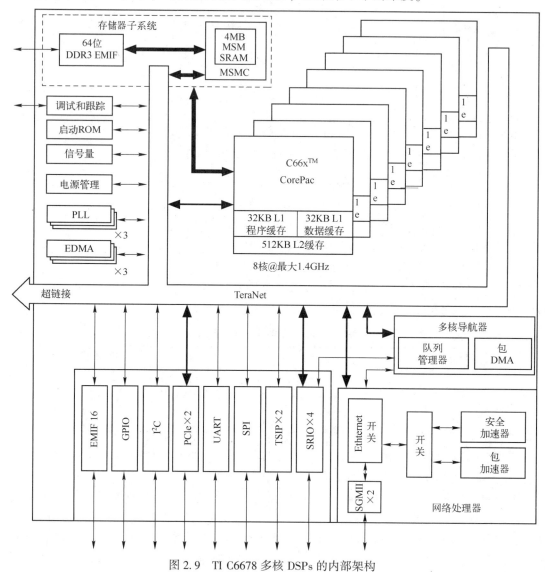

图 2.9 TI C6678 多核 DSPs 的内部架构

思考与练习 2-1：近年来，TI 的 DSP 采用多核 DSPs 结构，其目的是什么？多核 DSPs 的结构特点会导致什么不利的结果？

2.3 基于 FPGA 的数字信号处理实现原理

你可以将 FPGA 配置为与所要求功能相对应的不同运行模式。你可以使用适当的硬件描述语言（Hardware Description Language，HDL），如 VHDL 或 Verilog HDL，实现任何硬件的设计。因此，同一个FPGA可以实现DSL路由器、DSL调制解调器、JPEG编码器、数字广播系统或背板交换矩阵接口。

高密度的FPGA结合了嵌入式硅功能，可以在FPGA内实现完整的系统，从而在可编程芯片实现中创建系统。嵌入式硅功能（如嵌入式存储器、数字信号处理模块和嵌入式处理器）非常适合实现DSP功能，如有限冲激响应（Finite Impulse Response，FIR）滤波器、快速傅里叶变换（Fast Fourier Transform，FFT）、相关器、均衡器、编码器和译码器。

嵌入式DSP模块提供加、减和乘等功能，这是DSP功能中常见的运算。通常，与仅提供有限数量乘法器的DSPs相比，Intel FPGA提供了更大的乘法器带宽。

决定整体DSP带宽的一个因素是乘法器带宽，因此使用FPGA的整体DSP带宽可以比使用DSP处理器的高得多。

许多DSP应用程序使用外部存储设备来处理海量数据。FPGA内建的存储器资源不仅满足这些要求，而且在某些情况下也不需要外部存储设备。

FPGA内建的软核/硬核嵌入式处理器实现在软件和硬件之间进行灵活的系统划分，因此提供了更通用的系统集成。在集成嵌入式处理器的片上可编程系统内，设计者可以利用FPGA内的通用逻辑资源实现硬件元器件，然后设在嵌入式处理器中实现系统需要的软件。Intel提供了不同系列的FPGA/SoC元器件，使得设计者在嵌入式软核处理器和嵌入式硬核处理器之间进行选择。

你可以在FPGA中实现诸如Nios II/Arm Cortex M0/Arm Cortex M3嵌入式处理器之类的软核处理器，并添加多个系统外设。Nios II/Arm Cortex M0/Arm Cortex M3处理器支持用户可确定的多个主设备的总线架构，该架构可优化总线带宽并消除DSP处理器中存在的潜在瓶颈。你可以使用多主设备总线来定义用于一个特定应用所需要的尽可能多的总线和性能。现有的DSP处理器在选择片上数据总线的数量时会在宽度和性能之间进行权衡，这可能会限制性能。

FPGA内的嵌入式处理器软核提供对自定义指令的访问，如Nios II处理器中的MUL指令，可以使用硬件乘法器在两个时钟周期内执行乘法运算。由于元器件逻辑资源的可配置性，FPGA元器件提供了一个灵活的平台来加速硬件中对性能至关重要的功能。DSPs具有预定义的硬件加速器块，但是FPGA可以为每种应用实现硬件加速器，从而从硬件加速中获得最佳可实现的性能。在实践中，设计者可以使用参数化的IP核或硬件描述语言从头开始实现硬件加速器块。

为了方便设计者在Intel FPGA平台上开发DSP算法，Intel提供了大量的IP核。你可以参数化Intel DSP IP核，以实现最有效的硬件实现并提供最大的灵活性。你可以轻松地将IP核移植到新的FPGA系列，从而获得更高的性能和更低的成本。可编程逻辑和软核IP的灵活性使得设计者可以快速将设计适应新标准，而不必等待通常与DSPs相关的交付时间。

2.3.1 FPGA基本原理

与前面所介绍的DSPs相比，FPGA内包含了大量可通过编程连接的逻辑资源。因此，FPGA提供了具有可变字长的、灵活的、具有潜在并行处理能力的架构。此外，在Intel近些年来所推出的FPGA中还集成了DSP块来进行通用的DSP算法。使用FPGA进行DSP可以满足特定的处理速度和性能要求,同时兼备了低成本和低功耗的特点。

查找表(Look-up Table,LUT)是 FPGA 内实现逻辑功能的基本单元。不同的输入所需要的 LUT 的资源如表 2.2 所示。

表 2.2 不同的输入所需要的 LUT 的资源

属 性	通 常	4 输入 LUT	6 输入 LUT
LUT 输入	n	4	6
所要求 PROM 的位	2^n	16	64
可能的功能	2^{2^n}	2^{16}	2^{64}

查找表主要完成的功能如下。
(1)实现对输入的逻辑组合功能(无反馈)。
(2)无论输入多么复杂,一个 4/6 输入 LUT 总会执行输入小于或者等于 4/6 的函数功能。
(3)地址输入选择存储单元中的逻辑函数。
(4)LUT 的复杂度与输入端口的个数有关。输入端口越多,LUT 的复杂度越高。

虽然 LUT 是 FPGA 器件内实现组合逻辑功能的基本单元,但是通过 Intel 的 Quartus Prime Pro 集成的综合工具,设计者并不需要知道逻辑功能具体实现的过程。实际上,LUT 使用静态随机存取存储器(SRAM),它通过将 n 个输入的 2^n 个逻辑函数保存起来以实现 LUT 功能。在这种形式中,SRAM 的地址线被当作输入,而其输出提供了逻辑函数的值。

这种在 FPGA 内使用 LUT 实现组合逻辑功能的方法解决了传统实现方法带来的实现复杂度和逻辑传输延迟不能确定的缺点,显著提高了逻辑功能的实现性能。

对于下面有 4 个逻辑输入(A、B、C 和 D)和一个逻辑输出(Z)的逻辑表达式:

$$Z = B\overline{C}\,\overline{D} + A\overline{B}C\overline{D}$$

使用 Verilog HDL 语言描述,如代码清单 2-1 所示。

代码清单 2-1 top.v 文件

```
module top(
    input a,
    input b,
    input c,
    input d,
    output z
    );
assign z=(b & (!c)& (!d)) | (a & (!b) & c &(!d));
endmodule
```

注: 读者可以定位到本书提供资料的 \intel_dsp_example\example_2_1 目录下,用 Quartus Prime Pro 2019.4 集成开发环境打开该设计。

没有化简前的逻辑结构如图 2.10 所示。很明显,传统的数字逻辑使用逻辑与门、或门和非门实现逻辑表达式所要呈现的功能。

使用 Quartus Prime Pro 2019.4 集成开发环境对该设计进行 Analysis & Synthesis,通过 Technology Map Viewer(Post-Mapping)打开综合后的网表结构,如图 2.11 所示。

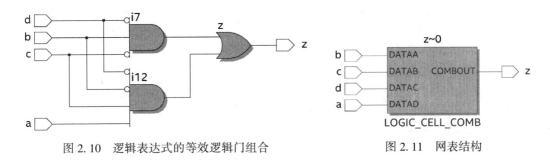

图 2.10 逻辑表达式的等效逻辑门组合　　图 2.11 网表结构

思考与练习 2-2：通过鼠标右键单击图 2.11 中的元器件符号，出现浮动菜单。在浮动菜单内，选择 Properties，打开 LUT 的内部结构，分析其内部结构。

思考与练习 2-3：请说明采用 LUT 实现逻辑功能的原理，并说明与使用传统逻辑门实现逻辑功能的优势。

> **注**：下面将以 Intel 公司 Cyclone 10 GX 系列的 FPGA 为例，详细说明 FPGA 内集成的各种逻辑资源。

2.3.2 逻辑阵列块和自适应逻辑块

逻辑阵列块（Logic Array Block，LAB）由基本构建块——自适应逻辑模块（Adaptive Logic Module，ALM）构成。通过配置 LAB，可以实现逻辑功能、算术功能和寄存器功能。

Cyclone 10 GX 器件中大约有 1/4 的 LAB 可用作存储器 LAB（Memory LAB，MLAB），并且某些器件提供了更多的 MLAB 资源。

1. ALM 结构和功能

LAB 为可配置的逻辑块，由一组逻辑资源构成。每个 LAB 包含用于将控制信号驱动其 ALM 的专用逻辑。MLAB 是 LAB 的超集，包含 LAB 的所有特性。Cyclone 10 GX 器件中 ALM 的内部结构如图 2.12 所示。从图 2.12 中可知，每个 ALM 由上、下两部分组成，上、下两部分包含的逻辑设计资源如下。

① 1 个 4 输入 LUT；
② 2 个 3 输入 LUT；
③ 2 个可编程寄存器；
④ 1 个加法器；
⑤ 进位输入。

在 Cyclone 10 GX 器件中，ALM 的高层次架构如图 2.13 所示。每个 ALM 包含基于 LUT 的不同资源，可以分割为两个组合自适应 LUT（Adaptive LUT，ALUT）和 4 个寄存器。从图 2.13 可知，两个 ALUT 可以实现最多 8 个输入的不同逻辑组合，这种适应性允许 ALM 与 4 输入的 LUT 架构完全向后兼容。一个 ALM 可以实现两个函数的不同组合，可以实现具有最多 6 个输入和某些 7 个输入功能的任何函数。

2. LUT 的工作模式

每个 ALM 内的 LUT 可以工作在下面模式中的任何一种，即普通模式、扩展模式、算术模式和共享算术模式。

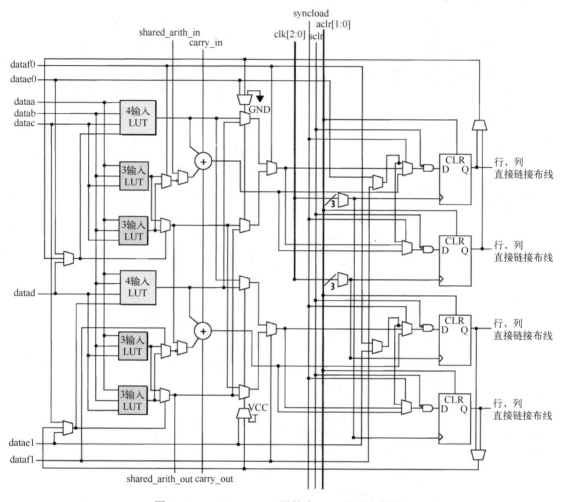

图 2.12 Cyclone 10 GX 器件中 ALM 的内部结构

1）普通模式

在该模式中，允许在一个 ALM 中实现两个函数，或者 6 输入的一个函数。来自 LAB 本地互联的最多 8 个数据输入可以作为组合逻辑的输入。ALM 可以支持完全独立功能的某些组合，以及具有共同输入的各种功能组合。Quartus Prime 编译器自动选择 LUT 的输入。在普通模式下，ALM 支持寄存器打包。

2）扩展模式

当实现 7 输入函数时，则使用扩展模式。通过使用下面的输入，即 dataa、datab、datac、datad、datae0、datae1 和 dataf0/dataf1，可以在单个 ALM 内实现一个 7 输入的函数。如果使用 dataf0，则输出可以驱动 register0/register；如果使用 dataf1，则输出可以驱动 register2/register3。

3）算术模式

在算术模式下，ALM 使用 2 组 2 个 4 输入的 LUT 和 2 个专用的加法器。专用的加法器允许 LUT 进行预加法逻辑。因此，每个加法器可以对 2 个 4 输入的函数进行加法操作。

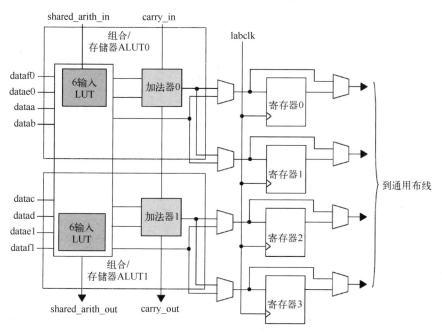

图 2.13 Cyclone 10 GX 器件中 ALM 的高层次结构

ALM 支持同时使用加法器的进位输出和组合逻辑输出。在这个操作中，忽略加法器的输出。

使用包含组合逻辑输出的加法器，可以为使用这个模式的功能节省最多 50% 的资源。算术模式也提供时钟使能、计数器使能、同步向上和向下控制、加减控制、同步清除和同步加载。

4) 共享算术模式

在共享算术模式中，ALM 可以实现 3 输入的加法运算。该模式用 4 个 4 输入的 LUT 配置 ALM。每个 LUT 用于计算 3 个输入的和或 3 个输入的进位。通过共享算术链的连接，进位计算的输出可送到下一个加法器。

具有 6 输入和 2 输出逻辑功能的 Verilog HDL 描述，如代码清单 2-2 所示。

代码清单 2-2　top.v 文件

```verilog
module top(
input a,b,c,d,e,f,
output [1:0] z);
    assign z[0]=a & b & c & d & e & f;
    assign z[1]=a | b | c | d | e | f;
endmodule
```

注： 读者可以定位到本书提供资料的 \intel_dsp_example\example_2_2 路径，用 Quartus Prime Pro 2019.4 集成开发环境打开该设计。

使用 Quartus Prime Pro 2019.4 对该设计执行完 Analysis & Synthesis 后，通过 Technology Map Viewer（Post-Mapping）打开综合后的网表结构，如图 2.14 所示。

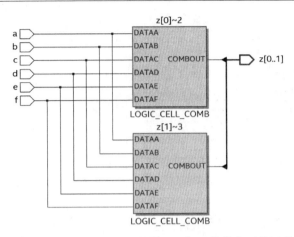

图 2.14 一个具有 6 输入和 2 输出的逻辑函数综合后的网表结构

3. 寄存器和锁存器

每个 LAB 包含用于将控制信号驱动到其 ALM 的专用逻辑，并有 2 个独特的时钟源和 3 个时钟使能信号。

通过使用 2 个时钟源和 3 个时钟使能信号，LAB 控制块能生成最多 3 个时钟。一个反相的时钟可以看作单个的时钟源。每个时钟和时钟使能信号相关联。当时钟使能信号无效时，将关闭对应 LAB 宽度的时钟，如图 2.15 所示。

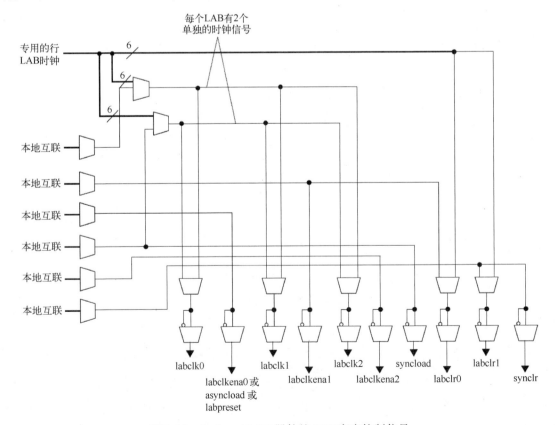

图 2.15 Cyclone 10 GX 器件的 LAB 宽度控制信号

LAB 行时钟[5:0]和 LAB 本地互联产生 LAB 宽度的控制信号。MultiTrack 互联本身的低抖动特性允许分配时钟和控制信号。MultiTrack 互联由不同长度和速度连续的,以及性能优化的布线行组成,用于设计之间和设计内的块连接。

LAB 宽度的控制信号控制逻辑用于寄存器的清除信号。ALM 直接支持一个异步清除功能。在 Quartus Prime 软件中,寄存器预置用于非门回推逻辑(NOT-gate push-back)。每个 LAB 支持最多两个清除信号 aclr[1:0]。

Cyclone 10 GX 器件提供了一个器件宽度的复位引脚 DEV_CLRn,它可用来复位器件内所有的寄存器。在编译设计之前,设计者可通过 Quartus Prime 软件来使能 DEV_CLRn 引脚。器件宽度的信号覆盖其他所有控制信号。

每个寄存器的端口包含数据、时钟、同步和异步复位,以及同步加载。全局信号、通用 I/O(General Purpose I/O,GPIO)或任何的内部逻辑可以用来驱动 ALM 寄存器的时钟使能信号,以及时钟和清除控制信号。对于单纯的组合逻辑而言,可以旁路掉寄存器,LUT 的输出可以直接驱动 ALM 的输出。

1) 寄存器

带有异步复位寄存器的 Verilog HDL 描述,如代码清单 2-3 所示。

代码清单 2-3　top.v 文件

```verilog
module top(
input d,
input clk,
input rst,
output reg q
);

always @ ( negedge rst or posedge clk )
begin
    if( !rst)
        q<= 1'b0;
    else
        q<=d;
end
endmodule
```

> **注**:读者可以定位到本书提供资料的\intel_dsp_example\example_2_3 路径,用 Quartus Prime Pro 2019.4 集成开发环境打开该设计。

使用 Quartus Prime Pro 2019.4 对该设计执行 Analysis & Synthesis,通过 Technology Map Viewer(Post-Mapping)打开生成的网表结构如图 2.16 所示。

2) 锁存器

需要注意,ALM 内的触发器不能用作锁存器。在 ALM 内实现锁存器,仍然需要使用 LUT 资源。锁存器是一个带有环路的组合逻辑,它将保存信号的值直到为锁存器分配

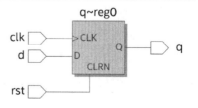

图 2.16　带有异步复位寄存器综合后的网表结构

新的值。

当设计者不打算使用锁存器时,综合工具可以从 HDL 代码中推断出锁存器。如果设计者打算让综合工具推断出锁存器,则必须正确推断它以确保正确的器件操作。

> **注**:在设计中尽量不要使用锁存器。

包含置位和复位功能锁存器的 Verilog HDL 描述如代码清单 2-4 所示。

代码清单 2-4　top.v 文件

```
module top (
  input set,
  input rst,
  output reg lat_out
);

always @ ( set or rst )
begin
  if( set )
      lat_out = 1'b1;
  else if( rst )
      lat_out = 1'b0;
end
endmodule
```

使用 Quartus Prime Pro 2019.4 对该设计执行 Analysis & Synthesis,通过 Technology Map Viewer(Post-Mapping)打开生成的网表结构,如图 2.17 所示。

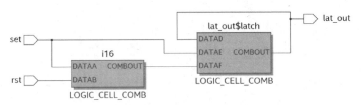

图 2.17　带有置位和复位锁存器综合后的网表结构

> **注**:读者可以定位到本书提供资料的 \intel_dsp_example \example_2_4 路径,用 Quartus Prime Pro 2019.4 集成开发环境打开该设计。

4. LAB 的互联架构

一个 LAB 中有 10 个 ALM,每个 ALM 有 4 个输出,因此每个 LAB 能驱动 40 个 ALM 输出。通过直接链路互联,两组 20 个 ALM 输出可以直接驱动相邻的 LAB。通过直接链路连接功能,可以将使用的行和列互联降低到最小,因此提供了更高的性能和灵活性。

通过使用行和列互联,以及同一个 LAB 内的 ALM 输出,本地互联驱动相同 LAB 内的 ALM。

通过使用直接链路连接,来自左侧或右侧相邻的 LAB、MLAB、M20K 块或数字信号处理(Digital Signal Processing,DSP)模块也能驱动 LAB 的本地互联,如图 2.18 所示。

第 2 章 数字信号处理实现方法

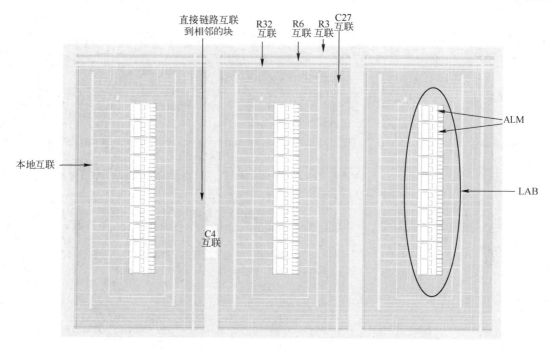

图 2.18 Cyclone 10 GX 内 LAB 和 ALM 的资源布局

很明显,这种布线资源为分段结构。

5. 分布式存储器

本部分将介绍嵌入式存储器的性能,重点介绍了 MLAB 的原理,以及使用 MLAB 实现 RAM 的方法。

1) 嵌入式存储器的类型

Cyclone 10 GX 器件提供两种类型的存储器块,包括:

(1) 20KB M20K 块。专用的块存储器资源,该资源是较大存储器阵列的最理想选择,同时仍然提供了大量独立的端口。

(2) 640 位的存储器逻辑阵列块(Memory Logic Array Block,MLAB)。每个 MLAB 支持最大 640 位(比特)的简单双端口 SRAM,由两用的 LAB 配置为增强的存储器块。MLAB 是宽数据位和低深度存储器阵列的理想选择。MLAB 针对 DSP 应用和滤波器延迟线的移位寄存器实现进行了优化。每个 MLAB 由 10 个 ALM 组成。

在 Cyclone 10 GX 器件中,可以将这些 ALM 配置为 10 个 32×2 的模块,每个 MLAB 可以提供一个 32×20 的简单双端口 SRAM 模块。

2) 嵌入式存储器的配置

嵌入式存储器块所支持的存储模式如表 2.3 所示。

表 2.3 嵌入式存储器块所支持的存储模式

存储器模式	M20K 支持	MLAB 支持	描述
单端口 RAM	是	是	一次只能执行一次读取操作或一次写入操作。在写操作期间,使用读使能端口控制 RAM 输出端口的行为:

存储器模式	M20K 支持	MLAB 支持	描述
单端口 RAM	是	是	（1）要保留最近读使能期间保留的先前值，创建一个读使能端口，并在读使能端口无效时执行写操作 （2）要显示正在写入的新数据，该地址处的旧数据或在相同地址写期间读取发生的"无关值"不创建一个读使能信号，或在一个写操作期间激活读使能
简单双端口 RAM	是	是	可以对不同的位置同时执行一次读操作和一次写操作，即写操作发生在端口 A，而读操作发生在端口 B
真正双端口 RAM	是	—	可以执行两个端口操作的任意组合：两个读操作、两个写操作或者在两个不同时钟频率下的一个读取和一个写入操作
移位寄存器	是	是	可以将存储器块用作一个移位寄存器，以节省逻辑单元和布线资源。这在需要本地数据存储的 DSP 应用中非常有用，如 FIR 滤波器、伪随机数发生器、多通道滤波，以及自相关和互相关功能。传统上，本地数据存储通过标准触发器实现，它会消耗很多逻辑单元用于大型移位寄存器。 数据输入宽度（w）、抽头长度（m）和抽头数（n），确定一个移位寄存器的大小（$w \times m \times n$）。通过级联存储器块以实现更大的移位寄存器
ROM	是	是	可以将存储器块用作 ROM。 （1）.mif 或 .hex 文件用于初始化存储器块 ROM 的内容 （2）ROM 的地址线在 M20K 块上寄存，但是可以在 MLAB 上不寄存 （3）可以寄存或不寄存输出 （4）可以异步清除输出寄存器 （5）对 ROM 的读取操作和单端口 RAM 配置的读操作相同

3）嵌入式存储器时钟模式

在不同嵌入式存储器配置模式下，所支持的时钟如表 2.4 所示。

表 2.4 每个存储器模式所支持的存储器模块时钟

时钟模式	存储器模式			
	单端口 RAM	简单双端口 RAM	真正双端口 RAM	ROM
单时钟模式	是	是	是	是
读/写时钟模式	—	是	—	—
输入/输出时钟模式	是	是	是	是
独立时钟模式	—	—	是	是

注：在 MLAB 块内，不支持时钟使能信号用于写地址、字节使能和数据输入寄存器。

4）嵌入式存储器块的字节使能

嵌入式存储器块支持字节使能控制，包括：

（1）字节使能用于屏蔽输入的数据，这样只写入指定字节的数据。未写入的字节将保留以前写入的值。

（2）写使能（wren）信号和字节使能（byteena）信号，一起控制 RAM 块的写操作。默认情况下，byteena 信号为高电平（使能），并且只有 wren 信号控制写入。

（3）字节使能寄存器没有清除端口。

（4）如果使用奇偶校验，则在 M20K 块，字节使能功能控制 8 个数据位和 2 个奇偶校验位；在 MLAB 上，字节使能功能控制最宽模式下的所有 10 位。

（5）byteena 信号的 LSB 与数据总线的 LSB 相对应。

（6）字节使能信号为高电平有效。

5）使用 MLAB 实现 RAM

在 Quartus Prime Pro 2019.4 集成开发环境中，MLAB 支持下面的 64 深度模式，包括 64（深度）×8（宽度）、64（深度)×9（宽度）和 64（深度)×10（宽度）。

使用 MLAB 实现一个 16（深度)×4（宽度）存储器的 Verilog HDL 描述如代码清单 2-5 所示。

代码清单 2-5 top. v 文件

```verilog
module top
#( parameter data_width=4, parameter addr_width=3)
(
    input [ data_width-1:0] d,
    input [ addr_width-1:0]wr_addr,read_addr,
    input we,clk,
    output reg [ data_width-1:0]q
);

( * ramstyle="mlab" * ) reg [ data_width-1:0] mem[ 2 * * addr_width-1:0];

always @ ( posedge clk)
begin
    if( we)
        mem[ wr_addr]<=d;
        q<=mem[ read_addr];
end
endmodule
```

注：（1）在该设计中，使用了属性 ramstyle="mlab"，强制 RAM 使用 MLAB 资源。

（2）读者可以定位到本书提供资料的 \intel_dsp_example\example_2_5 路径，用 Quartus Prime Pro 2019.4 集成开发环境打开该设计。

使用 Quartus Prime Pro 2019.4 集成开发环境对该设计执行 Analysis & Synthesis，通过 Technology Map Viewer（Post-Mapping）打开生成的网表结构，如图 2.19 所示。

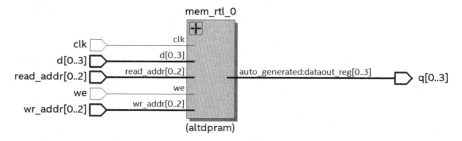

图 2.19 综合后的网表顶层结构

思考与练习 2-4：双击图 2.19 中名字为 "mem_rtl_0" 的元器件符号，观察其内部结构。

6) 使用 MLAB 实现移位寄存器

为了推断 FPGA 中的移位寄存器，综合工具检测一组具有相同的移位寄存器，并将其转化为一个 Intel FPGA 移位寄存器 IP 核。为了检测到它，移位寄存器必须具有以下特征：

(1) 使用相同的时钟和时钟使能；

(2) 没有其他第二级信号；

(3) 相同间距的抽头，至少间隔 3 个寄存器。

> **注**：编译器无法为使用移位使能信号的移位寄存器使用 MLAB 存储器资源进行实现；取而代之的是，编译器使用专用的 RAM 块。通过使用 ramstyle 属性，控制实现移位寄存器的存储器结构。

一个串入/串出 16 位长度移位寄存器的 Verilog HDL 描述如代码清单 2-6 所示。

代码清单 2-6 top.v 文件

```verilog
module top (
    input clk,
    input din,
    output dout
    );
    reg[15:0] temp=0;
    assign dout=temp[15];
    always @ (posedge clk)
    begin
        temp<={temp[14:0],din};
    end
endmodule
```

> **注**：(1) 在 "Advanced Analysis & Synthesis Settings" 对话框中，将 "Allow Any Shift Register Size For Recognition" 设置为 On。
>
> (2) 读者可以定位到本书提供资料的 \intel_dsp_example\example_2_6 路径，用 Quartus Prime Pro 2019.4 集成开发环境打开该设计。

使用 Quartus Prime Pro 2019.4 集成开发环境对该设计执行 Analysis & Synthesis，通过 Technology Map Viewer (Post-Mapping) 打开生成的网表结构，如图 2.20 所示。

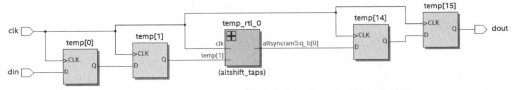

图 2.20 串入/串出 16 位长度移位寄存器综合后的网表结构

2.3.3 块存储器

Intel Cyclone 10 GX FPGA 集成了 M20K（每个 M20K 的容量为 20KB）存储器块阵列，

其布局结构如图 2.21 所示。当把块存储器配置为真正的双端口 RAM 时,其原理符号如图 2.22 所示。

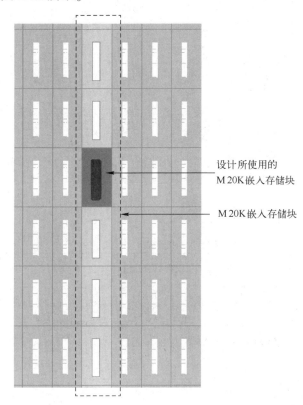

图 2.21 Cyclone 10 GX 内 M20K 存储器块的布局

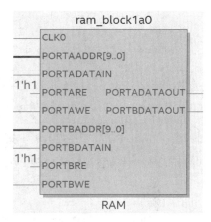

图 2.22 真正的双端口 RAM 的原理符号

带有一个时钟真正双端口 RAM 的 Verilog HDL 描述如代码清单 2-7 所示。

代码清单 2-7 top.v 文件

```verilog
module top
#(parameter DATA_WIDTH=8,ADDR_WIDTH=6)
(
  input [(DATA_WIDTH-1):0]data_a,data_b,
  input [(ADDR_WIDTH-1):0]addr_a,addr_b,
  input we_a,we_b,clk,
  output reg [(DATA_WIDTH-1):0]q_a,q_b
);

reg [DATA_WIDTH-1:0] ram[2**ADDR_WIDTH-1:0];

always @ (posedge clk)
begin
  if(we_a)
  begin
    ram[addr_a]<=data_a;
    q_a<=data_a;
```

```
        end
      else
        q_a<=ram[addr_a];
    end

    always @ (posedge clk)
    begin
      if(we_b)
      begin
        ram[addr_b]<=data_b;
        q_b<=data_b;
      end
      else
        q_b<=ram[addr_b];
    end
endmodule
```

> **注**：读者可以定位到本书提供资料的\intel_dsp_example\example_2_7路径，用Quartus Prime Pro 2019.4 集成开发环境打开该设计。

使用 Quartus Prime Pro 2019.4 集成开发环境对该设计执行 Analysis & Synthesis，通过 Technology Map Viewer（Post-Mapping）打开生成的网表结构，如图 2.23 所示。

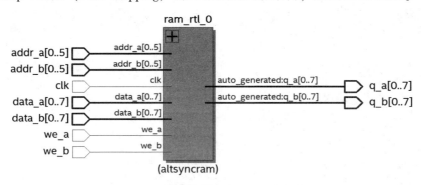

图 2.23 块存储器综合后的网表结构

2.3.4 时钟网络和相位锁相环

Intel Cyclone 10 GX 器件内提供了不同的时钟网络和锁相环资源，以满足不同的应用需求。

1. 时钟网络类型

Cyclone 10 GX 器件内包含以下时钟网络，它们按层次化结构组织。

1）全局时钟（Global Clock，GCLK）网络

GCLK 网络用于功能块（如 ALM、DSP、嵌入存储器和 PLL）的低偏移时钟源。Cyclone 10 GX 的 I/O 元器件（I/O element，IOE）和内部逻辑也能驱动 GCLK，以创建内部生成的全局时钟和其他高扇出信号，如同步或异步清除和时钟使能信号。

Cyclone 10 GX 器件提供 GCLK，其可以穿越整个器件，如图 2.24 所示。GCLK 涵盖器件中的每个 SCLK 主干区域，如图 2.25 所示。通过符号 GCLK 网络图中指示的方向，可以访问每个 GCLK。

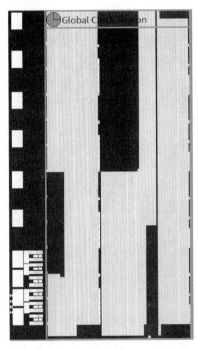 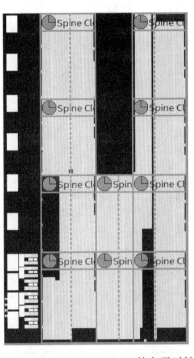

图 2.24　10CX220YU484E5G 的全局时钟域　　　图 2.25　10CX220YU484E5G 的主干时钟域

2) 区域时钟（Regional Clock，RCLK）网络

RCLK 网络为单个 RCLK 区域内的逻辑提供低时钟插入延迟和偏移。Cyclone 10 GX 的 IOE 和给定区域内的内部逻辑也可以驱动 RCLK，以创建内部生成的区域时钟和其他高扇出信号。

Cyclone 10 GX 器件提供 RCLK，它能穿越芯片的水平方向驱动，如图 2.26 所示。RCLK 覆盖器件内同一行中所有的 SCLK 主干区域。

3) 外设时钟（Periphery Clock，PCLK）网络

它由小外设时钟网络（Small Periphery Clock，SPCLK）网络和大外设时钟（Large Periphery Clock，LPCLK）网络构成。

PCLK 网络提供了最低的插入延迟和与 RCLK 网络相同的偏移。

① 每个高速串行接口（High-Speed Serial Interface，HSSI）或 I/O 组有 12 个 SPCLK。SPCLK 覆盖 HSSI 组中的一个 SCLK 主干区域，以及同一行中彼此相邻的 I/O 组中的一个 SCLK 主干区域，如

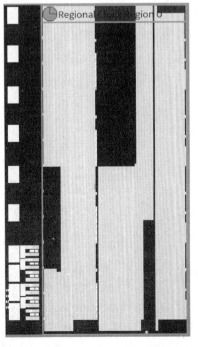

图 2.26　10CX220YU484E5G 的区域时钟域

图 2.27 所示。

② 每个 HSSI 或 I/O 组有 2 个 LPCLK。与 SPCLK 相比，LPCLK 有更大的网络覆盖空间，如图 2.28 所示。LPCLK 覆盖 HSSI 组中的一个 SCLK 主干区域和同一行中彼此相邻的 I/O 组中一个 SCLK 主干区域。

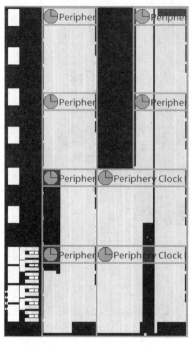

图 2.27 10CX220YU484E5G 的小外设时钟域

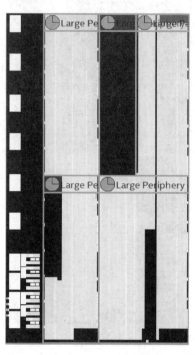

图 2.28 10CX220YU484E5G 的大外设时钟域

2. 层次化时钟结构

Intel Cyclone 10 GX 器件覆盖了 3 级时钟网络层次，如图 2.29 所示。

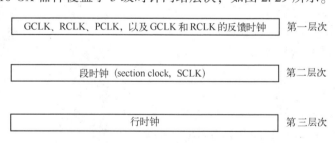

图 2.29 Cyclone 10 GX 器件的 3 级时钟网络层次

每个 HSSI 和 I/O 列包含时钟驱动器，如图 2.30 所示，用于将共享总线驱动到相对应的 GCLK、RCLK 和 PCLK 时钟网络。

在每个时钟链接到时钟布线用于每个 HSSI 和 I/O 组之前，Cyclone 10 GX 时钟网络（GCLK、RCLK 和 PCLK）通过 SCLK 布线，SCLK 的设置是透明的。根据 GCLK、RCLK 和 PCLK 网络，Quartus Prime 软件工具自动布线 SCLK。每个 SCLK 主干都具有一致的高度，与 HSSI 和 I/O 组相匹配。在器件中，SCLK 主干的数量取决于 HSSI 和 I/O 组的数量。

第 2 章 数字信号处理实现方法

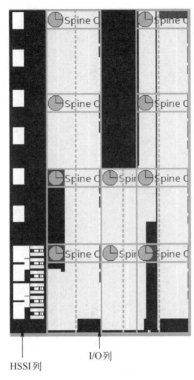

图 2.30 10CX220YU4845G 版图中 HSSI 和 I/O 列的布局

在 Cyclone 10 GX 器件的一个 SCLK 主干区域中，可以提供最多 33 个 SCLK 网络。在每个行时钟区域中，SCLK 网络可以驱动 6 个行时钟。行时钟是器件核心功能块、PLL、I/O 接口和 HSSI 接口的时钟源。6 个行时钟信号能布线到每个行时钟区域。驱动每个 SCLK 的多路选择器的连接模式将时钟源限制为 SCLK 主干区域。每个 SCLK 可以从 GCLK、RCLK、LPCLK 或 SPCLK 线中选择时钟资源。

如图 2.31 所示，在每个 SCLK 主干区域中，由 GCLK、RCLK、PCLK 或 GCLK 和 RCLK 反馈时钟网络驱动 SCLK。GCLK、RCLK、PCLK，以及 GCLK 和 RCLK 的反馈时钟共享相同的 SCLK 布线资源。为了保证 Quartus Prime 适配过程的成功，时钟资源总数不要超过每个 SCLK 主干区域对 SCLK 数量的限制。

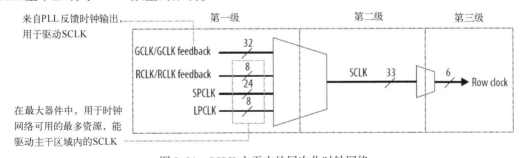

图 2.31 SCLK 主干中的层次化时钟网络

3. 时钟控制块

每个 GCLK、RCLK 和 PCLK 网络都有自己的时钟控制模块，其提供了下面的特性：

(1) 时钟源选择（动态选择仅适用于 GCLK）；

(2) 时钟断电（使能/禁止静态或动态时钟仅适用于 GCLK 和 RCLK）。

1) GCLK 控制块

通过使用内部逻辑，设计者可以静态或动态地为 GCLK 选择时钟源，以驱动多路复用器的选择输入，如图 2.32 所示。

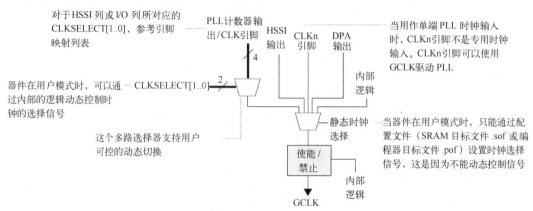

图 2.32 Cyclone 10 GX 器件中的 GCLK 控制块

当动态选择时钟源时，可以选择 PLL 输出（比如 C0 或 C1）或时钟引脚或 PLL 输出的组合。

通过 Quartus Prime 软件中的 ALTCLKCTRL IP 核，可以为 GCLK 网络多路选择器设置输入时钟源和 clkena 信号。当使用 ACTCLKCTRL IP 核动态选择时钟源时，使用 CLKSELECT [0..1] 信号选择输入。

注：只能从相同的 I/O 或 HSSI 组中切换专用时钟输入。

2) RCLK 控制块

设计者只能使用 Quartus Pime 软件生成的配置文件（.sof 或 .pof）中的配置位设置静态控制 RCLK 选择块的时钟源选择，如图 2.33 所示。

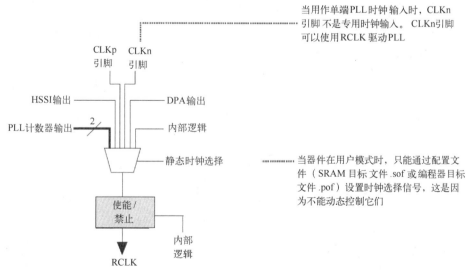

图 2.33 Cyclone 10 GX 器件中的 RCLK 控制块

3) PCLK 控制块

PCLK 控制块驱动 SPCLK 和 LPCLK 网络。驱动 HSSI PCLK，选择 HSSI 输出、fPLL 输出或时钟输入引脚；驱动 I/O 时钟，选择 DPA 时钟输出、I/O PLL 输出或者时钟输入引脚。在 Cyclone 10 GX 器件中，用于 HSSI 列的 PCLK 控制块如图 2.34 所示；用于 I/O 列的 PCLK 控制块，如图 2.35 所示。

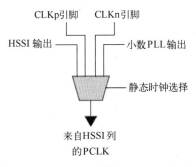

图 2.34 用于 HSSI 列的 PCLK 控制块

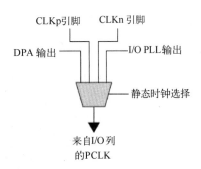

图 2.35 用于 I/O 列的 PCLK 控制块

在设计中使用时钟网络的 Verilog HDL 描述如代码清单 2-8 所示。

代码清单 2-8　top.v 文件

```verilog
module top(
    input clk1,clk2,
    input d,
    output reg q
    );
reg d1;
always @ (posedge clk1)
begin
  d1<=d;
end

always @ (posedge clk2)
begin
  q<=d1;
end
endmodule
```

该设计是典型的异步时钟网络。此外，可以在 Quartus Prime 集成开发环境的"Assignment Editor"标签页中设置时钟 clk1 和 clk2 使用的资源，如图 2.36 所示。

tatu	From	To	Assignment Name	Value	Enabled	Entity
1 ✓		in clk1	Global Signal	Regional Clock	Yes	clk_network
2 ✓		in clk2	Global Signal	Regional Clock	Yes	clk_network

图 2.36 "Assignment Editor"标签页

> 注：读者可以定位到本书提供资料的\intel_dsp_example\example_2_8 路径，用 Quartus Prime Pro 2019.4 集成开发环境打开该设计。

使用 Quartus Prime Pro 2019.4 集成开发环境对该设计执行适配过程后，通过 Technology Map Viewer（Post-Fitting）打开生成后的网表结构，如图 2.37 所示。

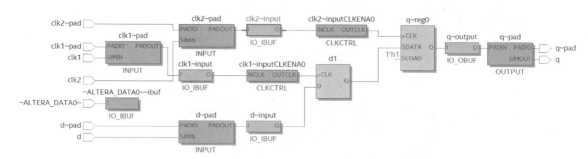

图 2.37　包含两个时钟异步系统适配后的网表结构

从图 2.37 中可知，输入时钟经过 IO_IBUF 后传递给 CLKCTRL，然后送给触发器的时钟输入端 CLK。clk2 使用的 CLKCTRL 块如图 2.38 所示；clk1 使用的 CLKCTRL 块如图 2.39 所示。

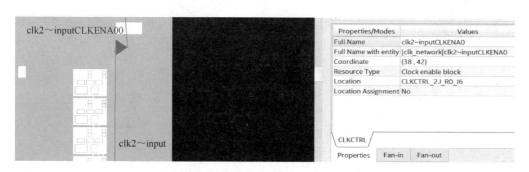

图 2.38　用于 clk2 的 CLKCTRL 块

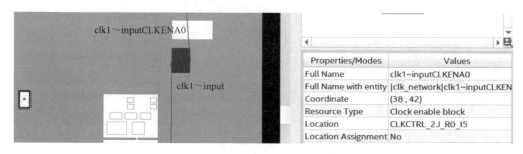

图 2.39　用于 clk1 的 CLKCTRL 块

4. 相位锁相环

在 Cyclone 10 GX 器件中，其提供最高密度的 6 个 fPLL 和 6 个 I/O PLL。
PLL 为器件时钟管理、外部系统时钟管理和高速 I/O 接口提供强大的时钟管理与综合。

Cyclone 10 GX 有两类 PLL，如下所示。

1) fPLL

fPLL 可用作小数 PLL 或整数 PLL。fPLL 位于 HSSI 组中收发器块的附近。每个 HSSI 组包含两个 fPLL。在传统的整数模式或者小数模式下，设计者可以独立配置每个 fPLL。在小数模式下，fPLL 可以使用三阶 Δ-Σ 调制。在每个 fPLL 中，有 4 个 C 计数器输出和一个 L 计数器输出。

经过优化，fPLL 可用作收发器的发送 PLL，以及合成参考时钟频率，其架构如图 2.40 所示。

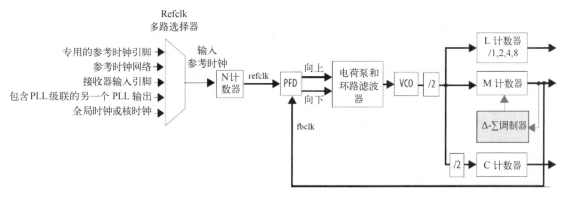

图 2.40　fPLL 的架构

可以按下面方式使用它：

① 减少电路板上所需振荡器的数量；

② 从单个参考时钟源合成多个时钟频率，减少 FPGA 中使用的时钟引脚；

③ 补偿时钟网络延迟；

④ 用于收发器的发送时钟。

2) I/O PLL

I/O PLL 只能用作整数 PLL。I/O PLL 位于 I/O 组中的硬件存储器控制器和 LVDS 串行化器/解串行化器（SERDES）块的附近。每个 I/O 组包含一个 I/O PLL，它工作在传统的整数模式。每个 I/O PLL 有 9 个 C 计数器输出。在一些指定的器件封装中，可以在 I/O 组中使用未在设计中绑定的 I/O PLL。

经过优化，I/O PLL 可用于存储器接口和 LVDS SERDES，其架构如图 2.41 所示。

可以按下面方式使用它：

① 减少电路板上所需的振荡器数量；

② 从单个参考时钟源合成多个时钟频率，减少 FPGA 中使用的时钟引脚；

③ 简化外部存储器接口和高速 LVDS 接口的设计；

④ 由于 I/O PLL 与 I/O 紧密耦合，因此可以简化时序收敛；

⑤ 补偿时钟网络延迟；

⑥ 零延迟缓冲。

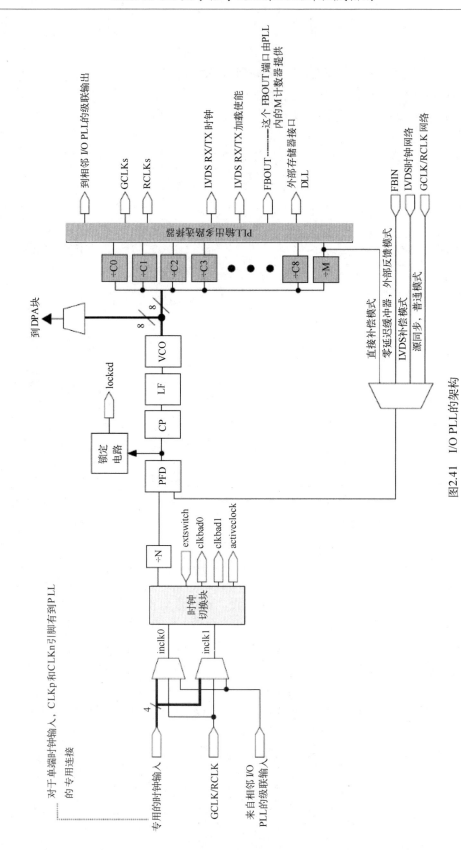

图2.41 I/O PLL的架构

时钟反馈模式补偿时钟网络延迟，使 PLL 时钟输入上升沿与时钟输出的上升沿对齐。在设计中，选择用于时序关键时钟路径的补偿类型。

当然，并不是总是需要 PLL 补偿。除非确定需要补偿，否则应将 PLL 配置为直接（无补偿）模式。直接模式可提供最佳的 PLL 抖动性能，避免对补偿时钟资源不必要的消耗。默认，时钟反馈模式是直接补偿模式。

包含两个 PLL 的 Verilog HDL 描述如代码清单 2-9 所示。

代码清单 2-9　包含两个 PLL 的 Verilog HDL 描述

```verilog
module clk_network(
    input clk,
    input rst,
    input clk_pw,
    input d,
    output reg q
);
wire clk1,clk2;
reg d1;
clk u0 (                    //调用 I/O PLL
    .rst        (rst),
    .refclk     (clk),
    .locked     (),
    .outclk_0   (clk1)
);
clk1 u1 (                   //调用 fPLL
    .pll_refclk0    (clk),
    .pll_powerdown  (clk_pw),
    .pll_locked     (),
    .outclk0        (clk2),
    .pll_cal_busy   ()
);

always @ (posedge clk1)
begin
    d1<=d;
end

always @ (posedge clk2)
begin
    q<=d1;
end
endmodule
```

注：读者可以定位到本书提供资料的 \intel_dsp_example\example_2_9 路径，用 Quartus Prime Pro 2019.4 集成开发环境打开该设计。

使用 Quartus Prime Pro 2019.4 集成开发环境对该设计执行 Analysis & Synthesis 过程后，通过 Technology Map Viewer（Post-Mapping）打开生成后的网表结构，如图 2.42 所示。

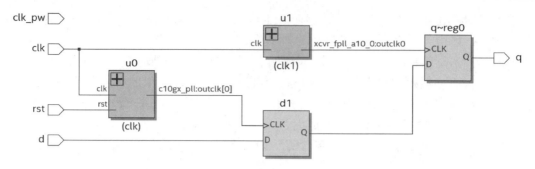

图 2.42 包含锁相环设计综合后生成的网表结构

思考与练习 2-5：单击图 2.42 中名字为"u0"和"u1"的锁相环元器件符号，查看其内部结构。

2.3.5 I/O 块

在 Intel Cyclone 10 GX 内，I/O 组在 I/O 列内的分布如图 2.43 所示，I/O 支持的特性包括：

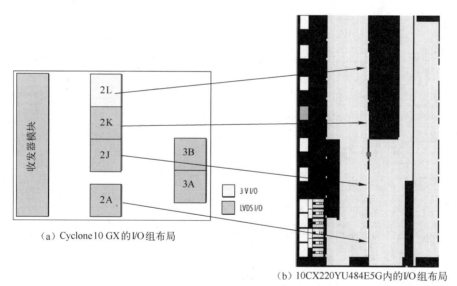

(a) Cyclone 10 GX 的 I/O 组布局

(b) 10CX220YU484E5G 内的 I/O 组布局

图 2.43 I/O 组在 I/O 列内的分布

（1）单端、非参考电压和电压参考的 I/O 标准；

（2）低电压差分信号（Low-Voltage Differential Signaling, LVDS）、RSDS、mini-LVDS、HSTL、HSUL 和 SSTL I/O 标准；

（3）串行化器/解串行化器（SERDES）；

（4）可编程的输出电流强度；

（5）可编程的摆率；

（6）可编程的总线-保持；

（7）可编程的弱上拉电阻；

（8）可编程的预加重 LVDS 标准；

(9) 可编程的 I/O 延迟;
(10) 可编程的差分输出电压 (V_{OD});
(11) 开漏输出;
(12) 片上串行端接 (R_S OCT),包含/不包含标定;
(13) 片上并行端接 (R_T OCT);
(14) 片上差分端接 (R_D OCT);
(15) 带有动态断电的 HSTL 和 SSTL 输入缓冲区;
(16) 用于所有 I/O 组的动态片上并行端接。

1. I/O 组的排列

通用 I/O(General Purpose I/O,GPIO)由 LVDS I/O 和 3V I/O 组构成。

1)LVDS I/O 组

支持高达 1.8V 的差分和单端 I/O 标准。LVDS I/O 引脚构成一对真差分 LVDS 通道。每一对支持两个引脚之间的并行输入/输出端接。设计者可以将每个 LVDS 通道仅作为发送器或接收器。每个 LVDS 通道支持传输 SERDES,并通过 DAP 电路接收 SERDES,如设计者可以使用 24 个通道中的 10 个通道作为发送器。在剩余的通道中,可以使用 13 个通道作为接收器,使用一个通道作为参考时钟。

> **注**:484 引脚封装的器件不包含 3B 和 3A I/O 组,672 引脚封装的器件不包含 3B I/O 组。

Cyclone 10 GX 器件支持所有 LVDS I/O 组上的 LVDS,包括:
(1)所有 LVDS I/O 组支持带有 R_D OCT 真 LVDS 输入和真 LVDS 输出缓冲区;
(2)器件不支持对 LVDS 通道的模拟;
(3)器件支持驱动 SERDES 的 I/O PLL 单端和差分 I/O 参考时钟。

2)3V I/O 组

支持高达 3V 的单端和差分 SSTL、HSTL 和 HSUL I/O 标准。除以下情况外,在该 I/O 组中的单端 I/O 支持所有可编程的 I/O 元器件(I/O Element,IOE),即可编程的预加重、R_D 片上端接、校准的 R_S 和 R_T OCT,以及产生内部 V_{REF}。

Cyclone 10 GX 器件中的 I/O 引脚分组排列,称为模块化 I/O 组,其中:
(1)模块化 I/O 组具有独立的电源,允许每个组支持不同的 I/O 标准。
(2)每个模块化 I/O 组都可以支持使用相同电压的多个 I/O 标准。

2. I/O 电气标准

Cyclone 10 GX 器件的所有封装均可以和不同电源电压的系统连接,其中:
(1)I/O 缓冲区由 V_{CC}、V_{CCPT} 和 V_{CCIO} 供电;
(2)每个 I/O 组都有自己的 V_{CCIO} 供电,并且仅支持一个 V_{CCIO} 电压;
(3)在所有的 I/O 组中,除 2.5V 和 3.0V 外,可以使用任何列出的 V_{CCIO} 电压;
(4)仅在 3V 的 I/O 组上支持 2.5V 和 3.0V V_{CCIO} 电压。

3. I/O 架构和特性

每个 I/O 组包含它自己的 PLL、DPA 和 SERDES 电路。在每个 I/O 组中,有 4 个 I/O 通道(Lane),每个通道有 12 个 I/O 引脚。不同于 I/O 通道,每个 I/O 组有专用的电路,包括 I/O PLL、DPA 块、SERDES、硬核存储器控制器和 I/O 序列器。

1) I/O 缓冲器和寄存器

I/O 寄存器由用于处理从引脚到内核数据的输入路径,用于处理从内核到引脚数据的输出路径,以及用于处理 OE 信号到输出缓冲区的输出使能路径构成。这些寄存器允许更快的源同步寄存器到寄存器的传输和重新同步。通过 GPIO,使用这些寄存器实现 DDR 电路。输入和输出路径包含以下块。

(1) 输入寄存器。支持从外设到 FPGA 内核的半速率/全速率的数据传输,并支持从 I/O 缓冲区捕获双/单数据率数据。

(2) 输出寄存器。支持从 FPGA 内核到外设的半速率/全速率数传输,并支持到 I/O 缓冲区的双速率/单速率数传输。

(3) OE 寄存器。支持从 FPGA 内核到外设的半速率/全速率数据传输,并支持将单速率数据传输到 I/O 缓冲区。

输入和输出路径也支持下面的特性,包括时钟使能、同步/异步复位、用于输入和输出路径的旁路模式,以及在输入和输出路径上的延迟链。Cyclone 10 GX 内 IOE 的架构如图 2.44 所示。

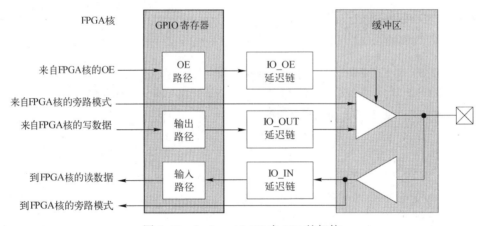

图 2.44 Cyclone 10 GX 内 IOE 的架构

一个寄存器的 Verilog HDL 描述如代码清单 2-10 所示。

代码清单 2-10　top.v 文件

```
module top(
    input clk,
    input d,
    output reg q
);

reg d1;
always @ (posedge clk)
```

```
begin
  d1<=d;
  q<=d1;
end
endmodule
```

> **注**：(1) 读者可以定位到本书提供资料的\intel_dsp_example\example_2_10路径，用Quartus Prime Pro 2019.4集成开发环境打开该设计。
> (2) 在该设计中，在Quatus软件的"Advanced Fitter Settings"对话框中，将"Optimize IOC Register Placement for Timing"设置为"Pack All IO Registers"。

使用Quartus Prime Pro 2019.4集成开发环境对该设计执行适配后，通过Technology Map Viewer（Post-Fitting）打开生成后的网表结构，如图2.45所示。

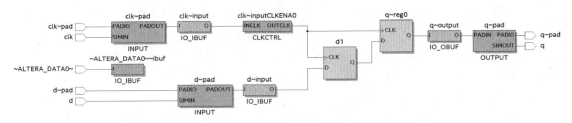

图2.45 设计适配后的网表结构

通过观察可知，设计中的触发器使用了I/O内的触发器资源。因此，改善了时序，并节省了所使用的ALM资源。

2) I/O引脚特性

I/O引脚特性包括开漏输出、总线保持和弱上拉电阻。

（1）开漏输出。每个I/O引脚可选的开漏输出相当于集电极开路输出。如果将其配置为开漏，则输出的逻辑值为高阻或逻辑低。因此，需要使用一个外部电阻将信号拉到逻辑高电平。

（2）总线保持。每个I/O引脚提供一个可选的总线保持特性，仅在配置后才有效。当器件进入用户模式时，总线保持电路捕获配置结束后出现在引脚上的值。

总线保持电路使用一个带有标称电阻值（RBH）的电阻，大约为7kΩ，它将信号电平弱拉至引脚最后的驱动状态。总线保持电路保持这个引脚状态，直到出现下一个输入信号。因此，当公共总线是三态时，不需要外部上拉或下拉电阻来保持信号电平。

（3）弱上拉电阻。在用户模式下，每个I/O引脚提供了一个可选的上拉电阻。例如，上拉电阻为25kΩ，将I/O弱保持在V_{CCIO}电平。Cyclone 10 GX器件支持可编程的弱上拉电阻仅用于用户I/O引脚，而不在专用配置引脚、专用时钟引脚或JTAG引脚。

4. 可编程的IOE特性

可编程的IOE特性，包括可编程的电流强度、可编程的压摆率控制、可编程的IOE延迟、可编程的开漏输出、可编程的预加重、可编程的差分输出电压。

1)可编程的电流强度

使用可编程的电流强度,可以以减轻由长传输线或传统背板引起的高信号衰减的影响。通过在 Quartus Prime 软件中指定当前的强度分配值来使用可编程的电流强度。

2)可编程的压摆率控制

因为每个 I/O 引脚都包含压摆率控制,因此设计者可以为每个引脚设置压摆率。对于每个常规和双功能 I/O 引脚输出缓冲器中可编程的压摆率控制,允许配置的值如下。

(1) Fast:为高性能系统提供高速跳变;

(2) Slow:降低系统噪声和串扰,但会在上升沿和下降沿增加延迟。

3)可编程的 IOE 延迟

设计者可以激活可编程的 IOE 延迟,以确保零保持时间,最小化建立时间或者增加时钟到输出的时间。这个特性有助于读取和写入的时间余量,因为它可以最大限度地减少总线中信号之间的不确定性。

每个引脚可以具有预引脚到输入寄存器不同的输入延迟或从输出寄存器到输出引脚值得延迟,使得总线内的信号具有进出器件的相同延迟。

4)可编程的开漏输出

当输出缓冲区的逻辑为高电平时,可编程的开漏输出在输出端提供高阻态。如果输出缓冲区的逻辑为低电平,则输出为低电平。

可以将几个开漏输出连接到一个线。这种连接类型类似于逻辑"或"功能,通常称为低有效线或电路。如果输出中至少有一个为逻辑"0"状态(有效),则电路吸收电流并使线路进入低电压。

如果要将多个设备连接到总线,则可以使用漏极开路输出。例如,可以将开漏输出用作系统级控制信号,这些信号可以由任何器件置为有效或作为中断。

5)可编程的预加重

V_{OD} 的设置和驱动器的输出阻抗设置高速传输信号的输出电流限制。在高频率时,压摆率可能不够快,无法在下一个边沿之前达到 V_{OD} 电平,从而产生与模式相关的抖动。通过预加重,在切换期间瞬间提升输出电流,以提高输出压摆率。

预加重增加了输出信号高频分量的幅度,因此有助于补偿在传输线上与频率相关的衰减。由额外电流引入的过冲仅发生在状态切换变化期间,以增加输出压摆率并且没有振铃,这不像由信号反射引起的过冲。所需要的预加重的数量取决于沿传输线的高频分量衰减。

6)可编程的差分输出电压

通过设置可编程的 V_{OD},允许设计者调整输出眼图开度,以优化走线长度和功耗。一个较高的 V_{OD} 摆幅可改善接收器端的电压余量,较少的 V_{OD} 摆幅可较低功耗。在 Quartus Prime 集成开发环境中,通过"Assignment Editor"设置 V_{OD} 来静态调整差分信号的 V_{OD}。

5. 片上端接

使用 Cyclone 10 GX 器件内的片上端接,可以显著减少 FPGA 芯片外使用端接元器件的数量,以及降低了 PCB 的布线难度。

串行(R_S)和并行(R_T)OCT 提供了 I/O 阻抗匹配和端接功能。OCT 可以保证信号的质量，节省电路板空间并降低外部元器件的成本。

Cyclone 10 GX 器件支持所有 FPGA I/O 组中的 OCT。对于 3V I/O，I/O 仅支持 OCT 而无须校准。

6. SERDES 和 DPA

Cyclone 10 GX 器件内提供的高速差分 I/O 接口和 DPA 功能优于单端 I/O 的优势，并有助于实现系统整体的带宽。Cyclone 10 GX 器件支持 LVDS、mini-LVDS 和降低摆幅差分信号（Reduced Swing Differential Signaling，RSDS）的差分 I/O 标准。

1) SERDES 架构

Cyclone 10 GX 器件内的每个 LVDS I/O 通道都有内建的串行器/解串行器（SERDES）电路，支持高速 LVDS 接口。串行器负责将 FPGA 内部的并行数据转换为串行数据，解串行器负责将接收到的串行数据转换为并行数据。设计者可以配置 SERDES 电路以支持源同步的通信协议，如 RapidIO、XSBI、SPI 和异步协议。

2) 差分发送器

Cyclone 10 GX 差分发送器包含专用的电路，以支持高速差分信号。差分发送器缓冲区支持下面的特性：

(1) LVDS 信令，支持驱动 LVDS、mini-LVDS 和 RSDS 信号；

(2) 可编程的 VOD 和可编程的预加重。

发送器模块是专用的电路，它由一个真正的差分缓冲区、一个串行器和 I/O PLL 构成，可以在发送器和接收器之间共享它。串行器从 FPGA 架构中得到高达 10 位宽的并行数据，然后在时钟的作用下送到加载寄存器，并且在将数据送到差分缓冲区之间，使用由 I/O PLL 时钟驱动的移位寄存器将其串行化。

> **注**：① 首先发送并行数据的 MSB。
> ② 驱动 LVDS SERDES 通道的 PLL 必须工作在整数模式。如果旁路掉串行器，则不需要 PLL。

3) 差分接收器

接收器有可以在发送器和接收器之间共享的差分缓冲器和 I/O PLL、DPA 块、同步器、数据重对齐块和解串行器。差分缓冲器可以接收 LVDS、mini-LVDS 和 RSDS 信号电平。在 Quartus 软件中，可以将接收器引脚静态设置为 LVDS、mini-LVDS 或者 RSDS。

> **注**：用于驱动 LVDS SERDES 通道的 PLL 必须工作在整数 PLL 模式。如果旁路掉解串行器，则不需要 PLL。

在 SDR 和 DDR 模式下，来自 IOE 的数据宽度分别为 1 位和 2 位。解串行器包括移位寄存器和并行加载寄存器，并且将最宽 10 位的数据发送给 FPGA 的内部逻辑。

(1) DPA 块。DPA 模块从差分缓冲器接收高速串行数据，并从 I/O PLL 生成的 8 个相位（0°、45°、90°、135°、180°、225°、270° 和 315°）中选择其中一个相位来采样数据。DPA 选择最接近串行数据相位的相位。接收数据和所选择相位之间最大的相位偏移是 1/8 单位间隔，这是 DPA 的最大量化误差。

> 注：单位间隔是指运行在串行数据率的时钟周期。

DPA 模块持续监视输入串行数据的相位，并在需要时选择新的相位。通过设置用于每个通道可选的 rx_dpa_hold 端口来阻止 DPA 选择新的时钟相位。

DPA 电路不要求固定的训练模式来锁定 8 个相位中最佳的相位。在复位或上电后，DPA 电路要求接收到的数据有跳变以锁定最佳相位。可选的输出端口 rx_dpa_locked 用于指示在复位或上电后初始 DPA 锁定条件达到了最佳相位。使用数据检查器，如循环冗余校验（Cyclic Redundancy Check，CRC）或对角交织奇偶校验（DPI-4）来验证数据。

一个单独的复位端口 rx_dpa_reset 用于复位 DPA 电路。在复位后，必须重新训练 DPA 电路。

> 注：在非 DPA 模式下，旁路 DPA 块。

(2) 同步化器。同步器是 1 比特宽度和 6 位深度的 FIFO 缓冲区，用于补偿 dpa_fast_clock（DPA 模块选择的最佳时钟）与 I/O PLL 产生的 fast_clock 之间的相位差。同步器只能补偿数据和接收器输入参考时钟之间的相位差，而不是频率差。

可选的端口 rx_fifo_reset 用于内部逻辑对同步器复位。当 DPA 首次锁定到输入的数据时，同步器会自动复位。当数据检查器指示接收的数据已经损坏时，Intel 建议使用 rx_fifo_reset 复位同步器。

> 注：在非 DPA 和软-CDR 模式下旁路同步器。

(3) 数据重对齐模块（位滑动）。传输数据中的偏斜以及链路添加的偏斜导致接收到的串行数据流上的信道-信道偏斜。如果使能 DPA，则在每个通道上用不同的时钟相位捕获所接收到的数据。这种差异可能导致从通道到通道的接收数据不对齐。为了补偿这种通道到通道的偏移，并在通道建立正确的接收字边界，每个接收器通道都有专用的数据重对齐电路，通过在串行数据流中插入位延迟来重对齐数据。

一个可选的 rx_bitslip_ctrl 端口控制每个接收器的位插入，它来自内部逻辑的独立控制。在 rx_bitslip_ctrl 上升沿时，数据滑动一位。rx_bitslip_ctrl 信号的要求包含以下条目：

① 最小脉冲宽度是逻辑阵列中并行时钟的一个周期；
② 脉冲之间的最小低电平时间是并行时钟的一个周期；
③ 信号是边沿触发的信号；
④ 在 rx_bitslip_ctrl 的上升沿后，有效数据在 4 个并行周期可用。

(4) 解串行化器。在 Quartus Prime 集成开发环境中，可以将解串行化因子静态设置为 ×3、×4、×5、×6、×7、×8、×9 或 ×10。IOE 包含两个可在 DDR 或 SDR 模式下运行的数据输入寄存器。通过旁路解串行器，以支持 DDR（×2）和 SDR（×1）操作。通过 Intel 提供的 GPIO IP 核，支持旁路解串行器。

在旁路解串行器的 SDR 模式下，其特性包括：

① IOE 数据宽度为 1 位；
② 寄存的输入路径要求一个时钟；
③ 数据直接通过 IOE 传递。

在旁路解串行器的 DDR 模式下，其特性包括：
① IOE 数据宽度位 2 位；
② GPIO IP 核要求一个时钟；
③ rx_inclock 驱动 IOE 寄存器，时钟必须同步到 rx_in；
④ 必须控制数据到时钟的偏移。

2.3.6 DSP 块

Intel FPGA 内集成了大量可以实现浮点运算的 DSP 块阵列，显著增强了 FPGA 在实现复杂数字信号处理任务的能力。

1. DSP 块特性

在 Intel Cyclone 10 GX FPGA 内，提供的可变精度 DSP 块支持定点运算和浮点运算。
1) 定点运算的特点
(1) 高性能、功耗优化和完全寄存的乘法操作。
(2) 18 位和 27 位字长。
(3) 每个 DSP 模块有两个 18×19 乘法器或 27×27 乘法器。
(4) 内建加法、减法和 64 位双累加寄存器，用于组合乘法结果。
(5) 当禁止预加法器时，级联 19 位或 27 位；当预加法器用于生成滤波器应用的抽头延迟线时，级联 18 位。
(6) 级联 64 位输出总线，将输出结果从一个块传到下一个块，而不要外部逻辑支持。
(7) 硬件预加法器支持 19 位和 27 位模式，用于对称滤波器。
(8) 用于实现滤波器的 18 位和 27 位模式的内部系数寄存器组。
(9) 具有分布式输出加法器的 18 位和 27 位脉动有限冲激响应（Finite Impulse Response，FIR）滤波器。
(10) 支持偏向的舍入支持。
2) 浮点运算的特点
(1) 完全硬化的架构，支持乘法、加法、加法、乘法-加法和乘法-减法。
(2) 具有累加功能的乘法和动态累加器复位控制。
(3) 具有级联求和功能的乘法。
(4) 具有级联减法功能的乘法。
(5) 复杂的乘法。
(6) 直接矢量点积。
(7) 脉动 FIR 滤波器。

2. DSP 块架构

用于定点算术 18×19 模式的可变精度 DSP 块的内部架构如图 2.46 所示。
用于定点算术 27×27 模式的可变精度 DSP 块的内部架构如图 2.47 所示。
用于浮点算术模式的可变精度 DSP 块的内部架构，如图 2.48 所示。

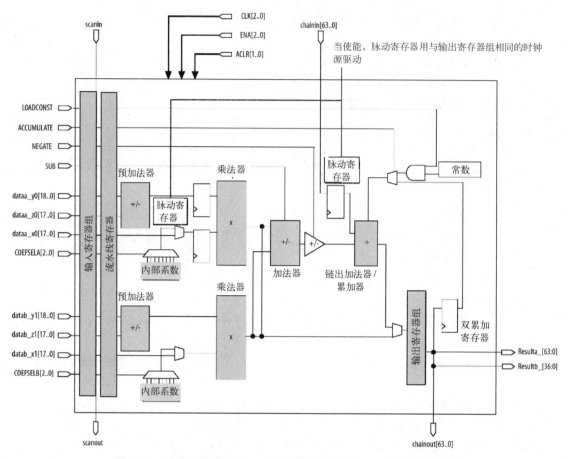

图 2.46 用于定点算术 18×19 模式的可变精度 DSP 块的内部结构

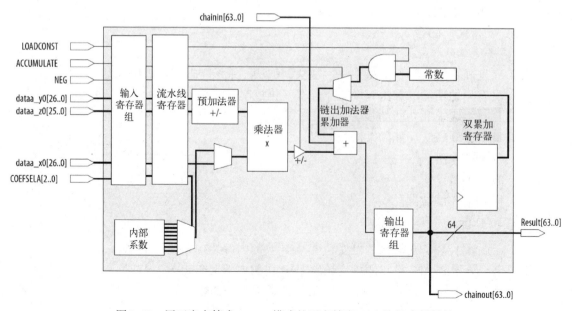

图 2.47 用于定点算术 27×27 模式的可变精度 DSP 块的内部结构

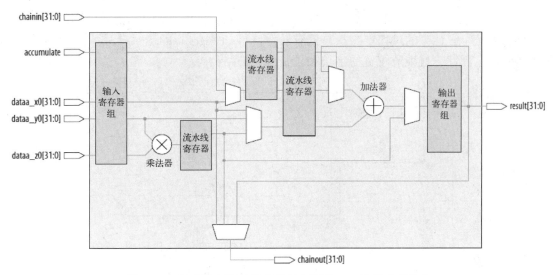

图 2.48　用于浮点算术模式的可变精度 DSP 块的内部结构

2.4　FPGA 执行数字信号处理的一些关键问题

本节将讨论在使用 FPGA 执行数字信号处理时所关心的一些问题。

2.4.1　关键路径

在一个逻辑变量从输入到输出的过程中，会存在逻辑延迟和布线延迟。在一个系统中，关键路径是指在两个由时钟驱动的寄存器中间最长的组合逻辑路径。这里的"最长"是指传播时间。关键路径延迟是指关键路径的时间延迟，如通过电路最长组合逻辑的传播延迟。例如，图 2.49 中给出的关键路径，表示这条路径是寄存器 a 和寄存器 b 之间传播时间最长的路径。很明显，从寄存器 a 的逻辑输入，经过与非门、异或门和与门后，到寄存器 b。由于逻辑门的翻转延迟和布线的传输延迟，使得寄存器 a 的输入逻辑需要经过一段时间后才能到达寄存器 b。

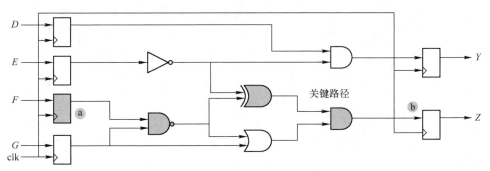

图 2.49　关键路径的定义

下面再举一个算术运算的过程，如图 2.50 所示。当考虑算术运算时，读者需要注意信号不是 1 比特宽度，而是由几比特构成的总线，这通常与算术运算的字长一致。运算结果的最后一位，即在加法和减法的最高有效位（Most Significant Bit，MSB）是不可用的，直到完成了计算为止。在计算的过程中，从最低有效位（Least Significant Bit，LSB）将进位传递到最高有效位。因此，就涉及较宽的字长和较长的关键路径。

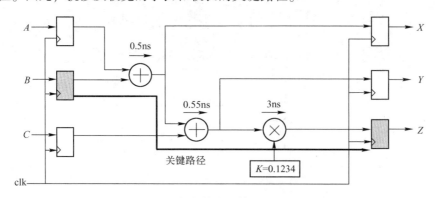

图 2.50　复杂算术运算的关键路径

假设图 2.50 中给出的两个逻辑输入 A 和 B，它们的字长均为 10 位，则 $A+B$ 的结果是 11 位的。显然，用于计算 $A+B+C$ 的第二个加法器的宽度为 11 位。因此，第二个加法器的传播延迟大于第一个加法器。

很明显，乘法器的关键路径要长于类似字长的加法器，如图 2.50 所示。由于逻辑操作所产生的延迟远大于布线延迟，因此在后面将忽略布线延迟，这样可以使问题分析更加简单。

一个典型设计的关键路径如图 2.51 所示。将图 2.51 中的关键路径延迟表示为 τ_{CPD}，它是一些逻辑延迟和布线延迟的总和，表示为

$$\tau_{CPD} = \tau_{NAND} + \tau_{XOR} + \tau_{AND} + \tau_{routeA} + \tau_{routeB} + \tau_{routeC} + \tau_{routeD}$$
$$= 0.3\text{ns} + 0.4\text{ns} + 0.2\text{ns} + 0.15\text{ns} + 0.2\text{ns} + 0.25\text{ns} + 0.1\text{ns}$$
$$= 1.6\text{ns}$$

其中，τ_{NAND}、τ_{XOR} 和 τ_{AND} 为逻辑延迟；τ_{routeA}、τ_{routeB}、τ_{routeC} 和 τ_{routeD} 为布线延迟。

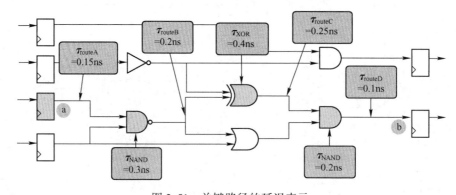

图 2.51　关键路径的延迟表示

一般情况下，逻辑延迟在总延迟中占有绝对的分量（注意：但不是绝对的）。因此，DSP 和 FPGA 设计工程师对逻辑延迟的关注更多。对于布线延迟而言，通常由设计工具（如 Xilinx 的 Vivado 布局和布线工具）或者人工高级干预的方式进行处理。

为什么关键路径非常重要？这是因为它限制了驱动该系统工作的最高时钟频率。对于设计而言，最高的时钟工作频率 $f_{\text{clk(max)}}$ 表示为

$$f_{\text{clk(max)}} = \frac{1}{\tau_{\text{CPD}}} = \frac{1}{1.6\text{ns}} = 625\text{MHz}$$

如果时钟频率小于这个值，则信号可以在1个周期内从寄存器 a 的输出到达寄存器 b 的输入，这对于保证逻辑功能的正确性非常重要。如果时钟频率大于这个值，则不能保证这个逻辑电路的正常工作，不是逻辑门不能正常翻转，就是信号无法按时到达下一个逻辑门。

在基于 FPGA 的数字信号处理系统设计中，最高时钟频率 $f_{\text{clk(max)}}$ 是一个最关键的性能指标。$f_{\text{clk(max)}}$ 越大，表示设计性能越好。最小的时钟周期（最高时钟频率）由关键路径延迟限制，即 $T_{\text{clk}} > \tau_{\text{CPD}}$，如图 2.52 所示。

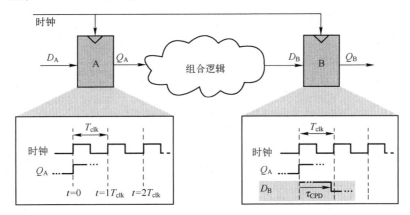

图 2.52 关键路径延迟对最小时钟周期的限制

很明显，为了使设计有效，在相同的时钟周期内，要求从组合逻辑的输出到作为输入时必须变成有效。如果不是这种情况，就好像组合逻辑包含了至少1个时钟周期的延迟。从数学的角度来说，这将从根本上改变所实现算法的功能，使得它所实现的算法功能出现。

此外，在设计的时候一定要尽量避免在寄存器的建立和保持时间内改变信号，如在活动时钟跳变的一个很短的时间范围内。因此，真正的最小时钟周期应该比关键路径的延迟要稍微长一些，即

$$T_{\text{clk}} > \tau_{\text{CPD}} + t_{\text{setup}} + t_{\text{hold}}$$

注：基于讨论的目的，在后面的讨论中将不考虑建立时间（t_{setup}）和保持时间（t_{hold}）。但是，Intel 的 Quartus Prime 工具将会处理这个问题。

思考与练习 2-6：请说明关键路径的定义，以及关键路径对最高时钟频率的影响。

2.4.2 流水线

前面提到，时钟频率依赖于组合逻辑路径的长度。因此，可以考虑在组合逻辑中间插入一些寄存器来消除它们之间的依赖性，这种方法称为流水线。

继续考虑图 2.52 给出的例子，在寄存器 A 和 B 之间插入寄存器 P，将一个组合逻辑路径分为两个相同的部分，如图 2.53 所示。从图 2.53 中可知，增加额外流水线寄存器的好处

就是将时钟的频率提高了 1 倍；但是，使得从 B 的输出延迟了 1 个时钟周期。

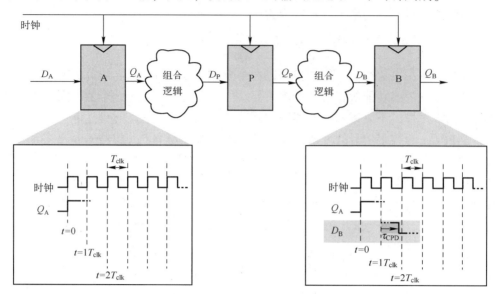

图 2.53 在寄存器 A 和寄存器 B 之间插入寄存器 P

在前面的例子中，$\tau_{CPD}=1.6\text{ns}$，因此最高的时钟频率可以达到 625MHz。由于插入了流水线寄存器，使得关键路径的延迟缩短为原来的 1/2。因此，最高时钟频率可以达到

$$f_{clk(max)} = \frac{1}{\tau_{CPD}} = \frac{1}{0.8\text{ns}} = 1250\text{MHz}$$

更进一步，可以插入更多的流水线寄存器来提高时钟的工作频率。当把最初设计的路径分割成 4 个相同的部分时，时钟的最高工作频率 $f_{clk(max)}$ 可以达到

$$f_{clk(max)} = \frac{1}{\tau_{CPD}} = \frac{1}{0.4\text{ns}} = 2500\text{MHz}$$

思考与练习 2-7：请说明在 FPGA 设计中，插入流水线寄存器的作用，以及它对改善性能的影响。

2.4.3 延迟

很明显，插入流水线寄存器会使得输入到输出出现额外的延迟。对于每个流水线寄存器而言，延迟增加了 1 个时钟周期，如图 2.54 所示。

从图 2.54 中可知：

(1) 在第 1 个设计中，在 D_A 输入 2 个时钟周期后在 Q_B 观察到它的输出。因此，该设计的延迟是 2 个时钟周期。

(2) 在第 2 个设计中，通过添加寄存器 P，增加了 3 个时钟周期。

(3) 与第 1 个设计相比，在第 3 个设计中，增加了 3 个流水线寄存器 P_1、P_2 和 P_3。因此，整个设计的延迟变成 2+3=5 个时钟周期。

在很多情况下，增加 1~2 个时钟周期来改善时序是可接受的结果。然而，一个例外的情况是反馈回路，这是因为在这个回路上每个新的计算结果不能开始，直到计算完最后一个结果为止。在这种情况下，对输出进行延迟则没有任何帮助。

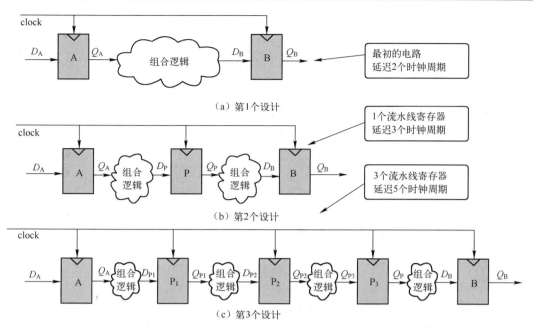

图 2.54 插入流水线寄存器增加额外的延迟

注：本书后面将通过介绍重定时信号流图来指导读者在保证不破坏所实现算法功能的基础上正确地插入流水线寄存器。

思考与练习 2-8：请说明在 FPGA 设计中，插入流水线寄存器对设计的不利影响，以及使用时应注意的事项。

2.4.4 加法器

在后面的章节中，读者将进一步明白数字信号处理/大数据处理，乃至现在流行的人工智能（Artificial Intelligence，AI）本质上都是大量的乘法、加法、乘和累加的运算。因此，在本节中，通过对 FPGA 内的硬件加法器和乘法器的详细介绍，进一步说明为什么在未来 AI 或者大数据处理中，FPGA 将扮演更加重要的角色。

数字信号处理严重地依赖于算术运算，因此需要从本质上理解它们的实现方式。前面说过，大多数的数字信号处理算法，包括后面将介绍的有限冲激响应（Finite Impulse Response，FIR）滤波器，只使用乘法和加法运算（很少使用除法和均方根等运算）。

从实现的最底层角度来看，所有的乘法和加法操作都由全加器完成。最简单的全加器可以实现两个 1 比特数据的相加，如图 2.55 所示。1 位全加器的实现原理如表 2.5 所示。根据表 2.5 给出的逻辑关系，可以得到 1 位全加器的逻辑电路，如图 2.56 所示。

表 2.5 1 位全加器的实现原理

A	B	C_{IN}	C_{OUT}	S
0	0	0	0	0 0+0+0=0
0	0	1	0	1 0+0+1=1
0	1	0	0	1 0+1+0=1

续表

A	B	C_{IN}	C_{OUT}	S	
0	1	1	1	0	0+1+1=2
1	0	0	0	1	1+0+0=1
1	0	1	1	0	1+0+1=2
1	1	0	1	0	1+1+0=2
1	1	1	1	1	1+1+1=3

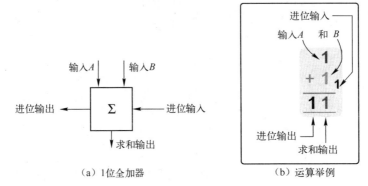

图 2.55　1 位全加器及其运算举例

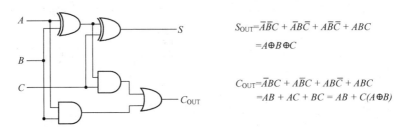

图 2.56　1 位全加器的逻辑电路

对于 1 位全加器而言，可以实现两个 1 比特数据的相加。将 1 位全加器级联就可以构成多位的全加器，实现多个比特位的相加运算。4 位全加器的结构如图 2.57 所示。对这个结构稍加修改，就可以扩展到任意位的加法运算。

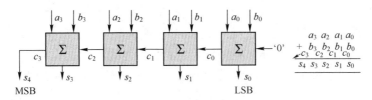

图 2.57　4 位全加器的结构

注：该结构的最后一个进位输出 C_3，构成了求和输出的 MSB。

很明显，修改这个结构就可以实现 4 位全减器的功能，如图 2.58 所示。从图 2.58 中可知，要实现 $A-B$ 的运算，B 的所有位取反，并且第一个全加器的进位输入设置为 1。

第 2 章 数字信号处理实现方法

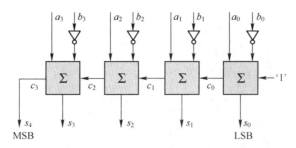

图 2.58 4 位全减器的结构

> 注：对于加法操作，将第一个全加器的进位输入设置为 0。

使用 Verilog HDL 描述 4 位全加器的功能，如代码清单 2-11 所示。

代码清单 2-11　top.v 文件

```
module top(
    input signed[3:0] a,
    input signed[3:0] b,
    output signed[3:0] sum,
    output carry
    );
    assign {carry,sum} = a+b;
endmodule
```

> 注：读者可以定位到本书提供资料的 \intel_dsp_example\example_2_11 路径，用 Quartus Prime Pro 2019.4 集成开发环境打开该设计。

使用 Quartus Prime Pro 2019.4 集成开发环境对该设计执行 Analysis & Synthesis 后，通过 RTL Viewer 打开生成的网表结构，如图 2.59 所示。

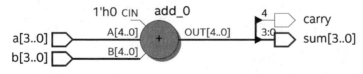

图 2.59 4 位全加器的电路结构

选定 Intel 公司 Cyclone 10 GX 系列的 FPGA 后，经过 Quartus Prime Pro 2019.4 集成开发环境的 Synplify 工具综合后，通过 Technology Map Viewer（Post-Mapping）打开生成的网表结构如图 2.60 所示。此时，可以看到已经转换成 Intel Cyclone 10 GX FPGA 内所提供逻辑资源的形式。

对图 2.60 中 4 位全加器综合后的网表布局布线后的结果，如图 2.61 所示。从图中可知，上面的电路映射到了 LUT，并且通过 Intel FPGA 内提供的互连线资源将它们连接在一起。

思考与练习 2-9：请说明全加器/全减器电路的实现原理，以及与 FPGA 内逻辑资源的对应关系。

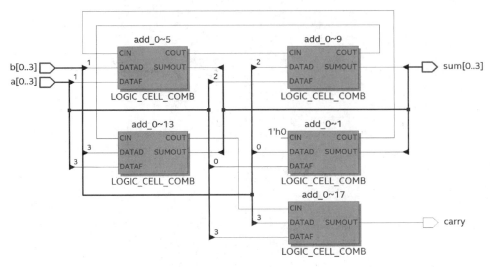

图 2.60 4 位全加器综合后的网表结构

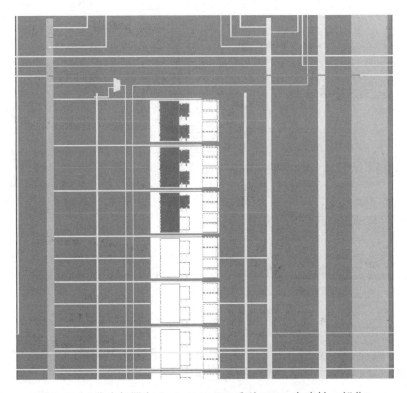

图 2.61 4 位全加器在 Cyclone 10 GX 系列 FPGA 内映射（部分）

思考与练习 2-10：众所周知，在 CPU 和 DSP 中通过使用 C 语言编写软件代码就可以实现 4 位宽度数据的全加操作。请比较使用 FPGA 实现加法功能与使用软件 C 语言代码实现加法功能的本质区别。

2.4.5 乘法器

对于一个乘数和被乘数为 4 位的乘法操作而言，要求 16 个乘/加单元，如图 2.62 所示。

在 4 位乘法器的结构中，每个单元都由一个全加器（Full Adder，FA）和逻辑与门构成，通过连线将它们连接在一起。每个单元的内部结构如图 2.63 所示，其逻辑关系表示为

$$a_{out} = a$$
$$b_{out} = b$$
$$z = a \cdot b$$
$$s_{out} = (s \oplus z) \oplus c$$
$$c_{out} = \bar{s}\bar{z}c + s\bar{z}\bar{c} + \bar{s}z\bar{c} + szc$$

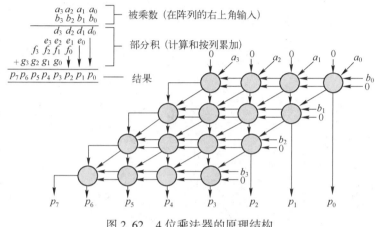

图 2.62 4 位乘法器的原理结构

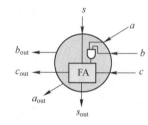

图 2.63 每个单元的内部结构

从上面的介绍可知，对于一个 $N \times N$ 的乘法而言，需要 N^2 个如图 2.64 所示的单元。例如，对于一个 8 位的乘法，需要 $8^2 = 64$ 个这样的单元，是 4 位乘法所需单元总数的 4 倍。所以，乘法器将消耗大量的逻辑设计资源。当然，FPGA 内提供了专用的乘法器资源，可以实现乘法的运算，这也是 FPGA 的一大优势。

1. 分布式乘法器实现

分布式乘法器就是使用 FPGA 内的 LUT 等分布式逻辑资源实现一个乘法器的功能。对于一个 4×4 的分布式乘法器实现而言，其 Verilog HDL 描述如代码清单 2-12 所示。

代码清单 2-12 top.v 文件

```
( * multstyle = "logic" * ) module top(
    input signed [3:0] a,
    input signed [3:0] b,
    output signed [7:0] c
    );
    assign c = a * b;
endmodule
```

注：读者可以定位到本书提供资料的 \intel_dsp_example\example_2_12 路径，用 Quartus Prime Pro 2019.4 集成开发环境打开该设计。

使用 Quartus Prime Pro 2019.4 集成开发环境对该设计执行 Analysis & Synthesis，通过 Technology Map Viewer（Post-Mapping）打开生成的网表结构，如图 2.64 所示。从图中可

知,该 4 位乘法器消耗了 FPGA 内大量的逻辑设计资源。

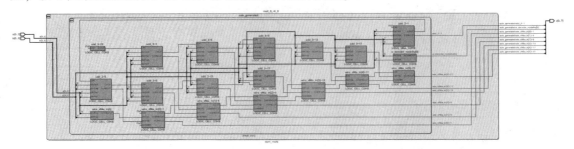

图 2.64　4 位分布式乘法器综合后的网表结构

对该分布式乘法器执行适配过程后,使用 Chip Planner 打开其布局布线后的结果,如图 2.65 所示。

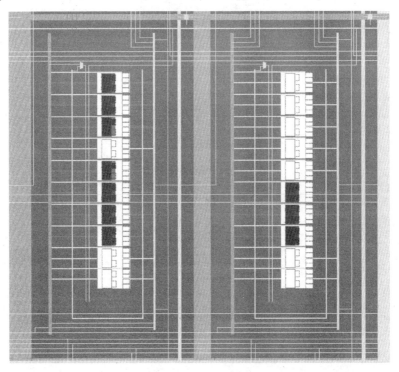

图 2.65　4 位分布式乘法器布局布线后的结果

2. 块乘法器实现

前面提到,在 Intel Cyclone 10 GX FPGA 内提供了专用数字信号处理阵列,在该阵列中的每个 DSP 块内提供了专用的乘法器资源。很明显,可以通过使用 DSP 块实现两个数的乘法操作。与使用 FPGA 内分布式逻辑资源实现乘法操作相比,使用专用 DSP 块内的乘法器可以实现"面积"和"性能"的要求。对于一个 4×4 位的乘法操作而言,使用 DSP 内专用乘法器的 Verilog HDL 描述它,如代码清单 2-13 所示。

代码清单 2-13　top. v 文件

```
( * multstyle = "dsp" * ) module top(
```

```
    input signed [3:0] a,
    input signed [3:0] b,
    output signed [7:0] c
    );
    assign c=a*b;
endmodule
```

> **注**：读者可以定位到本书提供资料的\intel_dsp_example\example_2_13 路径，用 Quartus Prime Pro 2019.4 集成开发环境打开该设计。

使用 Quartus Prime Pro 2019.4 集成开发环境对该设计执行 Analysis & Synthesis，通过 Technology Map Viewer（Post-Mapping）打开生成的网表结构，如图 2.66 所示。

对该分布式乘法器执行适配过程后，使用 Chip Planner 打开其布局布线后的结果，如图 2.67 所示。

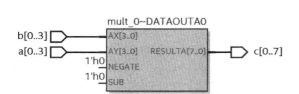
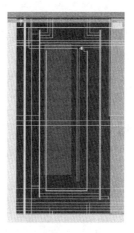

图 2.66　4 位块乘法器综合后的网表结构　　图 2.67　4 位块乘法器布局布线后的结果

对于 4 位分布式乘法器而言，其关键路径如图 2.68 所示。如果想让分布式乘法器的时钟频率更高，则可以在分布式乘法器的每个单元之间插入流水线寄存器，如图 2.69 所示。

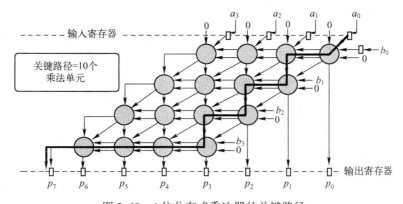

图 2.68　4 位分布式乘法器的关键路径

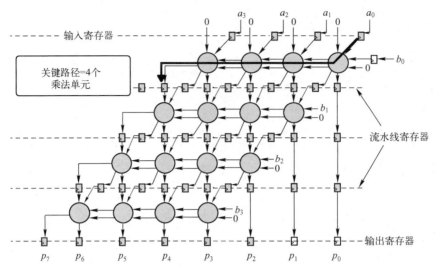

图 2.69 插入流水线寄存器后的 4 位分布式乘法器的关键路径

从前面的介绍可知,不管是分布式乘法操还是块乘法器,它们的实现成本都很高。因此,很自然地想到,是否有一些方法可以替代乘法操作?答案是肯定的。根据所掌握的知识可知,对于 2 的幂运算可以通过简单的移位运算就可实现。因此,通过移位-相加的操作可以代替很多直接的乘法操作,如图 2.70 所示。

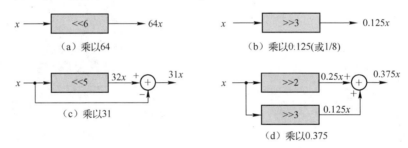

图 2.70 使用移位-相加操作实现乘法运算的功能

从图 2.70 可知,这些乘法运算简化成了移位或者移位-加法运算。一个移位操作在 FPGA 内消耗很少的逻辑资源,N 位加法操作只要求 N 个 LUT 资源,而 N 位乘法操作则要求 N^2 个 LUT 资源。因此,使用这种方法潜在地减少了实现乘法运算所要消耗的逻辑资源数量。

进一步扩展到多个权值,如 3 个或者 4 个分支。例如,对一个输入 x 使用 0.246459960937500 进行加权,并将其量化到 12 位,则可以通过移位-相加操作实现这个目的,如图 2.71 所示。

虽然这种方法可以显著减少乘法运算所消耗的逻辑资源,但是对于一个较长的滤波器设计而言,这会消耗大量的时间来选择合适的移位-相加实现所需的加权功能。因此,一般让

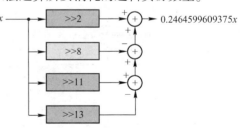

图 2.71 使用移位-相加操作实现对输入加权的操作

Vivado 工具对设计进行自动优化,只有在设计资源特别紧张的情况下才会考虑使用这种方法。

当然，如果修改权值能满足设计性能的要求，则可以通过修改权值来简化移位-相加操作的复杂度。

思考与练习 2-11：请说明分布式乘法器和块乘法器的实现原理，以及与 FPGA 内逻辑资源的对应关系。

思考与练习 2-12：众所周知，在 DSP 中使用 C 语言编写代码就可以实现 4 位数据相乘的操作，比较使用 FPGA 实现乘法操作与使用软件 C 语言代码实现乘法的本质区别（提示：FPGA 内有几十个甚至多达上千个 DSP 阵列）。

2.4.6 并行/串行

前面介绍 FPGA 在实现数字信号处理时所使用的是一种全并行处理结构，这是以消耗 FPGA 内大量的逻辑设计资源为代价的，因此可以达到很高的处理性能。当不需要很高的处理性能时，可以采用复用和资源共享的方式进行串行处理。因此，这也是 FPGA 的巨大优势，在本章 2.3.3 一节中已经进行过详细介绍。

2.4.7 溢出的处理

在进行信号处理时，溢出是一个非常棘手的问题。这里简单介绍一下，以引起读者的高度重视。例如，对于一个 8 位的有符号整数而言，其动态范围为 $-128 \sim 127$。当数据的值太大而无法使用可用的数据格式表示时就会出现溢出。这种情况经常发生在模拟-数字转换的结果中，或者在算术运算的过程中。

通常情况下，当超过这个范围时，应该如何处理它？本节将对这个问题进行简单讨论。

1. 回卷

处理溢出的一种方法是回卷。由于二进制算术运算的处理机制，回卷是溢出很自然的一种处理方法。例如，当数字扩展超过了范围的顶端，它就回卷到范围的低端，反之亦然，如图 2.72 所示。对于 8 位无符号数而言，它可以表示的数值范围为 0～255。而数值 259 超过了可以表示的最大正数值 255，因此系统将其自动理解为数值 3。其实质是由于表示数字位数宽度的限制而引起的数字错误。这种问题也同样适用于二进制补码表示中。

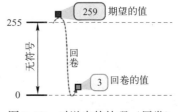

图 2.72 对溢出的处理（回卷）

一旦出现回卷，将出现严重的错误（如图 2.73 所示），即所表示的信号出现剧烈变化，人为地在原始信息中引入高频分量。

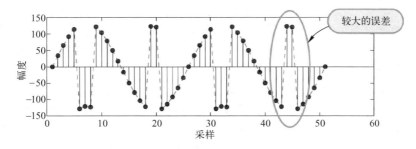

图 2.73 出现回卷时，将出现严重的错误

2. 饱和

处理溢出的另一种方法是饱和。对于饱和而言，问题不算很严重，如图 2.74 所示。从图 2.74 中可知，当采用饱和机制时，对于 +132 而言，超过正数的最大值 +127，将其饱和到 +127；对于 -131 而言，超过负数的最小值 -128，将其饱和到 -128。当然，结果会造成失真，因为此时有信息丢失（如图 2.75 所示）；但是，问题还不是特别严重。

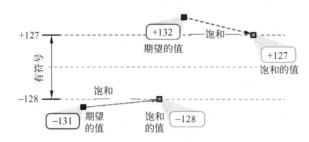

图 2.74 有符号数超出范围进行饱和处理（1）

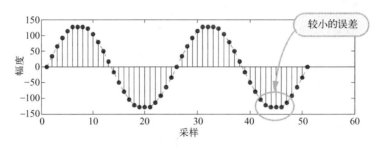

图 2.75 有符号数超出范围进行饱和处理（2）

2.5 高性能信号处理的难点和技巧

本节将通过一个滤波器组的设计任务说明在设计数字信号处理系统时，通过运用多个设计技巧来简化系统设计的复杂度，帮助读者理解本书后续章节的内容。通过思考这些问题，读者会发现高性能数字信号处理的实现远远比算法本身要难得多。

2.5.1 设计目标

本节给出的设计任务是设计一个滤波器组，用于建立 4 个独立的通道。在该设计中，输入信号的带宽是 100MHz。根据奈奎斯特采样定理，最低的采样频率是 200MHz。在该设计中，每个通道的带宽是 25MHz，如图 2.76 所示。滤波器组的输出是 4 个独立的通道，每个通道都包含原始信号频谱的一部分，如图 2.77 所示。

在滤波器组中，每个滤波器的特性为：

(1) 通道 A 滤波器。设计指标为：①低通滤波器；②截止（通带边沿）频率为 23MHz；③过渡带为 4MHz。

(2) 通道 B 滤波器。设计指标为：①带通滤波器；②低截止（带通边沿）频率为 27MHz；③高截止（带通边沿）频率为 48MHz；④过渡带为 4MHz。

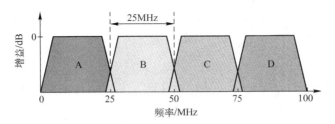

图 2.76 4 个滤波器组的频谱图

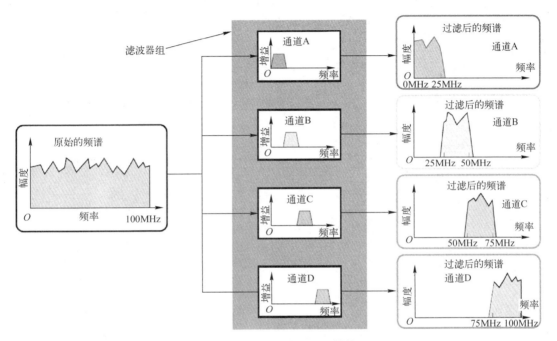

图 2.77 4 个滤波器组的结构

（3）通道 C 滤波器。设计指标为：①带通滤波器；②低截止（带通边沿）频率为 52MHz；③高截止（带通边沿）频率为 73MHz；④过渡带为 4MHz。

（4）通道 D 滤波器。设计指标为：①高通滤波器；②截止（通带边沿）频率为 77MHz；③过渡带为 4MHz。

在所有情况下，目标是阻带衰减达到 -50dB（考虑了量化效应）。浮点设计工具可以提供 -57dB 的衰减，并且通带纹波为 0.1dB。

2.5.2 实现成本

每个滤波器要求 133 个权值，表示为 133 个 MAC @200MHz。对于这个最初设计，计算成本为

$$(133+133+133+133) \times 200\text{MHz} = 106400\text{MMAC}(\text{百万 MAC})/\text{s}$$

这是一个庞大的运算量。

根据实现这个要求的硬件，通常选择 16 位输入和 16 位权值。这样，可以估计一个 MAC 的操作成本为

$$\text{全加器} = \text{输入字长} \times \text{权值字长}$$

因此，对于4个通道滤波器而言，实现532（133+133+133+133）个MAC操作，要求：
532×16×16=136192个全加器

> **注**：(1) 计算成本表示了执行MAC操作的速度。
> (2) 资源成本表示了在FPGA内实现设计所要求的硬件成本，包括LUT和FF等。

很明显，计算成本和资源成本是相关的。如果计算速度不快，则可以使用串行滤波器，这将减少所消耗的硬件资源量。目前，考虑使用全并行的实现结构。

默认设计消耗136192个全加器（136192个LUT）。所要求的资源太多，因此不得不使用较大容量的FPGA器件。

2.5.3 设计优化

前面默认使用16位的系数，真是需要这么多吗？通过对量化滤波器设计的分析，发现12位系数足够，如图2.78所示。

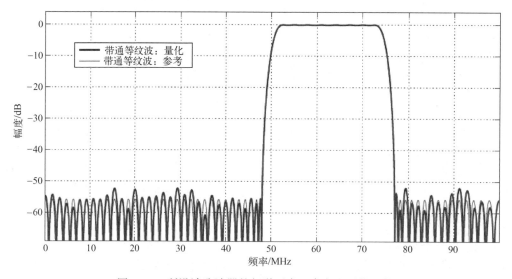

图2.78 所设计滤波器的频谱要求：参考和量化比较

因此，如果使用分布式乘法器，需要16×12=192个单元，而不是前面的16×16=256个单元。这样，显著降低了所需的逻辑资源量。

还有什么办法进一步进行设计优化？答案是肯定的。在这个子带结构中，对于所有的滤波器权值而言，通道A（低通滤波器）和通道D（高通滤波器）实际上有相同的幅度。不同之处在于每两个权值是相反的。这也可以用于通道B和通道C，如图2.79所示。

因此，对通道A和通道D使用一个滤波器；对通道B和通道D使用一个滤波器，其结构如图2.80所示。很明显，优化后的滤波器结构，其资源成本降低了50%。

进一步观察通道C的滤波器响应特性，它的系数是对称的。事实上，对于任意FIR滤波器设计而言，这都是成立的。在滤波器结构中，通常可以利用系数对称的特性。在该结构中，将一对来自延迟线上的采样预相加，然后乘以一个相同的权值，如图2.81所示。输入$x(k)$和输出$y(k)$之间表示为

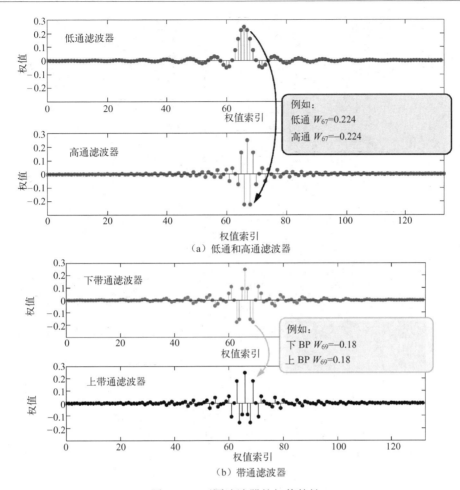

图 2.79 不同滤波器的权值特性

$$y(k) = w_0[x(k)+x(k-6)] + w_1[x(k-1)+x(k-5)] + w_2[x(k-2)+x(k-4)] + w_3x(k-3)$$

前面提到，乘法器是整个运算中开销最大的部分。通过利用对称系数的性质，将所需乘法器的数量减半。将该方法应用于图 2.80 给出的通道 A 和通道 D 的滤波器设计中，如图 2.82 所示。很明显，该设计只消耗了 4 个乘法器。类似地，可以应用到通道 B 和通道 C 中。

对于被执行的信道化而言，可以创建 4 个通道，每处通道 25MHz。这样，信号的带宽被限制为 25MHz，所以就没有必要继续在 200MHz 频率进行处理。根据奈奎斯特采样定理，可以将采样率降低到 50MHz。在这种情况下，4 个独立通道的每个通道混叠结果的属性存在于带宽 0~25MHz 内，如图 2.83 所示。

现在对于每个通道的设计结构是用于滤波操作的，后面跟着降采样操作（因子为 4），从 200MHz 降低到 50MHz，如图 2.84 所示。从图 2.85 中可知，降采样率并没有减少计算成本和资源成本。

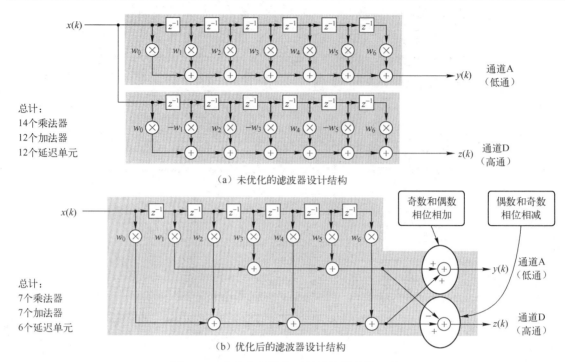

图 2.80 未优化和优化后的滤波器结构比较

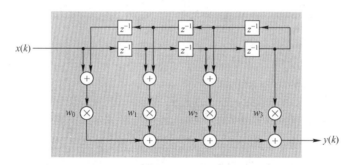

图 2.81 对称系数的 FIR 滤波器实现结构

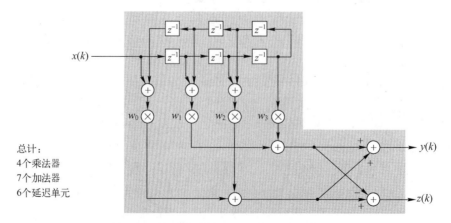

图 2.82 将对称系数用于通道 A 和通道 D 中

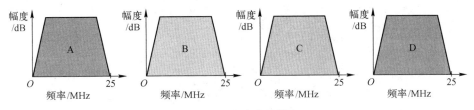

图 2.83 滤波器的带宽

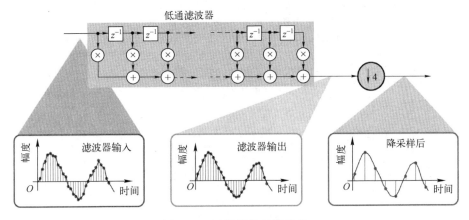

图 2.84 滤波器的整体结构

对于降比为 4 的降采样而言，就是在每 4 个采样中只取一个采样，而将其他采样丢弃。很明显，这样做非常浪费。在 DSP 中，只计算需要的数据。因此，在这种情况下，只计算每次得到的第 4 个采样值。通过使用多相技术实现高效滤波，使得滤波器的运行速率为输入数据速率的 1/4，其原理结构如图 2.85 所示。

图 2.85 多相滤波器的原理结构

注：（1）要求相同的滤波器设计，只是将滤波器运行在 50MHz，而不是 200MHz，这样可以节省计算资源。
（2）在这种设计结构中，降采样器和滤波器的顺序进行了调换。

本质上，多相形式是对初始滤波器版本的修改，在该设计中将权值分组到几个相位（在这种情况下，是 4 个相位，因为降采样比为 4）。结果是 4 个子滤波器，前面是降采样器，如图 2.86 所示。采用多相形式后，权值数量减少为 17 个。

每个相位由来自最初滤波器权值的子集构成。现在，所有的相位以 50MHz 的速度采样。因此，可以通过这个较低的运算速率降低多相滤波器的硬件成本，降比可达到 4。实现方法包括：①将每相串行化处理；②在所有的 4 相之间共享时间。

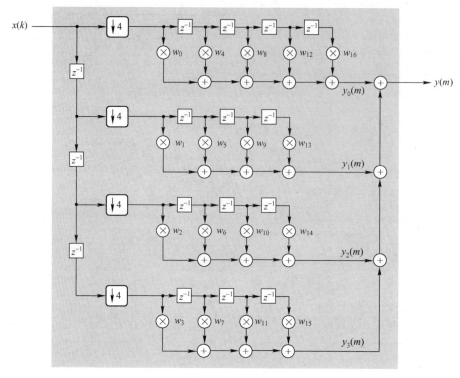

图 2.86 多相滤波器的具体结构

左侧 4 个子滤波器用于通道 A，将其时分复用到单个滤波器上，如图 2.86 所示。同样地，对于通道 B、通道 C 和通道 D，可以做类似的行为。

上面的优化过程涉及滤波器的设计、多速率数字信号处理理论、系数对称、定点理论、算术实现，甚至是底层的乘法器优化。所以，正如作者在本节一开始提到的：要实现满足设计要求的高性能信号处理，远远要比在 MATLAB 上跑算法复杂得多。

第 3 章　数值的表示和运算

二进制数是任何数字系统的基础。由于数字信号处理需要将量化值用有限精度的数字表示，所以在实现数字信号处理时必须考虑数字的表示方法。一方面，数字的表示格式必须有足够的精度；另一方面，数字的表示格式必须尽可能少地消耗逻辑资源。

本章将主要介绍整数的表示方法、整数加法运算的 HDL 描述、整数减法运算的 HDL 描述、整数乘法运算的 HDL 描述、整数除法运算的 HDL 描述、定点数的表示方法、定点数加法运算的 HDL 描述、定点数减法运算的 HDL 描述、定点数乘法运算的 HDL 描述、定点数除法运算的 HDL 描述、浮点数的表示方法、浮点数运算的 HDL 描述，以及浮点数运算 IP 核的应用。

通过本章内容的介绍，读者将理解并掌握二进制系统数字的表示方法，以及使用 HDL 描述算术运算的方法，这些内容将帮助读者深入理解有限字长效应对数字信号处理精度和性能的影响。

3.1　整数的表示方法

在二进制系统中，整数可以分为两种类型，即无符号整数和有符号整数。无符号整数只包含正整数和零，有符号整数还包含负整数。无符号整数和二进制数之间存在直接的一一对应关系。但是，对于有符号整数而言，需要将负数转换为二进制补码形式。

在数学中，任意基数的负数都在最前面加上"-"符号来表示。然而，在计算机硬件中，数字都以无符号的二进制形式表示。因此，需要一种编码方式用于表示负号。目前，常用来表示有符号数的三种编码包括原码、反码和补码。

3.1.1　二进制原码格式

为了解决数字符号表示的问题，首要的处理方法是分配一个符号位来表示这个符号。通常，最高有效位用于表示符号。当该位为 0 时，表示一个正数；而当该位为 1 时，表示一个负数。其他位用于表示数值大小（也称为绝对值）。因此，一个字节只有 7 位用于表示数值大小，最高位用于表示符号位，其表示数值的范围为 $0000000(0_{10})$ ~ $1111111(127_{10})$。

这样，当增加一个符号位（第八位）后，可以表示从 $(-127)_{10}$ 到 $(+127)_{10}$ 的数值。这种表示数值的方法所导致的结果就是有两种方式用于表示数值 0，即 00000000，表示+0；10000000，表示-0。十进制数 $(-43)_{10}$ 用八位二进制原码可以表示为 10101011。有符号数和无符号数的二进制原码表示如表 3.1 所示。

表 3.1　有符号数和无符号数的二进制原码表示

无符号	有符号	二进制原码表示
0	+0	00000000

续表

无符号	有符号	二进制原码表示
1	+1	00000001
……		
127	+127	01111111
128	-0	10000000
129	-1	10000001
……		
255	-127	11111111

3.1.2 二进制反码格式

可使用二进制反码来描述正数和负数。对于正数而言，与原码形式一样，无须取反。而对于一个负二进制数而言，其反码形式为除符号位以外，对原码的其他位按位取反。同原码表示一样，0 的反码表示形式也有两种：00000000(+0) 与 11111111(-0)。

例如，原码 10101011(-43_{10}) 的反码形式为 11010100(-43_{10})。有符号数用反码表示的范围为 $-(2^{N-1}-1)$ 到 $(2^{N-1}-1)$，以及 +0 和 -0。对于 8 位二进制数而言，用反码表示时，其表示数的范围为 $(-127)_{10} \sim (+127)_{10}$，以及 00000000(+0) 或者 11111111(-0)，如表 3.2 所示。

表 3.2 无符号数和有符号数的反码表示

无符号数	有符号数	反码二进制数表示
0	+0	00000000
1	+1	00000001
……		
125	+125	01111101
126	+126	01111110
127	+127	01111111
128	-127	10000000
129	-126	10000001
130	-125	10000010
……		
254	-1	11111110
255	-0	11111111

3.1.3 二进制补码格式

补码解决了数值 0 有多种表示的问题，以及循环进位的需要。在补码表示中，负数表示为所对应正数的反码加 1。在补码表示中，只有一个 0（00000000）。无符号数和有符号数的补码表示如表 3.3 所示。

表 3.3 无符号数和有符号数的补码表示

无符号数	有符号数	补码二进制数表示
0	+0	00000000
1	+1	00000001
……		
125	+125	01111101
126	+126	01111110
127	+127	01111111
128	-128	10000000
129	-127	10000001
130	-126	10000010
……		
254	-2	11111110
255	-1	11111111

> **注**：用二进制补码可以表示-128，但不能表示+128。在对正值取反时，会发现需要用第9位表示负零。然而，如果简单地忽略这个第9位，那么这个负零与正零的表示将完全相同。

例如，对于$(-97)_{10}$而言，假设字长为8位，其所对应的二进制补码为$(10011111)_2$，如表 3.4 所示。

表 3.4 有符号数的二进制补码表示

权值	-2^7	2^6	2^5	2^4	2^3	2^2	2^1	2^0
权值	-128	64	32	16	8	4	2	1
商	1	0	0	1	1	1	1	1
余数	-97	31	31	15	7	3	1	0

对于一个 N 位字长的二进制补码而言，它可以表示数的范围为
$$-2^{N-1} \sim 2^{N-1}-1$$

3.2 整数加法运算的 HDL 描述

本节将使用 VHDL 和 Verilog HDL 描述有符号和无符号整数加法运算。整数加法运算块的符号描述如图 3.1 所示。

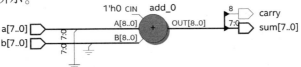

图 3.1 整数加法运算块的符号描述

3.2.1 无符号数加法运算的 HDL 描述

本小节将使用 VHDL 语言描述无符号数加法运算。在描述无符号数加法运算时，需要考虑进位标志和加法运算的范围。

1. 无符号数加法运算的 VHDL 描述

本部分给出了无符号数加法运算的 VHDL 描述，如代码清单 3-1 所示。

代码清单 3-1　top.vhd

```vhdl
library IEEE;
use IEEE.STD_LOGIC_1164.ALL;
use IEEE.STD_LOGIC_ARITH.ALL;
use IEEE.STD_LOGIC_UNSIGNED.ALL;

entity top is
    Port (  a       : in STD_LOGIC_VECTOR (7 downto 0);
            b       : in STD_LOGIC_VECTOR (7 downto 0);
            sum     : out STD_LOGIC_VECTOR (7 downto 0);
            carry   : out STD_LOGIC);
end top;

architecture Behavioral of top is
signal tmp  : std_logic_vector(8 downto 0);
begin
    sum<=tmp(7 downto 0);
    carry<=tmp(8);
    tmp<=conv_std_logic_vector((conv_integer(a)+conv_integer(b)),9);
end Behavioral;
```

注：读者可以定位到本书所提供资料的\intel_dsp_example\example_3_1 路径中，使用 Quartus Prime Pro 19.4 集成开发环境打开该设计。

2. 无符号数加法运算的 Verilog HDL 描述

本部分给出了无符号数加法运算的 Verilog HDL 描述，如代码清单 3-2 所示。

代码清单 3-2　top.v

```verilog
module top(
    input [7:0] a,
    input [7:0] b,
    output [7:0] sum,
    output carry
    );
    assign {carry,sum} = a+b;
endmodule
```

注：读者可以定位到本书所提供资料的\intel_dsp_example\example_3_2 路径中，使用 Quartus Prime Pro 19.4 集成开发环境打开该设计。

使用 ModelSim-INTEL FPGA STARTER EDITION 2019.2 仿真工具对无符号数的加法运算进行仿真，其结果如图 3.2 所示。很明显，当两个 8 位的二进制数相加时，需要 9 位的二进制数保存运算结果。其中最高位保存进位标志，而剩余的 8 位用于保存和。

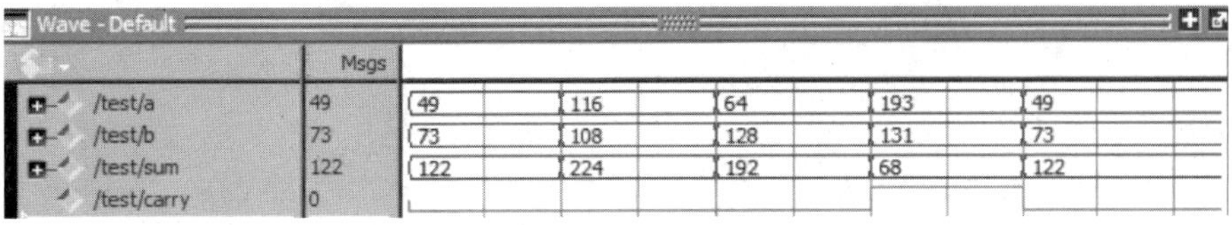

信号	Msgs					
/test/a	49	49	116	64	193	49
/test/b	73	73	108	128	131	73
/test/sum	122	122	224	192	68	122
/test/carry	0					

图 3.2 无符号数加法运算的仿真结果（反色显示）

思考与练习 3-1：对无符号数加法运算的仿真结果进行分析。

思考与练习 3-2：在 Quartus Prime Pro 2019.4 集成开发环境下，分别对无符号数加法运算的 VHDL 和 Verilog HDL 设计进行 Analysis & Synthesis，然后使用 RTL Viewer 查看所生成的 RTL 网表结构，并对该结构进行分析。

3.2.2 有符号数加法运算的 HDL 描述

与无符号数的加法运算相比，有符号数的加法运算要复杂一些。在实现上需要考虑下面 3 种情况。

（1）一个正数和一个负数相加，不会产生溢出。
（2）一个正数和一个正数相加，如果结果为负数，则产生溢出。
（3）一个负数和一个负数相加，如果结果为正数，则产生溢出。

1. 有符号数加法运算的 VHDL 描述

本部分给出了有符号数加法运算的 VHDL 描述，如代码清单 3-3 所示。

代码清单 3-3　top.vhd

```vhdl
library IEEE;
use IEEE.STD_LOGIC_1164.ALL;
use IEEE.STD_LOGIC_ARITH.ALL;
use IEEE.STD_LOGIC_SIGNED.ALL;

entity top is
    Port( a     : in STD_LOGIC_VECTOR (7 downto 0);
          b     : in STD_LOGIC_VECTOR (7 downto 0);
          sum   : out STD_LOGIC_VECTOR (7 downto 0);
          carry : out STD_LOGIC);
end top;

architecture Behavioral of top is
signal tmp   : std_logic_vector(8 downto 0);
begin
    sum<=tmp(7 downto 0);
    carry<=tmp(8);
```

```
tmp<=conv_std_logic_vector((conv_integer(a)+conv_integer(b)),9);

end Behavioral;
```

注：读者可以定位到本书所提供资料的\intel_dsp_example\example_3_3 路径中，用 Quartus Prime Pro 19.4 集成开发环境打开该设计。

2. 有符号数加法运算的 Verilog HDL 描述

本部分给出了有符号数加法运算的 Verilog HDL 描述，如代码清单 3-4 所示。

代码清单 3-4　top.v

```verilog
module top(
    input signed [7:0] a,
    input signed [7:0] b,
    output [7:0] sum,
    output carry
    );
    assign {carry,sum} = a+b;
endmodule
```

注：读者可以定位到本书所提供资料的\intel_dsp_example\example_3_4 路径中，打开该设计。

使用 ModelSim-INTEL FPGA STARTER EDITION 2019.2 仿真工具对有符号数的加法运算进行仿真，其结果如图 3.3 所示。从图中可知，测试向量给出了两个操作数都是正数、都是负数，以及一个操作数是正数、另一个操作数是负数的 4 种情况。

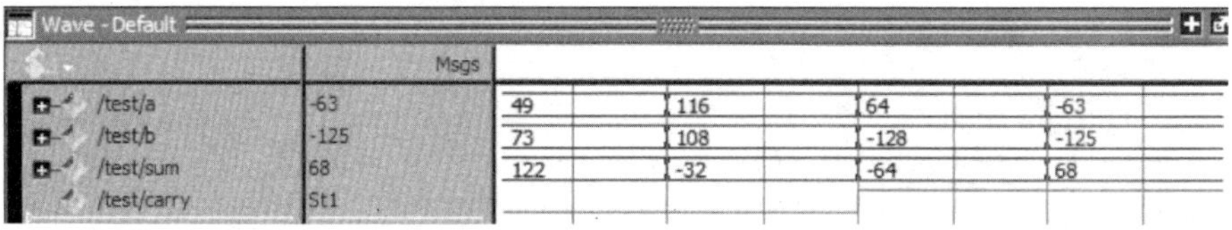

Msgs					
/test/a	-63	49	116	64	-63
/test/b	-125	73	108	-128	-125
/test/sum	68	122	-32	-64	68
/test/carry	St1				

图 3.3　有符号数加法运算的仿真结果（反色显示）

思考与练习 3-3：对有符号数加法运算的仿真结果进行分析。

思考与练习 3-4：在 Quartus Prime Pro 19.4 集成开发环境下，分别对有符号数加法运算的 VHDL 和 Verilog HDL 设计进行 Analysis & Synthesis，然后使用 RTL Viewer 打开生成的网表结构，并对该结构进行分析。

3.3　整数减法运算的 HDL 描述

本节将使用 VHDL 和 Verilog HDL 描述有符号和无符号整数的减法运算。整数减法运算块的符号描述如图 3.4 所示。

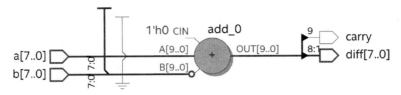

图 3.4 整数减法运算块的符号描述

3.3.1 无符号数减法运算的 HDL 描述

本小节将使用 HDL 语言描述无符号数的减法运算。在描述无符号数的减法运算时，需要考虑借位标志和减法运算的范围。

1. 无符号数减法运算的 VHDL 描述

本部分给出了无符号数减法运算的 VHDL 描述，如代码清单 3-5 所示。

代码清单 3-5　top. vhd

```
library IEEE;
use IEEE. STD_LOGIC_1164. ALL;
use IEEE. STD_LOGIC_ARITH. ALL;
use IEEE. STD_LOGIC_UNSIGNED. ALL;

entity top is
    Port( a     : in STD_LOGIC_VECTOR (7 downto 0);
          b     : in STD_LOGIC_VECTOR (7 downto 0);
          diff  : out STD_LOGIC_VECTOR (7 downto 0);
          carry : out STD_LOGIC);
end top;

architecture Behavioral of top is
signal tmp   : std_logic_vector(8 downto 0);
begin
    diff<=tmp(7 downto 0);
    carry<=tmp(8);
    tmp<=conv_std_logic_vector((conv_integer(a)-conv_integer(b)),9);
end Behavioral;
```

注：读者可以定位到本书所提供资料的 \intel_dsp_example\example_3_5 路径中，用 Quartus Prime Pro 2019.4 集成开发环境打开该设计。

2. 无符号数减法运算的 Verilog HDL 描述

本部分给出了无符号数减法运算的 Verilog HDL 描述，如代码清单 3-6 所示。

代码清单 3-6　top. v

```
module top(
    input [7:0] a,
    input [7:0] b,
```

```
        output [7:0]diff,
        output carry
        );
    assign {carry,diff} = a-b;
endmodule
```

> **注**：读者可以定位到本书所提供资料的\intel_dsp_example\example_3_6路径中，用Quartus Prime Pro 19.4 集成开发环境打开该设计。

使用 ModelSim-INTEL FPGA STARTER EDITION 2019.2 仿真工具对无符号数的减法运算进行仿真，其结果如图 3.5 所示。

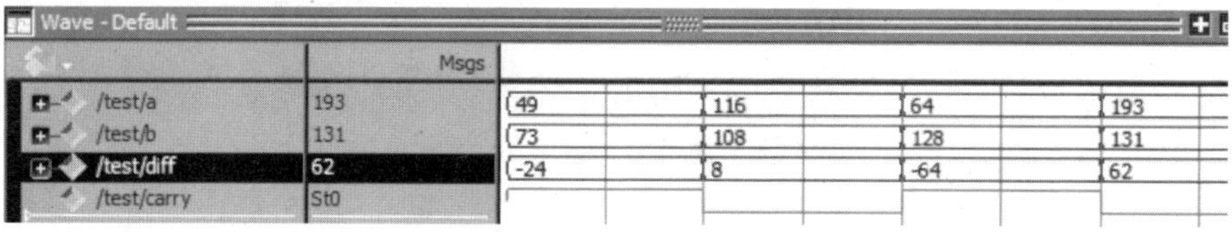

图 3.5　无符号数减法运算的仿真结果（反色显示）

思考与练习 3-5：对无符号数减法运算的仿真结果进行分析。

思考与练习 3-6：在 Quartus Prime Pro 2019.4 集成开发环境下，分别对无符号数减法运算的 VHDL 和 Verilog HDL 设计进行 Analysis & Synthesis，然后用 RTL Viewer 打开生成的网表结构，并对该结构进行分析。

3.3.2　有符号数减法运算的 HDL 描述

与无符号数的减法运算相比，有符号数的减法运算要复杂一些，在实现上需要考虑下面 4 种情况。

（1）一个负数和一个负数相减，不会产生溢出。
（2）一个正数和一个正数相减，不会产生溢出。
（3）一个正数和一个负数相减，如果结果为负数，则产生溢出。
（4）一个负数和一个正数相减，如果结果为正数，则产生溢出。

1. 有符号数减法运算的 VHDL 描述

本部分给出了有符号数减法运算的 VHDL 描述，如代码清单 3-7 所示。

代码清单 3-7　top.vhd

```
library IEEE;
use IEEE.STD_LOGIC_1164.ALL;
use IEEE.STD_LOGIC_ARITH.ALL;
use IEEE.STD_LOGIC_SIGNED.ALL;

entity top is
    Port(a    : in STD_LOGIC_VECTOR (7 downto 0);
         b    : in STD_LOGIC_VECTOR (7 downto 0);
         diff : out STD_LOGIC_VECTOR (7 downto 0);
```

```
                      carry         : out STD_LOGIC);
end top;

architecture Behavioral of top is
signal tmp        : std_logic_vector(8 downto 0);
begin
    diff<=tmp(7 downto 0);
    carry<=tmp(8);
    tmp<=conv_std_logic_vector((conv_integer(a)-conv_integer(b)),9);
end Behavioral;
```

注：读者可以定位到本书所提供资料的\intel_dsp_example\example_3_7 路径中，用 Quartus Prime Pro 19.4 集成开发环境打开该设计。

2. 有符号数减法运算的 Verilog HDL 描述

本部分给出了有符号数减法运算的 Verilog HDL 描述，如代码清单3-8 所示。

代码清单3-8　top.v

```
module top(
    input signed [7:0] a,
    input signed [7:0] b,
    output signed[7:0] diff,
    output carry
    );
    assign {carry,diff} = a-b;
endmodule
```

注：读者可以定位到本书所提供资料的\intel_dsp_example\example_3_8 路径中，用 Quartus Prime Pro 19.4 集成开发环境打开该设计。

使用 ModelSim-INTEL FPGA STARTER EDITION 2019.2 仿真工具对有符号数的减法运算进行仿真，其结果如图 3.6 所示。

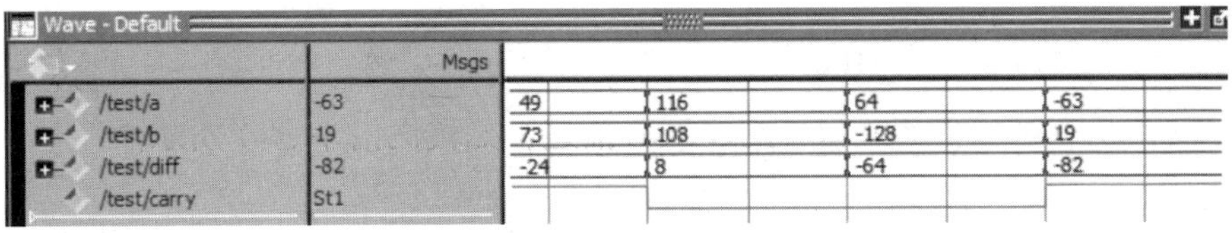

图 3.6　有符号数减法运算的仿真结果（反色显示）

思考与练习 3-7：对有符号数减法运算的仿真结果进行分析。

思考与练习 3-8：在 Quartus Prime Pro 2019.4 集成开发环境下，分别对有符号数减法运算的 VHDL 和 Verilog HDL 设计进行 Analysis & Synthesis，然后用 RTL Viewer 打开所生成的网表结构，并对该结构进行分析。

3.4 整数乘法运算的 HDL 描述

本节将使用 VHDL 和 Verilog HDL 描述有符号和无符号整数的乘法运算。整数乘法运算块的符号描述如图 3.7 所示。

图 3.7 整数乘法运算块的符号描述

3.4.1 无符号数乘法运算的 HDL 描述

4 位无符号的整数 $(1011)_2 = (11)_{10}$ 和 $(1001)_2 = (9)_{10}$ 乘法的实现原理如图 3.8 所示。本质上，乘法运算就是加法和移位操作的组合。本小节将使用 HDL 语言描述无符号数的乘法运算。

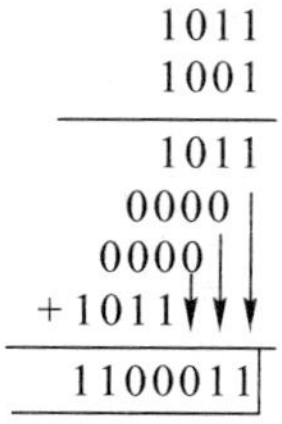

1. 无符号数乘法运算的 VHDL 描述

本部分给出了无符号数乘法运算的 VHDL 描述，如代码清单 3-9 所示。

图 3.8 无符号数乘法运算的实现原理

代码清单 3-9　top.vhd

```
library IEEE;
use IEEE.STD_LOGIC_1164.ALL;
use IEEE.STD_LOGIC_ARITH.ALL;
use IEEE.STD_LOGIC_UNSIGNED.ALL;

entity top is
    Port( a       : in STD_LOGIC_VECTOR (7 downto 0);
          b       : in STD_LOGIC_VECTOR (7 downto 0);
          product : out STD_LOGIC_VECTOR (15 downto 0)
        );
end top;

architecture Behavioral of top is
begin
    product<=a*b;
end Behavioral;
```

注： 读者可以定位到本书所提供资料中的\intel_dsp_example\example_3_9 路径中，用 Quartus Prime Pro 2019.4 集成开发环境打开该设计。

2. 无符号数乘法运算的 Verilog HDL 描述

本部分给出了无符号数乘法运算的 Verilog HDL 描述，如代码清单 3-10 所示。

代码清单3-10 top.v

```
module top(
    input [7:0] a,
    input [7:0] b,
    output [15:0] product
    );
    assign product=a*b;
endmodule
```

注：读者可以定位到本书所提供资料的\intel_dsp_example\example_3_10路径中，用Quartus Prime Pro 2019.4集成开发环境打开该设计。

使用ModelSim-INTEL FPGA STARTER EDITION 2019.2仿真工具对无符号数的乘法运算进行仿真，其结果如图3.9所示。

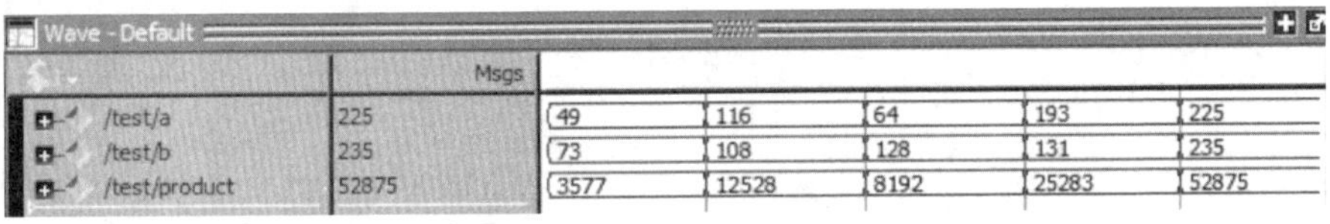

图3.9 无符号数乘法运算的仿真结果（反色显示）

思考与练习3-9：对无符号数乘法运算的仿真结果进行分析。

思考与练习3-10：在Quartus Prime Pro 2019.4集成开发环境下，分别对无符号数乘法运算的VHDL和Verilog HDL设计进行Analysis & Synthesis，然后用Technology Map Viewer（Post-Mapping）打开所生成的网表结构，并对该结构进行分析（提示，乘法运算使用了FPGA内的乘法器硬核资源）。

3.4.2 有符号数乘法运算的HDL描述

对于有符号数的乘法运算而言，情况比较复杂，下面分别进行讨论。

1. 对于操作数为一个正数和一个负数的相乘

一个正数和一个负数的乘法运算如图3.10所示。对于一个正数和一个负数相乘的情况而言，只需要进行符号扩展。

2. 对于操作数均为两个负数的相乘

两个负数的乘法运算如图3.11所示。从图中可知，减去最后一部分积。在具体实现时，可以将最后一个部分积转成补码，然后进行相加运算。

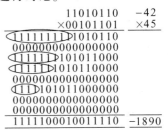

图3.10 一个正数和一个负数的乘法运算

注：（1）很明显，两个操作数都为负数时，本质上它等效于两个无符号数的乘法运算。

（2）在使用HDL描述有符号数的乘法运算时并不需要考虑上面的实现细节。

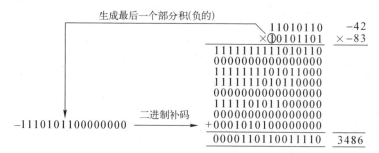

图 3.11 两个负数的乘法运算

本小节将使用 HDL 描述有符号数乘法运算的实现过程。

1. 有符号数乘法运算的 VHDL 描述

本部分给出了有符号数乘法运算的 VHDL 描述,如代码清单 3-11 所示。

代码清单 3-11 top. vhd

```vhdl
library IEEE;
use IEEE.STD_LOGIC_1164.ALL;
use IEEE.STD_LOGIC_ARITH.ALL;
use IEEE.STD_LOGIC_SIGNED.ALL;

entity top is
    Port( a       : in STD_LOGIC_VECTOR (7 downto 0);
          b       : in STD_LOGIC_VECTOR (7 downto 0);
          product : out STD_LOGIC_VECTOR (15 downto 0)
         );
end top;

architecture Behavioral of top is
begin
    product<=a * b;
end Behavioral;
```

注:读者可以定位到本书所提供资料的\intel_dsp_example\example_3_11 路径中,用 Quartus Prime Pro 19.4 集成开发环境打开该设计。

2. 有符号数乘法运算的 Verilog HDL 描述

本部分给出了有符号数乘法运算的 Verilog HDL 描述,如代码清单 3-12 所示。

代码清单 3-12 top. v

```verilog
module top(
    input signed [7:0] a,
    input signed [7:0] b,
    output signed [15:0] product
    );
    assign product=a * b;
endmodule
```

> **注**：读者可以定位到本书所提供资料的\intel_dsp_example\example_3_12 路径中，用 Quartus Prime Pro 2019.4 集成开发环境打开该设计。

使用 ModelSim-INTEL FPGA STARTER EDITION 2019.2 仿真工具对有符号数的乘法运算进行仿真，其结果如图 3.12 所示。

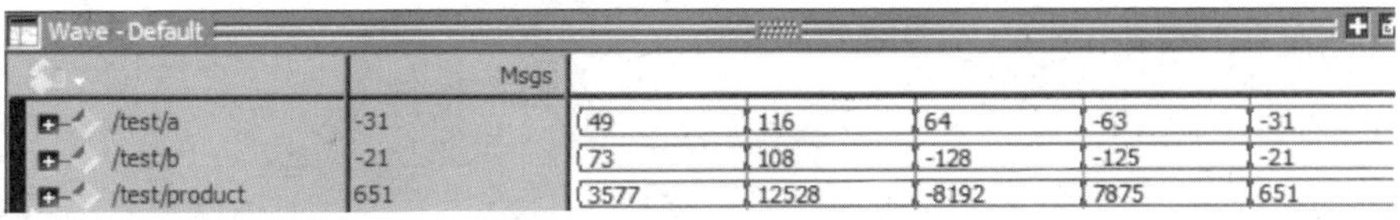

Wave - Default
Msgs
/test/a
-31
49
116
64
-63
-31
/test/b
-21
73
108
-128
-125
-21
/test/product
651
3577
12528
-8192
7875
651

图 3.12　有符号数乘法运算的仿真结果（反色显示）

思考与练习 3-11：对有符号数乘法运算的仿真结果进行分析。

思考与练习 3-12：在 Quartus Prime Pro 2019.4 集成开发环境下，分别对有符号数乘法运算的 VHDL 和 Verilog HDL 设计进行 Analysis & Synthesis，然后用 Technology Map Viewer (Post-Mapping) 打开所生成的网表结构，并对该结构进行分析（提示，乘法运算使用了 FPGA 内的乘法器硬核资源）。

3.5　整数除法运算的 HDL 描述

本节将使用 VHDL 和 Verilog HDL 描述有符号和无符号整数的除法运算。整数除法运算块的符号描述如图 3.13 所示。

div_0
a[7..0]
b[3..0]
A[7..0]
B[3..0]
/
OUT[7..0]
quotient[7..0]
mod_0
A[7..0]
B[3..0]
%
OUT[3..0]
residue[3..0]

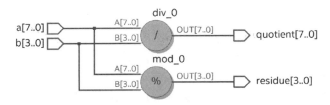

图 3.13　整数除法运算块的符号描述

3.5.1　无符号数除法运算的 HDL 描述

101
101
11001
101
101
101

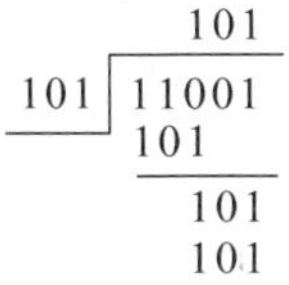

图 3.14　无符号数进行除法运算的过程

两个无符号二进制数 $(11001)_2=(25)_{10}$ 和 $(101)_2=(5)_{10}$ 进行除法运算的过程如图 3.14 所示。在进行完除法运算后，产生商和余数。本小节将使用 HDL 描述无符号数的除法运算。

1. 无符号数除法运算的 VHDL 描述

本部分给出了无符号数除法运算的 VHDL 描述，如代码清单 3-13 所示。

代码清单 3-13　top.vhd

```
library IEEE;
use IEEE.STD_LOGIC_1164.ALL;
use IEEE.STD_LOGIC_ARITH.ALL;
```

```vhdl
use IEEE.STD_LOGIC_UNSIGNED.ALL;

entity top is
    Port(   a           : in STD_LOGIC_VECTOR (7 downto 0);
            b           : in STD_LOGIC_VECTOR (3 downto 0);
            quotient    : out STD_LOGIC_VECTOR (7 downto 0);
            residue     : out STD_LOGIC_VECTOR(3 downto 0)
        );
end top;

architecture Behavioral of top is
begin
process(a,b)
begin
    if(b/="0000") then
        quotient<=conv_std_logic_vector(conv_integer(a)/conv_integer(b),8);
        residue<=conv_std_logic_vector(conv_integer(a) rem conv_integer(b),4);
    else
        quotient<="00000000";
        residue<="0000";
    end if;
end process;
end Behavioral;
```

注：读者可以定位到本书所提供资料的\intel_dsp_example\example_3_13 路径中，用 Quartus Prime Pro 2019.4 集成开发环境打开该设计。

2. 无符号数除法运算的 Verilog HDL 描述

本部分给出了无符号数除法运算的 Verilog HDL 描述，如代码清单 3-14 所示。

代码清单 3-14   top.v

```verilog
module top(
    input [7:0] a,
    input [3:0] b,
    output [7:0] quotient,
    output [3:0] residue
    );
    assign quotient=a/b;
    assign residue=a % b;
endmodule
```

注：读者可以定位到本书所提供资料的\intel_dsp_example\example_3_14 路径中，用 Quartus Prime Pro 2019.4 集成开发环境打开该设计。

使用 ModelSim-INTEL FPGA STARTER EDITION 2019.2 仿真工具对无符号数的除法运算进行仿真，其结果如图 3.15 所示。

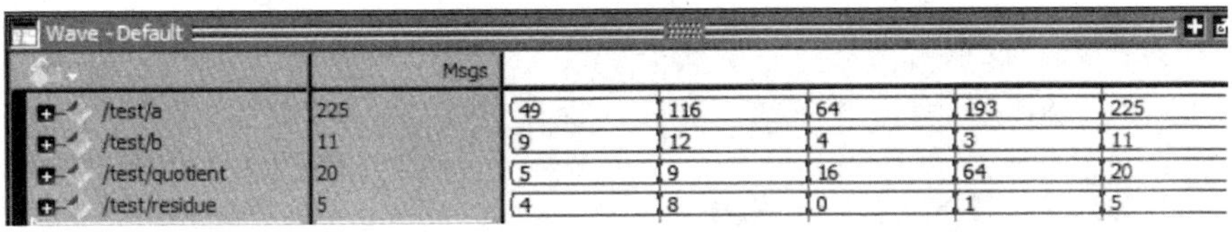

图 3.15 无符号数除法运算的仿真结果（反色显示）

思考与练习 3-13：对无符号数除法运算的仿真结果进行分析。

思考与练习 3-14：使用 HDL 语言描述无符号数除法运算的优势体现在哪些方面？

思考与练习 3-15：在 Quartus Prime Pro 2019.4 集成开发环境下，分别对无符号数除法运算的 VHDL 和 Verilog HDL 设计进行 Analysis & Synthesis，然后用 Technology Map Viewer（Post-Mapping）打开所生成的网表结构，并对该结构进行分析。

3.5.2 有符号数除法运算的 HDL 描述

本小节将使用 HDL 描述有符号数的除法运算。

1. 有符号数除法运算的 VHDL 描述

本部分给出了有符号数除法运算的 VHDL 描述，如代码清单 3-15 所示。

代码清单 3-15　top.vhd

```vhdl
library IEEE;
use IEEE.STD_LOGIC_1164.ALL;
use IEEE.STD_LOGIC_ARITH.ALL;
use IEEE.STD_LOGIC_SIGNED.ALL;

entity top is
    Port ( a        : in STD_LOGIC_VECTOR (7 downto 0);
           b        : in STD_LOGIC_VECTOR (4 downto 0);
           quotient : out STD_LOGIC_VECTOR (7 downto 0);
           residue  : out STD_LOGIC_VECTOR (4 downto 0)
         );
end top;

architecture Behavioral of top is
begin
process(a,b)
begin
    if( b/="00000" ) then
        quotient<=conv_std_logic_vector(conv_integer(a)/conv_integer(b),8);
        residue<=conv_std_logic_vector(conv_integer(a) rem conv_integer(b),5);
    else
        quotient<="00000000";
        residue<="00000";
    end if;
end process;
end Behavioral;
```

> 注：读者可以定位到本书所提供资料的\intel_dsp_example\example_3_15 路径中，用 Quartus Prime Pro 2019.4 集成开发环境打开该设计。

2. 有符号数除法运算的 Verilog HDL

本部分给出了有符号数除法运算的 Verilog HDL 描述，如代码清单 3-16 所示。

代码清单 3-16　top.v

```verilog
module top(
    input signed [7:0] a,
    input signed [4:0] b,
    output signed [7:0] quotient,
    output signed [4:0] residue
    );
    assign quotient=a/b;
    assign residue=a % b;
endmodule
```

> 注：(1) 读者可以定位到本书所提供资料的\intel_dsp_example\example_3_16 路径中，用 Quartus Prime Pro 2019.4 集成开发环境打开该设计。
> (2) 对于 VHDL 和 Verilog HDL 而言，a **rem**（%）b 结果的符号由 a 的符号确定。

使用 ModelSim-INTEL FPGA STARTER EDITION 2019.2 仿真工具对有符号数的除法运算进行仿真，其结果如图 3.16 所示。

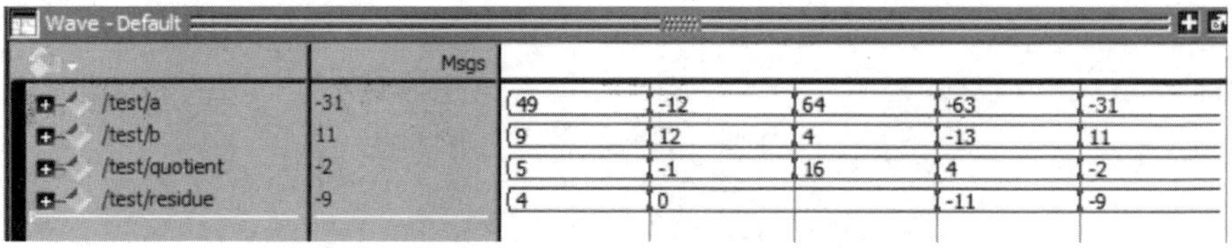

图 3.16　有符号数除法运算的仿真结果（反色显示）

思考与练习 3-16：对有符号数除法运算的仿真结果进行分析。

思考与练习 3-17：使用 HDL 语言描述有符号数除法运算的优势体现在哪些方面？

思考与练习 3-18：在 Quartus Prime Pro 2019.4 集成开发环境下，分别对有符号数除法运算的 VHDL 和 Verilog HDL 设计进行 Analysis & Synthesis，然后用 Technology Map Viewer（Post-Mapping）打开所生成的网表结构，并对该结构进行分析。

3.6　定点数的表示方法

在数字信号处理系统中，经常需要使用不同的数值对正弦波信号进行描述，如图 3.17 所示。

很显然，这需要对非整数数值进行处理。对这种非整数数值的处理方法是允许正弦波的幅度按比例增加，并使用整数形式来表示。如图 3.18 所示，二进制补码使用的并不多，如使用两个比特位表示所得到的值是 -2、-1、0 和 1，使得存在较大的量化误差。显然，需要处理非整数数值的情况。

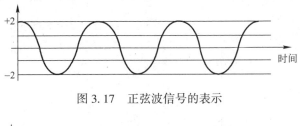

图 3.17　正弦波信号的表示

图 3.18　正弦波的整数量化表示

这种方法很常见，但在某些情况下，需要表示 0 到 1 之间的数值，也需要表示整数之间的数值。

用十进制表示小数很容易。通过引入十进制小数点来描述非整数的值，并在小数点的右边插入数字。例如：

$$12.34 = 1\times10^1 + 2\times10^0 + 3\times10^{-1} + 4\times10^{-2}$$

3.6.1　定点二进制数格式

定点数是介于整数和浮点数之间的一种用于表示数的格式，是二进制小数点在固定位置的数。将二进制小数点左边部分的位定义为整数位，而将该点右边部分的位定义为小数位。例如，对于二进制定点小数 101.01011 而言，有 3 个二进制整数位 101，5 个二进制小数位 01011。通常，定点数表示为 $Qm.n$ 格式，即

$$b_{n+m}b_{n+m-1}\cdots b_n . b_{n-1}\cdots b_1 b_0$$

其中：（1）m 为整数部分二进制的位数。m 越大，所表示数的动态范围越大；m 越小，表示数的范围越小。

（2）n 为小数部分二进制的位数。n 越大，表示数的精度越高；n 越小，表示数的精度就越低。

> **注**：当表示的定点数为有符号数时，整数部分的最高位为符号位。

由于定点数的字长 $m+n$ 为定值（可用字长的宽度），因此只能根据设计要求，在动态范围和精度之间进行权衡。

例如，对于一个字长为 8 位的有符号定点数而言，用不同的格式表示为：

① 11010.110（$m=5$，$n=3$）所表示的数为 -5.25；

② 110.10110（$m=3$，$n=5$）所表示的数为 -1.3125。

很明显，只要有足够的字长，可以提供足够的精度，对于大多数的 DSP 应用而言，定点就足够了。因为它基于整数数学，所以它非常有效–只要数据的幅度变化不大即可。

对于有符号数而言，使用 Q3.5 格式的定点数表示方法，如表 3.5 所示。

表 3.5 有符号定点数的表示

十进制整数	比特位						
	2^2（符号位）| 2^1	2^0	2^{-1}	2^{-2}	2^{-3}	2^{-4}	2^{-5}
	-4	2	1	0.5	0.25	0.125	0.0625	0.03125
0.03125	0	0	0	0	0	0	0	1
0.0625	0	0	0	0	0	0	1	0
-3.0	1	0	1	0	0	0	0	0
-1.78125	1	1	0	0	0	1	1	1
-0.03125	1	1	1	1	1	1	1	1

对于以 Q7.5 格式（字长为 12 位，5 个二进制小数位，7 个二进制整数位）表示的定点数 1100011.01011，其所对应的十进制数为

$$2^6-2^5-2^1-2^0+2^{-2}+2^{-4}+2^{-5}=-29+0.25+0.0625+0.03125=-28.65625$$

思考与练习 3-19：若表示的最大值为 278、最小值为 -138，使用 11 位字长的二进制数表示时，定点数的格式为_____。

用 Q1.5 格式（整数部分为一位符号位）的定点数表示范围为 $[-1,1]$ 的小数，如表 3.6 所示。

表 3.6 一位整数的定点数表示

比特值						十进制整数
-2^0	2^{-1}	2^{-2}	2^{-3}	2^{-4}	2^{-5}	
0	0	0	0	0	1	0.03125
0	0	0	0	1	0	0.0625
1	0	0	0	0	0	-1.0
0	0	0	1	1	1	0.96875
1	1	1	1	1	1	-0.03125

例如，Motorola StarCore 和 TI C62x DSP 处理器都使用只有一个整数位的定点表示法。这种格式可能是有问题的，因为它不能表示 +1.0。实际上，任何定点格式都不能表示其负数最小值的相反数。

所以，在使用定点数时要多加注意。一些 DSPs 结构允许通过扩展位对格式进行 1 个整数位的扩展（这些扩展位就是附加的整数位）。

思考与练习 3-20：若表示的最大数为 +1、最小数为 -1，使用 12 位的二进制数表示，则定点数的格式为_____。

思考与练习 3-21：若表示的最大数为 0.8、最小数为 0.2，使用 10 位的二进制数表示，则定点数的格式为_____。

3.6.2 定点数的量化方法

考虑以 Q3.5 格式表示的有符号定点数，该格式有 3 个二进制整数位和 5 个二进制小数

位。很明显，该格式可以表示-4~+3.96785之间的十进制小数，每个数字之间的步长为0.03125。在这种表示格式中，共有8位二进制位，因此可表示$2^8=256$个不同的值。

> **注**：使用定点时的量化将有±1/2LSB（最低有效位）的误差。

量化就是使用有限的字长来表示无限精度的数。在十进制中，已经知道对于给定位数的十进制小数的处理方法。例如，实数π可以表示为3.14159265…，对该实数采用四舍五入的方法进行处理，则该实数可以量化为包含4个十进制小数位的小数3.1416，则误差为

$$\Delta = 3.1416 - 3.14159265\cdots = 0.00000735$$

如果使用截断法（直接舍去第4位小数以后的位数），则该实数可以量化为包含4个十进制小数位的小数，则误差为

$$\Delta = 3.14159265\cdots - 3.1415 = 0.00009265$$

从上面的例子可知，四舍五入是处理实数比较合适的方法，因为该处理方法能够得到预期的精度，但是该方法也会带来一些硬件开销。

当乘以小数时，需要对最后的结果进行处理以满足位数的要求，如计算两个十进制小数，计算过程如下：

$$0.57 \times 0.43 = 0.2451$$

对最终计算结果可采用上面给出的两种处理方法：

（1）四舍五入。则乘积的最终结果为0.25，误差为$0.25-0.2451=0.0049$。
（2）截断。则乘积的最终结果为0.24，误差为$0.2451-0.24=0.0051$。

从上面的处理过程可知，一旦采用定点数格式，则当在数字信号处理系统中进行上亿次的乘加运算时，就不难发现这些微小的误差会因为累积效应而对最后的计算结果造成严重的影响，会最终得到错误的计算结果。

3.6.3 数据的标定

二进制小数会使得算术运算变得容易，也易于处理字长。例如，考虑这样一个机器表示方法，它有4位十进制数和具有4个数字位的一个算术单元，其表示范围为-9999~+9999。两个这样的4位十进制数相乘将产生最多8个有效数字，范围为-99980001~+99980001，例如：

$$6787 \times 4198 = 28491826$$

如果想把这个数送到该机器的下一级，假设其算术运算具有4位的精度，则：

（1）标定。按比例将乘积缩小10000倍，即$28491826/10000 = 2849.1826$。
（2）截断。对标定后的数据，只保留整数部分，而舍去小数部分，即2849。

当把这个处理结果送到机器下一级的时候，进行下面的处理。

（1）计算。两个数相乘，即$2849 \times 1627 = 4635323$。
（2）标定。将计算得到的乘积扩大10000倍，即$4635323 \times 10000 = 46353230000$；

当不采用上面的处理过程而只进行乘积运算时，得到真实的乘积结果为

$$6867 \times 4198 \times 1627 = 46902612582$$

而在乘积过程中采用标定得到的最终计算结果为46353230000，这个结果接近真实的乘积结果46902612582。很明显，由于标定出现截断误差。因此，就需要对这个计算结果进行

修正。除了这个以外,主要问题就是需要跟踪标定,这非常不方便。那还有其他方便的方法吗?答案肯定是有,那就是通过归一化进行处理。

3.6.4 归一化处理

在进行乘法运算之前,先将乘数和被乘数进行归一化处理(归一化后的数据的表示范围为$-0.9999 \sim +0.9999$),然后再进行乘法运算,即

(1) 6787 归一化后表示为 0.6787,4198 归一化后表示为 0.4198。

(2) 将两个归一化的数相乘的结果表示为 $0.6787 \times 0.4198 = 0.28491826$。

若对运算结果进行截断处理,则最终的结果表示为 0.2849。现在,截断到 4 位的操作变得相当容易。当然两种结果严格一致,差别仅仅存在于如何执行截断和标定操作。

当对输入数据进行归一化操作时,所有的输入值都在 $-1 \sim +1$ 的范围内。很明显,在该范围内,任意两个数的乘积同样也在 $-1 \sim +1$ 的范围内。

类似地,将归一化操作应用于二进制运算中。由于大多数数字信号处理系统也使用二进制运算,因此将使得数字信号处理更加便捷。

下面考虑字长为 8 位且使用补码表示的二进制系统,该系统表示数的范围在 $(10000000)_2 = (-128)_{10} \sim (01111111)_2 = (+127)_{10}$ 之间。如果将这个范围内的有符号数归一化到 $-1 \sim 1$ 的范围内,则需要将有符号数除以 128,则归一化后的数据的表示范围在 $(1.0000000)_2 = (-1)_{10} \sim (0.1111111)_2 = (0.9921875)_{10}$ 之间,其中 $127/128 = 0.9921875$。

这样,就把十进制乘法中归一化的概念应用到二进制系统中了。

对于一个十进制乘法 $36 \times 97 = 3492$ 而言,它等价于下面的二进制乘法,即

$$(00100100)_2 \times (01100001)_2 = (000011011010010)_2$$

当把乘数和被乘数归一化后,应用于二进制系统时,二进制的乘法运算将变成:

$$(0.0100100)_2 \times (0.1100001)_2 = (0.00110110100100)_2$$

该运算结果等价于十进制的乘法运算结果,即

$$0.28125 \times 0.7578125 = 0.213134765625$$

> **注**:在数字信号处理系统中,二进制定点是存在的。然而,没有实际的连接或连线。这只是使得跟踪字长增长,以及通过扔掉小数位使截断变得更加容易。当然,如果更愿意使用整数并且跟踪定标等,也可以这样做。所得到的答案是一致的,并且硬件开销也是相同的。

3.6.5 小数部分截断

在采用二进制的数字信号处理系统中,截断就是简单去掉比特位的过程,通常使用这种方法来将较宽的二进制字长变成较短的二进制字长。在截断时,通常需要丢掉最低有效位(Least Significant Bit,LSB),使用该操作将影响数据的精度。

考虑将十进制数 7.8992 截断到 3 个有效位 7.89。当然,可以截断最低有效位,其结果是损失了精度,即分辨率,但它仍表示了最初的 5 位十进制数。如果截断最高有效位(MSB)-992(或 0.0992),将导致出现不希望的结果,而且也失去了意义。

在二进制中,很少使用截断最高有效位的概念。在十进制的例子中,截断 MSB 会造成

灾难性的后果。然而，在某些极少情况下，一系列的操作将导致整个数值范围的减小。所以去除 MSB 也是有好处的。

截断 MSB 通常发生在要截断的位为空的时候。当使用有符号的值时，由于丢失了符号位，截断 MSB 将会带来问题。

四舍五入是一种更准确的方法，但同时也需要更复杂的技术。该技术需要进行一个加法操作（通常是加 1/2 LSB），然后再直接截断。该过程等价于十进制的四舍五入，如对于 7.89 而言，操作过程为 7.89+0.05=7.94，然后将其截断到 7.9，这样实现四舍五入到一个小数位。因此，简单的四舍五入操作需要一个加法操作。

3.6.6 一种不同的方法：Trounding

Trounding 是截断和四舍五入之间的一种折中方法。其特点有：
(1) 与四舍五入一样，Trounding 保留了 LSB 以上的信息；
(2) 它又和四舍五入不同，这种方法不会影响新的 LSB 以上的任何位。

Trounding 的好处是它不需要全加器，而且可以通过或门得到比截断更好的性能，如图 3.19 所示。

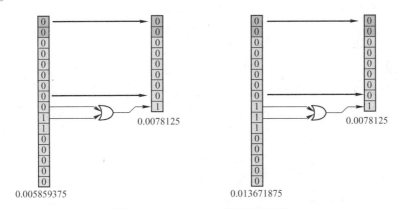

图 3.19 Trounding 对数据的处理

尽管采用 Trounding 只有一个很小的优点，但这种节约成本和改善性能的方法对于定点数的运算非常有价值。

3.6.7 定点数运算的 HDL 描述库

在 VHDL 语言中提供了定点数运算的库，这些库可以用于实现对定点数的各种不同运算。

> **注：**（1）对于其他更复杂的运算实现方式，读者可以参考文档：<<Fixed point package user's guide By David Bishop(dbishop@ vhdl.org)>>
> （2）VHDL 可以实现定点数的行为级和 RTL 级的描述，但是 Verilog HDL 没有提供定点数 RTL 级描述的库。

对于定点数的运算而言，其数据宽度需要满足表 3.7 给出的条件。

表 3.7 定点数运算的宽度关系

操　作	结果的范围
A+B	Max(A'left, B'left) +1 downto Min(A'right, B'right)
A−B	Max(A'left, B'left) +1 downto Min(A'right, B'right)
A * B	A'left + B'left+1 downto A'right + B'right
A rem B	Min(A'left, B'left) downto Min(A'right, B'right)
Signed /	A'left−B'right+1 downto A'right−B'left
Signed A mod B	Min(A'left, B'left) downto Min(A'right, B'right)
Signed Recoprocal(A)	−A'right downto −A'left−1
Abs (A)	A'left +1 downto A'right
−A	A'left +1 downto A'right
Unsigned /	A'left− B'right downto A'right − B'left −1
Unsigned A mod B	B'left downto Min(A'right, B'right)
Unsigned Reciprocal(A)	−A'right +1 downto −A'left

注：(1) 对于 Quartus Prime Pro 集成开发环境的 Analysis & Synthesis 而言，需要将定点运算库的声明语句设置为

　　library ieee;
　　use ieee.fixed_pkg. all;

(2) 对于 ModelSim-INTEL FPGA STARTR EDITION 2019.2 仿真工具而言，需要在设计文件和测试文件中同时将定点运算库的声明语句设置为

　　Library floatfixlib;
　　use floatfixlib. fixed_pkg. all;

且在 Modelsim 仿真工具命令行中输入下面的命令：

　　vlib floatfixlib

在使用 VHDL 描述定点数的运算时，需要声明定点数的小数和整数位数的声明格式。例如，无符号定点数的格式声明为

　　　　a： ufixed(5 downto −3);

其中：(1) ufixed 表示无符号的定点数，即整数部分的最高位不包含符号位；sfixed 表示有符号定点数，即整数部分的最高位为符号位。

(2) (5 downto 0) 为定点数的整数部分，一共有 6 个比特位。

(3) (−1 downto −3) 为定点数的小数部分，一共有 3 个比特位。

3.7　定点数加法运算的 HDL 描述

本节将使用 VDHL 语言描述无符号定点数的加法运算和有符号定点数的加法运算。

3.7.1　无符号定点数加法运算的 HDL 描述

十进制无符号定点数加法的计算方法和二进制无符号定点数加法的计算方法如图 3.20 所示。

第3章 数值的表示和运算

```
   10.375              10.375
 + 3.125             + 8.125
  ───────             ───────
  13.500              18.500
```

（a）十进制无符号定点数加法计算方法

```
  1010.011            1010.011
+ 0011.001          + 1000.001
  ────────            ─────────
  1101.100           10010.100
```

（b）二进制无符号定点数加法计算方法

图 3.20 十进制和二进制无符号定点数加法的计算方法

本小节给出了无符号定点数加法运算的 VHDL 描述，如代码清单 3-17 所示。

代码清单 3-17　top. vhd

```vhdl
library IEEE;
use IEEE.STD_LOGIC_1164.ALL;
use IEEE.fixed_pkg.all;
entity top is
    Port (
            a : in   ufixed(4 downto 0);
            b : in   ufixed(3 downto -3);
            c : out  ufixed(5 downto -3)
        );
end top;
architecture Behavioral of top is
begin
    c<=a+b;
end Behavioral;
```

注：（1）读者可以定位到本书所提供资料的\intel_dsp_example\example_3_17 路径中，用 Quartus Prime Pro 2019.4 集成开发环境打开该设计。特别要注意所引用的库！

（2）在 Quartus Prime Pro 2019.4 集成开发环境的"Settings"对话框中，将"VHDL version"设置为"VHDL 2008"。

（3）读者可以定位到本书所提供资料的\intel_dsp_example\example_3_18 路径中，使用 ModelSim-INTEL FPGA STARTER EDITION 2019.2 仿真工具打开该设计。特别要注意所引用的库！

使用 Quartus Prime Pro 2019.4 集成开发环境对该设计进行 Analysis & Synthesis，通过 RTL Viewer 查看生成的网表结构，如图 3.21 所示。

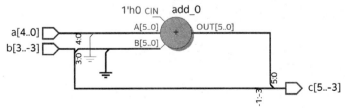

图 3.21 无符号定点数加法运算生成的块符号

使用 ModelSim-INTEL FPGA STARTER EDITITON 2019.2 仿真工具对无符号定点数的加法运算进行仿真，其结果如图 3.22 所示。

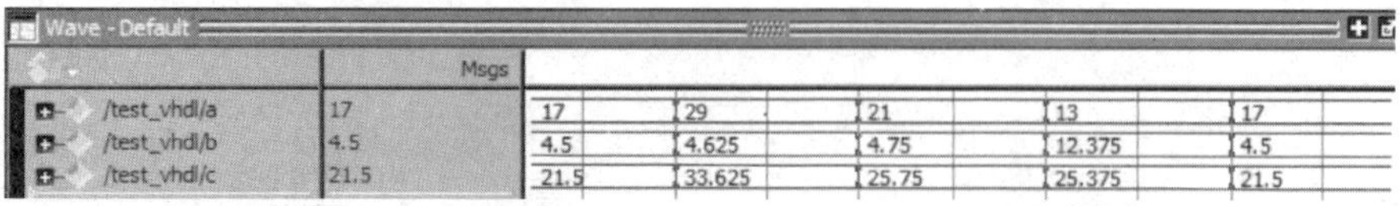

图 3.22 无符号定点数加法运算的仿真结果（反色显示）

思考与练习 3-22：请分析无符号定点数加法运算的仿真结果，验证设计的正确性。

3.7.2 有符号定点数加法运算的 HDL 描述

本部分给出了有符号定点数加法运算的 VHDL 描述，如代码清单 3-18 所示。

代码清单 3-18　top.vhd

```vhdl
library IEEE;
use IEEE.STD_LOGIC_1164.ALL;
use ieee.fixed_pkg.all;
entity top is
    Port (
            a   : in    sfixed(5 downto -1);
            b   : in    sfixed(4 downto -3);
            c   : out   sfixed(6 downto -3)
        );
end top;
architecture Behavioral of top is
begin
    c<=a+b;
end Behavioral;
```

注：（1）读者可以定位到本书所提供资料的\intel_dsp_example\example_3_19 路径中，用 Quartus Prime Pro 2019.4 集成开发环境打开该设计。特别要注意所引用的库！

（2）在 Quartus Prime Pro 2019.4 集成开发环境的"Settings"对话框中，将"VHDL version"设置为"VHDL 2008"。

（3）读者可以定位到本书所提供资料的\intel_dsp_example\example_3_20 路径中，使用 ModelSim-INTEL FPGA STARTER EDITION 2019.2 仿真工具打开该设计。特别要注意所引用的库！

使用 Quartus Prime Pro 2019.4 集成开发环境对该设计进行 Analysis & Synthesis，通过 RTL Viewer 查看生成的网表结构，如图 3.23 所示。

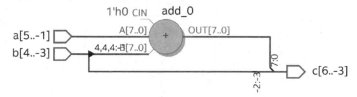

图 3.23 有符号定点数加法运算生成的块符号

使用 ModelSim-INTEL FPGA STARTER EDITITON 2019.2 仿真工具对有符号定点数的加法运算进行仿真，其结果如图 3.24 所示。

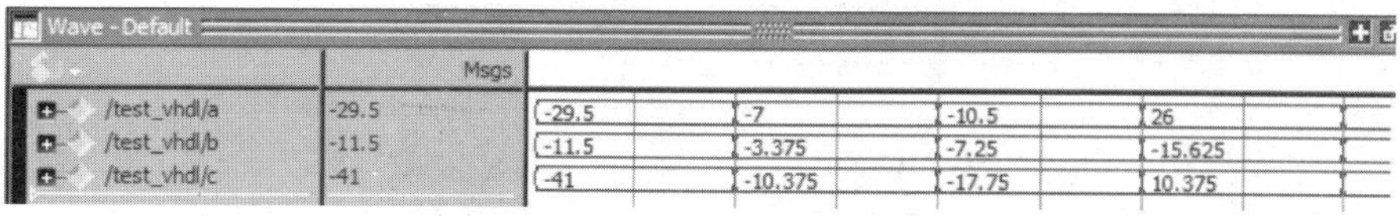

图 3.24 有符号定点数加法运算的仿真结果（反色显示）

思考与练习 3-23：请分析有符号定点数加法运算的仿真结果，验证设计的正确性。

3.8 定点数减法运算的 HDL 描述

本节将使用 VDHL 语言描述无符号定点数的减法运算和有符号定点数的减法运算。

3.8.1 无符号定点数减法运算的 HDL 描述

本小节给出了无符号定点数减法运算的 VHDL 描述，如代码清单 3-19 所示。

代码清单 3-19　top.vhd

```vhdl
library IEEE;
use IEEE.STD_LOGIC_1164.ALL;
use ieee.fixed_pkg.all;
entity top is
    Port (
            a   : in  ufixed(4 downto 0);
            b   : in  ufixed(3 downto -3);
            c   : out ufixed(5 downto -3)
    );
end top;
architecture Behavioral of top is
begin
    c<=a-b;
end Behavioral;
```

注：（1）读者可以定位到本书所提供资料的\intel_dsp_example\example_3_21 路径中，用 Quartus Prime Pro 2019.4 集成开发环境打开该设计。特别要注意所引用的库！

（2）在 Quartus Prime Pro 2019.4 集成开发环境的"Settings"对话框中，将"VHDL version"设置为"VHDL 2008"。

（3）读者可以定位到本书所提供资料的\intel_dsp_example\example_3_22 路径中，使用 ModelSim-INTEL FPGA STARTER EDITION 2019.2 仿真工具打开该设计。特别要注意所引用的库！

使用 Quartus Prime Pro 2019.4 集成开发环境对该设计进行 Analysis & Synthesis，通过 RTL Viewer 查看生成的网表结构，如图 3.25 所示。

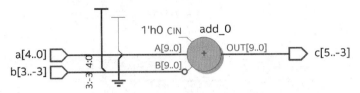

图 3.25 无符号定点数减法运算生成的块符号

使用 ModelSim-INTEL FPGA STARTER EDITITON 2019.2 仿真工具对无符号定点数的减法运算进行仿真，其结果如图 3.26 所示。

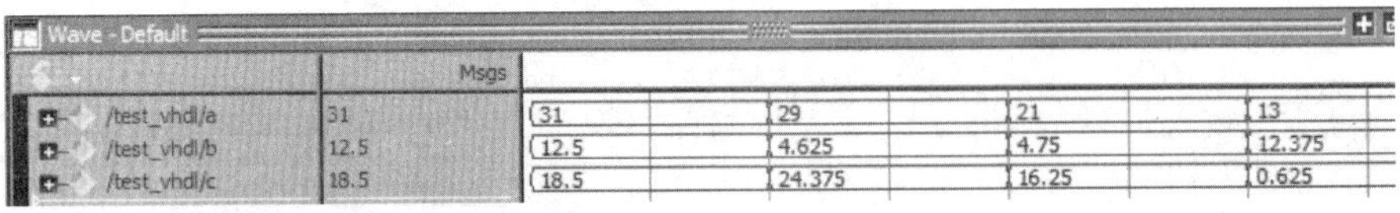

图 3.26 无符号定点数减法运算的仿真结果（反色显示）

思考与练习3-24：请分析无符号定点数减法运算的仿真结果，验证设计的正确性。

3.8.2 有符号定点数减法运算的 HDL 描述

本小节给出了有符号定点数减法运算的 VHDL 描述，如代码清单 3-20 所示。

代码清单 3-20 top.vhd

```vhdl
library IEEE;
use IEEE.STD_LOGIC_1164.ALL;
use ieee.fixed_pkg.all;
entity top is
    Port (
                a   : in   sfixed(5 downto -1);
                b   : in   sfixed(4 downto -3);
                c   : out  sfixed(6 downto -3)
          );
end top;
architecture Behavioral of top is
begin
        c<=a-b;
end Behavioral;
```

注：（1）读者可以定位到本书所提供资料的 \intel_dsp_example\example_3_23 路径中，用 Quartus Prime Pro 2019.4 集成开发环境打开该设计。特别要注意所引用的库！

（2）在 Quartus Prime Pro 2019.4 集成开发环境的"Settings"对话框中，将"VHDL version"设置为"VHDL 2008"。

（3）读者可以定位到本书所提供资料的 \intel_dsp_example\example_3_24 路径中，使用 ModelSim-INTEL FPGA STARTER EDITION 2019.2 仿真工具打开该设计。特别要注意所引用的库！

使用 Quartus Prime Pro 2019.4 集成开发环境对该设计进行 Analysis & Synthesis，通过

RTL Viewer 查看生成的网表结构，如图 3.27 所示。

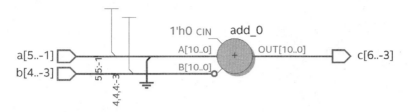

图 3.27 有符号定点数减法运算生成的块符号

使用 ModelSim-INTEL FPGA STARTER EDITITON 2019.2 仿真工具对有符号定点数的减法运算进行仿真，其结果如图 3.28 所示。

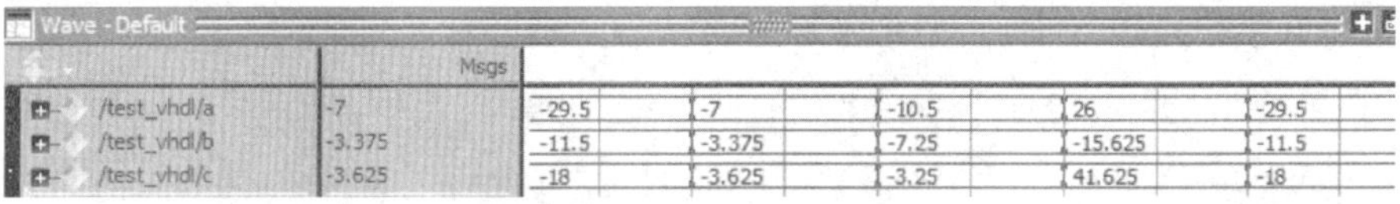

图 3.28 有符号定点数减法运算的仿真结果（反色显示）

思考与练习 3-25：请分析有符号定点数减法运算的仿真结果，验证设计的正确性。

3.9 定点数乘法运算的 HDL 描述

本节将使用 VDHL 语言描述无符号定点数的乘法运算和有符号定点数的乘法运算。

3.9.1 无符号定点数乘法运算的 HDL 描述

十进制无符号定点数乘法的计算方法和二进制无符号定点数乘法的计算方法如图 3.29 所示。

```
        11010.110                    26.750
       ×00101.101                   × 5.625
        11.010110                   0.133750
       000.000000                   0.535000
      1101.011000                  16.050000
     11010.110000                 133.750000
    000000.000000                 150.468750
   1101011.000000
  00000000.000000
 000000000.000000
 0010010110.011110
```

图 3.29 十进制和二进制无符号定点数乘法的计算方法

本小节给出了无符号定点数乘法运算的 VHDL 描述，如代码清单 3-21 所示。

代码清单 3-21 top.vhd

```
library IEEE;
use IEEE.STD_LOGIC_1164.ALL;
use ieee.fixed_pkg.all;
entity top is
    Port (
```

```vhdl
        a: in    ufixed(4 downto -1);
        b: in    ufixed(3 downto -3);
        c: out   ufixed(8 downto -4)
        );
end top;
architecture Behavioral of top is
begin
    c<=a*b;
end Behavioral;
```

注：(1) 读者可以定位到本书所提供资料的\intel_dsp_example\example_3_25路径中，用Quartus Prime Pro 2019.4集成开发环境打开该设计。特别要注意所引用的库！

(2) 在Quartus Prime Pro 2019.4集成开发环境的"Settings"对话框中，将"VHDL version"设置为"VHDL 2008"。

(3) 读者可以定位到本书所提供资料的\intel_dsp_example\example_3_26路径中，使用ModelSim-INTEL FPGA STARTER EDITION 2019.2仿真工具打开该设计。特别要注意所引用的库！

使用Quartus Prime Pro 2019.4集成开发环境对该设计进行Analysis & Synthesis，通过RTL Viewer查看生成的网表结构，如图3.30所示。

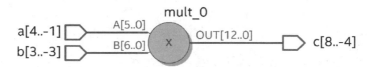

图3.30　无符号定点数乘法运算生成的块符号

使用ModelSim-INTEL FPGA STARTER EDITITON 2019.2仿真工具对无符号定点数的乘法运算进行仿真，其结果如图3.31所示。

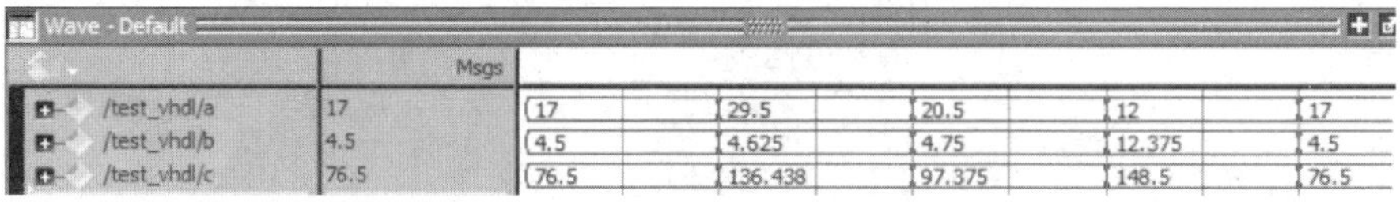

图3.31　无符号定点数乘法运算的仿真结果（反色显示）

思考与练习3-26：请分析无符号定点数乘法运算的仿真结果，验证设计的正确性。

3.9.2　有符号定点数乘法运算的HDL描述

本小节给出了有符号定点数乘法运算的VHDL描述，如代码清单3-22所示。

代码清单3-22　top.vhd

```vhdl
library IEEE;
use IEEE.STD_LOGIC_1164.ALL;
use ieee.fixed_pkg.all;
```

```
entity top is
    Port (
            a: in   sfixed(4 downto -1);
            b: in   sfixed(3 downto -3);
            c: out  sfixed(8 downto -4)
    );
end top;
architecture Behavioral of top is
begin
    c<=a * b;
end Behavioral;
```

> **注**：(1) 读者可以定位到本书所提供资料的\intel_dsp_example\example_3_27 路径中，用 Quartus Prime Pro 2019.4 集成开发环境打开该设计。特别要注意所引用的库！
>
> (2) 在 Quartus Prime Pro 2019.4 集成开发环境的 "Settings" 对话框中，将 "VHDL version" 设置为 "VHDL 2008"。
>
> (3) 读者可以定位到本书所提供资料的\intel_dsp_example\example_3_28 路径中，使用 ModelSim-INTEL FPGA STARTER EDITION 2019.2 仿真工具打开该设计。特别要注意所引用的库！

使用 Quartus Prime Pro 2019.4 集成开发环境对该设计进行 Analysis & Synthesis，通过 RTL Viewer 查看生成的网表结构，如图 3.32 所示。

mult_0
a[4..-1]
b[3..-3]
A[5..0]
B[6..0]
X
OUT[12..0]
c[8..-4]

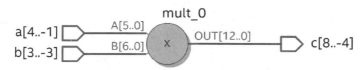

图 3.32　有符号定点数乘法运算生成的块符号

使用 ModelSim-INTEL FPGA STARTER EDITITON 2019.2 仿真工具对有符号定点数的乘法运算进行仿真，其结果如图 3.33 所示。

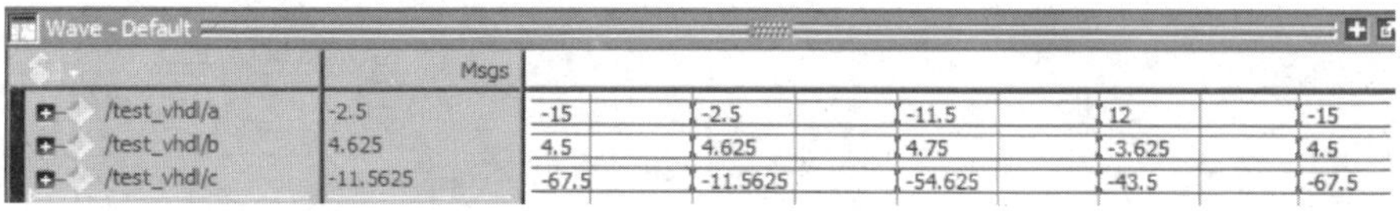

Wave - Default
Msgs
/test_vhdl/a
-2.5
-15
-2.5
-11.5
12
-15
/test_vhdl/b
4.625
4.5
4.625
4.75
-3.625
4.5
/test_vhdl/c
-11.5625
-67.5
-11.5625
-54.625
-43.5
-67.5

图 3.33　有符号定点数乘法运算的仿真结果（反色显示）

思考与练习 3-27：请分析有符号定点数乘法运算仿真结果，验证设计的正确性。

3.10　定点数除法运算的 HDL 描述

本节将使用 VDHL 语言描述无符号定点数的除法运算和有符号定点数的除法运算。

3.10.1　无符号定点数除法运算的 HDL 描述

无符号定点数除法的计算过程如图 3.34 所示。

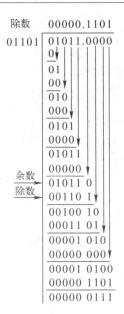

图 3.34 无符号定点数除法的计算过程

本小节给出了无符号定点数除法运算的 VHDL 描述，如代码清单 3-23 所示。

代码清单 3-23 top.vhd

```vhdl
library IEEE;
use IEEE.STD_LOGIC_1164.ALL;
use ieee.fixed_pkg.all;
entity top is
    Port (
            a         : in  ufixed(4 downto -1);
            b         : in  ufixed(3 downto -3);
            quotient  : out ufixed(7 downto -5)
        );
end top;
architecture Behavioral of top is
begin
process(a,b)
begin
    if( b/="0000000" ) then
        quotient<=a/b;
    else
        quotient<="0000000000000";
    end if;
end process;
end Behavioral;
```

注：（1）读者可以定位到本书所提供资料的\intel_dsp_example\example_3_29 路径中，用 Quartus Prime Pro 2019.4 集成开发环境打开该设计。特别要注意所引用的库！

（2）在 Quartus Prime Pro 2019.4 集成开发环境的"Settings"对话框中，将"VHDL version"设置为"VHDL 2008"。

（3）读者可以定位到本书所提供资料的\intel_dsp_example\example_3_30 路径中，使用 ModelSim-INTEL FPGA STARTER EDITION 2019.2 仿真工具打开该设计。特别要注意所引用的库！

使用 Quartus Prime Pro 2019.4 集成开发环境对该设计进行 Analysis & Synthesis，通过 RTL Viewer 查看生成的网表结构，如图 3.35 所示。

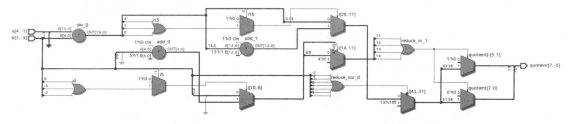

图 3.35 无符号定点数除法运算生成的块符号

使用 ModelSim-INTEL FPGA STARTER EDITITON 2019.2 仿真工具对无符号定点数的除法运算进行仿真，其结果如图 3.36 所示。

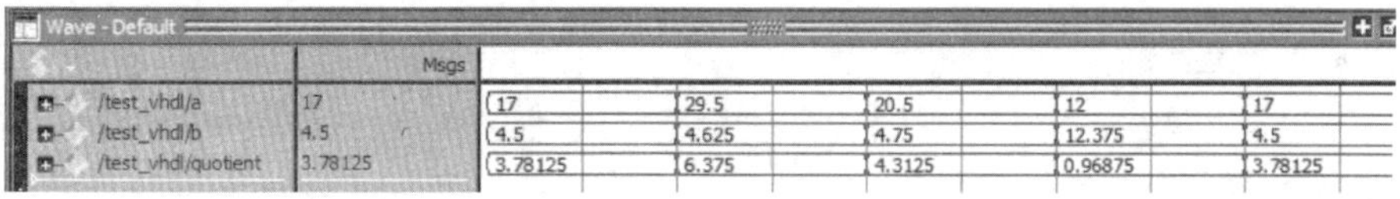

图 3.36 无符号定点数除法运算的仿真结果（反色显示）

思考与练习 3-28：请分析无符号定点数除法运算的仿真结果，验证设计的正确性。

3.10.2 有符号定点数除法运算的 HDL 描述

本小节给出了有符号定点数除法运算的 VHDL 描述，如代码清单 3-24 所示。

代码清单 3-24 top.vhd

```vhdl
library IEEE;
use IEEE.STD_LOGIC_1164.ALL;
use ieee.fixed_pkg.all;
entity top is
    Port (
            a           : in    sfixed(4 downto -1);
            b           : in    sfixed(3 downto -3);
            quotient    : out   sfixed(8 downto -4)
         );
end top;
architecture Behavioral of top is
begin
```

```
process(a,b)
begin
    if(b/="0000000") then
        quotient<=a/b;
    else
        quotient<="0000000000000";
    end if;
end process;
end Behavioral;
```

> 注：(1) 读者可以定位到本书所提供资料的\intel_dsp_example\example_3_31 路径中，用 Quartus Prime Pro 2019.4 集成开发环境打开该设计。特别要注意所引用的库！
>
> (2) 在 Quartus Prime Pro 2019.4 集成开发环境的"Settings"对话框中，将"VHDL version"设置为"VHDL 2008"。
>
> (3) 读者可以定位到本书所提供资料的\intel_dsp_example\example_3_32 路径中，使用 ModelSim-INTEL FPGA STARTER EDITION 2019.2 仿真工具打开该设计。特别要注意所引用的库！

使用 Quartus Prime Pro 2019.4 集成开发环境对该设计进行 Analysis & Synthesis，通过 RTL Viewer 查看生成的网表结构，如图 3.37 所示。

图 3.37 有符号定点数除法运算生成的块符号

使用 ModelSim-INTEL FPGA STARTER EDITITON 2019.2 仿真工具对有符号定点数的除法运算进行仿真，其结果如图 3.38 所示。

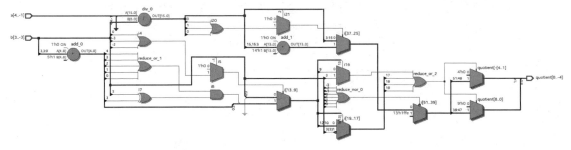

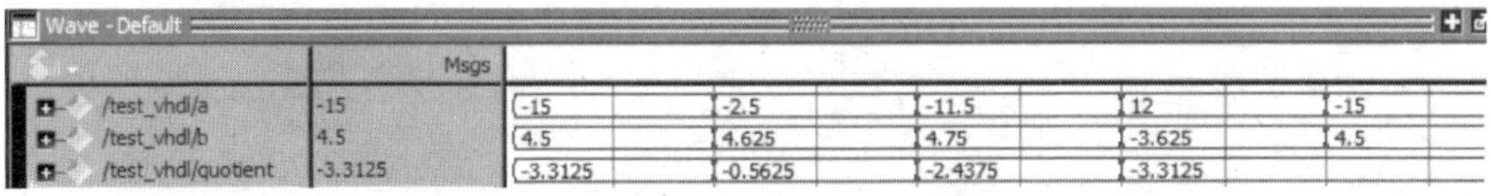

图 3.38 有符号定点数除法运算的仿真结果（反色显示）

思考与练习 3-29：请分析有符号定点数除法运算的仿真结果，验证设计的正确性。

3.11 浮点数的表示方法

本节将介绍浮点数的表示方法。许多具有专用浮点单元（Float-Point Unit，FPU）的

DSPs 中广泛使用浮点处理单元。但是，在 FPGA 中不建议使用浮点处理，这是因为：

（1）运算速度慢；

（2）消耗大量的逻辑设计资源。

但是，某些情况下，FPU 也许是必不可少的，如在需要一个很大动态范围或者很高计算精度的应用场合。

此外，使用浮点可能使得设计更加简单。这是因为在定点设计中，需要关注可用的动态范围。但是，在浮点设计中不需要考虑动态范围的限制。

3.11.1 浮点数的格式

浮点数可以在更大的动态范围内提供更高的分辨率。当定点数由于受其精度和动态范围所限不能精确表示数值时，浮点数能提供更好的解决方法。当然，在速度和复杂度方面带来了损失。大多数的浮点数表示方法都满足单精度/双精度 IEEE 浮点标准。标准浮点数字长由符号位 S（1 比特位）、指数 e 和无符号（小数）的规格化尾数 m 构成，其格式如下：

| S | 指数 e | 无符号尾数 m |

因此，浮点数可以表示为

$$X = (-1)^s (1.m) \cdot 2^{e-\text{bias}}$$

对于 IEEE-754 标准而言，还有下面的约定。

（1）当指数 $e=0$，尾数 $m=0$ 时，表示 0。

（2）当指数 $e=255$，尾数 $m=0$ 时，表示无穷大。

（3）当指数 $e=255$，尾数 $m!=0$ 时，表示不是一个数（Not a Number，NaN）。

（4）对于最接近于 0 的数，根据 IEEE754 的约定，为了扩大对 0 值附近数据的表示能力，取阶码 $P=-126$，尾数 $m=(0.00000000000000000000001)_2$。此时，该数的二进制表示为

0 00000000 00000000000000000000001

IEEE 的单精度和双精度浮点格式如表 3.8 所示。

表 3.8　IEEE 的单精度和双精度浮点格式

指　标	单　精　度	双　精　度
字长	32	64
尾数	23	52
指数	8	11
偏置	127	1023
范围	2^{128}	2^{1024}

在浮点乘法中，尾数部分可以像定点数一样相乘，而把指数部分相加。浮点数的减法运算会复杂一些，因为首先需要将尾数归一化，就是将两个数都调整到较大的指数。然后将两个数的尾数相加。对于加法和乘法混合运算而言，最终的归一化，就是将结果尾数再统一乘小数"1.m"形式的表达式，这是非常必要的。

3.11.2 浮点数的短指数表示

简化浮点硬件的一种方法是创建一种短指数的浮点数据格式。浮点数的短指数表示格式如图3.39所示。

图3.39 浮点数的短指数表示格式

在这种表示格式中,有一个4位的指数和一个11位的尾数。因此,可以表示-7~8范围内的指数。其结果在动态范围内显著地增加,而代价就是稍微降低了精度。定点数和短指数的性能比较如表3.9所示。

表3.9 定点数和短指数的性能比较

	16位定点数(1位整数,15位小数)	16位浮点数(4位指数,11位尾数)
最小+ve值	2^{-15}	2^{-18}
最大+ve值	$1-2^{-15}$	2^8
精度	2^{-15}	$2^{-18}-2^{-3}$
动态范围	2^{15}	2^{26}

不同浮点数的短指数表示格式如表3.10所示。

表3.10 不同浮点数的短指数表示格式

数值	符号位	共享的指数(4位)	尾数(11位)
16.5	0	1100	10000100000
12.25	0	1100	01100010000
-7.75	1	1100	00111110000
2.0625	0	1100	00010000100

3.12 浮点数运算的HDL描述

在IEEE-754规范(32位和64位)和IEEE-854(可变宽度)规范中,都对浮点数进行了定义。很多年前,在处理器和IP中就开始使用浮点数了,且浮点格式是一种很容易理解的格式,它是一个符号幅度系统,其中对符号的处理不同于对幅度的处理。

注:(1)对于Quartus Prime Pro集成开发环境的Analysis & Synthesis而言,需要将定点运算库的声明语句设置为

library ieee;
use ieee.float_pkg.all;

(2)对于ModelSim-INTEL FPGA STARTR EDITION 2019.2仿真工具而言,需要在设计文件和测试文件中同时将定点运算库的声明语句设置为

Library floatfixlib;
use floatfixlib.float_pkg.all;

> 且在 ModelSim 仿真工具命令行中，输入命令
> vlib floatfixlib

对于 VHDL 而言，不同精度的浮点数的范围表示如下所示。

（1）对于 32 位的浮点数而言，范围为（8 downto -23），声明数据类型为 float32；其中：

① 8 表示符号位；

② 7 downto 0 表示指数部分，即 8 位宽度；

③ (-1 downto -23) 表示小数部分，即 23 位宽度。

（2）对于 64 位的浮点数而言，范围为（11 downto -52），声明数据类型为 float64；其中：

① 11 表示符号位；

② 10 downto 0 表示指数部分，即 11 位宽度；

③ -1 downto -52 表示小数部分，即 52 位宽度。

（3）对于 128 位的浮点数而言，范围为（15 downto -112），声明数据类型为 float128；其中：

① 15 表示符号位；

② 14 downto 0 表示指数部分，即 15 位宽度；

③ -1 downto -112 表示小数部分，即 112 位宽度。

（4）对于可变长度的浮点数而言，范围为（m downto n）。

其中：

① m 为正整数，n 为负整数；

② m 表示符号位；

③ $m-1$ downto 0 表示指数部分，即 m 位宽度；

④ -1 downto n 表示小数部分，即 n 位宽度。

3.12.1 单精度浮点数加法运算的 HDL 描述

本小节给出了单精度浮点数加法运算的 VHDL 描述，如代码清单 3-25 所示。

代码清单 3-25　top. vhd

```
library IEEE;
use IEEE. STD_LOGIC_1164. ALL;
use ieee. float_pkg. all;
entity top is
    Port (
            a: in    float32;
            b: in    float32;
            c: out   float32
        );
end top;
architecture Behavioral of top is
begin
```

```
        c<=a+b;
    end Behavioral;
```

> **注**：(1) 读者可以定位到本书所提供资料的\intel_dsp_example\example_3_33 路径下，用 Quartus Prime Pro 2019.4 集成开发环境打开该设计。特别要注意所引用的库！
> (2) 在 Quartus Prime Pro 2019.4 集成开发环境的 "Settings" 对话框中，将 "VHDL version" 设置为 "VHDL 2008"。
> (3) 读者可以定位到本书所提供资料的\intel_dsp_example\example_3_34 路径下，使用 ModelSim-INTEL FPGA STARTER EDITION 2019.2 仿真工具打开该设计。特别要注意所引用的库！

使用 ModelSim-INTEL FPGA STARTER EDITITON 2019.2 仿真工具对单精度浮点数的加法运算进行仿真，其结果如图 3.40 所示。

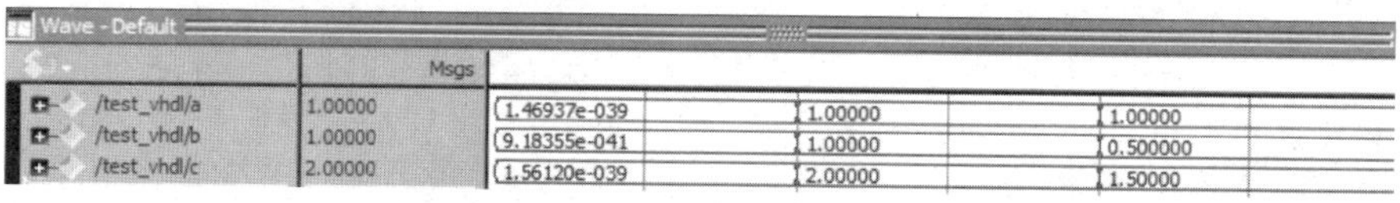

	Msgs			
/test_vhdl/a	1.00000	1.46937e-039	1.00000	1.00000
/test_vhdl/b	1.00000	9.18355e-041	1.00000	0.500000
/test_vhdl/c	2.00000	1.56120e-039	2.00000	1.50000

图 3.40 单精度浮点数加法运算的仿真结果（反色显示）

思考与练习 3-30：请分析单精度浮点数加法运算的仿真结果，验证设计的正确性。

3.12.2 单精度浮点数减法运算的 HDL 描述

本小节给出了单精度浮点数减法运算的 VHDL 描述，如代码清单 3-26 所示。

代码清单 3-26 top.vhd

```
library IEEE;
use IEEE.STD_LOGIC_1164.ALL;
use ieee.float_pkg.all;
entity top is
    Port (
            a: in    float32;
            b: in    float32;
            c: out   float32
    );
end top;
architecture Behavioral of top is
begin
    c<=a-b;
end Behavioral;
```

> **注**：(1) 读者可以定位到本书所提供资料的\intel_dsp_example\example_3_35 路径下，用 Quartus Prime Pro 2019.4 集成开发环境打开该设计。特别要注意所引用的库！
> (2) 在 Quartus Prime Pro 2019.4 集成开发环境的 "Settings" 对话框中，将 "VHDL version" 设置为 "VHDL 2008"。

（3）读者可以定位到本书所提供资料的\intel_dsp_example\example_3_36路径下，使用ModelSim-INTEL FPGA STARTER EDITION 2019.2仿真工具打开该设计。特别要注意所引用的库！

使用ModelSim-INTEL FPGA STARTER EDITITON 2019.2仿真工具对单精度浮点数的减法运算进行仿真，其结果如图3.41所示。

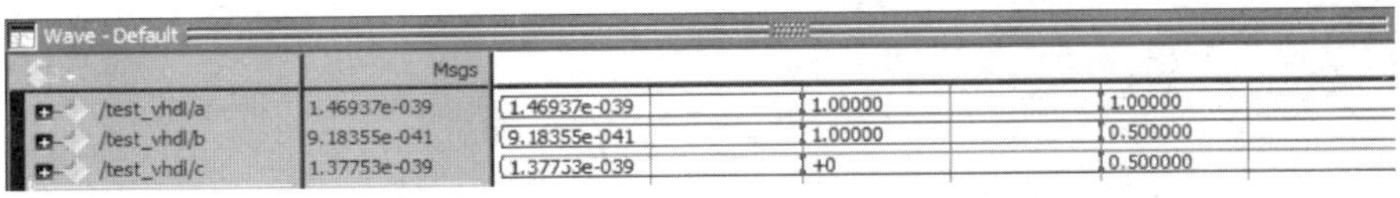

图3.41 单精度浮点数减法运算的仿真结果（反色显示）

思考与练习3-31：请分析单精度浮点数减法运算的仿真结果，验证设计的正确性。

3.12.3 单精度浮点数乘法运算的HDL描述

本小节给出了单精度浮点数乘法运算的VHDL描述，如代码清单3-27所示。

代码清单3-27　top.vhd

```vhdl
library IEEE;
use IEEE.STD_LOGIC_1164.ALL;
use ieee.float_pkg.all;
entity top is
    Port (
            a: in   float32;
            b: in   float32;
            c: out  float32
        );
end top;
architecture Behavioral of top is
begin
    c<=a * b;
end Behavioral;
```

注：（1）读者可以定位到本书所提供资料的\intel_dsp_example\example_3_37路径下，用Quartus Prime Pro 2019.4集成开发环境打开该设计。特别要注意所引用的库！

（2）在Quartus Prime Pro 2019.4集成开发环境的"Settings"对话框中，将"VHDL version"设置为"VHDL 2008"。

（3）读者可以定位到本书所提供资料的\intel_dsp_example\example_3_38路径下，使用ModelSim-INTEL FPGA STARTER EDITION 2019.2仿真工具打开该设计。特别要注意所引用的库！

使用ModelSim-INTEL FPGA STARTER EDITITON 2019.2仿真工具对单精度浮点数的乘法运算进行仿真，其结果如图3.42所示。

思考与练习3-32：请分析单精度浮点数乘法运算的仿真结果，验证设计的正确性。

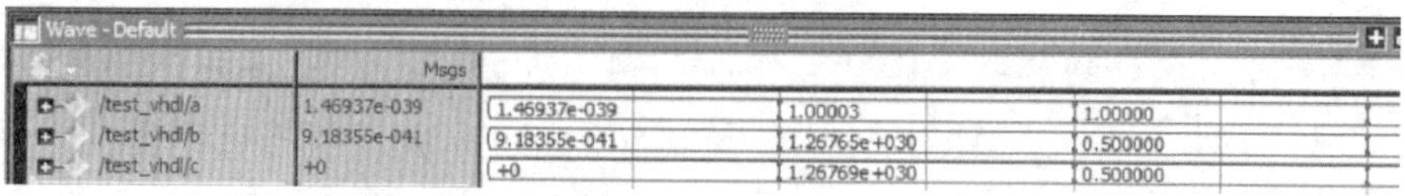

图 3.42　单精度浮点数乘法运算的仿真结果

3.12.4　单精度浮点数除法运算的 HDL 描述

本小节给出了单精度浮点数除法运算的 VHDL 描述，如代码清单 3-28 所示。

代码清单 3-28　top. vhd

```
library IEEE;
use IEEE. STD_LOGIC_1164. ALL;
use ieee. float_pkg. all;
entity top is
    Port (
            a: in    float32;
            b: in    float32;
            c: out   float32
        );
end top;
architecture Behavioral of top is
begin
    c<=a/b;
end Behavioral;
```

注：（1）读者可以定位到本书所提供资料的\intel_dsp_example\example_3_39 路径下，用 Quartus Prime Pro 2019.4 集成开发环境打开该设计。特别要注意所引用的库！

（2）在 Quartus Prime Pro 2019.4 集成开发环境的"Settings"对话框中，将"VHDL version"设置为"VHDL 2008"。

（3）读者可以定位到本书所提供资料的\intel_dsp_example\example_3_40 路径下，使用 ModelSim-INTEL FPGA STARTER EDITION 2019.2 仿真工具打开该设计。特别要注意所引用的库！

使用 ModelSim-INTEL FPGA STARTER EDITITON 2019.2 仿真工具对单精度浮点数的除法运算进行仿真，其结果如图 3.43 所示。

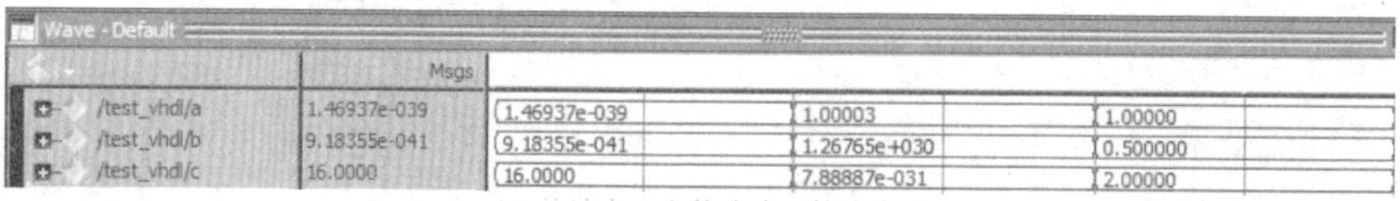

图 3.43　单精度浮点数除法运算的仿真结果

思考与练习 3-33：请分析单精度浮点数除法运算的仿真结果，验证设计的正确性。

3.13 浮点数运算 IP 核的应用

很明显，读者会发现，在本章前面一节介绍浮点数运算的 HDL 描述方法时，使用的是 VHDL 提供的浮点运算库。在使用 Quartus Prime Pro 2019.4 集成开发环境对设计执行完 Analysis & Synthesis 后，然后通过 Technology Map Viewer（Post-Mapping）查看综合后的网表结构，你会看到浮点运算使用了 Intel FPGA 内大量的逻辑设计资源。很明显，这会降低浮点运算的整体性能，设计在"性能"和"面积"方面都很难满足设计要求。

3.13.1 浮点 IP 核的功能

Intel FPGA 的一个显著优势就是在其 FPGA 内集成了可以直接实现浮点数字信号处理的 DSP 阵列，配合 Intel 提供的 Floating Point Functions Intel FPGA IP 核，可以实现高性能的浮点运算，并且不会使用 FPGA 内的逻辑设计资源，很好地实现了"面积"和"性能"的权衡。

Floating Point Functions Intel FPGA IP 核的主要特性包括：

(1) 支持浮点格式；

(2) 输入支持不是一个数（not-a-number，NaN）、无穷大、零和普通的数；

(3) 可选的异步输入端口，包括异步清除（aclr）和时钟使能（clk_en）；

(4) 支持舍入到最近的舍入模式；

(5) 根据 IEEE-754 标准，计算任何数学运算的结果，最后一位（u.l.p）的误差最大为 1 个单位。该假设适用于除复杂矩阵乘法和逆运算（如 ALTFP_MATRIX_MULTI 和 ALFP_MATRIX_INV）之外的所有浮点 IP 核，其中由于数学运算器件的误差累积，导致误差略有增加；

(6) 浮点 IP 核不支持非正常的数字输入。如果输入为非正常值，则 IP 核会在执行任何操作之间将其强制为零并将该值看作零。

3.13.2 建立新的设计工程

本小节将介绍如何建立新的设计工程，其主要步骤如下所示。

(1) 打开 Quartus Prime Pro 2019.4（以下简称 Quartus Prime）集成开发环境。

(2) 在 Quartus Prime 集成开发环境主界面的主菜单下，选择 File→New Project Wizard…，出现"New Project Wizard-Introduction"对话框。

(3) 在"New Project Wizard-Introduction"对话框中，单击"Next"按钮，出现"New Project Wizard-Directory, Name, Top-Level Entity"对话框。

(4) 在"New Project Wizard-Directory, Name, Top-Level Entity"对话框中，按如下设置参数。

① What is the working directory for this project?：f:\intel_dsp_example\example_3_41。

② what is the name of this project?：top。

(5) 单击"Next"按钮出现"Quartus Prime"对话框。

(6) 在"Quartus Prime"对话框中提示信息"Directory "e:\intel_dsp_example\example_3_41" does not exist. Do you want to create it?"。

(7) 单击"Yes"按钮,出现"New Project Wizard-Project Type"对话框。

(8) 在"New Project Wizard-Project Type"对话框中,默认勾选"Empty project"前面的复选框。

(9) 单击"Next"按钮,出现"New Project Wizard-Add Files"对话框。

(10) 单击"Next"按钮,出现"New Project Wizard-Family, Device & Board Settings"对话框。

(11) 在"New Project Wizard-Family, Device & Board Settings"对话框中,选择FPGA器件的具体型号为"10CX085YU484E6G"。

(12) 单击"Next"按钮,出现"New Project Wizard-EDA Tool Settings"对话框。

(13) 在"New Project Wizard-EDA Tool Settings"对话框中,按如下设置参数。

① Design Entity/Synthesis:Synplify;

② Simulation:ModelSim-Intel FPGA:Verilog HDL;

③ Board-Level:Signal Integrity:IBIS。

(14) 单击"Next"按钮,出现"New Project Wizard-Summary"对话框。

(15) 单击"Finish"按钮。

3.13.3 浮点IP核实例的生成

本小节将介绍如何生成一个浮点IP核的实例,其主要步骤如下所示。

(1) 在Quartus Prime右侧"IP Catalog"窗口的搜索框中输入关键字"float",在窗口下面则会给出与float相关的IP核列表。在Library→Basic Functions→Arithmetic下,找到并用鼠标双击"Float Point Functions Intel FPGA IP",弹出"New IP Variant"对话框。

(2) 在"New IP Variant"对话框文件名右侧的文本框中输入"float_math"。

(3) 单击"Create"按钮,弹出"IP Parameter Editor Pro"界面,如图3.44所示。

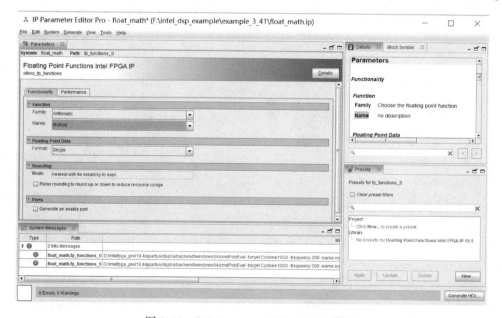

图3.44 "IP Parameter Editor Pro"界面

(4) 在"IP Parameter Editor Pro"界面中,按如下设置参数。
① Family:Arithmetic;
② Name:Multiply;
③ Format:Single。
(5) 单击图 3.44 右下角的"Generate HDL…"按钮,弹出"Generation"界面,如图 3.45 所示。

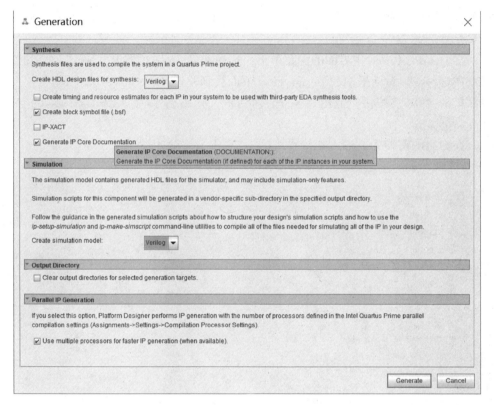

图 3.45 "Generation"界面

(6) 在"Generation"界面中,按如下设置参数。
① Create HDL design files for synthesis:Verilog;
② 勾选"Create block symbol file(.bsf)"前面的复选框;
③ 勾选"Generate IP Core Documentation"前面的复选框;
④ Create simulation model:Verilog;
⑤ 其余按默认参数设置。
(7) 单击"Generate"按钮,退出"Generation"界面,弹出"Save changes before refresh?"对话框。
(8) 在"Save changes before refresh?"对话框中,提示信息"Save? Changes to unsaved system3 will be lost on refresh"。
(9) 单击"是(Y)"按钮,退出"Save changes before refresh?"对话框,弹出"Generate"界面。

(10) 在"Generate"界面中,显示出了生成过程中的信息。

(11) 生成过程结束后,弹出"Generate Completed"对话框。

(12) 单击"Close"按钮,退出"Generate Completed"对话框。

(13) 单击图 3.44 右上角的按钮×,退出"IP Parameter Editor Pro"界面。

3.13.4 例化 IP 核实例

本小节将介绍如何生成顶层 Verilog HDL 文件和在该文件中如何例化 IP 核实例,其主要步骤如下所示。

(1) 在 Quartus Prime 主界面的主菜单下,选择 File→New,弹出"New"对话框。

(2) 在"New"对话框中的 Design Files 下面找到并选择 Verilog HDL File。

(3) 单击"OK"按钮,退出"New"对话框,弹出名字为"Verilog1.v"的空白设计窗口。

(4) 在弹出的窗口中,输入如代码清单 3-29 所示的设计代码。

代码清单 3-29 top.v 文件

```verilog
module top(
    input           clk,
    input           rst,
    input   [31:0]  a,
    input   [31:0]  b,
    output  [31:0]  res
    );

float_math Inst_float_math(
    .clk(clk),
    .areset(rst),
    .a(a),
    .b(b),
    .q(res)
    );
endmodule
```

(5) 按"Ctrl+S"组合键,将该文件保存为"top.v"。

(6) 单击"Compilation Dashboard"标签。在该标签页中,单击"Analysis & Synthesis"前面的▶按钮,Quartus Prime 集成开发环境开始执行分析和综合过程,等待该过程的结束。

(7) 在 Quartus Prime 左侧的"Tasks"窗口中,在"Analysis"标题下找到并用鼠标单击"Technology Map Viewer(Post-Mapping)"按钮,出现"Technology Map Viewer-Post-Mapping"界面。

(8) 在"Technology Map Viewer-Post-Mapping"界面中,给出了映射后的网表结构,如图 3.46 所示。

思考与练习 3-34:双击图 3.46 中名字为"Inst_float_math"的元器件符号,查看其内

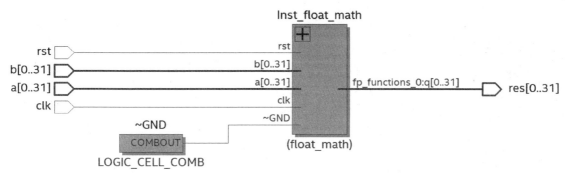

图 3.46 "Technology Map Viewer-Post-Mapping"界面

部结构（提示：使用了 FPGA 内集成的 DSP 阵列，不再使用 FPGA 内的逻辑设计资源实现）。

3.13.5 生成测试平台文件

本小节将介绍如何为设计生成测试平台文件，其主要步骤如下所示。

（1）在 Quartus Prime 集成开发环境主界面的主菜单下，选择 File→New...，出现"New"对话框。

（2）在"New"对话框中的 Design Files 下面找到并选择 Verilog HDL File。

（3）单击"OK"按钮，退出"New"对话框，出现名字为"Verilog2.v"的空白设计界面。

（4）在设计界面中，输入如代码清单 3-30 所示的设计代码。

代码清单 3-30　test.v 文件

```
`timescale 1ns/1ps

module test;
reg         clk;
reg         rst;
reg  [31:0] a;
reg  [31:0] b;
wire [31:0] res;

top Inst_top(
    .clk(clk),
    .rst(rst),
    .a(a),
    .b(b),
    .res(res)
);

initial
begin
    rst = 1'b1;
```

```
        #20;
        rst = 1'b0;
    end

    initial
    begin
        clk = 1'b0;
    end

    always
    begin
        #5;
        clk = ~clk;
    end

    always
    begin
        a = 32'hf0100000;
        b = 32'h00f00000;
        #10;
        a = 32'h3f800111;
        b = 32'h71800000;
        #10;
        a = 32'h3f800001;
        b = 32'h3f000002;
        #10;
    end
endmodule
```

(5) 按 "Ctrl+S" 组合键,将该文件保存为 "test.v"。

3.13.6 设计的仿真

本小节将介绍如何使用 ModelSim 仿真工具对设计进行仿真,其主要步骤如下所示。

(1) 在 Windows 10 操作系统的左下角选择开始→Intel FPGA 19.4.0.64 Pro Edition→ModelSim-Intel FPGA Starter Edition 2019.2(Quartus Prime Pro 19.4)。

(2) 单击鼠标右键,出现浮动菜单。在浮动菜单内,选择更多→以管理员身份运行,弹出 "用户账户控制" 对话框。

(3) 在 "用户账户控制" 对话框中,提示信息 "你要允许此应用对你的设备进行更改吗?"。

(4) 单击 "是" 按钮,启动 ModelSim-INTEL FPGA STARTER EDITION 2019.2(以下简称 ModelSim)仿真工具。

(5) 在 ModelSim 主界面的主菜单下,选择 File→Change Directory…,出现 "选择文件夹" 对话框。

第 3 章 数值的表示和运算 135

(6) 在"选择文件夹"对话框中,将路径定位到 e:\intel_dsp_example\example_3_41。

(7) 单击"选择文件夹"按钮。

(8) 在 ModelSim 主界面的主菜单下,选择 Compile→Compile…,出现"Compile Source Files"对话框。

(9) 在"Compile Source Files"对话框中,同时选择 test.v 文件和 top.v 文件。

(10) 单击"Compile"按钮,弹出"Create Library"对话框。

(11) 在"Create Library"对话框中提示信息"The library 'work' does not exist. Do you want to create this library?"

(12) 单击"Yes"按钮。

(13) 在"Compile Source Files"对话框中,展开子目录 float_math。在展开项中,展开 sim 子目录。在展开项中,找到并选择 float_math.v 文件。

(14) 单击"Compile"按钮。

(15) 在"Compile Source Files"对话框中,退出 sim 子目录,进入上一级目录 float_math。在该目录下,展开 altera_fp_functions_191 子目录。在展开项中,展开 sim 子目录。在展开项中,同时选择 dspba_library.vhd、dspba_library_package.vhd 和 float_math_altera_fp_functions_191_h7gb7uy.vhd 文件。

(16) 单击"Compile"按钮。

(17) 单击"Compile Source Files"对话框中的"Done"按钮,退出该对话框。

(18) 在 Quartus Prime 主界面的主菜单下,选择 Simulate→Start Simulation,弹出"Start Simulation"对话框。

(19) 在"Start Simulation"对话框中,单击"Design"标签。

(20) 在"Design"标签页中,找到并展开 work 文件夹。在该文件夹中,找到并选择 test.v 文件。

(21) 单击"OK"按钮,退出"Start Simulation"对话框。同时,自动弹出"Objects"窗口和"Wave-Default"窗口。

(22) 在"Objects"窗口中,同时选中信号 clk、rst、a、b 和 res 信号,单击鼠标右键,出现浮动菜单。在浮动菜单内,选择 Add Wave,这些信号将被自动添加到"Wave-Default"窗口中。

(23) 在"Wave-Default"窗口中,同时选中信号/test/a、/test/b 和/test/res,单击鼠标右键,出现浮动菜单。在浮动菜单内,选择 Radix→float32,将这些信号的显示方式修改成单精度浮点格式。

(24) 在 ModelSim 主界面底部的"Transcript"窗口内,在"VSIM 16>"提示符后面输入命令"run 100ns",该命令表示仿真的时间为 100ns。

(25) 通过单击"Zoom Out"按钮几次,将仿真波形调整到"Wave"窗口内,其仿真结果如图 3.47 所示。

(26) 关闭 ModelSim 仿真工具。

思考与练习 3-35:观察图 3.47 给出的仿真结果,评估仿真的结果是否正确?

思考与练习 3-36:观察图 3.47 给出的仿真结果,说明从数据输入到浮点结果输出的时间延迟。

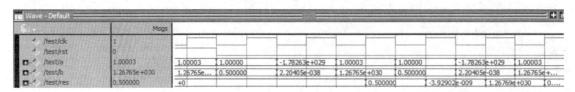

图 3.47 调用浮点 IP 核后的仿真波形界面

第 4 章 Intel FPGA 数字信号处理工具

本章将介绍 Intel FPGA 设计套件内所集成的数字信号处理建模工具，包括 DSP Builder、HDL 导入设计和高级综合，主要内容包括 Intel FPGA 模型设计基础、信号处理模型的构建和仿真、信号处理模型的硬件验证、包含处理器总线接口的模型设计、DSP Builder HDL 导入设计，以及基于 HLS 构建和验证算法模型。

通过对这 3 个工具基本设计流程的介绍，使得读者理解并掌握在 Intel FPGA 平台上构建数字信号处理模型并执行软件和硬件协同仿真的方法，为学习本书后续内容打下坚实的基础。

4.1 Intel FPGA 模型设计基础

传统上，系统工程师使用基于 HDL 的硬件流程（如 Verilog HDL 或 VHDL）在 FPGA 中实现 DSP 系统。Intel 工具（如 DSP Builder）使设计者可以在针对 FPGA 的同时遵循软件的设计流程。用于 Intel FPGA 的 DSP Builder 工具简化了 DSP 功能的硬件实现，为并不熟悉 HDL 设计流程的工程师提供了系统级的验证工具，并允许工程师无须学习 HDL 即可在 FPGA 上实现 DSP 功能。用于 Intel FPGA 的 DSP Builder 提供了从 MATLAB 的 Simulink 工具直接到 FPGA 硬件实现的接口。

DSP Builder 是一种高级综合技术，可以将高级、未定时网表优化为目标 FPGA 器件和所需时钟速率的底层流水线硬件。用于 Intel FPGA 的 DSP Builder 由几个 Simulink 库构成，可以让设计者轻松地实现 DSP 设计。DSP Builder 通过与软件和仿真器集成的脚本将硬件实现为 VHDL 或 Verilog HDL。

通过 DSP Builder，设计者可以创建设计而无须知道所使用 FPGA 器件的内部细节，并生成可以运行在具有不同硬件架构 FPGA 系列器件上的设计。DSP Builder 允许设计者手工描述算法功能并基于规则的方法来生成硬件优化的代码。DSP Builder 提供的 Advanced Blcoksets（高级块集）特别适合以连续数据流和偶发控制位特征的流算法。例如，使用 DSP Builder 创建包含长滤波器链的 RF 卡设计。在指定了所需的时钟频率、目标器件系列、通道数和其他顶层约束之后，DSP Builder 将生成的 RTL 流水线化，以实现时序收敛。通过分析系统级约束，DSP Builder 可以优化设计以平衡延迟与资源，而不需要手工编辑 RTL 描述。

DSP Builder 高级模块集包括其自己的时序驱动 IP 模块，这些模块可以生成高性能 FIR、CIC 和 NCO 模型。

4.1.1 用于 Intel FPGA 设计结构的 DSP Builder

将 DSP Builder 设计组织到分层 Simulink 子系统中。每个顶层设计都必须包含一个 Control 块，可综合的顶层设计必须包含一个 Device 块，如图 4.1 所示。这些块在"Simulink

Library Browser"窗口的下面位置：DSP Builder for Intel FPGAs-Advanced Blockset→Design Configuration。

图 4.1 Design Configuration 中的块

> 注：DSP Builder 设计中只能有一个可综合的顶层设计，其中可以包含许多子系统（原语块和 IP 块）来帮助组织你的设计。任何原语块都必须在原语子系统层次结构内，并且任何 IP 块都必须在原语子系统层次结构之外。

如图 4.2 所示，显示了可综合的顶层设计与原语子系统的关系，必须包含的块用灰色背景的方块符号标注。

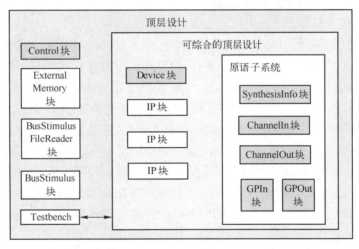

图 4.2 可综合的顶层设计与原语子系统的关系

1. 顶层设计

DSP Builder 高级模块集的顶层设计包括：
（1）Simulink 测试平台，提供设计输入，并允许分析输入和输出；
（2）顶层配置块；
（3）可选的存储器接口规范和激励块。
① 外部存储器块，用于配置外部存储器接口。
② BusSimulus 和 BusStimulusFileReader 块可以在仿真过程中激励 Avalon-MM 接口。
③ Edit Params 块可被用作打开一个脚本 setup_<model name>.m 以进行编辑的快捷方式。

顶层设计必须有一个 Control 块，以指定 RTL 输出目录和顶层的阈值参数。

> 注：每个 DSP Builder 设计必须有 Control 块，用来允许设计者对设计进行仿真或编译。不要在顶层设计中放置 Device 块。DSP Builder 将数据类型从测试平台传递到可综合的顶层设计。

2. 可综合的顶层设计

可综合的顶层设计是 Simulink 子系统，其中包含一个 Device 块，该块设计目标 FPGA 的系列、器件和速度等级。可综合的顶层设计位于生成硬件文件的顶层。可综合的顶层设计可以包含具有原语子系统的其他层次结构。

> 注：（1）在原语子系统中只使用原语块。
> （2）设计者可以包含更多的 LocalThreshold 块（可选），以覆盖在更高层次结构中定义的阈值设置。

3. 原语子系统

原语子系统是用于原语块和 IP 库的调度域。一个原语子系统必须有：

（1）SynthesisInfo 块，其综合类型设置为 Scheduled，以便 DSP Builder 可以最佳方式流水线和重新分配存储器，以达到所需要的时钟频率。

（2）边界块，其界定了原语子系统，其如下内容。

① ChannelIn（通道化输入）。

② ChannelOut（通道化输出）。

③ GPIn（通用输入）。

④ GPOut（通用输出）。

使用系统接口块划定子系统内调度域的边界。在这些边界框内，DSP Builder 会优化你通过原理图指定的实现。DSP Builder 插入流水线寄存器以达到指定的系统时钟速率。当 DSP Builder 插入流水线寄存器时，它为需要保持同步的并行信号增加了等效的等待时间，以便 DSP Builder 能够将它们一起进行调度。DSP Builder 调度贯穿相同输入边界块（ChannelIn 或 GPIn）的信号以便在相同的时间点开始。经过相同输出边界块（ChannelOut 或 GPOut）的信号在同一时间点结束。DSP Builder 会添加你所有的流水线延迟，以平衡整个设计中的信号。DSP Builder 将校正应用于边界块处的仿真，以解决 HDL 生成中的这种延迟。整个原语子系统保持周期精确。在包含原语块的原语子系统中，设计者可以指定其他层次结构，但不能指定其他原语边界块或 IP 块。

仅使用 SampleDelay 块来指定数据流的相对采样偏移量，不要用于流水线。

4.1.2 用于 Intel FPGA 库的 DSP Builder

DSP Builder 提供的块类型如表 4.1 所示。

表 4.1 DSP Builder 提供的块类型

块 类 型	描 述
配置块	配置 DSP Builder 如何综合设计或子系统的块

续表

块 类 型	描 述
底层建立块（原语）	调度子系统的基本运算符、逻辑和存储器原语块，这些子系统由边界配置块（原语子系统）界定
公用设计元素	用于原语可参数化的子系统，以及由边界配置块界定的调度子系统内的公用功能
IP 功能级别的功能（IP）	独立的 IP 级别模块，包括诸如整个 FFT、FIR 和 NCO 之类的功能。仅在原语子系统之外使用这些块
系统接口块	提供 Avalon-ST 和 Avalon-MM 接口，用于和 Platform Designer 内其他 IP（如外部存储器）交互的块
不可综合块	在综合设计中不起作用的块。例如，提供测试平台激励的模块，提供信息或使能设计分析的块

如表 4.2 所示，其列出了 MATLAB 中所提供的 Simulink 库，并描述了这些库中的 DSP Builder 块。

表 4.2　Simulink 中提供的用于 DSP Builder 的库

库	描 述
Design Configuration	设置设计参数的块，如器件系列、目标 f_{MAX} 和总线接口信号的宽度
Primitives	用于原语子系统的块
Primitives→Primitive Configuration	用于改变 DSP Builder 如何综合原语子系统（包括边界定界符）的块
Primitives→Primitive Basic Blocks	底层功能
Primitives→Primitive Design Elements	从原语块构建的可配置块和通用设计模式
Primitives→FFT Design Elements	由原语块所构建的可配置的 FFT 元器件块。用于在原语子系统中构建自定义的 FFT
IP	完整的 IP 功能。用在原语子系统之外
IP→FFT IP	完整的 FFT IP 功能。这些块是完整的原语子系统。单击"Look under the Mask"，以查看 DSP Builder 如何从原语 FFT 设计元素中构建这些块
IP→Channel Filter And Waveform	用于构建数字上变频和下变频链路：FIR、CIR、NCO、混频器、复杂混频器和标定 IP
Interfaces	设置和使用 Avalon 接口的块。DSP Builder 将不能通过 Avalon 接口模块进行布线的设计级端口看作单独的管道
Interfaces→Memory Mapped	设置和使用 Avalon-MM 接口的块，包括存储器映射的块、存储器映射的激励块和外部存储器块
Interfaces→Streaming	Avalon-ST 块
Utilities	支持构建和优化设计的其他块
Utilities→Analyze And Test	有助于设计测试和调试的块
Utilities→Beta Blocks	正在开发的块

4.1.3　用于 Intel FPGA 器件所支持的 DSP Builder

DSP Builder 高级块支持以下器件系列，包括 Arria II、Intel Arria 10、Arria V、Arria V GZ、Cyclone IV、Cyclone V、Intel Cyclone 10、Intel MAX 10、Stratix IV、Stratix V 和 Intel Stratix 10。在使用 DSP Builder 工具时，需要注意下面的事项。

(1) 本书使用的是 Intel Quartus Prime Pro 19.4 集成开发环境,该集成开发环境所支持的 MATLAB 版本包括 R2016b、R2017a、R2017b、R2018a、R2018b 和 R2019a。

(2) 读者需要在 MathWorks 公司官网(网址为 http://www.mathworks.com)上下载正版的 MATLAB 软件。

(3) 当使用 Windows 10 操作系统时,需要设置许可文件的路径,包括:

① 通过开始→Windows 系统→控制面板,打开控制面板界面。

② 在控制面板界面中,单击"系统和安全"按钮,打开系统和安全界面。

③ 在系统和安全界面中的右侧窗口中,单击"系统"按钮,打开系统界面。

④ 在系统界面的左侧,单击"高级系统设置"按钮,打开系统属性界面。

⑤ 在系统属性界面中,单击"高级"标签。在该标签页中,单击"环境变量(N)…"按钮。在用户变量窗口下面单击"新建"按钮,弹出"新建用户变量"对话框。

⑥ 在"新建用户变量"对话框的"变量名(N)"右侧的文本框中输入"LM_LICENSE_FILE";在"变量值(V)"右侧的文本框中输入许可文件所在的路径,如 F:\quartus_license.dat。

注:需要事先得到授权,并生成许可文件.dat。

4.1.4 DSP Builder 设计流程

DSP Builder 的设计流程如图 4.3 所示,其中:

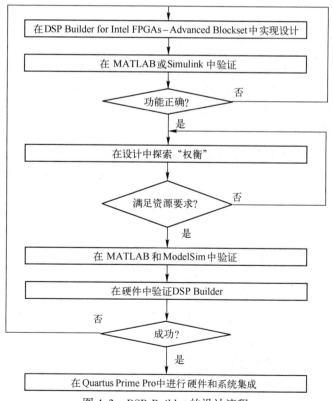

图 4.3 DSP Builder 的设计流程

(1) 在 MATLAB 或 Simulink 中验证。使用该早期验证来关注算法的功能，然后在需要的时候迭代设计实现。

(2) 在设计中探索"权衡"。在进行硬件验证之前，及早获取资源利用率的估计值，从而使设计者可以尽早尝试实现各种优化。通过修改阈值参数，访问存储器-逻辑进行"权衡"或逻辑-乘法器进行"权衡"。

(3) 用 C++ 软件模型验证 DSP Builder 设计。DSP Builder 支持 C++ 软件模型，该模型用于支持位精确仿真的设计中。

(4) 在 ModelSim Simulator 中验证 DSP Builder Advanced Blockset 设计。使用自动测试平台流程在 Simulink 或 ModelSim 仿真器中验证设计。此外，在所有可综合的 IP 和原语子系统上，将 Simulink 结果与所生成的 RTL 进行比较。

(5) 在硬件中验证 DSP Builder 设计，或者在系统处于循环状态下时验证硬件。

(6) 将 DSP Builder Advanced Blockset Design 集成到硬件中。在顶层设计中，将 DSP Builder advanced blockset 设计作为一个黑盒设计，集成到 Platform Designer 中以创建一个完整工程，该工程集成了处理器、存储器、数据路径和控制。

4.2 信号处理模型的构建和仿真

本节将介绍在 DSP Builder 中构建和实现数字信号处理模型的方法，主要内容包括启动 DSP Builder 工具、获取 DSP Builder 设计实例帮助、DSP Builder 菜单选项介绍、DSP Builder 中的一些概念、构建数字信号处理模型、设置模型参数等。

4.2.1 启动 DSP Builder 工具

本小节将介绍启动 DSP Builder 工具的方法，主要步骤如下。

(1) 在 Windows 10 操作系统桌面环境的左下角，选择开始→Intel FPGA 19.4.0.64 Pro Edition→DSP Builder-Start in MATLAB R2019a，启动 MATLAB R2019a 集成开发环境。

(2) 在 MATLAB R2019a 主界面中，选择"单击后退"按钮 ⇐，或"向上一级"按钮 ⬆，或"浏览文件夹"按钮 📁，将路径指向当前的设计目录，如图 4.4 所示。

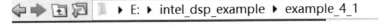

图 4.4 将路径指向当前的设计目录

> **注**：在指向设计目录的路径中，不要有空格和使用中文路径，否则在运行 DSP Builder 时会出现 MATLAB R2019a 闪退的现象，这一点要特别注意。

(3) 在 MATLAB R2019a 主界面名字为"主页"的标签页中，单击"Simulink"按钮。

(4) 出现 Simulink Start Page 界面，如图 4.5 所示。在该界面中，单击"New"标签。在该标签页中，单击名字为"Blank Model"的图标按钮。

(5) 出现可用于 DSP Builder 的空白设计界面，如图 4.6 所示。通过该界面，设计者可以基于元器件符号（也称为"积木块"）构建数字信号处理系统。

图 4.5　Simulink Start Page 界面

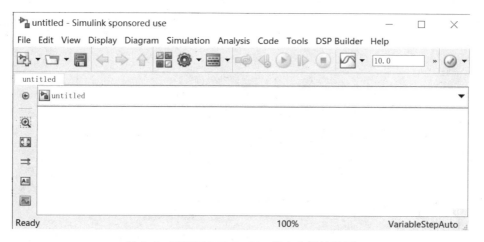

图 4.6　可用于 DSP Builder 的空白设计界面

4.2.2　获取 DSP Builder 设计实例帮助

为了帮助开发人员尽快熟悉 DSP Builder 的使用方法，Intel 提供了大量基于 DSP Builder 的数字信号处理设计实例，获取这些设计实例的步骤如下。

（1）在 MATLAB R2018a 主界面中，单击"登录"按钮。

（2）出现"登录"对话框。在该对话框中，输入在 MathWorks 官网上已经注册过的电子邮件地址和密码。

（3）单击"登录"按钮，退出"登录"对话框。此时，MATLAB R2018a 主界面右上角的"登录"按钮变成了登录账户的名字（当单击该登录账户名字时，读者可选择退出所登录的账户）。

(4) 在 MATLAB R2018a 主界面中,单击"主页"标签。在该标签页中,单击工具栏中的帮助按钮 。

(5) 出现帮助界面,如图 4.7 所示。在该界面中,单击"补充软件"按钮。

图 4.7 帮助界面

(6) 出现"运行 MATLAB 命令"对话框,如图 4.8 所示。在该对话框中,提示"点击此链接将运行 MATLAB 命令,这些命令可能会产生意外或破坏性结果"信息。

图 4.8 "运行 MATLAB 命令"对话框

(7) 单击"是(Y)"按钮,退出"运行 MATLAB 命令"对话框。

(8) 出现补充软件界面,如图 4.9 所示。在该界面的左侧窗口中:

① 单击"DSP Builder for Intel(R)FPGAs-Advanced Blockset",在右侧窗口中以超级链接的形式给出了该文档所提供所有内容的标题。通过单击标题,可以查看其详细内容。

第 4 章　Intel FPGA 数字信号处理工具

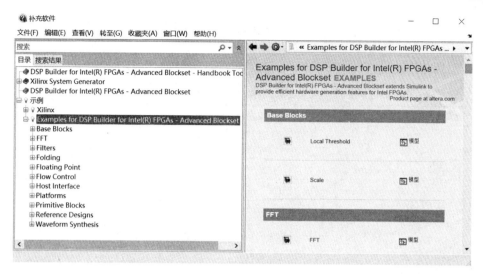

图 4.9　补充软件界面

② 单击"示例"文件夹，展开示例文件夹中的内容。在展开项中，找到并展开"Examples for DSP Builder for Intel（R）FPGAs-Advanced Blockset"文件夹。在展开项中，给出了在 DSP Builder 中可运行的所有设计实例，这些设计实例可以帮助读者快速掌握 DSP Builder 工具的使用方法。

4.2.3　DSP Builder 菜单选项介绍

Simulink 在任何 Simulink 模型窗口上都包含一个 DSP Builder 菜单，如图 4.10 所示。使用这个菜单可以启动你需要在 DSP Builder 模型上执行的所有常见任务，DSP Builder 菜单的用途如表 4.3 所示。

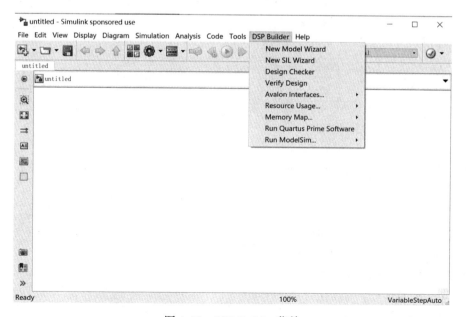

图 4.10　DSP Builder 菜单

表 4.3 DSP Builder 菜单的用途

行 为	菜 单 选 项	描 述
创建新的设计	New Model Wizard	从一个简单的模板创建一个新的模型
	New SIL Wizard	创建现有设计设置的版本，用于硬件协同仿真
验证	Design Checker	根据基本设计规则验证你的设计
	Verify Design	通过批处理自动生成的测试平台，验证 Simulink 仿真与所生成硬件 ModelSim 仿真的匹配
参数化	Avalon Interfaces…	配置存储器映射的接口
产生硬件细节	Resource Usage…	查看所生成硬件的资源估计
	Memory Map…	查看生成的存储器映射接口
运行其他软件工具	Run Quartus Prime Software	为生成的硬件运行一个 Quartus Prime 工程
	Run ModelSim	通过在 ModelSim 窗口内运行自动生成的测试平台，验证 Simulink 仿真与所生成硬件 ModelSim 仿真的匹配情况

当在图 4.10 所示界面的主菜单中选择 DSP Builder→New Model Wizard 时，出现"DSP Builder-New Model Wizard"对话框，如图 4.11 所示。

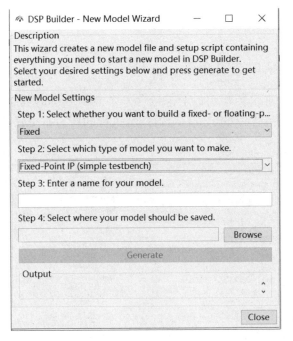

图 4.11 "DSP Builder-New Model Wizard"对话框

（1）"Step 1：Select whether you want to build a fixed- or floating-point model"标题栏下的下拉框中提供了"Fixed"和"Floating"选项。

（2）"Step 2：Select which type of model you want to make"标题栏下的下拉框中提供了下面的选项（与 Step 1 中的选项设置有关）。

① Fixed-Point IP(simple testbench)。

② Fixed-Point IP(with Channelizer)。
③ Fixed-Point Primitive subsystem(simple testbench)。
④ Fixed-Point Primitive subsystem(with Channelizer)。
⑤ Floating-Point Primitive subsystem(simple testbench)。
⑥ Floating-Point Primitive subsystem(with Channelizer)。

4.2.4　DSP Builder 中的一些基本概念

本小节将介绍 DSP Builder 中所涉及的一些基本概念，以帮助读者理解本书后续内容。

1. 将 DSP Builder 设计划分为子系统

（1）考虑如何将你的设计划分为子系统。分层方法使设计更易于管理，更易于移植，从而更容易更新和调试。如果是一个大型设计，则还可以使设计分区，易于管理。

（2）确定你的时序约束。一个具有明确定义子系统边界的模块化设计使设计者可以精确管理不同模块的延迟和速度，从而轻松实现时序收敛。

（3）将设计分为子系统时，请考虑以下因素。

① 确定算法的每个子模块的功能，以及是否可以将设计划分为不同的功能子系统。

② 在多速率设计中，请考虑在数据路径不同阶段的采样率变化。尽量不要在子系统中包含太多不同的采样率。

③ 如果你的设计对延迟有严格的要求，请使用延迟管理来定义子系统的边界。DSP Builder advanced blockset 以子系统为基础来应用这些规则。

（4）为了简化同步，请在同一子系统中实现 DSP Builder 可以并行计算的模块。DSP Builder 可以更轻松地将相同的规则应用于每个并行路径，不必担心约束可能具有不同延迟的两条路径。

2. DSP Builder 接口信号

DSP Builder 设计有 3 个基本接口信号：valid（有效）、channel（通道）和 data（数据）。

（1）channel（uint8）信号是 data 信号上用于多个通道数据的一个同步计数器。例如，它随着数据帧内穿越 data 信号的通道变化从 0 开始递增。

（2）data 信号可以是承载单通道或多通道数据的任意数量的同步信号。

（3）valid [ufix(1) 或 bool] 指示并发数据和通道信号是否具有有效信息（1）、未知（0）或无关（0）。

DSP Builder 使用这 3 个同步信号在内部连接 IP 或综合后的子系统，并且在外部连接上游和下游模块。因此，这 3 个信号连接了 DSP Builder advanced blockset 设计中的大多数模块。

在一个 IP 和综合后的子系统中，只能存在一组有效的 valid、channel 和 data 信号。但是，在一个定制的可综合子系统中可以存在多个 data 信号。

仅当 DSP Builder 使 valid 信号为高时，data 线上的数据才有效。在该时钟周期内，channel 携带一个 8 位的整数通道标识符。通过数据路径，DSP Builder 保留该通道标识符，以便你可以轻松跟踪和解码数据。

这个简单的协议很容易与外部电路接口，它可以避免平衡延迟和计数周期，这是因为你可以简单地解码 valid 信号和 channel 信号，以确定何时捕获任何下游数据块中的数据。DSP Builder 将控制结构分布在设计中的每个模块中。

在原语子系统中，DSP Builder 保证连接到 ChannelOut 块的所有信号在同一个时钟周期内排列。也就是说，在这些块之间的所有路径上，延迟保持平衡。但是，必须确保所有信号在同一时钟周期内到达 ChannelIn 块。

IP 库中的块遵循相同的规则。因此，很容易连接 IP 块和原语子系统。

IP 库滤波器全部都使用相同的协议，并具有额外的简化功能-DSP Builder 在相邻的周期内，在一个多通道滤波器中为一个帧生成所有通道，这也是对滤波器输入的要求。如果一个 FIR 滤波器需要使用流控制，则仅在传输通道 0 数据之前、在数据帧之间下拉 valid 信号。

相同的<data, valid, channel>协议将所有 CIC 和 FIR 滤波器块，以及所有包含原语库块的子系统连接在一起。Channel Filter And Waveform 库支持分离的实和虚（或正弦和余弦）信号。当使用混频器模块时，设计可能需要一些拆分或组合逻辑，使用一个原语子系统来实现该逻辑。

1) 具有 IP 库模块的多通道系统

如果进入一个块的数据是需要多个实例的向量，则 IP 库块是可矢量化的。例如，对于一个 FIR 滤波器，DSP Builder 会在单个 IP 块后面并行创建多个 FIR 块。如果一个抽取滤波器在输出上需要较小的矢量，则 DSP Builder 会将来自各个子滤波器的数据自动多路复用到输出向量上，以避免定制"胶合"逻辑。

例如，IP 库块通常将通道数作为参数，这很容易概念化。DSP Builder 将通道编号为 0 到 $N-1$，你可以随时使用通道指示器来滤除某些通道。为了合并两个流，DSP Builder 创建一些逻辑来复用数据。Sequence 和 Counter 块重新生成 valid 和 channel 信号。

2) valid、channel 和 data 的一些例子

在你的设计中，时钟速率为 N MHz，每通道采样率为 M Msps。如果 $N = M$，则 DSP Builder 在每个时钟周期的每个通道接收一个新的数据样本。

（1）单通道设计。帧长度（对于一个特定通道，数据更新之间的时钟周期数）为 1。在每个时钟周期，启动（从零开始）输出通道计数。$sPQ =$ 通道 P 的第 Q 个数据采样，如图 4.12 所示。

（2）多通道设计。如果数据分布在多条线上，即使对于多个通道，帧长也还是 1。作为通道同步计数器的 channel 信号编号，而不是表示实际通道的显式编号，在每个时钟周期都再次为零，如图 4.13 所示。

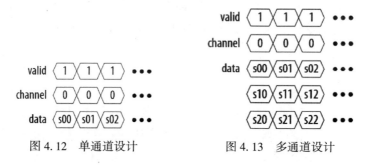

图 4.12　单通道设计　　　　图 4.13　多通道设计

(3) 单通道 $N>M$。DSP Builder 仅在每 N/M 个时钟接收一个数据采样。如果 $N = 300\text{MHz}$,$M = 100\text{Msps}$,DSP Builder 每 3 个周期给出一个新数据,如图 4.14 所示。DSP Builder 不知道中间时钟上的数据是什么,并且将 valid 设置为低(0)。X 是未知或者无关。帧长为 3,因为每 3 个时钟周期重复一次通道数据的模式。

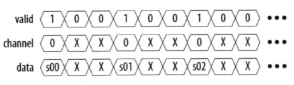

图 4.14 单通道 $N>M$

(4) 单通道 $N>M$,且两个数据通道。如果 $N = 300\text{MHz}$ 和 $M = 100\text{Msps}$,且包含两个通道,则数据线将承载第一个通道的采样,第二个通道的数据,然后是一个周期的未知值。当 DSP Builder 接收到通过帧的不同通道数据时,channel 信号递增,如图 4.15 所示。

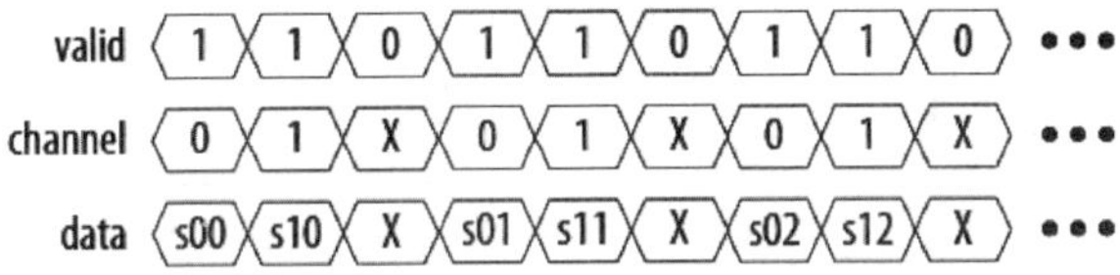

图 4.15 单通道 $N>M$,且两个数据通道

(5) 3 个通道。如果 $N = 300\text{MHz}$ 和 $M = 100\text{Msps}$,则帧沿着单个数据线已满,如图 4.16 所示。

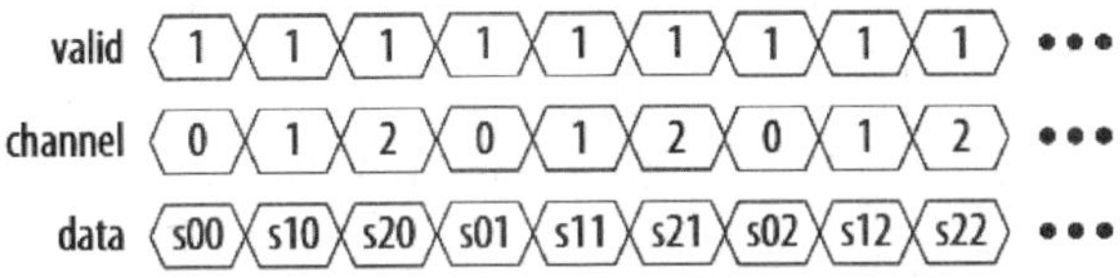

图 4.16 3 个通道

(6) 4 个通道。由于一根线不能够在 3 个时钟周期内传输 4 个通道的数据,因此数据现在分散在多个数据信号上。DSP Builder 尝试在必须使用的线上平均分配通道,如图 4.17 所示。

图 4.17 4 个通道

(7) 5 个通道。在 3 个时钟周期内传输 5 个通道的数据,数据分布在两个数据信号上。DSP Builder 将 5 个通道的数据打包成第一个线上 3 个数据,第二个线上 2 个数据。在每帧的开始,channel 信号仍然从零开始计数,并且它指定通道同步计数,而不是表示在一个特定的时钟上所接收到的所有通道(这要求与 data 信号一样多的 channel 信号)。valid 信号也保

持一维，如果在特定帧中通道 0 有效，但通道 3（在同一时钟上所接收的）无效，则该信号可能不足以说明并发数据的有效性。在该例中，DSP Builder 在第 1 个 data 信号上接收到通道 2 数据的同时，在第 2 个 data 信号上的数据无效，如图 4.18 所示。设计者需要一些有关传输通道数的知识。

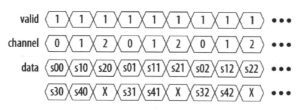

图 4.18　5 个通道

（8）单通道 N<M。DSP Builder 在每个时钟周期接收特定通道的多个（M/N）数据采样–超采样数据。如果 N = 200MHz 且 M = 800Msps，则将看到单个通道有 4 个新的数据采样/每个时钟，如图 4.19 所示。

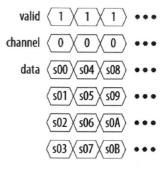

图 4.19　单通道 N<M

3. 周期

对于 DSP Builder 设计中的任何数据信号，FPGA 的时钟速率与采样率之比确定了该数据信号的周期（Period）值。在多速率设计中，信号的采样率会随着数据流经抽取或插值滤波器而变化。因此，在设计的不同阶段，周期也会有所不同。

在一个多通道设计中，周期也决定了在一个线或一个信号上可以处理的通道数。在传统设计中，如果通道数多于一条路径或线，则需要复制数据路径和硬件，以容纳不适合单线的通道。如果每个通道或路径的处理不完全相同，则 DSP Builder advanced blockset 支持向量或数组数据，并执行硬件和数据路径复制。可以使用一维数据类型的线表示多个并行数据路径。DSP Builder IP 和原语库块，如加法器、延迟和乘法器块，均支持向量输入或粗线，这样，可以像使用单线一样轻松地使用一条总线来连接模型。

4. 采样率

DSP Builder 采样率可能超过 FPGA 时钟速率，如在超采样速率系统中，以及高速无线前端设计中。在带有吉赫兹数字–模拟转换器（DAC）的雷达或直接 RF 系统中，驱动 DAC 的信号的采样率在吉赫兹范围内，这些高速系统要求创新的架构解决方案并支持高速的并行处理。DSP Builder advanced blockset 插值滤波器 IP 内建了对超采样率信号的支持，并且其原语库的向量支持使得设计者可以轻松设计超采样率模块。但是，对于超采样率模块的设计，必须理解通道如何以阵列的形式分布在多条线上，以及在每条线上可用的时隙之间分配通道。

使用以下变量通过参数化确定线的个数，以及每条线承载的通道数：

（1）ClockRate 是系统时钟频率。

（2）SampleRate 是每通道的数据采样率（Msps）。

（3）ChanCount 是通道数。

> **注**：通道从 0 枚举到 ChanCount-1。
> （1）周期（或称为折叠因子）是时钟速率和采样率之间的比值，并确定可用的时隙的个数即
>
> 周期 = max(1, floor(ClockRate/SampleRate))
>
> （2）WiresPerChannel 是每个通道的线的个数，即
>
> WiresPerChannel = ceil(SampleRate/ClockRate)
>
> （3）WireGroups 是承载所有通道的线的组数，与通道速率无关，即
>
> WireGroups = ceil(ChanCount/Period)
>
> （4）设计要承载所有通道的通道线数是通道数除以折叠系数（超采样滤波器除外），即
>
> ChanWireCount = WirePerChannel × WireGroups
>
> （5）每根线承载的通道数是通道数处理每个线的通道数，即
>
> ChanCycleCount = ceil(ChanCount/WireGroups)
>
> （6）Channel 信号通过 0~ChanCycleCount-1 进行计数。

4.2.5 构建数字信号处理模型

本小节将介绍如何在 DSP Builder 中构建并实现下面的信号处理模型，该模型表示为

$$y(n) = x(n) + 6.0 \times x(n-1) + 1.5 \times x(n-2) + 3.5 \times x(n-3) + 4.0 \times x(n-4) \quad (4.1)$$

通过 z 变换，将式（4.1）变换到 z 域描述为

$$\begin{aligned} Y(z) &= X(z) + 6.0 \times z^{-1} \times X(z) + 1.5 \times z^{-2} \times X(z) + 3.5 \times z^{-3} \times X(z) + 4.0 \times z^{-1} \times X(z) \\ &= (1 + 6.0 \times z^{-1} + 1.5 \times z^{-2} + 3.5 \times z^{-3} + 4.0 \times z^{-4}) \times X(z) \end{aligned} \quad (4.2)$$

1. 打开 Simulink 库浏览器

打开 Simulink 库浏览器的步骤主要如下。

（1）在图 4.10 给出的标题为 "untiled-Simulink sponsored use" 的空白设计界面的工具栏中单击 "Library Browser" 按钮 。

（2）弹出 Simulink Library Brower 页面，如图 4.20 所示。在该页面左侧的 Simulink 窗口中，以列表的形式给出了 Simulink 中可用的所有库。在左侧的 Simulink 窗口中，展开 "DSP Builder for Intel FPGAs-Advanced Blockset" 选项。在展开项中，列出了 Intel FPGA 可用的库类型，包括 Design Confiruration、Interfaces、IP、Primitives 和 Utilities，右侧的窗口中给出了可用的库元器件符号。

（3）调整 Simulink Library Browser 页面的位置与大小，使得 Siumlink Library Brower 页面和如图 4.9 所示的空白设计界面位于显示屏的左侧和右侧，并且使其不重叠。这样，便于将库元器件符号拖曳到空白设计界面中。

2. 添加延迟元器件

本部分将介绍如何在空白设计界面中添加延迟元器件，主要步骤如下。

（1）在 Simulink Library Browser 页面的左侧窗口中，找到并展开 "DSP Builder for Intel

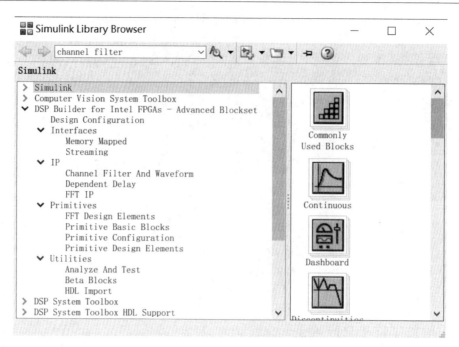

图 4.20 Simulink Library Browser 页面

FPGAs-Advanced Blockset"选项。在展开项中,找到并展开"Primitives"选项。在展开项中,找到并选中"Primitive Basic Blocks"选项。在其右侧窗口中,找到并选中名字为"SampleDelay"(采样延迟)的元器件符号,并将其分 4 次分别拖入到屏幕右侧的空白设计界面中,这 4 个采样延迟元器件符号的名字分别为 SampleDelay、SampleDelay1、SampleDelay2 和 SampleDelay3。

(2) 为了后面的设计方便,在设计界面中显示采样延迟元器件的名字。

① 选中名字为"SampleDelay"的元器件符号,单击鼠标右键,出现浮动菜单。在浮动菜单内,选择 Format→Show Block Name→On,显示 SampleDelay 元器件符号的名字。

② 选中名字为"SampleDelay1"的元器件符号,单击鼠标右键,出现浮动菜单。在浮动菜单内,选择 Format→Show Block Name→On,显示 SampleDelay1 元器件符号的名字。

③ 选中名字为"SampleDelay2"的元器件符号,单击鼠标右键,出现浮动菜单。在浮动菜单内,选择 Format→Show Block Name→On,显示 SampleDelay2 元器件符号的名字。

④ 选中名字为 SampleDelay3 的元器件符号,单击鼠标右键,出现浮动菜单。在浮动菜单内,选择 Format→Show Block Name→On,显示 SampleDelay3 元器件符号的名字。

3. 添加常数乘法元器件

本部分将介绍如何为延迟元器件添加常数乘法(增益控制)元器件,主要步骤如下。

(1) 在 Simulink Library Browser 页面的左侧窗口中,找到并展开"DSP Builder for Intel FPGAs-Advanced Blockset"选项。在展开项中,找到并展开"Primitives"选项。在展开项中,找到并选中"Primitive Basic Blocks"选项。在其右侧窗口中,找到并选中名字为"Const Mult"(常数乘法)的元器件符号,并将其分 4 次分别拖入设计界面每个延迟元器件的后面,这 4 个常数乘法元器件符号的名字分别为 Const Mult、Const Mult1、Const Mult2 和 Const Mult3。

（2）为了后面的设计方便，在设计界面中显示常数乘法元器件的名字。

① 选中名字为"Const Mult"的元器件符号，单击鼠标右键，出现浮动菜单。在浮动菜单内，选择 Format→Show Block Name→On，显示 Const Mult 元器件符号的名字。

② 选中名字为"Const Mult1"的元器件符号，单击鼠标右键，出现浮动菜单。在浮动菜单内，选择 Format→Show Block Name→On，显示 Const Mult1 元器件符号的名字。

③ 选中名字为"Const Mult2"的元器件符号，单击鼠标右键，出现浮动菜单。在浮动菜单内，选择 Format→Show Block Name→On，显示 Const Mult2 元器件符号的名字。

④ 选中名字为"Const Mult3"的元器件符号，单击鼠标右键，出现浮动菜单。在浮动菜单内，选择 Format→Show Block Name→On，显示 Const Mult3 元器件符号的名字。

4. 添加加法元器件

本部分将介绍如何添加加法元器件，将延迟元器件和乘法元器件得到的结果相加，主要步骤如下。

（1）在 Simulink Library Browser 页面的左侧窗口中，找到并展开"DSP Builder for Intel FPGAs-Advanced Blockset"选项。在展开项中，找到并展开"Primitives"选项。在展开项中，找到并选中"Primitive Basic Blocks"选项。在其右侧窗口中，找到并选中名字为"Add"（加）的元器件符号，并将其分 4 次分别拖入设计界面每个增益元器件的后面，这 4 个加法元器件的名字分别为 Add、Add1、Add2 和 Add3。

（2）为了后面设计的方便，在设计界面中显示加法元器件的名字。

① 选中名字为"Add"的元器件符号，单击鼠标右键，出现浮动菜单。在浮动菜单内，选择 Format→Show Block Name→On，显示 Add 元器件符号的名字。

② 选中名字为"Add1"的元器件符号，单击鼠标右键，出现浮动菜单。在浮动菜单内，选择 Format→Show Block Name→On，显示 Add1 元器件符号的名字。

③ 选中名字为"Add2"的元器件符号，单击鼠标右键，出现浮动菜单。在浮动菜单内，选择 Format→Show Block Name→On，显示 Add2 元器件符号的名字。

④ 选中名字为"Add3"的元器件符号，单击鼠标右键，出现浮动菜单。在浮动菜单内，选择 Format→Show Block Name→On，显示 Add3 元器件符号的名字。

5. 添加端口元器件

GPIn 块对可综合子系统的通用输入进行建模，它类似于 ChannelIn 块，但是没有 valid 或 channel 输入信号。如果信号宽度大于 1，则可以假定多个输入信号已经同步。

GPOut 块对可综合子系统的通用输出进行建模，它类似于 ChannelOut_help 块，但是没有 valid 或 channel 输入信号。如果信号宽度大于 1，则生成多个输出信号并且同步它们。

本部分将介绍如何为设计添加输入和输出端口元器件，主要步骤如下。

（1）在 Simulink Library Browser 页面的左侧窗口中，找到并展开"DSP Builder for Intel FPGAs-Advanced Blockset"选项。在展开项中，找到并展开"Primitives"选项。在展开项中，找到并选中"Primitive Configuration"选项。在其右侧窗口中，找到并选中名字为"GPIn"（通用输入）的元器件符号，将其拖曳并放置在设计界面中名字为"SampleDelay"的元器件符号的前面。

（2）选中名字为"GPIn"的元器件符号，单击鼠标右键，出现浮动菜单。在浮动菜单内,选择 Format→Show Block Name→On,显示 GPIn 元器件符号的名字。

(3) 在 Simulink Library Browser 页面的左侧窗口,找到并展开"DSP Builder for Intel FPGAs-Advanced Blockset"选项。在展开项中,找到并展开"Primitives"选项。在展开项中,找到并选中"Primitive Configuration"选项。在其右侧窗口中,找到并选中名字为"GPOut"(通用输出)的元器件符号,将其拖曳并放置在设计界面中名字为"Add3"的元器件符号的后面。

(4) 选中名字为"GPOut"的元器件符号,单击鼠标右键,出现浮动菜单。在浮动菜单内,选择 Format→Show Block Name→On,显示 GPOut 元器件符号的名字。

6. 添加数据类型转换元器件

本部分将介绍如何为设计添加数据类型转换元器件,主要步骤如下。

(1) 在 Simulink Library Browser 页面的左侧窗口中,找到并展开"Simulink"选项。在展开项中,选中"Commonly Used Blocks"选项。在其右侧窗口中,选择名字为"Data Type Conversion"的元器件符号,将其拖曳到名字为"GPIn"的元器件符号前面。

(2) 选中 GPIn 元器件符号,单击鼠标右键,出现浮动菜单。在浮动菜单内,选择 Format→Show Block Name→On,显示 Data Type Conversion 元器件符号的名字。

7. 添加正弦信号发生器元器件

本部分将介绍如何为设计添加正弦信号发生器元器件,主要步骤如下。

(1) 在 Simulink Library Browser 页面的左侧窗口中,找到并展开"Simulink"选项。在展开项中,选中"Sources"选项。在其右侧窗口中,选择名字为"Sine Wave"的元器件符号,将其拖曳并放置到名字为"Data Type Conversion"的元器件符号的前面。

(2) 选中 Sine Ware 元器件符号,单击鼠标右键,出现浮动菜单。在浮动菜单内,选择 Format→Show Block Name→On,显示 Sine Wave 元器件符号的名字。

8. 添加示波器元器件

本部分将介绍如何为设计添加示波器元器件,用于显示该设计输出的波形,主要步骤如下。

(1) 在 Simulink Library Browser 页面的左侧窗口中,找到并展开"Simulink"选项。在展开项中,选中"Sinks"选项。在其右侧窗口中,选中名字为"Scope"的元器件符号,将其拖曳并放置到名字为"GPOut"元器件符号的后面。

(2) 选中 Scope 元器件符号,单击鼠标右键,出现浮动菜单。在浮动菜单内,选择 Format→Show Block Name→On,显示 Scope 元器件符号的名字。

(3) 鼠标双击 Scope 元器件符号,出现 Scope 页面。在该页面的主菜单中,选择 File→Number of Input Ports→2。

(4) 退出 Scope 页面。

9. 添加控制元器件

本部分将介绍如何为设计添加控制元器件,该元器件对于任何一个 DSP Builder 设计来说都是必须的,主要步骤如下。

(1) 在 Simulink Library Browser 页面的左侧窗口中,找到并展开"DSP Builder for Intel FPGAs-Advanced Blockset"选项。在展开项中,选择"Design Configuration"选项。在其右

侧窗口中，选择名字为"Control"的元器件符号，将其拖曳并放置到合适的位置。

（2）选中 Control 元器件符号，单击鼠标右键，出现浮动菜单。在浮动菜单内，选择 Format→Show Block Name→On，显示 Control 元器件符号的名字。

添加完所有元器件后的设计界面如图 4.21 所示。

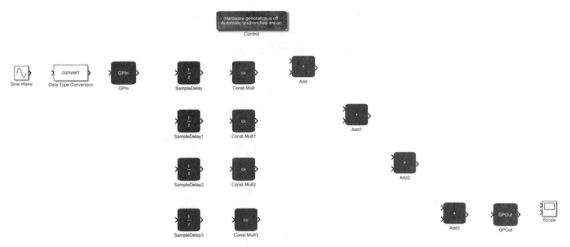

图 4.21　添加完所有元器件后的设计界面

10. 连接设计元器件

本部分将介绍如何将设计中的所有元器件按图 4.22 所示连接在一起。

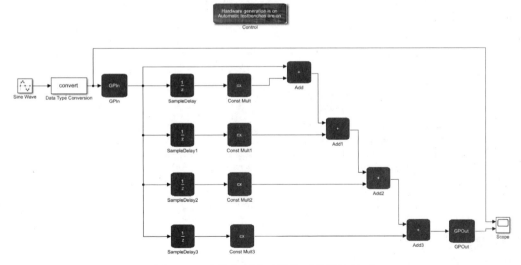

图 4.22　连接完所有元器件后的设计界面

4.2.6　创建设计子系统

本小节将介绍如何创建设计子系统，并在子系统内添加重要元器件，主要步骤如下。

（1）按下鼠标左键，拖曳鼠标，使得设计界面上显示出选定的灰色区域，如图 4.23 所示，该区域将包含设计中所使用的所有原语元器件。

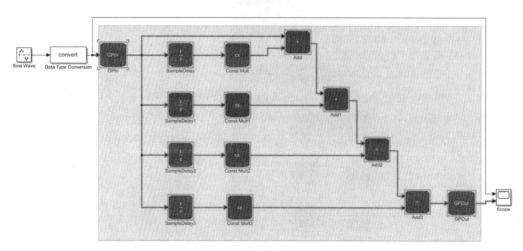

图 4.23 选中设计中所使用的所有原语元器件

(2) 在所选中区域内选择任何一个元器件符号,单击鼠标右键,出现浮动菜单。在浮动菜单内,选择"Create Subsystem from Selection"选项。

(3) 创建完子系统后的设计如图 4.24 所示。

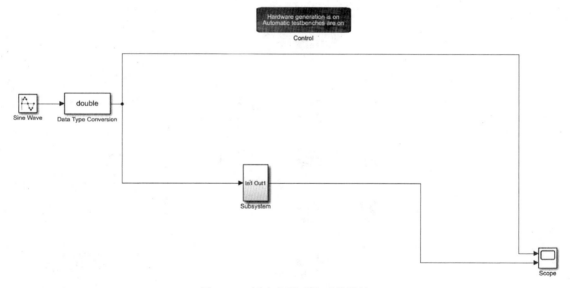

图 4.24 创建完子系统后的设计

(4) 双击图 4.24 中的子系统符号,打开其内部结构,如图 4.25 所示。

(5) 在 Simulink Library Browser 页面的左侧窗口中,找到并展开"DSP Builder for Intel FPGAs-Advanced Blockset"选项。在展开项中,找到并选择"Design Configuration"选项,将其右侧窗口中名字为"Device"的元器件符号拖曳并放置到图 4.25 子系统中的任意位置。对于使用原语元器件的子系统来说,Device 元器件符号是必须的,这点要特别注意。

（6）选中 Device 元器件符号，单击鼠标右键，出现浮动菜单。在浮动菜单内，选择 Format→Show Block Name→On，显示 Device 元器件符号的名字。

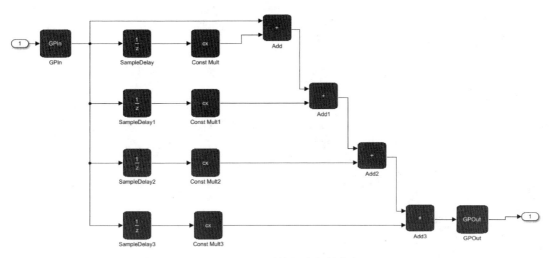

图 4.25 子系统的内部结构

（7）使用 SynthesisInfo 块设置综合模式，并将原语子系统标记为顶层可综合的子系统，DSP Builder 展平并综合子系统，以及下面所有那些子系统。原语子系统必须有 SynthesisInfo 块。DSP Builder 创建流水线并优化分配存储器，以实现所需要的时钟频率。SynthesisInfo 块控制当前模型的综合流程。

在 Simulink Library Browser 页面的左侧窗口中，找到并展开 DSP Builder for Intel FPGAs-Advanced Blockset 选项。在展开项中，找到并展开"Primitives"选项。在展开项中，找到并展开"Primitive Configuration"选项。在其右侧窗口中，选中名字为"SynthesisInfo"的元器件符号，并将其添加到图 4.25 所示子系统的任意位置。

> **注**：① 如果不存在 SynthesisInfo 块，以及出现不充分的延迟，DSP Builder 将给出错误信息。到该子系统的输入和输出成为 DSP Builder 创建的 RTL 实体的基本输入和输出。运行 Simulink 仿真后，SynthesisInfo 块的联机帮助页面将更新以显示延迟和当前原语子系统的端口接口。
>
> ② SynthesisInfo 块可以与 Device 块处于同一级别（如果可综合的子系统与生成的硬件子系统相同）。但是，创建包含 Device 块的单独子系统级通常更方便。有关设计层次结构的一些例子，请参考设计示例。

（8）选中 SynthesisInfo 元器件符号，单击鼠标右键，出现浮动菜单。在浮动菜单内，选择 Format→Show Block Name→On，显示 SynthesisInfo 元器件符号的名字。

添加完 Device 元器件和 SynthesisInfo 元器件后的子系统的内部结构如图 4.26 所示。

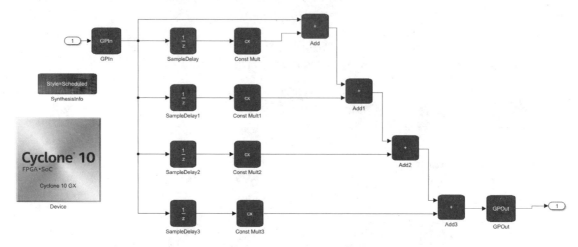

图 4.26　配置 Device 元件和 SynthesisInfo 元器件后的子系统的内部结构

4.2.7　设置模型参数

本小节将介绍如何为该设计模型的所有元器件块设置合适的参数。

1. 配置 Sine Wave 元器件参数

配置 Sine Wave 元器件参数的主要步骤如下。

（1）双击图 4.24 中名字为"Sine Wave"的元器件符号，打开"Block Parameters：Sine Wave"对话框。首先介绍一下该对话框内一些参数的含义。

① 基于时间（Time-Based）的模式。

在该模式下，正弦信号的输出由下式决定：

$$y = amplitude \times \sin(frequency \times time + phase) + bias$$

> 注：该模式下有两个可以选择的子模式，即连续模式和离散模式。

对话框中的 Sample time 参数的值确定子模式。当该参数取值为 0 时，该模块运行在连续模式；当该参数的取值大于 0 时，该模式运行在离散模式。

② 基于采样（Sample-Based）的模式。

基于采样的模式使用下面的公式计算正弦信号模块的输出：

$$y = A\sin[2\pi(k+o)/p] + b$$

其中，A 是正弦信号的幅度；p 是每个正弦周期的采样个数；k 是重复的整数值，其范围为 $0 \sim p-1$；o 是信号的偏置（相位移动）；b 是信号的直流偏置。

在"Block Parameters：Sine Wave"对话框中，按如下配置参数。

① Sine type：Sample based。

② Time（t）：Use simulation time。

③ Amlitude：1。

④ Bias：0。

⑤ Samples per period：32。

⑥ Number of offset samples：0。

⑦ Sample time：10^-7。

（2）单击"OK"按钮，退出"Block Parameters：Sine Wave"对话框。

2. 配置 Data Type Conversion 元器件参数

配置 Data Type Conversion 元器件参数的主要步骤如下。

（1）双击图 4.24 中名字为"Data Type Conversion"的元器件符号。

（2）出现"Block Parameters：Data Type Conversion"对话框。在该对话框中，通过"Output data type"右侧的下拉框将其设置为 double，表示输出的数据类型为 double。

（3）单击"OK"按钮，退出"Block Parameters：Data Type Conversion"对话框。

3. 配置 SampleDelay 元器件参数

配置 SampleDelay 元器件参数的主要步骤如下。

（1）双击图 4.26 中名字为"SampleDelay1"的元器件符号。

（2）出现"Block Parameters：SampleDelay1"对话框。在该对话框中，将"Number of delays"设置为 2，表示延迟 2 个采样周期。

（3）单击"OK"按钮，退出"Block Parameters：SampleDelay1"对话框。

（4）双击图 4.26 中名字为"SampleDelay2"的元器件符号。

（5）出现"Block Parameters：SampleDelay2"对话框。在该对话框中，将"Number of delays"设置为 3，表示延迟 3 个采样周期。

（6）单击"OK"按钮，退出"Block Parameters：SampleDelay2"对话框。

（7）双击图 4.26 中名字为"SampleDelay3"的元器件符号。

（8）出现"Block Parameters：SampleDelay3"对话框。在该对话框中，将"Number of delays"设置为 4，表示延迟 4 个采样周期。

（9）单击"OK"按钮，退出"Block Parameters：SampleDelay3"对话框。

4. 配置 Const Mult 元器件参数

配置 Const Mult 元器件参数的主要步骤如下。

（1）双击图 4.26 中名字为"Const Mult"的元器件符号。

（2）弹出"Block Parameters：Const Mult"对话框。在该对话框中，在"Value"标题下的文本框中输入 6.0，表示将来自 SampleDelay 元器件的输出结果乘以 6.0。

（3）单击"OK"按钮，退出"Block Parameters：Const Mult"对话框。

（4）双击图 4.26 中名字为"Const Mult1"的元器件符号。

（5）弹出"Block Parameters：Const Mult1"对话框。在该对话框中，在"Value"标题下的文本框中输入 1.5，表示将来自 SampleDelay1 元器件的输出结果乘以 1.5。

（6）单击"OK"按钮，退出"Block Parameters：Const Mult1"对话框。

（7）双击图 4.26 中名字为"Const Mult2"的元器件符号。

（8）弹出"Block Parameters：Const Mult2"对话框。在该对话框中，在"Value"标题下的文本框中输入 3.5，表示将来自 SampleDelay2 元器件的输出结果乘以 3.5。

（9）单击"OK"按钮，退出"Block Parameters：Const Mult2"对话框。

（10）双击图 4.26 中名字为"Const Mult3"的元器件符号。

(11) 弹出"Block Parameters：Const Mult3"对话框。在该对话框中，在"Value"标题下的文本框中输入4.0，表示将来自SampleDelay3元器件的输出结果乘以4.0。

(12) 单击"OK"按钮，退出"Block Parameters：Const Mult3"对话框。

5. 配置 Device 元器件参数

配置 Device 元器件参数的主要步骤如下。

(1) 双击图 4.26 中名字为"Device"的元器件符号。

(2) 弹出"DSP Builder-Device Parameters（design1）"对话框，如图 4.27 所示。在该设计中，按如下设置参数。

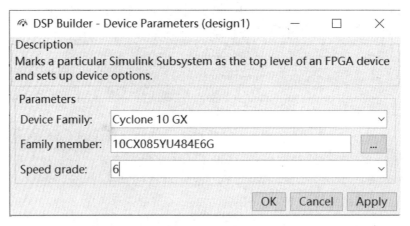

图 4.27 "DSP Builder-Device Parameters（design1）"对话框

① 在"Device Family"右侧的下拉框中选择 Cyclone 10 GX。

② 通过单击"Family member"右侧的 ... 按钮，将"Family member"设置为 10CX085YU484E6G。

(3) 单击"OK"按钮，退出"DSP Builder-Device Parameters（design1）"对话框。

> **注：** 在本书中，使用作者开发的 C10-EDP-1 硬件开发平台，该硬件开发平台上搭载了 Intel Cyclone10 GX FPGA 器件-10CX085YU484E6G，读者可根据自己所使用的 Intel FPGA 器件具体型号设置 Device Parameters。

6. 配置 SynthesisInfo 元器件参数

配置 SynthesisInfo 元器件参数的步骤主要如下。

(1) 双击图 4.26 中名字为"SynthesisInfo"的元器件符号。

(2) 弹出"Block Parmeters：SynthesisInfo"对话框，如图 4.28 所示。下面对该对话框中的参数含义进行简要说明。

① Constrain Latency 选项。使能该选项将允许你选择约束的类型并指定它的值。该值可以是工作空间的变量或表达式，但是必须评估为一个正整数。当使能该选项后，可以选择下面类型的约束，包括>（大于）、≥（大于或者等于）、=（等于）、≤（小于或者等于）、<（小于）。

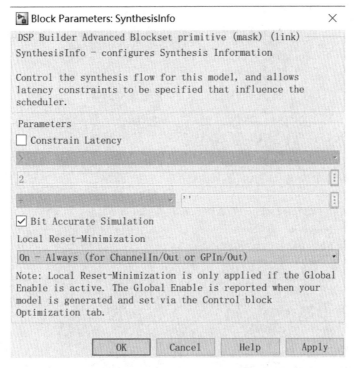

图 4.28 "Block Parameters：SynthesisInfo" 对话框

选择 + 或者 -，然后在文本字段中输入参考模型。将引用指定为 Simulink 路径字符串，如 "design/topLevel/model"，然后 DSP Builder 确保延迟依赖于该模型；否则，默认 DSP Builder 不依赖于模型。

② Bit Accurate Simulation 选项。使能浮点设计可提供精确的位而不是数学仿真，定点设计始终使用准确的位。

注：在该设计中，勾选 "Bit Accurate Simulation" 前面的复选框。

③ Local reset minimization 选项。为关联的可综合子系统选择复位最小化。仅在 Control 块中的 Global Enable 选项设置为 On 时，该选项有效。默认设置为 Conditional-On for ChannelIn/Out only；选择 Off 时，在该综合子系统上禁用复位最小化；选择 On-Always（for ChannelIn/Out or GPIn/Out）将复位最小化应用于使用 GPIn/Out 块的可综合子系统。在一个具有复位最小化的 GPIn/Out 子系统中，整个子系统是数据流，并且没有 valid 信号用于控制流。

注：在该设计中，将 Local Reset-Minimization 选项设置为 On-Always（for ChannelIn/Out or GPIn/Out）。

(3) 单击 "OK" 按钮，退出 "Block Parameters：SynthesisInfo" 对话框。

7. 配置 Control 元器件参数

本节将配置 Control 元器件参数，该块用来指定关于硬件生成环境和顶层存储器映射总线接口宽度的信息。本小节将对该元器件参数的含义进行详细说明。

双击图 4.24 中名字为"Control"的元器件符号，弹出"DSP Builder for Intel FPGAs Blockset-Settings"对话框。

① "General"标签页中的参数设置。

单击"General"标签。如图 4.29 所示，在该标签页中：

- 勾选"Generate hardware"前面的复选框。这样，当每次运行仿真时，基础的硬件进行综合，并且将指定的 HDL 写入到指定的目录中。
- 通过"Hardware descryiption language"右侧的下拉框，将其设置为 VHDL，表示生成 VHDL，而不是生成 SystemVerilg。

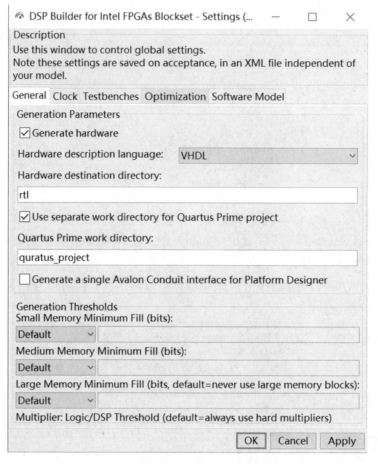

图 4.29 "General"标签页

- Hardware destination directory：rtl。指定要在其中写入输出文件的根目录。该位置可以是绝对路径或相对路径（例如，../rtl）。在该根目录下创建一个目录树，该目录树反映了模型层次结构的名字。所生成的文件及其功能如表 4.4 所示。
- 勾选"Use separate work directory for Quartus Prime project"前面的复选框，并且在"Quartus Prime work directory"标题下面的文本框中输入 quartus_project。
- Generate a single Avalon Conduit interface for Platform Designer。在 v18.1 和更早的版本

中,你在 Platform Designer 中导入和生成的 DSP Builder 设计具有用于 data、valid 和 channel 信号的单个 Avalon 接口。在 V19.1 或更高的版本中,如果重新生成现有设计,请勾选该选项前面的复选框,以保留单个 Avalon 接口。

表 4.4 所生成的文件及其功能

文 件	描 述
rtl 目录	
<model name>.xml	描述模型属性的 XML 文件
<model name>_entity.xml	描述系统边界的 XML 文件
<model name>_params.xml	当打开模型时,DSP Builder 会生成一个 model_name_params.xml 文件,其中包含该模型的设置。必须将该文件与模型一起保存
rtl/<model name>子目录	
<block name>.xml	一个 XML 文件,其中包含有关 advanced blockset 中每个块的信息,该文件可按要求转换为 HTML,以显示在 MATLAB Help viewer 中并用于 DSP Builder 菜单选项
<model name>.vhd	这是顶层测试平台文件。它可能包含不可综合的块,也可能包含不完全支持的 Simulink 块的空白黑盒
<model name>.add.tcl	该脚本将子目录中,以及该子目录下子系统层次结构中的 VHDL 文件加载到 Quartus Prime 工程中
<model name>.qip	该文件包含 DSP Builder 要求在 Quartus Prime 软件中处理设计所要求的所有文件信息。该文件包含对子系统层次结构下一级中任何.qip 文件的引用
<model name>_<block name>.vhd	DSP Builder 为模型中的每个元器件生成一个 VHDL 文件
<model name>_<subsystem>_entity.xml	一个 XML 文件,将一个子系统的边界描述为一个黑盒设计
<subsystem>.xml	一个用于描述子系统属性的 XML 文件
*.stm	激励文件
safe_path.vhd	.qip 和.add.tcl 文件引用的 Helper 函数,以确保在 Quartus Prime 软件中正确读取路径名
safe_path_msim.vhd	Hepler 函数,用于确保在 ModelSim 中正确读取路径的名字
<subsystem>_atb.do	用于将子系统自动测试平台加载到 ModelSim 中的脚本
<subsystem>_atb.wav.do	用于将子系统自动测试平台的信号加载到 ModelSim 中的脚本
<subsystem>/<block>/*.hex	用于设计中初始化 RAM 的文件,用于仿真或综合
<subsystem>.sdc	用于 TimeQuartus 支持的设计约束文件
<subsystem>.tcl	该脚本仅存在于包含 Device 块的子系统中。你可以使用该脚本来设置 Quartus Prime 工程
<subsystem>_hw.tcl	将所生成的硬件加载到 Platform Designer 的 Tcl 脚本

- Small Memory Minimum Fill(bits)选项。该阈值用于控制设计使用寄存器还是小型存储器(MLABs)来实现延迟线。DSP Builder 仅在填充了最少阈值位数的情况下使用小型存储器。对于不支持小型存储器的 FPGA 器件,DSP Builder 会忽略该阈值。
- Medium Memory Minimum fill(bits)选项。该阈值用于控制何时使用中型存储器(M9K,M10K 或 M20K)而不是小型存储器。DSP Builder 仅在填充了最少阈值位数

的情况下使用中型存储器。
- Large Memory Minimum fill（bits，default=never use large memory blocks）选项。该阈值用于控制设计是否使用大型存储器（M144K）而不是使用多个中型存储器。DSP Builder 仅在填充了至少阈值位数的情况下才会使用大容量存储器。默认情况下，禁止使用任何 M144K。对于不支持大型存储器的 FPGA 器件，DSP Builder 会忽略该值。
- Multiplier：Logic and DSP Threshold（default=always use hard multipliers）选项。指定要用于节省一个乘法器而想要使用的逻辑元素的数量。如果在逻辑中实现乘法器的成本不超过该阈值，则 DSP Builder 将在逻辑内实现乘法器。否则，DSP Builder 使用硬核乘法器。默认表示设计总是使用乘法器硬核。

② "Clock" 标签页中的参数设置。

单击 "Clock" 标签。如图 4.30 所示，在该标签页中，将 "Clock Frequency（MHz）" 设置为 10，表示时钟频率为 10MHz，这与前面设置的采样周期相对应。

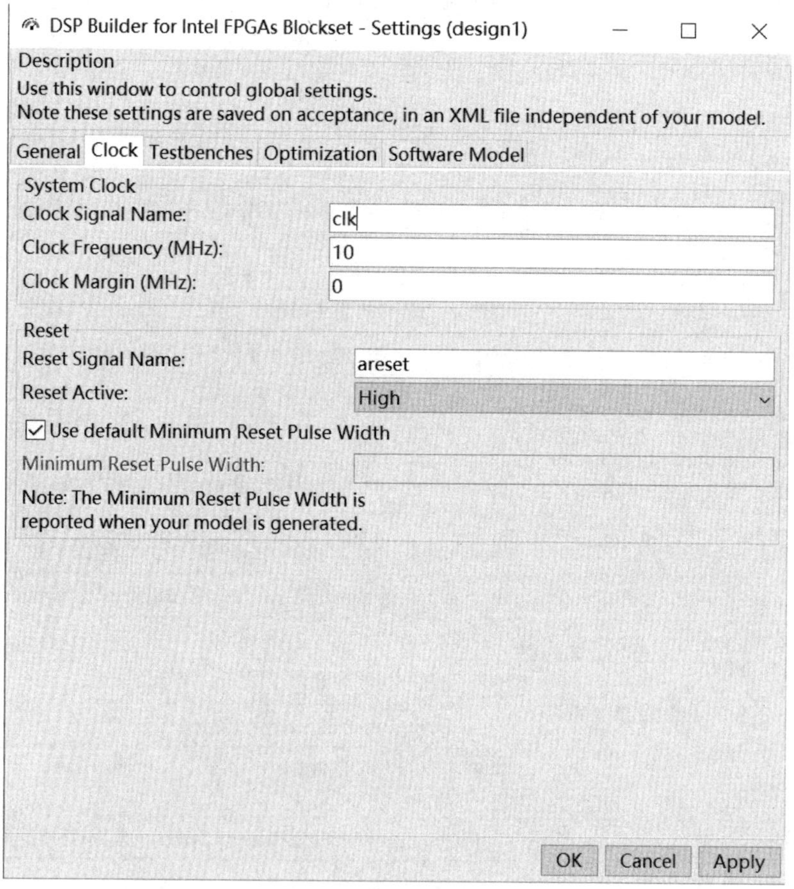

图 4.30 "Clock" 标签页

下面对该标签页中的参数含义进行简单说明。
- Clock Signal Name 选项。在_hw.tcl 文件中指定 DSP Builder 在 RTL 生成中所使用的系统时钟信号的名字，可以在 Platform Designer 中看到该名字。

第 4 章 Intel FPGA 数字信号处理工具

- Clock frequency（MHz）选项。为系统指定系统时钟的速率。
- Clock Margin（MHz）选项。指定在适配器中实现较高系统频率所需的裕量。指定的裕量不影响折叠（Folding）选项，因为系统以 Clock Frequency 参数设置指定的速率运行。当不想更改时钟速度和总线速度之间的比值，需要更积极地流水化设计时（或指定负时钟裕度以节省资源），请指定一个正的时钟裕度。
- Reset Active 选项。指定使用高电平还是低电平有效复位信号对生成的逻辑进行复位。
- Use default Minimum Reset Pulse Width 选项。使能该选项以输入最小复位值脉冲宽度。
- Minimum Reset Pulse Width 选项。输入目标硬件中复位信号的最小系统时钟周期数的值。该设置不会强迫设计在指定的周期数内正确地复位，特别是在应用复位最小化的时候。应该使用这个值（DSP Builder 在仿真测试平台中应用该值）对设计进行仿真，以确保设计有效。DSP Builder 的复位最小化使用更长的最小复位脉冲宽度消除控制路径上的寄存器。在复位周期内，在前面的寄存器上应用复位值，然后传播到后面的寄存器，不需要一个显式的复位。

③ "Testbenches" 标签页中的参数设置。

单击"Testbenches"标签。如图 4.31 所示，在该标签页下，勾选"Create Automatic Testbenches"前面的复选框，表示将生成自动测试平台，它将用于在 ModelSim 中对设计进行测试。

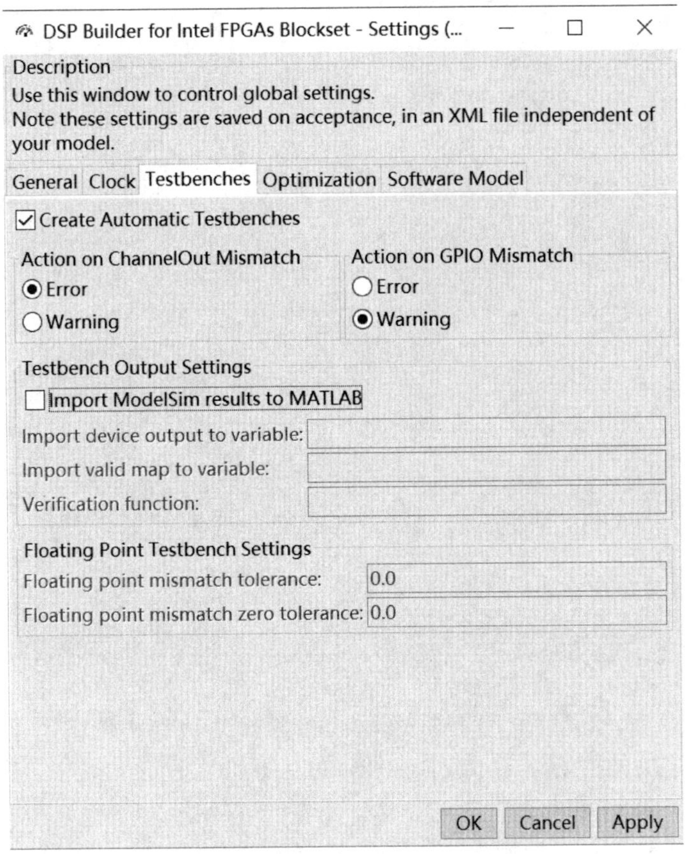

图 4.31 "Testbenches"标签页

下面对该标签页中的参数进行简要说明。
- Create Automatic Testbenches 选项。使能该选项生成额外的自动测试平台文件。这些文件捕获.stm 文件中每个块的输入和输出。DSP Builder 创建一个测试工具（_atb.vhd），该工具可以仿真生成的 RTL 和捕获的数据。DSP Builder 可生成一个脚本（<model>_atb.do），用于在 ModelSim 中对设计进行仿真，并确保 Simulink 模型与生成的 RTL 之间的位和周期精度。
- Action on ChannelOut Mismatch 选项。选择 Error 或 Warning。
- Action on GPIO Mismatch 选项。选择 Eroor 或 Warning。

④ "Optimization" 标签页中的参数设置。

单击 "Optimization" 标签，如图 4.32 所示。

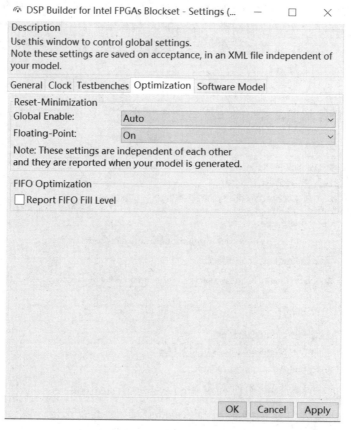

图 4.32 "Optimization" 标签页

下面对该标签页中的参数进行简要说明。

① Global Enable 选项，可选的参数有 Auto、On 或 Off。选择 On 时，将使能复位最小化。DSP Builder 也将本地设置应用于 SynthesisInfo 块。复位最小化适用于设计中包含 ChannelIn 和 ChannelOut 块的所有子系统。DSP Builder 不会将复位最小化应用于包含 GPIn 和 GPOut 块的子系统。

② Floating-Point 选项，可选的参数有 Auto、On 或 Off。选择 On 时，将复位最小化应用所有浮点运算符。当设计采用没有控制流的浮点运算符时，请使用该功能。

③ "Software Model" 标签页中参数设置。

单击 "Software Model" 标签,如图 4.33 所示。

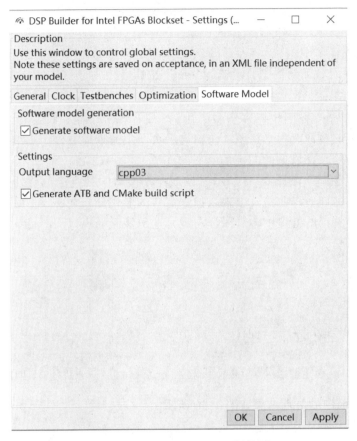

图 4.33 "Software Model" 标签页

DSP Builder 支持用于位精确仿真设计的 C++软件模型。

软件平台包含一个测试平台,它是一个可执行程序,用于检查软件模型的输出是否与 Simulink 仿真的输出匹配。生成的 CMake 脚本会创建工程和 makefile(取决于参数),可用于编译软件模型和测试平台。测试平台和 CMake 脚本允许你验证模型的功能。此外,你可以将测试平台用作将生成的模型集成到更大的系统级仿真中的起点。

在该标签页中,勾选 "Generate software model" 前面的复选框。默认,将 "Output language" 设置为 cpp03(C++ 2003 标准),并且勾选 "Generate ATB and CMake build script" 前面的复选框。

> **注**:(1) 必须保证在所有子系统中勾选 SynthesisInfo 块中 "Bit Accurate Simulation" 前面的复选框,否则 DSP Builder 不能生成完整的软件模型。
> (2) 将该文件保存在 E:\intel_dsp_example\example_4_1 路径中,并将该文件命名为 "design.mdl"。

4.2.8 信号处理模型的 Simulink 仿真

本小节将介绍如何在 Simulink 环境中对该信号处理模型进行仿真，主要步骤如下。

（1）在设计界面工具栏内的文本框中输入 0.0001，如图 4.34 所示，该数字表示仿真的时间长度为 1×10^{-5} s。

（2）在设计界面的工具栏下，单击 "Run" 按钮 ▶，则在 Simulink 环境下对该设计模型进行仿真。

（3）仿真结束后，单击图 4.24 中名字为 "Scope" 的元器件符号。

（4）弹出 Scope 页面。为了在该示波器显示页面中清晰地看到仿真结果，将设置仿真结果在该页面中的布局。在该页面的主菜单下，选择 View→Layout...。

（5）出现浮动窗口，如图 4.35 所示。在该浮动窗口中，直接滑动鼠标，使其选中图中的上下两个窗口。这样，将使仿真结果以独立窗口的形式分布在 Scope 页面中的上下两个窗口。然后在第二个选择的窗口中单击鼠标左键，退出该浮动窗口。

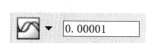

图 4.34　设置仿真时间

图 4.35　设置仿真结果的布局

（6）Scope 页面中的仿真结果如图 4.36 所示。

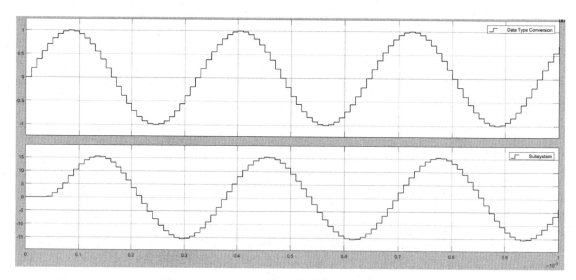

图 4.36　Scope 页面中的仿真结果（反色显示）

（7）退出 Scope 页面。

思考与练习 4-1：查看图 4.36 给出的仿真结果，说明所设计的数字信号处理仿真模型是否满足式（4.1）的要求。

（8）验证所生成的硬件（可选）。

① 在设计界面的主菜单中，选择 DSP Builder→Verify Design。

② 弹出"DSP Builder-Verification（design1）"对话框，如图 4.37 所示。在该对话框中，按如下设置参数。

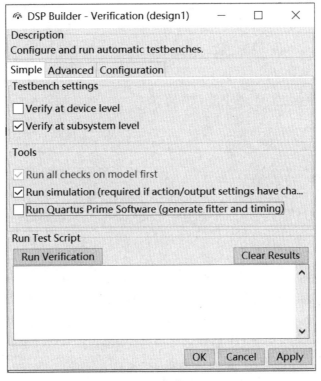

图 4.37 "DSP Builder-Verification（design1）"对话框

- 勾选"Verify at subsystem level"前面的复选框。
- 取消"Run Quartus Prime Software（generate filter and timing）"前面的复选框。

> **注**：如果勾选"Run Quartus Prime Software（generate filter and timing）"前面的复选框，则验证脚本还将在 Quartus Prime 软件中编译设计。MATLAB 将在"Verifying model"对话框中报告编译后资源使用情况的详细信息。

③ 单击"Run Verification"按钮。

④ 弹出"Verifying model"对话框，如图 4.38 所示。在该对话框中，MATLAB 验证 Simulink 仿真结果是否与 ModelSim 仿真器中生成的 HDL 仿真匹配。

⑤ 单击图 4.38 中的"×"按钮，退出"Verifying model"对话框。

⑥ 单击图 4.37 中的"OK"按钮，退出"DSP Builder-Verification（design1）"对话框。

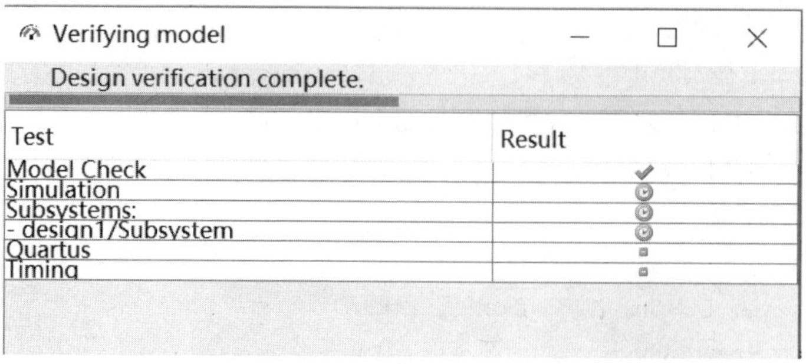

图 4.38 "Verifying model"对话框

4.2.9 信号处理模型的 ModelSim 仿真

ModelSim 仿真将完成的 Simulink 模型与硬件进行比较，该比较使用与自动测试平台相同的激励捕获和比较方法。

DSP Builder 在器件级输入上捕获激励文件，并在器件级输出上记录 Simulink 的输出数据。它创建一个 ModelSim 测试平台，其中包含为捕获的输入所馈送的设备生成的 HDL。它在 HDL 测试平台处理过程中将 Simulink 输出与 ModelSim 仿真输出进行比较，报告任何不匹配的情况，并停止 ModelSim 仿真。

信号处理模型 ModelSim 仿真的步骤主要如下。

（1）在设计界面的主菜单下，选择 Run ModelSim…→Device。

（2）启动 ModelSim-INTEL FPGA STARTER EDITION 10.6d 工具。

（3）在启动该工具的过程中，弹出"Create Project"对话框。在该对话框中，提示"A project of this name already exists. Do you want to overwrite it？"。

（4）单击"是（Y）"按钮，退出"Create Project"对话框。

（5）一直等到 ModelSim 中对模型的仿真结束为止。在 Wave-Default 窗口中给出了仿真的结果，如图 4.39 所示。

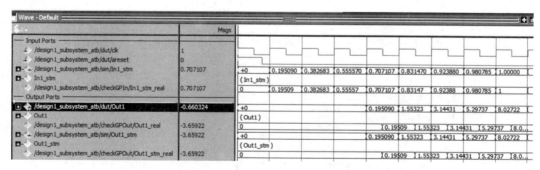

图 4.39 Wave-Default 窗口中的仿真结果（反色显示）

注：为了正确显示仿真结果，选择数据信号，单击鼠标右键，出现浮动菜单。在浮动菜单内，选择 Radix→float64，以双精度浮点数的形式显示仿真的数据结果。

（6）为了进一步更加直观地观察仿真结果，将显示形式由数字改为波形。在图 4.39

中，先选中名字为"/design1_subsystem_atb/sim/In1_stm"一行的信号，单击鼠标右键，出现浮动菜单。在浮动菜单内，选择Format→Analog(automatic)。

（7）类似地，在图4.39中，选中名字为"/design1_subsystem_atb/sim/Out1_stm"一行的信号，单击鼠标右键，出现浮动菜单。在浮动菜单内，选择Format→Analog(automatic)。

执行完步骤（6）和步骤（7）后的Wave-Default窗口中的仿真结果如图4.40所示。很明显，/design1_subsystem_atb/sim/In1_stm一行信号和/design1_subsystem_atb/sim/Out1_stm一行信号的显示并不正常。

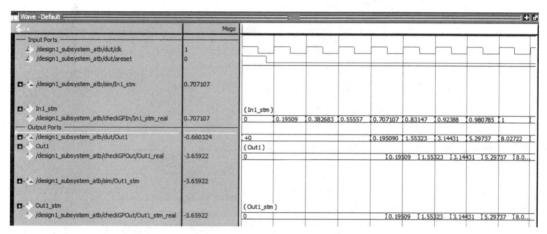

图4.40 执行完步骤（6）和步骤（7）后的Wave-Default窗口中的仿真结果（反色显示）

（8）重新选中名字为"/design1_subsystem_atb/sim/In1_stm"一行的信号，单击鼠标右键，出现浮动菜单。在浮动菜单内，选择Format→Analog(custom)。

（9）出现"Wave Analog"对话框，如图4.41所示。在该对话框中，按如下设置参数。

图4.41 "Wave Analog"对话框（1）

① Height：100（Pixels）。
② Format：Analog Step。

③ Data Range：Max：+1.0。
④ Data Range：Min：-1.0。

（10）单击"OK"按钮，退出"Wave Analog"对话框。

（11）重新选中名字为"/design1_subsystem_atb/sim/Out1_stm"一行的信号，单击鼠标右键，出现浮动菜单。在浮动菜单内，选择 Format→Analog(custom)。

（12）出现"Wave Analog"对话框，如图4.42所示。在该对话框中，按如下设置参数。

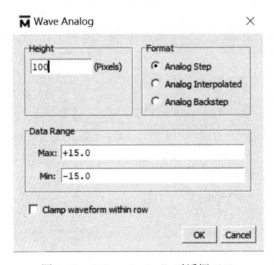

图4.42 "Wave Analog"对话框（2）

① Height：100（Pixels）。
② Format：Analog Step。
③ Data Range：Max：+15.0。
④ Data Range：Min：-15.0。

（13）单击"OK"按钮，退出"Wave Analog"对话框。

执行完步骤（8）~步骤（13）后的Wave-Default窗口中的仿真结果，如图4.43所示。很明显，ModelSim中的仿真结果与Simulink中的仿真结果一致。

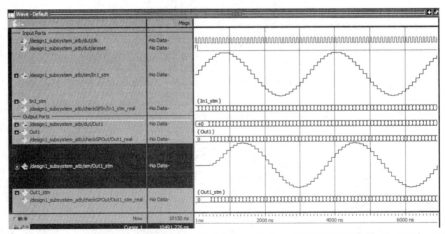

图4.43 执行完步骤（8）~步骤（13）后的Wave-Default窗口中的仿真结果（反色显示）

（14）退出 ModelSim-INTEL FPGA STARTER EDITION 10.6d 界面。

4.2.10　查看设计中所使用的资源

本小节将介绍如何在 DSP Builder 中查看设计所使用的资源，主要步骤如下。

（1）在设计界面的主菜单下，选择 Resource Usage...→Design。

（2）出现 DSP Builder-Resource Usage Report 界面，如图 4.44 所示。图中以列表的形式给出了每个块的类型（Type）、所使用的资源 LUT4s（查找表）、Mults（乘法器）、Memory bits（存储器位）、Memory blocks（存储器块），以及所对应的延迟（Latency）。例如，对于名字为“Add2”的块来说，使用的资源和性能如下。

① Type：BLOCKBOX。

② LUT4s：1562。

③ Mults：0。

④ Memory bits：0。

⑤ Memory blocks：0。

⑥ Latency：0。

（3）退出 DSP Builder-Resource Usage Report 界面。

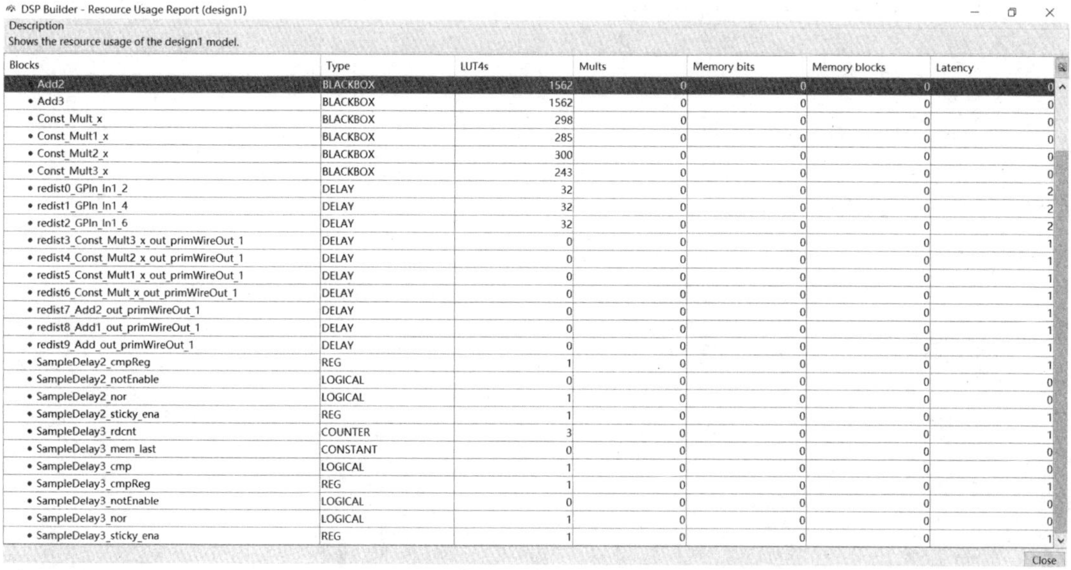

Blocks	Type	LUT4s	Mults	Memory bits	Memory blocks	Latency
Add2	BLACKBOX	1562	0	0	0	0
• Add3	BLACKBOX	1562	0	0	0	0
• Const_Mult_x	BLACKBOX	298	0	0	0	0
• Const_Mult1_x	BLACKBOX	285	0	0	0	0
• Const_Mult2_x	BLACKBOX	300	0	0	0	0
• Const_Mult3_x	BLACKBOX	243	0	0	0	0
• redist0_GPIn_In1_2	DELAY	32	0	0	0	2
• redist1_GPIn_In1_4	DELAY	32	0	0	0	2
• redist2_GPIn_In1_6	DELAY	32	0	0	0	2
• redist3_Const_Mult3_x_out_primWireOut_1	DELAY	0	0	0	0	1
• redist4_Const_Mult2_x_out_primWireOut_1	DELAY	0	0	0	0	1
• redist5_Const_Mult1_x_out_primWireOut_1	DELAY	0	0	0	0	1
• redist6_Const_Mult_x_out_primWireOut_1	DELAY	0	0	0	0	1
• redist7_Add2_out_primWireOut_1	DELAY	0	0	0	0	1
• redist8_Add1_out_primWireOut_1	DELAY	0	0	0	0	1
• redist9_Add_out_primWireOut_1	DELAY	0	0	0	0	1
• SampleDelay2_cmpReg	REG	1	0	0	0	1
• SampleDelay2_notEnable	LOGICAL	0	0	0	0	0
• SampleDelay2_nor	LOGICAL	1	0	0	0	0
• SampleDelay2_sticky_ena	REG	1	0	0	0	1
• SampleDelay3_rdcnt	COUNTER	3	0	0	0	1
• SampleDelay3_mem_last	CONSTANT	0	0	0	0	0
• SampleDelay3_cmp	LOGICAL	1	0	0	0	0
• SampleDelay3_cmpReg	REG	1	0	0	0	1
• SampleDelay3_notEnable	LOGICAL	0	0	0	0	0
• SampleDelay3_nor	LOGICAL	1	0	0	0	0
• SampleDelay3_sticky_ena	REG	1	0	0	0	1

图 4.44　DSP Builder-Resource Usage Report 界面

4.2.11　打开 Quartus Prime 设计工程

当你将设计添加到 Quartus Prime 工程时，DSP Builder 在包含 .mdl 文件的设计目录中将创建一个 Quartus Prime 工程。

Quartus Prime 工程文件（Quartus Prime project file，.qpf）、Quartus Prime 设置文件（Quartus Prime settings file，.qsf）和 Quartus Prime IP 文件（Quartus Prime IP file，.qip）的名字与设计中包含 Device 模块的子系统的名字相同。例如，在该设计中，DSP Builder 为

design1 模型中名字为"Subsystem"的子系统设计创建文件 design1_Subsystem.qpf、design1_Subsystem.qsf 和 design1_Subsystem.qip，这些文件包含对 Control 块指定硬件目标目录中文件的所有引用。当运行一个 Simulink 仿真时，DSP Builder 会生成这些文件。该工程会自动被加载到 Quartus Prime 软件中。

当编译设计时，工程将在硬件目标目录中使用 .tcl 脚本进行编译。

.qip 文件引用了项目所需的所有文件，使用 Quartus Prime 软件中的 Archive Project 命令来使用该文件，从而归档项目。

本小节将介绍如何在 Quartus Prime Pro 集成开发环境中打开在 DSP Builder 中所生成的 Quartus Prime 工程，主要步骤如下。

（1）在设计界面的主菜单下，选择 DSP Builder→Run Quartus Prime Software。
（2）自动启动 Quartus Prime Pro Edition 集成开发环境。

思考与练习 4-2：在 Quartus Prime Pro Edition 集成开发环境中，对该设计执行 Analysis & Synthesis 过程，然后在 RTL Viewer 界面中查看生成的 RTL 网表结构。

4.2.12　C++软件模型验证设计

在前面对信号处理模型执行 Simulink 仿真时，创建一个名字为"cmodel"的子目录（该子目录位于 E:\intel_dsp_example\rtl\design1 路径下），该子目录中保存着下面的文件：

（1）csl.h 头文件，其中包含用于生成模型的工具函数和实现详细信息。
（2）[model/subsystem name]_CModel(.h/.cpp) 文件对，用于每个子系统和器件级系统。
（3）[model/subsystem name]_atb.cpp 文件，包含用于模型的器件级测试平台。
（4）CMakeFiles.txt/CMakeLists.txt 文件，包含用于构建 ATB 可执行文件和模型文件的 CMake 建立脚本。CMakeFiles.txt 文件如代码清单 4-1 所示。

代码清单 4-1　CMakeFiles.txt 文件

```
cmake_minimum_required (VERSION 2.11)
project (design1_Subsystem_CModel_atb)
set (design1_Subsystem_CModel_atb 1)
set (design1_Subsystem_CModel_atb 0)

# set by user as a hint
set (MPIR_INC_PATH "" CACHE PATH "MPIR include path (hint)")
set (MPIR_LIB_PATH "" CACHE PATH "MPIR library path (hint)")
set (MPFR_INC_PATH "" CACHE PATH "MPFR include path (hint)")
set (MPFR_LIB_PATH "" CACHE PATH "MPFR library path (hint)")

option(USE_MPIR "Include and link against the MPIR library for models that require arbitrary precision" ON)
option(USE_MPFR "Include and link against the MPFR library for models that require arbitrary precision floating point" OFF)
```

```
include("CMakeFiles.txt")

add_executable(design1_Subsystem_CModel_atb ${cmodel_SRC})
add_definitions(-D_CRT_SECURE_NO_WARNINGS)
if (MSVC)
else()
    set(CMAKE_CXX_FLAGS_RELEASE "-O1 -DNDEBUG")
endif()

if(USE_MPIR)
    add_definitions(-DCSL_USE_MPIR)
    find_path(MPIR_INC
        NAMES mpir.h
        HINTS ${MPIR_INC_PATH}
    )
    find_library(MPIR_LIB
        NAMES mpir psg_mpir
        HINTS ${MPIR_LIB_PATH}
    )

    target_include_directories(design1_Subsystem_CModel_atb PUBLIC ${MPIR_INC})
    target_link_libraries(design1_Subsystem_CModel_atb PUBLIC ${MPIR_LIB})
endif(USE_MPIR)

if(USE_MPFR)
    add_definitions(-DCSL_USE_MPFR)
    find_path(MPFR_INC
        NAMES mpfr.h
        HINTS ${MPFR_INC_PATH}
    )
    find_library(MPFR_LIB
        NAMES mpfr psg_mpfr
        HINTS ${MPFR_LIB_PATH}
    )
    target_include_directories(design1_Subsystem_CModel_atb PUBLIC ${MPFR_INC})
    target_link_libraries(design1_Subsystem_CModel_atb PUBLIC ${MPFR_LIB})
endif(USE_MPFR)

install(TARGETS design1_Subsystem_CModel_atb DESTINATION bin)
```

注：(1) 在执行 C 模型仿真前，需要预先安装 Visual Studio 2017 专业版软件。

(2) 如果生成模型的类型大于 64 位，请将 MPIR_INC_PATH、MPIR_LIB_PATH、MPFR_INC_PATH、MPFR_LIB_PATH 选项设置为 mpfr 或 mpir 库编译所需要的 include 和库目录。读者可以在 cmodel 目录中找到并打开 CMakeLists.txt 文件来修改这几个选项的设置。

> （3）编译说明和预编译的二进制文件位于 mpfr 或 mpir 网站上，即 https://www.mpfr.org 和 http://mpir.org/。

C++软件模型验证设计的步骤如下。

（1）使用 CMakeLists.txt 生成工程或 makefile。

① 在 Windows 10 操作系统桌面的左下角选择开始→Visual Studio 2017→适用于 VS 2017 的 x64 本机工具…。

② 出现适用于 VS 2017 的 x64 本机工具命令提示界面。在该界面中，将路径切换到当前的 cmodel 子目录，对于该设计，其完整的路径是 E:\intel_dsp_example\rtl\design1\cmodel。

③ 在命令行提示符后面键入下面的命令：

> cmake -G "Visual Studio 15 2017 Win64"

（2）在 Windows 中，打开所生成的 solution 文件，并且运行编译。编译完成后，DSP Builder 将创建一个与所生成测试平台相同的名字 design1_Subsystem_CModel_atb.exe。

（3）使用 cmodel 目录作为工作目录运行.exe，以便生成的激励文件路径正确。如果仿真成功，则可执行文件向 stdout 产生下面的输出：

> Opening stimulus files…
> Simulating…
> Success! Stimulation matches output stimulus results.

思考与练习4-3：请参阅测试平台，以了解如何将生成的模型集成到一个现有系统中。子系统包含代表其输入和输出的结构体（Struct）这些结构体具有一个生成的构造函数，该构造函数从测试平台的激励文件中读取值。当集成模型时，通过在结构体上手工设置输入和输出值来替换激励文件构造函数，然后再使用它们通过 read()、write() 或 execute() 函数驱动模型。

4.3 信号处理模型的硬件验证

信号处理模型的硬件验证的步骤如下。

（1）使用片上 RAM 在被测器件（Device Under Test，DUT）周围建立验证结构。如果设计通过片外 RAM 接口读取和保存数据，则设计不需要其他验证结构。

① 添加缓冲区为 DUT 输入和逻辑加载测试向量，以使用该数据驱动 DUT 输入。

② 添加缓冲区以保存 DUT 结果。

- 从 Interface 库中使用一个 SharedMem 块来实现缓冲区。DSP Builder 会自动生成这些块所需的处理器接口，以加载和读取来自 MATLAB（使用 MATLAB API）的缓冲区。
- 使用来自 Primitive 库的 Counter 块或定制逻辑来实现测试缓冲区与 DUT 输入和输出之间的连接。
- 考虑使用来自 Interface 库的 RegField、RegBit 和 RegOut 块来控制系统，并轮询来自 MATLAB 的结果。DSP Builder 为这些块自动生成处理器接口。

(2) 在 Platform Designer 中组装高级系统。

(3) 使用合适的 Platform Designer 库块来添加调试接口和数据存储。

① 添加 PLL 以生成具有所需频率的时钟。如果在生成 DSP Builder 设计时带有 "Use separate bus clock" 选项,则可以使用单独的时钟用于处理器接口时钟和 DSP Builder 设计的系统时钟。

② 添加调试主设备（JTAG/USB）。所有存储器映射的读和写请求都通过这个 IP 核。将其连接到 DSPBA 处理器接口（Avalon MM Slave）和需要从主设备访问的任何其他 IP。

③ 添加带有源（Source）和终端（Sink）缓冲区的 DSP Builder 顶层设计。

④ 如果组装的系统具有连接到片外存储器的 DSP Builder 设计,则将适当的模块添加到 Platform Designer 系统中,然后将其连接到 DSP Builder 块接口（Avalon-MM master）。同样,将调试主设备连接到片外 RAM,这样主设备能访问它。

(4) 创建一个 Quartus Prime 工程。

(5) 将高层次 Platform Designer 系统添加到顶层模块,并连接所有的外部端口。

(6) 提供端口位置约束。

如果使用片上 RAM 用于测试和基于 JTAG 的调试接口,则主要需要设置时钟和复位端口。如果使用片外 RAM 用于数据存储,请提供更复杂的端口分配。根据特定的设计和使用的外部接口,可能需要其他分配。

(7) 提供时序约束。

最后,编译设计并将其加载到 FPGA 中。

4.3.1 硬件验证

DSP Builder 提供了用于直接从 MATLAB 访问 FPGA 的接口,该接口允许使用 MATLAB 数据结构为 FPGA 提供激励,并从 FPGA 读取结果。

该接口提供了使用系统控制台系统调试工具对运行在 FPGA 上的设计进行存储器映射的读和写访问。

1) 用于 SystemConsole 类的方法

如表 4.5 所示,将这些方法称为 SystemConsole.<method_name>[arguments]。使用这些方法扫描并建立主设备到 FPGA 的连接。

表 4.5 用于 SystemConsole 类的方法

方 法	描 述
executeTcl(script)	执行在 SystemConsole 中通过<script>字符串指定的 Tcl 脚本
designLoad(path)	将通过<path>参数指定的设计文件（.sof）加载到 FPGA
refreshMasters	检测并列出所有可用的主设备连接
openMaster(index)	常见并将主连接返回到指定的主链接。<index>从 refreshMasters 函数返回的列表中指定连接的索引（从 1 开始）。例如,M=SystemConsole.openMaster(1)

2) 用于 Master 类的方法

如表 4.6 所示,通过主连接读取和写入。由 SystemConsole.openMaster（index）方法返回的主对象上调用这些方法。

表 4.6 用于 Master 类的方法

方法	描述
close( )	关闭与主对象关联的连接。注：完成当前主连接的使用时，总是调用此方法
setTimeOutValue(timeout)	使用该方法可以覆盖用于主连接对象的默认 60s 超时值。指定的 <timeout> 值，以 s 为单位
read(type,address,size [,timeout])	返回从 FPGA 存储器开始地址 <address> 读取的类型为 <type>，数量为 <size> 的列表。例如，data=masterObj.read('single',1024,10)，表示读取从起始地址为 1024，随后 10 个 4 字节（总共 40 个字节）的值，并将结果以 10 个 "single" 类型值的列表返回
write(type,address,data [,timeout])	将数据 <data>（类型为 <type> 的值的列表）写到从地址 <address> 开始的存储器中。例如：masterObj.write('uint16',1024,1:10)，表示将值 1 到 10 写到存储器起始地址 1024 开始的位置，其中每个值在存储器中占用 2 个字节（总计写入 20 个字节）

read(type,address,size [,timeout]) 的参数含义如表 4.7 所示。

表 4.7 read(type,address,size [,timeout]) 的参数含义

参数	描述
<type>	返回数组中每个元素的类型。 ① 1 个字节：char、uint8、int8 ② 2 个字节：uint16、int16 ③ 4 个字节：uint32、int32、single ④ 8 个字节：uint64、int64、double
<address>	用于读取操作的开始地址。你可以将其指定为一个十六进制的字符串。注：地址应该指定为一个字节地址
<size>	要读取 <type> 的个数（type 根据值指定 1、2、4 或 8 个字节）
<timeout>	一个可选参数，仅覆盖该操作默认的超时值

write(type,address,data [,timeout]) 的参数含义如表 4.8 所示。

表 4.8 write(type,address,data [,timeout]) 的参数含义

参数	描述
<type>	在指定的 <data> 中每个元素的类型。每种类型指定 1/2/4/8 个字节： ① 1 个字节：char、uint8、int8 ② 2 个字节：uint16、int16 ③ 4 个字节：uint32、int32、single ④ 8 个字节：uint64、int64、double
<address>	用于写入操作的开始地址。你可以将其指定为一个十六进制的字符串。注：地址应该指定为一个字节地址
<data>	要写入存储器的数组或单个元素数据
<timeout>	一个可选参数，仅覆盖该操作默认的超时值

4.3.2 使用环路系统的硬件验证

Intel 提供了环路系统流程用于硬件验证。其中，环路系统：

（1）根据你的配置自动生成用于 DSP Builder 的硬件验证系统。
（2）提供基于向导的界面来配置、生成和运行 HW 验证系统。
（3）提供两种独立的模式。

① Run Test Vectors（运行测试向量）。以大块加载和运行测试向量（基于目标验证平台上的测试存储器的大小）。

② Data Sample Stepping（数据采样步进）。一次加载一组采样，同时通过 Simulink 仿真步进。数据采样步进生成原始模型的副本，并用特殊块代替 DSP Builder 模块，该模块提供与 FPGA 的连接以处理数据。

1. 准备 DSP Builder 环路系统

准备 DSP Builder 环路系统的主要步骤如下。
（1）确保已经完整安装了针对 OpenCL SDK 的 Intel FPGA。
（2）确保 ALTERAOCLSDKROOT 变量指向安装根目录，如 D:\intelFPGA_pro\19.1。
（3）对于 Windows 操作系统，如果要使用数据样本步进，请将以下后缀添加到 PATH 环境变量中：

<YOUR_OPEN_CL_INSTALLATION_ROOT> / host / windows64 /bin
<YOUR_DSPBA_INSTALLATION_ROOT> / backend / windows64

例如：

D:\intelFPGA_pro\19.4\aclrte-windows64\host\windows64\bin
D:\intelFPGA_pro\19.4\quartus\dspba\backend\windows64

2. 环路系统支持的块

环路系统仅支持 DSP Builder 器件级模块。块接口可能具有复数和向量类型的端口。

所有模块的输入和输出端口应通过单个 DSP Builder 的 ChannelIn 或 ChannelOut 接口，或者连接到单个 IP 模块。块可能包含存储器映射的寄存器和存储器块（可通过自动生成的 Avalon-MM 从接口访问）。环遵守下面的限制：

（1）设计应该为系统和总线接口使用相同的时钟。设计不支持单独的时钟。
（2）对于自动生成的 Avalon MM 从设备接口，请使用名字 bus。
（3）设计不支持 DSP Builder 块接口的任何其他组合，包括 Avalon-MM 主设备接口。

块输入和输出端口的总位宽不要超过 512 比特位（不包括 valid 信号）。

使用数据采样步进运行硬件验证时，每个仿真步长将加载一组新的测试数据给 FPGA（如果数据集是有效的），这为在硬件上运行的 DSP Builder 块的两个连续周期之间提供了较大的时间间隔，如果 DSP Builder 块实现不能处理这种间隔，环路系统仿真的结果可能不正确。

3. 构建基于 JTAG 的定制板支持包

本部分将介绍如何基于 JTAG 定制板支持包。

1) 为其他器件系列构建板支持包

(1) 定位到

D:\intelFPGA_pro\19.4\hld\board\custom_platform_toolkit\board_package\hardware\template\scripts 安装路径（本书中将 Quartus Prime Pro 安装在 D:\intelFPGA_pro 目录下）。

(2) 打开 post_flow.tcl 文件，将该文件中的下面一行注释掉：

> source $::env(INTELFPGAOCLSDKROOT)/ip/board/bsp/adjust_plls.tcl

(3) 在 Platform Designer 中打开 board.qsys 文件。

① 去掉 kernel_clk_generator 实例。
② 添加带有一个输出时钟的 Intel PLL 实例，设置参考时钟频率。
③ 使用 kernel_pll_refclk 名字导出 refclk 时钟输入接口。
④ 将 outclk0 连接到 kernel_clk_generator.kernel_clk 输出的初始源。
⑤ 将 global_rest_in.out_reset 输出连接到 PLL 实例的复位输入。
⑥ 设置生成的时钟频率。

注：设计必须满足该时钟域上的时序。Intel 建议你使用较低的目标频率。

2) 在环路系统向导中发布包

在环路系统向导中发布包的步骤主要如下。

(1) 在复制 dspba_sil_jtag 目录的目录中创建一个名字为"boardinfos.xml"的文件，如代码清单 4-2 所示。

代码清单 4-2　boardinfos.xml 文件

```xml
<?xml version="1.0" encoding="utf-8" ?>
<bsps xmlns:xsi="http://www.w3.org/2001/XMLSchema-instance"
   xsi:noNamespaceSchemaLocation="boardinfos.xsd">

<!-- Example explained

   NOTE: In order for the custom board to be picked by SIL Wizard, Please assign
   DSPBA_SIL_BOARD_ROOT=<directory_where_this_file_is_located>

   name               -Display name for the board package
   directory          -Directory for the BSP relative to DSPBA_SIL_BOARD_ROOT
   variant            -The name of the actual board inside <directory>/hardware
   type               -Always set to 'custom'
   template           -Specify which board package has been used as template for the custom board
   device.family      -Device family for the specified concrete board
   device.name        -The name of the actual device againts which the package should be compiled
   device.id          -Id of the device in case this is not a single device in the board
   debugInterface.type -The type of the communication media.
                       choices: JTAG, PCIe
```

```
            dataStorage.size
            dataStorage.unit              -Specify the size of test data storage

            NOTE: For 14.1, always set dataStorage.modifyable=0
—→

       <bsp name="C10-EDP-1"
            directory="D:\intelFPGA_pro\19.4\quartus\dspba\Examples\SILTemplates\Runner\Windows64/dspba_sil_jtag"
            variant="jtag_myboard"
            type="custom"
            template="dspba_sil_jtag">

            <device family="Cyclone10 GX" name="10CX085YU484E6G" id="1"/>

            <debugInterface type="Jtag"/>

            <dataStorage type="On-Chip RAM" modifyable="0" Size="256" sizeUnit="KB"/>
       </bsp>

   </bsps>
```

> 注：① dspba_sil_jtag 目录位于 D:\intelFPGA_pro\19.4\quartus\dspba\Examples\SILTemplates\Runner\Windows64 路径下。
> ② C10-EDP-1 为作者为本书配套设计的硬件开发平台，该硬件开发平台上搭载了一颗 Intel 公司 Cyclone 10 GX 系列的 FPGA 器件，器件的具体型号为 10CX085YU484E6G。
> ③ 将 boardinfos.xml 文件放置在 D:\intelFPGA_pro\19.4\quartus\dspba\Examples\SILTemplates\Runner\Windows64 路径下。

（2）在启动 MATLAB 之前，设置 DSPBA_SIL_BSP_ROOT 变量使其指向该文件和定制板所在的目录，即 D:\intelFPGA_pro\19.4\quartus\dspba\Examples\SILTemplates\Runner\Windows64。

3）环路系统第三方板支持包

环路系统支持下面的第三方板支持包用于 OpenCL，包括：

（1）Bittware。
（2）Nallatech。
（3）ProcV。

默认这些文件在环路系统向导中不可用。当你安装这些板后，将板支持包发布到环路系统中即可。

boardinfos.xml 文件中的模板值如表 4.9 所示。

表 4.9　boardinfos.xml 文件中的模板值

板 支 持 包	Template 域的值
Bittware	bittware_s5png
Nallatech	nallatech_pcie3x5
Gidel ProcV	gidel_procev
Custom packages based on dspa_sil_jtag	dspba_sil_jtag
Custom packages based on dspba_sil_pci	dspba_sil_pcie

4. 运行环路系统

本部分将介绍运行环路系统的方法，主要步骤如下。

（1）定位到 E:\intel_dsp_example\example_4_3 路径，用 DSP Builder 打开名字为"design3.mdl"的设计模型，如图 4.45 所示，并对该设计执行仿真。在该设计中，Subsystem 子系统的内部结构如图 4.46 所示。

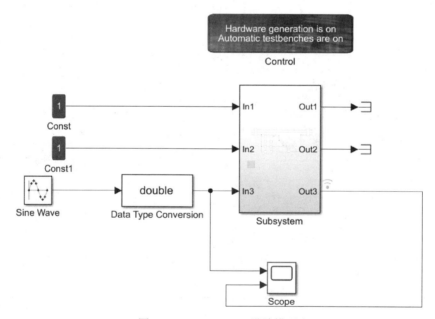

图 4.45　design3.mdl 设计模型

（2）选中图 4.45 中名字为"Subsystem"的子系统符号，然后在设计界面的主菜单中选择 DSP Builder→New SIL Wizard。

（3）弹出"DSP Builder-System In the Loop（SIL）Wizard"对话框。在该对话框中，提供了"Parameters"标签页和"Run"标签页，如图 4.47 所示。从图中可知，在 boardinfos.xml 文件中的参数设置体现在该对话框中。

第 4 章 Intel FPGA 数字信号处理工具

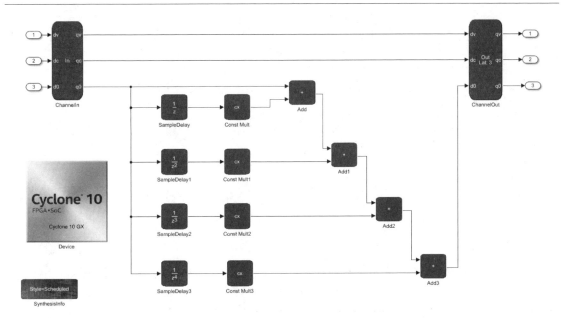

图 4.46　Subsystem 子系统的内部结构

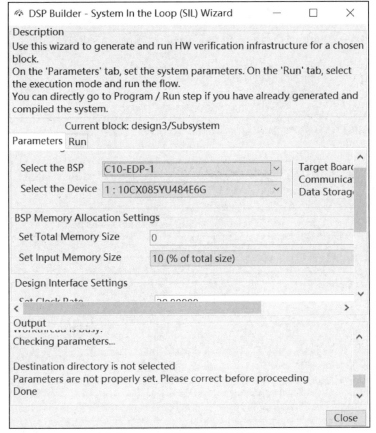

(a)"Parameters"标签页（只显示部分选项）

图 4.47　"DSP Builder-System In the Loop（SIL）Wizard"对话框

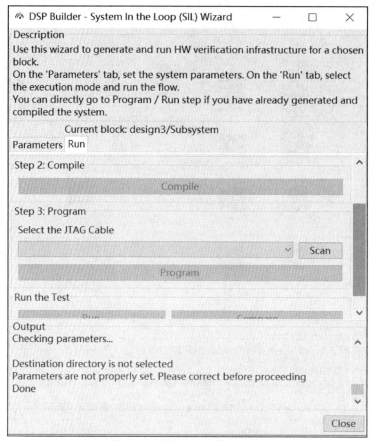

(b)"Run"标签页(只显示部分选项)

图 4.47 "DSP Builder-System In the Loop(SIL)Wizard"对话框(续)

"Parameters"标签页中全部选项的含义如表 4.10 所示。"Run"标签页中全部选项的含义如表 4.11 所示。

表 4.10 "Parameter"标签页中全部选项的含义

字 段	选 项	描 述
BSP Settings	BSP	选择将要运行硬件测试的目标 BSP
	Device	在所选板子上使用的 Intel FPGA 器件
BSP Memory Allocation	Total Memory Size	指定所使用测试存储器总的大小(容量)
	Input Memory Size	指定用于保存输入测试数据的存储器容量(来自 Total Memory Size)。剩余的存储器用于保存输出数据。由于存储器的限制,你可能需要多次迭代才能加载和处理所有输入的测试向量
Design Interface	Clock Rate	指定与 DSP Builder 块设置文件相同的值
	Sample Rate	指定与 DSP Builder 块设置文件相同的值
	Number of Channels	DSP Builder 模块的通道数。指定与 DSP Builder 设置文件相同的值

第4章 Intel FPGA 数字信号处理工具

续表

字　段	选　项	描　述
Design Interface	Frame Size	该值代表你应该提供给 DSP Builder 块有效数据采样的个数，而两者之间没有时间间隔。 如果该值大于 1，则向导将在测试数据提供者和 DSP Builder 块之间插入一个特定的块。仅当指定个数的数据已经可用时，该块才允许将数据传输到 DSP Builder 块。 这种设计的一个例子就是折叠式多通道设计
—	Destination Directory	指定 DSP Builder 应该生成环路系统相关文件的目录

表 4.11　"Run" 标签页中全部选项的含义

设　置	描　述
Select SIL Flow	选择要使用的环路系统流程。选项包括： ① Run Test Vectors（运行测试向量）。通过硬件验证系统运行所有测试向量。测试向量基于在 Simulink 仿真期间记录在 DSP Builder .stm 文件中的仿真数据。 ② Step Through Simulation（步进仿真）。当仿真来自 Simulink 的一个设计时，允许处理每个不同有效的输入数据集。向导会在 SIL 目标目录中生成一个单独的模型 <model_name>_SIL，你应该使用该模型用于硬件验证。原始的 DSP Builder 器件级块已替换为与 FPGA 通信的特定模块。 在你可以仿真该模型之前，你应该将其更改为 SIL 目标目录。 如果你更改流程，应重新生成系统并将其重新编译到新的目标目录中
Generate	为硬件验证平台生成基础结构、文件和块
Compile	在 Quartus Prime 软件中编译整个硬件验证系统，以生成配置文件。 允许该步骤至少使用 10~15min 来运行（大型 DSP Builder 设计需要更多时间）。在此期间，MATLAB 输入接口不可用
Select JTAG Cable	单击 "Scan" 按钮，扫描可用于编程电路板的 JTAG 连接。从发现的列表中选择所需要的 JTAG 电缆
Program	通过所选择的 JTAG 电缆对电路板编程。 如果你有一个没有改变流程参数的预先生成的设计，并且在被测试的 DSP Builder 设计中，则直接转到该步骤
Run	在硬件上运行测试。仅用在 Run Test Vectors。 硬件测试自动检测和执行由 DSP Builder 自动生成的 Avalon-MM 从设备接口上的写请求。该向导无法通过硬件上的 Avalon-MM 从设备接口和 DSP Builder 数据接口保持与仿真期间完全相同的写请求传输顺序。因此，你可能会在发出写请求的点看到几组输出采样的数据不匹配
Compare	将硬件验证结果和仿真输出进行比较。仅用在 Run Test Vector。 该向导仅比较有效的输出采样
Simulate <original_model>_SIL System	在仿真的过程中，FPGA 代理块代替了环路系统的原始 DSP Builder 设计： ① 每次更新输入时，如果 valid 输入为高，它将数据加载到 DSP Builder。 ② 每次请求输出时，如果输出存储器包含有效的采样，它将使用从硬件读取的数据填充输出。 仅用于 Step through simulation。 由于 FPGA 代理仅使用有效采样更新其输出，因此你会在输出上看到相同的结果，直到硬件有一组新的有效数据为止。该行为可能与仿真结果不同。在仿真结果中，每个仿真周期都会使用可用的值填充输出

4.4 包含处理器总线接口的模型设计

DSP Builder 设计可以与处理器总线接口。你可以在设计中拖放任何寄存器，而无须手工创建地址译码逻辑和存储器映射开关阵列生成。

4.4.1 在 DSP Builder 设计中分配基地址

你可以在你的设计中添加或删除 IP 或 Primitive 库控制寄存器字段和存储器。
（1）记录连接到 Avalon-MM 接口模块的基地址。
（2）在你的设计中从地址 0 或者其他任意整数开始。基地址是相对地址，并表示为一个整数。
（3）注意设计中模块的相对基地址。
（4）在 Control 块中指定总线宽度，从而管理基地址。
（5）对于 IP 设计，请考虑每个 IP 核所需寄存器的个数，以及每个寄存器所需要字的个数。
（6）对于原语子系统，独立对待寄存器。
（7）确保在一个原语子系统中每个 IP 库块和寄存器或存储器都有唯一的基地址。

4.4.2 添加 DSP Builder 设计到 Platform Designer 系统

你可以将 DSP Builder 设计与具有 Avalon Streaming（Avalon-ST）接口的其他 Platform Designer 元器件一起使用。在 Platform Designer 中设计系统，在其中可以连接 Avalon-ST 接口。硬件 Tcl(_hw.tcl) 文件描述了接口。

DSP Builder 设计的输出是下游元器件 Avalon-ST 数据的源，它提供数据，并接收一个来自下游元器件的布尔标志，该标志表示下游块准备好接收数据。

DSP Builder 设计的输入是上游元器件 Avalon-ST 数据的接收器，它接收数据，并为上游元器件提供布尔标志输出，这表明 DSP Builder 元器件已经准备好接收数据。

（1）在 Control 块中勾选 "Hardware Generation" 前面的复选框，以仿真你的设计。DSP Builder 为包含 Device 块的子系统生成一个<model>_hw.tcl 文件，该文件标记了设计中可综合部分的边界，并忽略了测试平台块。
（2）IP 搜索路径中添加包含<model>_hw.tcl 的目录，将可综合模型添加到 Platform Designer。
（3）在 "Platform Designer" 对话框的 IP 搜索路径中添加包含生成硬件的目录，将 DSP Builder 元器件添加到 Platform Designer。
（4）定义 Avalon-ST 接口，以构建 Platform Designer 可以连接在一起的系统元器件。
（5）注册贯穿 DSP Builder 设计中的所有路径，以避免代数循环。
（6）生成 Platform Designer 系统。
（7）在输出（如果在输入也需要）添加 FIFO 缓冲区，以支持构建被压的设计，并为在器件级上生成的 hw.tcl 文件将收集的信号声明为 Avalon-ST 接口。

这些块不强制 Avalon-ST 行为，它们将常见的 Avalon-ST 信号封装到一个接口中。

修改 Avalon-ST 块以添加更多的端口，添加自定义的文本或扩展块。

（1）通过 Look under mask 查看 DSP Builder Avalon-ST 块屏蔽的子系统的实现。

（2）通过断开链接并添加 hw.tcl 文件声明的其他端口来进一步扩展定义，或者将 DSP Builder 编写的未经评估的文本直接添加到 hw.tcl 文件的接口声明中。

> **注**：当编辑 mask 时，不要编辑它的类型，因为 DSP Builder 使用它来标识定义接口的子系统。

（3）以与现有信号相同的方式在内部连接这些端口，将更多端口添加到 Avalon ST 模块。例如，使用 FIFO 缓冲区。

（4）如果你添加了连接到器件级端口的输入和输出端口，请使用端口在 Avalon-ST 接口中扮演的角色来标记这些端口。例如，你可能需要添加 error 和 empty 端口。

（5）在描述字段添加定制文本。

你在 DSP Builder 屏蔽子系统的描述字段写入的任何文本都会在接口标准参数之后和端口声明之前立即写入 hw.tcl 文件，而不会进行任何评估。确保正确添加任何额外文本。

你可以将 Avalon 流接口块放在不同的层次结构中。然而，请勿在接口和器件级端口之间放置 Simulink、IP 或原语库块。

Avalon 流接口规范只允许每个接口一个数据端口。因此，你可能不会添加其他端口，甚至可能无法通过接口和设备级端口（创建多个数据端口）使用向量。

要通过单个 Avalon 流接口处理多个数据端口，需要将它们打包在一起成为单个（不是向量或总线）信号，然后在接口的另一侧解压缩。对于数据信号的最大宽度，请参考 Avalon 接口规范。

使用 BitCombine 和 BitExtract 块实现打包和解压缩功能。

4.4.3 使用处理器更新寄存器

你可以使用诸如 Nios II 软核处理器或 Arm Cortex-M0/M3 软核处理器之类的处理器来读取或修改控制寄存器，或者更新 DSP Builder 设计中的存储器内容。

（1）确定分配给 DSP Builder 设计的 Platform Designer 基地址。将片上可编程系统（System On Programmable Chip, SOPC）库信息加载到 Nios II 工程中之后，还可以在 Nios II 工程中的 system.h 文件中找到基地址信息。

（2）在你的 DSP Builder advanced blockset 设计中确定感兴趣的 IP 块的基地址，它是为步骤（1）分配给 DSP Builder advanced blockset 模型的基地址加上在 IP 块或设置脚本中指定的地址偏移量。你可以通过鼠标右键单击 IP 块，出现浮动菜单。在浮动菜单内，选择 Help 来识别地址偏移。

（3）确定 DSP Builder advanced blockset 设计中感兴趣的寄存器的基地址，它是分配给你在步骤（1）中标识的 DSP Builder advanced blockset 模型的基地址加上在寄存器或设置脚本中指定的地址偏移量。

① 识别在 <design_name>_mmap.h 文件中的地址偏移，它是 DSP Builder 随每个设计生成的文件。

② 通过鼠标右键单击寄存器，出现浮动菜单。在浮动菜单内，选择 Help 来识别地址偏

移量。

(4) 当标识基地址时，使用 IOWR 和 IORD 命令来读写寄存器和存储器。例如：

IOWR(base_addr_SOPC + base_addr_FIR, coef_x_offset, data)
IORD(base_addr_SOPC + base_addr_FIR, coef_x_offset)

4.5 DSP Builder HDL 导入设计

当设计者将 HDL Import 模块添加到设计中时，可以将 VHDL、Verilog HDL 和 System Verilog 导入 DSP Builder 设计。

注：(1) 配置完 HDL Import Config 块后才能配置 HDL Import 块。

(2) 在使用 HDL Import Config 块和 HDL Import 块时，必须在 MATLAB 的 Simulink 中安装 HDL Coder 和 HDL Verifier 组件，这一点要切记。

(3) 在使用 DSP Builder 导入设计时，不能使用已经安装的 Intel FPGA 版本的 ModelSim 仿真工具，需要额外安装其他版本的 ModelSim 仿真工具。本书使用的是 ModelSim SE-64 10.4c 仿真工具，具体的安装方法请查找相关资源。需要提醒读者，安装 ModelSim SE-64 10.4c 仿真工具后，需要在 Windows 10 操作系统环境变量中的用户变量窗口内为环境变量 Path 添加指向安装 ModelSim SE-64 10.4c 仿真工具的路径（如 C:\modeltech64_10.4c\win64），同时删除在前面安装 Intel FPGA 版本 ModelSim 仿真工具时为环境变量 Path 自动设置的路径。这样，在使用 DSP Builder 导入设计并执行协同仿真时，启动的是 ModelSim SE-64 10.4c 仿真工具，而不是 Intel FPGA 版本的 ModelSim 工具。特别注意，在不使用 ModelSim SE-64 10.4c 仿真工具时，恢复原来环境变量 Path 所设置的 Intel FPGA 版本 ModelSim 工具的路径，这点要切记！

4.5.1 实现原理

本小节将介绍如何使用 VHDL 描述两个数字信号处理模型，然后将这两个模型例化到一个顶层设计中。

注：在使用 DSP Builder HDL 导入设计时，推荐读者使用 VHDL。

1. 第一个设计模型

第一个数字信号处理模型采用 4.2.5 小节给出的模型，其传递函数表示为

$$Y(z) = (1+6.0\times z^{-1}+1.5\times z^{-2}+3.5\times z^{-3}+4.0\times z^{-4})\times X(z)$$

与前面采用浮点实现方式不同，这里将使用归一化的处理方式，有符号的定点格式描述为 Q1.7 格式（字长为 16 位）。为了归一化处理，将输入归一化，并且将系数也归一化，使用 $2^4=16$ 来标定系数，即

$$Y(z) = \left(1+\frac{6.0}{16}\times z^{-1}+\frac{1.5}{16}\times z^{-2}+\frac{3.5}{16}\times z^{-3}+\frac{4.0}{16}\times z^{-4}\right)\times 16\times X(z)$$

$$H(z) = \frac{Y(z)}{X(z)} = (1+0.375\times z^{-1}+0.09375\times z^{-2}+0.21875\times z^{-3}+0.25\times z^{-4})\times 16$$

当采用 Q1.7 格式时,该传递函数中的系数 0.375、0.09375、0.21875 和 0.25 等效的二进制定点数格式为

(1) $(0.375)_{10} = (0.0110000)_2$。
(2) $(0.09375)_{10} = (0.0001100)_2$。
(3) $(0.21875)_{10} = (0.0011100)_2$。
(4) $(0.25)_{10} = (0.0100000)_2$。

当采用 Q1.7 格式表示归一化的系数和输入时,在处理的过程中就可以使用整数来代替定点数的处理了,这样就减少了资源消耗。在使用整数完成乘和加后,将结果乘以 16 就能实现该传递函数。该模型的 VHDL 描述如代码清单 4-3 所示。

代码清单 4-3   processing1.vhd

```vhdl
library ieee;
use ieee.std_logic_1164.all;
use ieee.std_logic_arith.all;
use ieee.std_logic_signed.all;                          --调用该包,表示有符号运算

entity processing1 is
port (
    clk       :   in    std_logic;
    rst       :   in    std_logic;
    datain    :   in    std_logic_vector(7 downto 0);
    dataout   :   out   std_logic_vector(24 downto 0)
);
end processing1;

architecture rtl of processing1 is
signal datain_delay1  :   std_logic_vector(7 downto 0);
signal datain_delay2  :   std_logic_vector(7 downto 0);
signal datain_delay3  :   std_logic_vector(7 downto 0);
signal datain_delay4  :   std_logic_vector(7 downto 0);

signal coeff1      :   std_logic_vector(7 downto 0):="00110000";  --0.375
signal coeff2      :   std_logic_vector(7 downto 0):="00001100";  --0.09375
signal coeff3      :   std_logic_vector(7 downto 0):="00011100";  --0.21875
signal coeff4      :   std_logic_vector(7 downto 0):="00100000";  --0.25
signal scale_coeff :   std_logic_vector(5 downto 0):="010000";    --16

signal product1    :   std_logic_vector(15 downto 0);             --注意乘积宽度
signal product2    :   std_logic_vector(15 downto 0);             --注意乘积宽度
signal product3    :   std_logic_vector(15 downto 0);             --注意乘积宽度
signal product4    :   std_logic_vector(15 downto 0);             --注意乘积宽度

signal sum1        :   std_logic_vector(16 downto 0);             --注意宽度变化
signal sum2        :   std_logic_vector(17 downto 0);             --注意宽度变化
signal sum3        :   std_logic_vector(17 downto 0);             --注意宽度变化
signal sum4        :   std_logic_vector(18 downto 0);             --注意宽度变化
```

```vhdl
begin
    product1<=datain_delay1 * coeff1;                                    --部分积
    product2<=datain_delay2 * coeff2;                                    --部分积
    product3<=datain_delay3 * coeff3;                                    --部分积
    product4<=datain_delay4 * coeff4;                                    --部分积

    --下面 sum1、sum2、sum3 和 sum4 实现求和,得到归一化的求和结果 sum4
    sum1<=conv_std_logic_vector((conv_integer(datain) + conv_integer(product1)),17);
    sum2<=conv_std_logic_vector((conv_integer(sum1) + conv_integer(product2)),18);
    sum3<=conv_std_logic_vector((conv_integer(sum2) + conv_integer(product3)),18);
    sum4<=conv_std_logic_vector((conv_integer(sum3) + conv_integer(product4)),19);

    --下面实现对归一化结果的重新标定,即将 sum4 乘以 16,得到的最终结果输出
    dataout<=conv_std_logic_vector((conv_integer(sum4) * conv_integer(scale_coeff)),25);

    process(rst,clk)
    begin
        if (rst='1') then                                                --复位时,将所有延迟单元清零
            datain_delay1<="00000000";
            datain_delay2<="00000000";
            datain_delay3<="00000000";
            datain_delay4<="00000000";
        elsif rising_edge(clk) then
            datain_delay1<=datain;                                       --延迟 1 个时钟周期,得到 datain_delay1
            datain_delay2<=datain_delay1;                                --延迟 2 个时钟周期,得到 datain_delay2
            datain_delay3<=datain_delay2;                                --延迟 3 个时钟周期,得到 datain_delay3
            datain_delay4<=datain_delay3;                                --延迟 4 个时钟周期,得到 datain_delay4
        end if;
    end process;

end rtl;
```

思考与练习 4-4：请分析该设计代码中使用 VHDL 实现延迟单元、乘法运算、加法运算和累加运算的方法。

思考与练习 4-5：请分析该设计代码中处理归一化和标定操作的方法。

2. 第二个设计模型

第二个数字信号处理模型为梳妆滤波器模型，其传递函数表示为

$$H(z)=\frac{Y(z)}{X(z)}=1-z^{-8}$$

该模型比较简单，将输入信号归一化即可。在对该模型进行处理时，仍然使用有符号的定点格式 Q1.7 表示。同样地，在处理的过程中就可以使用整数来代替定点数的处理，这样就减少了资源消耗。该模型的 VHDL 描述如代码清单 4-4 所示。

代码清单 4-4　processing2. vhd 文件

```vhdl
library ieee;
use ieee.std_logic_1164.all;
use ieee.std_logic_arith.all;
use ieee.std_logic_signed.all;          --调用该包表示执行的是有符号的运算

entity processing2 is
  port(
      clk      : in    std_logic;
      rst      : in    std_logic;
      datain   : in    std_logic_vector(7 downto 0);
      dataout  : out   std_logic_vector(7 downto 0)
);
end processing2;

architecture rtl of processing2 is
signal datain_delay1  :  std_logic_vector(7 downto 0);
signal datain_delay2  :  std_logic_vector(7 downto 0);
signal datain_delay3  :  std_logic_vector(7 downto 0);
signal datain_delay4  :  std_logic_vector(7 downto 0);
signal datain_delay5  :  std_logic_vector(7 downto 0);
signal datain_delay6  :  std_logic_vector(7 downto 0);
signal datain_delay7  :  std_logic_vector(7 downto 0);
signal datain_delay8  :  std_logic_vector(7 downto 0);

begin
    dataout<=datain-datain_delay8;                      --执行相减运算
process(rst,clk)
begin
  if(rst='1') then                                      --复位时,将所有延迟单元清零
     datain_delay1<="00000000";
     datain_delay2<="00000000";
     datain_delay3<="00000000";
     datain_delay4<="00000000";
     datain_delay5<="00000000";
     datain_delay6<="00000000";
     datain_delay7<="00000000";
     datain_delay8<="00000000";
  elsif rising_edge(clk) then
     datain_delay1<=datain;                             --延迟1个时钟周期,得到 datain_delay1
     datain_delay2<=datain_delay1;                      --延迟2个时钟周期,得到 datain_delay2
     datain_delay3<=datain_delay2;                      --延迟3个时钟周期,得到 datain_delay3
     datain_delay4<=datain_delay3;                      --延迟4个时钟周期,得到 datain_delay4
     datain_delay5<=datain_delay4;                      --延迟5个时钟周期,得到 datain_delay5
     datain_delay6<=datain_delay5;                      --延迟6个时钟周期,得到 datain_delay6
     datain_delay7<=datain_delay6;                      --延迟7个时钟周期,得到 datain_delay7
     datain_delay8<=datain_delay7;                      --延迟8个时钟周期,得到 datain_delay8
```

```
            end if;
        end process;

    end rtl;
```

思考与练习 4-6：请分析该设计代码中使用 VHDL 实现延迟单元和减法运算的方法。

3. 建立顶层设计文件

本部分将介绍如何建立顶层设计文件。在该文件中将例化前面两个数字信号处理模型的实例。顶层设计文件的 VHDL 的描述如代码清单 4-5 所示。

代码清单 4-5　top.vhd 文件

```vhdl
library ieee;
use ieee.std_logic_1164.all;
use ieee.std_logic_arith.all;
use ieee.std_logic_unsigned.all;

entity top is
  port (
        clk         : in     std_logic;
        rst         : in     std_logic;
        datain      : in     std_logic_vector(7 downto 0);
        dataout1    : out    std_logic_vector(24 downto 0);
        dataout2    : out    std_logic_vector(7 downto 0)
  );
end top;

architecture rtl of top is

begin
Inst_processing1: entity work.processing1            --例化元器件 processing1
    port map(
            clk=>clk,
            rst=>rst,
            datain=>datain,
            dataout=>dataout1
            );

Inst_processing2: entity work.processing2            --例化元器件 processing2
    port map(
            clk=>clk,
            rst=>rst,
            datain=>datain,
            dataout=>dataout2
            );
end rtl;
```

> 注：将设计文件 processing1.vhd、processing2.vhd 和 top.vhd 复制到本书提供资料的 \intel_dsp_example\example_4_4 路径下。

4.5.2 打开 DSP Builder 工具

本小节将介绍如何打开 DSP Builder 工具，主要步骤如下。
（1）打开 MATLAB R2019a 集成开发环境，将目录改为 E:\intel_dsp_example\example_4_4。
（2）在 MATLAB 主界面中单击"Simulink"按钮。
（3）出现 Simulink Start Page 界面。在该界面中，单击名字为"Blank Model"的图标按钮。
（4）出现 untiled-Simulink sponsored use 空白设计界面。在该界面中，单击"Library Browser"按钮。
（5）弹出 Simulink Library Browser 页面。
（6）为了后续设计便捷，调整 Simulink Library Browser 页和空白设计界面的大小与位置，使其平铺在电脑屏幕上。

4.5.3 建立新的设计模型

本小节将介绍使用 HDL Import 和 HDL Import Config 块实现导入新设计的方法。

1. 添加并配置 HDL 导入块

本部分将介绍如何在空白设计界面中添加并配置 HDL 导入块，主要步骤如下。
（1）在 Simulink Library Browser 页中，选择 DSP Builder for Intel FPGAs-Advanced Blockset→Utilities→HDL Import。在其右侧窗口中，将名字为"HDL Import Config"的元器件符号拖曳到空白设计界面中，然后再分 2 次分别将名字为"HDL Import"的元器件符号拖曳到空白设计界面中。
（2）在设计界面中，分别选中这 3 个元器件符号，单击鼠标右键，出现浮动菜单。在浮动菜单内，选择 Format→Show Block Name→On，显示这 3 个元器件符号的名字。
（3）双击设计界面中名字为"HDL Import Config"的元器件符号。
（4）弹出"HDL Import Configuration"对话框，如图 4.48 所示。在 HDL Import Config 块中，包含着用于实现 HDL 导入功能的顶层信息。你必须在设计的顶层拥有一个 HDL Import Config 模块。HDL 导入功能需要 ModelSim 和 Simulink 之间的时间关系。ModelSim 使用控制块定义的时钟速率。"HDL Import Configuration"对话框中的参数含义如表 4.12 所示。

表 4.12 "HDL Import Configuration"对话框中的参数含义

参 数	描 述
Working directory	DSP Builder 为 ModelSim 库和其他中间文件创建此工作目录
Top level instance	输入顶层实例的名字。如果该实例不是要导入的 HDL，而是多个实例的包装，则勾选"Top-level is a wrapper"前面的复选框

续表

参　　数	描　　述
Compile	单击"Compile"按钮，编译导入的 RTL。如果修改了导入的 RTL，请重新单击"Compile"按钮。为了进行协同仿真，DSP Builder 创建 ModelSim 库，并执行 ModelSim 编译，然后执行一系列 Quartus 综合编译。编译的输出（包括任何错误）将输出到 MATLAB 的命令行窗口。 当编译状态未知时，状态指示灯为黄色；发生错误时为红色；成功时为绿色。DSP Builder 将编译输出打印到 MATLAB 命令行窗口
Simulink sample time	指定 Simulink 模型 DSP Builder 部分的采样时间
Reset cycles	允许你在协同仿真开始之前将导入的 HDL 保持复位任意的周期数
Port	协同仿真用于通信的 TCP/IP 端口号

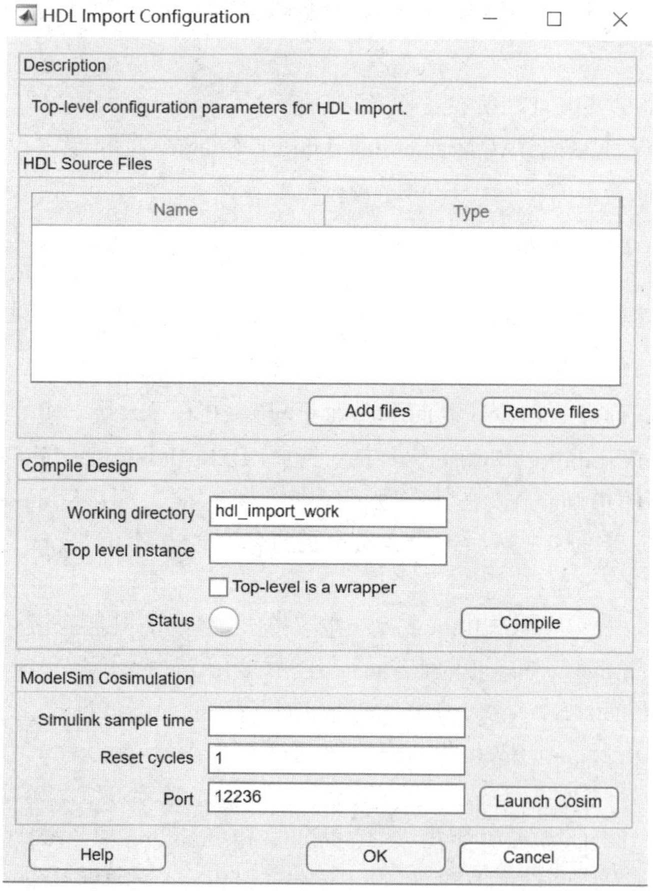

图 4.48　"HDL Import Configuration"对话框

（5）在图 4.48 所示的对话框中，按如下设置参数。

① 单击"Add files"按钮。弹出选择要打开的文件对话框。在该对话框中，同时选中当前工作目录（E:\intel_dsp_example\example_4_5）下的 processing1.vhd、processing2.vhd 和 top.vhd 文件。单击"打开"按钮，退出该对话框。

② Top level instance：top。

③ 勾选"Top-level is a wrapper"前面的复选框。

④ 单击"Compile"按钮,开始对这3个文件进行编译。当成功编译完这3个设计文件时,在"Status"右侧的状态指示灯变成绿色,表示编译成功。

⑤ Simulink sample time:10^-7。

⑥ 其余按默认参数设置。

(6) 单击"OK"按钮,退出"HDL Import Configuration"对话框。

(7) 双击设计界面中名字为"HDL Import"的元器件符号。

(8) 弹出"HDL Import Block"对话框,如图4.49所示,该对话框中的参数含义如表4.13所示。

图4.49 "HDL Import Block"对话框

表4.13 "HDL Import Block"对话框中的参数含义

参　数	描　述
Instance	从你导入的HDL中的任何实例中选择。每个HDL Import块必须代表一个唯一的实例
Port	DSP Builder会自动填充该列
I/O Type	DSP Builder根据端口名字确定I/O类型。你可以将任何条目修改为Input、Output、Clock或Reset。HDL Import仅允许一个时钟和一个复位
Data Type	通知Simulink和DSP Builder如何解释ModelSim数据。将输入的Data Type设置为Inherit;输出的Data Type默认为Signed。对于Boolean或std_logic数据类型,将Data Type设置为Unsigned、Fractional Bits设置为0

(9) 在图 4.49 所示的对话框中, 按如下设置参数。
① 通过右侧的下拉框, 将 "Instance" 设置为 Inst_processing1。
② 在 dataout 一行和 Fractional Bits 一列相交的小方格中输入 14, 表示小数位数为 14。
(10) 单击 "OK" 按钮, 退出 "HDL Import Block" 对话框。
(11) 双击设计界面中名字为 "HDL Import1" 的元器件符号。
(12) 弹出 "HDL Import Block" 对话框。在该对话框中, 按如下设置参数。
① 通过右侧的下拉框, 将 "Instance" 设置为 Inst_processing2;
② 在 dataout 一行和 Fractional Bits 一列相交的小方格中输入 7, 表示小数位数为 7。
(13) 单击 "OK" 按钮, 退出 "HDL Import Block" 对话框。

2. 添加并配置其他模块

本部分将介绍如何在设计界面中添加并配置设计中所需要的其他模块, 主要步骤如下。
(1) 在 Simulink Library Browser 页面的左侧窗口中, 选择 DSP Builder for Intel FPGAs - Advanced Blockset→Design Configuration。在其右侧窗口中, 选中并将名字为 "Control" 的元器件符号拖曳到设计界面中, 再选中并将名字为 "Device" 的元器件符号拖曳到设计界面中。
(2) 在 Simulink Library Browser 页面的左侧窗口中, 选择 DSP Builder for Intel FPGAs - Advanced Blockset→Primitives→Primitive Configuration。在其右侧窗口中, 选中并将名字为 "SynthesisInfo" 的元器件符号拖曳到设计界面中。
(3) 在 Simulink Library Browser 页面的左侧窗口中, 选择 Simulink→Sources。在其右侧窗口中, 先选中并将名字为 "Sine Wave" 的元器件符号拖曳到设计界面中, 然后再选中并将名字为 "Sine Wave" 的元器件符号拖曳到设计界面中, 这是因为在该设计中需要使用两个 Sine Wave 元器件。
(4) 在 Simulink Library Browser 页面的左侧窗口中, 选择 Simulink→Commonly Used Blocks。在其右侧窗口中, 先选中并将名字为 "Data Type Conversion" 的元器件符号拖曳到设计界面中, 然后再选中并将名字为 "Data Type Conversion" 的元器件符号拖曳到设计界面中, 这是因为在设计中需要使用两个 Data Type Conversion 元器件。
(5) 在 Simulink Library Browser 页面的左侧窗口中, 选择 Simulink→Sinks。在右侧窗口中, 先选中并将名字为 "Scope" 的元器件符号拖曳到设计界面中, 然后再选中并将名字为 "Scope" 的元器件符号拖曳到设计界面中, 这是因为在设计中需要使用两个 Scope 元器件符号。
(6) 分别选中这些元器件符号, 单击鼠标右键, 出现浮动菜单。在浮动菜单内, 选择 Format→Show Block Name→On, 在设计界面中显示这些元器件符号的名字。
放置完所有元器件后的设计界面如图 4.50 所示。
(7) 双击设计界面中名字为 "Sine Wave" 的元器件符号, 出现 "Block Parameters: Sine Wave" 对话框。在该对话框中, 按如下设置参数。
① Sine type: Sample based。
② Time (t): Use simulation time。
③ Amplitute: 0.98。
④ Samples per period: 64。
⑤ Sample time: 10^-7。
⑥ 其余按默认参数设置。

第 4 章 Intel FPGA 数字信号处理工具　　197

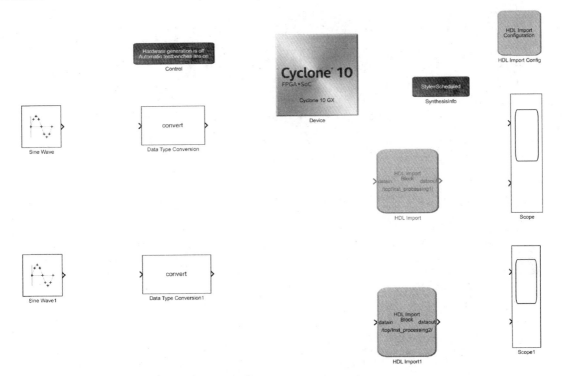

图 4.50　放置完所有元件后的设计界面

(8) 单击"OK"按钮，退出"Block Parameters: Sine Wave"对话框。

(9) 双击设计界面中名字为"Sine Wave1"的元器件符号，出现"Block Parameters: Sine Wave1"对话框。在该对话框中，按如下设置参数。

① Sine type: Sample based。

② Time (t): Use simulation time。

③ Amlitude: 0.9。

④ Samples per period: 64。

⑤ Sample time: 10^-7。

⑥ 其余按默认参数设置。

(10) 单击"OK"按钮，退出"Block Parameters: Sine Wave1"对话框。

(11) 双击设计界面中名字为"Data Type Conversion"的元器件符号，出现"Block Parameters: Data Type Conversion"对话框。在该对话框中，按如下设置参数。

① 在"Output data type"右侧的下拉框中选择"fixdt(1,16)"选项。

② 单击"Output data type"下拉框右侧的 >> 按钮，出现如图 4.51 所示的 Data Type Assistant 界面。在该界面中，按如下设置参数。

- Signedness: Signed。
- Scaling: Binary point。
- Data type override: Inherit。
- Word length: 8。
- Fration length: 6。

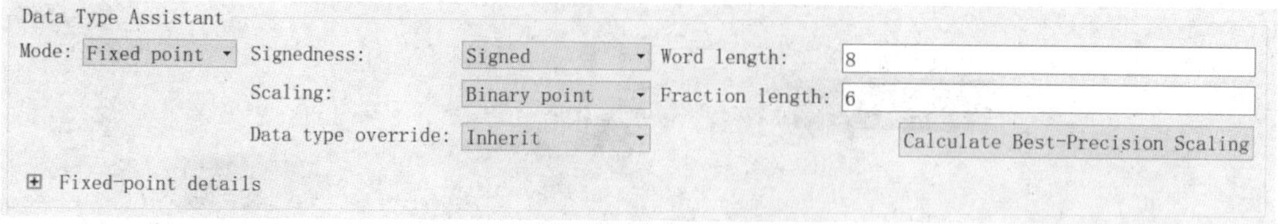

```
Data Type Assistant
Mode: Fixed point    Signedness:      Signed          Word length:    8
                     Scaling:         Binary point    Fraction length: 6
                     Data type override: Inherit                      Calculate Best-Precision Scaling
 ⊞ Fixed-point details
```

图 4.51 Data Type Assistant 界面（1）

③ 单击 << 按钮，退出 Data Type Assistant 界面。此时，在"Output data type"右侧的文本框中显示 fixdt(1,8,6)。其余按默认参数设置。

（12）单击"OK"按钮，退出"Block Parameters：Data Type Conversion"对话框。

（13）双击设计界面中名字为"Data Type Conversion1"的元器件符号，出现"Block Parameters：Data Type Conversion1"对话框。在该对话框中，按如下设置参数。

① 在"Output data type"右侧的下拉框中选择"fixdt(1,16)"选项。

② 单击"Output data type"下拉框右侧的 >> 按钮，出现如图 4.52 所示的 Data Type Assistant 界面。在该界面中，按如下设置参数。

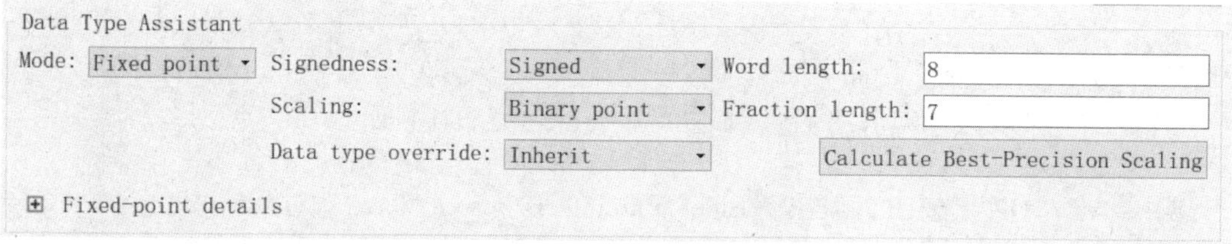

```
Data Type Assistant
Mode: Fixed point    Signedness:      Signed          Word length:    8
                     Scaling:         Binary point    Fraction length: 7
                     Data type override: Inherit                      Calculate Best-Precision Scaling
 ⊞ Fixed-point details
```

图 4.52 Data Type Assistant 界面（2）

- Signedness：Signed。
- Scaling：Binary point。
- Data type override：Inherit。
- Word length：8。
- Fration length：7。

③ 单击 << 按钮，退出 Data Type Assistant 界面。此时，在"Output data type"右侧的文本框中显示 fixdt(1,8,6)。其余按默认参数设置。

（14）单击"OK"按钮，退出"Block Parameters：Data Type Conversion"对话框。

（15）双击设计界面中名字为"Control"的元器件符号，出现"DSP Builder for Intel FPGAs Blockset-Settings"对话框。在该对话框中，按如下设置参数。

① 单击"General"标签。在该标签页中，按如下设置参数。

- 不勾选"Generate hardware"前面的复选框。
- 在"Hardware destination directory"下面的文本框中输入 rtl。
- 其余按默认参数设置。

② 单击"Clock"标签。在该标签页中，按如下设置参数。

- Clock Frequency（MHz）：10。

- 其余按默认参数设置。

③ 单击"Testbenches"标签。在该标签页中，按如下设置参数。

- 勾选"Create Automatic Testbenches"前面的复选框。
- 其余按默认参数设置。

（16）单击"OK"按钮，退出"DSP Builder for Intel FPGAs Blockset-Settings"对话框。

（17）双击设计界面中名字为"Device"的元器件符号，出现"DSP Builder-Device Parameters"对话框。在该对话框中，按如下设置参数。

① Device Family：Cyclone 10 GX。

② Family number：10CX085YU484E6G。

③ Speed grade：6。

（18）单击"OK"按钮，退出"DSP Builder-Device Parameters"对话框。

（19）双击设计界面中名字为"Scope"的元器件符号，出现 Scope 页面。在该页面中，按如下设置参数。

① 在 Scope 页面的主菜单下，选择 File→Number of Input Ports→2；

② 在 Scope 页面的主菜单下，选择 View→Layout…，出现浮动界面，如图 4.53 所示。按图中阴影部分来布局显示仿真波形的方式。

（20）退出 Scope 页面。

（21）双击设计界面中名字为"Scope1"的元器件符号，出现 Scope1 页面。在该页面中，按与步骤（19）相同的方法来设置端口数量和显示仿真波形的方式。

图 4.53　设置显示布局界面

（22）将设计中的元器件连接在一起，如图 4.54 所示。

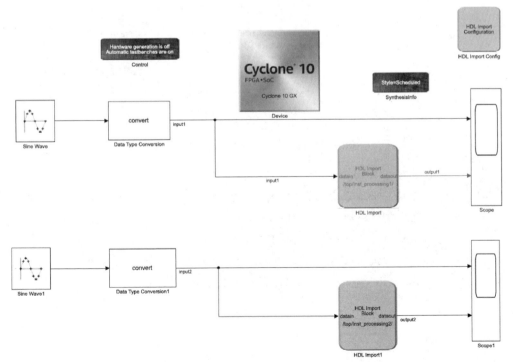

图 4.54　将设计中的元器件连接在一起后的设计界面

3. 创建设计子系统

本部分将介绍如何创建设计子系统,主要步骤如下。

(1) 按图 4.55 所示,按鼠标左键,同时拖曳鼠标,选中图中阴影区域中所有的元器件。

(2) 在所选中元器件的阴影区域,单击鼠标右键,出现浮动菜单。在浮动菜单内,选择"Create Subsystem from Selection"选项,以创建设计子系统。创建完子系统后的设计界面如图 4.56 所示。

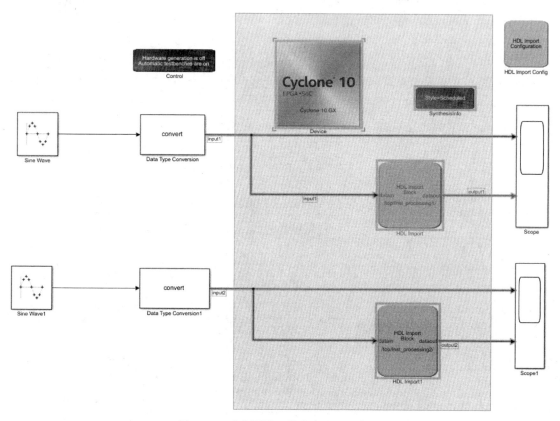

图 4.55 选中阴影区域中所有的元器件

注:(1) 为了设计的布局美观,读者可以通过拖曳鼠标来调整子系统符号的大小,以及子系统外其他元器件的布局,并调整走线。

(2) 为了观察仿真波形方便,读者可以选择名字为"Scope"和"Scope1"的示波器元器件,单击鼠标右键,出现浮动菜单。在浮动菜单内,选择 Signals & Ports→Input Port Signal Properties→Port_1…或 Port_2…,为需要显示仿真波形的端口命名。

第 4 章　Intel FPGA 数字信号处理工具　201

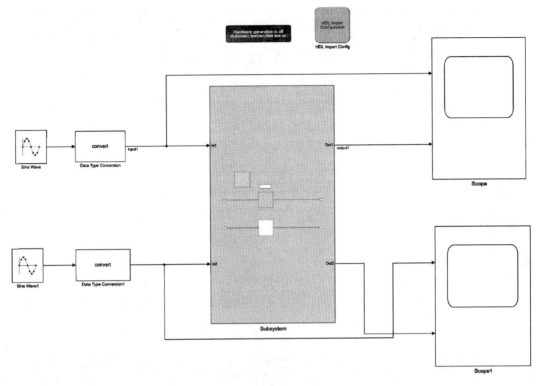

图 4.56　创建完子系统后的设计界面

4.5.4　执行协同仿真

本小节将介绍如何对该设计执行协同仿真功能，主要步骤如下。

（1）双击图 4.56 中名字为"HDL Import Config"的元器件符号。

（2）打开"HDL Import Configuration"对话框，单击该对话框中右下角的"Launch Cosim"按钮，启动 ModelSim SE-64 10.4c 仿真工具。

（3）在设计界面工具栏内名字为"Simulation stop time"的文本框中输入 0.0001，表示仿真的结束时间为 0.000s。

（4）在设计界面工具栏内单击"Run"按钮 ，开始执行协同仿真过程，等待仿真过程的结束。

（5）双击图 4.56 内名字为"Scope"的元器件符号，将在 Scope1 页面中给出仿真结果，如图 4.57 所示。

（6）双击图 4.57 内名字为"Scope1"的元器件符号，将在 Scope1 页面中给出仿真结果，如图 4.58 所示。

（7）切换到 ModelSim SE-64 10.4c 仿真工具。在该仿真工具主界面中的 Wave-Default 窗口中，通过按 Shift 按键和鼠标左键，同时选择/top/datain、/top/dataout1 和/top/dataout2 信号，单击鼠标右键，出现浮动菜单。在浮动菜单内，选择 Format→Analog（automatic）。

（8）通过多次单击 ModelSim SE-64 10.4c 仿真工具工具栏中的"缩小"按钮 ，调整信号在波形窗口中的位置，将其调整到 Wave-Default 窗口中合适的位置，如图 4.59 所示。

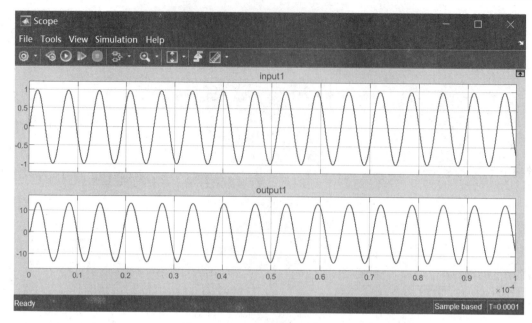

图 4.57 Scope 页面（反色显示）

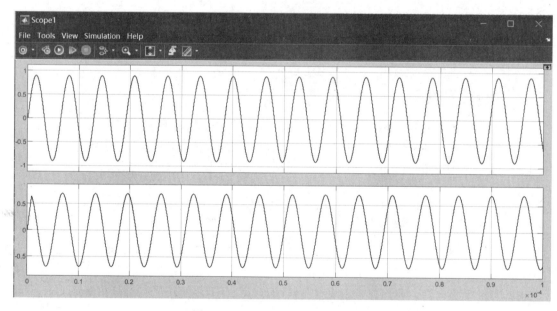

图 4.58 Scope1 页面（反色显示）

（9）为了正确显示这些信号的真实幅度，需要调整其格式设置。选择某个信号，单击鼠标右键，出现浮动菜单。在浮动菜单内，选择 Radix→Global Signal Radix…。

（10）弹出"Global Signal Radix"对话框。在该对话框中，勾选"Custom Fixed/Float…"前面的复选框。

（11）弹出"Fixed Point Radix"对话框。在该对话框中，根据在 DSP Builder HDL Import 设置的位数，为 Fraction bits 和 Precision 设置正确的值。

(12) 单击"OK"按钮，退出"Fixed Point Radix"对话框。

(13) 单击"OK"按钮，退出"Global Signal Radix"对话框。

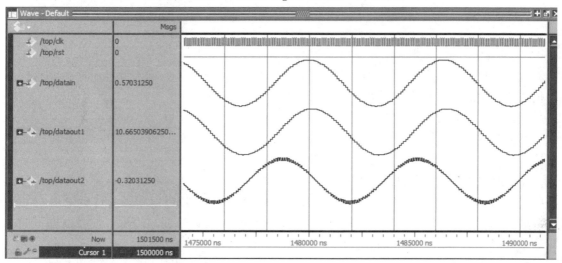

图 4.59　Wave-Default 窗口

(14) 关闭 ModelSim SE-64 10.4c 仿真工具。

思考与练习 4-7：将 Simulink 的仿真结果和 ModelSim 的仿真结果进行比较与分析。

思考与练习 4-8：根据该设计的过程，说明在 DSP Builder HDL 导入设计中协同仿真的意义。

4.6　基于 HLS 构建和验证算法模型

高级综合工具（High-level Synthesis，HLS）的出现对基于 FPGA 的复杂数字系统设计来说是一件具有里程碑意义的事件，这将扩展 FPGA 在诸如人工智能等热门领域的应用。

传统上，在 FPGA 上完成复杂数字系统的流程无外乎就是：

(1) 通过 HDL 语言的 RTL 描述或调用 IP 核对数字系统建模；

(2) 使用 HDL 语言的行为级描述建立测试平台；

(3) 通过测试平台对所构建的数字系统模型进行测试，以验证所构建的数字系统是否满足设计要求。

很明显，这种基于 HDL 的建模和验证方法存在很多的问题，主要体现在以下：

(1) 很多基于 HDL 的数字系统建模都与具体的 FPGA 器件相关，有时候还会直接调用底层的原语，这对于系统的移植和维护非常不利。当把数字系统从一个 FPGA 系列移植到另一个 FPGA 系列时，经常要重新编写与 FPGA 底层相关的 HDL 代码，甚至需要重新编写整个子模块，这样要重新消耗大量人力、物力和时间，使得延长产品的上市时间，降低了产品的竞争力。

(2) 做过 FPGA 设计的工程师一定体会过令他们非常痛苦的一件事情，就是在 HDL 层次上对设计进行行为和时序仿真时会耗费大量的实践。对于一些复杂的 FPGA 设计来说，做一次仿真可能要花费至少一周的时间。在这个期间内，不可能对设计进行修改和迭代，只能在漫长的仿真过程结束后才能查看仿真结果，此时才能决定是否需要对所构建的数字系统进行修改，然后再通过 HDL 语言修改原始的设计。HDL 级上的行为和时序仿真，对 FPGA 的整个设计周期而言可能算是一个最大的设计瓶颈，只能在无奈中默默等待，没有任何捷径可寻。

（3）对于软件工程师而言，要让他们熟练掌握 HDL 也是一件很痛苦的事情。软件工程师基本上是和 C、C++、Python 等高级程序语言打交道，这些语言本身并无时序的概念，所以很难想象他们如何用 HDL 来描述算法。但是，如果没有软件工程师参与算法模型的构建，FPGA 在新技术方面的应用将受到很大的限制。

那么 HLS 到底是一个什么工具？为什么说它的出现是 FPGA 的一个具有里程碑意义的事情？它的出现会为 FPGA 的设计代码哪些重要的变革呢？

HLS 的出现使得对复杂算法的描述不再需要使用 HDL 才能实现，它们用 C/C++ 语言在一些流行的 C/C++ 软件开发工具（如 Visual Studio 2015）中就可以实现，然后把用 C/C++ 语言描述并验证的算法模型交给 FPGA 厂商提供的 HLS 工具处理，HLS 工具会根据不同的用户策略将 C/C++ 语言描述的算法转换成 RTL 的描述。这样做带来的好处有哪些呢？

（1）当使用 C/C++ 描述复杂算法时，软件工程师也可以参与 FPGA 的算法开发。通过软件工程师的参与，显著扩展了 FPGA 在人工智能等新兴信息技术领域中的应用。

（2）由于使用 C/C++ 描述复杂算法，因此很容易进行移植和维护。只要算法需求没有发生变化，就不必修改 C/C++ 的算法描述。只需要在 HLS 中设置不同的用户策略（在性能、面积和功耗之间进行权衡），HLS 工具就可以从同一个 C/C++ 算法模型中生成不同的 RTL 描述。当需要在不同的 FPGA 器件上实现相同的算法时，只需要让 HLS 工具重新根据设置的用户策略生成 RTL 描述即可。更进一步地说，只要算法需求没有发生变化，FPGA 设计者的关注焦点就是如何设置不同的用户策略来满足 RTL 在性能、面积和功耗方面的需求。

（3）当使用 C/C++ 语言描述算法时，同时可以用 C/C++ 语言编写测试代码。这样，就可以在高层次上验证算法的正确性。通过 HLS 工具，不但能生成 HDL 级的算法描述，而且也可以生成 HDL 级的测试代码。当然，HLS 工具可以保证从 C/C++ 到 HDL 级转换的准确性和一致性。很明显，在 C/C++ 层次上对算法进行验证的效率要远高于在 HDL 级上对算法验证的效率。

（4）HLS 工具还能将 C/C++ 描述的算法封装成具有不同接口的 IP 核，设计者可以将其集成在不同的 FPGA 设计中，可以用在 Platform Designer 和 DSP Builder 中。

这里，很多读者就会问是不是 C/C++ 的设计会完全取代传统的 HDL 设计呢？前面提到 C/C++ 的优势在于对算法的描述能力强，而 HDL 的优势在于对时序和逻辑的描述能力。因此，针对不同的设计要求，读者应该选择最高效的描述方法。

另外，读者也会有疑问，用 C/C++ 描述，然后用 HLD 转化后的 RTL 比直接用 HDL 描述的效率会不会低？其实这个问题就和大家会拿汇编语言和 C 语言进行比较一样，表面上看汇编语言的效率会高于 C 语言转换为汇编语言的效率。但是，如果让你用汇编语言写几千行代码，由于软件工程师在编写代码时会受到各种因素的影响，这时使用汇编语言编写代码的效率并不会比使用 C 语言编写代码，然后通过汇编器转换成汇编语言的效率。在加上汇编语言与底层硬件密切相关，因此可移植性很差，并且难于维护。但是，C 语言是跨平台的语言，因此很容易在不同的硬件平台之间进行移植，且便于维护。这样，读者将更容易地理解 HLS 工具的优势。

此外，以最近很热门的人工智能举例，使用 C/C++描述人工智能算法要比使用 HDL 描述容易得多，所花费的时间也短，算法的正确性也更容易验证，这样再加上 FPGA 具有天然的并行处理能力，以及内部集成大量的 DSP 模块，使得 FPGA 在人工智能领域的应用优势更加明显。

> **注**：关于 Intel HLS 工具原理的详细介绍，请参考本书作者编写的《Intel FPGA 权威设计指南：基于 Quartus Prime Pro 19 集成开发环境》一书（由电子工业出版社于 2020 年 2 月出版）。

本节将使用 Intel 提供的 HLS 工具实现两个 3×3 矩阵的相乘运算，内容包括构建 C++模型和测试平台、设置高级综合编译器、运行高级综合编译器、查看高级设计报告和查看元器件 RTL 仿真波形。

4.6.1 构建 C++模型和测试平台

本小节将介绍构建 C++模型和测试平台的方法，包括建立新的设计工程、创建 C++源文件、创建.h 头文件、添加包含路径和对设计进行验证。

1. 建立新的设计工程

本部分将介绍如何建立新的设计工程，主要步骤如下。

（1）在 Windows 10 操作系统中，选择开始→Visual Studio 2015，启动 Visual Studio 2015 集成开发环境。

（2）在 Visual Studio 2015 集成开发环境主界面的主菜单下，选择文件→新建→项目。

（3）出现"新建项目"对话框。在该对话框的左侧窗口中，选择"Visual C++"选项。在其右侧窗口中，选择"空项目"选项。在该对话框中，按如下设置参数。

① 名称：MatrixMul_Project。
② 单击右侧的"浏览"按钮，将位置设置为 E:\intel_dsp_example\example_4_5。
③ 解决方案名称：MatrixMul_Project。

（4）单击"确定"按钮，退出"新建项目"对话框。

2. 创建 C++源文件

本部分将介绍如何在工程中添加 C++源文件，主要步骤如下。

（1）在 Visual Studio 2015 主界面的主菜单中，选择项目→添加新项。

（2）出现"添加新项-MatrixMul_Project"对话框。在该对话框中，选择"C++文件(.cpp)"选项，并且将名称设置为"MatrixMul.cpp"。

（3）单击"添加"按钮，退出"添加新项-MatrixMul_Project"对话框。

（4）自动打开 MatrixMul_Project.cpp 文件编辑器窗口。在该窗口中输入如代码清单 4-6 所示的设计代码。

代码清单 4-6　MatrixMul_Project.cpp 文件

```
#include "HLS/hls.h"          //调用 Intel HLS 库中的头文件
#include "HLS/stdio.h"         //调用 Intel HLS 库中的头文件
#include "matrix.h"            //调用自定义头文件
```

```c
//component 关键字
component void matrix(char    a[MAT_A_ROWS][MAT_A_COLS],
                     char    b[MAT_B_ROWS][MAT_B_COLS],
                     short res[MAT_A_ROWS][MAT_B_COLS])
{   //矩阵乘法算法描述
    int i = 0, j = 0, k = 0;
    for (i = 0; i < MAT_A_ROWS; i++)                    //外层循环
    {
        for (j = 0; j < MAT_B_COLS; j++)                //内层循环
        {
            res[i][j] = 0;
            for (k = 0; k < MAT_B_ROWS; k++)
            {
                res[i][j] += a[i][k] * b[k][j];         //矩阵相乘运算
            }
        }
    }
}

int main(void)
{
    char i=0, j=0;
    char x[3][3] = {                                    //初始化矩阵 $x_{3\times3}$
        { 11, 12, 13 },
        { 14, 15, 16 },
        { 17, 18 ,19 }
    };
    char y[3][3] = {                                    //初始化矩阵 $y_{3\times3}$
        { 21, 22, 23 },
        { 24, 25, 26 },
        { 27, 28, 29 }
    };
    short z[MAT_A_ROWS][MAT_A_COLS];                    //声明保存乘法结果的矩阵 z
    matrix(x, y, z);                                    //调用 matrix 函数,实现矩阵相乘
    for (i = 0; i < 3; i++)
    {
        for (j = 0; j < 3; j++)
            printf("%d   ", z[i][j]);
        printf("\n");
    }
}
```

(5) 按 "Ctrl+S" 组合键,保存该设计文件。

注:此时在文件中提示有错误,读者先不用着急去处理这些错误。

3. 创建.h头文件

本部分将介绍如何在工程中添加.h头文件,主要步骤如下。

(1) 在Visual Studio 2015主界面的主菜单中,选择项目→添加新项。

(2) 出现"添加新项-MatrixMul_Project"对话框。在该对话框中,选择"头文件(.h)"选项,并且将名称设置为"matrix.h"。

(3) 单击"添加"按钮,退出"添加新项-MatrixMul_Project"对话框。

(4) 自动打开matrix.h文件编辑器窗口。在该窗口中输入如代码清单4-7所示的设计代码。

代码清单4-7 matrix.h文件

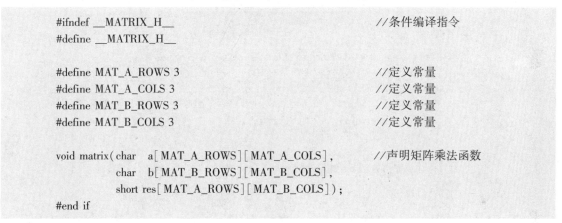

(5) 按"Ctrl+S"组合键,保存该设计文件。

4. 添加包含路径

本部分将介绍如何为该设计添加包含路径,主要步骤如下。

(1) 在Visual Studio 2015集成开发环境主界面右侧的解决方案资源管理器窗口中,选择"MatrixMul_Project"选项,单击鼠标右键,出现浮动菜单。在浮动菜单内,选择"属性"选项。

(2) 弹出"MatrixMul_Project属性页"对话框,如图4.60所示。

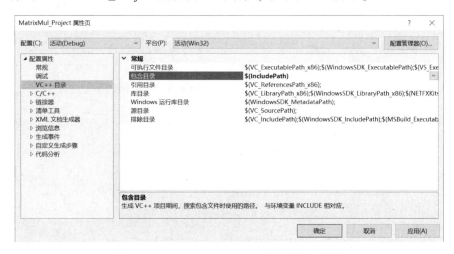

图4.60 "MatrixMul_Project属性页"对话框

（3）在该对话框左侧的窗口中，选择"VC++目录"选项。单击其右侧窗口中名字为"包含目录"右侧的文本框，出现下拉框按钮。单击该下拉框按钮，出现下拉框，在下拉框中选择"<编辑...>"选项。

（4）弹出"包含目录"对话框，如图 4.61 所示。在该对话框中，单击"新行"按钮。

图 4.61 "包含目录"对话框（1）

（5）出现新的一行，如图 4.62 所示，单击该行右侧的 ... 按钮。

图 4.62 "包含目录"对话框（2）

(6) 出现"选择目录"对话框。在该对话框中,将目录定位到 D:\intelFPGA_pro\19.4\hls\include。

(7) 单击"选择文件夹"按钮,退出"选择目录"对话框。

(8) 在"包含目录"对话框上面的窗口中新添加了一行包含路径,如图 4.63 所示。

图 4.63 "包含目录"对话框 (3)

(9) 单击"确定"按钮,退出"包含目录"对话框。

(10) 在"MatrixMul_Project 属性页"对话框右侧的"包含路径"一行中新添加了包含目录,即 D:\intelFPGA_pro\19.4\hls\include。

(11) 单击"确定"按钮,退出"MatrixMul_Project 属性页"对话框。

5. 对设计进行验证

本部分将介绍如何在 Visual Studio 2015 集成开发环境中对设计进行验证,主要步骤如下。

(1) 在 MatrixMul_Project.cpp 文件的第 44 行设置一个断点。

(2) 在 Visual Studio 2015 集成开发环境主界面的主菜单中,选择调试→开始调试选项。

(3) 弹出窗口界面,如图 4.64 所示。在该界面中,给出了对该矩阵乘法的算法模型进行测试的结果。

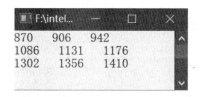

图 4.64 在窗口中显示测试结果 (反色显示)

思考与练习 4-9:根据测试结果分析算法模型的正确性。

4.6.2 设置高级综合编译器

本小节将介绍如何使用 HLS 编译器对模型进行处理,并将其转换为 RTL,主要步骤如下。

(1) 在 Windows 10 操作系统中,选择开始→Visual Studio 2015→VS2015 x64 本机工具命令提示符(此处一定要注意别选错了命令提示符工具)。

(2) 出现 VS2015 x86 x64 兼容工具命令提示符界面,如图 4.65 所示。在该界面中,输入命令,将当前目录变成 D:\intelFPGA_pro\19.4\hls 目录。

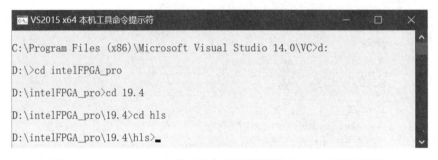

图 4.65 VS2015 x64 本机工具命令提示符界面(1)(反色显示)

(3) 在 D:\intelFPGA_pro\19.4\hls>提示符后面输入 dir 命令,如图 4.66 所示。在该目录下,有一个名字为"init_hls.bat"的批处理文件。

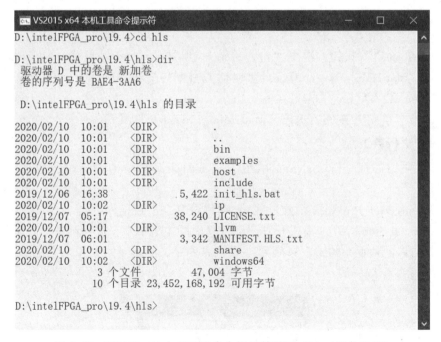

图 4.66 VS2015 x64 本机工具命令提示符界面(2)(反色显示)

(4) 在 D:\intelFPGA_pro\19.4\hls>提示符后面输入 init_hls.bat,执行该批处理文件,如图 4.67 所示。执行该批处理文件将为高级综合编译器 i++设置运行环境。

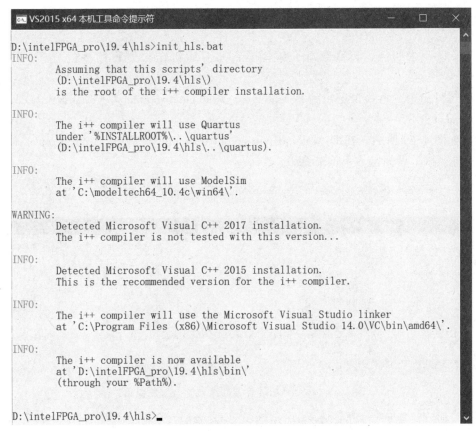

图 4.67 VS2015 x64 本机工具命令提示符界面（3）（反色显示）

（5）进入 D:\intelFPGA_pro\19.4\hls\bin 目录下，如图 4.68 所示。从图可知，高级综合编译器 i++.exe 位于该目录下。

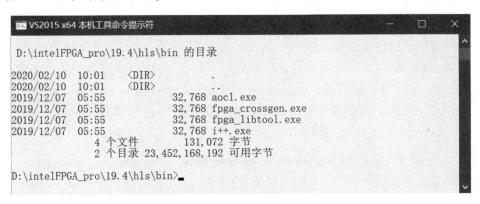

图 4.68 VS2015 x64 本机工具命令提示符界面（4）（反色显示）

> **注**：到此，为运行高级综合编译器 i++.exe 设置了全局路径，也就是在其他目录下也可以识别高级综合编译器命令 i++。

4.6.3 运行高级综合编译器

本小节将介绍如何运行高级综合编译器,并对运行结果进行简单的分析,主要步骤如下。

(1)运行命令,将目录定位到 E:\intel_dsp_example\example_4_5\MatrixMul_Project\MatrixMul_Project。

(2)如图 4.69 所示,在 E:\intel_dsp_example\example_4_5\MatrixMul_Project\MatrixMul_Project>提示符的后面输入下面的命令:

i++ -march=10CX085YU484E6G -v MatrixMul_Project.cpp

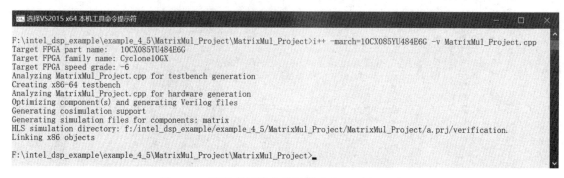

图 4.69 运行高级综合编译器命令(反色显示)

在高级综合编译器运行的过程中依次完成下面的任务:

① 为生成 MatrixMul_Project.cpp 测试平台分析文件;
② 创建 x86-64 测试平台;
③ 为生成 MatrixMul_Project.cpp 硬件分析文件;
④ 优化元器件并且生成 Verilog 文件;
⑤ 生成协同仿真支持;
⑥ 为元器件生成仿真文件;
⑦ 链接 x86 目标。

(3)在 E:\intel_dsp_example\example_4_5\Matrix_Project\Matrix_Project 目录下生成一个名字为"a.prj"的子目录,如图 4.70 所示。在该子目录中,包含 components、quartus、reports 和 verification 4 个子目录。其中:

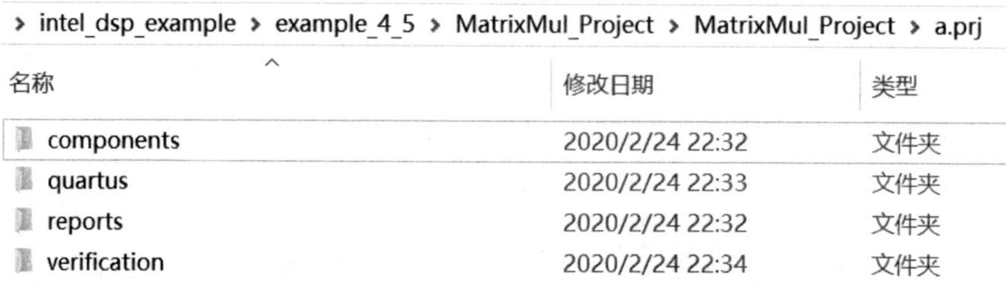

图 4.70 由高级综合编译器生成的文件夹

① components 子目录中包含 Intel Quartus Prime 工程中 IP 所需的所有文件。HLS 编译器为每个元器件生成的 IP 是自包含的。如果需要，可以将 components 子目录中的文件夹移动到所希望的其他位置或计算机。

② quartus 子目录中包含需要在 Quartus Prime Pro 工具中打开设计工程所需的文件，该设计中的工程名为"quartus_compile.qpf"，读者可以在 Quartus Prime Pro 2019.4 集成开发环境中打开该工程，如图 4.71 所示。

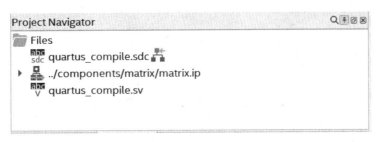

图 4.71 在"Project Navigator"窗口中显示工程中包含的文件

4.6.4 查看高级设计报告

在编译完你的元器件之后，Intel HLS 编译器会生成一个 HTML 格式的报告，用于帮助你分析元器件的各个方面，如面积、循环结构、存储器的使用情况和元器件流水线。

在该设计中，读者进入到下面的路径中打开高级设计报告 report.html，即

E:\intel_dsp_example\example_4_5\MatrixMul_Project\MatrixMul_Project\a.prj\reports

1. 高层次设计报告布局

高层次设计报告的主界面如图 4.72 所示。在该界面中，提供了 Report 菜单栏、源代码面板、分析面板和详细信息面板。

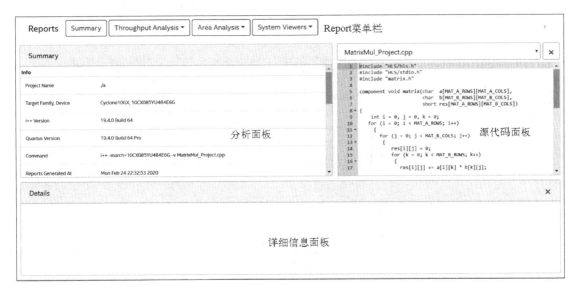

图 4.72 高层次设计报告的主界面视图

1) Reports 菜单栏

该菜单栏提供的菜单选项包括: Summary (总结)、Throughput Analyisis (吞吐量分析)、Area Analysis (面积分析) 和 System Viewers (系统查看器)。

① Throughput Analysis (吞吐量分析) 菜单中提供了 Loops Analyisis (循环分析)、f_{MAX} II Report (f_{MAX} II 报告) 和 Verification Statistics (验证统计信息) 选项,如图 4.73 所示。

② Area Analysis (面积分析) 菜单中提供了 Area Analysis of System (系统面积分析) 和 Area Analysis of Source (deprecated) (源的面积分析,弃用!),如图 4.74 所示。

图 4.73　Throughput Analysis 菜单选项　　图 4.74　Area Analysis 菜单选项

③ System Viewers (系统查看器) 菜单中提供了 Graph Viewer (beta) (图系统查看器)、Function Memory Viewer (功能存储器查看器) 和 Schedule Viewer (alpha) (调度查看器),如图 4.75 所示。

2) 分析面板

该面板显示了你从菜单栏中所选报告的详细信息。

3) 源代码面板

该面板显示了元器件中所有源文件的代码。

① 在源代码面板中,单击下拉框按钮,可以选择查看当前设计中用到的不同源文件,如图 4.76 所示。

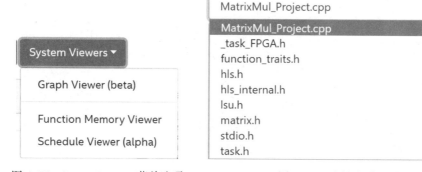

图 4.75　System Viewers 菜单选项　　图 4.76　选择查看不同的源文件入口

② 在源代码面板中,单击 ":" 按钮,出现浮动菜单。在浮动菜单内,提供了 Show/Hide source code (显示/隐藏源代码) 和 Show/Hide details (显示/隐藏详细信息) 选项,如图 4.77 所示。

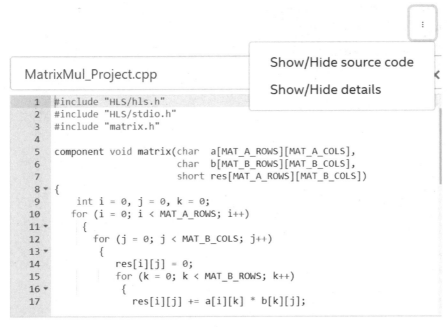

图4.77 选择显示/隐藏入口

4) 详细信息面板

对于一个循环分析或者面积中显示的每一行,详细面板信息显示了额外的信息,如果可用,在详细信息窗格显示详细信息,详细说明详细信息列报告中的注释。要折叠详细信息窗格,请执行以下操作之一。

① 在源代码面板中,单击":"按钮,出现浮动菜单。在浮动菜单内,选择"Show/Hide details"(显示/隐藏详细信息)选项。

② 单击详细面板右侧的 × 按钮。

2. 查看报告总结

报告总结如图4.78所示,它可让你快速了解编译设计的结果,其包括设计中每个元器件的总结,以及设计中每个元器件所使用资源的总结。报告总结分为5个部分,包括Info(信息)、Synthesized Function Name Mapping(综合的函数名字映射)、Quartus Fit Summary(Quartus适配总结)、Estimated Resource Usage(估计资源利用率)和Compile Warnings(编译警告)。

1) Info(信息)

在Info部分,其给出了编译的通用信息,包括下面的选项:

① Project Name(工程名字);

② Target Family, Device(目标系列,器件);

③ i++ Version(i++版本);

④ Quartus Version(Quartus版本);

⑤ Command(命令);

⑥ Reports Generate At(生成报告的时间)。

2) Quartus Fit Summary (Quartus 适配总结)

使用 Intel Quartus Prime 软件编译设计后，将填充 report.html Summary 页面的 Quartus Fit Summary 部分。提示运行 Quartus 编译来填充该部分，以查看更详细的信息。

Summary					
Info					
Project Name	./a				
Target Family, Device	Cyclone10GX, 10CX085YU484E6G				
i++ Version	19.4.0 Build 64				
Quartus Version	19.4.0 Build 64 Pro				
Command	i++ -march=10CX085YU484E6G -v MatrixMul_Project.cpp				
Reports Generated At	Mon Feb 24 22:32:53 2020				
Synthesized Function Name Mapping					
User-defined Function Name				Mapped Function Name	
void __cdecl matrix(char (* __ptr64 const)[3],char (* __ptr64 const)[3],short (* __ptr64 const)[3])				matrix	
Quartus Fit Summary					
Run Quartus compile to populate this section. See details for more information.					
Estimated Resource Usage					
Function Name	ALUTs	FFs	RAMs	DSPs	MLABs
matrix	3283	3629	38	0.5	58
Total	3283 (2%)	3629 (1%)	38 (6%)	0 (1%)	58
Available	160660	321320	587	192	0
Compile Warnings					
None					

图 4.78 报告总结

3) Estimated Resource Usage (估计的资源利用率)

该部分显示了设计中每个元器件使用的资源情况估计，以及用于所有元器件的总资源，包括 ALUTs、FFs、RAMs、DSPs 和 MLABs。

4) Compile Warning (编译警告)

该部分显示了在编译期间产生的警告信息。

思考与练习 4-10：根据图 4.78 估计出的资源使用信息，说明该设计所使用的资源情况。

3. 吞吐量分析

在 Reports 菜单栏中，单击"Throughput Analysis"，出现浮动菜单。在浮动菜单内，选择"Loops Analysis"选项，出现 Loops Analysis 界面，如图 4.79 所示。

在 Reports 菜单栏中，单击"Throughout Analysis"，出现浮动菜单。在浮动菜单内，选择"f_{MAX} II Report"选项，出现 Fmax II Report 界面，如图 4.80 所示。

思考与练习 4-11：根据图 4.79 给出的循环分析结果，说明该设计的性能。

Loops Analysis　☑ Show fully unrolled loops

	Pipelined	II	Speculated iterations	Details
Component: matrix (MatrixMul_Project.cpp:5)				Task function
matrix.B1.start (Component invocation)	Yes	>=1	n/a	
matrix.B2 (MatrixMul_Project.cpp:10)	Yes	>=1	0	Serial exe: Memory ...
matrix.B3 (MatrixMul_Project.cpp:12)	Yes	>=1	0	Serial exe: Memory ...
matrix.B4 (MatrixMul_Project.cpp:15)	Yes	~70	1	Memory dependen...

图 4.79　Loop Analysis 界面

f_{MAX} II Report

	Target II	Scheduled fMAX	Block II	Latency	Max Interleaving Iterations
Block: matrix.B0.runOnce	Not specified	240.0	1	2	1
Loop: matrix.B1.start (Unknown location:0)					
Block: matrix.B1.start	Not specified	240.0	1	2	1
Loop: matrix.B2 (MatrixMul_Project.cpp:10)					
Block: matrix.B2	Not specified	240.0	1	5	1
Loop: matrix.B3 (MatrixMul_Project.cpp:12)					
Block: matrix.B3	Not specified	240.0	1	41	1
Loop: matrix.B4 (MatrixMul_Project.cpp:15)					
Block: matrix.B4	Not specified	240.0	70	109	70
Block: matrix.B5	Not specified	240.0	1	0	1
Block: matrix.B6	Not specified	240.0	1	0	1
Block: matrix.B7	Not specified	240.0	1	0	1

图 4.80　f_{MAX} II Report 界面

4. 面积分析

在 Reports 菜单栏中，单击“Area Analysis”，出现浮动菜单。在浮动菜单中，选择

“Area Analysis of System” 选项，出现 Area Analysis of System 界面，如图 4.81 所示。图中，一个面积分解为最接近 FPGA 内的真实硬件实现。

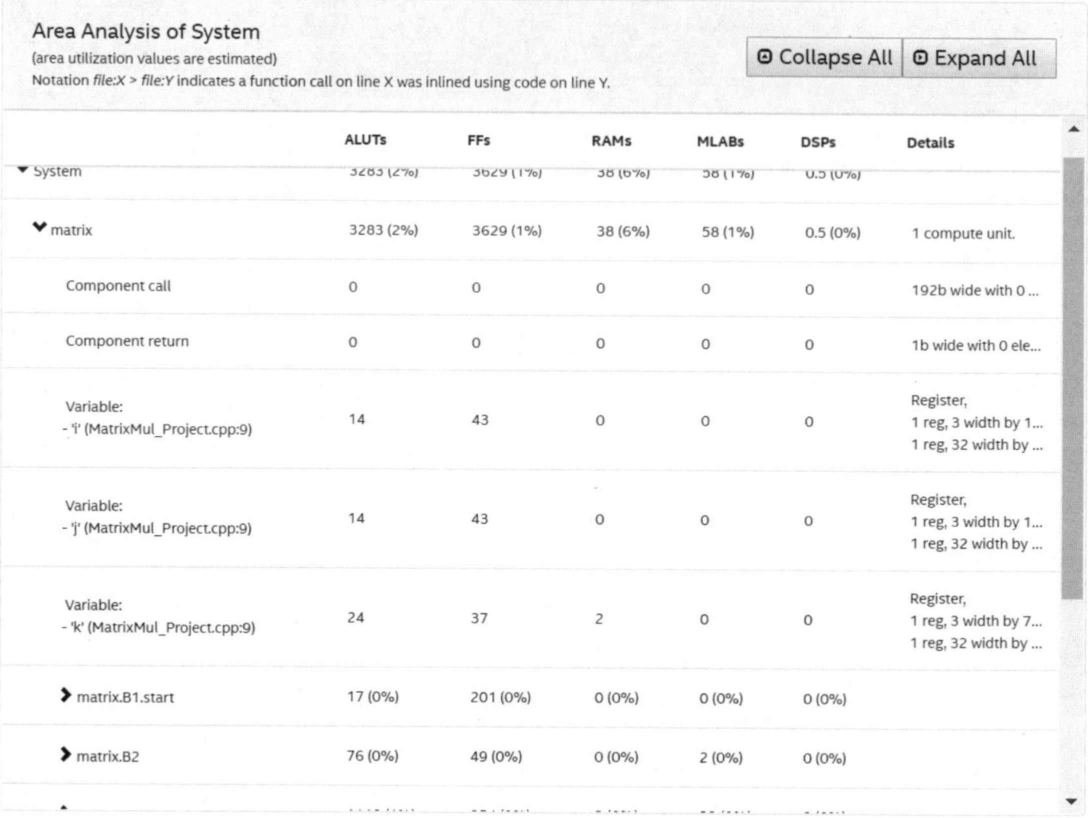
Area Analysis of System
(area utilization values are estimated)
Notation file:X > file:Y indicates a function call on line X was inlined using code on line Y.
Collapse All　Expand All

	ALUTs	FFs	RAMs	MLABs	DSPs	Details
System	3283 (2%)	3629 (1%)	38 (6%)	58 (1%)	0.5 (0%)	
matrix	3283 (2%)	3629 (1%)	38 (6%)	58 (1%)	0.5 (0%)	1 compute unit.
Component call	0	0	0	0	0	192b wide with 0 ...
Component return	0	0	0	0	0	1b wide with 0 ele...
Variable: - 'i' (MatrixMul_Project.cpp:9)	14	43	0	0	0	Register, 1 reg, 3 width by 1... 1 reg, 32 width by ...
Variable: - 'j' (MatrixMul_Project.cpp:9)	14	43	0	0	0	Register, 1 reg, 3 width by 1... 1 reg, 32 width by ...
Variable: - 'k' (MatrixMul_Project.cpp:9)	24	37	2	0	0	Register, 1 reg, 3 width by 7... 1 reg, 32 width by ...
matrix.B1.start	17 (0%)	201 (0%)	0 (0%)	0 (0%)	0 (0%)	
matrix.B2	76 (0%)	49 (0%)	0 (0%)	2 (0%)	0 (0%)	

图 4.81　Area Analysis of System 界面

在 Reports 菜单栏中，单击 “Area Analysis”，出现浮动菜单。在浮动菜单中，选择 “Area Analysis of Source” 选项，出现 Area Analysis of Source 界面，如图 4.82 所示。图中，显示了源代码的每一行如何影响面积的近似值。在源视图的面积分析中，报告按层次显示区域。

通过展开 System 入口，你可以查看设计中的所有元器件。在该例子中，只有一个 matrix 元器件。

报告的每一行包含状态和对应的信息。例如，在该设计中：

（1）MatrixMul_ Project. cpp 的第 10 行代码，实现的操作如下。

① 3-bit Integer Add（3 位整数相加）。

② 3-bit Integer Compare（3 位整数比较）。

③ 32-bit Integer Add（32 位整数相加）。

（2）My_HLS_Project. cpp 的第 17 行代码，实现的操作如下。

① 1-bit Or（×8）（1 位或）（×8）。

② 16-bit Integer Add（×4）（16 位整数相加）（×4）。

③ Load（×2）（加载）（×4）。

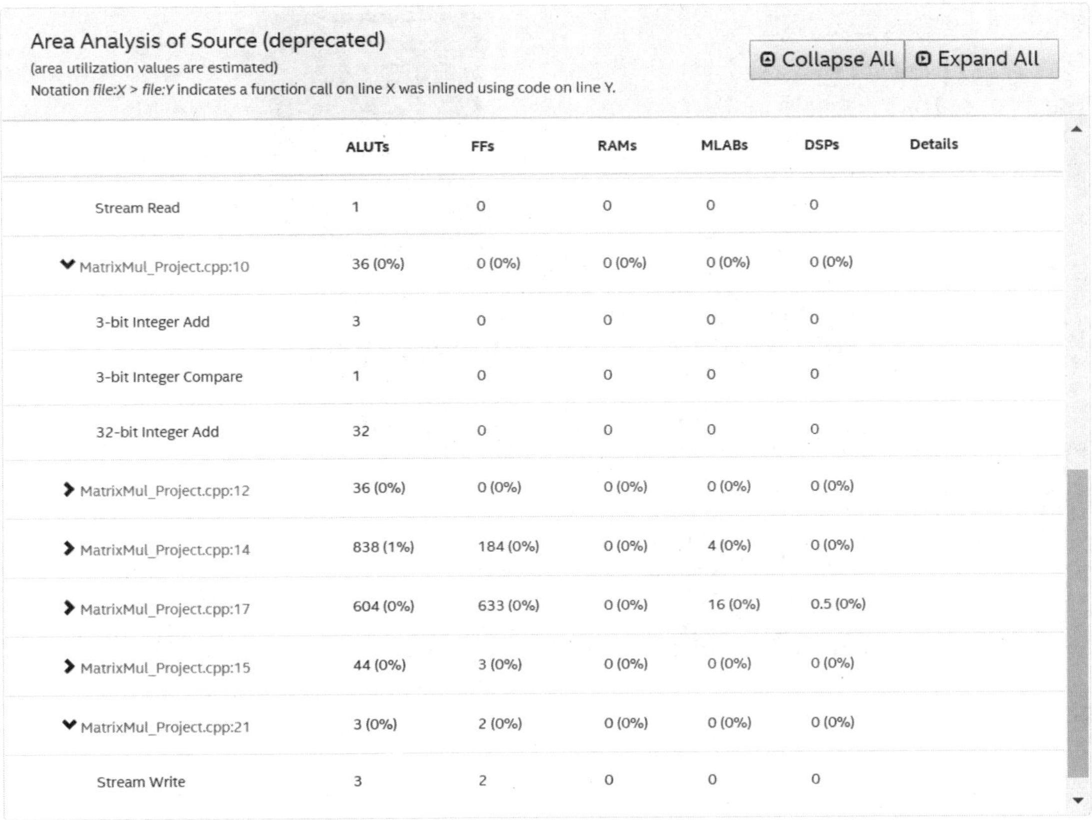

第 4 章 Intel FPGA 数字信号处理工具

	ALUTs	FFs	RAMs	MLABs	DSPs	Details
Stream Read	1	0	0	0	0	
▼ MatrixMul_Project.cpp:10	36 (0%)	0 (0%)	0 (0%)	0 (0%)	0 (0%)	
3-bit Integer Add	3	0	0	0	0	
3-bit Integer Compare	1	0	0	0	0	
32-bit Integer Add	32	0	0	0	0	
▶ MatrixMul_Project.cpp:12	36 (0%)	0 (0%)	0 (0%)	0 (0%)	0 (0%)	
▶ MatrixMul_Project.cpp:14	838 (1%)	184 (0%)	0 (0%)	4 (0%)	0 (0%)	
▶ MatrixMul_Project.cpp:17	604 (0%)	633 (0%)	0 (0%)	16 (0%)	0.5 (0%)	
▶ MatrixMul_Project.cpp:15	44 (0%)	3 (0%)	0 (0%)	0 (0%)	0 (0%)	
▼ MatrixMul_Project.cpp:21	3 (0%)	2 (0%)	0 (0%)	0 (0%)	0 (0%)	
Stream Write	3	2	0	0	0	

图 4.82　Area Analysis of Source 界面

④ Store（保存）。

⑤ llvm.fpga.dot.product（×4）（点积）（×4）。

5. 系统查看器

在 Reports 菜单栏中，单击"System Viewers"，出现浮动菜单。在浮动菜单中，选择"Graph Viewer（beta）"选项。在左侧的 Graph List（bata）窗口中，选择"System"选项。在右侧的 Graph Viewer（beta）窗口中，其给出了系统的操作流，如图 4.83 所示。

> **注**：当把鼠标放置到图中的每一个节点时，将会详细显示该节点的信息（图中黑底白字方框表示），并且显示与设计源代码之间的对应关系。

在该窗口中，其给出了系统的操作流程，包括 call.matrix、component matrix 和 return.matrix。其中，compont matrix 中包含 RD 和 WR。

思考与练习 4-12：根据图 4.83，说明流程中每个节点执行的操作。

在 Graph List（beta）窗口中，选择不同的选项，然后在右侧的 Graph Viewer（beat）窗口中，观察并分析其流程。例如，当选中并单击"matrix.B0.runOnce"选项时，对应到代码窗口的第 5 行代码，即 component void matrix（char a[MAT_A_ROWS][MAT_A_COLS]，并且在 Graph Viewer（beta）窗口中给出了处理流程，如图 4.84 所示。

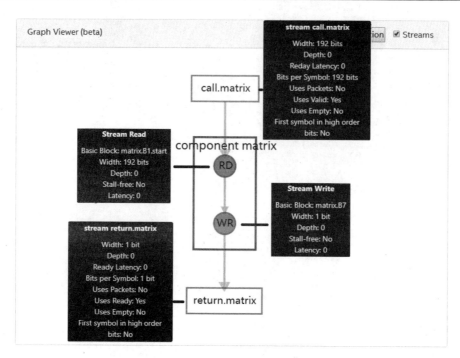

图 4.83 Graph Viewer（beta）窗口（1）

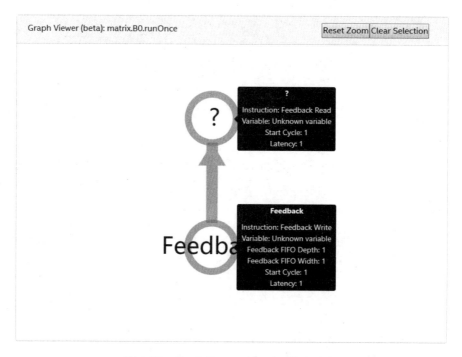

图 4.84 Graph Viewer（beta）窗口（2）

思考与练习 4-13：在 Graph List（beta）窗口中选择不同的选项，在 Graph Viewer（beta）窗口中分析其处理流程。

在 Reports 菜单栏中，选择 System Viewers→Schedule Viewer（alpha），出现新的界面。

在该界面左侧的 Schedule List（alpha）窗口下列出了调度列表，在其右侧的 Schedule Viewer（alpha）窗口中给出了在不同时钟周期的操作。在左侧的 Schedule List（alpha）窗口中选择"System"选项，在其右侧的 Schedule Viewer（alpha）窗口中给出了整个设计在不同时钟周期所执行的不同操作，如图 4.85 所示。

> **注**：为了看清不同时钟周期的操作细节，读者可以在左侧的 Schedule List 窗口选择不同的选项，并且通过操作鼠标的滚轮放大和缩小右侧 Schedule Viewer（alpha）窗口中的视图来观察不同操作的起始时刻和结束时刻，并且查看不同操作和 .cpp 源文件中代码之间的对应关系。

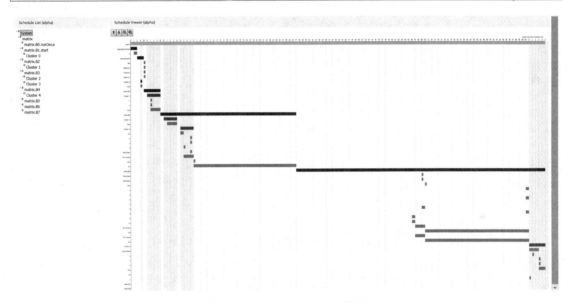

图 4.85 Schedule Viewer 界面

4.6.5 查看元器件 RTL 仿真波形

本小节将介绍如何查看元器件 RTL 仿真波形，其步骤主要如下。

（1）重新用 i++ -ghdl 标志编译设计。

（2）编译完设计后，进入目录 E:\intel_dsp_example\example_4_5\MatrixMul_Project\MatrixMul_Project。在该目录下，生成了一个默认名字为"a.exe"的文件，如图 4.86 所示。

（3）双击图中的 a.exe 文件，执行该文件。

（4）在 a.prj\verification 目录下，新生成了一个名字为"vsim.wlf"的文件，如图 4.87 所示。

（5）在 Windows 10 操作系统中，选择开始→Intel FPGA 19.1.0.240 Pro Edition→ModelSim-Intel FPGA Starter Edition 10.6d（Quartus Prime Pro 19.1），单击鼠标右键，出现浮动菜单。在浮动菜单内，选择更多→以管理员身份运行，以打开 ModelSim 仿真工具。

（6）在 ModelSim 主界面的主菜单下，选择 File→Open…。

名称	修改日期	类型	大小
a.prj	2020/2/25 11:12	文件夹	
Debug	2020/2/24 19:39	文件夹	
a	2020/2/25 11:12	应用程序	325 KB
a	2020/2/25 11:12	Program Debug Da...	2,124 KB
matrix	2020/2/24 19:39	C/C++ Header	1 KB
MatrixMul_Project	2020/2/24 19:39	CPP 文件	1 KB
MatrixMul_Project	2020/2/24 21:36	VC++ Project	6 KB
MatrixMul_Project.vcxproj	2020/2/24 19:31	VC++ Project Filter...	2 KB

图 4.86 使用-ghdl 选项后工程目录下的所有文件

名称	修改日期	类型	大小
ip	2020/2/25 11:11	文件夹	
tb	2020/2/25 11:11	文件夹	
tb.qsys	2020/2/25 11:11	QSYS 文件	279 KB
transcript	2020/2/25 11:15	文本文档	53 KB
vsim.wlf	2020/2/25 11:15	WLF 文件	1,640 KB

图 4.87 生成的 vsim.wlf 文件

（7）出现"Open File"对话框。在该对话框中，将"文件类型"设置为 All Files，将目录定位到 E:\intel_dsp_example\example_4_5\MatrixMul_Project\MatrixMul_Project\a.prj\verfication，打开 vsim.wlf 文件。

（8）在左侧的 Instance 窗口中，找到并单击"matrix_inst"（元器件名_inst）选项，在右侧窗口中，列出了该模块中所有的信号，如图 4.88 所示。在该窗口中，选中所有信号，单击鼠标右键，出现浮动菜单。在浮动菜单内，选择"Add Wave"选项。

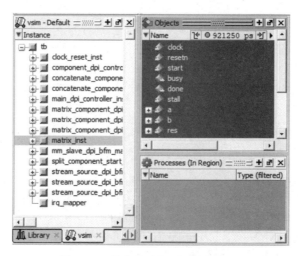

图 4.88 将信号添加到波形文件中

(9) 在 Wave-Default 窗口中，所添加信号的仿真结果如图 4.89 所示。

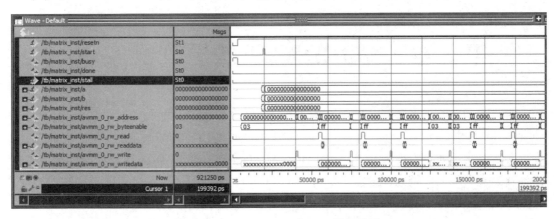

图 4.89　Wave-Default 窗口（反色显示）

思考与练习 4-14：分析图 4.89 给出的仿真结果，主要考虑在 Visual Studio 中的仿真结果与在 ModelSim 中仿真结果之间的对应关系（提示：需要考虑总线接口协议）。

第 5 章 CORDIC 算法原理及实现

本章将介绍 CORDIC 算法的原理，着重介绍三个坐标系及其两种模式下的 CORDIC 的实现原理和迭代算法的实现方法，主要内容包括 CODRIC 算法原理、CORDIC 循环和非循环结构硬件实现原理、向量幅度的计算、CORDIC 算法的模型实现、CORDIC 子系统的模型实现、圆坐标系算术功能的模型实现、流水线技术的 CORDIC 模型实现\向量幅度精度的研究、调用 CORDIC 块的模型实现，以及 CORDIC 算法的 HLS 实现。

CORDIC 算法在数字信号处理系统中有广泛的应用，读者要掌握其算法原理及其在 Intel FPGA 上的实现方法。

5.1 CORDIC 算法原理

坐标旋转数字计算机（Coordinate Rotation Digital Computer，CORDIC）算法可以追溯到 1957 年由 J. Volder 发表的一篇文章。在 20 世纪 50 年代，在大型实际的计算机中，由于实现移位相加受到了当时条件的限制，所以使用 CORDIC 变得非常必要。到了 20 世纪 70 年代，惠普公司和其他公司生产了手持计算器，许多计算器使用一个内部 CORDIC 单元来计算所有的三角函数（那时计算一个角度的正切值需要大约 1s 的延迟）。

20 世纪 80 年代，随着高速度乘法器与带有大存储量的通用处理器的出现，CORDIC 算法变得无关紧要了。然而，对于各种通信技术和矩阵算法而言，需要执行三角函数和均方根等运算。

但是，对于 FPGA 来说，CORDIC 是数字信号处理应用中，如多输入多输出（multi-input & multi-output，MIMO）、波束形成及其他自适应系统，用于计算三角函数的首选方法。

5.1.1 圆坐标系旋转

在 xy 坐标平面内将点 (x_1,y_1) 旋转 θ 角度后到达点 (x_2,y_2)，如图 5.1 所示，其关系用下式表示：

$$x_2 = x_1\cos\theta - y_1\sin\theta$$
$$y_2 = x_1\sin\theta + y_1\cos\theta \quad (5.1)$$

其中，坐标 (x_1,y_1) 与 (x_2,y_2) 满足下面的关系，即

$$x_1^2 + y_1^2 = x_2^2 + y_2^2 = R^2$$

其中，R 为半径。将上述过程称为平面旋转、向量旋转或者线性（矩阵）代数中的吉文斯旋转。

上面的方程组可写成矩阵向量形式：

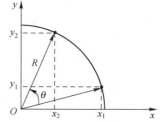

图 5.1 圆坐标系旋转

$$\begin{bmatrix} x_2 \\ y_2 \end{bmatrix} = \begin{bmatrix} \cos\theta & -\sin\theta \\ \sin\theta & \cos\theta \end{bmatrix} \begin{bmatrix} x_1 \\ y_1 \end{bmatrix} \tag{5.2}$$

例如,一个90°相移表示为

$$\begin{bmatrix} x_2 \\ y_2 \end{bmatrix} = \begin{bmatrix} 0 & -1 \\ 1 & 0 \end{bmatrix} \begin{bmatrix} x_1 \\ y_1 \end{bmatrix} = \begin{bmatrix} -y_1 \\ x_1 \end{bmatrix} \tag{5.3}$$

类似地,一个45°相移表示为

$$\begin{bmatrix} x_2 \\ y_2 \end{bmatrix} = \begin{bmatrix} \cos45° & -\sin45° \\ \sin45° & \cos45° \end{bmatrix} \begin{bmatrix} x_1 \\ y_1 \end{bmatrix} = \begin{bmatrix} 0.7071 & -0.7071 \\ 0.7071 & 0.7071 \end{bmatrix} \begin{bmatrix} x_1 \\ y_1 \end{bmatrix} = \begin{bmatrix} 0.7071(x_1-y_1) \\ 0.7071(x_1+y_1) \end{bmatrix}$$

通过提取公共因子 $\cos\theta$,式(5.2)可写成下面的形式:

$$x_2 = x_1\cos\theta - y_1\sin\theta = \cos\theta(x_1 - y_1\tan\theta)$$
$$y_2 = x_1\sin\theta + y_1\cos\theta = \cos\theta(y_1 + x_1\tan\theta) \tag{5.4}$$

如果去除项 $\cos\theta$,则得到伪旋转方程式:

$$\hat{x}_2 = x_1 - y_1\tan\theta$$
$$\hat{y}_2 = y_1 + x_1\tan\theta \tag{5.5}$$

旋转的角度是正确的,但是 x 与 y 的值增加 $\cos^{-1}\theta$,如图5.2所示。由于 $\cos^{-1}\theta>1$,所以模的值变大。

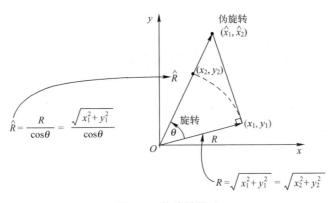

图 5.2 伪旋转描述

例如,在 $R=1$ 时,$(x_1,y_1) = (0.34,0.94)$,经过45°旋转后 $(x_2,y_2) = (0.91,0.43)$。然而,对于伪旋转而言,$(\hat{x}_2,\hat{y}_2) = (1.28,0.61)$,则 $\hat{R}$ 表示为

$$\hat{R} = \frac{R}{\cos45°} = \frac{1}{0.707} = 1.41$$

并不能通过适当的数学方法去除 $\cos\theta$ 项。然而,随后发现去除 $\cos\theta$ 项可以简化坐标平面旋转的计算操作。

CORDIC方法的核心是伪旋转角度,其中 $\tan\theta = 2^{-i}$,故方程可表示为

$$\hat{x}_2 = x_1 - y_1\tan\theta = x_1 - y_1 2^{-i}$$
$$\hat{y}_2 = y_1 + x_1\tan\theta = y_1 + x_1 2^{-i} \tag{5.6}$$

CORDIC算法中每个迭代 i 的旋转角度(精确到9位小数)如表5.1所示。

表 5.1 CORDIC 算法中每个迭代 i 的旋转角度（精确到 9 位小数）

i	θ^i	$\tan\theta^i = 2^{-i}$
0	45.0	1
1	26.565051177…	0.5
2	14.036243467…	0.25
3	7.125016348…	0.125
4	3.576334374…	0.0625
5	1.7899106082…	0.03125
6	0.8951737102…	0.015625
7	0.4476141709…	0.0078125
8	0.2238105004…	0.00390625

在这里，把变换改成了迭代算法。将各种可能的旋转角度加以限制，使得能够通过一系列连续小角度的旋转迭代 i 来完成对任意角度的旋转。旋转角度遵循法则 $\tan\theta^i = 2^{-i}$，遵循这样的法则，乘以正切项变成了移位操作。

前几次迭代的形式为：第 1 次迭代旋转 45°，第 2 次迭代旋转 26.6°，第 3 次迭代旋转 14°，第 4 次迭代旋转 7°等。

很明显，每次旋转的方向都影响到最终要旋转的累积角度。在 $-99.7°\leqslant\theta\leqslant 99.7°$ 的范围内，可以旋转任意角度。满足法则的所有角度的总和 $\sum_{i=0}^{\infty}\theta^i = 99.7$。对于该范围之外的角度，可使用三角恒等式转化为该范围内的角度。当然，角度分辨率的数据位数与最终的精度有关。13 次的迭代结果如表 5.2 所示。

表 5.2 13 次的迭代结果

i	$\tan\theta$	θ^i	$\cos\theta$	$\sin\theta$
1	1	45.0	0.7071067812	0.7071067812
2	0.5	26.5650511771	0.8944271910	0.4472135955
3	0.25	14.0362434679	0.9701425001	0.2425356252
4	0.125	7.1250163489	0.9922778767	0.1240347347
5	0.0625	3.5763343750	0.9980525785	0.0623782859
6	0.03125	1.7899106082	0.9995120761	0.0312347520
7	0.015625	0.8951737102	0.9998779520	0.0156230952
8	0.0078125	0.4476141709	0.9999694838	0.0078122640
9	0.00390625	0.2238105004	0.9999923707	0.0039062184
10	0.001953125	0.1119056771	0.9999980927	0.0019530992
11	0.0009765625	0.0559528919	0.9999995232	0.0009765243
12	0.0004882813	0.0279764555	0.9999998808	0.0004882622
13	0.0002441407	0.0139882314	0.9999999702	0.0002441311

$$\cos(45°)×\cos(26.5°)×\cos(14.036°)×\cos(7.125°)×\cdots×\cos(0.0139°) = 0.607252941$$

旋转13次后，旋转向量增量为

$$k_n = \frac{1}{\cos(45°)} × \frac{1}{\cos(26.565°)} × \frac{1}{\cos(14.036°)} × \frac{1}{\cos(7.125°)} × \frac{1}{\cos(3.576°)} × \frac{1}{\cos(1.79°)}$$
$$= 1.4142135623 × 1.1180339887 × 1.0307764065 × 1.0077822186 × 1.0019512214 × 1.0004881621$$
$$= 1.6464922791$$

因此，最终伪旋转向量的长度应该除以 1.6464922791，也就是乘以常数 $(1/k_n)$ = 0.6073517700。

更进一步地，推广：

$$k_n = \prod_n 1/(\cos\theta_i) = \prod_n (\sqrt{1 + 2^{(-2i)}})$$

当 $n \to \infty$ 时，$k_n = 1.6464922791$，$1/k_n = 0.6073517700$。

前面提到，所有 CORDIC 角度的和趋向于 99.7°，读者很容易想到，如果旋转角度大于 99.7°，如 124°，该如何处理呢。

根据式（5.3）可知，这是 90°旋转时横坐标和纵坐标之间的关系。因此，通过 90°旋转和 CORDIC 操作，在 360°范围之内可以实现任何期望的角度旋转。使用 90°旋转，用于保证向量在 CORDIC 算法的收敛区域内，如图 5.3 所示。

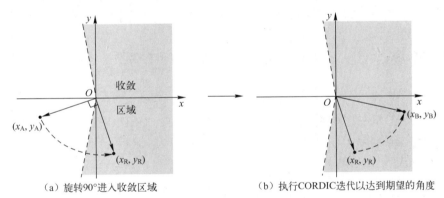

（a）旋转90°进入收敛区域　　　　（b）执行CORDIC迭代以达到期望的角度

图 5.3　处理大于收敛区域角度的方法

例如，将一个向量以顺时针方向旋转 124°。首先，通过一个简单的象限操作将向量旋转 90°，然后使用 CORDIC 旋转剩余的（124°-90°=34°）角度，如图 5.4 所示。

从图 5.3 可知，当一个向量位于第 2 象限时，则可以通过顺时针的 90°旋转操作，进入第一象限收敛区域；当一个向量位于第 3 象限时，则可以通过逆时针的 90°旋转操作，进入第四象限收敛区域。

对于 FPGA 而言，通过向量 x 和 y 坐标的 MSB，即符号位，就可以判断出该向量位于第几象限：

（1）当向量位于第一象限时，$(x)_{MSB} = 0$ 且 $(y)_{MSB} = 0$。
（2）当向量位于第二象限时，$(x)_{MSB} = 1$ 且 $(y)_{MSB} = 0$。
（3）当向量位于第三象限时，$(x)_{MSB} = 1$ 且 $(y)_{MSB} = 1$。
（4）当向量位于第四象限时，$(x)_{MSB} = 0$ 且 $(y)_{MSB} = 1$。

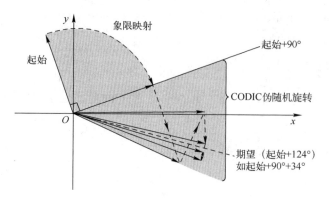

图 5.4 一个向量旋转 124° 的处理过程

> **注**：象限映射操作隐含说明，实际上的 CORDIC 操作要求的范围在 $-90° \sim +90°$，而不是前面所说的 $-99.7° \sim +99.7°$。

对于每次迭代而言，前面所示的伪旋转现在可以表示为

$$x_{i+1} = x_i - d_i \cdot (2^{-i} y_i)$$
$$y_{i+1} = y_i + d_i \cdot (2^{-i} x_i) \tag{5.7}$$

式中，符号 $d_i = \pm 1$，它是一个判决算子，用于确定旋转的方向，即顺时针旋转或逆时针旋转。

在这里引入第 3 个等式，将其称为角度累加器，用于在每次迭代过程中追踪累加的旋转角度：

$$z_{i+1} = z_i - d_i \cdot \theta_i \tag{5.8}$$

式 (5.7) 和式 (5.8) 为圆周坐标系中用于角度旋转的 CORDIC 算法的表达式。例如，初始的输入为 $0°$，当旋转 $+45°$、$-26.6°$、$-14°$、$+7.1°$ 和 $-3.6°$ 后，角度累加器将保持每次迭代后 z 的值，如表 5.3 所示。

表 5.3 每次迭代后 z 的值

迭 代 次 数	z 的取值
开始	0°
$i=0$ 后	+45°
$i=1$ 后	+18.4°
$i=2$ 后	+4.4°
$i=3$ 后	+11.5°
$i=4$ 后	+7.9°

CORDIC 方法提供了两种操作模式，即旋转模式和向量模式。工作模式决定了控制算子 d_i 的条件。在旋转模式中，将一个输入向量旋转一个期望的角度；在向量模式中，将一个输入向量旋转到 x 轴。

注：本章还将介绍在其他坐标系中如何使用 CORDIC 算法，通过这些坐标系可以得到更多的函数。

1. 旋转模式

在旋转模式中选择：

$$d_i = \text{sign}(z_i) \tag{5.9}$$

也就是 d_i 的取值取决于 z_i 的符号。

旋转的目标是使 $z_i \to 0$。经过 n 次迭代后得到：

$$\begin{aligned} x_n &= k_n(x_0 \cos z_0 - y_0 \sin z_0) \\ y_n &= k_n(y_0 \cos z_0 + x_0 \sin z_0) \\ z_n &= 0 \end{aligned} \tag{5.10}$$

假设任意起始点坐标为 $(x_0, y_0) = (0.9, -2.1)$，并且期望旋转的角度 z_0 为 $52°$，具体的迭代过程如表 5.4 所示。

表 5.4　任意点的迭代过程

i	d_i	θ_i	z_i	x_{i+1}	y_{i+1}
0	+1	45°	52°	3.0	-1.2
1	+1	26.6°	7.0°	3.6	0.3
2	-1	14.0°	-19.6°	3.675	-0.6
3	-1	7.1°	-5.6°	3.6	-1.0594
4	+1	3.6°	1.5°	3.6662	-0.8344
5	-1	1.8°	-2.1°	3.6401	-0.9489
6	-1	0.9°	-0.3°	3.6253	-1.0058
7	+1	0.4°	+0.6°	3.6332	-0.9775
8	+1	0.2°	+0.2°	3.6370	-0.9633
9	—	0.1°	+0.0°	—	—

此外，当设置下面的条件时：

$$x_0 = 1/k_n \text{ 和 } y_0 = 0$$

通过迭代可以计算得到 $\cos z(0)$ 和 $\sin z(0)$ 的值。因此，输入 x_0 和 $z_0(y_0 = 0)$，然后通过迭代使 z_{i+1} 的取值趋近于 0。

当 $z_0 = 30°$ 时，计算 $\sin z_0$ 和 $\cos z_0$ 的过程如表 5.5 所示。从表中可知，该迭代过程遵循式 (5.7)。

表 5.5　当 $z_0 = 30°$ 时，计算 $\sin z_0$ 和 $\cos z_0$ 的迭代过程

i	d_i	θ_i	z_i	x_{i+1}	y_{i+1}
0	+1	45°	30°	0.6073	0.6073
1	-1	26.6°	-15°	0.9109	0.3036
2	+1	14.0°	+11.6°	0.8350	0.5313

续表

i	d_i	θ_i	z_i	x_{i+1}	y_{i+1}
3	−1	7.1°	−2.4°	0.9014	0.4270
4	+1	3.6°	+4.7°	0.8747	0.4833
5	+1	1.8°	+1.1°	0.8596	0.5106
6	−1	0.9°	−0.7°	0.8676	0.4972
7	+1	0.4°	+0.2°	0.8637	0.5040
8	−1	0.2°	−0.2°	0.8657	0.5006
9	—	0.1°	+0.0°	—	—

因此，得到：

$$x_9 = \sin(z_0) = \sin(30°) = 0.5006$$
$$y_9 = \cos(z_0) = \cos(30°) = 0.8657$$

2. 向量模式

在向量模式中选择：

$$d_i = -\text{sign}(x_i y_i)$$

目标是使 $|y_i| \to 0$。经过 n 次迭代后，用下式表示：

$$x_n \approx k_n (\sqrt{(x_0)^2 + (y_0)^2})$$
$$y_n = 0$$
$$z_n \approx z_0 + \tan^{-1}\left(\frac{y_0}{x_0}\right) \tag{5.11}$$

通过设置 $x_0 = 1$ 和 $z_0 = 0$ 来计算 $\tan^{-1} y_0$。

当 $y_0 = 2$ 并且 $x_0 = 1$ 时，计算 $\tan^{-1}(y_0/x_0)$ 的过程如表5.6所示。

表5.6 当 $y_0 = 2$ 并且 $x_0 = 1$ 时，计算 $\tan^{-1}(y_0/x_0)$ 的过程

i	d_i	θ_i	z_i	x_{i+1}	y_{i+1}
0	−1	45°	0°	3.00	1
1	−1	26.6°	45°	3.50	−0.5
2	+1	14°	71.6°	3.63	0.375
3	−1	7.1°	57.6°	3.67	−0.078
4	+1	3.6°	64.7°	3.68	0.151
5	−1	1.8°	61.1°	3.68	0.036
6	−1	0.9°	62.9°	3.68	−0.019
7	+1	0.4°	63.8°	3.68	0.009
8	−1	0.2°	63.4°	3.68	0.005

从上表可知，在执行完第8次迭代后，$|y_9| \to 0$，$z_8 = 63.4° \approx \tan^{-1}(2)$。

此外，从式（5.11）可知，CORDIC算法的向量模式可以得到输入向量的幅度（模）。当使用向量模式旋转后，向量就与 x 轴重合。因此，向量的幅度就是旋转向量的 x 值。幅度

结果由 k_n 增益标定，即表示为

$$3.68 \times \frac{1}{k_n} = \frac{3.68}{1.6467} = 2.23$$

5.1.2 线性坐标系旋转

本小节将介绍线性坐标系下的旋转模式和向量模式。

1. 旋转模式

线性坐标系下的旋转模式如图 5.5 所示，迭代过程表示为

$$\begin{aligned} x_{i+1} &= x_i - 0 \cdot d_i \cdot (2^{-i} y_i) = x_i \\ y_{i+1} &= y_i + d_i \cdot (2^{-i} x_i) \\ z_{i+1} &= z_i - d_i \cdot (2^{-i}) \end{aligned} \quad (5.12)$$

在旋转模式中，选择 $d_i = \text{sign}(z_i)$，使得 $z_i \to 0$。n 次迭代后得到：

$$\begin{aligned} x_n &= x_0 \\ y_n &= y_0 + x_0 z_0 \end{aligned} \quad (5.13)$$

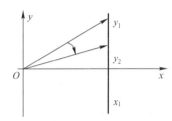

图 5.5 线性坐标旋转

该等式类似于实现一个移位-相加的乘法器。

从上式可知，对于乘法计算而言，将 y_0 设置为 0。

2. 向量模式

在向量模式中，选择 $d_i = -\text{sign}(x_i y_i)$，使得 $y_i \to 0$。经过 n 次迭代后，用下式表示：

$$\begin{aligned} x_n &= x_0 \\ y_n &= 0 \\ z_n &= z_0 + y_0 / x_0 \end{aligned} \quad (5.14)$$

这个迭代式可以用于比例运算。当只使用除法运算时，将 z_0 设置为 0。

> **注**：在线性坐标系中，增益固定，所以不需要进行任何标定。

5.1.3 双曲线坐标系旋转

本小节将介绍双曲线坐标系下的旋转模式和向量模式。

1. 旋转模式

双曲坐标系下的旋转模式如图 5.6 所示，其迭代过程表示为

$$\begin{aligned} x_{(i+1)} &= x_i + d_i \cdot (2^{-i} y_i) \\ y_{i+1} &= y_i + d_i \cdot (2^{-i} x_i) \\ z_{i+1} &= z_i - d_i \cdot \tanh^{-1}(2^{-i}) \end{aligned} \quad (5.15)$$

在旋转模式中，选择 $d_i = \text{sign}(z_i)$，使得 $z_i \to 0$。n 次迭代后得到：

$$\begin{aligned} x_n &= K_n^* (x_0 \cosh z_0 - y_0 \sinh z_0) \\ y_n &= K_n^* (y_0 \cosh z_0 + x_0 \sinh z_0) \end{aligned} \quad (5.16)$$

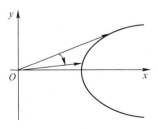

图 5.6 双曲线坐标系旋转

$$z_n = 0$$

在双曲坐标系下旋转时，伸缩因子 k_n 与圆周旋转的因子有所不同。双曲伸缩因子 k_n^* 可表示为

$$k_n^* = \prod_n (\sqrt{1 - 2^{-2i}}) \tag{5.17}$$

且当 $n \to \infty$ 时，$k_n^* \to 0.82816$。

从式 (5.16) 可知，当设置 $x_0 = 1/k_n^*$ 和 $y_0 = 0$ 时，可以得到 $\cosh z$ 和 $\sinh z$ 的值。

2. 向量模式

在向量模式中，选择 $d_i = -\text{sign}(x_i y_i)$，使得 $y_i \to 0$。经过 n 次迭代后，用下式表示：

$$\begin{aligned} x_n &= k_n^* \sqrt{x_0^2 - y_0^2} \\ y_n &= 0 \\ z_n &= z_0 + \tanh^{-1}(y_0 / x_0) \end{aligned} \tag{5.18}$$

从上式可知，当设置 $x_0 = 1$ 且 $z_0 = 0$ 时，可以计算 $\tanh^{-1} y_0$。

> **注**：双曲坐标系下的坐标变换不一定收敛。根据文献，当迭代系数为 4、13、40、k、$3k+1$、…、时，该系统是收敛的。

根据三角函数之间的关系，可以通过 CORDIC 算法的计算得到下面的函数值：

$$\begin{aligned} \tan\theta &= \frac{\sin\theta}{\cos\theta} \\ \tanh\theta &= \frac{\sinh\theta}{\cosh\theta} \\ \exp\theta &= \sinh\theta + \cosh\theta \\ \text{Ln}\theta &= 2\tanh^{-1}[(\theta-1)/(\theta+1)] \\ \theta^{1/2} &= ((\theta+1/4)^2 - (\theta-1/4)^2)^{1/2} \end{aligned} \tag{5.19}$$

5.1.4 CORDIC 算法通用表达式

从前面内容可以看出，在圆周坐标系、线性坐标系和双曲线坐标系下，CORDIC 的表达式相似。因此，可以给出一个通用的表达式，然后通过选择不同的模式变量就可以得到 CORDIC 算法的通用公式。其通用公式表示为

$$\begin{aligned} x_{i+1} &= x_i - \mu \cdot d_i (2^{-i} \cdot y_i) \\ y_{i+1} &= y_i + d_i \cdot (2^{-i} \cdot x^{(i)}) \\ z_{i+1} &= z_i - d_i \cdot e_i \end{aligned} \tag{5.20}$$

式中，e_i 用于在给定旋转坐标系内确定迭代 i 次所给出的旋转初角。其中：

(1) 对于圆坐标系，$e_i = \tan^{-1}(2^{-i})$，$\mu = 1$。
(2) 对于线性坐标系，$e_i = 2^{-i}$，$\mu = 0$。
(3) 对于双曲线坐标系，$e_i = \tanh^{-1}(2^{-i})$，$\mu = -1$。

> **注**：对于圆坐标系，当 $n \to \infty$ 时，最大的角度为 99.7°；对于线性坐标系，当 $n \to \infty$ 时，最大的角度为 57.3°；对于双曲坐标系，当 $n \to \infty$ 时，最大的角度为 65.7°。

5.2 CORDIC 循环和非循环结构硬件实现原理

下面将介绍如何在 Intel FPGA 器件上通过 Intel 的 DSP Builder 工具实现 CORDIC 算法的原理。理想的 CORDIC 结构取决于在应用中速度和面积的均衡。在 FPGA 中实现 CODIC 的方法包括循环结构、非循环结构和非循环流水线结构。

5.2.1 CORDIC 循环结构原理和实现方法

本小节将介绍 CORDIC 循环结构的原理及其实现方法。

1. CORDIC 循环结构的原理

在循环的方式中,所有的迭代均在一个单元内完成,这种实现方式的结构如图 5.7 所示。

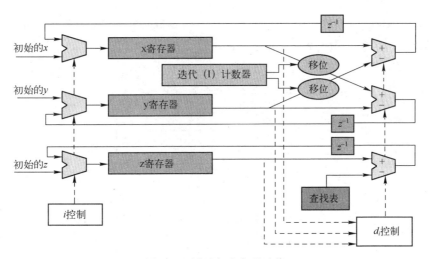

图 5.7 循环方式实现迭代

这种结构的内部带有反馈。在这个结构中,移位寄存器的实现是一个难点。在非循环的结构中,使用的是固定结构的移位寄存器,通过布线资源建立。而在循环方式的结构中,则要求一个可变位数的移位寄存器,每个单元乘以 2^{-i},表示移位 i 个比特位。单个的单元必须能够提供所有的 i 值,可以使用桶型移位寄存器来实现这种可变移位寄存器。

2. 移位寄存器的设计

通过多路复用器,可以构成桶型移位寄存器。一个 4 位桶型移位寄存器的结构如图 5.8 所示,从图中可知下面的操作规则。

(1) S_0 控制桶型移位器的第一列:①当 $S_0=0$ 时,输入直接连接到输出;②当 $S_0=1$ 时,移动一位,输入 $D_0D_1D_2D_3$,输出 $D_3D_0D_1D_2$。

(2) S_1 控制桶型移位器的第二列:①当 $S_1=0$ 时,输入直接连接到输出;②当 $S_1=1$ 时,移动二位,输入 $D_3D_0D_1D_2$,输出 $D_1D_2D_3D_0$。

这个结构非常灵活,可根据需要进行扩展。如果要求使用 8 位的桶型移位寄存器结构,则需要额外的列,即向下扩展该阵列。

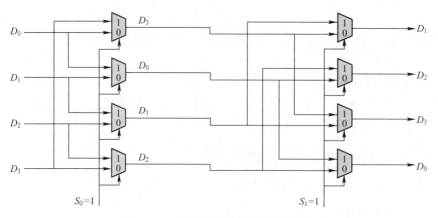

图 5.8 4 位桶型移位寄存器的结构

3. 迭代位-串行移位寄存器

迭代位-串行移位寄存器的结构如图 5.9 所示,该结构包含:①3 个位串行加法器/减法器;②3 个移位寄存器;③一个串行 ROM(用于存放旋转角度);④两个复用器(用于实现可变位移器)。

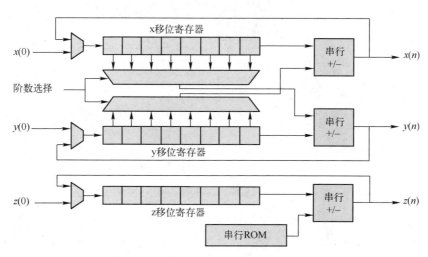

图 5.9 迭代位-串行移位寄存器的结构

在该设计中,每个移位寄存器必须具有与字宽相等的长度。因此,每次迭代都需要该逻辑电路运行 w 次(w 为字的宽度)。

首先将初始值 $x(0)$、$y(0)$ 和 $z(0)$ 加载到相关的移位寄存器中。因此,通过加法器或者减法器右移数据,将数据返回到移位寄存器的最左端。在该迭代结构中,通过 2 个复用器实现变量移位寄存器。在每个迭代的开始阶段,将两个复用器设置为从移位寄存器中读取合适的抽头数据。因此,来自每个复用器的数据被传送到了合适的加法器/减法器中。在每次迭代的开始,从 x、y 和 z 寄存器中读出符号,用于给加法器设置正确的操作模式。在最后一次的迭代过程中,可以直接从加法器/减法器中读取结果。

5.2.2 CORDIC 非循环结构的实现原理

如图 5.10 所示，在 CORDIC 的非循环的结构中使用一个阵列单元实现 CODIC 算法。该算法中的每一次迭代各自使用一个单元。

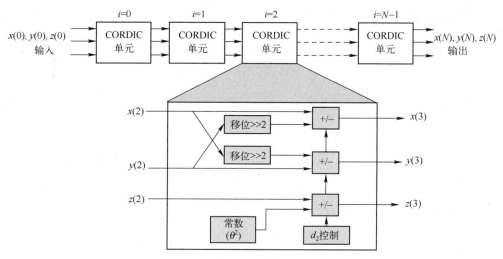

图 5.10 非循环方式实现迭代

5.2.3 实现 CORDIC 的非循环的流水线结构

使用重定时技术可以提高 CORDIC 非循环流水线结构的系统效率。CORDIC 非流水线的结构如图 5.11（a）所示，该结构的关键路径长度为 6 个 CORDIC 单元。当在图 5.11（a）的每个 CORDIC 单元之间插入流水线寄存器时，可以显著降低关键路径的长度，如图 5.11（b）所示，该结构的关键路径长度为 1 个 CORDIC 单元。很明显，在流水线中插入寄存器显著地降低了延迟，并且提高了整个系统的工作速度。

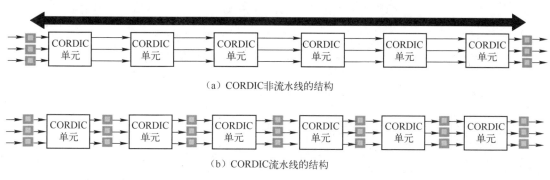

图 5.11 CORDIC 非流水线和流水线的结构

5.3 向量幅度的计算

前面提到 CORDIC 算法可以用于计算一个向量的幅度，即

$$|v|=\sqrt{x^2+y^2}$$

当计算 $|v|$ 时,CORDIC 算法的精度是一个需要重要考虑的因素。因此,需要选择合适的参数用于提供一个期望的精度,包括迭代的次数 n,以及数据路径上比特位的个数 b。这些因素影响硬件的成本和性能。很明显,精度越高,实现成本也就越高。

CORDIC 向量幅度计算的一个重要应用是 QR 算法,它在自适应算法中用得越来越多。QR 的硬件实现是一个三角形阵列,要求输入的一个向量进行吉文斯旋转,即

$$x_{\text{new}} = x\cos\theta - y\sin\theta$$
$$y_{\text{new}} = x\sin\theta + y\cos\theta \quad (5.21)$$

该旋转通过 QR 阵列内的一个子单元(内部单元/吉文斯旋转器)执行,如图 5.12 所示。图中:

(1) 圆形 表示吉文斯生成器,计算 $\cos\theta$ 和 $\sin\theta$ 的值,并将其通过行向右传递,这样使得后面的吉文斯旋转器将输入向量旋转相同的角度 θ。

(2) 方框 表示吉文斯旋转器。通过与 $\cos\theta$ 和 $\sin\theta$ 相乘,使得输入向量旋转角度 θ。

(3) $x[n]$、$d[n]$ 和 $e[n]$ 分别对应于输入、干扰和误差信号。

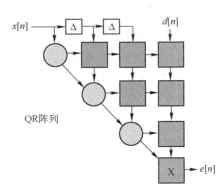

图 5.12 QR 阵列

从图中可知,首先根据 $\cos\theta$ 和 $\sin\theta$,通过边界单元(吉文斯生成器)计算旋转的角度。边界单元使用 CORDIC 处理器产生 $\cos\theta$ 和 $\sin\theta$,即

$$\cos\theta = \frac{x}{\sqrt{x^2+y^2}}$$

$$\sin\theta = \frac{y}{\sqrt{x^2+y^2}}$$

通过上面的介绍可知,通过圆坐标系下的向量模式,可以计算得到一个向量的幅度,如图 5.13 所示。

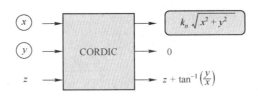

图 5.13 圆坐标系的向量模式

当计算向量幅度时,y 输出期望达到 0,且对它不再要求。此外,也不再需要 z 数据路径。输出中的 k_n 为标定因子,通过乘以 $1/k_n$ 可以去掉该项。

k_n 的值取决于迭代的次数,可以预先知道,其根据下式计算:

$$k_n = \prod_{i=0}^{n-1} k(i) = \prod_{i=0}^{n-1} \sqrt{1 + 2^{(-2i)}} \quad (5.22)$$

式(5.22)给出了 CORDIC 的通用公式,对于计算向量幅度而言,不需要角度路径 z 计算公式(因为可以从 x 和 y 中得到 d_i),只需要下面的式子:

$$x_{i+1} = x_i - d_i(2^{-i}y_i)$$
$$y_{i+1} = y_i + d_i(2^{-i}x_i) \tag{5.23}$$

对于计算一个向量幅度而言,用于实现方式为单次迭代的硬件结构如图 5.14 所示。在该例子中,$i=3$,因此存在下面的关系,即

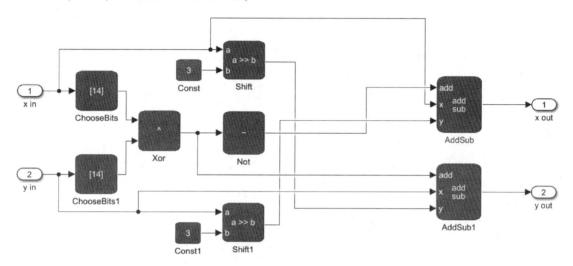

图 5.14 实现方式为单次迭代的硬件结构

(1) 如果 $(x \text{ xor } y) > 0$,则 $X = x - 2^{-3}y, Y = y + 2^{-3}x$。
(2) 如果 $(x \text{ xor } y) < 0$,则 $X = x + 2^{-3}y, Y = y - 2^{-3}x$。

从图中可知,在一个单元内,影响硬件成本的唯一因素是数据信号的宽度。并且,在非循环结构中,已经知道固定移位的移位寄存器不消耗资源。因此,加法器是读者所感兴趣的。

5.4 CORDIC 算法的模型实现

本节将讨论 CORDIC 算法的收敛性及其实现方法。

5.4.1 CORDIC 算法收敛性原理

当在圆形坐标中操作 CORDIC 算法时,收敛范围是 $-99.7° \sim +99.7°$。因此,落在第 2 或第 3 象限内的任何输入坐标,都应该重新映射到第 1 或第 4 象限,以确保起始点在收敛范围内。CORDIC 算法的原理如图 5.15 所示。

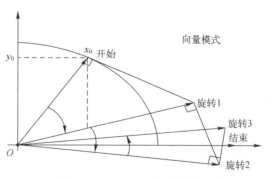

图 5.15 CORDIC 算法的原理

> **注**：(1) 后面的第 1 个设计将说明这种映射关系。
> (2) 后面的第 2 个和第 3 个设计在向量模式与旋转模式下说明了 CORDIC 算法前几次迭代系数的收敛。
> (3) 对许多实际应用而言，要求更多的迭代次数以保证计算的精度。

5.4.2 CORDIC 象限映射实现

该设计用于说明通过使用一些逻辑单元就能将输入坐标能映射到 CORDIC 单元所要求的范围（$-\pi/2 \sim \pi/2$）内。实现 CORDIC 象限映射的步骤主要如下。

(1) 在 Windows 10 操作系统桌面，选择开始→Intel FPGA 19.4.0.64 Pro Edition→DSP Builder-Start in MATLAB R2019a，打开 MATLAB R2019a 集成开发环境。

(2) 在 MATLAB 主界面名字为"主页"的标签页中，单击工具栏内的"Simulink"按钮。

(3) 出现 Simulink Start Page 界面。在该界面的左侧窗口中，单击"Open…"按钮。

(4) 出现"打开文件"对话框。在该对话框中，定位到本书提供资料的\intel_dsp_example\example_5_1 路径，选择 design.slx 文件。

(5) 该设计的整体结构如图 5.16 所示。

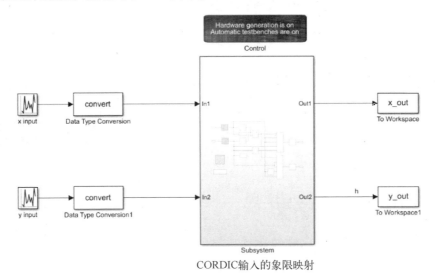

图 5.16 设计的整体结构

(6) 双击图 5.16 中名字为"Subsystem"的子系统元器件符号，打开其内部结构，如图 5.17 所示。

运行系统，并且观察其输出。首先查看在第 2 个和第 3 个象限内的原始输入（例如，在 y 轴的左侧），确认将它们重新映射到第 1 个和第 4 个象限内。

> **注**：当输入在第 1 个和第 4 个象限内时，不需要进行这样的象限变换。

思考与练习 5-1：当输入在第 2 个象限或者第 3 个象限时，旋转了多少角度？

第 5 章 CORDIC 算法原理及实现

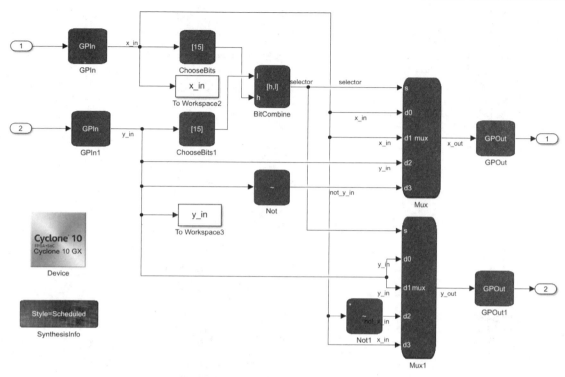

图 5.17 Subsystem 子系统的内部结构

思考与练习 5-2：观察图 5.17 中的 selector 的产生模块，完成表 5.7。并通过观察输出确认这些结果。

表 5.7 selector 的表格

x_{in}	y_{in}	x_{out}	y_{out}
0	0		
0	1		
1	0		
1	1		

值得注意的是，假设在角度范围内，在计算向量的幅度时，初始角度并重要。因此，可以进一步简化上面的结构。分析简化的硬件结构的步骤主要如下。

（1）在 Windows 10 操作系统桌面，选择开始→Intel FPGA 19.4.0.64 Pro Edition→DSP Builder-Start in MATLAB R2019a，打开 MATLAB R2019a 集成开发环境。

（2）在 MATLAB 主界面名字为"主页"的标签页中，单击工具栏中的"Simulink"按钮。

（3）出现 Simulink Start Page 界面。在该界面的左侧窗口中，单击"Open…"按钮。

（4）出现"打开文件"对话框。在该对话框中，定位到本书提供资料的\intel_dsp_example\example_5_2 路径，选择 design.slx 文件。

（5）CORDIC 简化象限映射的系统结构如图 5.18 所示。

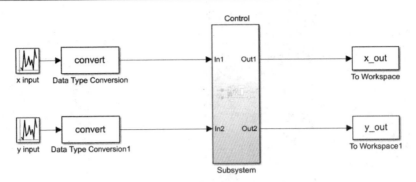

图 5.18 CORDIC 简化象限映射的系统结构

（6）双击图 5.18 中名字为"Subsystem"的子系统元器件符号，打开其内部结构，如图 5.19 所示。

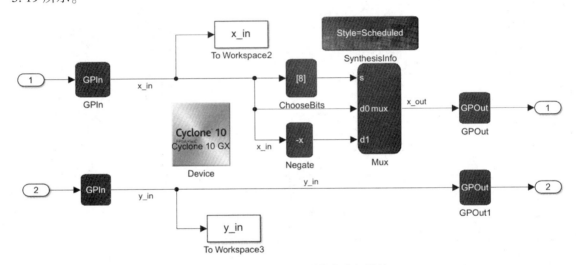

图 5.19 Subsystem 子系统的内部结构

（7）运行设计，查看其输出结果。在该设计中，输入坐标和前面的设计相同。

思考与练习 5-3：在该设计中，如何映射输入向量？需要特别注意观察映射后的向量幅度。

5.4.3 向量模式下的 CORDIC 迭代实现

在该设计中，将几个随机点 (x_0, y_0) 先进行象限变换，然后再输入到由 5 个 CORDIC 单元构成的阵列中。通过一系列旋转，使其接近 x 轴。实现向量模式的 CORDIC 迭代的步骤如下。

（1）在 Windows 10 操作系统桌面，选择开始→Intel FPGA 19.4.0.64 Pro Edition→DSP Builder-Start in MATLAB R2019a，打开 MATLAB R2019a 集成开发环境。

（2）在 MATLAB 主界面名字为"主页"的标签页中，单击工具栏内的"Simulink"按钮。

（3）出现 Simulink Start Page 界面。在该界面的左侧窗口中，单击"Open…"按钮。

第 5 章　CORDIC 算法原理及实现

（4）出现"打开文件"对话框。在该对话框中，定位到本书提供资料的\intel_dsp_example\example_5_3 路径，打开 design.slx 文件。

（5）向量模式下的 CORDIC 多次迭代模型的系统结构如图 5.20 所示。图中名字为 "Quadrant Mapper" 的子系统实现象限的变换，名字为 "CORDIC Iterations" 的子系统实现向量模式下的 5 次迭代过程。

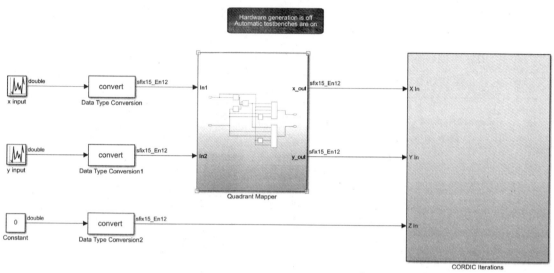

图 5.20　向量模式下的 CORDIC 多次迭代模型的系统结构

（6）双击该图 5.20 中名字为 "CORDIC Iterations" 的子系统元器件符号，打开其内部结构，如图 5.21 所示。

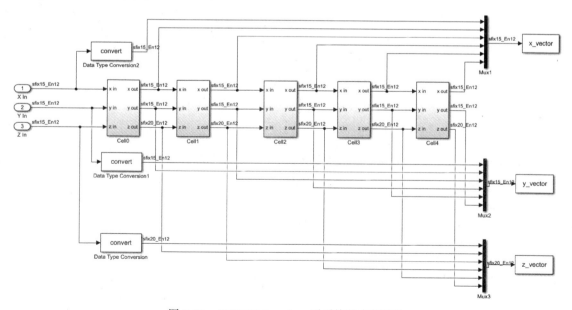

图 5.21　CORDIC Iterations 子系统的内部结构

思考与练习 5-4：请根据 CORDIC 算法，计算对于每个输入向量所期望旋转的角度，填写表 5.8，并且预测一下是否有其他影响？

表 5.8 每次迭代旋转的角度

迭代次数（i）	角 度
0	
1	
2	
3	
4	

（7）运行仿真，并查看结果。每个绘图窗口（除最后一个）对应一个单一输入向量的微旋转。因此，如果将仿真运行值设置为 10s，应用于输入坐标系的 10 个点的旋转值将显示出 10 个不同的数字。通常情况下会看到迭代过程，如图 5.22 所示。

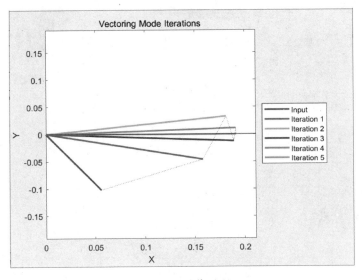

图 5.22 迭代过程

思考与练习 5-5：查看最后一次旋转的向量位置，是否最后一次迭代总是接近 x 轴，请说明原因。

思考与练习 5-6：查看最后给出的图 5.23，该图给出了每一次迭代中 z 寄存器的内容，图中的每一个图例说明每个输入向量。

在向量模式下，将输入 z_0 设置为零，并且将那些旋转后得到的多个角度值保存在 z 寄存器中。

第 5 章 CORDIC 算法原理及实现

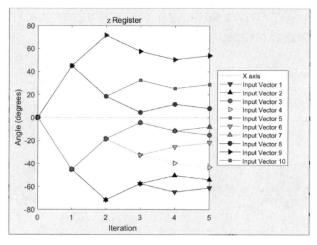

图 5.23 不同输入向量的角度旋转过程

5.4.4 旋转模式的 CORDIC 迭代实现

从前面可知,在向量模式下总是将向量旋转到 x 轴;而在旋转模式下,可以将输入向量旋转到任意角度。在该设计中,将初始的向量设置在 x 轴上,然后在所选择的角度下进行旋转。实现旋转模式下的 CORDIC 迭代的步骤主要如下。

(1) 在 Windows 10 操作系统桌面,选择开始→Intel FPGA 19.4.0.64 Pro Edition→DSP Builder-Start in MATLAB R2019a,打开 MATLAB R2019a 集成开发环境。

(2) 在 MATLAB 主界面名字为"主页"的标签页中,单击工具栏内的"Simulink"按钮。

(3) 出现 Simulink Start Page 界面。在该界面的左侧窗口中,单击"Open…"按钮。

(4) 出现"打开文件"对话框。在该对话框中,定位到本书提供资料的\intel_dsp_example\example5_4 路径,打开 design.slx 文件。

(5) 旋转模式下的 CORDIC 多次迭代的结构如图 5.24 所示。

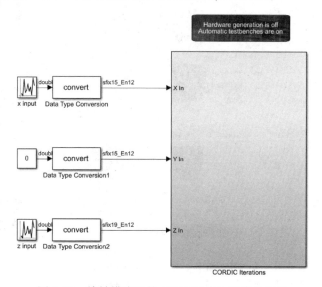

图 5.24 旋转模式下的 CORDIC 多次迭代的结构

(6) 双击图 5.24 中名字为"CORDIC Iterations"的子系统元器件符号,打开其内部结构,可以看到其由 5 级微迭代构成,如图 5.25 所示。

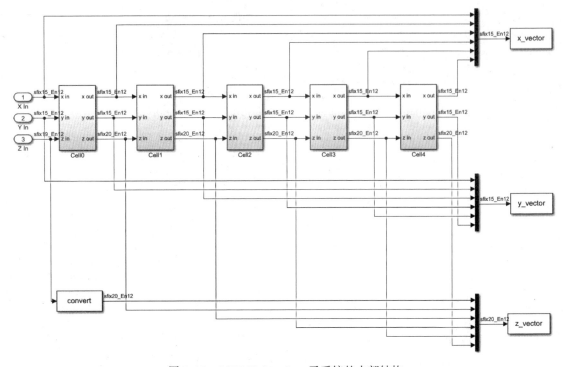

图 5.25 CORDIC Iterations 子系统的内部结构

思考与练习 5-7:双击图 5.25 中的 Cell1 单元,打开其内部结构,如图 5.26 所示。说明该结构的设计原理。

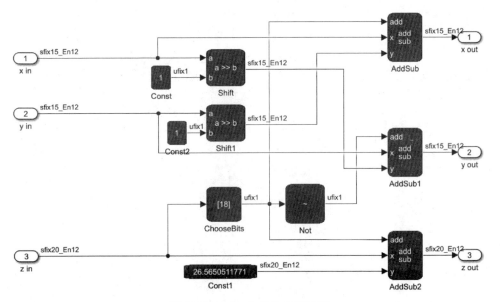

图 5.26 Cell1 单元的内部结构

(7) 运行仿真,并查看输出结果。同样,每个输入向量都会产生一个图,以显示每一次迭代后它们的位置。

思考与练习 5-8：与参考输入进行比较,观察最后一次迭代后向量所处的位置,看它是否是最近的,请说明原因？

思考与练习 5-9：考虑图 5.27,该图给出了每一次迭代后 z 寄存器的内容。

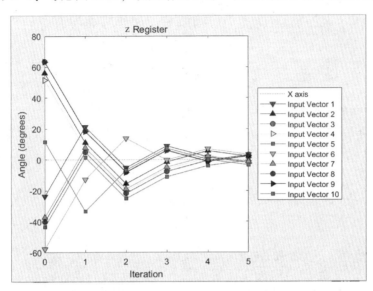

图 5.27　不同输入向量角度旋转的过程

5.5　CORDIC 子系统的模型实现

在前面的第一个设计中,一个子系统用于将输入向量映射到合适的象限中。本节将详细说明构成 CORDIC 阵列的微旋转单元和旋转后的标定器,该节也将说明根据所期望的操作需要象限"反映射器"来转换的最终结果。

5.5.1　CORDIC 单元的设计

本小节的设计中包含两个 CORDIC 单元,一个用于向量模式,而另一个用于旋转模式。实现 CORDIC 单元设计的步骤主要如下。

(1) 在 Windows 10 操作系统桌面,选择开始→Intel FPGA 19.4.0.64 Pro Edition→DSP Builder-Start in MATLAB R2019a,打开 MATLAB R2019a 集成开发环境。

(2) 在 MATLAB 主界面名字为"主页"的标签页中,单击工具栏中的"Simulink"按钮。

(3) 出现 Simulink Start Page 界面。在该界面的左侧窗口中,单击"Open..."按钮。

(4) 出现"打开文件"对话框。在该对话框中,定位到本书提供资料的\intel_dsp_example\example_5_5 路径,打开 design.slx 文件。

(5) 包含向量模式和旋转模式的系统结构如图 5.28 所示,从图中可以看出该系统包含向量模式和旋转模式。

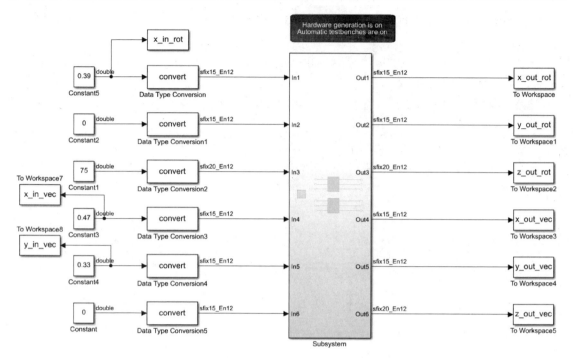

图 5.28 包含向量模式和旋转模式的系统结构

思考与练习 5-10：分别双击 Rotation Cell 单元符号和 Vectoring Cell 单元符号，打开其内部结构，说明它们之间的区别，并填充表 5.9。

表 5.9 向量模式和旋转模式的计算公式

向量模式	旋转模式
$d_i =$	$d_i =$
$X^{i+1} =$	$X^{i+1} =$
$Y^{i+1} =$	$Y^{i+1} =$
$Z^{i+1} =$	$Z^{i+1} =$

（6）运行仿真并观察输出。在这个设计中，每一个单元都被一个单一的输入量所激励。随意更改单元值，观察变化。

5.5.2 参数化 CORDIC 单元

很明显，在前面的设计中，可以根据 i 的值采用参数化的方法设置 CORDIC 单元的功能，本小节将实现这个思想，并给单元添加一个掩码。这样，就很容易重用这个单元，将其用于不同的迭代单元。本小节的设计是基于上面的设计的，实现参数化 CORDIC 单元的步骤主要如下。

（1）将前面的设计实例文件 design.slx 复制到本书提供资料的 \intel_dsp_example\ example_5_6 路径下。

(2) 在 Windows 10 操作系统桌面，选择开始→Intel FPGA 19.4.0.64 Pro Edition→DSP Builder-Start in MATLAB R2019a，打开 MATLAB R2019a 集成开发环境。

(3) 在 MATLAB 主界面名字为"主页"的标签页中，单击工具栏中的"Simulink"按钮。

(4) 出现 Simulink Start Page 界面。在该界面的左侧窗口中，单击"Open…"按钮。

(5) 出现"打开文件"对话框。在该对话框中，定位到本书提供资料的\intel_dsp_example\example_5_6 路径，打开 design.slx 文件。

(6) 双击名字为"Control"的元器件符号。

(7) 弹出"DSP Builder for Intel FPGAs Blockset-Settings（design）"对话框。

(8) 单击"General"标签。在该标签页中，不勾选"Generate hardware"前面的复选框。

(9) 单击"OK"按钮，退出"DSP Builder for Intel FPGAs Blockset-Settings（design）"对话框。

(10) 双击名字为"Subsystem"的子系统元器件符号，打开其内部结构。

(11) 在 Subsystem 子系统的内部结构内，双击名字为"Vectoring Cell"的子系统元器件符号，打开其内部结构。

(12) 在 Vectoring Cell 子系统的内部结构中，双击名字为"Const"的元器件符号。

(13) 弹出"Block Parameters：Const"对话框。在该对话框的"Value"标题栏下的文本框中输入 i。

(14) 单击"OK"按钮，退出"Block Parameters：Const"对话框。

(15) 在 Vectoring Cell 子系统的内部结构中，双击名字为"Const1"的元器件符号。

(16) 弹出"Block Parameters：Const1"对话框。在该对话框的"Value"标题栏下的文本框中输入 i。

(17) 单击"OK"按钮，退出"Block Parameters：Const1"对话框。

(18) 在 Vectoring Cell 子系统的内部结构中，双击名字为"Const2"的元器件符号。

(19) 弹出"Block Parameters：Const2"对话框。在该对话框的"Value"标签栏下的文本框中输入 atan(2^-i)。

(20) 单击"OK"按钮，退出"Block Parameters：Const2"对话框。

(21) 退出 Vectoring Cell 子系统的内部结构，进入名字为"Subsystem"的子系统的内部结构中。

(22) 在 Subsystem 子系统的内部结构中，选择名字为"Vectoring Cell"的子系统元器件符号，单击鼠标右键，出现浮动菜单。在浮动菜单内，选择 Mask→Create Mask…。

(23) 出现 Mask Editor：Vectoring Cell 界面，如图 5.29 所示。在图中中间的 Dialog box 窗口中，选中并删除图中名字为"Parameters"的一行。

(24) 单击"Parameters & Dialog"标签。在该标签页左侧的 Controls 窗口中，找到并单击"Tab"条目，然后在该标签页左侧的 Controls 窗口中，找到并单击"Edit"条目。

(25) 在"Parameters & Dialog"标签页的 Dialog box 窗口中添加了新的条目，如图 5.30 所示。

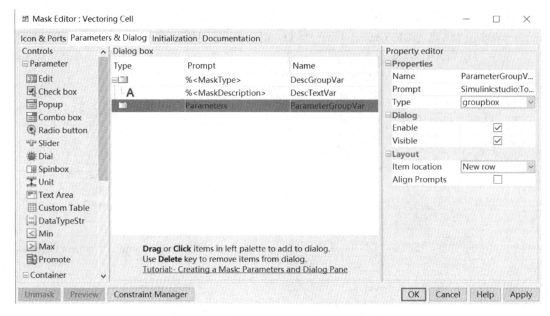

图 5.29　Mask Editor：Vectoring Cell 界面

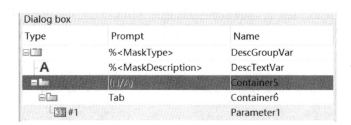

图 5.30　在 Dialog box 窗口中新添加的条目

(26) 按下面内容修改图 5.30 中的名字。

① 将 Container5 改为 ParameterTabContainerVar。
② 将 Tab 改为 name。
③ 将 Container6 改为 ParameterTabVar0。
④ 在#1 后面的文本框中输入 Iteration Number(i)。
⑤ 将 Parameter1 改为 i。

改完后的 Dialog box 窗口如图 5.31 所示。

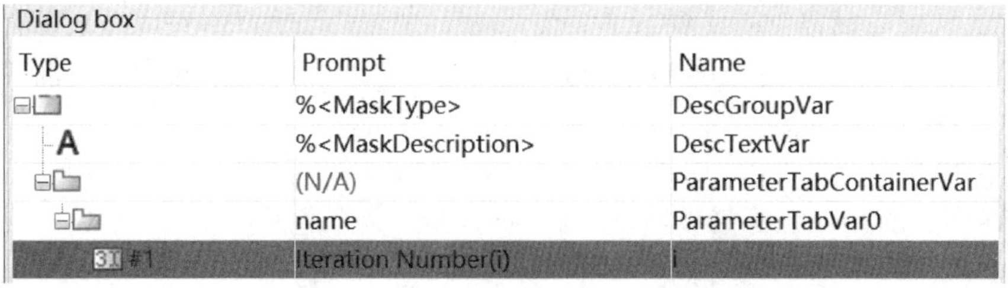

图 5.31　修改完后的 Dialog box 窗口

(27) 单击 "OK" 按钮，退出 "Mask Editor：Vectoring Cell" 对话框。
(28) 双击名字为 "Vectoring Cell" 的子系统元器件符号。
(29) 出现 "Block Parameters：Vectoring Cell" 对话框。在该对话框 "Iteration Number (i)" 右侧的文本框中输入 2，如图 5.32 所示。

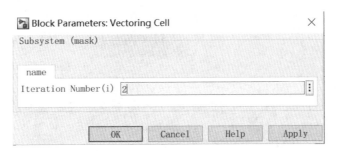

图 5.32 "Block Parameters：Vectoring Cell" 对话框

(30) 单击 "OK" 按钮，退出 "Block Parameters：Vectoring Cell" 对话框。
(31) 单击 "Run" 按钮 ▶，运行设计，Vectoring Cell 子系统的运行结果如图 5.33 所示。

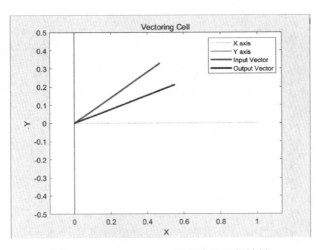

图 5.33 Vectoring Cell 子系统的运行结果

思考与练习 5-11：尝试输入一些其他的 i 值，并查看所旋转的角度是否与理论值一致？

5.5.3 旋转后标定的实现

目前为止，只关心对输入向量的伪旋转。当旋转向量时，其向量不断地增加。因此，这不是真正的旋转。为了修正旋转后的向量，需要使用旋转后的乘法器来实现。实现旋转后标定的步骤如下。

(1) 在 Windows 10 操作系统界面，选择开始→Intel FPGA 19.4.0.64 Pro Edition→DSP Builder-Start in MATLAB R2019a，打开 MATLAB R2019a 集成开发环境。
(2) 在 MATLAB 主界面名字为 "主页" 的标签页中，单击工具栏中的 "Simulink" 按钮。

（3）出现 Simulink Start Page 界面。在该界面的左侧窗口中，单击"Open…"按钮。

（4）出现"打开文件"对话框。在该对话框中，定位到本书提供资料的 \intel_dsp_example\example_5_7 路径，打开 design.slx 文件。

（5）旋转后标定的系统结构如图 5.34 所示。双击图 5.34 中名字为"Subsystem"的子系统元器件符号，打开其内部结构，如图 5.35 所示。

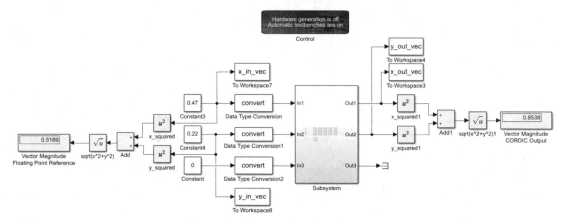

图 5.34　旋转后标定的系统结构

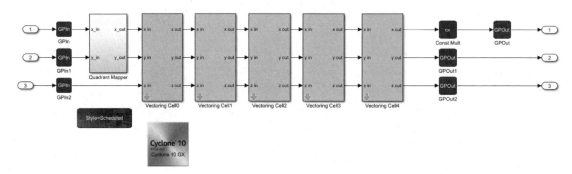

图 5.35　Subsystem 子系统的内部结构

（6）运行该设计，并确认在 5 次迭代之后向量幅值明显增加。

注：（1）在该设计中，给工作在向量模式下的 CORDIC 单元任意的 x 和 y 输入。

（2）请注意 Simulink 给出的图中显示向量的实际长度。

思考与练习 5-12：计算需要应用到最后一个单元的输出的比例因子，该值用于对幅度值进行修正。修改系统中的常数乘法器以提供幅度修正值，并与浮点参考的输出进行对比。

注：该比例因子取决于迭代次数。

5.5.4　旋转后的象限解映射

在前面已经知道，旋转 ±90°，会将向量映射到 CORDIC 的收敛范围内。在很多情况下，需要在输出时对这个变换进行校正。因此，就需要在输出端添加一些单元来实现这个目的。

实现旋转后解映射的步骤主要如下。

（1）在 Windows 10 操作系统桌面，选择开始→Intel FPGA 19.4.0.64 Pro Edition→DSP Builder-Start in MATLAB R2019a，打开 MATLAB R2019a 集成开发环境。

（2）在 MATLAB 主界面名字为"主页"的标签页中，单击工具栏中的"Simulink"按钮。

（3）出现 Simulink Start Page 界面。在该界面的左侧窗口中，单击"Open…"按钮。

（4）出现"打开文件"对话框。在该对话框中，定位到本书提供资料的\intel_dsp_example\example_8 路径，打开 design.slx 文件。

（5）添加解象限后的系统结构如图 5.36 所示。

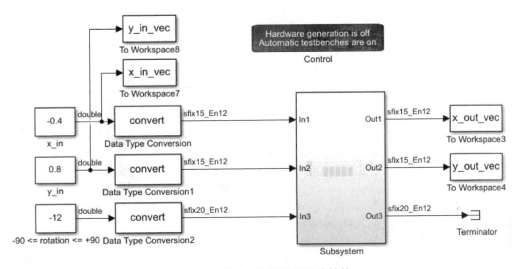

图 5.36 添加解象限后的系统结构

（6）双击图 5.36 中名字为"Subsystem"的子系统元器件符号，打开其内部结构，如图 5.37 所示。从图中可知，5 次迭代后可以看到增加了名字为"Quadrant Demapper"的模块。

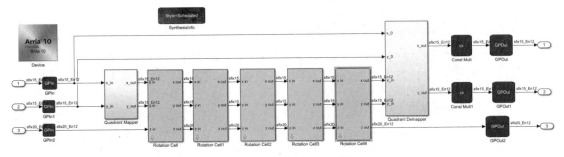

图 5.37 Subsystem 子系统的内部结构

（7）双击图 5.37 中名字为"Quadrant Demapper"的子系统元器件符号，打开其内部结构，如图 5.38 所示。

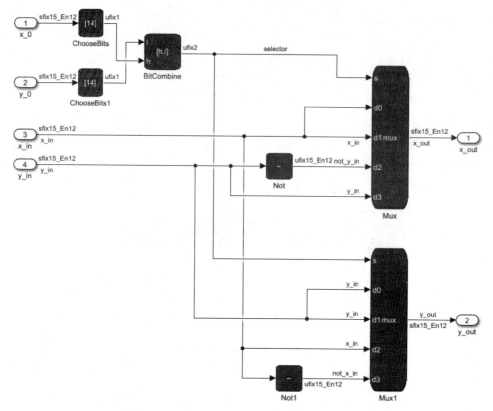

图 5.38　Quadrant Demapper 子系统的内部结构

（8）单击"Run"按钮 ⏵，运行设计，验证它已成功将 CODRIC 单元阵列的输出转换到了正确的象限。

思考与练习 5-13：分析图 5.38 给出的 Quadrant Demapper 子系统的内部结构，并说明其实现原理。

5.6　圆坐标系算术功能的模型实现

在圆坐标系中，在 x 轴上使用一系列的 CORDIC 迭代来旋转矢量，此时根据 y 值和公式 $|v|=\sqrt{x^2+y^2}$ 可得出结果。与其他 CORDIC 算法不同，它需要更多的迭代次数以实现更高的精度。圆形坐标系可以计算正弦、余弦、逆切角和向量幅度。

5.6.1　反正切的实现

本小节将介绍如何通过 CORDIC 算法计算反正切。反正切的表示方法如图 5.39 所示。

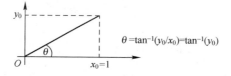

图 5.39　CORDIC 在向量模式下计算反正切

> 注：在该设计中，将 x 的初始值设置为 1。

实现反正切的步骤主要如下。

（1）在 Windows 10 操作系统桌面，选择开始→Intel FPGA 19.4.0.64 Pro Edition→DSP Builder-Start in MATLAB R2019a，打开 MATLAB R2019a 集成开发环境。

（2）在 MATLAB 主界面名字为"主页"的标签页中，单击工具栏中的"Simulink"按钮。

（3）出现 Simulink Start Page 界面。在该界面的左侧窗口中，单击"Open…"按钮。

（4）出现"打开文件"对话框。在该对话框中，定位到本书提供资料的 \intel_dsp_example\example_5_9 路径，打开 design.slx 文件。

（5）计算反正切的系统结构如图 5.40 所示。双击图中名字为"Subsystem"的子系统元器件符号，打开其内部结构，如图 5.41 所示。

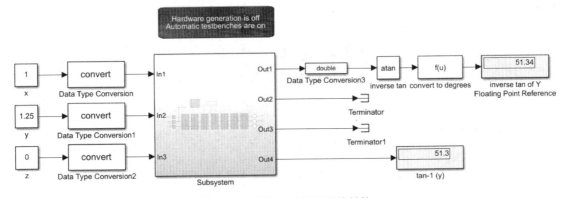

图 5.40　计算反正切的系统结构

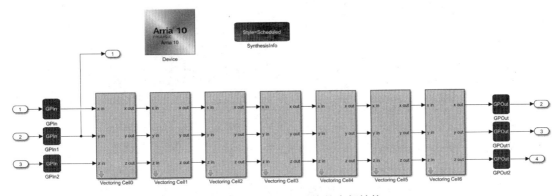

图 5.41　Subsystem 子系统的内部结构

（6）单击"Run"按钮▶，运行仿真，观察两个显示模块的输出。

思考与练习 5-14：运用 CORDIC 旋转角度的知识解释结果最大误差的相似值。

思考与练习 5-15：将 CORDIC 所计算的反正切值与浮点计算的结果比较，是否一致？

思考与练习 5-16：尝试输入一些其他的数值，并比较所计算的反正切值。

5.6.2 正弦和余弦的实现

在旋转模式下，CORDIC 可以同时计算角度的正弦值和余弦值。CORDIC 计算一个角的正弦值和余弦值的原理如图 5.42 所示。

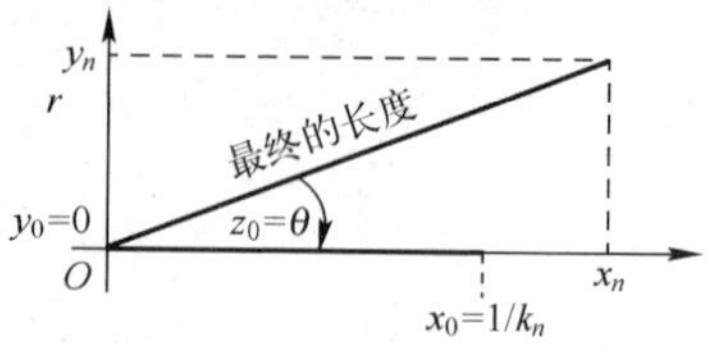

实现计算角度正弦值和余弦值的步骤主要如下。

（1）在 Windows 10 操作系统桌面，选择开始→Intel FPGA 19.4.0.64 Pro Edition→DSP Builder-Start in MATLAB R2019.a，打开 MATLAB R2019a 集成开发环境。

（2）在 MATLAB 主界面名字为"主页"的标签页中，单击工具栏中的"Simulink"按钮。

图 5.42 CORDIC 计算一个角的正弦值和余弦值的原理

（3）出现 Simulink Start Page 界面。在该界面的左侧窗口中，单击"Open…"按钮。

（4）出现"打开文件"对话框。在该对话框中，定位到本书提供资料的\intel_dsp_example\example_5_10 路径，打开 design.slx 文件。

（5）计算给定角度余弦值和正弦值的系统结构如图 5.43 所示。

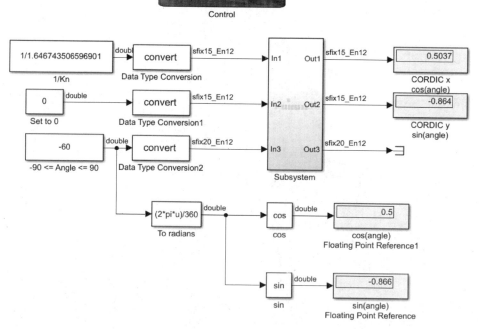

图 5.43 计算给定角度正弦值和余弦值的系统结构

（6）双击图 5.43 中名字为"Subsystem"的子系统元器件符号，打开其内部结构，如图 5.44 所示。查看该子系统的内部结构，并且记下 CORDIC 旋转单元的个数。

（7）单击"Run"按钮，运行仿真，然后修改角度值，重新运行仿真，对每次运行的结果进行分析。

思考与练习 5-17：验证 $\sin(z_0)$ 和 $\cos(z_0)$ 的计算值是否符合浮点参考。选择一些其他输入角度并确认这些结果也正确。

第 5 章 CORDIC 算法原理及实现

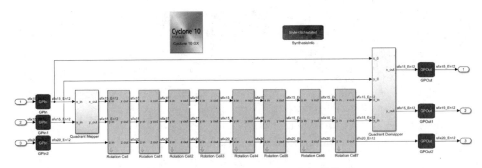

图 5.44 Subsystem 子系统的内部结构

思考与练习5-18：仔细查看图 5.43 所示的系统结构，发现在该系统中并不要求使用标定后的乘法器，请解释原因。

5.6.3 向量幅度的计算

本小节将介绍如何通过 CORDIC 计算向量幅度。通过 CORDIC 计算向量幅度的原理如图 5.45 所示。实现通过 CORDIC 计算向量幅度的步骤主要如下。

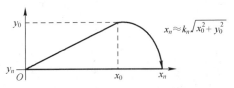

图 5.45 通过 CORDIC 计算向量幅度的原理

（1）在 Windows 10 操作系统桌面，选择开始→Intel FPGA 19.4.0.64 Pro Edition→DSP Builder-Start in MATLAB R2019a，打开 MATLAB R2019a 集成开发环境。

（2）在 MATLAB 主界面名字为"主页"的标签页中，单击工具栏中的"Simulink"按钮。

（3）出现 Simulink Start Page 界面。在该界面的左侧窗口中，单击"Open…"按钮。

（4）出现"打开文件"对话框。在该对话框中，定位到本书提供资料的\intel_dsp_example\example_5_11 路径，打开 design.slx 文件。

（5）通过 CORDIC 计算向量幅度的系统结构如图 5.46 所示。在该图中，双击名字为"Subsystem"的子系统元器件符号，打开其内部结构，如图 5.47 所示。

（6）单击"Run"按钮 ▶，运行仿真。修改 x_in 和 y_in 的值，再次运行仿真，观察 CORDIC 系统计算的向量幅度值和浮点参考值。

思考与练习5-19：在 DSP Builder 中将设计导入到 Quartus Prime Pro 19.4 集成开发环境，并对该设计执行适配过程，生成布局布线的网表，并在 Quartus Prime Pro 19.4 集成开发环境中查看该设计所消耗的硬件资源及该设计所能达到的性能指标。

思考与练习5-20：尝试修改 x 和 y 的值，重新运行设计，并查看运行的结果，分析运算误差。

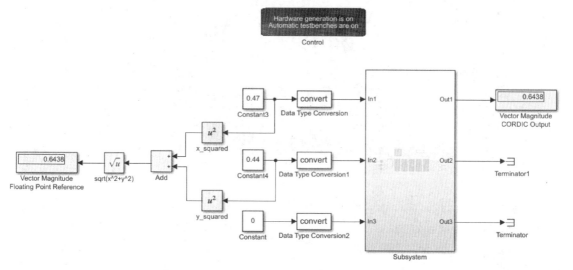

图 5.46 通过 CORDIC 计算向量幅度的系统结构

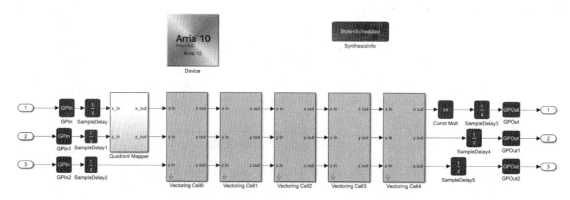

图 5.47 Subsystem 子系统的内部结构

5.7 流水线技术的 CORDIC 模型实现

当 CORDIC 构成一系列的微旋转时，它很容易映射到一个开放结构中。在这个结构中，每个单元执行一个旋转。然而，由于该算法完全由移位和相加组成，最初实现的关键路径非常长。因此，限制了该设计的最高时钟频率。从前面介绍的知识已经知道，这些单元基本上是一样的。因此，可以通过时间共享一个或多个单元来降低整体的硬件开销。

本节将介绍两个可以替换的结构，它们考虑了实现问题。在这种情况下，CORDIC 单元计算向量幅度，但这个规则也可以应用于其他的 CORDIC 模式。

5.7.1 带有流水线并行阵列的实现

在该设计中，将考虑在 CORDIC 单元中增加流水线，用于高效地计算向量幅度。首先，评估不包含流水线的硬件实现结构，这个设计节约了硬件成本。实现带有流水线并行阵列的

第 5 章 CORDIC 算法原理及实现   257

步骤如下。

（1）在 Windows 10 操作系统桌面，选择开始→Intel FPGA 19.4.0.64 Pro Edition→DSP Builder-Start in MATLAB R2019a，打开 MATLAB R2019a 集成开发环境。

（2）在 MATLAB 主界面名字为"主页"的标签页中，单击工具栏中的"Simulink"按钮。

（3）出现 Simulink Start Page 界面。在该界面的左侧窗口中，单击"Open…"按钮。

（4）出现"打开文件"对话框。在该对话框中，定位到本书提供资料的\intel_dsp_example\example_5_12 路径，打开 design.slx 文件。

（5）带有流水线并行阵列的系统结构如图 5.48 所示。

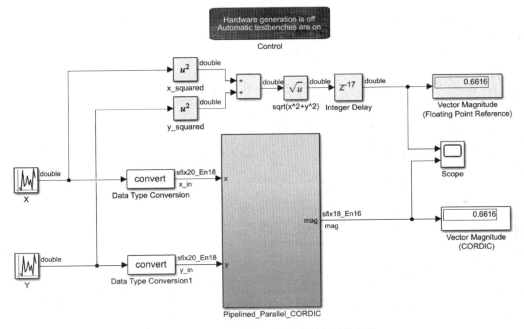

图 5.48　带有流水线并行阵列的系统结构

（6）双击图 5.48 中名字为"Pipelined_Parallel_CORDIC"的子系统元器件符号，打开其内部结构，如图 5.49 所示。从图中可以看出，在每个单元之间插入了一级流水线寄存器。很明显，该结构显著缩短了关键路径的长度。

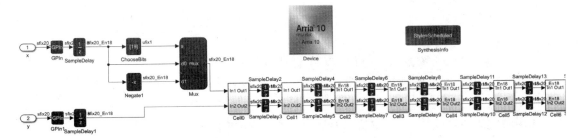

图 5.49　Pipelined_Parallel_CORDIC 子系统的内部结构

(7) 单击 "Run" 按钮▶，运行仿真。双击图 5.48 中名字为 "Scope" 的元器件符号，打开 Scope 页面。在该页面中很明显可以看出流水线的输出比浮点计算的输出要有一些延迟，如图 5.50 所示。

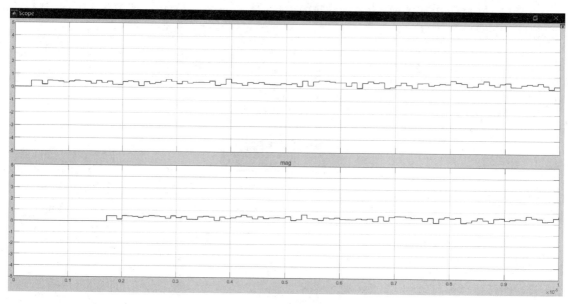

图 5.50 Scope 页面

5.7.2 串行结构实现

从前面的设计可知，CORDIC 结构通过模块搭建就可以实现硬件共享。本小节的设计中给出了另外一种串行结构。实现串行结构的步骤主要如下。

(1) 在 Windows 10 操作系统桌面，选择开始→Intel FPGA 19.4.0.64 Pro Edititon→DSP Builder-Start in MATLAB R2019a，打开 MATLAB R2019a 集成开发环境。

(2) 在 MATLAB 主界面名字为 "主页" 的标签页中，单击工具栏中的 "Simulink" 按钮。

(3) 出现 Simulink Start Page 界面。在该界面的左侧窗口中，单击 "Open..." 按钮。

(4) 出现 "打开文件" 对话框。在该对话框中，定位到本书提供资料的 \intel_dsp_example\example_5_13 路径，打开 design.slx 文件。

(5) 串行实现的系统结构如图 5.51 所示。

(6) 双击图 5.51 中名字为 "Serial_CORDIC" 的子系统元器件符号，打开其内部结构，如图 5.52 所示。

(7) 单击 "Run" 按钮▶，运行仿真，确认输出的正确性。

思考与练习 5-21：通过与并行结构比较，说明并行结构与串行结构的不同点。

思考与练习 5-22：打开示波器界面，查看其输出有无延迟？延迟是多少？请说明原因。

思考与练习 5-23：比较上面的 3 种结构，并说明它们各自的实现特点。

第 5 章 CORDIC 算法原理及实现

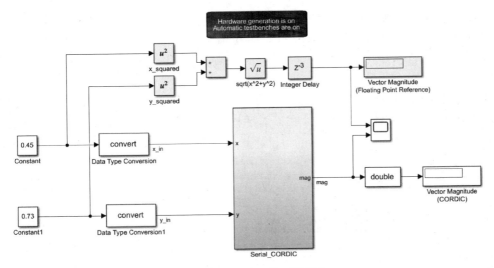

图 5.51 串行实现的系统结构

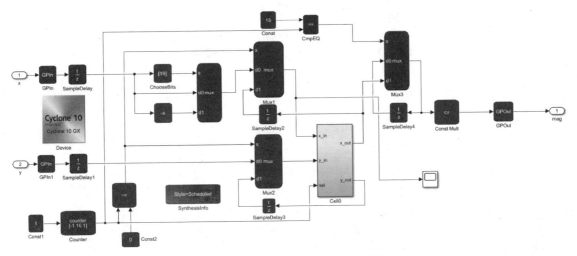

图 5.52 Serial_CODRIC 子系统的内部结构

5.8 向量幅度精度的研究

一个 CORDIC 计算结果的精度取决于两个因素：①在数据路径中小数位的位数 b；②迭代次数 n。

理想结果就是用最少的硬件开销得到所期望的最高精度。因此，将 n 和 b 组合起来得到精度的相关知识非常重要。

5.8.1 CORDIC 向量幅度精度控制

本设计将实现一个 CORDIC 单元，它将用于计算包含 10 位有效小数位精度的向量幅度。在该设计中，假设将 x 和 y 的输入限制在±0.5 之间。设计该系统的步骤主要如下。

(1) 在 Windows 10 操作系统桌面，选择开始→Intel FPGA 19.4.0.64 Pro Edition→DSP Builder-Start in MATLAB R2019a，打开 MATLAB R2019a 集成开发环境。

(2) 在 MATLAB 主界面名字为"主页"的标签页中，单击工具栏中的"Simulink"按钮。

(3) 出现 Simulink Start Page 界面。在该界面的左侧窗口中，单击"Open…"按钮。

(4) 出现"打开文件"对话框。在该对话框中，定位到本书提供资料的\intel_dsp_example\example_5_14 路径，打开 design.slx 文件。

(5) 计算向量精度的系统结构如图 5.53 所示。双击图中名字为"Subsystem"的子系统元器件符号，打开其内部结构，如图 5.54 所示。

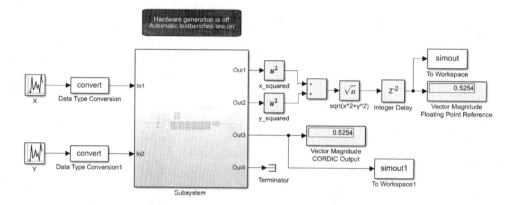

图 5.53　计算向量精度的系统结构

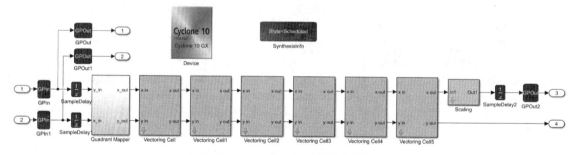

图 5.54　Subsystem 子系统的内部结构

(6) 图 5.54 包含多个名字为"Vectoring Cell$n$（n 为子系统编号）"的子系统元器件符号，双击其中任何一个子系统元器件符号，弹出"Block Parameters：Vectoring Cell"对话框，如图 5.55 所示。在该对话框中，可以配置迭代的次数［Iteration Number(i)］和小数的宽度［Fractional bits in the data path(b)］。

(7) 尝试为图 5.54 中名字为"Vectoring Cell$n$"的每个子系统选择合适的参数"i"和"b"。

(8) 单击"Run"按钮，运行仿真。

思考与练习 5-24：请根据前面的设计知识说明该设计中每个子系统的功能。

思考与练习 5-25：根据前面介绍的知识计算标定后的乘法器系数。

第 5 章 CORDIC 算法原理及实现   261

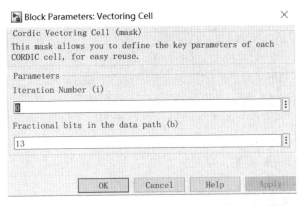

图 5.55 "Block Parameters：Vectoring Cell" 对话框

5.8.2 CORDIC 向量幅度精度比较

本小节将介绍如何对前面设计的精度进行验证，其主要步骤如下。

（1）在 Windows 10 操作系统桌面，选择开始→Intel FPGA 19.4.0.64 Pro Edition→DSP Builder-Start in MATLAB R2019a，打开 MATLAB R2019a 集成开发环境。

（2）在 MATLAB 主界面名字为"主页"的标签页中，单击工具栏中的"Simulink"按钮。

（3）出现 Simulink Start Page 界面。在该界面的左侧窗口中，单击"Open…"按钮。

（4）出现"打开文件"对话框。在该对话框中，定位到本书提供资料的\intel_dsp_example\example_5_15 路径，打开 design.slx 文件。

（5）比较浮点和定点向量幅度精度的系统结构如图 5.56 所示。从图中可知，在系统中新添加了 Simulink 内提供的模块，用于计算最大绝对误差和有效小数位数。

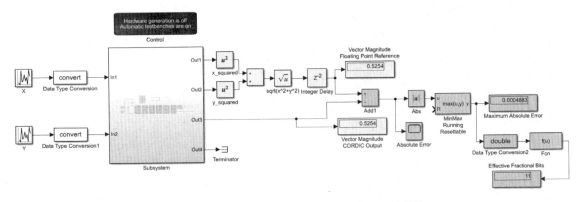

图 5.56 比较浮点和定点向量浮动精度的系统结构

（6）单击"Run"按钮 ▶，运行仿真，并查看仿真结果。

思考与练习 5-26：根据前面的计算结果说明是否满足设计要求。

5.9 调用 CORDIC 块的模型实现

除在 DSP Builder 中通过调用基本设计资源实现 CORDIC 算法外，在 DSP Builder for Intel FPGAs-Advanced Blockset 的 Primitive Basic Blocks 中直接提供了 CORDIC 块。

CORDIC 块使用坐标旋转计算机算法执行坐标旋转。前面提到，CORDIC 算法是一种简单高效的算法，用于计算双曲函数和三角函数，它可以以任意所需的精度计算正弦、余弦、幅度和相位（正切）的三角函数。当不想使用硬件乘法器时，CORDIC 算法非常有用，因为这种算法所需的操作只包含加法、减法、移位和查找。

当你不想使用硬件乘法器，或者想使用最少的逻辑门时，CORDIC 算法通常比其他方法更快。另外，当硬件乘法器可用时，表查找和幂级数方法通常比 CORDIC 更快。

CORDIC 基于旋转复数的相位，方法是将其乘以连续的复数值。乘法都可以是 2 的幂，你只需要移位和二进制算术就可以执行。因此，不需要实际的乘法器功能。

在每个乘法期间，增益等于：

$$k_i = \sqrt{1+2^{-2i}}$$

式中，i 表示第 i 次迭代。

连续乘法的总增益值为

$$k(n) = \prod_{i=0}^{n-1} k_i = \prod_{i=0}^{n-1} \sqrt{1+2^{-2i}}$$

式中，n 表示迭代的总次数。

你可以预先计算该总增益并保存在表格中。此外：

$$k = \lim_{n \to \infty} k(n) \approx 1.64676$$

CORDIC 块使用一组移位加算法来执行这些迭代步骤，以执行坐标旋转。

CORDIC 块有 4 个输入，其中 x 和 y 表示输入矢量的 (x,y) 坐标，p 代表角度输入、v 代表 CORDIC 块的模式。它支持以下的模式：

（1）第一种模式将输入矢量旋转到指定角度；

（2）第二种模式将输入矢量旋转到 x 轴，同时记录进行旋转所需要的角度。

x 和 y 输入的位宽必须相同。x 和 y 输入的输入宽度（以位为单位）确定了 CORDIC 块内的阶数（迭代），除非你在块参数中明确指定输出宽度（以位为宽度）小于输入宽度。

为了节省时间和资源，完全忽略了 CORDIC 增益。x 和 y 输入的位宽在 CORDIC 块内自动增加两位，以说明 CORDIC 算法的增益因子。因为 x 和 y 输出比输入的宽度多两位，如果没有在块参数编辑器中明确指定输出的宽度，你就必须在设计中处理额外的这两位。你可以在 CORDIC 块外部补偿 CORDIC 的增益。

p 输入是角度值，范围为 $-\pi \sim +\pi$，因此需要至少 3 个整数位才能完全表示该范围。v 输入确定模式。你可以通过指定较小的输出数据宽度来减少 CORDIC 块内的阶数，从而在面积（和效率）和精度上进行权衡。

CORDIC 块内的参数含义如表 5.10 所示。CORDIC 块的端口接口如表 5.11 所示。

表 5.10　CORDIC 块内的参数含义

参　　数	描　　述
Output data type mode	确定块如何设置其输出的数据类型： ① Inherit via internal rule。整数和小数位是输入数据类型中位数的最大值。 ② Specify via dialog：可以选择该选项时可用的其他字段来显式设置块的输出类型。该选项可根据指定的类型重新解释 LSB 的输出位模式。 ③ Boolean：输出类型为布尔值。
Output data type	指定输出的数据类型。例如，sfix(16)，uint(8)。
Output scaling value	指定输出的标定值。例如，2^-15。

表 5.11　CORDIC 块的端口接口

信　　号	方　　向	类　　型	描　　述
x	输入	任意定点数	输入向量的 x 坐标
y	输入	任意定点数	输入向量的 y 坐标
p	输入	任意定点数	所需的旋转角度为 $-\pi \sim +\pi$
v	输入	任意定点数	选择操作模式（0=旋转角度，1=旋转到 x 轴）
x	输出	任意定点数	输出向量的 x 坐标
y	输出	任意定点数	输出向量的 y 坐标
p	输出	任意定点数	坐标旋转的角度

调用 CORDIC 块实现计算角度正弦值和余弦值的步骤主要如下。

(1) 在 Windows 10 操作系统桌面，选择开始→Intel FPGA 19.4.0.64 Pro Edition→DSP Builder-Start in MATLAB R2019a，打开 MATLAB R2019a 集成开发环境。

(2) 在 MATLAB 主界面名字为"主页"的标签页中，单击工具栏中的"Simulink"按钮。

(3) 出现 Simulink Start Page 界面。在该界面的左侧窗口中，单击"Open…"按钮。

(4) 出现"打开文件"对话框。在该对话框中，定位到本书提供资料的 \intel_dsp_example\example_5_16 路径，打开 design.slx 文件。

(5) 调用 CORDIC 块计算角度正弦值和余弦值的系统结构如图 5.57 所示。

(6) 单击"Run"按钮▶，运行仿真，并查看仿真结果。

思考与练习 5-27：改变图 5.57 中的角度值，重新运行仿真，查看仿真结果。

思考与练习 5-28：通过调用 CORDIC 块，计算角度的正切值。

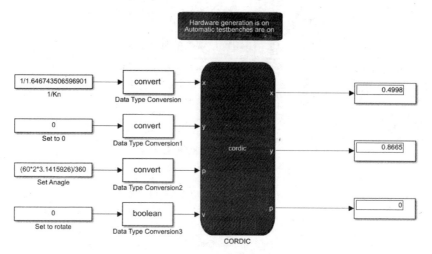

图 5.57 调用 CORDIC 块计算角度正弦值和余弦值的系统结构

5.10 CORDIC 算法的 HLS 实现

本节将介绍如何通过 Intel HLS 工具和 C++描述的 CORDIC 算法在 Intel Cyclone 10 GX 系列 FPGA 上实现对任意角度正弦值和余弦值的计算。

5.10.1 CORDIC 算法的 C++描述

本小节将介绍如何通过 Visual Studio 2015 集成开发环境构建 CORDIC 算法的 C++描述。读者定位到本书提供资料的\intel_dsp_example\example_5_17\CORDIC_project 路径,打开 CORDIC_project 工程文件。

1. cordic.h 头文件

如代码清单 5-1 所示,在该文件中定义了旋转角度。

代码清单 5-1 cordic.h 文件

```
#ifndef _CORDIC_H_
#define _CORDIC_H_

//Table of arctan's for use with CORDIC algorithm
//Store in decimal representation N=((2^16) * angle_deg)/180

#define ATAN_TAB_N 16

int atantable[ATAN_TAB_N] = { 0x4000,        //atan(2^0) = 45 degrees
                              0x25C8,        //atan(2^-1) = 26.5651
                              0x13F6,        //atan(2^-2) = 14.0362
                              0x0A22,        //atan(2^-3) = 7.12502
                              0x0516,        //atan(2^-4) = 3.57633
                              0x028B,        //atan(2^-5) = 1.78981
                              0x0145,        //atan(2^-6) = 0.895174
```

```
        0x00A2,              //atan(2^-7) = 0.447614
        0x0051,              //atan(2^-8) = 0.223808
        0x0029,              //atan(2^-9) = 0.111904
        0x0014,              //atan(2^-10) = 0.05595
        0x000A,              //atan(2^-11) = 0.0279765
        0x0005,              //atan(2^-12) = 0.0139882
        0x0003,              //atan(2^-13) = 0.0069941
        0x0002,              //atan(2^-14) = 0.0035013
        0x0001               //atan(2^-15) = 0.0017485
};

void component cordic_sincos(int angle, int * sin_result, int * cos_result);

#endif
```

思考与练习 5-29：根据代码清单 5-1 给出的设计代码，说明在该设计中用于表示旋转角度的方法。

2. CORDIC_project.cpp 文件

如代码清单 5-2 所示，在该文件中的子程序 cordic_sincos() 描述了使用 CORDIC 计算给定角度正弦值和余弦值的方法，并且在主文件 main() 中通过测试向量对子程序 cordic_sincos() 给出的算法模型进行验证。

代码清单 5-2   CORDIC_project.cpp 文件

```
#include <HLS/hls.h>
#include <HLS/math.h>
#include <HLS/stdio.h>
#include "cordic.h"
//theta = any(integer) angle in degrees
//iterations = number of iterations for CORDIC algorithm, up to 16,

// * sin_result = pointer to where you want to sine result
// * cos_result = pointer to where you want to cosine result
void component cordic_sincos(int theta, int * sin_result, int * cos_result)
{
    int sigma, s, x1, x2, y, i, quadadj, shift;
    int * atanptr = atantable;
    int iterations = 13;              //this value must be less than 16, this value can be changed

    //Shift angle to be in range -180 to 180
    while (theta <= 180) theta += 360;
    while (theta > 180) theta -= 360;

    //shift angle to be in range -90 to 90
    if (theta < -90)
    {
        theta = theta + 180;
```

```c
        quadadj = -1;
}
else if (theta > 90)
{
    theta = theta - 180;
    quadadj = -1;
}
else
{
    quadadj = 1;
}
//shift angle to be in angle -45 to 45
if (theta < -45)
{
    theta = theta + 90;
    shift = -1;
}
else if (theta > 45)
{
    theta = theta - 90;
    shift = 1;
}
else
{
    shift = 0;
}

//convert angle to decimal representation N=((2^16)angle_deg/180
if(theta<0)
{
    theta = -theta;
    theta = ((unsigned int)theta << 10) / 45; //Convert to decimal representation of angle
    theta = (unsigned int)theta << 4;
    theta = -theta;
}
else
{
    theta = ((unsigned int)theta << 10) / 45; //Convert to decimal representation of angle
    theta = (unsigned int)theta << 4;
}

//Initial values

x1 = 0x4dba;      //this will be the cosine result, initially the magic number 0.60725293
y = 0;            //y will contain the sine result
s = 0;            //s will contain the final angle
sigma = 1;        //direction from target angle
```

```c
    for (i = 0; i < iterations; i++)
    {
        sigma = (theta - s) > 0 ? 1 : -1;
        if (sigma < 0)
        {
            x2 = x1 + (y >> i);
            y = y - (x1 >> i);
            x1 = x2;
            s -= *atanptr++;
        }
        else
        {
            x2 = x1 - (y >> i);
            y = y + (x1 >> i);
            x1 = x2;
            s += *atanptr++;
        }
    }


    //correct for possible overflow in cosine result
    if (x1 < 0)
        x1 = -x1;

    //push final values to appropriate registers
    if (shift > 0)
    {
        *sin_result = x1;
        *cos_result = -y;
    }
    else if (shift < 0)
    {
        *sin_result = -x1;
        *cos_result = y;
    }
    else
    {
        *sin_result = y;
        *cos_result = x1;
    }

    //Adjust for sign change if angle was in quadrant 3 or 4

    *sin_result = quadadj * *sin_result;
    *cos_result = quadadj * *cos_result;
};

int main(void)
```

```
        int angle[5] = { 0,30,45,60,90 };
        int sin_value=0, cos_value=0;
        int i = 0;
        for (i = 0; i < 5; i++)
        {
            cordic_sincos(angle[i], &sin_value, &cos_value);
            printf("sin(%d)=%f\n", angle[i], (sin_value * 1.0 / 32768));
            printf("cos(%d)=%f\n", angle[i], (cos_value * 1.0 / 32768));
        }
    }
```

在 Visual Studio 2015 集成开发环境中,运行该设计,当迭代次数为 13 时的运行结果如图 5.58 所示。

修改程序中迭代次数 iterations 的值,运行设计;不同迭代次数 iterations 的值得到的正弦值和余弦值如表 5.12 所示。很明显,当增加 iterations 的值时,得到的正弦值和余弦值趋向于理想值。当迭代次数增加到某个值后,所得到的正弦值和余弦值的精度并没有增加。从表 5.12 中可知,当 iterations 取值为 13 时,得到较理想的正弦值和余弦值。

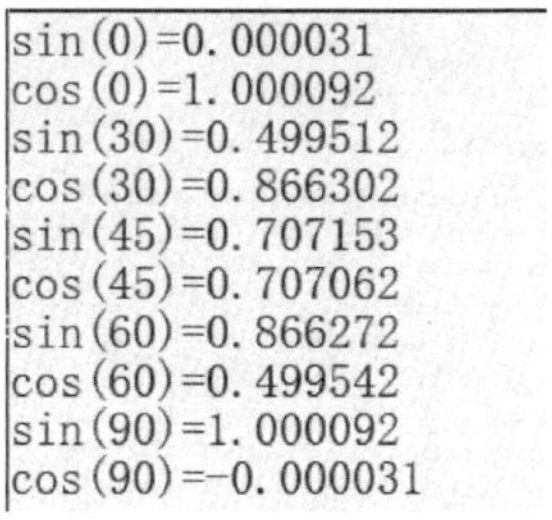

```
sin(0)=0.000031
cos(0)=1.000092
sin(30)=0.499512
cos(30)=0.866302
sin(45)=0.707153
cos(45)=0.707062
sin(60)=0.866272
cos(60)=0.499542
sin(90)=1.000092
cos(90)=-0.000031
```

图 5.58 当迭代次数为 13 时的运行结果

表 5.12 iterations 为不同值的运行结果

迭 代 值	7	9	11	13	15
sin(0)	0.000763	-0.003143	-0.000214	0.000031	-0.000031
cos(0)	0.999969	1.000000	1.000061	1.000092	1.000122
sin(30)	0.497162	0.500580	0.499725	0.499512	0.499573
cos(30)	0.867584	0.865662	0.866180	0.866302	0.866272
sin(45)	0.717529	0.709381	0.707336	0.707153	0.707123
cos(45)	0.696472	0.704834	0.706879	0.707062	0.707092
sin(60)	0.867554	0.865631	0.866150	0.866272	0.866241
cos(60)	0.497192	0.500610	0.499756	0.499542	0.499603
sin(90)	0.999969	1.000000	1.000061	1.000092	1.000122
cos(90)	-0.000763	0.003143	0.000214	-0.000031	0.000031

思考与练习 5-30:根据代码清单 5-2 给出的代码,分析通过 C++语言描述 CORDIC 算法的模型,以及所构建的测试向量。

5.10.2 HLS 转换设计

本小节将介绍如何通过 Intel HLS 工具将通过 C++描述的 CODRIC 算法模型转换为 Intel FPGA 上的硬件实现。

按本书前一章所介绍的方法,设置编译器路径,然后输入下面的编译器命令:

```
i++ -march=10CX085YU484E6G -v CORDIC_project.cpp
```

将 C++模型转换为 Intel FPGA 上的硬件实现。

用浏览器打开 reports.html 文件，查看该设计所使用的 10CX085YU484E6G 器件的资源，如图 5.59 所示。

Summary

Estimated Resource Usage

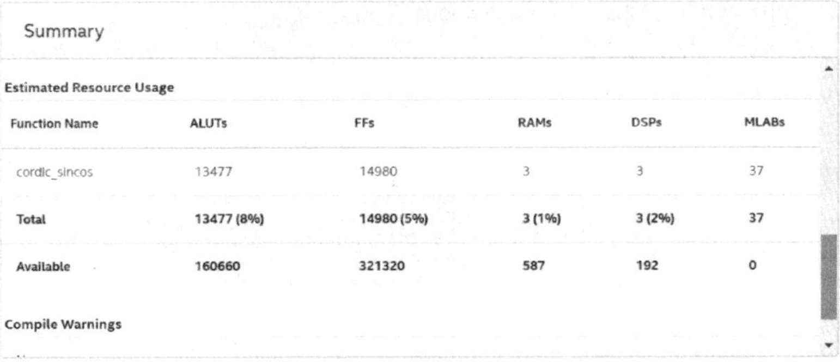

Function Name	ALUTs	FFs	RAMs	DSPs	MLABs
cordic_sincos	13477	14980	3	3	37
Total	**13477 (8%)**	**14980 (5%)**	**3 (1%)**	**3 (2%)**	**37**
Available	**160660**	**321320**	**587**	**192**	**0**

Compile Warnings

图 5.59　该设计所使用 FPGA 的资源

该设计的 f_{MAX} II Report 如图 5.60 所示。

f_{MAX} II Report

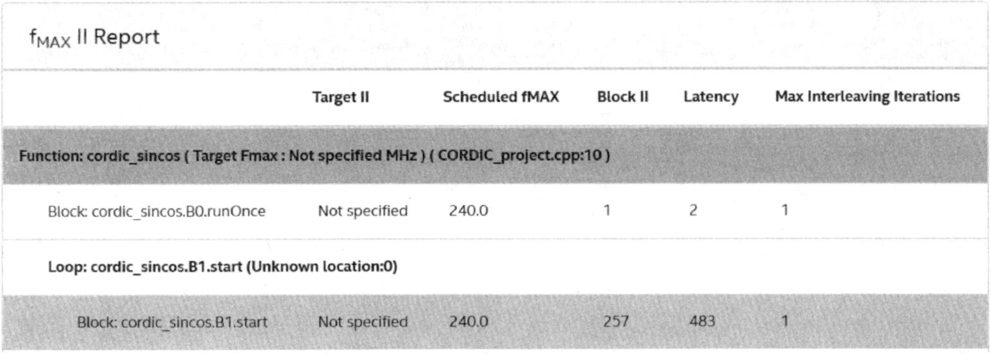

	Target II	Scheduled fMAX	Block II	Latency	Max Interleaving Iterations
Function: cordic_sincos (Target Fmax : Not specified MHz) (CORDIC_project.cpp:10)					
Block: cordic_sincos.B0.runOnce	Not specified	240.0	1	2	1
Loop: cordic_sincos.B1.start (Unknown location:0)					
Block: cordic_sincos.B1.start	Not specified	240.0	257	483	1

图 5.60　该设计的 f_{MAX} II Report

重新用 i++ -ghdl 标志编译设计，用 ModelSim 工具打开 vsim.wlf 文件，查看仿真后的结果，如图 5.61 所示。

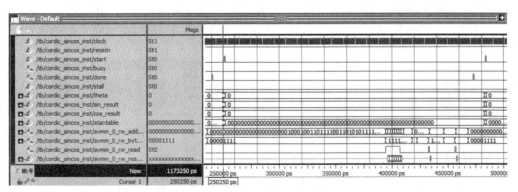

图 5.61　ModelSim 工具中的仿真结果

5.10.3 优化设计

本小节将介绍如何在 C++模型描述的 CORDIC 算法中添加用户策略。当使用 HLS 工具转换 C++描述的 CORDIC 算法时，用户策略可以提高 CORDIC 算法在 Intel FPGA 上的实现性能。

将前面的 C++设计复制到本书提供资料的\intel_dsp_example\example_5_17\CORDIC_prject_unroll 路径，打开 CORDIC_project. cpp 文件。在该文件的 “for (i = 0; i < iterations; i++)” 循环前面添加下面一行用户命令：

```
#pragma unroll 13
```

然后使用下面的编译器命令，将改进的 CORDIC 算法描述转换为 Intel FPGA 上的硬件实现：

```
i++ -march=10CX085YU484E6G -v -ghdl CORDIC_project. cpp
```

用浏览器打开 reports. html 文件，查看该设计所使用的 10CX085YU484E6G 器件的资源，如图 5.62 所示。很明显，与前面的设计相比，其所占用的 FPGA 资源明显增加。

Summary

Estimated Resource Usage

Function Name	ALUTs	FFs	RAMs	DSPs	MLABs
cordic_sincos	20204	22162	40	3	122
Total	20204 (13%)	22162 (7%)	40 (7%)	3 (2%)	122
Available	160660	321320	587	192	0

Compile Warnings

None

图 5.62 添加用户策略后设计所使用的 FPGA 资源

添加用户策略后设计的 f_{MAX} II Report 如图 5.63 所示。

f_{MAX} II Report

	Target II	Scheduled fMAX	Block II	Latency	Max Interleaving Iterations
Function: cordic_sincos (Target Fmax : Not specified MHz) (CORDIC_project.cpp:10)					
Block: cordic_sincos.B0.runOnce	Not specified	240.0	1	2	1
Loop: cordic_sincos.B1.start (Unknown location:0)					
Block: cordic_sincos.B1.start	Not specified	240.0	1	2	1
Loop: cordic_sincos.B2 (CORDIC_project.cpp:73)					
Block: cordic_sincos.B2	Not specified	157.5	1	149	1
Block: cordic_sincos.B3	Not specified	240.0	1	99	1

图 5.63 添加用户策略后的 f_{MAX} II Report

第 5 章 CORDIC 算法原理及实现

思考与练习 5-31：比较图 5.60 和图 5.63 给出的结果，说明添加用户策略后对实现性能的改善（延迟和吞吐量）。

思考与练习 5-32：比较图 5.61 和图 5.64 给出的仿真结果，说明性能的改善，并分析时序。

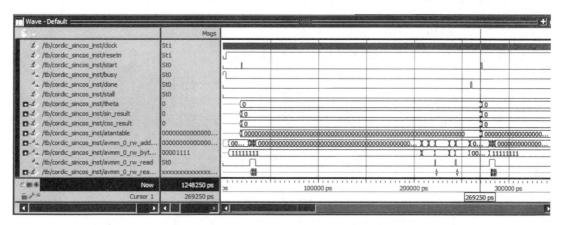

图 5.64 添加用户策略后 ModelSim 工具中的仿真结果

第6章 离散傅里叶变换原理及实现

本章将从模拟周期信号的傅里叶级数开始，从模拟非周期信号的傅里叶变换过渡到离散傅里叶变换，清楚地说明傅里叶级数、傅里叶变换、离散傅里叶变换之间的有机关系。

离散傅里叶变换是通过计算机对采样后的信号进行频域分析的重要工具，它提供了频域内的幅度谱和相位谱信息。而离散傅里叶反变换提供了通过幅度谱和相位谱合成原始信号的方法。

为了帮助读者更深入理解离散傅里叶变换算法，本章后面将通过 DSP Builder 工具对 8 点离散傅里叶变换算法进行建模和讨论。

读者在学习本章内容时，一定要从物理含义的角度进行对其理解，这样可以起到事半功倍的效果，从而为学习快速傅里叶变换打下坚实的基础。

6.1 模拟周期信号的分析：傅里叶级数

来自某个电力变压器的一个振动信号的谐波分量可以为电气工程师提供变压器"健康"状态的信息。但是，如果直接查看时域的振动信号，尝试从时域中提取高于 50Hz（主频）的谐波分量，如 100Hz、150Hz、200Hz，这是一件不可能完成的事情，如图 6.1 所示。

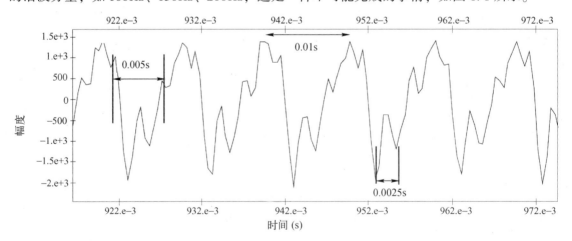

图 6.1 信号的时域波形

如图 6.2 所示，当一个信号穿过一个墙壁时，其信号的频率分量可能会发生变化。此外，当声音中的高频分量的能量很高时，人们听到的声音就非常刺耳；当声音中的低频分量的能量很高时，人们听到的声音就很沉闷。因此，在确定墙壁的频率响应特性时，频率分析技术也是非常重要的。

对于一个在时域内表示的信号：

第6章 离散傅里叶变换原理及实现

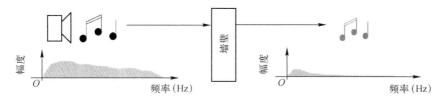

图 6.2 信号穿过墙壁时，频谱分量发生变化

$$y(t) = 2\cos(2\pi 100 t) + \cos\left(2\pi 200 t + \frac{\pi}{4}\right) + 4\cos\left(2\pi 300 t + \frac{\pi}{6}\right)$$

可以通过简单的幅度-频率和相位-频率特性来图表示，如图 6.3 所示。

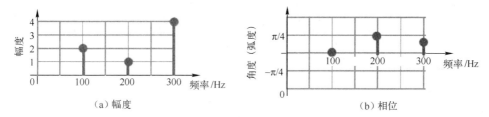

图 6.3 信号的幅度-频率和相位-频率特性图

傅里叶级数允许任何时域上的周期信号（波形）分解为构成该波形的正弦和余弦信号波形，即

$$\begin{aligned} g(t) &= \sum_{n=0}^{\infty} A_n \cos\left(\frac{2\pi n t}{T}\right) + \sum_{n=1}^{\infty} B_n \sin\left(\frac{2\pi n t}{T}\right) \\ &= \sum_{n=0}^{\infty} A_n \cos(2\pi n f_0 t) + \sum_{n=1}^{\infty} B_n \sin(2\pi n f_0 t) \end{aligned} \quad (6.1)$$

式中，（1）T 为信号的周期；

（2） $$A_n = \frac{2}{T} \int_{-T/2}^{T/2} g(t) \cos\left(\frac{2\pi n t}{T}\right) \mathrm{d}t \quad (6.2)$$

（3） $$B_n = \frac{2}{T} \int_{-T/2}^{T/2} g(t) \sin\left(\frac{2\pi n t}{T}\right) \mathrm{d}t \quad (6.3)$$

从信号的时域表达式可知，周期信号 $g(t)$ 在时域上是连续的，这是因为它由若干正弦和余弦信号叠加而成；而其在频域上的表示类似于图 6.3 所示，是由若干离散的幅度线构成的。因此，对于周期信号而言，其时域连续，但频域离散。

如何得到系数 A_n 和 B_n？下面给出其推导过程。

将式（6.1）两端同时乘以 $\cos(\rho\omega_0 t)$，ρ 为任意正整数，则表示为

$$\cos(\rho\omega_0 t)g(t) = \cos(\rho\omega_0 t)\sum_{n=0}^{\infty}\left[A_n \cos(n\omega_0 t) + B_n \sin(n\omega_0 t)\right] \quad (6.4)$$

对上式两端取一个采样周期的平均值，得到：

$$\begin{aligned} \int_0^T \cos(\rho\omega_0 t)g(t)\mathrm{d}t &= \int_0^T \left\{\cos(\rho\omega_0 t)\sum_{n=0}^{\infty}\left[A_n \cos(n\omega_0 t) + B_n \sin(n\omega_0 t)\right]\right\}\mathrm{d}t \\ &= \sum_{n=0}^{\infty}\int_0^T \left[A_n \cos(\rho\omega_0 t)\cos(n\omega_0 t)\right]\mathrm{d}t + \sum_{n=0}^{\infty}\int_0^T \left[B_n \cos(\rho\omega_0 t)\sin(n\omega_0 t)\right]\mathrm{d}t \end{aligned}$$

因为：

$$\int_0^T [B_n \cos(\rho\omega_0 t)\sin(n\omega_0 t)]\mathrm{d}t = \frac{B_n}{2}\int_0^T [\sin(\rho+n)\omega_0 t - \sin(\rho-n)\omega_0 t]\mathrm{d}t$$

$$= \frac{B_n}{2}\int_0^T \sin\left[\frac{(\rho+n)2\pi t}{T}\right]\mathrm{d}t - \frac{B_n}{2}\int_0^T \sin\left[\frac{(\rho-n)2\pi t}{T}\right]\mathrm{d}t = 0$$

又因为：

$$\int_0^T [A_n \cos(\rho\omega_0 t)\cos(n\omega_0 t)]\mathrm{d}t = \frac{A_n}{2}\int_0^T [\cos(\rho+n)\omega_0 t - \cos(\rho-n)\omega_0 t]\mathrm{d}t = 0, p \neq n$$

当 $p=n$ 时：

$$\int_0^T [A_n \cos(n\omega_0 t)\cos(n\omega_0 t)]\mathrm{d}t = \int_0^T [A_n \cos^2(n\omega_0 t)]\mathrm{d}t$$

$$= \frac{A_n}{2}\int_0^T [1 + \cos(2n\omega_0 t)]\mathrm{d}t = \frac{A_n}{2}\int_0^T 1\mathrm{d}t = \frac{A_n T}{2}$$

所以：

$$\int_0^T \cos(\rho\omega_0 t)g(t)\mathrm{d}t = \frac{A_n T}{2}$$

因此，得到式（6.2）。进一步，将式（6.1）两端同时乘以 $\sin(\rho\omega_0 t)$，则可以得到式（6.3）。

因此，傅里叶级数是由与基频（$f_0 = 1/T$）相关的正弦和余弦，以及谐波（为基频的整数倍，如 $2f_0$、$3f_0$、$4f_0$）相关的正弦和余弦构成，如图 6.4 所示。

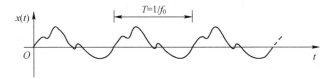

图 6.4 周期信号由基频和谐波相关的正弦和余弦构成

显然，读者可以通过分析一个周期信号来得到余弦和正弦信号所对应的 A_n 和 B_n，然后可以用这些正弦和余弦信号求和来产生原始的信号，如图 6.5 所示。

对于周期的实信号而言，傅里叶可以表示为一个正弦幅度为 C_n 和正弦相位为 θ_n 的形式，即

$$g(t) = \sum_{n=0}^{\infty} C_n \cos\left(\frac{2\pi nt}{T} - \theta_n\right) = \sum_{n=0}^{\infty} C_n \cos(2\pi n f_0 t - \theta_n) \tag{6.5}$$

其中：

$$C_n = \sqrt{A_n^2 + B_n^2}$$

$$\theta_n = \tan^{-1}\left(\frac{B_n}{A_n}\right)$$

这种形式的傅里叶级数便于产生傅里叶级数的频率-幅度和频率-相位图。

其实，这种形式很容易理解，对于一个简单的三角函数 $A\cos\omega t + B\sin\omega t$（$A$ 和 B 均为实数）而言，可以得到下面的变换过程，即

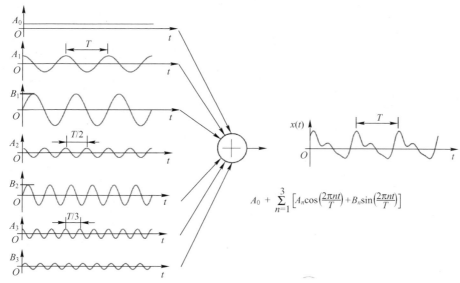

图 6.5 由正弦和余弦信号得到原始的信号（1）

$$A\cos\omega t+B\sin\omega t=\frac{\sqrt{A^2+B^2}}{\sqrt{A^2+B^2}}(A\cos\omega t+B\sin\omega t)=C\left(\frac{A}{\sqrt{A^2+B^2}}\cos\omega t+\frac{B}{\sqrt{A^2+B^2}}\sin\omega t\right)$$

$$=C(\cos\theta\cos\omega t+\sin\theta\sin\omega t)=C\cos(\omega t-\theta)=\sqrt{A^2+B^2}\cos(\omega t-\{\tan^{-1}B/A\})$$

从该推导过程可知，任意幅度的同频正弦和余弦信号的求和，还是同频的正弦信号，只是幅度和相位发生了变化。因此，读者就很容易理解式（6.5）和式（6.1）之间的关系了。因此，可以将图 6.5 表示成图 6.6 的形式。

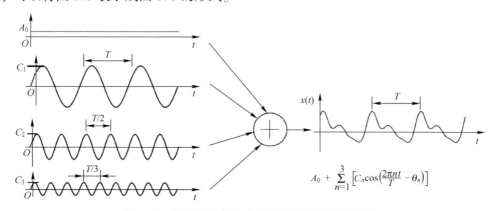

图 6.6 由正弦和余弦信号得到原始的信号（2）

如图 6.7 所示为信号线性频率幅度（余弦）谱的表示。注意，图中没有给出相位信息。

在信号实际的表示中，相位谱对信号的时域表现形式也有明显的影响，对于下面两个信号而言，其时域和幅度-频率，以及相位-频率的关系，如图 6.8 所示。

$$y_1(t)=\cos 2\pi 100t+\frac{1}{2}\cos 2\pi 300t$$

$$y_2(t)=\cos 2\pi 100t+\frac{1}{2}\cos(2\pi 300t+3\pi/5)$$

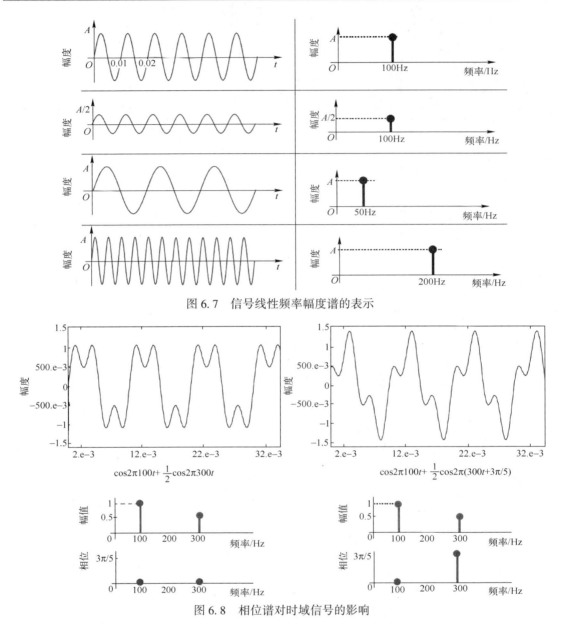

图 6.7　信号线性频率幅度谱的表示

图 6.8　相位谱对时域信号的影响

从上面对幅度/相位的傅里叶级数分析可知，读者可以绘制出幅度（余弦）谱和相位谱。如图 6.9 所示，很明显，幅度谱和相位谱的组合完整地定义了时域上的实信号。

使用傅里叶级数，一个周期性的方波信号可以分解为有限个正弦信号的求和，如图 6.10 所示为方波信号与幅度谱和相位谱之间的关系。

回想下面的公式：

$$e^{j\omega} = \cos\omega + j\sin\omega$$

$$\cos\omega = \frac{e^{j\omega} + e^{-j\omega}}{2}$$

$$\sin\omega = \frac{e^{j\omega} - e^{-j\omega}}{2j}$$

第6章 离散傅里叶变换原理及实现

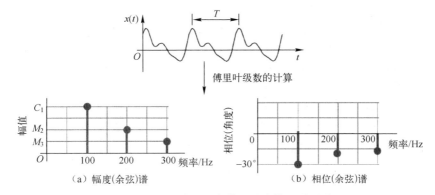

图 6.9 幅度谱和相位谱对时域信号的影响

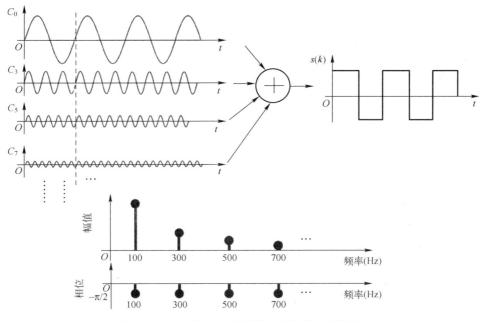

图 6.10 方波信号与幅度谱和相位谱之间的关系

因此，式（6.5）可以重新表示为传统意义上的数学指数形式，即

$$g(t) = \sum_{n=-\infty}^{+\infty} C_n e^{j2\pi n f_0 t} \tag{6.6}$$

其中，C_n 表示为

$$C_n = \frac{1}{T}\int_{-\frac{T}{2}}^{\frac{T}{2}} g(t) e^{-j2\pi n f_0 t} dt \tag{6.7}$$

与式（6.1）比较可知：

$$C_n = \begin{cases} \dfrac{1}{2}(A_n - jB_n), & n>0 \\ \dfrac{1}{2}(A_n + jB_n), & n<0 \end{cases}$$

使用复数形式表示傅里叶级数的好处在于：①可以用于表示复数的傅里叶级数；②使得

运算过程变得简单。

因此,式(6.1)重新写作下面的形式,即

$$
\begin{aligned}
x(t) &= A_0 + \sum_{n=1}^{\infty} [A_n \cos(2\pi n f_0 t) + B_n \sin(2\pi n f_0 t)] \\
&= A_0 + \sum_{n=1}^{\infty} \left[A_n \left(\frac{e^{jn\omega_0 t} + e^{-jn\omega_0 t}}{2} \right) + B_n c \left(\frac{e^{jn\omega_0 t} - e^{-jn\omega_0 t}}{2j} \right) \right] \\
&= A_0 + \sum_{n=1}^{\infty} \left[\left(\frac{A_n}{2} + \frac{B_n}{2j} \right) e^{jn\omega_0 t} + \left(\frac{A_n}{2} - \frac{B_n}{2j} \right) e^{-jn\omega_0 t} \right] \\
&= A_0 + \sum_{n=1}^{\infty} \left[\left(\frac{A_n}{2} + \frac{B_n}{2j} \right) e^{jn\omega_0 t} + \left(\frac{A_n}{2} - \frac{B_n}{2j} \right) e^{-jn\omega_0 t} \right] \\
&= A_0 + \sum_{n=1}^{\infty} \left(\frac{A_n - jB_n}{2} \right) e^{jn\omega_0 t} + \sum_{n=1}^{\infty} \left(\frac{A_n + jB_n}{2} \right) e^{-jn\omega_0 t}
\end{aligned} \tag{6.8}
$$

比较式(6.6)可知,对于 $n>0$ 而言:

$$
\begin{aligned}
C_n &= \frac{1}{2}(A_n - jB_n) = \frac{1}{T}\int_0^T x(t)\cos(n\omega_0 t)\,dt - j\frac{1}{T}\int_0^T x(t)\sin(n\omega_0 t)\,dt \\
&= \frac{1}{T}\int_0^T x(t)[\cos(n\omega_0 t) - j\sin(n\omega_0 t)]\,dt = \frac{1}{T}\int_0^T x(t)e^{-jn\omega_0 t}\,dt
\end{aligned}
$$

当 $n<0$ 时,$C_n = C_{-n}^*$。

所以,式(6.6)可以用于合成一个信号,而式(6.7)可以用于分析信号中每个频率的幅度谱和相位谱。

此外,式(6.6)和式(6.7)引入了"负频率"的概念,这是因为 $e^{j2\pi f_0}$ 对应于"正频率" f_0;而 $e^{-j2\pi f_0}$ 对应于"负频率" $-f_0$。

使用复指数形式的傅里叶级数对信号进行分解,信号中不同频率分量的值可以用图 6.11 表示。从图中可知,分别以实部图和虚部图表示。但是,这种表示方法不容易直观地得到信号不同频率的幅度谱和相位谱的大小。因此,对图 6.11 的实部和虚部分别求取模和相角,得到信号的幅度谱和相位谱,如图 6.12 所示。

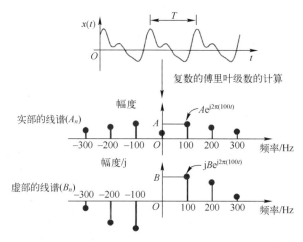

图 6.11 使用复指数形式得到时域信号的实部和虚部

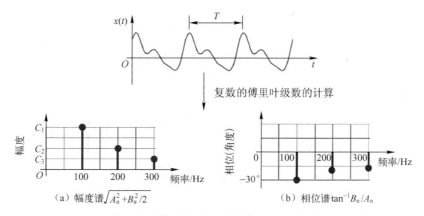

图 6.12　使用复指数形式得到时域信号的幅度谱和相位谱

思考与练习 6-1：根据上面介绍的内容，说明模拟周期信号傅里叶级数的数学公式，以及其所给出的物理含义。

6.2　模拟非周期信号的分析：傅里叶变换

前面我们的分析都是基于周期信号的，并且使用了周期信号的傅里叶级数分析工具。但是，在现实中，大多数的信号都是非周期的，瞬态或者有随机分量的信号都是非周期信号。

例如，音乐甚至说话是准周期（伪周期）信号，然而在短时间内可以将其看作周期信号。很明显，对于非周期信号的频率分析也有类似于傅里叶级数的数学工具，将其称为傅里叶变换。

前面提到，对于一个周期信号而言，信号谐波之间的间隔是 $1/T$（Hz），如图 6.13 所示。

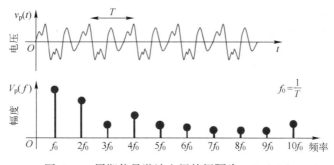

图 6.13　周期信号谐波之间的间隔为 $1/T$（Hz）

对于一个非周期信号，确定 T 是非常困难的，这是因为实际的信号并没有重复出现。然而，为了得到某种答案，读者可以假定在整个信号周期之后信号重复出现，如图 6.14 所示。当选择较大周期时，谐波之间的间隔就会减少。

进一步地，如果假设信号的周期 $T \to \infty$，则基频和谐波之间的频率间隔将变得非常小，即 $f_0 \to 0$。很明显，非周期信号的频谱是一个连续函数，如图 6.15 所示，这是因为 $f_0 \to 0$。这个推导过程很巧妙，读者也不用再死记硬背公式了。

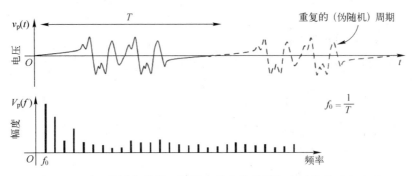

图 6.14　对于非周期信号,假设在整个信号周期之后信号重复出现

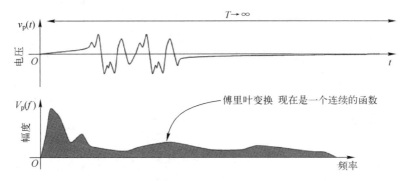

图 6.15　对于非周期信号,其傅里叶变换是一个连续函数

下面再次回顾一下周期方波信号和其所对应的傅里叶级数之间的对应关系,如图 6.16 所示。

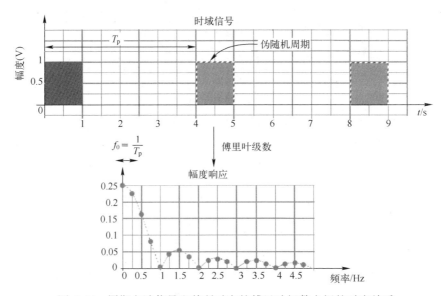

图 6.16　周期方波信号和其所对应的傅里叶级数之间的对应关系

如果将周期 T_p 增加,当 $T_p \to \infty$ 时,我们可以将该信号认为是非周期的,或者是瞬态的。很明显,频率之间的间隔 $f_p \to 0$(几乎靠在一起),注意,它们的幅度减少了,这是因为信

号内的整体能量减少了，并且谐波的个数增加了，如图 6.17 所示。

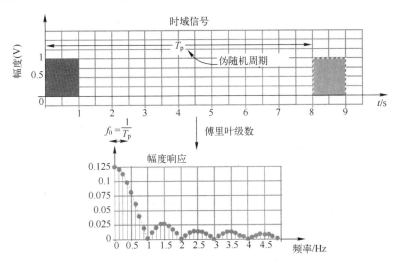

图 6.17　当周期 T 趋近于无穷大时频谱的变化

瞬态信号的真正频谱如图 6.18 所示。从图中可知，对于无限小的谐波间隔，其幅度现在由 $1/T_p$ 标定。因此，对于这个变换而言，如果 y 轴是实际绘制的结果，则需要进行必要的标定。对于这个方波脉冲而言，傅里叶变换所展示出来的是频率能量的位置，而不是像傅里叶级数所描述的那样，必须将相同的离散频率相加。

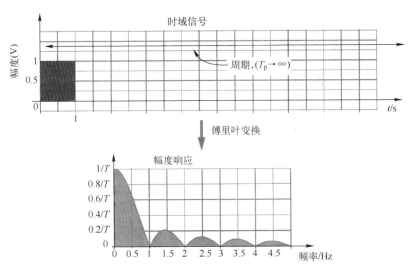

图 6.18　瞬态脉冲信号的真正频谱

现在再次查看公式（6.7），当 $T \to \infty$ 时，即

$$C_n = \frac{1}{T} \int_{-\frac{T}{2}}^{\frac{T}{2}} g(t) \mathrm{e}^{-\mathrm{j}2\pi n f_0 t} \mathrm{d}t$$

并且乘上 T，则得到傅里叶变换，即

$$G(f) = \int_{-\infty}^{\infty} g(t) \mathrm{e}^{-\mathrm{j}2\pi f t} \mathrm{d}t \tag{6.9}$$

式 (6.7) 中的 nf_0 趋向于连续变量 f，这是因为 $f_0 \to 0$，$n \to \infty$，而不是离散变量。

下面介绍一下推导过程。

为了实现傅里叶变换，基于通用的傅里叶级数定义一个新的函数 $X(f)$，表示为

$$X(f) = \frac{C_n}{f_0} = C_n T$$

则：

$$X(f) = \int_{-\frac{T}{2}}^{\frac{T}{2}} x(t) e^{-j2\pi n f_0 t} dt = \int_{-\infty}^{\infty} x(t) e^{-j2\pi f t} dt \tag{6.10}$$

因此，式 (6.10) 可以写成下面形式，即

$$X(\omega) = \int_{-\infty}^{\infty} x(t) e^{-j\omega t} dt \tag{6.11}$$

得到一个信号的傅里叶变换，当然允许将其反变换为原始的非周期信号。从傅里叶级数开始：

$$C_n = X(f) f_0,\ f_0 \to 0$$

$$\begin{aligned} x(t) &= \sum_{n=-\infty}^{+\infty} C_n e^{j2\pi n f_0 t} = \sum_{n=-\infty}^{+\infty} X(f) f_0 e^{j2\pi n f_0 t} = \left[\sum_{n=-\infty}^{+\infty} X(f) e^{j2\pi n f_0 t} \right] f_0 \\ &= \int_{-\infty}^{\infty} X(f) e^{j2\pi f t} df \end{aligned} \tag{6.12}$$

式 (6.12) 称为傅里叶反变换，根据三角函数的频率，该式也可以表示为

$$x(t) = \frac{1}{2\pi} \int_{-\infty}^{\infty} X(\omega) e^{j\omega t} d\omega \tag{6.13}$$

思考与练习 6-2：根据上面介绍的内容，说明模拟非周期信号傅里叶正变换和反变换的数学公式，以及其所给出的物理含义。

6.3 离散序列的分析：离散傅里叶变换

前面得到的傅里叶公式都是用于对模拟信号的分析。离散傅里叶变换（Discrete Fourier Transform，DFT）是傅里叶变换的一个版本，用于为被采样的（数字化的）信号 $x(n)$ 产生频谱：

$$X(f) = \sum_{n=-\infty}^{\infty} x(n) e^{-\frac{j2\pi f n}{f_s}} \tag{6.14}$$

式中，f_s 为采样频率。

6.3.1 离散傅里叶变换推导

下面给出推导过程，假设以间隔 $T_s(s)$ 对模拟信号进行采样，这样就将模拟信号进行了离散化，则傅里叶变换的公式改写为

$$X(f) = \int_{-\infty}^{\infty} x(nT_s) e^{-j2\pi f n T_s} d(nT_s) \tag{6.15}$$

因此可以将式 (6.15) 重新写为

$$X(f) = \sum_{n=-\infty}^{\infty} x(nT_s) e^{-j2\pi fnT_s} = \sum_{n=-\infty}^{\infty} x(nT_s) e^{-\frac{j2\pi fn}{f_s}} \tag{6.16}$$

将 nT_s 用 n 代替,就可以得到式 (6.14)。

当然,对于因果信号而言,式 (6.14) 改写为

$$X(f) = \sum_{n=0}^{\infty} x(n) e^{-\frac{j2\pi fn}{f_s}} \tag{6.17}$$

更近一步地,其不可能是一个无限数量的采样序列,只能是一个有限长度的序列,我们将这个有限长度的序列长度定义为 N,如图 6.19 所示。第一个采样在 $n=0$ 的位置,最后一个采样在 $n=N-1$ 的位置,一共是 N 个采样点,则:

$$X(f) = \sum_{n=0}^{N-1} x(n) e^{-\frac{j2\pi fn}{f_s}} \tag{6.18}$$

图 6.19 离散序列及傅里叶变换的表示

> **注:** 从连续傅里叶变换式得到了离散时间的傅里叶变换。现在我们假设信号是因果的,并且只使用有限个采样点。通过假设有限个采样点,事实上又回到了前面的假设,即信号是周期的。这样,我们就可以将 N 个采样点作为信号的一个周期。

6.3.2 频率离散化推导

更近一步地,由于计算时间的限制,DFT 应该在有限的频率范围内进行评估。如果将 $0 \sim f_s$ 范围内的频带分割成 N 个离散的点,则可以引入一个离散的变量 k 用于频率,如 $k=0 \sim N-1$,则 f 表示为:

$$f = \frac{k f_s}{N} \tag{6.19}$$

则式 (6.18) 改写为

$$X(k) = \sum_{n=0}^{N-1} x(n) e^{-\frac{j2\pi kn}{N}} \tag{6.20}$$

如图 6.20 所示,图中每个离散频率之间的区域称为频率窗口,其宽度为 $1/NT_s$ (Hz)。

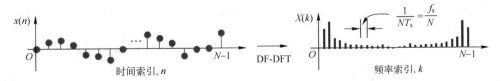

图 6.20 离散序列及离散频率的表示

下面说明上式的推导过程以其含义。通过使用有限个数据采样点,迫使我们做了这样一个假设,即信号是周期的,在该周期内有 N 个采样点 (NT_s)。因此,注意到上面的 DFT 是

真正地用于一个连续频率 f 上,然而事实上我们只需要在指定的频率上,即零频率(直流)到基波频率的谐波点,对这个等式进行评估(分析),即

$$f_0 = \frac{1}{NT_s} = \frac{f_s}{N} \tag{6.21}$$

离散频率表示为 0、f_0、$2f_0$、$3f_0$、$\cdots$,一直到 f_s,即

$$X\left(\frac{kf_s}{N}\right) = \sum_{n=0}^{N-1} x(n) e^{-\frac{j2\pi kf_s n}{N_s}}, k = 0 \sim N-1 \tag{6.22}$$

将式(6.22)进一步简化,只使用 n 和 k 表示,则改写为式(6.20)。对于实信号而言,DFT 是以 $N/2$ 的频率对称的,因此计算量可以减半。前面介绍的复指数可以表示为

$$e^{j\omega} = \cos\omega + j\sin\omega = a + jb$$

因此,MAC(乘和累加)实算术的总数运算量为 $2N^2$。由于只需要一半的运算,因此总的 MAC 为 N^2。在实际中,引入变量 W,表示为

$$W_N = e^{-j\frac{2\pi}{N}}$$

因此,式(6.20)可以写成下面的形式:

$$X(k) = \sum_{n=0}^{N-1} x(n) W_N^{nk} \tag{6.23}$$

对于 8 个采样点的 DFT 而言,计算过程表示为

$X(0) = x(0) + x(1) + x(2) + x(3) + x(4) + x(5) + x(6) + x(7)$

$X(1) = x(0) + x(1)W_8^1 + x(2)W_8^2 + x(3)W_8^3 + x(4)W_8^4 + x(5)W_8^5 + x(6)W_8^6 + x(7)W_8^7$

$X(2) = x(0) + x(1)W_8^2 + x(2)W_8^4 + x(3)W_8^6 + x(4)W_8^8 + x(5)W_8^{10} + x(6)W_8^{12} + x(7)W_8^{14}$

$X(3) = x(0) + x(1)W_8^3 + x(2)W_8^6 + x(3)W_8^9 + x(4)W_8^{12} + x(5)W_8^{15} + x(6)W_8^{18} + x(7)W_8^{21}$

这个计算过程的数据流表示如图 6.21 所示。从上面的计算过程可知,存在可以消减的冗余计算,如考虑第 2 行的第 3 项,即

$$x(2)W_8^2 = x(2) e^{-j\frac{2\pi 2}{8}} = x(2) e^{-j\frac{\pi}{2}}$$

以及第 4 行的第 3 项,即

$$x(2)W_8^6 = x(2) e^{-j\frac{2\pi 6}{8}} = x(2) e^{-j\frac{3\pi}{2}} = -x(2) e^{-j\frac{\pi}{2}}$$

因此,这样就可以简化运算量,这就是我们下一章所要介绍的快速傅里叶变换。

6.3.3 DFT 的窗效应

窗口是一个术语,用于选择一段数据,用于随后的 DFT 分析,如图 6.22 所示。使用 DFT,得到的真正的结果就好像窗口的 N 点数据构成了一个信号的基本周期,如信号周期为 T,然后以周期 T 重复,如图 6.23 所示。

实际上,绝大多数进行频率变换的信号都会被"开窗",如在一个很短的数据窗口内进行音乐编码 MPEG。在上面的例子中,使用了周期为 T 的窗口。当然,所选择的这个窗口应该能够表示所捕获或者需要分析信号的特征。使用矩形窗口的原因是,DFT 假设信号以周期 T 重复。因此,从一个周期的结束,到另一个周期的开始,很可能出现不连续,如图 6.23 所示,这种不连续性在 DFT 谱中会呈现偏差。下面给出采用矩形窗的两种情况,图 6.24(a)所示为没有不连续的区域,而图 6.24(b)所示为有不连续的区域。

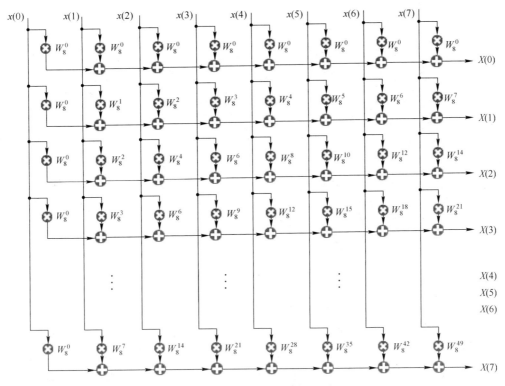

图 6.21　8 点 DFT 的数据流图

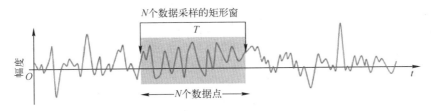

图 6.22　一个"窗"用于从采样的数据中选择其中一段数据

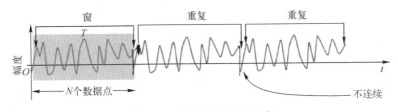

图 6.23　以窗口长度 T 重复

很明显，幅度的不连续表示了幅度在很短时间内的快速变化，因此在频域变换时会被显示出来，这就是频谱泄露。因为幅度在短时间内的快速变化所呈现出来的是高频分量，因此在频域的高频区域会有信号能量存在，但是真实的信号是不存在这样的高频能量的。因此，将这种窗口引起的在高频区域有能量分布的现象称为频谱泄露。

使用 MATLAB 工具创建 64 点长度的矩形窗，如代码清单 6-1 所示，其时域和频率响应曲线如图 6.25 所示。

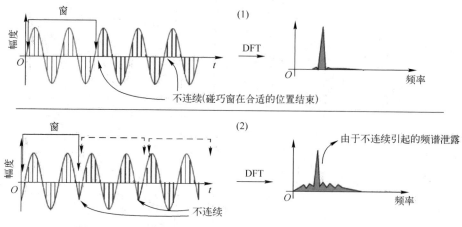

图 6.24 矩形窗选在了信号的不同位置-连续和不连续的位置

代码清单 6-1 rectangle_window. m 文件

```
n = 64;
w = rectwin(n);
wvtool(w);
```

> **注**：读者可以定位到本书提供资料的 \intel_dsp_example\example_6_1 路径，用 MAT-LAB R2019a 集成开发环境打开名字为 "rectangle_window. m" 的文件。

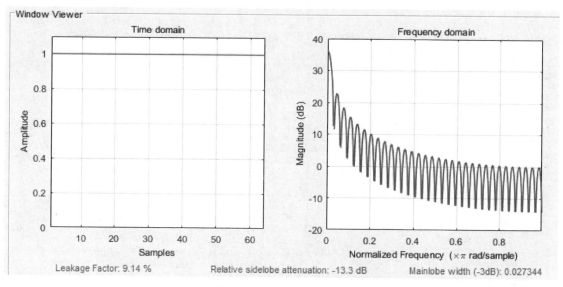

图 6.25 矩形窗的时域和频率响应曲线

为了减少频谱泄露的影响，我们可以使用非矩形窗。非矩形窗在一段数据结束的时候是缓慢减弱的，而不是突然从有变化到无，如图 6.26 所示。目前，常用的非矩形窗包括海明（Hamming）窗、汉宁（Hanning）窗、布莱克曼-哈里斯（Blackman-Harris）窗、巴特利特（Bartlett）窗、哈里斯（Harris）窗等。

第6章 离散傅里叶变换原理及实现

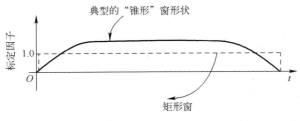

图 6.26 非矩形窗

下面以典型的巴特利特窗（三角窗）为例，在进行 DFT 之前，使用一个数据加权窗口，以减少频谱泄露。与没有权重的平均（矩形）窗口相比，巴特利特窗口将主瓣宽度增加了一倍，同时将主副瓣衰减了 26dB，而没有权重的平均窗口只衰减了 13dB。对于 N 点采样而言，巴特利特窗定义为

$$h(n) = 1.0 - \frac{|n|}{\frac{N}{2}}, \quad n = -\frac{N}{2}, \cdots, -2, -1, 0, 1, 2, \cdots, \frac{N}{2} \tag{6.24}$$

使用 MATLAB 工具创建 $N=63$ 的巴特利特窗，如代码清单 6-2 所示，其时域和频率响应曲线如图 6.27 所示。

代码清单 6-2　triangle_window.m 文件

```
N = 63;
w1 = bartlett(N);
wvtool(w1);
```

> **注**：读者可以定位到本书提供资料的 \intel_dsp_example\example_6_1 路径，用 MAT-LAB R2019a 集成开发环境打开名字为 "triangle_window.m" 的文件。

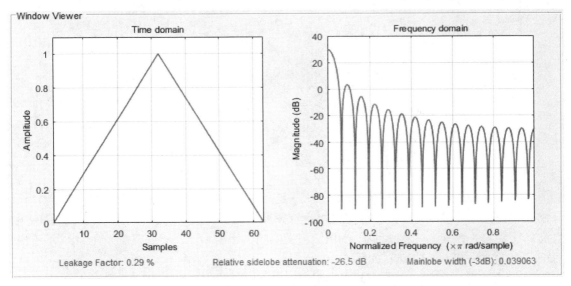

图 6.27 巴特利特窗的时域和频率响应曲线

对于布莱克曼（Blackman）窗而言，在进行 DFT 之前，使用一个加权的数据窗口，并且对巴特利特和汉宁窗的改进增加对频谱泄露的抑制能力。对于 N 点采样而言，布莱克曼窗定义为

$$h(n) = \sum_{k=0}^{2} a(k)\cos\left(\frac{2kn\pi}{N}\right), \ n = -\frac{N}{2}, \cdots, -2, -1, 0, 1, 2, \cdots, \frac{N}{2}$$
$$\approx 0.42 + 0.5\cos\left(\frac{2n\pi}{N}\right) + 0.08\cos\left(\frac{4n\pi}{N}\right)$$
(6.25)

其中，$a(0) = 0.42659701$，$a(1) = 0.49659062$，$a(2) = 0.07684867$。

使用 MATLAB 工具创建 $N = 64$ 的布莱克曼窗，如代码清单 5-3 所示，其时域和频率响应曲线如图 6.28 所示。

代码清单 6-3　blackman_window.m 文件

```
N = 64;
w1 = blackman(N);
wvtool(w1);
```

> **注**：读者可以定位到本书提供资料的 \intel_dsp_example\example_6_1 路径，用 MATLAB R2019a 集成开发环境打开名字为 "blackman_window.m" 的文件。

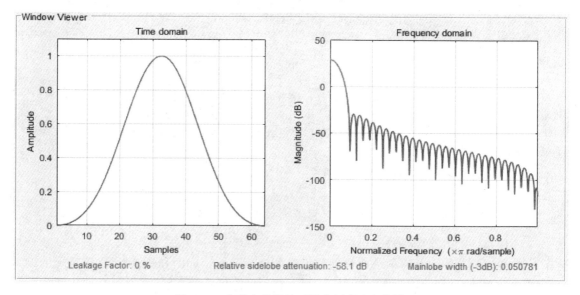

图 6.28　布莱克曼窗的时域和频率响应曲线

对于海明窗而言，在进行 DFT 之前，使用一个加权的数据窗口来减少频谱泄露。与没有权重的平均窗口相比，巴特利特窗口将主瓣宽度增加了一倍，同时将主副瓣衰减到 46dB，而没有权重的平均窗口只衰减到了 13dB。与类似的汉宁窗相比，海明窗副瓣的衰减并不快。对于 N 个数据采样，海明窗定义为

$$h(n) = 0.54 + 0.46\cos\left(\frac{2n\pi}{N}\right), \ n = -\frac{N}{2}, \cdots, -2, -1, 0, 1, 2, \cdots, \frac{N}{2}$$
(6.26)

使用 MATLAB 工具创建 $N = 64$ 的海明窗，如代码清单 5-4 所示，其时域和频率响应曲

线如图 6.29 所示。

代码清单 6-4 hamming_window.m 文件

```
l = 64
w = hamming(l);
wvtool(w);
```

> **注**：读者可以定位到本书提供资料的\intel_dsp_example\example_6_1 路径，用 MAT-LAB R2019a 集成开发环境打开名字为"hamming_window.m"的文件。

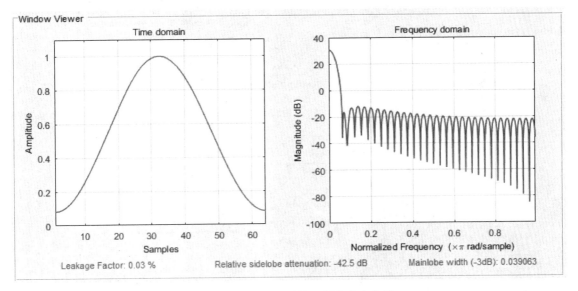

图 6.29 海明窗的时域和频率响应曲线

对于哈里斯窗而言，在进行 DFT 之前，使用一个加权的数据窗口来减少频谱泄露（类似巴特利特和汉宁窗）。对于 N 个数据采样，汉宁窗定义为

$$h(n) = 0.5 + 0.5\cos\left(\frac{2n\pi}{N}\right), \quad n = -\frac{N}{2}, \cdots, -2, -1, 0, 1, 2, \cdots, \frac{N}{2} \quad (6.27)$$

下面使用一个升余弦函数对正弦信号进行加窗，比较加窗前后的频谱，如图 6.30 所示。

当然，在使用窗函数之前，应该理解加窗的负面效应，如图 6.31 所示。在实际的设计中，每个读者都会有自己喜欢使用的窗函数，但是别忘了它们的不同特性！

加窗的目的是为了减少频谱的泄露，然而从上图可知，其负面效应是主瓣，即信号的频率峰值扩展到一些副瓣，但是减少了旁瓣谱泄露。对加窗的两个简单的理解，即：

（1）扩展，正是由于这个事实，即对窗口开始和结束的数据去加重，我们暗示减少了采样的个数。

（2）从图 6.29 可知，当加升余弦窗时，等于对信号进行调制，使得在频率 A 的分量调制到 $A-e$ 到 $A+e$ 的频带，如图 6.32 所示。

因此，从这两个解释就很容易理解窗函数所带来的负面效应，但是这也是一种处理方法的折中。

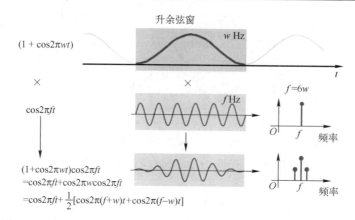

图 6.30 使用升余弦函数对正弦信号进行加窗，比较加窗前后的频谱

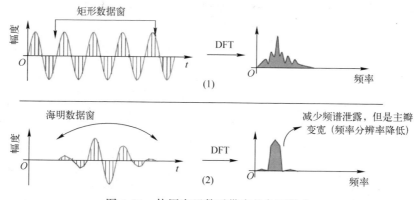

图 6.31 使用窗函数后带来的负面效应

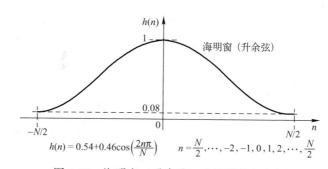

图 6.32 海明窗（升余弦）窗的形状和定义

对于下面的信号，使用矩形窗函数，512 个采样点，采样率为 1000Hz，得到的频谱如图 6.33 所示。

$$y(n) = 50\sin 2\pi\left(\frac{100}{1000}\right)n + 100\sin 2\pi\left(\frac{200}{1000}\right)n$$

对上面的信号，使用海明窗，512 个采样点，采样频率为 1000Hz，得到的频谱如图 6.34 所示。

思考与练习 6-3：根据上面介绍的内容，给出离散傅里叶正变换和反变换的公式，并说明其所表示的物理含义。

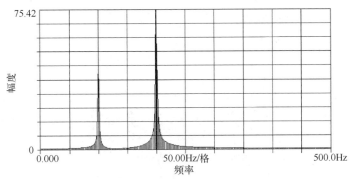

图 6.33 使用 DFT 对信号分析的结果（1）

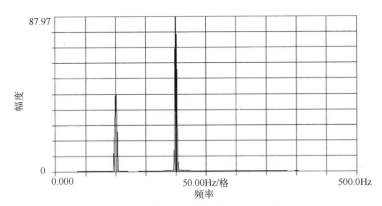

图 6.34 使用 DFT 对信号分析的结果（2）

6.4 短时傅里叶变换

对 Chirp 信号取连续的时间窗口，如图 6.35 所示。

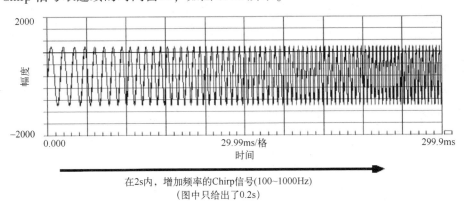

在2s内，增加频率的Chirp信号(100~1000Hz)
（图中只给出了0.2s）

图 6.35 Chirp 信号的时域波形

同时，对数据执行 DFT 变换，将其以时间-频率瀑布图的方式进行显示，如图 6.36 所示。从图中可知，信号的频率随着时间线性递增。

短时傅里叶分析（Short Time Fourier Transform，STFT）传统的问题是确定时间和频率分辨率。前面介绍的频率分辨率或者 DFT 的频率间隔由 $1/NT_s$ 决定（N 为采样点的个数）。

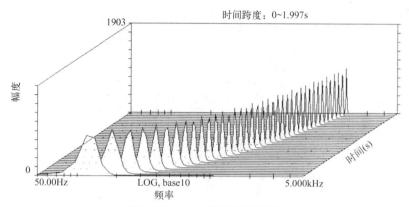

图 6.36　Chirp 信号的瀑布图

当取小的时间窗口或者很少的采样时，有很好的时间分辨率。但很明显，不会带来好的频率分辨率，这是因为频率间隔 $1/NT_s$ 较大。

如果取大量的采样，可以得到较好的频率分辨率（较小的频率间隔）$1/NT_s$。然而，对于时间分辨率并不好，这是因为时间窗口太长。

综上所述，必须进行折衷。解决上面这个问题的方法就是使用其他类型的变换，如小波变换。

下面举 STFT 的一个典型应用，时域中的语音信号如图 6.37 所示，当使用 STFT 时，可提供信号在时间和频率上的变化关系，如图 6.38 所示。

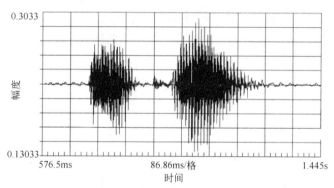

图 6.37　语音信号的时域表示

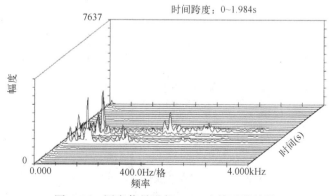

图 6.38　语音信号进行 STFT 变换后的结果

6.5 离散傅里叶变换的运算量

前面已经讨论，当序列 $x(n)$ 的点数不超过 N 时，它的 N 点 DFT 表示为

$$X(k) = \sum_{n=0}^{N-1} x(k) W_N^{nk}, 0 \leq k \leq N-1 \tag{6.28}$$

它的反变换 IDFT 表示为

$$x(n) = \frac{1}{N} \sum_{n=0}^{N-1} X(k) W_N^{-nk}, 0 \leq n \leq N-1 \tag{6.29}$$

当 k 依次取为 0、1、2、…、N-1 时，可用下面的等式表示为

$$\begin{cases} X(0) = x(0) W_N^{00} + x(1) W_N^{01} + x(2) W_N^{02} + \cdots + x(N-1) W_N^{0(N-1)} \\ X(1) = x(0) W_N^{10} + x(1) W_N^{11} + x(2) W_N^{12} + \cdots + x(N-1) W_N^{1(N-1)} \\ X(2) = x(0) W_N^{20} + x(1) W_N^{21} + x(2) W_N^{22} + \cdots + x(N-1) W_N^{2(N-1)} \\ \quad \cdots \\ X(N-1) = x(0) W_N^{(N-1)0} + x(1) W_N^{(N-1)1} + \cdots + x(N-1) W_N^{(N-1)(N-1)} \end{cases} \tag{6.30}$$

由上式可见，直接按照定义计算 N 点序列的 N 点 DFT 时，每行含 N 个复数乘法，即 $x(n)$ 和 W_N^{nk} 相乘，以及 N-1 次复数相加的运算。从而直接按定义计算 N 点的傅里叶变换的总计算量为 N^2 次复数乘法和 $N(N-1)$ 次复数加法。当 N 较大时，N^2 很大，计算量过大。例如，N=8 时，DFT 需要 64 次复数乘法，而当 N=4096(2^{12}) 时，DFT 需要 16777216 次复数乘法。此外，直接使用 DFT 计算，还会因字长有限而产生较大的误差，甚至造成计算结果的不收敛。

通过对 W_N^{nk} 特性的研究，发现其具有下面的重要性质可以帮助减少 DFT 的运算量：

（1）共轭对称性：

$$(W_N^{nk})^* = W_N^{-nk} \tag{6.31}$$

（2）周期性：

$$W_N^{nk} = W_N^{(n+N)k} = W_N^{n(k+N)} \tag{6.32}$$

（3）可约性：

$$W_N^{nk} = W_{mN}^{mnk} \tag{6.33}$$

$$W_N^{nk} = W_{N/m}^{nk/m} \tag{6.34}$$

这就为减少 DFT 的运算量奠定了基础。Cooley 和 Tukey 于 1965 年提出了一种离散傅里叶的快速算法，解决了 DFT 的快速计算问题。下一章我们将详细介绍快速傅里叶变换方法。

思考与练习 6-4：对于一个 64 点的 DFT 而言，给出其算法的复杂度。

6.6 离散傅里叶算法的模型实现

本节将以 8 点离散傅里叶模型设计为例，介绍如何在 DSP Builder 中构建该算法的模型实现。

6.6.1 系统模型结构

8点离散傅里叶模型的整体结构如图6.39所示。

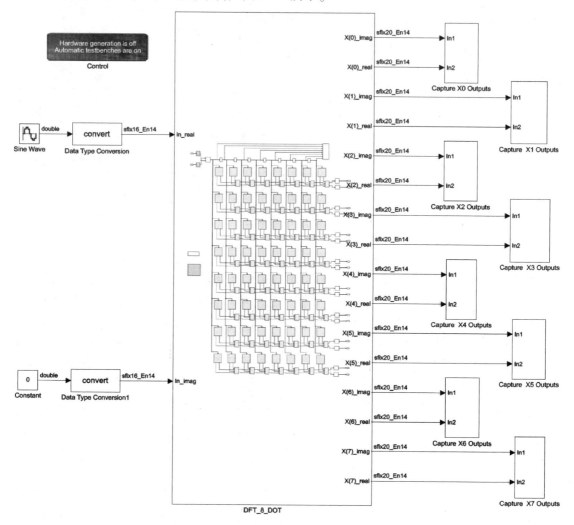

图6.39 8点离散傅里叶模型的整体结构

> **注**：读者可以定位到本书提供资料的\intel_dsp_example\example_6_2路径，用MATLAB R2019a集成开发环境打开design.mdl文件。

双击图6.39中名字为"DFT_8_DOT"的子系统元器件符号，打开其内部结构，如图6.40所示。

从图中可知，$X(0) \sim X(7)$分别是由输入离散序列$x(0) \sim x(7)$与不同W_N^{nk}加权求和的结果。由于W_N^{nk}是复数，因此加权求和实际上是由复数相乘和相加的过程实现。对于$X(7)$而言，其加权因子包括W_8^0、W_8^7、W_8^{14}、W_8^{21}、W_8^{28}、W_8^{35}、W_8^{42}和W_8^{49}。

将该完整设计视图局部放大，可以看到旋转因子使用复数乘法和加法实现，如图6.41所示。

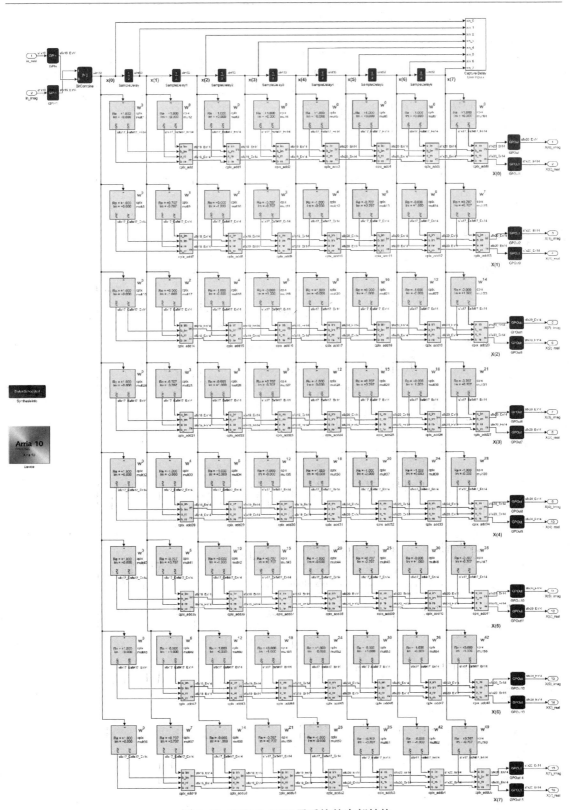

图 6.40　DCT_8_DOT 子系统的内部结构

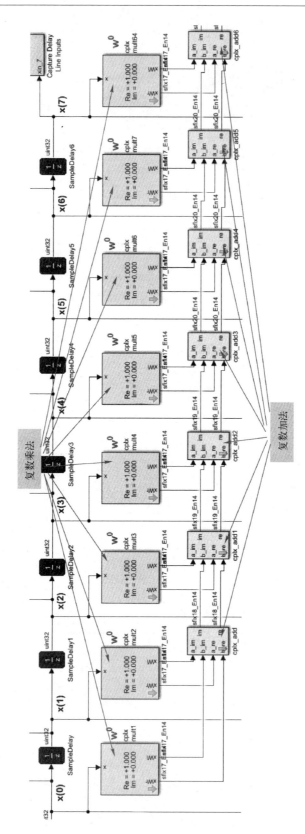

图6.41 局部放大DFT_8_DOT子系统的内部结构

6.6.2 分析复数乘法

双击其中一个复数乘法子系统元器件符号（绿色元器件标识），出现"Block Parameters:cplx mult"对话框，如图6.42所示。在该对话框中，需要设置参数，包括：

（1）Signal sample index，n。

（2）Frequency index，k。

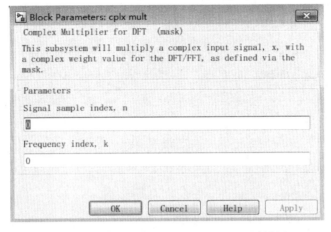

图 6.42 "Block Parameters:cplx mult" 对话框

选中图6.40中名字为"cplx mult"的一个复数乘法子系统元器件符号（绿色元器件符号标识），单击鼠标右键，出现浮动菜单。在浮动菜单中，选择 Mask→Look Under Mask，打开复数乘法子系统的内部结构，如图6.43所示。

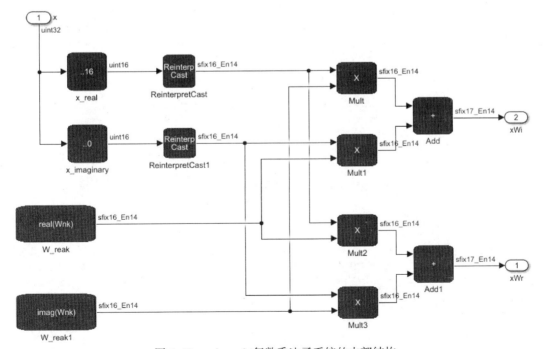

图 6.43　cplx mult 复数乘法子系统的内部结构

思考与练习6-5：根据6.43给出的复数乘法的内部结构，说明其具体实现原理，以及模块内各个模块的功能。特别要注意字长问题！

选中一个复数乘法子系统元器件符号（绿色标识），单击鼠标右键，出现浮动菜单。在浮动菜单中，选择Mask→Edit Mask，打开"Mask Editor:cplx mult"对话框，如图6.44所示，单击"Icon& Ports"标签。

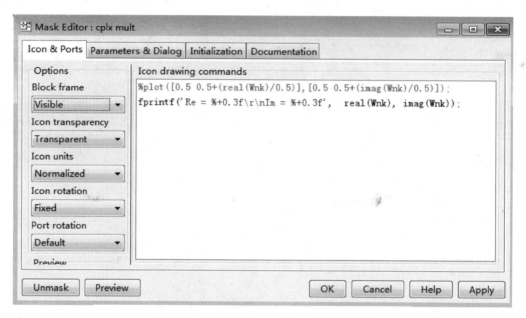

图6.44 "Mask Editor:cplx mult"对话框

思考与练习6-6：说明图6.44中的程序代码的作用。

单击"Parameters & Dialog"标签，如图6.45所示。在图中增加了两个名字为"n"和"k"的参数，正是读者在图6.42中所看到的信息。

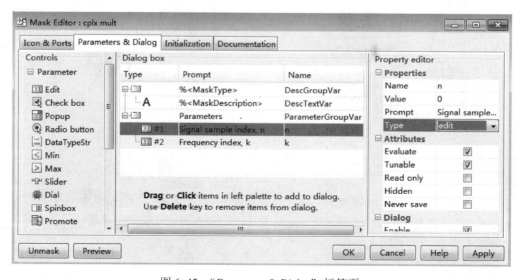

图6.45 "Parameter & Dialog"标签页

单击"Initialization"标签。在该标签页中，给出了初始化命令，如图 6.46 所示。

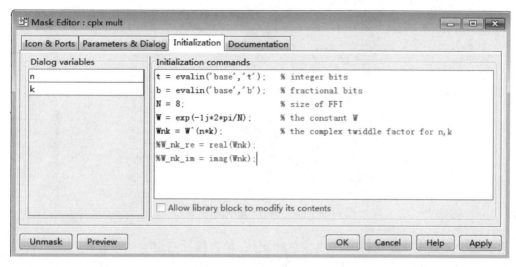

图 6.46 "Initialization"标签页

思考与练习 6-7：说明"Initialization"标签页中的初始化命令的作用。

6.6.3 分析复数加法

双击图 6.40 中名字为"cplx_add"的子系统元器件符号（棕色元器件符号标识），出现"Block Parameters:cplx_add"对话框，如图 6.47 所示。在该对话框中，设置的参数包括：

（1）Integer bits。

（2）Fractional bits。

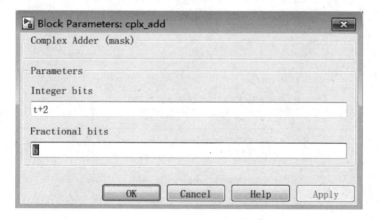

图 6.47 "Block Parameters:cplx_add"对话框

选中图 6.40 中名字为"cplx_add"的子系统元器件符号（棕色元器件符号标识），单击鼠标右键，出现浮动菜单。在浮动菜单中，选择 Mask→Look Under Mask，打开 cplx_add 子系统的内部结构，如图 6.48 所示。

思考与练习 6-8：根据 6.48 给出的 cplx_add 的内部结构，说明其具体实现原理，以及模块内各个模块的功能。特别要注意字长问题！

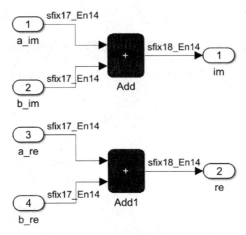

图 6.48 cplx_add 子系统的内部结构

选中一个复数乘法模块符号（浅棕色标识），单击鼠标右键，出现浮动菜单。在浮动菜单中，选择 Mask→Edit Mask，打开"Mask Editor:cplx mult"对话框，如图 6.49 所示。单击"Parameters & Dialog"标签。在该标签页中增加了两个名字为"t"和"b"的参数，正是读者在图 6.47 中所看到的信息。

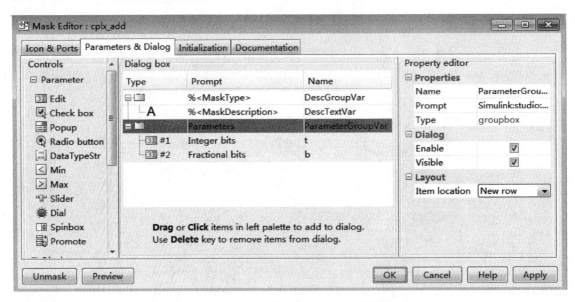

图 6.49 "Mask Editor:cplx_add"对话框

6.6.4 运行设计

单击 Simulink 主界面工具栏中的"Run"按钮，对该设计执行仿真，仿真结果如图 6.50 所示。

思考与练习 6-9：根据图 6.45 所设置的参数，说明输入信号的频率，以及频率分量的分布特点。

思考与练习 6-10：将输入信号的频率增加为原来初始信号频率的 2 倍，重新执行仿真

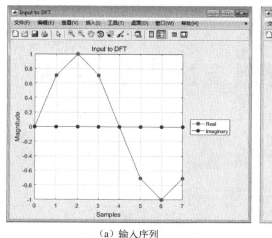 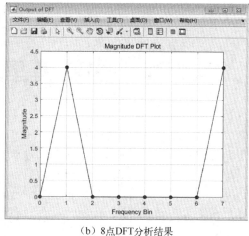

（a）输入序列　　　　　　　　　　　　（b）8点DFT分析结果

图 6.50　仿真结果

过程，说明频率分量的分布特点。

思考与练习 6-11：将输入信号的频率增加为原来初始信号频率的 3 倍，重新执行仿真过程，说明频率分量的分布特点。

思考与练习 6-12：将输入信号的频率设置为原来初始信号频率的非整数倍，如 2.5，重新执行仿真过程，说明频率分量的分布特点。

思考与练习 6-13：该设计中插入了寄存器，说明其作用，以及 FPGA 在执行 DFT 时真正的全并行性。

第 7 章　快速傅里叶变换原理及实现

离散傅里叶变换（Discrete Fourier Transform，DFT）虽然在理论上阐述了如何利用数字化方法进行信号的分析，但 DFT 的计算效率是很低的，计算机处理数字信号的速度会受到限制。所以，在实际中，DFT 的应用并不广泛。

20 世纪以来，信号处理的快速算法研究有了新的突破，即出现了离散傅里叶变换的快速算法，即快速傅里叶变换（Fast Fourier Transform，FFT）。FFT 是整个数字信号处理进行信号频谱分析实现的基础，读者必须掌握 FFT 算法的原理并且能通过 FFT 实现对信号进行频谱分析。

本章将介绍快速傅里叶变换的发展、Danielson-Lanczos 引理、按时间抽取的基-2 FFT 算法、按频率抽取的基-2 FFT 算法、Cooley-Tuckey 算法、基-4 和基-8 的 FFT 算法、FFT 计算中的字长、基于 MATLAB 的 FFT 分析、基于模型的 FFT 设计与实现、基于 IP 核的 FFT 实现，以及基于 C 模型和 HLS 的 FFT 建模与实现。

7.1　快速傅里叶变换的发展

Cooley-Tukey 算法是最常见的 FFT 算法，这一方法以分治法为策略递归地将长度为 $N = N_1 \times N_2$ 的 DFT 分解为长度为 N_1 的 N_2 个较短序列的 DFT，以及与 $O(N)$ 个旋转因子的复数乘法。

在 1965 年，J. W. Cooley（库利）和 J. W. Tukey（图基）合作发表了一篇名为 "*An algorithm for the machine calculation of complex Fourier series*" 的论文之后，这种方法，以及 FFT 的基本思路才开始为人所知。但后来发现，实际上这两位作者只是重新发明了高斯在 1805 年就已经提出的算法。

Cooley-Tukey 算法最有名的应用是将序列长为 N 的 DFT 分割为两个长为 $N/2$ 的子序列的 DFT。因此，这一应用只适用于序列长度为 2 的幂次方的 DFT 计算，即基 2-FFT。实际上，如同高斯和 Cooley 与 Tukey 都指出的那样，Cooley-Tukey 算法也可以用于序列长度 N 为任意因数分解形式的 DFT，即混合基 FFT，而且还可以应用于其他诸如分裂基 FFT 等变种。

尽管 Cooley-Tukey 算法的基本思路是采用递归的方法进行计算的，大多数传统的算法实现都将显式的递归算法改写为非递归的形式。另外，因为 Cooley-Tukey 算法是将 DFT 分解为较小长度的多个 DFT，因此它可以同任一种其他的 DFT 算法联合使用。

7.2　Danielson-Lanczos 引理

将一个长度为 N 的 DFT 重新表示为两个长度为 $N/2$ 的 DFT，其中 N 为 2 的幂次方的结果，如 $N=8$、16、64、256 和 1024 等，它们均为 2 的整数次幂，表示为

$$X(k) = \overbrace{\sum_{n=0}^{N-1} x(n) \mathrm{e}^{\frac{-\mathrm{j}2\pi kn}{N}}}^{N\text{点DFT}} \tag{7.1}$$

$$= \underbrace{\sum_{m=0}^{\frac{N}{2}-1} x(2m) \mathrm{e}^{\frac{-\mathrm{j}2\pi k}{N}2m}}_{N/2\text{点DFT}} + \underbrace{\sum_{m=0}^{\frac{N}{2}-1} x(2m+1) \mathrm{e}^{\frac{-\mathrm{j}2\pi k}{N}(2m+1)}}_{N/2\text{点DFT}} \tag{7.2}$$

$$k = 0, 1, 2, \cdots, N-1$$

从上式可知,Danielson-Lanczos 引理在时域上对输入序列进行抽取,得到两个序列,索引为 $2m$ 的序列称为偶序列;索引为 $2m+1$ 的序列称为奇序列。并对序列进行重新编号,得到:

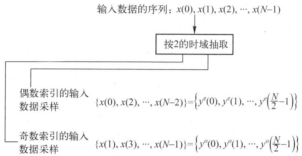

Danielson-Lanczos 引理通过按时间抽取,从原始的序列中得到两个较短长度的 DFT。注意,在时域上的原始数据序列按照 2 倍进行抽取,为了得到两个不同的序列。因此,给定一个时域长度为 N(2 的幂次方)的采样数据序列,就可以得到两个长度为 $N/2$ 的序列。这两个序列,一个是偶数索引序列,另一个是奇数索引序列。

此外,还有其他技术可以用于实现 FFT,它依赖于频域上的数据抽取,因此将其称为按频率抽取技术。

7.3 按时间抽取的基-2 FFT 算法

按时间抽取的基-2 算法也称为库利-图基算法,该算法是最基本的离散傅里叶变换快速算法。本节将详细介绍该算法。

将 Danielson-Lanczos 引理用于将长度为 N 的 DFT 表示为两个(因此称为基 2)较小的 DFT,即

$$\begin{aligned}
&\sum_{m=0}^{\frac{N}{2}-1} x(2m) \mathrm{e}^{-\mathrm{j}\frac{2\pi k}{N}2m} + \sum_{m=0}^{\frac{N}{2}-1} x(2m+1) \mathrm{e}^{-\mathrm{j}\frac{2\pi k}{N}(2m+1)} \\
&= \sum_{m=0}^{M-1} y^e(m) \mathrm{e}^{-\mathrm{j}\frac{2\pi k}{M}m} + \mathrm{e}^{-\mathrm{j}\frac{2\pi k}{N}} \sum_{m=0}^{M-1} y^o(m) \mathrm{e}^{-\mathrm{j}\frac{2\pi k}{M}m} \\
&= Y^e(k) + \mathrm{e}^{-\mathrm{j}\frac{2\pi k}{N}} Y^o(k), \quad k = 0, 1, 2, \cdots, N-1
\end{aligned} \tag{7.3}$$

式中,(1) $Y^e(k)$ 和 $Y^o(k)$ 分别为 $M=N/2$ 点的 DFT。

(2) $e^{-j\frac{2\pi k}{N}}$ 称为旋转因子。

> 注：k 的范围是 $0\sim N-1$，而不是 $N/2-1$，这点要特别注意！

上面得到两个较短的 DFT 变换。上面已经强调频率 k 仍然在 $0\sim N-1$ 之间，而不是在 $0\sim N/2-1$ 之间，因为希望进行 $N/2$ 点的 DFT 运算。然而，这并不是一个很重要的问题，这是因为 $Y^e(k)$ 和 $Y^o(k)$ 是周期的，下面给出 $k=0$ 和 $k=M$ 的情况。

$$Y^e(k=0) = \sum_{m=0}^{M-1} y^e(m) e^{-j\frac{2\pi 0}{M}m} = \sum_{m=0}^{M-1} y^e(m)$$

$$Y^e(k=M) = \sum_{m=0}^{M-1} y^e(m) e^{-j\frac{2\pi M}{M}m} = \sum_{m=0}^{M-1} y^e(m) e^{-j2\pi m} = \sum_{m=0}^{M-1} y^e(m) = Y^e(k=0)$$

因此，当计算 $Y^e(k=0)$ 和 $Y^e(k=M)$ 时，计算的复杂度并没有增加，这是因为变量 k 的取值范围在 $0\sim N-1$ 之间。注意到周期性 k 的旋转因子受到符号变化的影响，即

$$e^{-j\frac{2\pi k}{N}}\big|_{k=0} = 1$$

以及：

$$e^{-j\frac{2\pi k}{N}}\big|_{k=M} = -1$$

进一步推广，将 Danielson-Lanczos 引理表示为

$$X(k) = \begin{cases} Y^e(k) + e^{-j\frac{2\pi k}{N}} Y^o(k), & k<M \\ Y^e(k) - e^{-j\frac{2\pi k}{N}} Y^o(k), & k\geq M \end{cases} \tag{7.4}$$

式中，$k=0,1,2,\cdots,N-1$，以及 $M=N/2$，用图 7.1 表示为

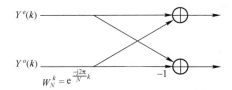

图 7.1 一个 N 点 DFT 由两个 $N/2$ 点 DFT 组合而成

再次注意图中旋转因子的符号变化，这是因为当 $k\geq M$ 时，碟形因子按下面计算，即

$$e^{-j\frac{2\pi}{N}(k-M)} = e^{-j\frac{2\pi}{N}k} e^{j\frac{2\pi}{N}\frac{N}{2}} = e^{-j\frac{2\pi}{N}k} e^{j\pi} = -e^{-j\frac{2\pi}{N}k}$$

当按基 2 的时间抽取时，计算复杂度降低：

(1) 对于 $Y^e(k)$ 而言，对于每一个 k，需要计算 M 次复数乘法，k 有 N 个取值。然而，由于对称性，因此只需要计算 $N/2$ 个值。因此，用于计算 $Y^e(k)$ 的乘法总量的复杂度为

$$M^2 = (N/2)^2$$

(2) 对于 $e^{-j\frac{2\pi k}{N}} Y^o(k)$ 而言，需要 M^2 次乘法计算 $Y^o(k)$，然后需要 N 次乘法计算旋转因子。因此，用于计算 $e^{-j\frac{2\pi k}{N}} Y^o(k)$ 乘法总量的复杂度为

$$M^2 + N = (N/2)^2 + N$$

综合（1）和（2），得到总的运算复杂度为

$$M^2 + M^2 + N = 2M^2 + N = \frac{N^2}{2} + N$$

更进一步地进行分解，如图 7.2 所示。从图中可知，对于 $Y^e(k)$ 而言，可以进一步地分解为 $Y^{ee}(k)$ 和 $e^{-\frac{j2\pi k}{N/2}}Y^{eo}(k)$ 的蝶形运算，这样长度就变成了 $N/4$。同时，$e^{-\frac{j2\pi k}{N}}Y^o(k)$ 也可以进一步地分解为 $Y^{oe}(k)$ 和 $e^{-\frac{j2\pi k}{N/2}}Y^{oo}(k)$ 的蝶形运算，这样长度也同时变成了 $N/4$。依次继续进行分解。这样，最终就变成了长度为 1 的 DFT 运算。最终的运算复杂度就变成了：

$$N \log_2^N$$

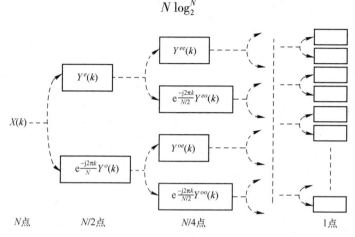

图 7.2　按时间抽取的基-2 递归操作

对于 8 点的 DFT 而言，可以用图 7.3 表示将 8 点 DFT 最终分解成 8 个 1 点 DFT 变换的过程。从图中可知，使用 Danielson-Lanczos 引理将原始的 DFT 分解成两个 4 点的 DFT，即索引为偶数的采样序列和索引为奇数的采样序列，即

$$\{x(0),x(2),x(4),x(6)\}$$
$$\{x(1),x(3),x(5),x(7)\}$$

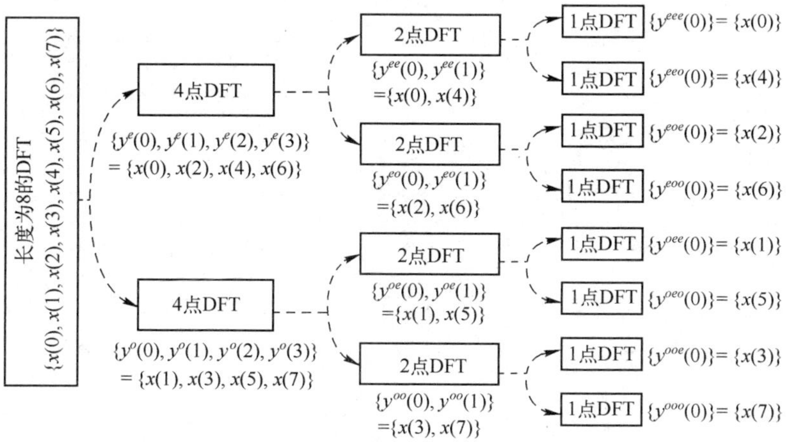

图 7.3　8 点 DFT 分解为 8 个 1 点的 DFT

将相同的方法分别应用到两个 4 点的 DFT，这样就可得到 4 个 2 点 DFT，它们分别从两个 4 点的 DFT 的采样序列中得到偶数和奇数索引的采样值。原始的输入采样 $x(n)$ 对应到各自不同的 DFT 是：

$$\{x(0), x(4)\}$$
$$\{x(2), x(6)\}$$
$$\{x(1), x(5)\}$$
$$\{x(3), x(7)\}$$

最终，长度为 2 的 DFT 分成 8 个长度为 1 的 DFT，不需要复杂计算，如图 7.4 所示。例如：

$$Y^{oeo}(k) = \sum_{n=0}^{0} y^{oeo}(n) e^{-j\frac{2\pi}{1}kn} = y^{oeo}(0)$$

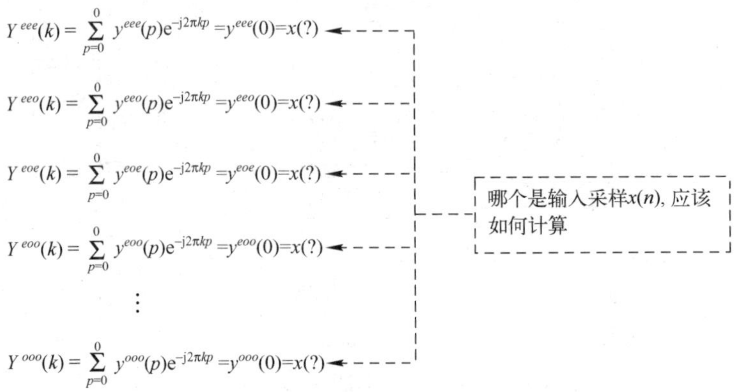

$$Y^{eee}(k) = \sum_{p=0}^{0} y^{eee}(p) e^{-j2\pi kp} = y^{eee}(0) = x(?)$$

$$Y^{eeo}(k) = \sum_{p=0}^{0} y^{eeo}(p) e^{-j2\pi kp} = y^{eeo}(0) = x(?)$$

$$Y^{eoe}(k) = \sum_{p=0}^{0} y^{eoe}(p) e^{-j2\pi kp} = y^{eoe}(0) = x(?)$$

$$Y^{eoo}(k) = \sum_{p=0}^{0} y^{eoo}(p) e^{-j2\pi kp} = y^{eoo}(0) = x(?)$$

哪个是输入采样 $x(n)$，应该如何计算

$$\vdots$$

$$Y^{ooo}(k) = \sum_{p=0}^{0} y^{ooo}(p) e^{-j2\pi kp} = y^{ooo}(0) = x(?)$$

图 7.4　8 个长度为 1 的 DFT 计算

这里的困难就是输入采样 $x(0)$ 对应于 $y^{oeo}(0)$，但是经过观察你会发现它们之间的一些关系如图 7.5 所示。将 y 上标的 e 映射为 0，o 映射为 1，则得到它们之间的映射关系。仔细观察图中间的部分，可以发现输入的采样序列和输出的序列之间的索引采用了位反转的方法。

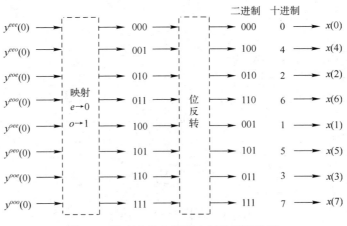

图 7.5　输入和输出序列之间的倒序关系

按时间抽取的基-2 的完整结构如图 7.6 所示。从图中可知，在进行快速变换前，通过位反转的方法对输入的采样序列重新排序。这样，使得快速变换完的序列和输入的采样序列的索引可以一一对应。

再仔细观图 7.6，可以使用相同的存储器位置保存每个碟形的输出，这样就节省了存储空间，如图 7.7 所示。

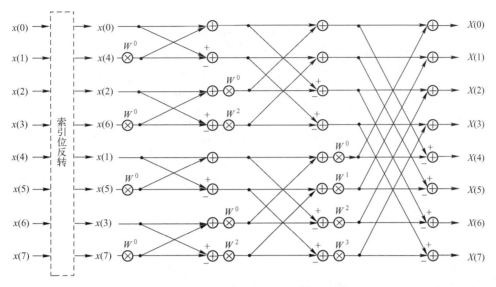

图 7.6 按时间抽取的基-2 的完整结构

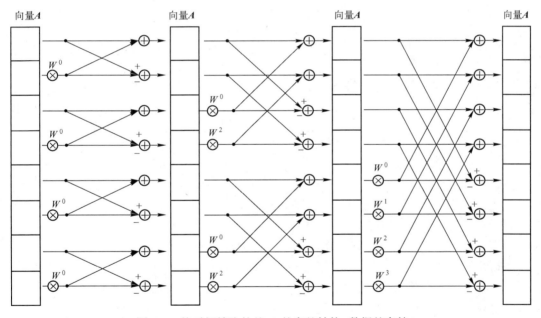

图 7.7 按时间抽取的基-2 的完整结构-数据的存储

思考与练习 7-1：请读者给出 16 点的按时间抽取的基-2 FFT 数据流图，并说明该实现过程。

7.4 按频率抽取的基-2 FFT 算法

除时间抽取法外，另外一种普遍使用的 FFT 结构是频率抽取（Decimation In Frequency，DIF）法。将 DFT 分成两组（因此也是基 2），即索引为偶数的频率索引和索引为奇数的频率索引。

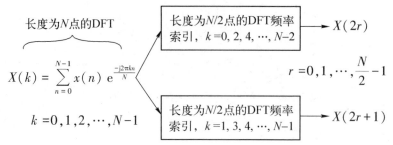

偶数频率索引表示为

$$X(2r) = \sum_{n=0}^{N-1} x(n) e^{-j\frac{2\pi 2 r n}{N}}$$
$$= \sum_{n=0}^{N/2-1} x(n) e^{-j\frac{2\pi 2 r n}{N}} + \sum_{n=0}^{N/2-1} x\left(n+\frac{N}{2}\right) e^{-j\frac{2\pi 2 r(n+N/2)}{N}}$$
$$= \sum_{n=0}^{N/2-1} \left[x(n) + x\left(n+\frac{N}{2}\right) \right] e^{-j\frac{2\pi r n}{N/2}}$$

从上式可知，它是长度为 $N/2$ 的 DFT。

奇数频率索引表示为

$$X(2r+1) = \sum_{n=0}^{N-1} x(n) e^{-j\frac{2\pi(2r+1)n}{N}}$$
$$= \sum_{n=0}^{N/2-1} x(n) e^{-j\frac{2\pi(2r+1)n}{N}} + \sum_{n=0}^{N/2-1} x\left(n+\frac{N}{2}\right) e^{-j\frac{2\pi(2r+1)(n+N/2)}{N}}$$
$$= \sum_{n=0}^{N/2-1} x(n) e^{-j\frac{2\pi(2r+1)n}{N}} - \sum_{n=0}^{N/2-1} x\left(n+\frac{N}{2}\right) e^{-j\frac{2\pi(2r+1)n}{N}}$$
$$= \sum_{n=0}^{N/2-1} \left\{ \left[x(n) - x\left(n+\frac{N}{2}\right) \right] e^{-j\frac{2\pi n}{N}} \right\} e^{-j\frac{2\pi r n}{N/2}}$$

从上式可知，它也是长度为 $N/2$ 的 DFT。$e^{-j\frac{2\pi n}{N}}$ 称为旋转因子。

当按基 2 的频率抽取时，计算复杂度降低：

（1）对于 $X(2r)$ 而言，对于每一个 k，需要计算 M 次复数乘法，k 有 M 个取值。因此，用于计算 $X(2r)$ 的乘法总量的复杂度为

$$M^2 = (N/2)^2$$

（2）对于 $X(2r)+1$ 而言，需要 M^2+N 次乘法计算。

综合（1）和（2），得到总的运算复杂度为

$$M^2 + M^2 + N = 2M^2 + N = \frac{N^2}{2} + N$$

按频率抽取的基-2 结构如图 7.8 所示。从图中可知，时域的输入序列是按顺序的，而输出的频率采样并不是按顺序的。但是，仍然可以使用前面介绍的位反转技术将输出的频率采样进行倒序。

思考与练习 7-2：请绘制出 16 点的按频率抽取的基-2 结构，并说明其具体的实现

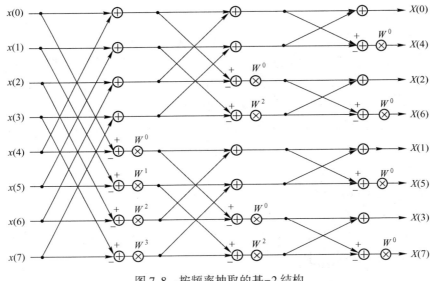

图 7.8 按频率抽取的基-2 结构

过程。

思考与练习 7-3：请比较按时间抽取和按频率抽取 FFT 的特点，根据其特点说明它们在实现上各自的优点和缺点。

7.5 Cooley-Tuckey 算法

Cooley-Tuckey 算法是最广泛使用的 FFT 算法。将一个 N 点 DFT 重新表示成两个长度分别为 N_1 和 N_2 的 DFT，且 $N_1 \times N_2 = N$，如图 7.9 所示。上面提到的按时间抽取的基 2-FFT 是 Cooley-Tuckey 算法的最简单形式。

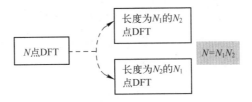

图 7.9 将 N 点 DFT 分解成两个 N_1 和 N_2 长度的 DFT

7.6 基-4 和基-8 的 FFT 算法

采用基-4 和基-8 的 FFT 算法可以比采用基-2 的 FFT 算法快 20%～30%，它们利用了 $N=\{4,8\}$ 的对称性。对于 $N=4$ 的正弦基，其只涉及 ±1 或者 0，因此避免了乘法运算，只使用加法运算。下面给出 $N=4$ 的情况：

$$X(k) = \sum_{n=0}^{3} x(n) e^{-j\frac{2\pi}{N}nk} = x(0) + x(1)e^{-j\frac{\pi}{2}k} + x(2)e^{-j\pi k} + x(3)e^{-j\frac{3\pi}{2}k}$$

其中：

$$e^{-j\frac{\pi}{2}k} = \{1, -j, -1, j\}$$

$$e^{-j\pi k} = \{1, -1\}$$

$$e^{-j\frac{3\pi}{2}k} = \{1, j, -1, -j\}$$

此外，Winograd 傅里叶变换算法，它是用于较小 N 值的高度优化的代码，即

$$N = \{2, 3, 4, 5, 7, 8, 11, 13, 16\}$$

在这个高度优化的代码中，其显著降低了乘法的数量。

还有素因子算法（Prime Factors Algorithm，PFA），将一个 N 点 DFT 分解成两个长度为 N_1 和 N_2 的 DFT，且 $N_1 \times N_2 = N$，并且 N_1 和 N_2 互质。

7.7 FFT 计算中的字长

FFT 计算引擎所要求的数据长度从 FFT 的输入到输出是增加的，每一级的碟形运算（复数乘法、加法/减法）引起潜在的比特位数的增加。

（1）对于基-2 的 FFT 而言，一共有 $\log_2^N$ 级碟形运算。每一级的位数增加的最多为 $1+\sqrt{2} = 2.414$，这表示最多增加 2 个比特位的字长。

（2）对于基-4 的 FFT 而言，一共有 $\log_4^N$ 级碟形运算。每一级的位数增加的最多为 $1+3\sqrt{2} = 5.242$，这表示最多增加 3 个比特位的字长。

在实际实现中，必须采用一种能够处理动态范围扩展的方法。

在一个基-2 的 FFT 中，涉及旋转因子 W_N，其涉及实部和虚部，分别表示为 W_{Nr}^n 和 W_{Ni}^n，如图 7.10 所示，使得碟形增加多于 2。假设输入碟形的复数值为 A 和 B。因此，输出 A' 和 B' 分别表示为

$$A' = (A_r + iA_i) + (W_{Nr}^n + iW_{Ni}^n)(B_r + iB_i)$$
$$= (A_r + B_r W_{Nr}^n - B_i W_{Ni}^n) + i(A_i + B_r W_{Ni}^n + B_i W_{Nr}^n)$$
$$B' = (A_r + iA_i) - (W_{Nr}^n + iW_{Ni}^n)(B_r + iB_i)$$
$$= (A_r - B_r W_{Nr}^n + B_i W_{Ni}^n) + i(A_i - B_r W_{Ni}^n - B_i W_{Nr}^n)$$

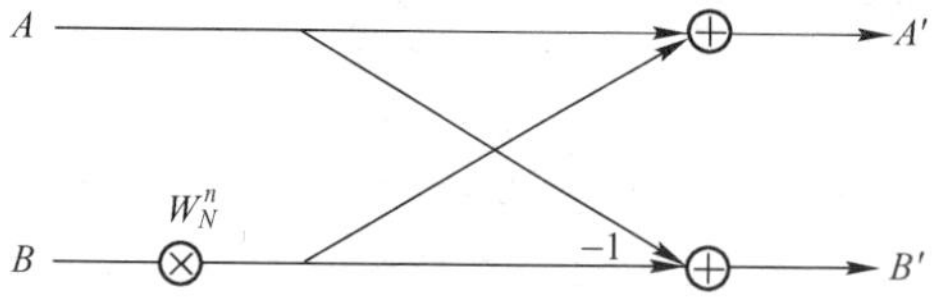

图 7.10 单个碟形运算结构

通常，对于任何基-2 的碟形，增加的最大因子可以通过计算 A' 和 B' 实部与虚部的绝对值得到，即

$$|A'|_{max} = |A_r + B_r W_{Nr}^n - B_i W_{Ni}^n|_{max} \vee |A_i + B_r W_{Ni}^n + B_i W_{Nr}^n|_{max}$$
$$= |A_r + B_r \cos\theta - B_i \sin\theta|_{max} \vee |A_i + B_r \cos\theta + B_i \sin\theta|_{max}$$
$$|B'|_{max} = |A_r - B_r W_{Nr}^n + B_i W_{Ni}^n|_{max} \vee |A_i - B_r W_{Ni}^n - B_i W_{Nr}^n|_{max}$$
$$= |A_r + B_r \cos\theta + B_i \sin\theta|_{max} \vee |A_i - B_r \cos\theta - B_i \sin\theta|_{max}$$

假设 A 和 B 的实部与虚部在 $[-1,1]$ 之间,则:
$$|A_r|_{\max}=|A_i|_{\max}=|B_r|_{\max}=|B_i|_{\max}=1$$

当3个分量中每个分量的实部和虚部具有相同的符号,并且 θ 对应于最大值时,就达到了最大值,即

$$|A'|_{\max}=|B'|_{\max}=|1\pm\cos\theta\pm\sin\theta|$$

$$\frac{\mathrm{d}}{\mathrm{d}\theta}(1\pm\cos\theta\pm\sin\theta)=0$$

因此,最大值出现在 $\theta=\dfrac{\pi}{4}+n\dfrac{\pi}{2}, n=0,1,\cdots,\infty$ 时。

在这种情况下,对于这些输入,其最大的输出值是2.4142,即 $A=1+\mathrm{j}0$,$B=1+\mathrm{j}1$,且碟形运算中的 $W=\cos(\pi/4)+\mathrm{j}\sin(\pi/4)$ 将增加2比特位。

对于8点的基-2 FFT而言,其字长的增加如图7.11所示,下面给出其推导过程。根据图7.11可知,对于第1级和第2级的碟形运算,其旋转因子的值为

$$W_8^0=\mathrm{e}^{\mathrm{j}2\pi\left(\frac{-0}{8}\right)}=\mathrm{e}^{-\mathrm{j}0\pi}=\cos(-0\pi)+\mathrm{j}\sin(-0\pi)=1+\mathrm{j}0$$

$$W_8^2=\mathrm{e}^{\mathrm{j}2\pi\left(\frac{-2}{8}\right)}=\cos\left(-\frac{\pi}{2}\right)+\mathrm{j}\sin\left(-\frac{\pi}{2}\right)=0-\mathrm{j}$$

因此,第1级和第2级具有相同的最大增加因子2:

$$|A'|_{\max}=|B'|_{\max}=|1\pm\cos\theta\pm\sin\theta|=|1+1+0|=2$$

即增加1个比特位。

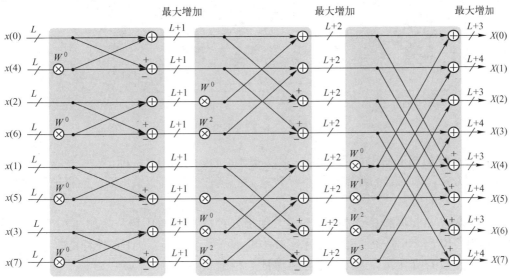

图7.11 8点的基-2 FFT的字长增加

对于第3级而言,其旋转因子的值为

$$W_8^1=\mathrm{e}^{\mathrm{j}2\pi\left(\frac{-1}{8}\right)}=\mathrm{e}^{-\mathrm{j}\frac{\pi}{4}}=\cos\left(-\frac{\pi}{4}\right)+\mathrm{j}\sin\left(-\frac{\pi}{4}\right)=\frac{\sqrt{2}}{2}-\mathrm{j}\frac{\sqrt{2}}{2}$$

$$|A'|_{\max}=|B'|_{\max}=|1\pm\cos\theta\pm\sin\theta|=\left|1+\frac{\sqrt{2}}{2}+\frac{\sqrt{2}}{2}\right|=2.414$$

即增加 2 个比特位。

$$W_8^3 = e^{j2\pi\left(\frac{-3}{8}\right)} = e^{-j\frac{3\pi}{4}} = \cos\left(-\frac{3\pi}{4}\right) + j\sin\left(-\frac{3\pi}{4}\right) = -\frac{\sqrt{2}}{2} - j\frac{\sqrt{2}}{2}$$

$$|A'|_{\max} = |B'|_{\max} = |1 \pm \cos\theta \pm \sin\theta| = \left|1 + \frac{\sqrt{2}}{2} + \frac{\sqrt{2}}{2}\right| = 2.414$$

即也是增加 2 个比特位。

对于基-2 FFT 而言，其整体字长增长为 $L+\log_2 N+1$，其中 L 为输入字长，N 为 FFT 的点数。

如上述所说，碟形级的比特增加可以通过下面的方法进行处理：

（1）使用全精度未标定的算术运算，将所有最终的比特加载到 FFT 引擎的输出级。

（2）每一级的碟形使用固定的标记，如图 7.12 所示。

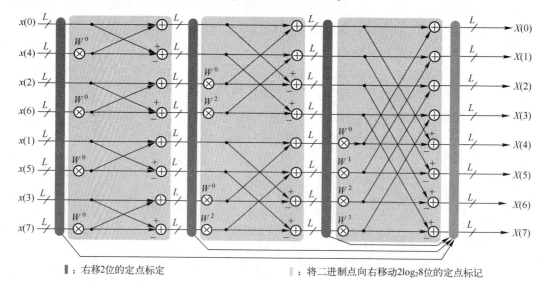

┃：右移2位的定点标定　　　　　┃：将二进制点向右移动2log₂8位的定点标记

图 7.12　8 点的基-2 FFT 的字长增加-固定标记

（3）每一级的碟形使用自动块浮点（Block Float Point，BFP）标记。

从上面可知，未标定的算术运算将导致较大的字长增加，而采用固定的标记策略将引起数值精度不必要的损失。

块浮点变成一个非常流行的解决方案，用于处理碟形级的比特位增加，在很多 IP 核中都使用 BFP。BFP（也称为动态信号标定技术）是一个使用定点 DSP 硬件的模拟方法，它将定点和浮点数的所有优势进行了组合，保证了精度和动态范围。

7.8　基于 MATLAB 的 FFT 的分析

本节将介绍如何在 MATLAB 中调用 FFT 函数，实现对信号的频谱分析，所要分析的信号表示为

$$x(t) = 0.7\sin(2\pi \times 100 \times t) + \sin(2\pi \times 400 \times t) + 1.5\sin(2\pi \times 600 \times t)$$

将采样率设置为 $F_s=2000\text{Hz}$，信号长度为 2000，且在该信号中混杂有服从正态分布的随机

噪声，设计代码如代码清单 7-1 所示。

代码清单 7-1　FFT_analysis. m 文件

```
Fs = 2000;                                      %采样率
Ts = 1/Fs;                                      %采样周期
L = 2000;                                       %采样点数
t = (0:L-1) * Ts;                               %时间向量
x = 0.7 * sin(2 * pi * 100 * t) + sin(2 * pi * 400 * t) + 1.5 * sin(2 * pi * 600 * t);  %生成正弦叠加信号
y = x + 2 * randn(size(t));                     %白噪声
subplot(1,2,1);
plot(Fs * t(1:60), y(1:60))
title('时域信号')
xlabel('time(ms)')
ylabel('幅度')
NFFT = 2^nextpow2(L);
Y = fft(y, NFFT)/L;
f = Fs/2 * linspace(0, 1, NFFT/2+1);
subplot(1,2,2);
plot(f, 2 * abs(Y(1:NFFT/2+1)))
title('幅度谱')
xlabel('Frequency(Hz)')
ylabel('Y')
```

> **注**：读者可以定位到本书提供资料的 \intel_dsp_example\example_7_1 路径下，用 MATLAB R2019a 集成开发环境打开名字为"FFT_analysis. m"的文件。

运行该设计，得到信号的时域波形和幅度谱，如图 7.13 所示。

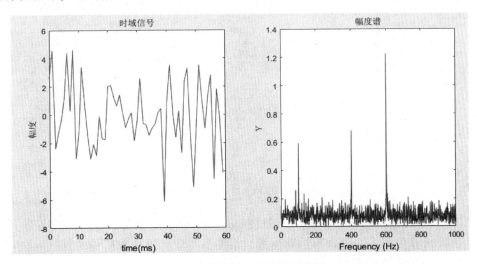

图 7.13　信号的时域信号幅度谱

7.9 基于模型的 FFT 设计与实现

本节将介绍如何使用 Intel 的 DSP Builder 和 MATLAB 的 Simulink 工具箱实现 FFT 和 IFFT 算法。

1. 8 点 FFT 的设计结构

本部分将介绍如何设计并实现 8 点的 FFT 计算模型，其整体结构如图 7.14 所示。双击图中名字为 "FFT_8_DOT" 的子系统元器件符号，打开其内部结构，如图 7.15 所示。

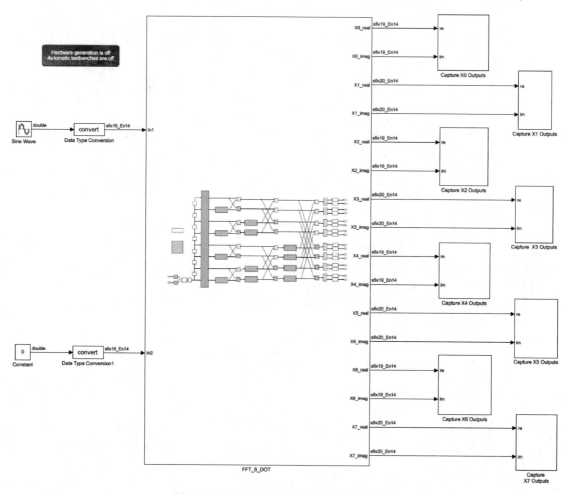

图 7.14 8 点的 FFT 计算模型的整体结构

从图 7.15 中可知，输入的抽样序列经过 Input Reorder 子系统倒序后，其将进入 FFT 计算引擎中，该计算引擎由 3 级碟形运算组成。很明显，该计算引擎所需的复数乘法和加法单元数量明显减少，只使用了 12 个复数乘法单元。在 8 点的 DFT 计算引擎中，其使用了 64 个复数乘法单元。在 FFT 计算引擎中，cplx_mult 复数乘法子系统的内部结构如图 7.16 所示，cplx_add 复数加法子系统的内部结构如图 7.17 所示，cplx_sub 复数减法子系统的内部结构如图 7.18 所示。

第 7 章 快速傅里叶变换原理及实现

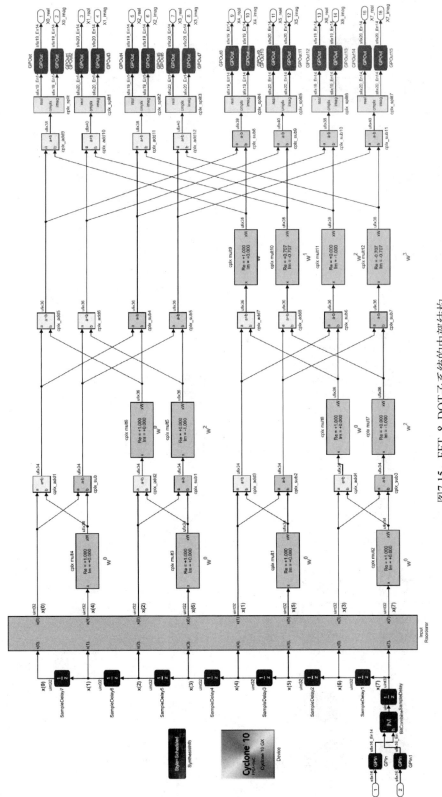

图7.15 FFT_8_DOT子系统的内部结构

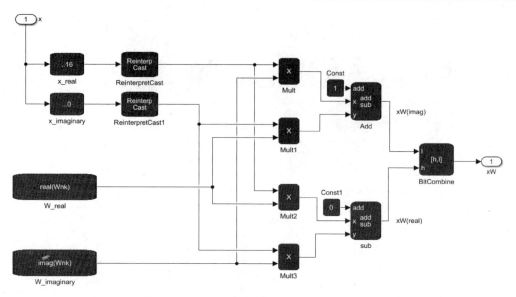

图 7.16 cplxmult 复数乘法子系统的内部结构

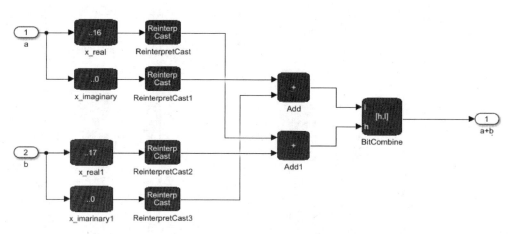

图 7.17 cplx_add 复数加法子系统的内部结构

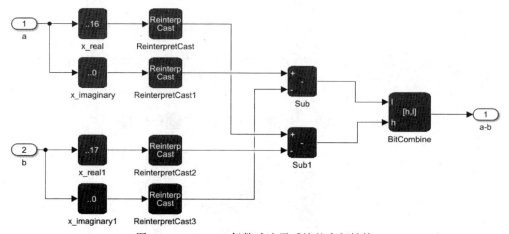

图 7.18 cplx_sub 复数减法子系统的内部结构

注：读者可以定位到本书提供资料的\intel_dsp_example\example_7_2 路径，用 MAT-LAB R2019a 打开名字为"design.slx"的文件。

单击工具栏中的"Run"按钮 ▶，运行该设计后的仿真结果如图 7.19 所示。

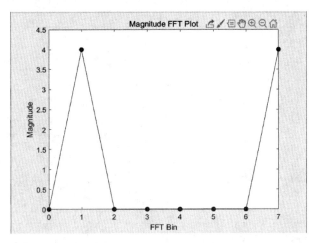

图 7.19 8 点的 FFT 的仿真结果

思考与练习 7-4：请读者分析图 7.15 给出的 8 点 FFT 计算引擎的设计结构，以及复数乘法、复数加法和复数减法的实现原理。

2. 带有流水线的 FFT 设计结构

如图 7.20 所示，可以在 8 点 FFT 计算引擎的每一级之间插入寄存器，构造出流水线 FFT 计算引擎，这样将进一步增加 FFT 计算引擎的吞吐量。

注：读者可以定位到本书提供资料的\intel_dsp_example\example_7_3 路径，用 MAT-LAB R2019a 集成开发环境打开名字为"design.slx"的文件。

3. 8 点 FFT 和 IFFT 的设计结构

本部分将介绍如何在前面介绍的 8 点的 FFT 算法模型的基础上添加 IFFT 算法模型。首先，通过 FFT 实现对信号的频谱分析；然后，通过 IFFT 实现信号的合成。

包含 8 点 FFT 和 8 点 IFFT 算法模型的系统结构如图 7.21 所示。

双击图 7.21 中名字为"FFT_8_DOT&IFFT_8_DOT"的子系统元器件符号，打开其内部结构，如图 7.22 所示。从图中可知，该子系统包括子系统 FFT_8_DOT 和子系统 IFFT_8_DOT 两部分，其中：

（1）采样 8 点后得到的离散正弦信号送到子系统 FFT_8_DOT 中，通过 8 点 FFT 算法引擎，得到输入信号的频谱（以幅度和角度表示）；

（2）该信号频谱通过 Out1、Out2、Out3、Out4、Out5、Out6、Out7 和 Out8 端口（每个 Out 端口都包含频谱分量的实部和虚部）送到子系统 IFFT_8_DOT 中，通过 8 点 IFFT 算法引擎，重新正确还原出原始输入的正弦信号。

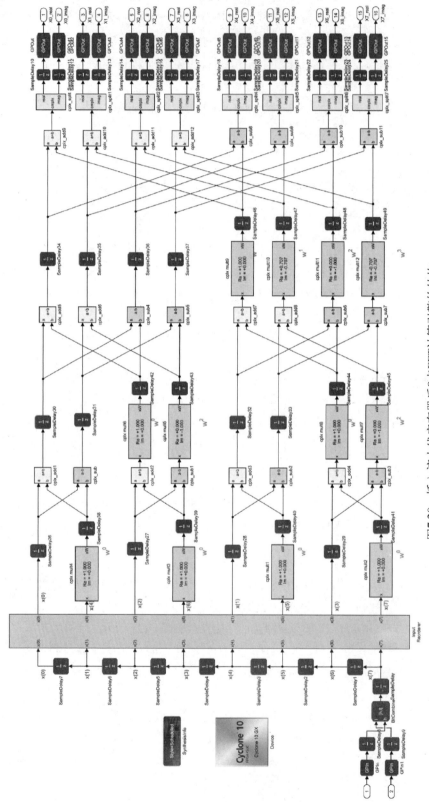

图7.20 插入流水线寄存器后8点FFT计算引擎的结构

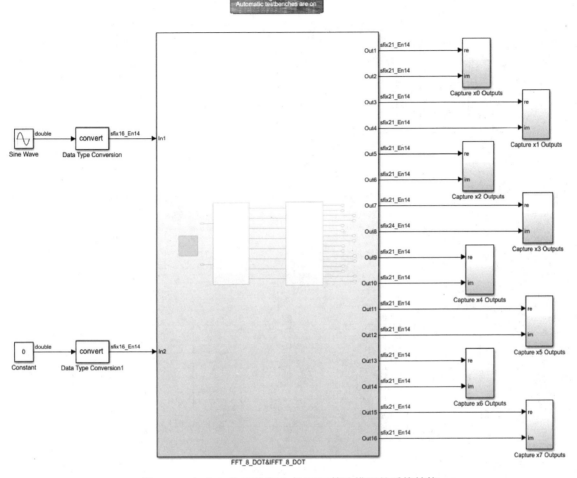

图 7.21 包含 8 点 FFT 和 8 点 IFFT 算法模型的系统结构

双击图 7.22 中名字为 "FFT_8_DOT" 的子系统元器件符号,打开其内部结构,如图 7.23 所示。双击图 7.22 中名字 "IFFT_8_DOT" 的子系统元器件符号,打开其内部结构,如图 7.24 所示。

单击 Simulink 工具栏中的 "Run" 按钮 ▶,运行仿真。如图 7.25 所示,得到 FFT 和 IFFT 计算引擎的仿真结果。从图 7.25(a)中可知,输入到 FFT 引擎的为正弦信号(表示为实部),该正弦信号上有 8 个采样点,该信号通过 FFT 引擎分析得到的频谱如图 7.25(b)所示。从图 7.25(b)可知,IFFT 引擎输出的仍然是正弦信号(表示为实部),该正弦信号有 8 个采样点。

> **注**:读者可以定位到本书给定资料的下面路径\intel_dsp_example\example_7_4,用 MATLAB R2019a 集成开发环境打开名字为 design.slx 的文件。

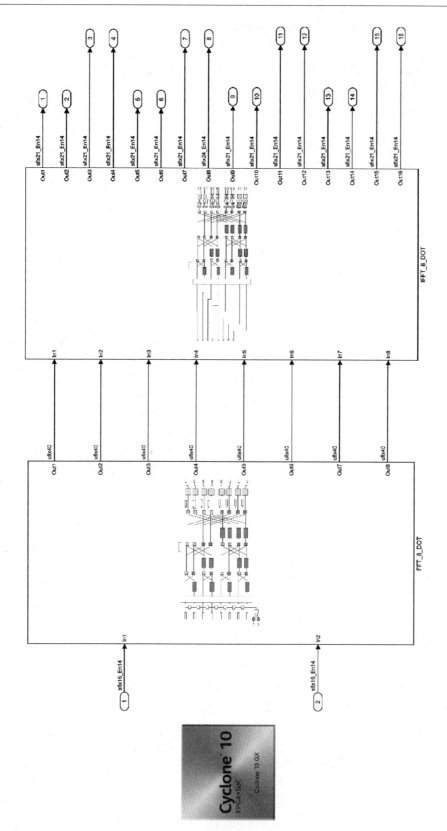

图7.22 FFT_8_DOT&IFFT_8_DOT子系统的内部结构

第 7 章 快速傅里叶变换原理及实现

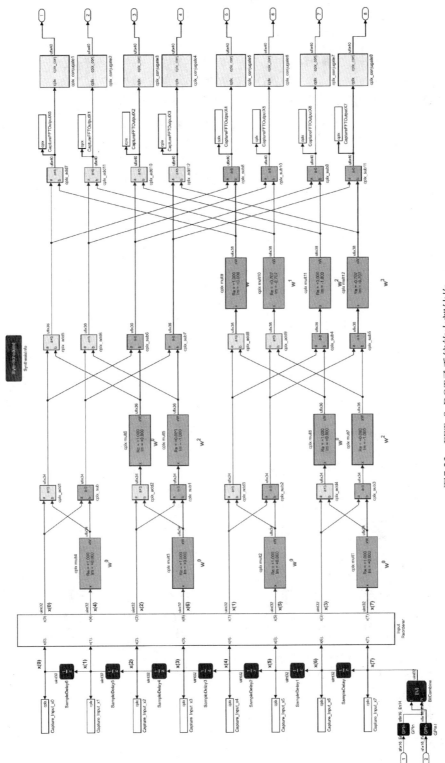

图7.23 FFT_8_DOT子系统的内部结构

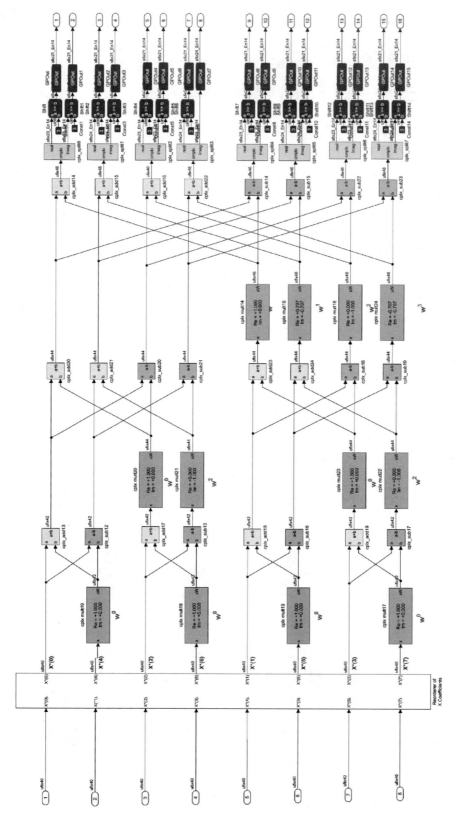

图7.24 IFFT_8_DOT子系统的内部结构

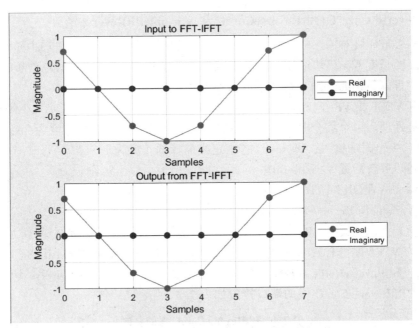

(a) 输入到FFT引擎的波形和从IFFT引擎输出的波形

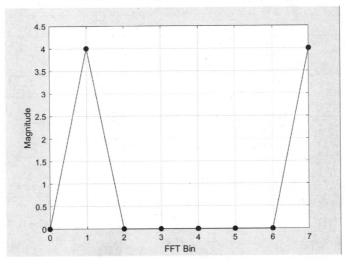

(b) 正弦信号FFT计算引擎分析后得到的频谱图

图 7.25　FFT 和 IFFT 计算引擎的仿真结果

7.10　基于 IP 核的 FFT 实现

本节将介绍如何基于 DSP Builder advanced blockset 内提供的 FFT IP 核构建频谱分析模型，并对该设计模型进行验证。

7.10.1　FFT IP 库

使用 DSP Builder advanced blockset FFT IP 库块以实现完整的 FFT IP 功能，这些块是完整的原始子系统。

1. Bit Reverse Core C（BitReverseCoreC 和 VariableBitReverse）

BitReverseCoreC 块对输入的 FFT 帧进行缓冲和位反转处理，单个综合时间参数指定了快速傅里叶变换的长度 N，该块应用的位反转仅适用于变换大小是 2 的幂次方的 FFT 帧，其是单缓冲的，并且以最小的开销支持完成的流操作。

对于具有 VFFT 或 VFFT_Float 块的设计，VariableBitReverse 块对可变大小的 FFT 帧进行缓冲和位反转处理。单个综合时间参数 N 指定该块处理的最大帧的长度为 $2N$。VariableBitReverse 块具有一个附加输入，即 size，它指定当前帧的长度为 $2^{当前帧的长度}$。

要在帧之间重新配置 VariableBitReverse 块时，请遵循以下规则：

（1）确保 size 在 $[0, N]$ 的范围之内。

（2）在 VariableBitReverse 块处理帧时，请保持 size 不变。

（3）当重新配置 VariableBitReverse 块时，必须在更改 size 之前完全刷新 VariableBitReverse 块。在为 VFFT 提供有效输入之前，必须至少等待 $2^{oldsize}$（其中 oldsize 是 size 输入先前的值）周期。BitReverseCoreC 块的参数如表 7.1 所示；VariableBitReverse 块的参数，如表 7.2 所示，BitReverseCoreC 块的端口接口如表 7.3 所示。

表 7.1　BitReverseCoreC 块的参数

参　　数	描　　述
FFT Size	指定 FFT 的大小

表 7.2　VariableBitReverse 块的参数

参　　数	描　　述
N	最大帧大小的对数

表 7.3　BitReverseCoreC 块的端口接口

信号	方向	类　　型	描　　述
v	输入	布尔值	valid 输入信号
c	输入	无符号 8 位整数	channel 输入信号
size	输入	无符号整数	当前输入帧大小的对数，只用于 VariableBitReverse 块
x	输入	任何复数定点数（BitReverseCoreC）；任何（VariableBitReverse）	复数数据输入信号
qv	输出	布尔	valid 输入信号
qsize	输出	无符号整数	当前输出帧大小的对数，只用于 VariableBitReverse 块
qc	输出	无符号 8 位整数	channel 输出信号
q	输出	任何	复数数据输出信号

2. FFT（FFT, FFT_Light, VFFT, VFFT_Light）

FFT 和 VFFT 核支持处理多个交错的 FFT 的功能。交错的 FFT 的数量必须是 2 的幂次方，且每个 FFT 是独立的。例如，使用 8 个 FFT，每个的大小为 1K，则每个输入块必须包含 8K 个点。Primitive 内的 FFT Design Elements 库中包括 FFT_Light 和 VFFT_Light。

FFT 块提供了一个完整的基-2 的 FFT 或 IFFT，用于定点或浮点数据，其是一个调度的子系统。FFFT_Light 块是 FFT 块轻量级的"变种"。但是，它不是一个调度的子系统，并且没有实现 c（通道）信号。该块提供过一个输出信号 g，该信号在每个输出块的起使处脉冲为高电平。

FFT 块支持基于块的流控制。你必须在连续的时钟周期内提供单个 FFT 迭代（一个模块）所需的所有输入数据，但是在连续的块之间可以存在任意大（或小的）间隙。BitReverseCoreC 和 Transpose 块在遵守该协议的块中产生数据。

你可以以自然顺序或位反转顺序将输入数提供给任何这些块，输出结果分别为位反转或自然顺序。

VFFT 块提供可变大小的流 FFT 或 IFFT。对于这些块，你可以静态指定该块处理的最大和最小 FFT。你可以使用 size 信号动态配置每次 FFT 迭代中处理的点数。

VFFT 块用于定点或浮点数据，其是一个调度的子系统，并实现 v(valid) 和 c(channel) 信号。VFFT_Light 块是 VFFT 块轻量级的"变种"，它不是一个调度的子系统，并且没有实现 c(channel) 信号。取而代之的是，它提供过一个输出 g 信号，该信号在每个输出块的起使处为高电平。

VFFT 块支持基于块的流控制。你必须在连续的时钟周期内提供单个 VFFT 迭代（一个模块）所需的所有输入数据。如果你使用两个使用相同 FFT 大小的连续 FFT 迭代，则块间间隙可以根据你的需要为小（或大）。

但是，如果要在 FFT 迭代之间重新配置 VFFT 块，则必须使用以下规则：

（1）size 必须在[minSize,maxSize]的范围内。

（2）在 VFFT 块处理 FFT 迭代时，size 必须保持恒定。

（3）重新配置 VFFT 时，在改变 size 之前，必须先完全刷新 VFFT 流水线。在给 VFFT 提供有效输入之前，你必须等待至少 $2^{oldsize}$（oldsize 是 size 以前的值）个周期。

> **注**：（1）当重新配置 size 的大小时，VariableBitReverse 块也需要 $2^{oldsize}$ 个周期的块间间隙。如果你同时使用 VariableBitReverse 块和 VFFT 块，则需要提供 $2*(2^{oldsize})$ 个周期的块间间隙，以允许两个块成功重新配置。
>
> （2）并非所有的块都具有所有参数。

用于 FFT 和 VFFT 块的参数如表 7.4 所示；用于 FFT 块的端口接口如表 7.5 所示。

表 7.4 用于 FFT 和 VFFT 块的参数

参 数	描 述
IFFT	true 用于实现 IFFT，否则为 false
Number of interleaved subchannels	输入 DSP Builder 在每个模块中交错的 FFT 数量
Bit-reversed input	如果期望位反转输入，则为 true，否则为 false
N	FFT 大小的对数。只用于 FFT 和 FFT_Light
maxSize	最大 FFT 大小的对数。只用于 VFFT 和 VFFT_Light
minSize	最小 FFT 大小的对数。只用于 VFFT 和 VFFT_Light
Input type	输入信号的类型
Input scaling exponent	输入的定点标定因子
Use faithful rounding	如果块为浮点操作且其使用 faithful（不是 correct）四舍五入，则为 true。定点 FFT 忽略该参数

表 7.5 用于 FFT 块的端口接口

信号	方向	类型	描述
v	输入	布尔值	valid 输入
c	输入	无符号 8 位整数	FFT 和 VFFT 的 channel 输入信号
size	输入	无符号整数	当前 FFT 大小的对数，只用于 VFFT 和 VFFT_Light
d	输入	任何复数定点	复数数据输入信号，只用于 VFFT 和 VFFT_Light
x	输入	任何复数定点类型（FFT 和 FFT_Light）	复数数据输入信号
qv	输出	布尔	valid 输出
qc	输出	无符号 8 位整数	channel 输出信号，只用于 FFT 和 VFFT
q	输出	同 x	复数数据输出信号
g	输出	布尔	输出块的起使，只用于 VFFT_Light

7.10.2 启动 DSP Builder 工具

本小节将介绍如何启动 DSP Builder 工具，主要步骤如下。

（1）在 Windows 10 操作系统环境下，启动 MATLAB R2019a（以下简称 MATLAB）集成开发环境。

（2）在本书给定资料的 \intel_dsp_example 路径中建立一个名字为 "example_7_25" 的新子文件夹。

（3）在 MATLAB 主界面中，单击 "主页" 标签。在该标签页中，将路径定位到当前的 example_7_25 子目录（如 E:\intel_dsp_example\example_7_25）。

（4）在 "主页" 标签页的工具栏中单击 "Simulink" 按钮。

（5）弹出 Simulink Start Page 页面。在该页面的右侧窗口中，单击名字为 "Blank Model" 的图标按钮。

（6）出现名字为 "untiled-Simulink sponsored use" 的空白设计页面。在该页面的工具栏中，单击名字为 "Library Browser" 的按钮。

（7）出现 Simulink Library Browser 页面。用鼠标调整 untiled-Simulink sponsored use 页面和 Simulink Library Browser 页面的大小与位置，使 Simulink Library Browser 页面位于电脑显示屏的左侧，untiled-Simulink sponsored use 空白设计页面位于电脑显示屏的右侧。这样，便于将电脑屏幕左侧的 Simulink Library Browser 页面中的元器件符号拖曳到电脑屏幕右侧的 untiled-Simulink sponsored use 页面中。

7.10.3 构建设计模型

本小节将介绍如何使用 FFT IP 库块构建频谱分析模型，主要步骤如下。

（1）在 Simlink Library Browser 页面的左侧窗口中，找到并展开 "DSP Builder for Intel FPGAs-Advanced Blockset" 选项。在展开项中，找到并展开 "IP" 选项。在展开项中，找到并单击 "FFT IP" 选项。在该页面的右侧窗口中，选中名字为 "BitReverseCoreC" 的元器件符号，并将其拖曳到电脑屏幕右侧的 untiled-Simulink sponsored use 设计界面中（以下简称设计界面)。

(2) 按步骤 (1),找到"FFT IP"选项。在该页面的右侧窗口中,选中名字为"FFT"的元器件符号,并将其拖曳到电脑屏幕右侧的设计界面中。

(3) 在 Simlink Library Browser 页面的左侧窗口中,找到并展开"Simulink"选项。在展开项中,找到并单击"Sources"选项。在该页面的右侧窗口中,找到并选择名字为"Sine Wave"的元器件符号,并将其拖曳到电脑屏幕右侧的设计界面中。

(4) 重复步骤 (3),再拖曳两个 Sine Wave 元器件符号到电脑屏幕右侧的设计界面中。

(5) 在 Simulink Library Browser 页面的左侧窗口中,找到并展开"Simulink"选项。在展开项中,找到并单击"Math Operations"选项。在该页面的右侧窗口中,找到并选择名为"Add"的元器件符号,并将其拖曳到电脑屏幕右侧的设计界面中。该元器件的作用是将前面 3 个正弦信号进行相加,且其相加的结果将作为 FFT 算法引擎输入信号的实部。

(6) 在 Simulink Library Browser 页面的左侧窗口中,找到并展开"Simulink"选项。在展开项中,找到并单击"Commonly Used Blocks"选项。在该页面的右侧窗口中,找到并选择名字为"Constant"的元器件符号,并将其拖曳到电脑屏幕右侧的设计界面中。该元器件作为 FFT 算法引擎输入信号的虚部。

(7) 在 Simulink Library Browser 页面的左侧窗口中,找到并展开"Simulink"选项。在展开项中,找到并单击"Sinks"选项。在该页面的右侧窗口中,找到并选择名字为"To Workspace"的元器件符号,并将其拖曳到电脑屏幕右侧的设计界面中。该元器件用来记录输入信号的实部数据。

(8) 重复步骤 (7)。类似地,该元器件用来记录输入信号的虚部数据。

(9) 在 Simulink Library Browser 页面的左侧窗口中,找到并展开"Simulink"选项。在展开项中,找到并单击"Math Operations"选项。在该页面的右侧窗口中,找到并选择名字为"Real-Imag to Complex"的元器件符号,并将其拖曳到电脑屏幕右侧的设计界面中。该元器件用于将输入信号的实部数据和虚部数据合成为复数信号,送给 BitReverseCoreC 元器件的 x 端口。

(10) 在 Simulink Library Browser 页面的左侧窗口中,找到并展开"Simulink"选项。在展开项中,找到并单击"Sources"选项。在该页面的右侧窗口中,找到并选择名字为"Repeating Sequence Stair"的元器件符号,并将其拖曳到电脑屏幕右侧的设计界面中。该元器件将为 BitReverseCoreC 元器件的 v 端口产生 valid 输入信号。

(11) 在 Simulink Library Browser 页面的左侧窗口中,找到并展开"Simulink"选项。在展开项中,找到并单击"Commonly Used Blocks"选项。在该页面的右侧窗口中,找到并选择名字为"Constant"的元器件符号,并将其拖曳到电脑屏幕右侧的设计界面中。该元器件将为 BitReverseCoreC 元器件的 c 端口产生 channel 输入信号。

(12) 在 Simulink Library Browser 页面的左侧窗口中,找到并展开"Simulink"选项。在展开项中,找到并单击"Sinks"选项。在该页面的右侧窗口中,找到并选择名字为"To Workspace"的元器件符号,并将其拖曳到电脑屏幕右侧的设计界面中。该元器件将记录 FFT 元器件 qv 端口输出的 valid 信号数据。

(13) 在 Simulink Library Browser 页面的左侧窗口中,找到并展开"Simulink"选项。在展开项中,找到并单击"Sinks"选项。在该页面的右侧窗口中,找到并选择名字为"Ter-

minator"的元器件符号,并将其拖曳到电脑屏幕右侧的设计界面中。该元器件将连接到 FFT 元器件的 qc 端口。

(14) 在 Simulink Library Browser 页面的左侧窗口中,找到并展开"DSP Builder for Intel FPGAs -Advanced Blockset"选项。在展开项中,找到并展开"Primitives"选项。在展开项中,单击"Primitive Basic Blocks"选项。在该页面的右侧窗口中,找到并选择名字为"Convert"的元器件符号,并将其拖曳到电脑屏幕右侧的设计界面中。该元器件将连接到 FFT 元器件的 q 端口,用于实现输出数据的类型转换。

(15) 在 Simulink Library Browser 页面的左侧窗口中,找到并展开"DSP Builder for Intel FPGAs-Advanced Blockset"选项。在展开项中,找到并展开"Primitives"选项。在展开项中,单击"Primitive Design Elements"选项。在该页面的右侧窗口中,找到并选择名字为"Complex to Real-Imag"的元器件符号,并将其拖曳到电脑屏幕右侧的设计界面中。该元器件将转换完类型的复数输出数据分离出实部和虚部。

(16) 在 Simulink Library Browser 页面的左侧窗口中,找到并展开"Simulink"选项。在展开项中,找到并单击"Math Operations"选项。在该页面的右侧窗口中,找到并选择名字为"Real-Imag to Complex"的元器件符号,并将其拖曳到电脑屏幕右侧的设计界面中。该元器件将分离出的实部和虚部重新组合为复数。

(17) 在 Simulink Library Browser 页面的左侧窗口中,找到并展开"Simulink"选项。在展开项中,找到并单击"Math Operations"选项。在该页面的右侧窗口中,找到并选择名字为"Complex to Magnitude-Angle"的元器件符号,并将其拖曳到电脑屏幕右侧的设计界面中。该元器件从组合的复数中计算得到复数对应的模和相角。

(18) 在 Simulink Library Browser 页面的左侧窗口中,找到并展开"Simulink"选项。在展开项中,找到并单击"Sinks"选项。在该页面的右侧窗口中,找到并选择名字为"To Workspace"的元器件符号,并将其拖曳到电脑屏幕右侧的设计界面中。该元器件用于记录复数模的值。

(19) 重复步骤(18),在设计界面中新添加一个名字为"To Workspace"的元器件符号。该元器件用于记录复数相角的值。

(20) 在 Simulink Library Browser 页面的左侧窗口中,找到并展开"DSP Builder for Intel FPGAs-Advanced Blockset"选项。在展开项中,找到并单击"Design Configuration"选项。在该页面的右侧窗口中,找到并选择名字为"Control"元器件符号,并将其拖曳到电脑屏幕右侧的设计界面中。

(21) 在 Simulink Library Browser 页面的左侧窗口中,找到并展开"DSP Builder for Intel FPGAs-Advanced Blockset"选项。在展开项中,找到并展开"Utilities"选项。在展开项中,找到并单击"Analyze and Test"选项。在该页面的右侧窗口中,找到并选择名字为"Edit-Params"的元器件符号,并将其拖曳到电脑屏幕右侧的设计界面中。该元器件用于控制设计中所有元器件的参数设置。

放置完该设计中所需要的所有元器件后的设计界面如图 7.26 所示。将图 7.26 中的所有元器件连接起来,如图 7.27 所示。

第 7 章 快速傅里叶变换原理及实现

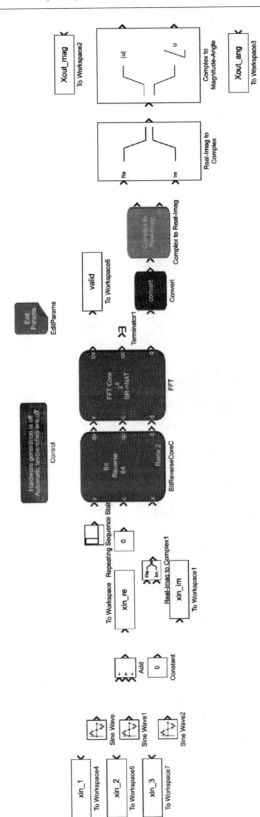

图7.26 放置完设计中所需要的所有元器件后的设计界面

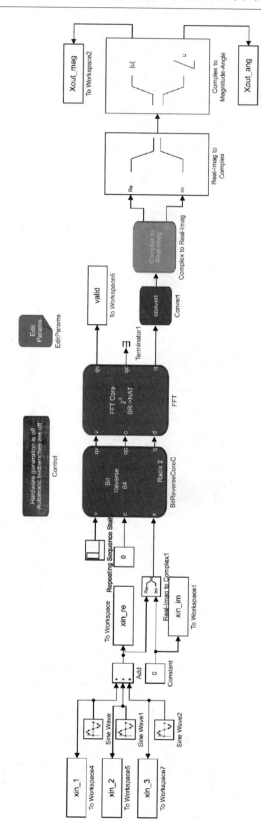

图7.27 连接设计中所有元器件后的设计界面

7.10.4 配置模型参数

本小节将介绍如何配置该设计中所使用元器件的参数,主要步骤如下。

(1) 双击图7.27中名字为"To Workspace4"的元器件符号,弹出"Block Parameters:To Workspace4"对话框。在该对话框中,按如下设置参数。

① Variable name:xin_1。

② Sample time:1/fs。

(2) 单击"OK"按钮,退出"Block Parameters:To Workspace4"对话框。

(3) 双击图7.27中名字为"To Workspace5"的元器件符号,弹出"Block Parameters:To Workspace5"对话框。在该对话框中,按如下设置参数。

① Variable name:xin_2。

② Sample time:1/fs。

(4) 单击"OK"按钮,退出"Block Parameters:To Workspace5"对话框。

(5) 双击图7.27中名字为"Sine Wave"的元器件符号,弹出"Block Parameters:Sine Wave"对话框。在该对话框中,按如下设置参数。

① Sine type:Sample based。

② Amplitude:sine_wave_1_amplitude。

③ Bias:sine_wave_1_bias。

④ Samples per period:sine_wave_1_sample_dot。

⑤ Sample time:1/fs。

(6) 单击"OK"按钮,退出"Block Parameters:Sine Wave"对话框。

(7) 双击图7.27中名字为"Sine Wave1"的元器件符号,弹出"Block Parameters:Sine Wave1"对话框。在该对话框中,按如下设置参数。

① Sine type:Sample based。

② Amplitude:sine_wave_2_amplitude。

③ Bias:sine_wave_2_bias。

④ Samples per period:sine_wave_2_sample_dot。

⑤ Sample time:1/fs。

(8) 单击"OK"按钮,退出"Block Parameters:Sine Wave1"对话框。

(9) 双击图7.27中名字为"Sine Wave2"的元器件符号,弹出"Block Parameters:Sine Wave2"对话框。在该对话框中,按如下设置参数。

① Sine type:Sample based。

② Amplitude:sine_wave_3_amplitude。

③ Bias:sine_wave_3_bias。

④ Samples per period:sine_wave_3_sample_dot。

⑤ Sample time:1/fs。

(10) 单击"OK"按钮,退出"Block Parameters:Sine Wave2"对话框。

(11) 双击图7.27中名字为"Add"的元器件符号,弹出"Block Parameters:Add"对

话框。在该对话框中，按如下设置参数。

① 在"Main"标签页中的"List of signs"标题栏下的文本框中输入"+++"。

② 在"Signal Attributes"标签页中的"Output data type"标题栏右侧的文本框中输入"dspb_fft. input_type"。

（12）单击"OK"按钮，退出"Block Parameters：Add"对话框。

（13）双击图 7.27 中名字为"Constant"的元器件符号，弹出"Block Parameters：Constant"对话框。在该对话框中，按如下设置参数。

① 在"Main"标签页中的"Constant value"标题栏下的文本框中输入"0"。

② 在"Signal Attributes"标签页中的"Output data type"标题栏右侧的文本框中输入"dspb_fft. input_type"。

（14）单击"OK"按钮，退出"Block Parameters：Constant"对话框。

（15）双击图 7.27 中名字为"To Workspace"的元器件符号，弹出"Block Parameters：To Workspace"对话框。在该对话框中，按如下设置参数。

① Variable name：xin_re。

② Sample time：1/fs。

（16）单击"OK"按钮，退出"Block Parameters：To Workspace"对话框。

（17）双击图 7.27 中名字为"To Workspace1"的元器件符号，弹出"Block Parameters：To Workspace"对话框。在该对话框中，按如下设置参数。

① Variable name：xin_im。

② Sample time：1/fs。

（18）单击"OK"按钮，退出"Block Parameters：To Workspace1"对话框。

（19）双击图 7.27 中名字为"Repeating Sequence Stair"的元器件符号，弹出"Block Parameters：Repeating Sequence Stair"对话框。在该对话框中，按如下设置参数。

① Vector of output values：dspb_fft. valid_in。

② Sample time：1/fs。

（20）单击"OK"按钮，退出"Block Parameters：Repeating Sequence Stair"对话框。

（21）双击图 7.27 中名字为"Constant2"的元器件符号，弹出"Block Parameters：Constant2"对话框。在该对话框中，按如下设置参数。

① 在"Main"标签页中的"Constant value"标题栏下的文本框中输入"0"。

② 在"Signal Attributes"标签页中的"Output data type"标题栏右侧的文本框中输入"uint8"。

（22）单击"OK"按钮，退出"Block Parameters：Constant2"对话框。

（23）双击图 7.27 中名字为"BitReverseCoreC"的元器件符号，弹出"Block Parameters：BitReverseCoreC"对话框。在该对话框中，按如下设置参数。

① FFT Size：dspb_fft. FFTsize。

② Number of subchannels：dsp_fft. subchannels。

（24）单击"OK"按钮，退出"Block Parameters：BitReverseCoreC"对话框。

(25) 双击图 7.27 中名字为"FFT"的元器件符号,弹出"Block Parameters:FFT"对话框。在该对话框中,按如下设置参数。

① IFFT:dspb_fft.IFFT。

② Number of interleaved subchannels:dspb_fft.subchannels。

③ Bit-reversed input:dspb_fft.bit_reversed。

④ N:dspb_fft.N。

⑤ Input type:dspb_fft.input_type。

⑥ Twiddle/pruning specification:dspb_fft.type_strings。

⑦ Use faithful rounding:dspb_fft.faithful_round。

(26) 单击"OK"按钮,退出"Block Parameters:FFT"对话框。

(27) 双击图 7.27 中名字为"To Workspace6"的元器件符号,弹出"Block Parameters:To Workspace6"对话框。在该对话框中,按如下设置参数。

① Variable name:valid。

② Sample time:1/fs。

(28) 单击"OK"按钮,退出"Block Parameters:To Workspace6"对话框。

(29) 双击图 7.27 中名字为"Convert"的元器件符号,弹出"Block Parameters:Convert"对话框。在该对话框中,按如下设置参数。

Output data type mode:double。

(30) 单击"OK"按钮,退出"Block Parameters:Convert"对话框。

(31) 双击图 7.27 中名字为"To Workspace2"的元器件符号,弹出"Block Parameters:To Workspace2"对话框。在该对话框中,按如下设置参数。

① Variable name:Xout_mag。

② Sample time:1/fs。

(32) 单击"OK"按钮,退出"Block Parameters:To Workspace2"对话框。

(33) 双击图 7.27 中名字为"To Workspace3"的元器件符号,弹出"Block Parameters:To Workspace3"对话框。在该对话框中,按如下设置参数。

① Variable name:Xout_ang。

② Sample time:1/fs。

(34) 单击"OK"按钮,退出"Block Parameters:To Workspace3"对话框。

(35) 双击图 7.27 中名字为"EditParams"的元器件符号,自动跳转到 MATLAB 主界面,并打开名字为"setup_design.m"的空白设计界面。在该界面中,输入如代码清单 7-2 所示设计代码。

代码清单 7-2 setup_design.m 文件

```
clear;
MHz = 1000000;
fs = 10 * MHz;
%sine wave parametersetup;
sine_wave_1_amplitude = 0.2;
```

```
sine_wave_2_amplitude = 0.3;
sine_wave_3_amplitude = 0.4;

sine_wave_1_bias = 0;
sine_wave_2_bias = 0;
sine_wave_3_bias = 0;

sine_wave_1_sample_dot = 64;
sine_wave_2_sample_dot = 32;
sine_wave_3_sample_dot = 8;

%fft core & BitReverseCoreC core parameter setup

dspb_fft.ClockRate = 10;
dspb_fft.FFTsize = 64;
dspb_fft.N = log2(dspb_fft.FFTsize);
dspb_fft.IFFT = false;
dspb_fft.subchannels = 1;
dspb_fft.input_type = fixdt(1,16,13);
dspb_fft.type_strings = dspba.fft.full_wordgrowth(true,false,9,fixdt(1,16,13),fixdt(1,18,15));
dspb_fft.faithful_round = false;
dspb_fft.bit_reversed = true;

dspb_fft.valid_in(1:64) = 1;
dspb_fft.valid_in(64:201) = 0;
```

(36) 按 "Ctrl+S" 组合键，保存该设计文件。

(37) 在设计界面的主菜单下，选择 File→Model Properties→Model Properties 选项。

(38) 弹出 "Model Properties:design" 对话框。在该对话框的左侧窗口中，选择 "InitFcn" 选项。在该对话框右侧的窗口中输入：

```
setup_design
```

(39) 在 "Model Properties:design" 对话框的左侧窗口中，选择 "StopFcn" 选项。在其右侧的 Simulation stop function 窗口中输入如代码清单 7-3 所示的设计代码。

代码清单 7-3　结束仿真时调用的代码

```
figure(1);
subplot(5,1,1);
grid on;
plot(out.tout,out.xin_1);
xlabel('time');
ylabel('xin__1');
title('input sine signal 1');
hold on;

subplot(5,1,2);
```

```
plot(out.tout,out.xin_2);
xlabel('time');
ylabel('xin__2');
title('input sine signal 2');
hold on;

subplot(5,1,3);
plot(out.tout,out.xin_3);
xlabel('time');
ylabel('xin__3');
title('input sine signal 3');
hold on;

subplot(5,1,4);
plot(out.tout,out.xin_re);
xlabel('time');
ylabel('xin__re,xin__im');
title('final input signal');
hold on;

subplot(5,1,5);
plot(out.tout,out.valid);
xlabel('time');
ylabel('valid');
title('valid signal');

figure(2);
subplot(2,1,1);
plot(out.tout,out.Xout__mag);
xlabel('time');
ylabel('Xout_mag');
subplot(2,1,2);
plot(out.tout,out.valid);
xlabel('time');
ylabel('valid');
```

(40) 单击"OK"按钮，退出"Model Properties:design"对话框。

(41) 按"Ctrl+S"组合键，保存该设计。

7.10.5 运行和分析仿真结果

本小节将介绍如何运行和分析仿真结果，主要步骤如下。

(1) 在设计界面工具栏中的文本框中输入"400/fs"，将其作为仿真时间。

(2) 在设计界面的主菜单下，选择 Simulation→Run，或者单击工具栏中的"Run"按钮，启动仿真过程。仿真结果如图 7.28 所示。

思考与练习 7-5：根据图 7.28 给出的仿真结果，验证该设计的正确性。

思考与练习 7-6：修改输入信号的波形，运行仿真，验证该输入信号 FFT 分析结果的正确性。

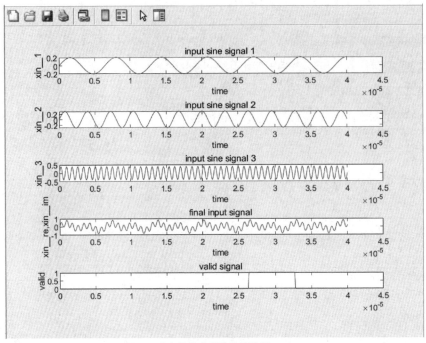

(a) 输入信号的时域波形

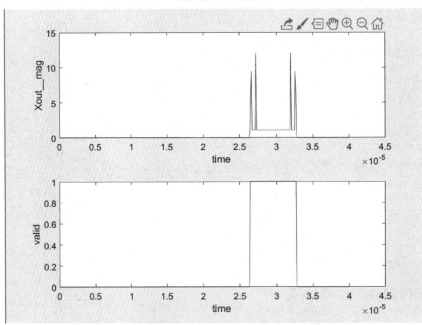

(b) 输入信号的FFT分析结果

图 7.28 仿真结果

7.11 基于 C 和 HLS 的 FFT 建模与实现

本节将介绍如何使用 Intel HLS 工具实现 FFT，内容包括创建新的设计工程、创建设计源文件、设计编译和处理、设计的高级综合、添加循环展开用户策略、添加存储器属性用户策略。

7.11.1 创建新的设计工程

本小节将介绍如何创建新的 FFT 设计工程，主要步骤如下。

（1）在 Windows 10 操作系统桌面，选择开始→Visual Studio 2015，启动 Visual Studio 2015（以下简称 Visual Studio）集成开发环境。

（2）在 Visual Studio 主界面的主菜单下，选择文件→新建→项目。

（3）弹出"新建项目"对话框。首先，在该对话框的左侧窗口中选择"Visual C++"选项；然后，在其右侧窗口中选择"空项目"选项；最后，按如下设置参数。

① 名称：FFT_project。

② 位置：F:\intel_dsp_example\example_7_6。

（4）单击"确定"按钮，退出"新建项目"对话框。

7.11.2 创建设计源文件

本小节将介绍如何创建 .cpp 源文件、.h 头文件和旋转因子系数文件。

1. 创建 .cpp 源文件

本部分将介绍如何创建 fft.cpp 文件，并添加设计代码。在该文件中，包含调用元器件和测试平台文件，创建的步骤主要如下。

（1）在 Visual Studio 主界面的主菜单下，选择项目→添加新项…。

（2）出现"添加新项-FFT_project"对话框。首先，在该对话框中选择"C++文件(.cpp)"选项；然后，在"名称"右侧的文本框中输入"FFT_project.cpp"。

（3）单击"添加"按钮，退出"添加新项-FFT_project"对话框。

（4）出现名字为"FFT_project.cpp"的空白设计界面。在该界面中输入如代码清单 7-4 所示的设计代码。

代码清单 7-4 fft.cpp 文件

```cpp
#include "HLS/hls.h"
#include "HLS/stdio.h"
#include "HLS/math.h"
#include "FFT.h"

/******** computing the cos twiddles *********/
float cos_lookup(int n) {
    float cos_table[4] = {
#include "cos_qtable.txt"
    };
    return cos_table[n];
}
/******** computing the sin twiddles *********/
float sin_lookup(int n) {
    float sin_table[4] = {
#include "sin_qtable.txt"
```

```c
    };
    return sin_table[n];
}
/ ****** computing the twiddles ************** /
compx twiddle_fft(int n)
{
    compx tmp;
    tmp.real = cos_lookup(n);
    tmp.imag = -sin_lookup(n);
    return tmp;
}
/ ****** complex multiply ****************** /
compx multiply(compx twiddle, compx data)
{
    compx tmp;
    float a, b, c, d;
    a = twiddle.real;
    b = twiddle.imag;
    c = data.real;
    d = data.imag;

    tmp.real = a * c - b * d;
    tmp.imag = a * d + b * c;

    return tmp;
}
/ ****** complex addition ****************** /
compx plus(compx a, compx b) {
    compx tmp;
    tmp.real = a.real + b.real;
    tmp.imag = a.imag + b.imag;
    return tmp;
}
/ ****** complex subtraction **************** /
compx minus(compx a, compx b) {
    compx tmp;
    tmp.real = a.real - b.real;
    tmp.imag = a.imag - b.imag;
    return tmp;
}

/ ** component fft is used to implement FFT algorithm ** /
void component fft(int xin[FFT_SIZE], compx xout[FFT_SIZE])
{
    int kk;
    int k;

    compx xout1[FFT_SIZE];
```

```c
        compx xout2[FFT_SIZE];
        compx twd;
        compx tmp;
        int tmp1, tmp2;
        //address translation
        tmp1 = xin[1];
        xin[1] = xin[4];
        xin[4] = tmp1;

        tmp2 = xin[3];
        xin[3] = xin[6];
        xin[6] = tmp2;
//stage 1
for(k = 0; k<FFT_SIZE; k = k + 2)
    {
    xout1[k].real = xin[k] + xin[k + 1];
    xout1[k].imag = 0.0;
    xout1[k + 1].real = xin[k] - xin[k + 1];
    xout1[k + 1].imag = 0.0;
    }
//stage 2
for(kk = 0; kk<FFT_SIZE; kk = kk + 4)
{
    for(k = 0; k<2; k++)
    {
        twd = twiddle_fft(k * FFT_SIZE / 4);
        tmp = multiply(twd, xout1[k + kk + 2]);
        xout2[k + kk] = plus(xout1[k + kk], tmp);
        xout2[k + kk + 2] = minus(xout1[k + kk], tmp);
    }
}
//stage 3
for(kk = 0; kk<FFT_SIZE; kk = kk + 8)
{
    for(k = 0; k<4; k++)
    {
        twd = twiddle_fft(k * FFT_SIZE / 8);
        tmp = multiply(twd, xout2[k + kk + 4]);
        xout[k + kk] = plus(xout2[k + kk], tmp);
        xout[k + kk + 4] = minus(xout2[k + kk], tmp);
    }
}

}

/** main file include testbench, component call and test consequence **/
int main(void) {
    int xin[FFT_SIZE];
```

```c
    compx xout[FFT_SIZE];
    int i;

    FILE *fp;
    fp = fopen("in.dat", "r");
    for(i = 0; i<FFT_SIZE; i++){
        int tmp;
        fscanf(fp, "%d", &tmp);
        xin[i] = tmp;
    }
    fclose(fp);

    for(i = 0; i<FFT_SIZE; i++){
        printf("xin[%d]=%d ", i,xin[i]);
    }
    fft(xin, xout);
    printf("\n");

    for(i = 0; i<FFT_SIZE; i++){
        if(xout[i].imag>=0)
            printf("X[%d] = %f + %f j\n", i, xout[i].real, xout[i].imag);
        else
            printf("X[%d] = %f %f j\n", i, xout[i].real, xout[i].imag);

    }
}
```

（5）按"Ctrl+S"组合键，保存该设计文件。

2. 创建 H 头文件

本部分将介绍如何创建 FFT.h 头文件，并且添加设计代码。添加 FFT.h 头文件的步骤主要如下。

（1）在 Visual Studio 主界面的主菜单下，选择项目→添加新项。

（2）弹出"添加新项"对话框。首先，在该对话框的左侧窗口中，选择"Visual C++"选项；然后，在其右侧窗口中选择"头文件(.h)"选项；最后，将头文件的名称设置为"FFT.h"。

（3）单击"添加"按钮，退出"添加新项"对话框。

（4）出现名字为"FFT.h"的空白设计界面。在该界面中，输入如代码清单 7-5 所示的设计代码。

代码清单 7-5　FFT.h 文件

```c
#ifndef _FFT_H_
#define _FFT_H_
#define FFT_SIZE 8
typedef struct{
    float real;
    float imag;
}compx;
```

```
#include <stdio.h>
#include <stdlib.h>
#include <math.h>
void fft(int xin[FFT_SIZE],compx xout[FFT_SIZE]);
#endif
```

（5）按"Ctrl+S"组合键，保存该设计文件。

3. 创建旋转因子系数（余弦）文件

本部分将介绍如何创建 cos_qtable.txt 旋转因子系数文件，并且添加设计代码。创建旋转因子系数（余弦）文件的步骤主要如下。

（1）在 Visual Studio 主界面的主菜单下，选择项目→添加新项。

（2）弹出"添加新项-FFT_project"对话框。首先，在该对话框的左侧窗口中，选择"实用工具"选项；然后，在其右侧窗口中，选择"文本文件(.txt)"选项；最后，在"名称"右侧的文本框中输入"cos_qtable.txt"。

（3）单击"添加"按钮，退出"添加新项-FFT_project"对话框。

（4）出现名字为"cos_qtable.txt"的空白设计界面。在该设计界面中，添加如代码清单 7-6 所示的设计代码。

代码清单 7-6　cos_qtable.txt

```
1.000000,
0.707107,
0.000000,
-0.707107,
```

（5）按"Ctrl+S"组合键，保存该设计文件。

4. 创建旋转因子系数（正弦）文件

本部分将介绍如何创建 sin_qtable.txt 旋转因子系数文件，并且添加设计代码。创建旋转因子系数文件（正弦）的步骤主要如下。

（1）在 Visual Studio 主界面的主菜单下，选择项目→添加新项。

（2）弹出"添加新项-FFT_project"对话框。首先，在该对话框的左侧窗口中，选择"实用工具"选项；然后，在其右侧窗口中，选择"文本文件(.txt)"选项；最后，在"名称"右侧的文本框中输入"sin_qtable.txt"。

（3）单击"添加"按钮，退出"添加新项-FFT_project"对话框。

（4）出现名字为"sin_qtable.txt"的空白设计界面。在该设计界面中，添加如代码清单 7-7 所示的设计代码。

代码清单 7-7　sin_qtable.txt

```
0.000000,
0.707107,
1.000000,
0.707107,
```

（5）按"Ctrl+S"组合键，保存该设计文件。

5. 创建测试向量输入文件

本部分将介绍如何为测试平台提供测试向量。在该设计中，通过代码清单7-3给出的代码可知，测试向量保存在名字为"in.dat"的文件中，通过打开并读取该文件来获取测试向量。这些测试向量将送给被调用元器件fft中。保存测试向量的步骤主要如下。

（1）定位到本书提供资料的\intel_dsp_example\example_7_6路径。
（2）在该目录下，使用写字板或记事本程序，新建一个名为"in.dat"的文件。
（3）在该文件中，输入测试向量，如代码清单7-8所示。

代码清单7-8　in.dat文件

```
1 2 3 4 5 6 7 8
```

（4）按"Ctrl+S"组合键，保存该设计文件。

7.11.3 设计编译和处理

本小节将介绍如何在Visual Studio集成开发环境中对设计进行编译和处理，主要步骤如下。

（1）在Visual Studio主界面右侧的解决方案资源管理器窗口中，选中"FFT_project"选项，单击鼠标右键，出现浮动菜单。在浮动菜单内，选择"属性"。

（2）弹出FFT_Project属性界面。在该界面的左侧窗口中，选择"VC++目录"选项，在其右侧窗口中，在"包含目录"一行中，按本书前面的方法添加包含目录：

```
安装盘符:\intelFPGA_pro\19.4\hls\include
```

> **注**：本书作者的安装盘符为"D"。

（3）在FFT_project属性界面的左侧窗口中，展开"C/C++"选项。在展开项中，找到并选择"命令行"选项。在其右侧窗口中的"其他选项"标题栏下的窗口中添加下面的命令：

```
/D _CRT_SECURE_NO_WARNINGS
```

（4）单击"确定"按钮，退出FFT_project属性界面。
（5）在FFT_project.cpp文件的第135行代码的位置设置断点。
（6）在Visual Studio主界面的主菜单下，选择调试→开始调试。
（7）在Visual Studio中的运行结果如图7.29所示。

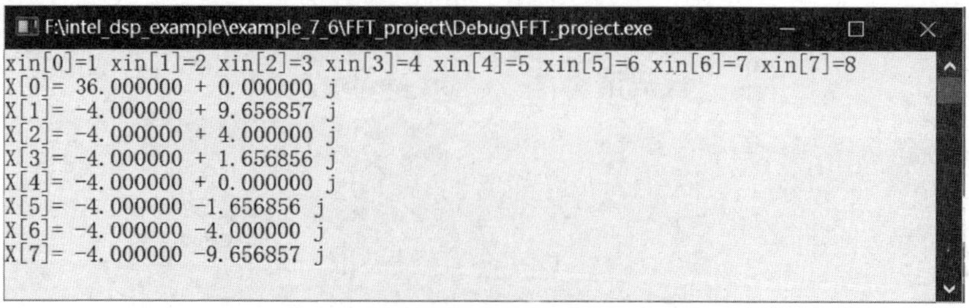

```
F:\intel_dsp_example\example_7_6\FFT_project\Debug\FFT_project.exe

xin[0]=1 xin[1]=2 xin[2]=3 xin[3]=4 xin[4]=5 xin[5]=6 xin[6]=7 xin[7]=8
X[0]= 36.000000 + 0.000000 j
X[1]= -4.000000 + 9.656857 j
X[2]= -4.000000 + 4.000000 j
X[3]= -4.000000 + 1.656856 j
X[4]= -4.000000 + 0.000000 j
X[5]= -4.000000 -1.656856 j
X[6]= -4.000000 -4.000000 j
X[7]= -4.000000 -9.656857 j
```

图7.29　在Visual Studio中的运行结果

(8) 在 Visual Studio 的工具栏中,单击"停止调试"按钮■,退出调试界面。

(9) 退出 Visual Studio 2015 集成开发环境。

思考与练习 7-7:根据图 7.29 给出的运行结果验证设计的正确性。

7.11.4 设计的高级综合

本小节将介绍如何对该 C 模型使用 Intel HLS 工具进行综合,并将其转换成 RTL 描述。设计高级综合的步骤主要如下。

(1) 在 Windows 10 操作系统桌面上,选择开始→Visual Studio 2015→VS2015 ×64 本机工具命令提示符。

(2) 弹出 VS2015 ×64 本机工具命令提示符界面。在该界面中,通过 cd 命令,将命令提示符指向的路径修改为 D:\intelFPGA_pro\19.4\hls。

(3) 在命令提示符后面输入"init_hls.bat",指向 i++编译器。

(4) 通过 cd 命令,将命令提示符指向的路径修改为 E:\intel_dsp_example\example_7_6\FFT_project\FFT_project。

(5) 在命令行提示符后面输入下面的命令:

```
i++ -march=10CX085YU484E6G -v FFT_project.cpp
```

将 C++描述的 FFT 算法转换为 RTL 描述。

(6) 在该路径下,双击 a.exe,显示与图 7.29 相同的结果。

(7) 进入 FFT_project 目录中的子目录 reports。在该子目录中,用浏览器打开 report.html 文件。

(8) 在"Reports"菜单栏中,单击"Summary"按钮,将会在 Report 中给出该设计所使用的资源,如图 7.30 所示。

Estimated Resource Usage

Function Name	ALUTs	FFs	RAMs	DSPs	MLABs
fft	6126	9812	4	16	148
Total	6126 (4%)	9812 (3%)	4 (1%)	16 (8%)	148
Available	160660	321320	587	192	0

图 7.30 Report 中给出该设计所使用的资源

(9) 在"Reports"菜单栏中,单击"Throughput Analysis"按钮,出现浮动菜单。在浮动菜单内,选择"f_{MAX} II Report",其结果如图 7.31 所示。

思考与练习 7-8:根据图 7.31 给出的报告分析该设计的性能。

(10) 在"Reports"菜单栏中,单击"System Viewers"按钮,出现浮动菜单。在浮动菜单内,选择"Graph Viewer(beta)"选项,将会在 Graph List(beta)页面中给出了 FFT 模块内部的操作流程,如图 7.32 所示。

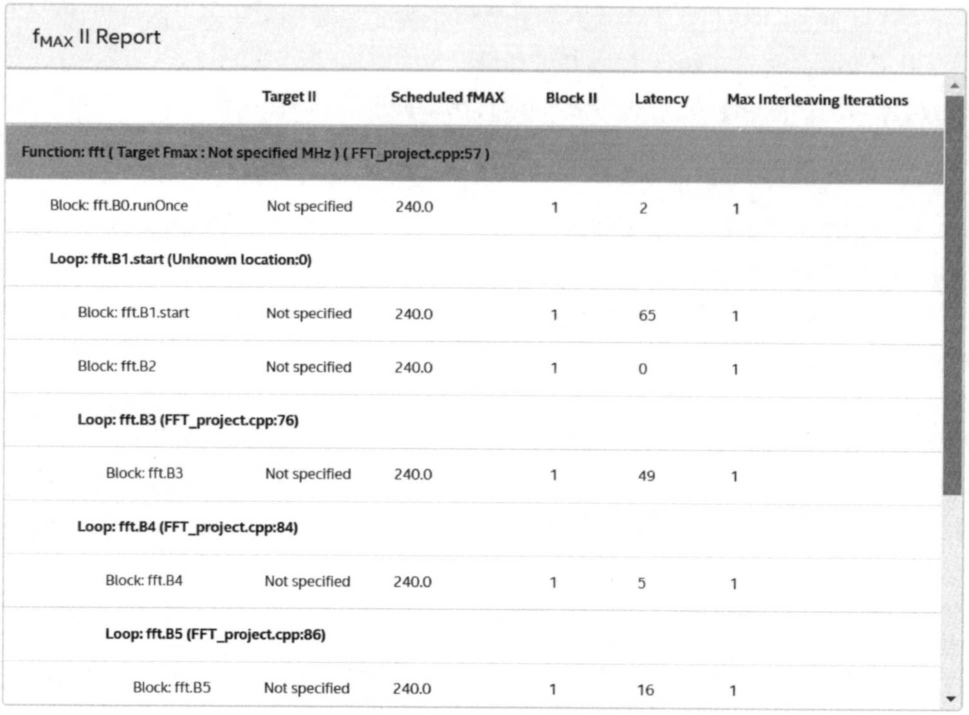

	Target II	Scheduled fMAX	Block II	Latency	Max Interleaving Iterations
Function: fft (Target Fmax : Not specified MHz) (FFT_project.cpp:57)					
Block: fft.B0.runOnce	Not specified	240.0	1	2	1
Loop: fft.B1.start (Unknown location:0)					
Block: fft.B1.start	Not specified	240.0	1	65	1
Block: fft.B2	Not specified	240.0	1	0	1
Loop: fft.B3 (FFT_project.cpp:76)					
Block: fft.B3	Not specified	240.0	1	49	1
Loop: fft.B4 (FFT_project.cpp:84)					
Block: fft.B4	Not specified	240.0	1	5	1
Loop: fft.B5 (FFT_project.cpp:86)					
Block: fft.B5	Not specified	240.0	1	16	1

图 7.31　f_{MAX} II Report

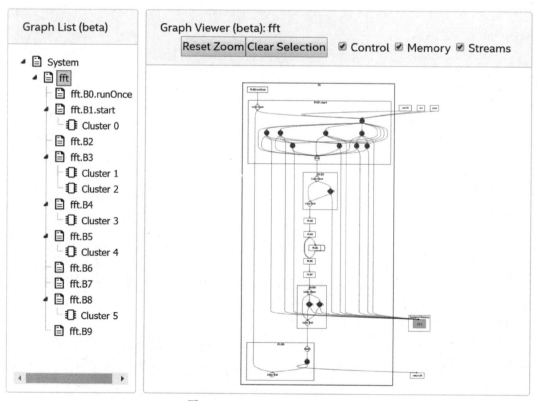

图 7.32　Graph List(beta)页面

7.11.5 添加循环展开用户策略

本小节将介绍如何在 C++源文件中添加循环展开命令,以改善设计的性能,主要步骤如下。

(1) 在本书给定的\intel_dsp_example\example_7_6 路径下,新建一个子目录 "FFT_project_1"。

(2) 将本书给定资料的\intel_dsp_example\example_7_6\FFT_project 路径中所有的内容(除不要复制\FFT_project\FFT_project\a.prj 子目录、a.exe 和 a.pdb 文件外)复制到步骤(1) 新建的子目录 FFT_project_1 中。

(3) 启动 Visual Studio 2015 集成开发环境。在该 Visual Studio 主界面的主菜单下,选择文件→打开→项目/解决方案。

(4) 弹出 "打开项目" 对话框。在该对话框中,将路径指向 E:\intel_dsp_example\example_7_6\FFT_project_1。在该目录中,选择 "FFT_project.sln"。

(5) 单击 "打开" 按钮,退出 "打开项目" 对话框。

(6) 打开 FFT_project.cpp 文件。在该文件的 component fft 函数内添加循环展开命令,如代码清单 7-9 所示。

代码清单 7-9　component fft 函数的完整代码

```
void component fft( int xin[FFT_SIZE], compx xout[FFT_SIZE])
{
    int kk;
    int k;
    compx xout1[FFT_SIZE];
    compx xout2[FFT_SIZE];
    compx twd;
    compx tmp;
    int tmp1, tmp2;
    //address translation
    tmp1 = xin[1];
    xin[1] = xin[4];
    xin[4] = tmp1;

    tmp2 = xin[3];
    xin[3] = xin[6];
    xin[6] = tmp2;
    //stage 1
    #pragma unroll 4
    for( k = 0; k<FFT_SIZE; k = k + 2)
    {
        xout1[k].real = xin[k] + xin[k + 1];
        xout1[k].imag = 0.0;
        xout1[k + 1].real = xin[k] - xin[k + 1];
        xout1[k + 1].imag = 0.0;
    }
    //stage 2
    #pragma unroll 2
```

```
            for( kk = 0; kk<FFT_SIZE; kk = kk + 4)
            {
                for( k = 0; k<2; k++)
                {
                    twd = twiddle_fft( k * FFT_SIZE / 4);
                    tmp = multiply( twd, xout1[ k + kk + 2]);
                    xout2[ k + kk] = plus( xout1[ k + kk], tmp);
                    xout2[ k + kk + 2] = minus( xout1[ k + kk], tmp);
                }
            }
            //stage 3
            for( kk = 0; kk<FFT_SIZE; kk = kk + 8)
            {
                #pragma unroll 4
                for( k = 0; k<4; k++)
                {
                    twd = twiddle_fft( k * FFT_SIZE / 8);
                    tmp = multiply( twd, xout2[ k + kk + 4]);
                    xout[ k + kk] = plus( xout2[ k + kk], tmp);
                    xout[ k + kk + 4] = minus( xout2[ k + kk], tmp);
                }
            }
        }
```

（7）按"Ctrl+S"组合键，保存该设计文件。

（8）按前面给出的方法，对该设计运行下面的编译器命令，将包含循环展开命令的C++描述的算法模型转换为 RTL 描述：

```
i++ -march=10CX085YU484E6G -v FFT_project.cpp
```

（9）等待 HLS 对设计处理完成后，定位到\intel_dsp_example\example_7_6\ FFT_project_1\FFT_project\a.prj\reports 路径，使用浏览器打开 report.html 文件。

（10）在"Reports"菜单栏中，单击"Summary"按钮，查看添加循环展开命令后该设计所使用的资源，如图 7.33 所示。与未添加循环展开命令的设计相比，所用的 ALU、FF、DSP 和 MLAB 资源显著增加，而 RAM 资源降为 0。

（11）在"Reports"菜单栏中，单击"Throughput Analysis"按钮，出现浮动菜单。在浮动菜单内，选择"f_{MAX} II Report"，添加循环展开命令后的 f_{MAX} II Report 如图 7.34 所示。与未添加循环展开命令的设计相比，总的延迟显著降低。

（12）在"Reports"菜单栏中，单击"System Viewers"按钮，出现浮动菜单。在浮动菜单内，选择"Graph Viewer(beta)"，添加循环展开命令后的 Graph List(beta) 页面如图 7.35 所示。

思考与练习7-9：与未添加循环展开的 Graph List(beta) 页面相比，根据图 7.35，分析添加循环展开命令后数据流操作过程的变化。

Summary

Estimated Resource Usage

Function Name	ALUTs	FFs	RAMs	DSPs	MLABs
fft	6909	11279	0	41	251
Total	6909 (4%)	11279 (4%)	0 (0%)	41 (21%)	251
Available	160660	321320	587	192	0

图 7.33 添加循环展开命令后设计所使用的资源

f_{MAX} II Report

	Target II	Scheduled fMAX	Block II	Latency	Max Interleaving Iterations
Function: fft (Target Fmax : Not specified MHz) (FFT_project.cpp:57)					
Block: fft.B0.runOnce	Not specified	240.0	1	2	1
Loop: fft.B1.start (Unknown location:0)					
Block: fft.B1.start	Not specified	240.0	1	65	1
Loop: fft.B2 (FFT_project.cpp:87)					
Block: fft.B2	Not specified	240.0	1	24	1
Loop: fft.B4 (FFT_project.cpp:87)					
Block: fft.B4	Not specified	240.0	1	24	1
Block: fft.B5	Not specified	240.0	1	0	1
Block: fft.B3	Not specified	240.0	1	47	1

图 7.34 添加循环展开命令后的 f_{MAX} II Report

7.11.6 添加存储器属性用户策略

本小节将介绍如何在已经添加用户策略的基础上在 C++源文件中添加存储器属性命令，以进一步提高设计的性能，主要步骤如下。

(1) 在本书给定的\intel_dsp_example\example_7_6 路径中，新建一个子目录 FFT_project_2。

(2) 将本书给定资料的\intel_dsp_example\example_7_6\FFT_project_1 路径中所有的内容（除不要复制\FFT_project_1\FFT_project\a.prj 子目录、a.exe 和 a.pdb 文件外）复制到步骤（1）新建的子目录 FFT_project_2 中。

(3) 启动 Visual Studio 2015 集成开发环境。在该 Visual Studio 主界面的主菜单下，选择

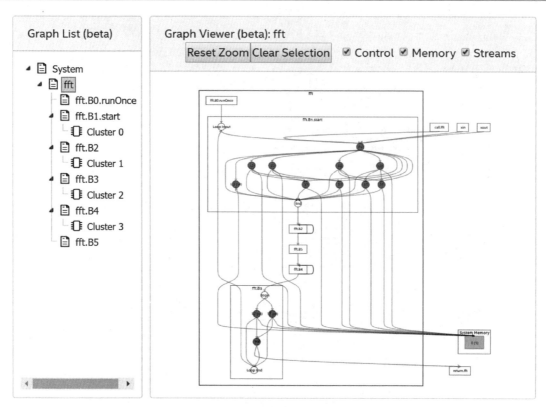

图 7.35 添加循环展开命令后的 Graph List(beta)页面

文件→打开→项目/解决方案。

(4)弹出"打开项目"对话框。在该对话框中，将路径指向 E:\intel_dsp_example\example_7_6\FFT_project_2。在该目录中，选择"FFT_project.sln"。

(5)单击"打开"按钮，退出"打开项目"对话框。

(6)打开 FFT_project.cpp 文件。在该文件的 component fft 函数内添加存储器属性命令，如代码清单 7-10 所示。

代码清单 7-10　component fft 函数添加存储器属性的代码片段

```
void component fft( int xin[FFT_SIZE], compx xout[FFT_SIZE])
{
    int kk;
    int k;
    hls_numbanks(4)
    compx xout1[FFT_SIZE];
    hls_numbanks(4)
    compx xout2[FFT_SIZE];
    compx twd;
    compx tmp;
```

(7)按"Ctrl+S"组合键，保存该设计文件。

(8)按前面给出的方法，对该设计运行下面的编译器命令，将包含循环展开命令的C++描述的算法模型转换为 RTL 描述：

i++ -march=10CX085YU484E6G -v FFT_project.cpp

（9）等待 HLS 对设计处理完成后，定位到\intel_dsp_example\example_7_6\ FFT_project_2\FFT_project\a.prj\reports 路径，使用浏览器打开 report.html 文件。

（10）在"Reports"菜单栏中，单击"Summary"按钮，查看添加循环展开命令后该设计所使用的资源，如图 7.36 所示。与只添加循环展开命令的设计相比，所使用的 ALU、FF、RAM 和 MLAB 资源显著增加，所使用的 DSP 和 MLAB 也略有增加。

Summary

Estimated Resource Usage

Function Name	ALUTs	FFs	RAMs	DSPs	MLABs
fft	8975	15663	40	43	252
Total	8975 (6%)	15663 (5%)	40 (7%)	43 (22%)	252
Available	160660	321320	587	192	0

图 7.36　添加存储器属性命令后设计所使用的资源

（11）在"Reports"菜单栏中，单击"Throughput Analysis"按钮，出现浮动菜单。在浮动菜单内，选择"f_{MAX} II Report"，添加存储器属性命令后的 f_{MAX} II Report 如图 7.37 所示。与只添加循环展开命令的设计相比，总的延迟进一步降低。

f_{MAX} II Report

	Target II	Scheduled fMAX	Block II	Latency	Max Interleaving Iterations
Function: fft (Target Fmax : Not specified MHz) (FFT_project.cpp:57)					
Block: fft.B0.runOnce	Not specified	240.0	1	2	1
Loop: fft.B2.start (FFT_project.cpp:89)					
Block: fft.B2.start	Not specified	240.0	1	65	1
Loop: fft.B3 (FFT_project.cpp:89)					
Block: fft.B3	Not specified	240.0	1	22	1
Loop: fft.B4 (FFT_project.cpp:89)					
Block: fft.B4	Not specified	240.0	1	68	1
Block: fft.B5	Not specified	240.0	1	0	1
Block: fft.B6	Not specified	240.0	1	0	1
Block: fft.B1	Not specified	240.0	1	0	1

图 7.37　添加存储器属性命令后的 f_{MAX} II Report

(12) 在"Reports"菜单栏中,单击"System Viewers"按钮,出现浮动菜单。在浮动菜单内,选择"Graph Viewer(beta)",添加存储器属性命令后的 Graph List(beta)页面如图 7.38 所示。

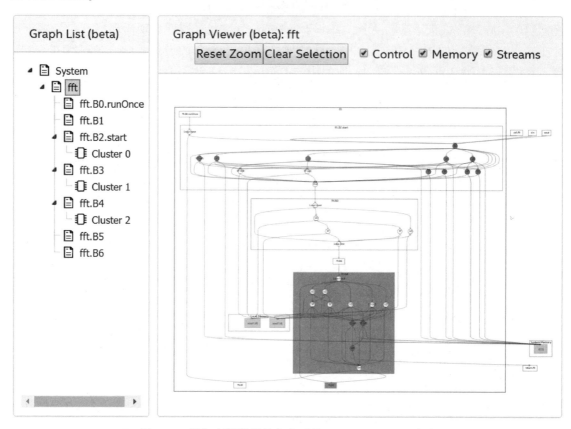

图 7.38 添加存储器属性命令后的 Graph List(beta)页面

思考与练习7-10:与只添加循环展开命令的 Graph List(beta)页面相比,根据图 7.35 分析添加存储器属性命令后数据流操作过程的变化。

第 8 章　离散余弦变换原理及实现

本章将介绍的离散余弦变换（Discrete Cosine Transform，DCT）是与傅里叶变换相关的一种变换。尤其是第二种类型的 DCT，经常用于信号处理和图像处理，用于对信号和图像（包括静止图像和运动图像）进行有损数据压缩。这是由于 DCT 具有很强的"能量集中"特性，即大多数的自然信号（包括声音和图像）的能量都集中在 DCT 后的低频部分，而且当信号具有接近马尔可夫过程的统计特性时，DCT 的去相关性接近于 K-L 变换。

本章内容主要包括切比雪夫多项式、DCT 的起源和发展、DCT 和 DFT 的关系、二维 DCT 变换原理，以及二维 DCT 变换的 HLS 实现。

通过本章内容的讲解，将会帮助读者熟练掌握 DCT 的原理和高效的硬件实现方法。

8.1　切比雪夫多项式

切比雪夫多项式是两个多项式序列，分别表示为 $T_n(x)$ 和 $U_n(x)$。它们的定义如下：

根据倍角公式 $\cos2\theta = 2\cos^2\theta - 1$，其是 $\cos\theta$ 的多项式，因此定义 $T_2(x) = 2x^2 - 1$。类似地，使用 $\cos n\theta = T_n(\cos\theta)$ 定义 $T_n(x)$。类似地，通过 $\sin n\theta = U_{n-1}(\cos\theta)\sin\theta$ 定义另一个序列，其中使用棣莫佛公式指出 $\sin n\theta$ 是 $\sin\theta$ 乘以 $\cos\theta$ 的多项式。例如：

$$\sin3\theta = (4\cos^2\theta - 1)\sin\theta$$

给出 $U_2(x) = 4x^2 - 1$。$T_n(x)$ 和 $U_n(x)$ 分别称为第一类和第二类切比雪夫多项式。

（1）第一类切比雪夫多项式由递归关系定义，即

$$T_0(x) = 1$$
$$T_1(x) = x$$
$$T_{n+1}(x) = 2xT_n(x) - T_{n-1}(x)$$

按该递推关系，可以得到下面的结果：

$$T_2(x) = 2x^2 - 1$$
$$T_3(x) = 4x^3 - 3x$$
$$T_4(x) = 8x^4 - 8x^2 + 1$$
$$T_5(x) = 16x^5 - 20x^3 + 5x$$
$$T_6(x) = 32x^6 - 48x^4 + 18x^2 - 1$$
$$T_7(x) = 64x^7 - 112x^5 + 56x^3 - 7x$$
$$T_8(x) = 128x^8 - 256x^6 + 160x^4 - 32x^2 + 1$$
$$T_9(x) = 256x^9 - 576x^7 + 432x^5 - 120x^3 + 9x$$
$$T_{10}(x) = 512x^{10} - 1280x^8 + 1120x^6 - 400x^4 + 50x^2 - 1$$
$$T_{11}(x) = 1024x^{11} - 2816x^9 + 2816x^7 - 1232x^5 + 220x^3 - 11x$$

当 $x \subseteq [-1,+1]$ 时，$T_n(x)$ 的结果如图 8.1 所示。

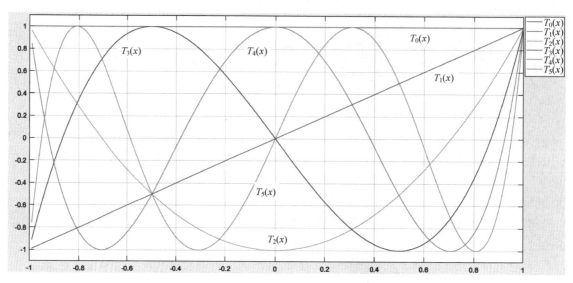

图 8.1 当 $x \subseteq [-1,1]$ 时，$T_n(x)$ 的结果

T_n 的普通生成函数表示为

$$\sum_{n=0}^{\infty} T_n(x) t^n = \frac{1-tx}{1-2tx+t^2}$$

推导过程如下：

$$G = \sum_{n=0}^{\infty} T_n(x) t^n = T_0(x) + t T_1(x) + \sum_{n=2}^{\infty} T_n(x) t^n$$
$$= 1 + tx + \sum_{n=0}^{\infty} T_{n+2}(x) t^{n+2} = 1 + tx + \sum_{n=0}^{\infty} [2x T_{n+1}(x) - T_n(x)] t^{n+2}$$
$$= 1 + tx + \sum_{n=0}^{\infty} [2x T_{n+1}(x)] t^{n+2} - \sum_{n=0}^{\infty} T_n(x) t^{n+2}$$
$$= 1 + tx + 2tx \sum_{n=0}^{\infty} [T_{n+1}(x)] t^{n+1} - t^2 \sum_{n=0}^{\infty} T_n(x) t^n$$
$$= 1 + tx + 2tx \left[\sum_{n=0}^{\infty} T_n(x) t^n - 1 \right] - t^2 \sum_{n=0}^{\infty} T_n(x) t^n$$
$$= 1 + tx + 2tx(G-1) - t^2 G$$
$$= 1 + tx + 2txG - 2tx - t^2 G$$

$\therefore G(1-2tx+t^2) = 1+tx-2tx => G = \dfrac{1-tx}{1-2tx+t^2}$

$$\sum_{n=0}^{\infty} T_n(x) \frac{t^n}{n!} = \frac{1}{2}(e^{(x-\sqrt{x^2-1})t} + e^{(x+\sqrt{x^2-1})t}) = e^{tx} \cosh(t\sqrt{x^2-1})$$

与二维电位理论和多级展开有关的生成函数为

$$\sum_{n=0}^{\infty} T_n(x) \frac{t^n}{n!} = \ln \frac{1}{\sqrt{1-2tx+t^2}}$$

（2）第二类切比雪夫多项式由递归关系定义，即

$$U_0(x) = 1$$
$$U_1(x) = 2x$$
$$U_{n+1}(x) = 2xU_n(x) - U_{n-1}(x)$$

按该递推关系，可以得到下面的结果：

$$U_2(x) = 4x^2 - 1$$
$$U_3(x) = 8x^3 - 4x$$
$$U_4(x) = 16x^4 - 12x^2 + 1$$
$$U_5(x) = 32x^5 - 32x^3 + 6x$$
$$U_6(x) = 64x^6 - 80x^4 + 24x^2 - 1$$
$$U_7(x) = 128x^7 - 192x^5 + 80x^3 - 8x$$
$$U_8(x) = 256x^8 - 448x^6 + 240x^4 - 40x^2 + 1$$
$$U_9(x) = 512x^9 - 1024x^7 + 672x^5 - 160x^3 + 10x$$

当 $x \subseteq [-1, +1]$ 时，$U_n(x)$ 的结果如图 8.2 所示。

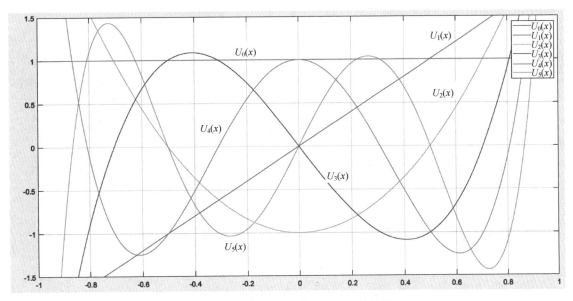

图 8.2 当 $x \subseteq [-1, 1]$ 时，$U_n(x)$ 的结果

U_n 的普通生成函数为

$$\sum_{n=0}^{\infty} U_n(x) t^n = \frac{1}{1 - 2tx + t^2}$$

指数生成函数是：

$$\sum_{n=0}^{\infty} U_n(x) \frac{t^n}{n!} = e^{tx}\left(\cosh(t\sqrt{x^2-1}) + \frac{x}{\sqrt{x^2-1}}\sinh(t\sqrt{x^2-1})\right)$$

1. 三角定义

第一类切比雪夫多项式可以定义为满足以下条件的唯一多项式：

$$T_n(x) = \begin{cases} \cos(n\arccos x), & |x| \leq 1 \\ \cosh(n\text{arccosh} x), & |x| \geq 1 \\ (-1)^n \cos[n\text{arccosh}(-x)], & x \leq -1 \end{cases}$$

或者，换句话说，作为唯一多项式，满足：

$$T_n(\cos\theta) = \cos n\theta$$

式中，$n = 0, 1, 2, 3, \cdots$，这是 Schröder 方程的变体（等效转置），即 $T_n(x)$ 在功能上与 nx 共轭，在下面的嵌套属性中进行了编码。在下面的部分中，进一步与扩展多项式进行比较。

第二类多项式满足：

$$U_{n-1}(\cos\theta) \cdot \sin\theta = \sin n\theta$$

或：

$$U_n(\cos\theta) = \frac{\sin[(n+1)\theta]}{\sin\theta}$$

$$D_n(x) = \frac{\sin\left[(2n+1)\dfrac{x}{2}\right]}{\sin\dfrac{x}{2}} = U_{2n}\left(\cos\dfrac{x}{2}\right)$$

观察 $\cos nx$ 是棣莫弗公式一侧的实部，可以看出 $\cos nx$ 是 $\cos x$ 中的 n 次多项式。另一边的实部是 $\cos x$ 和 $\sin x$ 的多项式，其中，$\sin x$ 的所有幂都是偶数，因此可以通过恒等式 $\cos^2 x + \sin^2 x = 1$。根据同样的原因，$\sin nx$ 是多项式的虚部，其中，$\sin x$ 的所有幂都是奇数。因此，如果一个幂被分解，则可以替换其余部分以在 $\cos n$ 中创建第 $n-1$ 次多项式。

恒等式与递归生成公式结合使用非常有用，因为它使人们能够仅根据基本角的余弦来计算任何角度任何整数倍的余弦。

前面已经知道，$T_0(\cos\theta) = \cos 0\theta = 1$，$T_1(\cos\theta) = \cos\theta$。因此，可直接得到下面的关系：

$$T_2(\cos\theta) = \cos 2\theta = 2\cos\theta\cos\theta - 1 = 2\cos^2\theta - 1$$

$$T_3(\cos\theta) = \cos 3\theta = 2\cos\theta\cos 2\theta - \cos\theta = 4\cos^3\theta - 3\cos\theta$$

两个直接的推论是组合标识（或指定半组的嵌套属性），即

$$T_n[T_m(x)] = T_{nm}(x)$$

以及用切比雪夫多项式表示的复数幂表达式（给定 $z = a + bi$）：

$$z^n = |z|^n \left[\cos\left(n\arccos\frac{a}{|z|}\right) + i\sin\left(n\arccos\frac{a}{|z|}\right)\right]$$

$$= |z|^n T_n\left(\frac{a}{|z|}\right) + ib|z|^{n-1} U_{n-1}\left(\frac{a}{|z|}\right)$$

2. 对称性

$$T_n(-x) = (-1)^n T_n(x) = \begin{cases} T_n(x), & n \text{ 为偶数} \\ -T_n(x), & n \text{ 为奇数} \end{cases}$$

$$U_n(-x) = (-1)^n U_n(x) = \begin{cases} U_n(x), & n \text{ 为偶数} \\ -U_n(x), & n \text{ 为奇数} \end{cases}$$

从上式可知，偶数阶的切比雪夫多项式具有偶数对称性，并且仅包含 x 的偶数次幂。奇

数次的切比雪夫多项式具有奇对称性，并且仅包含 x 的奇次幂。

3. 根和极值

两种次数为 n 的切比雪夫多项式在 $[-1,1]$ 中具有 n 个不同的简单根，称为切比雪夫根。第一类切比雪夫的根有时也称为切比雪夫节点，因为它们在多项式插值中用作节点。使用三角定义，即

$$\cos\left[(2k+1)\frac{\pi}{2}\right]=0$$

$$x_k=\cos\left[\frac{\pi\left(k+\frac{1}{2}\right)}{n}\right]=\cos\left[\frac{\pi(2k+1)}{2n}\right], \quad k=0,\cdots,n-1$$

类似的，U_n 的根是：

$$x_k=\cos\left(\frac{k}{n+1}\pi\right), \quad k=1,\cdots,n$$

当 $x\subseteq[-1,1]$ 时，T_n 的极值位于下面的位置，即

$$x_k=\cos\left(\frac{k}{n}\pi\right), \quad k=0,\cdots,n$$

第一类切比雪夫多项式的一个独特性质是，在区间 $-1\leqslant x\leqslant 1$ 上，所有极值的取值为 -1 或 $+1$。因此，这些多项式只有两个有限临界值，即 Shabat 多项式。第一类和第二类切比雪夫多项式在断点处都具有极值，由下式给出，即

$$T_n(1)=1$$
$$T_n(-1)=(-1)^n$$
$$U_n(1)=n+1$$
$$U_n(-1)=(n+1)(-1)^n$$

4. 正交性

$T_n(x)$ 相对于内积正交，即

$$[f(x),g(x)]=\int_{-1}^{1}f(x)g(x)\frac{\mathrm{d}x}{\sqrt{1-x^2}}$$

$$[T_n(\cos\theta),T_m(\cos\theta)]=\int_{-\pi}^{0}\cos n\theta\cdot\cos m\theta\frac{\mathrm{d}\cos\theta}{\sqrt{1-(\cos\theta)^2}}$$

$$=\frac{1}{2}\int_{0}^{\pi}\{\cos[(n+m)\theta]+\cos[(n-m)\theta]\}\mathrm{d}\theta$$

$$=\begin{cases}0, & n\neq m\\ \pi, & n=m=0\\ \dfrac{\pi}{2}, & n=m\neq 0\end{cases}$$

$U_n(x)$ 与另一个乘积正交。这是由于切比雪夫多项式求解了切比雪夫微分方程，即

$$(1-x^2)y''-xy'+n^2y=0$$
$$(1-x^2)y''-3xy'+n(n+2)y=0$$

这是 Sturm-Liouville 微分方程。这种微分方程的一个普遍特征是，存在一组独特的正交正解。

切比雪夫多项式在逼近理论中很重要，因为 $T_n(x)$ 的根也称为切比雪夫节点，被用作多项式插值中的节点。所得的插值多项式使 Runge 现象的问题最小化，并提供了在最大范数下接近于连续函数的最佳近似多项式。这种近似直接导致 Clenshaw-Curtis 正交的方法。

这些多项式以 Pafnuty Chebyshev 的名字命名，之所以使用字母 T，是因为其名字 Chebyshev 的其他音译为 Tchebycheff、Techebyshev（法语）或 Tsbybyschow（德语）。

第二类多项式 U_n 相对于权重 $\sqrt{1-x^2}$ 在范围 $[-1,1]$ 内正交，即

$$\int_{-1}^{1} U_n(x) U_m(x) \sqrt{1-x^2} \, dx = \begin{cases} 0, & n \neq m \\ \dfrac{\pi}{2}, & n = m \end{cases}$$

T_n 也满足一个离散正交条件，即

$$\sum_{k=0}^{N-1} T_i(x_k) T_j(x_k) = \begin{cases} 0, & i \neq j \\ N, & i = j = 0 \\ \dfrac{N}{2}, & i = j \neq 0 \end{cases}$$

式中，N 是大于 $i+j$ 的任何整数，且 x_k 是 $T_N(x)$ 的 N 个切比雪夫节点：

$$x_k = \cos\left(\pi \frac{2k+1}{2N}\right), \quad k = 0, 1, \cdots, N-1$$

对于第二类多项式，以及具有相同切比雪夫节点 x_k 的任何 $N>i+j$，存在相似的和，即

$$\sum_{k=0}^{N-1} U_i(x_k) U_j(x_k) (1-x_k^2) = \begin{cases} 0, & i \neq j \\ \dfrac{N}{2}, & i = j \end{cases}$$

并且没有权重功能：

$$\sum_{k=0}^{N-1} U_i(x_k) U_j(x_k) = \begin{cases} 0, & i \not\equiv j \pmod 2 \\ N + N \cdot \min(i,j), & i \equiv j \pmod 2 \end{cases}$$

对于任何 $N>i+j$ 的整数，基于 $U_N(x)$ 的 N 个零：

$$y_k = \cos\left(\pi \frac{k+1}{N+1}\right), \quad k = 0, 1, \cdots, N-1$$

可以得到总的和：

$$\sum_{k=0}^{N-1} U_i(y_k) U_j(y_k)(1-y_k^2) = \begin{cases} 0, & i \neq j \\ \dfrac{N+1}{2}, & i = j \end{cases}$$

再次没有权重功能：

$$\sum_{k=0}^{N-1} U_i(y_k) U_j(y_k) = \begin{cases} 0, & i \not\equiv j \pmod 2 \\ [\min(i,j)+1][N-\max(i,j)], & i \equiv j \pmod 2 \end{cases}$$

8.2 DCT 的起源和发展

离散余弦变换（Discrete Cosine Transform，DCT）最初由纳西尔·艾哈迈德（Nasir

Ahmed）在堪萨斯州（Kansas State University）工作时提出，他于 1972 年向国家基金会提出了这一概念，其最初打算将 DCT 用于图像压缩。

在离散维纳滤波应用中，滤波器由（$M \times M$）矩阵 G 表示。数据矢量 X 的估计 $\hat{X}$ 由 GZ 给出，其中 $Z = X + N$，N 为噪声矢量。这意味着计算 $\hat{X}$ 需要大约 $2M^2$ 个算术运算。使用正交变换会产生 G，其中大量元素的幅度较小，因此可以将其设置为 0。因此，以均方估计误差的小幅增加为代价，实现了计算量的显著减少。

已经考虑将 Wlash-Hadamard 变换（Walsh-Hadamard Transform，WHT）、离散傅里叶变换（Discrete Fourier Transform，DFT）、Haar 变换（Haar Transform，HT）和倾斜变换（Slant Transform，ST）用在各种应用中，由于这些是正交变换，所以可以使用快速算法进行计算。

通常将这些变换的性能与 Karhunen-Loeve 变换（Karhunen-Loeve Transform，KLT）的性能进行比较，该方法对于以下性能指标是最佳的：方差分布，使用均方误差准则进行估计和速率失真函数。尽管 KLT 是最佳的，但尚未有通用算法实现其快速计算。

在这种对应关系中引入 DCT 和能够快速计算的算法，结果表明，相对于 DFT、WHT 和 HT 的性能，DCT 的性能与 KLT 的性能更接近。

下面给出艾哈迈德在其论文中推导 DCT 的过程：

$$G_x(0) = \frac{\sqrt{2}}{M} \sum_{m=0}^{M-1} X(m)$$

$$G_x(k) = \frac{2}{M} \sum_{m=0}^{M-1} X(m) \cos \frac{(2m+1)k\pi}{2M}, \ k = 1, 2, \cdots, M-1$$

(8.1)

式中，$X(m), m = 0, 1, \cdots, M-1$ 为离散数据序列。$G_x(k)$ 为第 k 个 DCT 系数。值得注意的是，基本向量集 $\left\{ \frac{1}{\sqrt{2}}, \cos \frac{(2m+1)k\pi}{2M} \right\}$ 实际上是切比雪夫多项式的一类。回想起切比雪夫多项式可以定义为

$$\hat{T}_0(\xi_p) = \frac{1}{\sqrt{2}}$$

$$\hat{T}_k(\xi_p) = \cos(k \cos^{-1} \xi_p), \quad k, p = 1, 2, \cdots, M$$

(8.2)

式中，$\hat{T}_k(\xi_p)$ 是第 k 个切比雪夫多项式。

现在，将 $\hat{T}_k(\xi_p)$ 中的 ξ_p 选为 $\hat{T}_M(\xi)$ 的第 p 个零点，即：

$$\xi_p = \cos \frac{(2p-1)\pi}{2M}, \ p = 1, 2, \cdots, M$$

(8.3)

将式（8.3）代入式（8.2），得到切比雪夫多项式的集合：

$$\hat{T}_0(p) = \frac{1}{\sqrt{2}}$$

$$\hat{T}_k(p) = \cos \frac{(2p-1)k\pi}{2M}, \quad k, p = 1, 2, \cdots, M$$

(8.4)

从式（8.4）中可以将 $\hat{T}_k(p)$ 等效定义为

$$T_0(m) = \frac{1}{\sqrt{2}}$$
$$T_k(m) = \cos\frac{(2m+1)k\pi}{2M}, \ k=1,2,\cdots,(M-1); \ m=0,1,\cdots,M-1 \tag{8.5}$$

将式 (8.5) 和式 (8.1) 比较, 我们可以得出结论, 基本成员 $\cos\frac{(2m+1)k\pi}{2M}$ 是在 $T_M(\xi)$ 第 m 个零点处评估的第 k 个切比雪夫多项式 $T_k(\xi)$。

同样, 反余弦离散变换 (Inverse Cosine Discrete Transform, IDCT) 定义为

$$X(m) = \frac{1}{\sqrt{2}}G_x(0) + \sum_{k=1}^{M-1} G_x(k)\cos\frac{(2m+1)k\pi}{2M}, \ m=0,1,\cdots,M-1 \tag{8.6}$$

将前面切比雪夫多项式的正交属性:

$$\sum_{m=0}^{M-1} T_k(m)T_l(m) = \begin{cases} \dfrac{M}{2}, & k=l=0 \\ \dfrac{M}{2}, & k=l\neq 0 \\ 0, & k\neq l \end{cases} \tag{8.7}$$

应用于 (8.6), 可以产生式 (8.1) 的 DCT。

基于该算法模型, 出现了很多不同的"变种", 其定义略有修改。下面对其进行详细说明。

1. DCT-I

该 DCT 变种的表达式为

$$X_k = \frac{1}{2}[x_0 + (-1)^k x_{N-1}] + \sum_{n=1}^{N-2} x_n \cos\left(\frac{\pi}{N-1}nk\right), k=0,\cdots,N-1$$

一些作者进一步将 x_0 和 x_{N-1} 项乘以 $\sqrt{2}$, 相应的将 X_0 和 X_{N-1} 项乘以 $\frac{1}{\sqrt{2}}$。如果进一步地乘以整体标定因子 $\sqrt{\frac{2}{N-1}}$, 这使得 DCT-I 矩阵正交, 但是打破了与实偶 DFT 的直接对应关系。

DFT-I 与偶对称的 $2N-2$ 实数的 DFT 完全等效 (最高总标定因子为 2)。例如, 一个 $N=5$ 个实数 abcde 的 DCT-I 完全等效于 8 个实数 abcdedcb (偶数对称) 的 DFT 除以 2 (相比较之下, DCT 类型 II~IV 在等效 DFT 中涉及半采样移位)。

但是, 请注意, DCT-I 没有定义 N 小于 2 的情况。而所有其他类型的 DCT 均定义为任何正 N。

因此, DCT-I 对应于边界条件: x_n 在 $n=0$ 时为偶对称, 并且在 $n=N-1$ 时为偶对称; 对于 X_k 也类似。

2. DCT-II

该类型的算法表达式为

$$X_k = \sum_{n=0}^{N-1} x_n \cos\left[\frac{\pi}{N}\left(n+\frac{1}{2}\right)k\right], k=0,\cdots,N-1$$

DCT-II 可能是最通用的形式，经常简单地称其为 DCT。

该变换与偶数索引元素为零的偶对称的 $4N$ 个实数输入的 DFT 完全等效（最大总比例因子为2）。也就是说，它是 $4N$ 个输入（y_n）DFT 的一半。当 $0 \leq n < N$ 时，$y_{2n} = 0$，$y_{2n+1} = x_n$；当 $0 \leq n < 2N$ 时，$y_{2N} = 0$，$y_{4N-n} = y_n$。DCT-II 也可使用 $2N$ 个信号，然后乘以半个移位。

进一步，一些作者将 X_0 项乘以 $\frac{1}{\sqrt{2}}$，并且将最终的矩阵整体乘以标定因子 $\sqrt{\frac{2}{N}}$。这使得 DCT-II 矩阵正交，但是破坏了与半个移位输入的实偶 DFT 的直接对应关系。在很多应用中，如 JPEG，其标定是任意的，这是因为标定因子可以和随后的计算步长进行组合（如在 JPEG 中的量化步长），并且可以选择标定，以允许使用更少的乘法来计算 DCT。

DCT-II 暗含边界条件：x_n 在 $n = -\frac{1}{2}$ 时为偶对称，并且在 $n = N - \frac{1}{2}$ 时为奇对称；X_k 在 $k = -\frac{1}{2}$ 时为偶对称，并且在 $k = N - \frac{1}{2}$ 时为偶对称。

3. DCT-III

该类型的算法表达式为

$$X_k = \frac{1}{2}x_0 + \sum_{n=1}^{N-1} x_n \cos\left[\frac{\pi}{N} n \left(k + \frac{1}{2}\right)\right], k = 0, \cdots, N-1$$

因为它是 DCT-II 的逆变换（最大标定因子，请参见以下），有时候简单地将这种形式称为逆 DCT（Inverse DCT，IDCT）。

一些作者将 x_0 项除以 $\sqrt{2}$，而不是除以 2，并且将最终的矩阵整体乘以标定因子 $\sqrt{\frac{2}{N}}$。这使得 DCT-III 矩阵正交，但是破坏了与半个移位输出 DFT 的实偶直接对应关系。

DCT-III 暗含边界条件：x_n 在 $n = 0$ 时为偶对称，并且在 $n = N$ 时为奇对称；X_k 在 $k = -\frac{1}{2}$ 时为偶对称，并且在 $k = N - \frac{1}{2}$ 时为偶对称。

4. DCT-IV

该类型的算法表达式为

$$X_k = \sum_{n=0}^{N-1} x_n \cos\left[\frac{\pi}{N}\left(n + \frac{1}{2}\right)\left(k + \frac{1}{2}\right)\right], k = 0, \cdots, N-1$$

如果更进一步地整体乘上一个标定因子 $\sqrt{\frac{2}{N}}$，则 DCI-IV 矩阵将变成正交的。

DCT-IV 暗含边界条件：x_n 在 $n = -\frac{1}{2}$ 时为偶对称，并且在 $n = N - \frac{1}{2}$ 时为奇对称；对于 X_k 类似。

5. DFT 的逆变换

使用上述的归一化约定，DCT-I 的逆是 DCT-I 乘以 $\frac{2}{N-1}$。DCT-IV 的逆变换是 DCT-IV

乘以 $\frac{2}{N}$。DCT-II 的逆变换是 DCT-III 乘以 $\frac{2}{N}$，反之亦然。

像 DFT 一样，这些变换定义前面的归一化因子仅仅是一个约定，在处理之间有所不同。例如，有些作者将变换乘以 $\sqrt{\frac{2}{N}}$，这样逆变换就不需要任何附加的乘法因子。结合合适的因子 $\sqrt{2}$（见以上），这可以用来使变换矩阵正交。

8.3　DCT 和 DFT 的关系

下面分析 DCT（DCT-II）和 DFT 的关系，因为：
$$x_2[n]=x[((n))_{2N}]+x[((-n-1))_{2N}]=\tilde{x}_2[n],\ n=0,1,\cdots,2N-1$$
其中，$x[n]$ 是原 N 点实序列。

$2N$ 点的 DFT 表示为
$$X_2[k]=X[k]+X^*[k]\mathrm{e}^{\frac{\mathrm{j}2\pi k}{2N}},\ k=0,1,\cdots,2N-1$$
其中，$X[k]$ 是 N 点序列 $x[n]$ 的 $2N$ 点 DFT。很明显，在这种情况下，给 $x[n]$ 补了 N 个零。

根据 DFT 的性质：
$$X_2[k]=\mathrm{e}^{\frac{\mathrm{j}\pi k}{2N}}(X[k]\mathrm{e}^{-\frac{\mathrm{j}\pi k}{2N}}+X^*[k]\mathrm{e}^{\frac{\mathrm{j}\pi k}{2N}})$$
$$=\mathrm{e}^{\frac{\mathrm{j}\pi k}{2N}}2\mathrm{Re}\{X[k]\mathrm{e}^{-\frac{\mathrm{j}\pi k}{2N}}\}$$

根据补零后序列 $2N$ 点 DFT 的定义可以得出：
$$\mathrm{Re}\{X[k]\mathrm{e}^{-\frac{\mathrm{j}\pi k}{2N}}\}=\sum_{n=0}^{N-1}x[n]\cos\frac{\pi k(2n+1)}{2N}$$

因此，可以用 N 点序列 $x[n]$ 的 $2N$ 点 DFT 的 $X[k]$ 来表示 DCT，即
$$X^{\mathrm{DCT\text{-}II}}[k]=2\mathrm{Re}\{X[k]\mathrm{e}^{-\frac{\mathrm{j}\pi k}{2N}}\},\ k=0,1,\cdots,N-1$$
$$X^{\mathrm{DCT\text{-}II}}[k]=\mathrm{e}^{-\frac{\mathrm{j}\pi k}{2N}}X_2[k],\ k=0,1,\cdots,N-1$$

同样地，DCT 的反变换也可以通过 DFT 的反变换来计算。因为存在下面关系：
$$X^{\mathrm{DCT\text{-}II}}[2N-k]=-X^{\mathrm{DCT\text{-}II}}[k],\ k=0,1,\cdots,N-1$$

因此：
$$X_2(k)=\begin{cases}X^{\mathrm{DCT\text{-}II}}[0], & k=0\\ \mathrm{e}^{\frac{\mathrm{j}\pi k}{2N}}X^{\mathrm{DCT\text{-}II}}[k], & k=1,\cdots,N-1\\ 0, & k=N\\ -\mathrm{e}^{\frac{\mathrm{j}\pi k}{2N}}X^{\mathrm{DCT\text{-}II}}[2N-k], & k=N+1,N+2,\cdots,2N-1\end{cases}$$

利用 IDFT 的定义，可以计算对称延拓序列：
$$x_2(n)=\frac{1}{2N}\sum_{k=0}^{2N-1}X_2(k)\mathrm{e}^{\frac{\mathrm{j}2\pi kn}{2N}},\ n=0,1,\cdots,2N-1$$

由此，可以得到：
$$x(n)=x_2(n),\ n=0,1,\cdots,N-1$$

在 MATLAB 中，通过调用函数实现 DCT 和 IDCT 的设计如代码清单 8-1 所示。

代码清单 8-1　dct-ii.m 文件

```
clear;
clc;
x = (1:100) + 50 * cos((1:100) * 2 * pi/40);
X = dct(x);
[XX,ind] = sort(abs(X),'descend');
i = 1;
while norm(X(ind(1:i)))/norm(X) < 0.99
    i = i + 1;
end
needed = i;

X(ind(needed+1:end)) = 0;
xx = idct(X);
figure(1);
plot([1:100],x);
hold on;
plot([1:100],xx);

legend('Original','Reconstructed');
```

注：读者可以定位到本书提供资料的 \intel_dsp_example\example_8_1 路径，打开 dct-ii.m 文件。

在 MATLAB 命令行中，输入代码清单 8-1 给出的代码，信号 DCT 分析和使用 IDCT 重构后运行结果如图 8.3 所示。

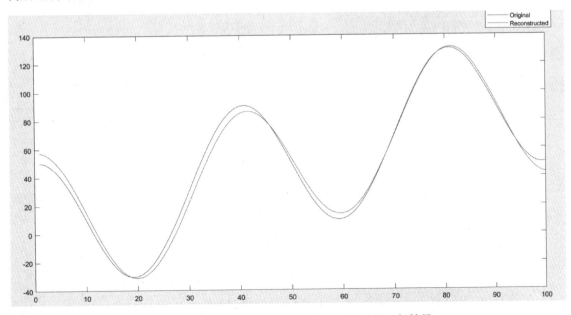

图 8.3　信号 DCT 分析和使用 IDCT 重构后的运行结果

8.4 二维 DCT 变换原理

在前面介绍一维 DCT 的基础上,本节将介绍二维 DCT 变换的原理和算法描述。

8.4.1 二维 DCT 变换原理

例如,图像或矩阵的二维 DCT-II 只是从上方沿着行,然后沿着列执行的一维 DCT-II(反之亦然)。也就是说,二维 DCT-II 算法表示为

$$X_{k_1,k_2} = \sum_{n_1=0}^{N_1-1} \left(\sum_{n_2=0}^{N_2-1} x_{n_1,n_2} \cos\left[\frac{\pi}{N_2}\left(n_2+\frac{1}{2}\right)k_2\right] \right) \cos\left[\frac{\pi}{N_1}\left(n_1+\frac{1}{2}\right)k_1\right]$$

$$\sum_{n_1=0}^{N_1-1} \sum_{n_2=0}^{N_2-1} x_{n_1,n_2} \cos\left[\frac{\pi}{N_1}\left(n_1+\frac{1}{2}\right)k_1\right] \cos\left[\frac{\pi}{N_2}\left(n_2+\frac{1}{2}\right)k_2\right]$$

上面的式子忽略了归一化和其他比例因子。当加上归一化和标定因子,并且取 $N_1 = N_2 = N$ 后,二维 DCT-II 算法表示为

$$X_{k_1,k_2} = \frac{1}{N} C(k_1) C(k_2) \sum_{n_1=0}^{N-1} \sum_{n_2=0}^{N-1} x_{n_1,n_2} \cos\left[\frac{\pi}{N_1}\left(n_1+\frac{1}{2}\right)k_1\right] \cos\left[\frac{\pi}{N_2}\left(n_2+\frac{1}{2}\right)k_2\right]$$

式中,$C(k_1)C(k_2)$ 的取值满足下面的关系:

$$\begin{cases} C(k_1)C(k_2) = \dfrac{1}{\sqrt{N}}, & k_1, k_2 = 0 \\ C(k_1)C(k_2) = \sqrt{\dfrac{2}{N}}, & \text{其他} \end{cases}$$

对于一幅图像而言,x_{n_1,n_2} 为该幅图像中的一个像素点,坐标 (n_1, n_2) 表示该像素点在图像中的位置。

同样地,二维 IDCT(考虑归一化和标定因子)的算法表达式为

$$x_{n_1,n_2} = \frac{1}{N} \sum_{n_1=0}^{N-1} \sum_{n_2=0}^{N-1} C(k_1) C(k_2) X_{k_1,k_2} \cos\left(\frac{u\pi(2i+1)}{2N}\right) \cos\left(\frac{v\pi(2j+1)}{2N}\right)$$

式中,$C(k_1)C(k_2)$ 的取值满足下面的关系:

$$\begin{cases} C(k_1)C(k_2) = \dfrac{1}{\sqrt{N}}, & k_1, k_2 = 0 \\ C(k_1)C(k_2) = \sqrt{\dfrac{2}{N}}, & \text{其他} \end{cases}$$

下面将通过 MATLAB 仿真说明二维 DCT 及其二维逆变换 IDFT 在图像压缩中的不同效果,如代码清单 8-2 所示。

代码清单 8-2　二维 DCT 和二维 IDCT 变换

```
clear all
A = imread('lena.png');
I = rgb2gray(A);              %彩色图片转变为灰度图片
DCT = dct2(I);                %离散余弦变换
```

```
DCT(abs(DCT)<70)=0;          %把变换矩阵中小于70的值置为0
IDCT_t=idct2(DCT);           %图像重构
IDCT=IDCT_t./255;            %对像素值进行归一化
subplot(1,3,1)
imshow(I);
title('\fontsize{18}原图像');
subplot(1,3,2)
imshow(DCT);
title('\fontsize{18}DCT变换图像');
subplot(1,3,3)
imshow(IDCT);
title('\fontsize{18}DCT压缩图像');
```

注：读者可以定位到本书提供资料的\intel_dsp_example\example_8_2路径，在MATLAB命令行下运行dct_idct_2D.m文件。

DCT舍去点较少时，图像的压缩率变低，质量将变高。当阈值设置为20时，原图像和压缩后的图像如图8.4所示；DCT舍去点较多时，图像的压缩率变高，质量将变差。当阈值设置为70时，原图像和压缩后的图像如图8.5所示。

图8.4 原图像和压缩后的图像（阈值设置为20）

图8.5 原图像和压缩后的图像（阈值设置为70）

8.4.2 二维DCT实现方法

本小节将介绍二维DCT的实现方法，包括基本算法和快速算法。

1. 基本算法

根据二维DCT的变换原理，其可分解为两个一维的DCT。当对一幅图像（由行和列构成的二维数据）进行二维DCT时，先对图像的行进行一维DCT，然后再对列进行一维DCT。

2. 快速算法

利用 FFT 得到 DCT 的快速算法,即

(1) 将 $f(x)$ 进行延拓:

$$f_e(x) = \begin{cases} f(x), & x = 0, 1, \cdots, N-1 \\ 0, & x = N, N+1, \cdots, 2N \end{cases}$$

(2) 按照上述定义,$f_e(x)$ 的 DCT 为

$$F(u) = \begin{cases} \sqrt{\dfrac{1}{N}} \sum_{x=0}^{N-1} f(x), & u = 0 \\ \sqrt{\dfrac{2}{N}} \sum_{x=0}^{N-1} f_e(x) \cos \dfrac{(2x+1)u\pi}{2N}, & u \neq 0 \end{cases}$$

(3) 当 $u \neq 0$ 时,$F(u)$ 进一步表示为

$$F(u) = \sqrt{\dfrac{2}{N}} \mathrm{Re} \left\{ \sum_{x=0}^{2N-1} f_e(x) \mathrm{e}^{-\mathrm{j}\frac{(2x+1)u\pi}{2N}} \right\} = \sqrt{\dfrac{2}{N}} \mathrm{Re} \left\{ \mathrm{e}^{-\mathrm{j}\frac{u\pi}{2N}} \cdot \sum_{x=0}^{2N-1} f_e(x) \mathrm{e}^{-\mathrm{j}\frac{2xu\pi}{2N}} \right\}$$

式中,$\mathrm{Re}\{\}$ 表示获取复数的实部。

很明显,从上式可知,$\sum_{x=0}^{2N-1} f_e(x) \mathrm{e}^{-\mathrm{j}\frac{2xu\pi}{2N}}$ 是延拓序列 $f_e(x)$ 的 $2N$ 点 DFT。

因此,对于快速 DCT 变换而言,可以把长度为 N 的序列 $f(x)$ 的长度延拓为 $2N$ 的序列 $f_e(x)$,然后再对延拓的结果 $f_e(x)$ 进行 DFT,最后获取 DFT 的实部,这就是 DCT 的最终结果,通过这种方法可以快速实现 DCT。

8.5 二维 DCT 变换的 HLS 实现

本小节将介绍如何使用 Intel HLS 工具将 C++描述的 8×8 块数据二维 DCT 算法模型转换为 RTL 描述。内容包括创建新的设计工程、创建设计文件、验证 C++模型、设计综合、查看综合结果、运行 RTL 仿真、添加循环合并命令、添加存储器属性命令和添加循环展开命令。

8.5.1 创建新的设计工程

本小节将介绍如何在 Visual Studio 2015 集成开发环境中建立新的设计工程,主要步骤如下。

(1) 在 Window 10 操作系统桌面,选择开始→Visual Studio 2015,启动 Visual Studio 2015(以下简称 Visual Studio)集成开发环境。

(2) 在 Visual Studio 集成开发环境主界面的主菜单下,选择文件→新建→项目…。

(3) 出现"新建项目"对话框。在该对话框的左侧窗口中,选择"Visual C++"选项。在该对话框的右侧窗口中,选择"空项目"选项,然后按如下设置参数。

① 名称:DCT_project。

② 位置:E:\intel_dsp_example\example_8_3\。

(4) 单击"确定"按钮,退出"新建项目"对话框。

8.5.2 创建设计文件

本小节将介绍如何创建设计文件,其中设计文件包括 C++ 源文件、H 头文件和系数文件。

1. 创建 C++ 源文件

本部分将介绍如何创建 C++ 源文件,并在其中添加设计代码。创建 C++ 源文件的步骤主要如下。

(1) 在 Visual Studio 主界面的主菜单下,选择项目→添加新项。

(2) 弹出"添加新项-DCT_project"对话框。在该对话框的左侧窗口中,选择"Visual C++"选项;在该对话框的右侧窗口中,选择"C++文件(.cpp)"选项,然后在该对话框的"名称"标题栏右侧的文本框中输入"DCT_project.cpp"。

(3) 单击"添加"按钮,退出"添加新项-DCT_project"对话框。

(4) 出现名字为"DCT_project.cpp"的空白设计页面。在该页面中,输入如代码清单 8-3 所示的设计代码。

代码清单 8-3 DCT_project.cpp 文件

```
#include "HLS/hls.h"
#include "HLS/math.h"
#include "HLS/stdio.h"
#include "dct.h"

void dct_1d(dct_data_t src[DCT_SIZE], dct_data_t dst[DCT_SIZE])
{
    unsigned int k, n;
    int tmp;
    const dct_data_t dct_coeff_table[DCT_SIZE][DCT_SIZE] = {
#include "dct_coeff_table.txt"
    };

    for(k = 0; k < DCT_SIZE; k++) {
        for(n = 0, tmp = 0; n < DCT_SIZE; n++) {
            int coeff = (int)dct_coeff_table[k][n];
            tmp += src[n] * coeff;
        }
        dst[k] = DESCALE(tmp, CONST_BITS);
    }
}

void dct_2d(dct_data_t in_block[DCT_SIZE][DCT_SIZE],
    dct_data_t out_block[DCT_SIZE][DCT_SIZE])
{
    dct_data_t row_outbuf[DCT_SIZE][DCT_SIZE];
    dct_data_t col_outbuf[DCT_SIZE][DCT_SIZE], col_inbuf[DCT_SIZE][DCT_SIZE];
    unsigned i, j;
```

```c
    // DCT rows
    for(i = 0; i < DCT_SIZE; i++) {
        dct_1d(in_block[i], row_outbuf[i]);
    }
    // Transpose data in order to re-use 1D DCT code
    for(j = 0; j < DCT_SIZE; j++)
        for(i = 0; i < DCT_SIZE; i++)
            col_inbuf[j][i] = row_outbuf[i][j];
    // DCT columns
    for(i = 0; i < DCT_SIZE; i++) {
        dct_1d(col_inbuf[i], col_outbuf[i]);
    }
    // Transpose data back into natural order
    for(j = 0; j < DCT_SIZE; j++)
        for(i = 0; i < DCT_SIZE; i++)
            out_block[j][i] = col_outbuf[i][j];
}

void read_data(short input[N], short buf[DCT_SIZE][DCT_SIZE])
{
    int r, c;
    for(r = 0; r < DCT_SIZE; r++) {
        for(c = 0; c < DCT_SIZE; c++)
            buf[r][c] = input[r * DCT_SIZE + c];
    }
}

void write_data(short buf[DCT_SIZE][DCT_SIZE], short output[N])
{
    int r, c;

    for(r = 0; r < DCT_SIZE; r++) {
        for(c = 0; c < DCT_SIZE; c++)
            output[r * DCT_SIZE + c] = buf[r][c];
    }
}

void component dct(short input[N], short output[N])
{
    short buf_2d_in[DCT_SIZE][DCT_SIZE];
    short buf_2d_out[DCT_SIZE][DCT_SIZE];
    // Read input data. Fill the internal buffer.
    read_data(input, buf_2d_in);

    dct_2d(buf_2d_in, buf_2d_out);

    // Write out the results.
    write_data(buf_2d_out, output);
```

```c
}

int main(void) {
    short a[N], b[N], b_expected[N];
    int retval = 0, i;
    FILE *fp;

    fp = fopen("in.dat", "r");
    for(i = 0; i<N; i++) {
        int tmp;
        fscanf(fp, "%d", &tmp);
        a[i] = tmp;
    }
    fclose(fp);

    fp = fopen("out.golden.dat", "r");
    for(i = 0; i<N; i++) {
        int tmp;
        fscanf(fp, "%d", &tmp);
        b_expected[i] = tmp;
    }
    fclose(fp);

    dct(a, b);

    for(i = 0; i < N; ++i) {
        if(b[i] != b_expected[i]) {
            printf("Incorrect output on sample %d. Expected %d, Received %d \n", i, b_expected[i], b[i]);
            retval = 2;
        }
    }

#if 0 // Optionally write out computed values
    fp = fopen("out.dat", "w");
    for(i = 0; i<N; i++) {
        fprintf(fp, "%d\n", b[i]);
    }
    fclose(fp);
#endif

    if(retval != (2)) {
        printf("    *** *** *** *** \n");
        printf("    Results are good \n");
        printf("    *** *** *** *** \n");
    }
    else {
        printf("    *** *** *** *** \n");
```

```
                printf("        BAD!! %d \n", retval);
                printf("        *** *** *** *** \n");
            }
            return retval;
        }
```

(5) 按"Ctrl+S"组合键,保存该设计文件。

思考与练习 8-1:分析该设计中二维 DCT 模块的实现方法。

思考与练习 8-2:分析该设计中对二维 DCT 模块的测试方法。

2. 创建 H 头文件

本部分将介绍如何创建 H 头文件,并且在其中添加设计代码。创建 H 头文件的步骤主要如下。

(1) 在 Visual Studio 主界面的主菜单下,选择项目→添加新项。

(2) 弹出"添加新项-DCT_project"对话框。在该对话框的左侧窗口中,选择"Visual C++"选项;在该对话框的右侧窗口中,选择"头文件(.h)"选项,然后在该对话框的"名称"标题栏右侧的文本框中输入"dct.h"。

(3) 单击"添加"按钮,退出"添加新项-DCT_project"对话框。

(4) 出现名字为"dct.h"的空白设计页面。在该页面中,输入如代码清单 8-4 所示的设计代码。

代码清单 8-4   dct.h 文件

```
#ifndef __DCT_H__
#define __DCT_H__

#define DW 16
#define N 1024/DW
#define NUM_TRANS 16

typedef short dct_data_t;

#define DCT_SIZE 8        /* defines the input matrix as 8x8 */
#define CONST_BITS   13
#define DESCALE(x,n)   (((x) +(1 <<((n)-1))) >> n)

void dct(short input[N], short output[N]);

#endif // __DCT_H__ not defined
```

(5) 按"Ctrl+S"组合键,保存该设计文件。

3. 创建系数文件

本部分将介绍如何创建系数文件,并且在其中添加设计代码。创建系数文件的步骤主要如下。

(1) 在 Visual Studio 主界面的主菜单下,选择项目→添加新项。

(2) 弹出"添加新项-DCT_project"对话框。在该对话框的左侧窗口中,展开"Visual

C++"选项。在展开项中,找到并选择"实用工具"选项。在该对话框的右侧窗口中,选择"文本文件(.txt)"选项,然后在该对话框的"名称"标题栏右侧的文本框中输入"dct_coeff_table.txt"。

(3) 单击"添加"按钮,退出"添加新项-DCT_project"对话框。

(4) 出现名字为"dct_coeff_table.txt"的空白设计页面。在该页面中,输入如代码清单8-5所示的设计代码。

代码清单8-5 dct_coeff_table.txt 文件

```
    8192,   8192,   8192,  8192,   8192,   8192,   8192,   8192,
   11363,  9633,   6436,  2260,  -2260,  -6436,  -9632, -11362,
   10703,  4433,  -4433,-10703, -10703,  -4433,   4433,  10703,
    9633, -2260, -11362, -6436,   6436,  11363,   2260,  -9632,
    8192, -8192,  -8192,  8192,   8192,  -8191,  -8191,   8192,
    6436,-11362,   2260,  9633,  -9632,  -2260,  11363,  -6436,
    4433,-10703, 10703, -4433,  -4433,  10703, -10703,   4433,
    2260, -6436,   9633,-11362,  11363,  -9632,   6436,  -2260
```

(5) 按"Ctrl+S"组合键,保存该设计文件。

4. 创建测试文件

本部分将介绍如何创建两个测试文件,其中一个测试文件用于给dct元器件提供测试向量,另一个测试文件保存正确的结果。创建测试文件的主要步骤如下。

(1) 定位到本书所提供资料的\intel_dsp_example\example_8_3\DCT_project\DCT_project路径,在该目录下创建一个名字为"in.datd"的文件,并在该文件中添加测试向量。

(2) 定位到本书所提供资料的\intel_dsp_example\example_8_3\DCT_project\DCT_project路径,在该目录下创建一个名字为"out.golden.dat"的文件,并在该文件中添加希望的二维DCT变换结果。

8.5.3 验证 C++模型

本小节将介绍如何在Visual Studio集成开发环境中验证C++模型的正确性,主要步骤如下。

(1) 在Visual Studio右侧的解决方案资源管理器窗口中,选中名字为"DCT_project"的选项,单击鼠标右键,出现浮动菜单。在浮动菜单内,选择"属性"。

(2) 出现DCT_project属性界面。在该界面的左侧窗口中,选择"VC++目录"选项。按本书前面所讲的方法,在该界面右侧窗口的"包含目录"一行中添加包含目录的路径 D:\intelFPGA_pro\19.4\hls\include。

(3) 在DCT_project属性界面的左侧窗口中,选择并展开"C/C++"选项。在展开项中,找到并选择"命令行"选项。在该界面右侧窗口下方的"其他选项(D)"标题栏下的文本框中添加下面的命令:

/D _CRT_SECURE_NO_WARNINGS

(4) 单击"确定"按钮,退出DCT_Project属性界面。

(5) 在DCT_project.cpp的第130行代码处添加一个断点。

（6）在 Visual Studio 集成开发环境主界面的主菜单下，选择调试→开始调试。运行调试后，显示的结果如图 8.6 所示。

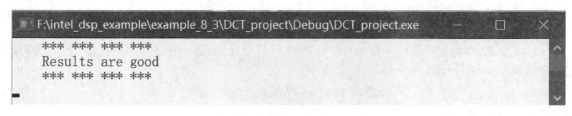

图 8.6 运行调试后，显示的结果（反色显示）

（7）在 Visual Studio 集成开发环境主界面的工具栏中，单击"停止调试"按钮■，退出调试界面。

（8）在 Visual Studio 集成开发环境主界面的主菜单下，选择文件→关闭解决方案，退出该设计功能。

8.5.4 设计综合

本小节将介绍如何对该 C++模型使用 Intel HLS 工具进行综合，并将其转换成 RTL 描述。设计综合的步骤主要如下。

（1）在 Windows 10 操作系统桌面，选择开始→Visual Studio 2015→VS2015 ×64 本机工具命令提示符。

（2）弹出 VS2015 ×64 本机工具命令提示符界面。在该界面的命令提示符后面，依次输入下面的命令：

① d:。

② cd intelFPGA_pro\19.4\hls。

进入到 D:\intelFPGA_pro\19.4\hls，在命令提示符后面输入"init_hls.bat"。

（3）在该界面的命令提示符后面依次输入下面的命令：

① e:。

② cd intel_dsp_example\example_8_3\DCT_project\DCT_project。

进入到 E:\intel_dsp_example\example_8_3\DCT_project\DCT_project。

（4）在命令行提示符后面输入下面的编译器命令：

```
i++ -march=10CX085YU484E6G -v DCT_project.cpp
```

8.5.5 查看综合结果

本小节将介绍如何查看使用 Intel HLS 工具对 C++模型处理并转换成 RTL 描述后给出的报告，主要步骤如下。

（1）定位到 E:\intel_dsp_example\example_8_3\DCT_project\DCT_project\a.prj\reports 路径。

（2）找到 report.html 文件，并用浏览器打开该文件。

（3）在"Reports"菜单栏中，单击"Summary"按钮，查看该设计所使用的资源，如

图 8.7 所示。

Summary

Run Quartus compile to populate this section. See details for more information.

Estimated Resource Usage

Function Name	ALUTs	FFs	RAMs	DSPs	MLABs
dct	2595	5643	0	1	80
Total	**2595 (2%)**	**5643 (2%)**	**0 (0%)**	**1 (1%)**	**80**
Available	**160660**	**321320**	**587**	**192**	**0**

图 8.7　设计所使用的资源

（4）在“Reports”菜单栏中，单击“Throughput Analysis”按钮，出现浮动菜单。在浮动菜单内，选择“f_{MAX}II Report”，出现 f_{MAX}II Report 界面，如图 8.8 所示。

f_{MAX} II Report

	Target II	Scheduled fMAX	Block II	Latency	Max Interleaving Iterations
Function: dct (Target Fmax : Not specified MHz) (DCT_project.cpp:70)					
Block: dct.B0.runOnce	Not specified	240.0	1	2	1
Loop: dct.B1.start (Unknown location:0)					
Block: dct.B1.start	Not specified	240.0	1	2	1
Loop: dct.B2 (DCT_project.cpp:54)					

图 8.8　f_{MAX} II Report 界面

思考与练习 8-3：根据图 8.8，分析 dct_2d 元器件内部不同操作的延迟性能。

（5）在“Reports”菜单栏中，单击“System Viewers”按钮，出现浮动菜单。在浮动菜单内，选择“Graph List(beta)”选项，出现新的界面。在该界面左侧的 Graph List 窗口中，找到并选择“dct”选项。在该界面右侧的 Graph Viewer 窗口中，观察 dct 元器件内部的操作流，如图 8.9 所示。

思考与练习 8-4：根据图 8.9 分析 dct_2d 元器件内部的操作流。

（6）双击\intel_dsp_example\example_8_3\DCT_project\DCT_project 路径下的 a. exe 文件，以验证 Intel HLS 转换的正确性。

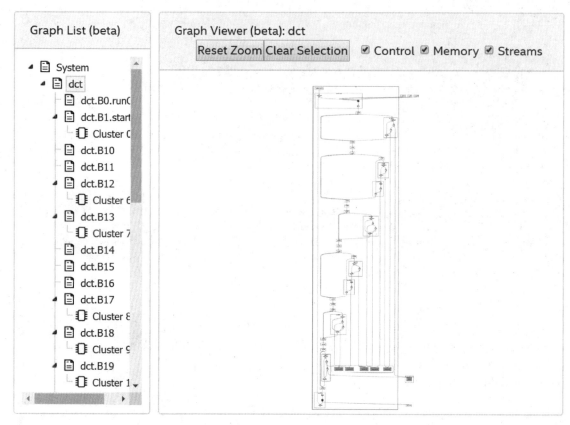

图 8.9 dct_2d 元器件内部的操作流

8.5.6 运行 RTL 仿真

本小节将介绍如何在 ModelSim 仿真工具中对转换的 RTL 执行行为仿真,主要步骤如下。

(1) 删除 a.prj 子目录、a.pdb 文件和 a.exe 文件。

(2) 在 VS 2015 ×64 本机工具命令提示符界面中,重新运行下面的编译器命令,生成 RTL 仿真文件:

```
i++ -march=10CX085YU484E6G -v -ghdl DCT_project.cpp
```

(3) 在\intel_dsp_example\example_8_3\DCT_project\DCT_project 目录中,双击 a.exe 文件,以生成波形文件。

(4) 在 Windows 10 操作系统桌面,选择开始→Intel FPGA 19.4.0.64 Pro Edition,并展开 Intel FPGA 19.4.0.64 Pro Edition 文件夹。在展开项中,找到并选择"ModelSim-Intel FPGA Edition 2019.2(Quartus Prime Pro 19.4)"选项,单击鼠标右键,出现浮动菜单。在浮动菜单内,选择更多→以管理员身份运行。

(5) 弹出"出现账户控制"对话框。在该对话框中,提示信息"你要允许此应用对你的设备进行更改?"。

(6) 单击"是"按钮,退出该对话框,同时启动 ModelSim 仿真工具。

（7）在 ModelSim 主界面的主菜单下，选择 File→Open…。

（8）出现"Open File"对话框。在该对话框中，定位到 E:\intel_dsp_example\example_8_3\DCT_project\DCT_project\a.prj\verification 路径，在该路径中，选择 vsim.wlf 文件。

（9）单击"打开"按钮，退出"Open File"对话框，同时打开 vsim.wlf 文件。

（10）在 Objects 窗口中，选择所有的信号，单击鼠标右键，出现浮动菜单。在浮动菜单内，选择"Add Wave"选项，将所有信号添加到 Wave-Default 窗口中，如图 8.10 所示。

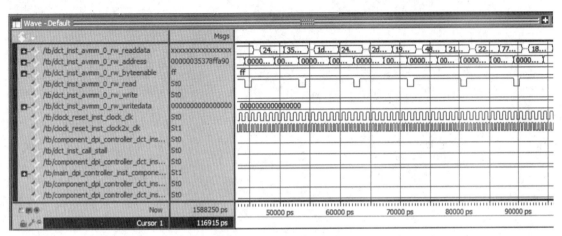

图 8.10 Wave-Default 窗口

思考与练习 8-5：根据 Wave-Default 窗口中给出的波形，分析仿真的结果（特别注意时序）。

8.5.7 添加循环合并命令

本小节将介绍如何在 DCT_project.cpp 文件中添加循环合并命令，以改善二维 DCT 的 RTL 的性能，主要步骤如下。

（1）在 E:\intel_dsp_example\example_8_3 路径中，新建一个名字为"DCT_project_1"的子目录。

（2）将 E:\intel_dsp_example\example_8_3\DCT_project 路径中的所有文件（除 a.prj 子目录、a.pdb 文件和 a.exe 文件外）复制到新建的 DCT_project_1 子目录中。

（3）用 Visual Studio 2015 集成开发环境打开 DCT_project_1 子目录中名字为"DCT_project.sln"的工程文件。

（4）打开 DCT_project.cpp 文件。在适当的嵌套 for 循环前面添加循环合并命令，如代码清单 8-6 所示。

代码清单 8-6 添加循环合并命令后的 DCT_project.cpp 代码片段

```
void dct_2d(dct_data_t in_block[DCT_SIZE][DCT_SIZE],
    dct_data_t out_block[DCT_SIZE][DCT_SIZE])
{
    dct_data_t row_outbuf[DCT_SIZE][DCT_SIZE];
    dct_data_t col_outbuf[DCT_SIZE][DCT_SIZE], col_inbuf[DCT_SIZE][DCT_SIZE];
```

```c
    unsigned i, j;

    // DCT rows
    for(i = 0; i < DCT_SIZE; i++) {
        dct_1d(in_block[i], row_outbuf[i]);
    }
    // Transpose data in order to re-use 1D DCT code
    #pragma loop_coalesce 2
    for(j = 0; j < DCT_SIZE; j++)
        for(i = 0; i < DCT_SIZE; i++)
            col_inbuf[j][i] = row_outbuf[i][j];
    // DCT columns
    for(i = 0; i < DCT_SIZE; i++) {
        dct_1d(col_inbuf[i], col_outbuf[i]);
    }
    // Transpose data back into natural order
    #pragma loop_coalesce 2
    for(j = 0; j < DCT_SIZE; j++)
        for(i = 0; i < DCT_SIZE; i++)
            out_block[j][i] = col_outbuf[i][j];
}

void read_data(short input[N], short buf[DCT_SIZE][DCT_SIZE])
{
    int r, c;
    #pragma loop_coalesce 2
    for(r = 0; r < DCT_SIZE; r++) {
        for(c = 0; c < DCT_SIZE; c++)
            buf[r][c] = input[r * DCT_SIZE + c];
    }
}

void write_data(short buf[DCT_SIZE][DCT_SIZE], short output[N])
{
    int r, c;
    #pragma loop_coalesce 2
    for(r = 0; r < DCT_SIZE; r++) {
        for(c = 0; c < DCT_SIZE; c++)
            output[r * DCT_SIZE + c] = buf[r][c];
    }
}
```

(5) 按 Ctrl+S 按键，保存该设计文件。

(6) 按前面的方法，重新设置该工程的包含路径，并添加命令行。

(7) 在 VS2015 ×64 本机工具命令提示符界面中，将路径切换到 e:\intel_dsp_example\example_8_3\DCT_project_1\DCT_project 路径。

(8) 在命令提示符后面重新运行编译器命令：

```
i++ -march=10CX085YU484E6G -v DCT_project.cpp
```

(9) 定位到 E:\intel_dsp_example\example_8_3\DCT_project_1\DCT_project \a.prj\

reports 路径，用浏览器打开 report. html 文件。

（10）在“Reports”菜单栏中，单击“Summary”按钮，将给出添加循环合并命令后设计所使用的资源，如图 8. 11 所示。

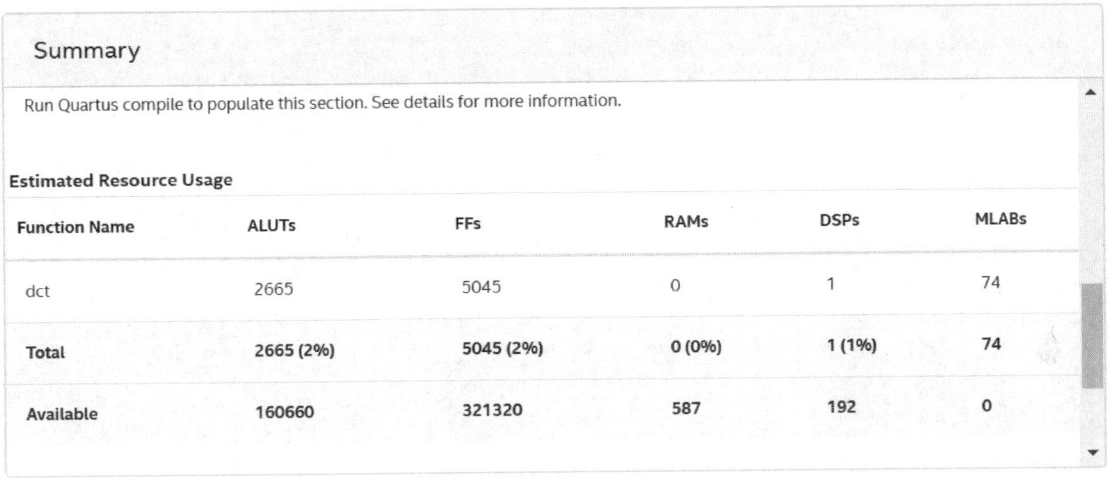

Summary

Run Quartus compile to populate this section. See details for more information.

Estimated Resource Usage

Function Name	ALUTs	FFs	RAMs	DSPs	MLABs
dct	2665	5045	0	1	74
Total	**2665 (2%)**	**5045 (2%)**	**0 (0%)**	**1 (1%)**	**74**
Available	**160660**	**321320**	**587**	**192**	**0**

图 8. 11　添加循环合并命令后设计所使用的资源

思考与练习 8-6：将添加循环合并命令后设计所使用的资源与添加该命令之前设计所使用的资源进行比较（提示：所使用的资源略有降低）。

（11）在“Reports”菜单栏中，单击“Throughput Analysis”按钮，出现浮动菜单。在浮动菜单内，选择“f_{MAX}II Report”选项，将弹出添加循环合并命令后的 f_{MAX}II Report 界面，如图 8. 12 所示。

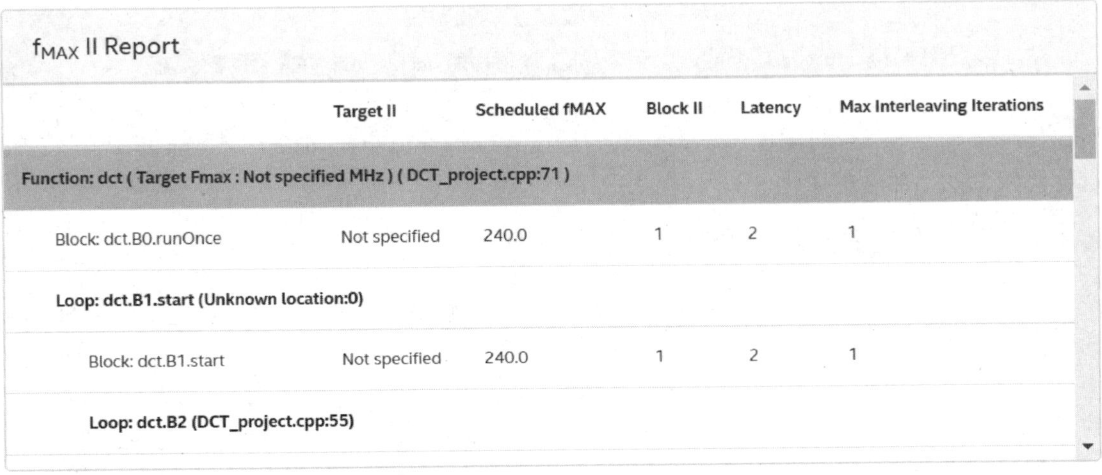

f_{MAX} II Report

	Target II	Scheduled fMAX	Block II	Latency	Max Interleaving Iterations
Function: dct (Target Fmax : Not specified MHz) (DCT_project.cpp:71)					
Block: dct.B0.runOnce	Not specified	240.0	1	2	1
Loop: dct.B1.start (Unknown location:0)					
Block: dct.B1.start	Not specified	240.0	1	2	1
Loop: dct.B2 (DCT_project.cpp:55)					

图 8. 12　添加循环合并命令后的 f_{MAX} II Report 界面

思考与练习 8-7：将添加循环合并命令后设计的延迟与添加该命令之前设计的延迟进行比较（提示：延迟略有降低）。

（12）在“Reports”菜单栏中，单击“System Viewers”按钮，出现浮动菜单。在浮动菜单内，选择"Graph List(beta)"选项，出现新的界面。在该界面左侧的 Graph List 窗口中，找到并选择"dct"选项。在该界面右侧的 Graph Viewer 窗口中，观察 dct 元器件内部的操作流。如图 8.13 所示。

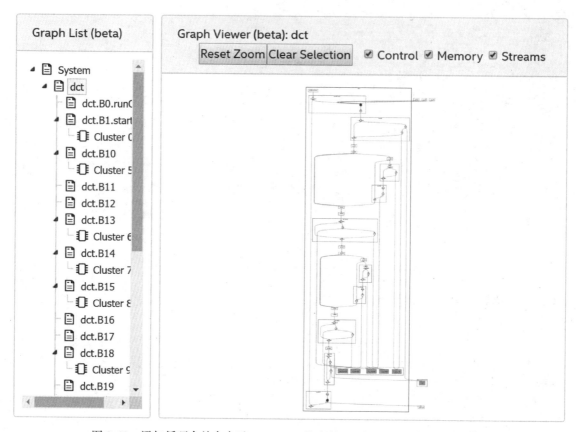

图 8.13　添加循环合并命令后 Graph List 给出的 dct_2d 元器件内部的操作流

思考与练习 8-8：将添加循环合并命令后设计的操作流与添加该命令之前设计的操作流进行比较，找出两者的区别。

8.5.8　添加存储器属性命令

本小节将介绍如何在前面添加循环合并命令的基础上继续在 DCT_project.cpp 文件中添加存储器属性命令，以进一步改善二维 DCT 的 RTL 的性能，主要步骤如下。

（1）在 E:\intel_dsp_example\example_8_3 路径中，新建一个名字为"DCT_project_2"的子目录。

（2）将 E:\intel_dsp_example\example_8_3\DCT_project_1 路径中的所有文件（除 a.prj 子目录、a.pdb 文件和 a.exe 文件外）复制到新建的 DCT_project_2 子目录中。

（3）用 Visual Studio 2015 集成开发环境打开 DCT_project_2 子目录中名字为"DCT_project.sln"的工程文件。

（4）打开 DCT_project.cpp 文件。在设计文件中合适的位置添加存储器属性命令，如代码清单 8-7 所示。

代码清单 8-7　添加存储器属性命令后的 DCT_project.cpp 代码片段

```cpp
void dct_2d(dct_data_t in_block[DCT_SIZE][DCT_SIZE],
    dct_data_t out_block[DCT_SIZE][DCT_SIZE])
{
    hls_register
    dct_data_t row_outbuf[DCT_SIZE][DCT_SIZE];
    hls_register
    dct_data_t col_outbuf[DCT_SIZE][DCT_SIZE], col_inbuf[DCT_SIZE][DCT_SIZE];
    unsigned i, j;

    // DCT rows
    for(i = 0; i < DCT_SIZE; i++) {
        dct_1d(in_block[i], row_outbuf[i]);
    }
    // Transpose data in order to re-use 1D DCT code
    #pragma loop_coalesce 2
    for(j = 0; j < DCT_SIZE; j++)
        for(i = 0; i < DCT_SIZE; i++)
            col_inbuf[j][i] = row_outbuf[i][j];
    // DCT columns
    for(i = 0; i < DCT_SIZE; i++) {
        dct_1d(col_inbuf[i], col_outbuf[i]);
    }
    // Transpose data back into natural order
    #pragma loop_coalesce 2
    for(j = 0; j < DCT_SIZE; j++)
        for(i = 0; i < DCT_SIZE; i++)
            out_block[j][i] = col_outbuf[i][j];
}

void read_data(short input[N], short buf[DCT_SIZE][DCT_SIZE])
{
    int r, c;
    #pragma loop_coalesce 2
    for(r = 0; r < DCT_SIZE; r++) {
        for(c = 0; c < DCT_SIZE; c++)
            buf[r][c] = input[r * DCT_SIZE + c];
    }
}

void write_data(short buf[DCT_SIZE][DCT_SIZE], short output[N])
{
    int r, c;
    #pragma loop_coalesce 2
    for(r = 0; r < DCT_SIZE; r++) {
        for(c = 0; c < DCT_SIZE; c++)
            output[r * DCT_SIZE + c] = buf[r][c];
    }
}
```

```
void component dct(short input[N], short output[N])
{
    hls_register
    short buf_2d_in[DCT_SIZE][DCT_SIZE];
    hls_register
    short buf_2d_out[DCT_SIZE][DCT_SIZE];
    // Read input data. Fill the internal buffer.
    read_data(input, buf_2d_in);

    dct_2d(buf_2d_in, buf_2d_out);

    // Write out the results.
    write_data(buf_2d_out,output);
}
```

（5）按“Ctrl+S”组合键，保存该设计文件。

（6）按前面的方法，重新设置该工程的包含路径，并添加命令行。

（7）在 VS2015 ×64 本机工具命令提示符界面中，将路径切换到 E:\intel_dsp_example\example_8_3\DCT_project_2\DCT_project 路径。

（8）在命令提示符后面重新运行编译器命令：

```
i++ -march=10CX085YU484E6G -v DCT_project. cpp
```

（9）定位到 E:\intel_dsp_example\example_8_3\DCT_project_2\DCT_project \a. prj\reports 路径，用浏览器打开 report. html 文件。

（10）在“Reports”菜单栏中，单击“Summary”按钮，将给出添加存储器属性命令后设计所使用的资源，如图 8. 14 所示。

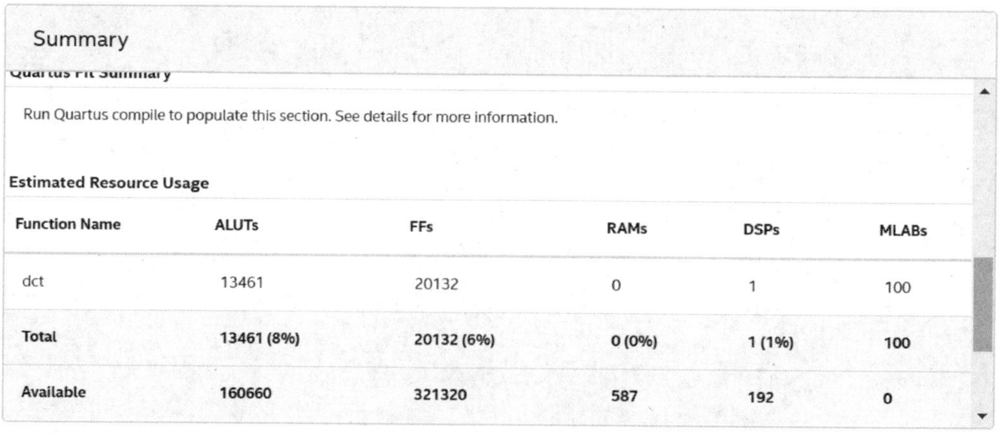
Summary

Quartus Fit Summary

Run Quartus compile to populate this section. See details for more information.

Estimated Resource Usage

Function Name	ALUTs	FFs	RAMs	DSPs	MLABs
dct	13461	20132	0	1	100
Total	13461 (8%)	20132 (6%)	0 (0%)	1 (1%)	100
Available	160660	321320	587	192	0

图 8. 14 添加存储器属性命令后设计所使用的资源

思考与练习 8-9：将添加存储器属性命令后设计所使用的资源与只添加循环合并命令设计所使用的资源进行比较（提示：所使用的资源显著增加）。

（11）在“Reports”菜单栏中，单击“Throughput Analysis”按钮，出现浮动菜单。在浮动菜单内，选择“f_{MAX} II Report”选项，弹出添加存储器属性命令后的 f_{MAX} II Report 界面，如图 8. 15 所示。

第 8 章　离散余弦变换原理及实现

f_{MAX} II Report

	Target II	Scheduled fMAX	Block II	Latency	Max Interleaving Iterations
Loop: dct.B1.start (Unknown location:0)					
Block: dct.B1.start	Not specified	240.0	1	2	1
Loop: dct.B2 (DCT_project.cpp:56)					
Block: dct.B2	Not specified	240.0	1	12	1
Block: dct.B3	Not specified	240.0	1	0	1
Block: dct.B4	Not specified	240.0	1	0	1

图 8.15　添加存储器属性命令后的 f_{MAX} II Report 界面

思考与练习 8-10：将添加存储器属性命令后设计的延迟与只添加循环合并命令设计的延迟进行比较（提示：延迟进一步降低）。

（12）在"Reports"菜单栏中，单击"System Viewers"按钮，出现浮动菜单。在浮动菜单内，选择"Graph List(beta)"选项，出现新的界面。在该界面左侧的 Graph List 窗口中，找到并选择"dct"选项。在该界面右侧的 Graph Viewer 窗口中，观察 dct 元器件内部的操作流，如图 8.16 所示。

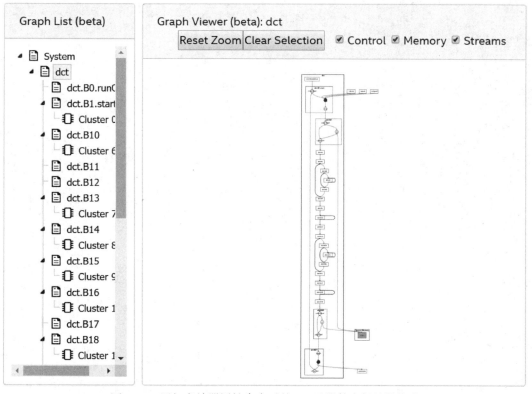

图 8.16　添加存储器属性命令后的 dct 元器件内部的操作流

思考与练习 8-11：将添加存储器属性命令后设计的操作流与只添加循环合并命令设计的操作流进行比较，找出两者的区别。

8.5.9 添加循环展开命令

本小节将介绍如何在前面添加存储器属性命令的基础上继续在 DCT_project.cpp 文件中添加循环展开命令，以进一步改善二维 DCT 的 RTL 的性能，主要步骤如下。

（1）在 E:\intel_dsp_example\example_8_3 路径中，新建一个名字为 "DCT_project_3" 的子目录。

（2）将 E:\intel_dsp_example\example_8_3\DCT_project_2 路径中的所有文件（除 a.prj 子目录、a.pdb 文件和 a.exe 文件外）复制到新建的 DCT_project_3 子目录中。

（3）用 Visual Studio 2015 集成开发环境打开 DCT_project_3 子目录中名字为 "DCT_project.sln" 的工程文件。

（4）打开 DCT_project.cpp 文件。在设计文件中合适的位置添加存储器属性命令，如代码清单 8-8 所示。

代码清单 8-8　添加存储器属性命令后的 DCT_project.cpp 代码片段

```cpp
void dct_1d(dct_data_t src[DCT_SIZE], dct_data_t dst[DCT_SIZE])
{
    unsigned int k, n;
    int tmp;
    hls_register
    const dct_data_t dct_coeff_table[DCT_SIZE][DCT_SIZE] = {
#include "dct_coeff_table.txt"
    };

    for(k = 0; k < DCT_SIZE; k++) {
#pragma unroll 8
        for(n = 0, tmp = 0; n < DCT_SIZE; n++) {
            int coeff = (int)dct_coeff_table[k][n];
            tmp += src[n] * coeff;
        }
        dst[k] = DESCALE(tmp, CONST_BITS);
    }
}
```

（5）按 "Ctrl+S" 组合键，保存该设计文件。

（6）按前面的方法，重新设置该工程的包含路径，并添加命令行。

（7）在 VS2015 ×64 本机工具命令提示符界面中，将路径切换到 E:\intel_dsp_example\example_8_3\DCT_project_3\DCT_project 路径。

（8）在命令提示符后面重新运行编译器命令：

```
i++ -march=10CX085YU484E6G -v DCT_project.cpp
```

（9）定位到 E:\intel_dsp_example\example_8_3\DCT_project_3\DCT_project\a.prj\reports 路径，用浏览器打开 report.html 文件。

（10）在“Reports”菜单栏中，单击“Summary”按钮，将给出添加循环展开命令后设计所使用的资源，如图 8.17 所示。

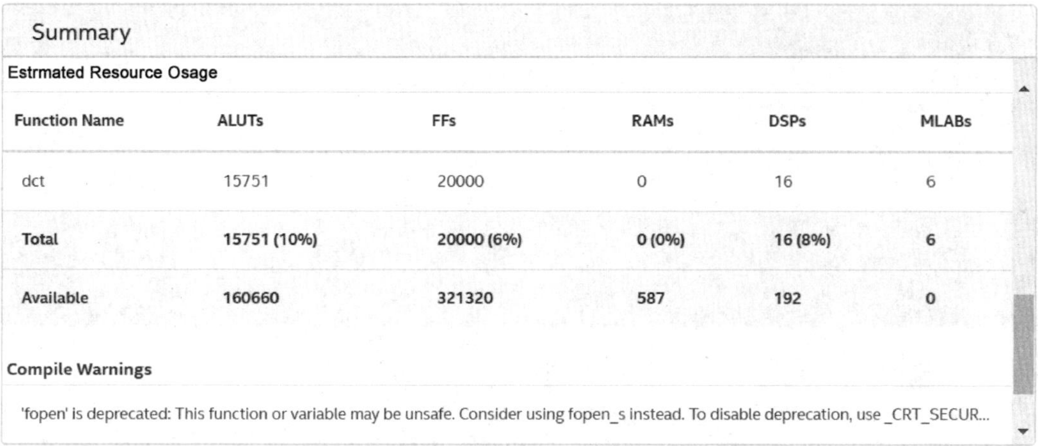
Summary

Estrmated Resource Osage

Function Name	ALUTs	FFs	RAMs	DSPs	MLABs
dct	15751	20000	0	16	6
Total	**15751 (10%)**	**20000 (6%)**	**0 (0%)**	**16 (8%)**	**6**
Available	**160660**	**321320**	**587**	**192**	**0**

Compile Warnings

'fopen' is deprecated: This function or variable may be unsafe. Consider using fopen_s instead. To disable deprecation, use _CRT_SECUR...

图 8.17　添加循环展开命令后设计所使用的资源

思考与练习 8-12：将添加循环展开命令后设计所使用的资源与添加存储器属性命令后设计所使用的资源进行比较（提示：所使用的资源显著增加）。

（11）在“Reports”菜单栏中，单击“Throughput Analysis”按钮，出现浮动菜单。在浮动菜单内，选择“f_{MAX} II Report”选项，将弹出添加循环展开命令后的 f_{MAX} II Report 界面，如图 8.18 所示。

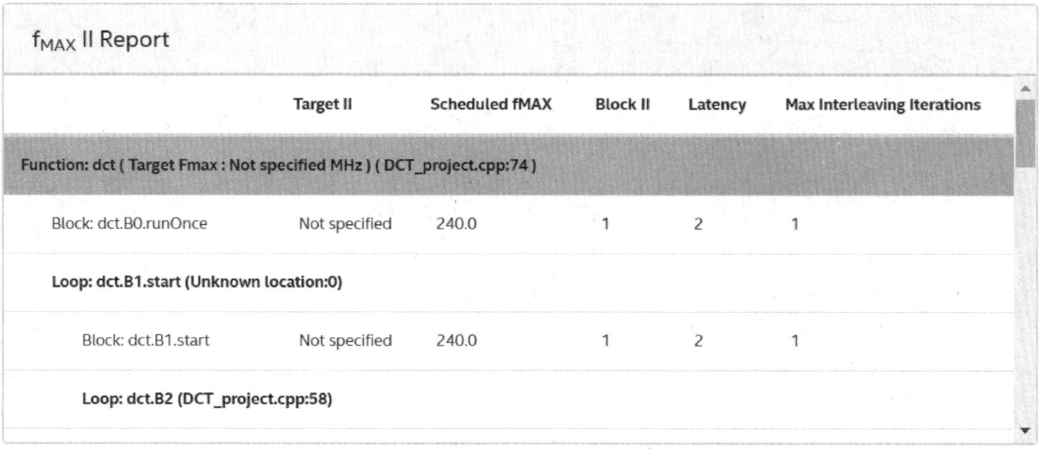
f_{MAX} II Report

	Target II	Scheduled fMAX	Block II	Latency	Max Interleaving Iterations
Function: dct (Target Fmax : Not specified MHz) (DCT_project.cpp:74)					
Block: dct.B0.runOnce	Not specified	240.0	1	2	1
Loop: dct.B1.start (Unknown location:0)					
Block: dct.B1.start	Not specified	240.0	1	2	1
Loop: dct.B2 (DCT_project.cpp:58)					

图 8.18　添加循环展开命令后的 f_{MAX} II Report 界面

思考与练习 8-13：将添加循环展开命令后设计的延迟与添加存储器属性命令后设计的延迟进行比较（提示：延迟进一步降低）。

（12）在“Reports”菜单栏下，单击“System Viewers”按钮，出现浮动菜单。在浮动菜单内，选择“Function Memory Viewer”选项，将弹出如图 8.19 所示的 Function Memory List 界面。从图中可知，设计中所有的数组变量均使用寄存器实现，而没有使用存储器实现。

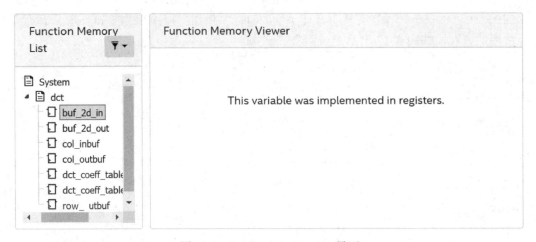

图 8.19 Function Memory List 界面

（13）在"Reports"菜单栏下，单击"System Viewers"按钮，出现浮动菜单。在浮动菜单内，选择"Graph Viewer"选项，出现新的界面。在该界面左侧的 Graph List 窗口中，选择"dct"选项，在该界面右侧的 Graph Viewer 窗口中查看该设计中的操作流，如图 8.20 所示。

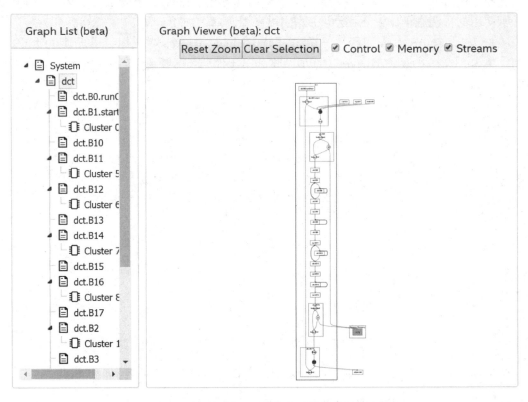

图 8.20 添加循环展开命令后设计的操作流

思考与练习 8-14：将添加循环展开命令后设计的操作流与添加存储器属性命令后设计的操作流进行比较，找出两者的区别。

第 9 章 FIR 和 IIR 滤波器原理及实现

本章将介绍 FIR 滤波器和 IIR 滤波器的原理及其实现方法。内容包括模拟到数字滤波器的转换、数字滤波器的分类和应用、FIR 数字滤波器的原理和结构、IIR 数字滤波器的原理和结构、DA FIR 滤波器的设计、串行 MAC FIR 滤波器的设计、基于 FIR IP 核的滤波器设计、FIR 滤波器的 C++描述核 HLS 实现,以及基于模型的 IIR 滤波器设计。

本章内容是数字信号处理中最重要的部分,也是学习本书后续内容的基础,因此读者必须要掌握 FIR 滤波器和 IIR 滤波器的基本原理及其实现方法。

9.1 模拟到数字滤波器的转换

本节将介绍从模拟滤波器得到数字滤波器的两种常用方法,即微分方程近似法和双线性变换法。

9.1.1 微分方程近似

对于无限冲激相应(Infinite Impulse Response,IIR)数字滤波器的设计,就是基于大家所熟知的模拟滤波器。

一个简单形式的模拟到数字的转换是后向差分运算,即

$$S \leftarrow \frac{1}{T_s}(1-z^{-1}) \tag{9.1}$$

其中:

$$T_s = \frac{1}{f_s}$$

对于微分 $y(t) = \frac{\mathrm{d}x(t)}{\mathrm{d}t}$ 方程,其拉普拉斯变换为

$$Y(s) = sX(s) \tag{9.2}$$

在离散域中,最简单的微分(差分)形式表示为

$$y(k) = \frac{1}{T_s}[x(k)-x(k-1)] \tag{9.3}$$

该微分方程的 z 变换可以表示为

$$Y(z) = \frac{1}{T_s}(1-z^{-1})X(z) \tag{9.4}$$

类似地,对于积分 $y(t) = \int x(t)\mathrm{d}t$,其拉普拉斯变换表示为

$$Y(s) = \frac{X(s)}{s} \tag{9.5}$$

其 z 变换可表示为

$$Y(z) = X(z) \cdot \frac{T_s}{(1-z^{-1})} \tag{9.6}$$

得到差分方程的描述式,即

$$y(k) = T_s x(k) + y(k-1) \tag{9.7}$$

这种从 s 域到 z 域的简单变换所带来的问题是:无法保证 z 域中的滤波器是稳定的。

例如,对于一个巴特沃斯模拟低通滤波器而言,其传递函数 $H(s)$ 表示为

$$H(s) = \frac{1}{s^2 + \sqrt{2}s + 1}$$

可以通过 z 域和 s 域的映射关系,将该模拟滤波器转换成数字形式,即

$$\begin{aligned}
H(z) = H(s) \big|_{s=\frac{1}{T}(1-z^{-1})} &= \frac{1}{\frac{1}{T^2}(1-z^{-1})^2 + \sqrt{2}\frac{1}{T}(1-z^{-1}) + 1} \\
&= \frac{T^2}{(1-2z^{-1}+z^{-2}) + \sqrt{2}T(1-z^{-1}) + T^2} \\
&= \frac{T^2}{z^{-2} - (\sqrt{2}+2)z^{-1} + (1+\sqrt{2}+T^2)}
\end{aligned} \tag{9.8}$$

9.1.2 双线性变换

即使原来的模拟滤波器是稳定的,但其经过后向差分运算后并不能保证所产生的数字滤波器也是稳定的。对于一个稳定的数字滤波器而言,它所有的极点应该位于单位圆内部。

为了保证从稳定的模拟滤波器得到稳定的数字滤波器,通常采用双线性变换法。通过该方法,将 s 域左半平面映射到 z 域单位圆的内部,这样可以保证由稳定的 s 域模拟滤波器产生稳定的 z 域数字滤波器。双线性变换的公式表示为

$$s = \frac{2}{T_s}\left[\frac{1-z^{-1}}{1+z^{-1}}\right] \tag{9.9}$$

通过式(9.9)保证一个稳定的模拟滤波器原型将产生一个稳定的数字滤波器。通过双线性变换产生的数字滤波器,其在 z 域中总是既有极点又有零点的。

在使用双线性变换法时,DSP 设计工具总是基于已知的模拟和数字滤波器原型。例如,巴特沃兹(Butterworth)、椭圆(Elliptic)和切比雪夫(Chebychev)等。

一个由 RC 构成的模拟滤波器电路,如图 9.1 所示,其系统传递函数 $H(j\omega)$ 为

$$H(j\omega) = \frac{V_{out}(j\omega)}{V_{in}(j\omega)} = \frac{1}{1+j\omega RC} \tag{9.10}$$

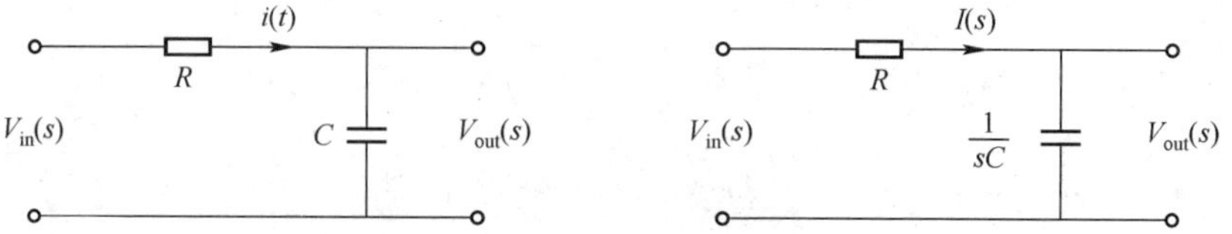

(a)时域　　　　　　　　(b)频域

图 9.1 由 RC 构成模拟滤波器电路

将式(9.10)用拉普拉斯变换表示为

$$H(s) = \frac{V_{\text{out}}(s)}{V_{\text{in}}(s)} = \frac{1}{1+sRC}\bigg|_{s=j\omega} \tag{9.11}$$

简单的 RC 模拟滤波器传递函数 $H(s)$ 等价于一个单极点巴特沃思滤波器的传递函数,该巴特沃思滤波器的 3dB 截止频率 f_c 为

$$f_c = 1/(2\pi RC)$$

为了方便起见,令 $RC=1$,则:

$$H(s) = \frac{1}{1+s} \tag{9.12}$$

对于数字系统来说,设 $T=1$,即 $f_s = 1\text{Hz}$。对式(9.12)表示的传递函数使用双线性变换,即

$$H(s) = \frac{1}{1+s} = \frac{1}{2\left(\dfrac{1-z^{-1}}{1+z^{-1}}\right)+1}$$

$$= \frac{1+z^{-1}}{(1-z^{-1})+1+z^{-1}}$$

$$= \frac{1+z^{-1}}{3-z^{-1}} = \frac{1/3(1+z^{-1})}{1-1/3z^{-1}} \tag{9.13}$$

因此差分方程表示为

$$y(k) = \frac{1}{3}x(k) + \frac{1}{3}x(k-1) + \frac{1}{3}y(k-1) \tag{9.14}$$

使用双线性变换后得到的 IIR 数字滤波器及系统的处理结构如图 9.2 所示。

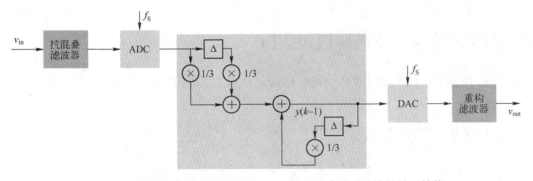

图 9.2 使用双线性变换后得到的 IIR 数字滤波器及系统的处理结构

注:模拟和数字的输入输出由满足滤波器性能的 ADC 与 DAC 提供。

在低频段,通过双线性变换生成的数字滤波器非常接近于模拟的滤波器。因此,对于相同的电压输入 v_{in},希望观察到的两个系统的输出是相似的。

9.2 数字滤波器的分类和应用

数字滤波器一般可以分为以下几类。

(1) 有限冲激响应（Finite Impluse Response，FIR）滤波器，也称为非递归线性滤波器，这种类型的滤波器没有反馈通道。

(2) 无限冲激响应（Infinite Impluse Response，IIR）滤波器，也称为递归线性滤波器，这种类型的滤波器包含反馈通道。

(3) 自适应数字滤波器（Adaptive Digital Filter，ADF），这种滤波器能够将自身适应为预期信号，且具有自主学习能力。

(4) 非线性滤波器（Non-linear Digital Filter），一种可以执行非线性操作的滤波器。例如，中值滤波器和最小/最大滤波器就属于非线性滤波器。

中值滤波器将 N 个采样保存在一个数组中，将这些采样从最大到最小排列，并且输出的结果是该数组的中值。这种滤波器可用于去除某种形式的冲激噪声（如音轨中的划痕），同样也可应用到对二维图像的处理中。

FIR 滤波器和 IIR 滤波器是本章所要讨论的问题。而自适应滤波器和非线性滤波器的内容将在后续章节中详细讨论。

数字滤波器主要应用于：
(1) 滤除语音信号中所携带高频噪声的低通滤波器；
(2) 能够从心电图信号中去除 50Hz 噪声的带阻滤波器；
(3) 能够增强音乐信号（均衡器）中特定频带的带通滤波器；
(4) 能够均衡电话信道响应的均衡滤波器；
(5) 能够提取数字化的带限 IF（中频）调制信号的带通滤波器；
(6) 能够滤除公共场所声波中谐振频率的滤波器；
(7) Σ-Δ 转换器中执行抽取操作的低通滤波器；
(8) 中值滤波器。

9.3 FIR 数字滤波器的原理和结构

本节将介绍 FIR 数字滤波器的原理和结构，内容包括 FIR 数字滤波器的特性、FIR 滤波器的设计规则。

9.3.1 FIR 数字滤波器的特性

本小节将详细介绍 FIR 数字滤波器的特性。内容包括：FIR 数字滤波器的模型、FIR 数字滤波器的冲激响应特性、FIR 数字滤波器的频率响应特性、FIR 数字滤波器的 z 域分析、FIR 数字滤波器的线性相位及群延迟特性、FIR 数字滤波器的最小相位特性。

1. FIR 数字滤波器的模型

有限冲激响应（Finite Impulse Response，FIR）滤波器是对 N 个采样数据进行加权和平均（卷积）处理的滤波器，其处理过程表示为

$$y(k) = \sum_{n=0}^{N-1} w_n x(k-n) \tag{9.15}$$

具有 3 个权值（或抽头）的 FIR 滤波器结构如图 9.3 所示，其差分方程表示为

$$y(k) = x(k)w_0 + x(k-1)w_1 + x(k-2)w_2 \tag{9.16}$$

第 9 章 FIR 和 IIR 滤波器原理及实现

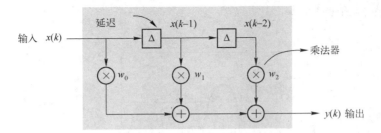

图 9.3 具有 3 个权值（或抽头）的 FIR 滤波器结构

对上式取 z 变换，得到：

$$\frac{Y(z)}{X(z)} = \sum_{k=0}^{N-1} w_n z^{-k} \tag{9.17}$$

一个低通 FIR 滤波器的结构如图 9.4 所示。

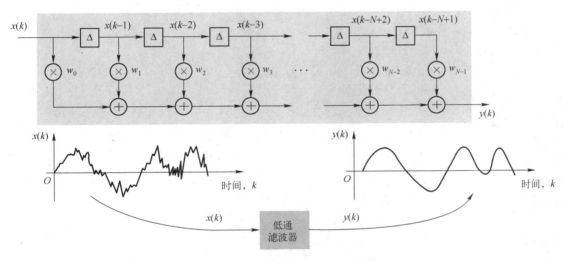

图 9.4 一个低通 FIR 滤波器的结构

注：需要适当地选择从 w_0 到 w_{N-1} 的系数，以保证滤波器能够达到设计的性能要求。

最简单的低通 FIR 滤波器为平滑滤波器，该滤波器对 N 个采样求取平均值，如图 9.5 所示。这种对采样进行处理的方法通常称为对信号进行平滑处理。

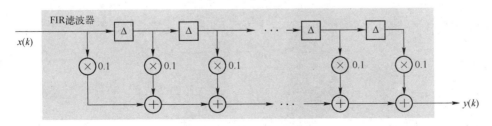

图 9.5 平滑滤波器的结构

从图 9.6 所示的平滑滤波器的幅频响应特性中可以看出，平滑去除了信号的高频部分，与低通滤波的效果相同。

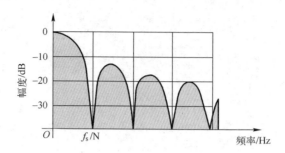

图 9.6　平滑滤波器的幅频响应特性

一个高通 FIR 滤波器的结构如图 9.7 所示。同样地，也需要选择合适的权值系数 w_0 到 w_{N-1} 以保证达到设计的要求。

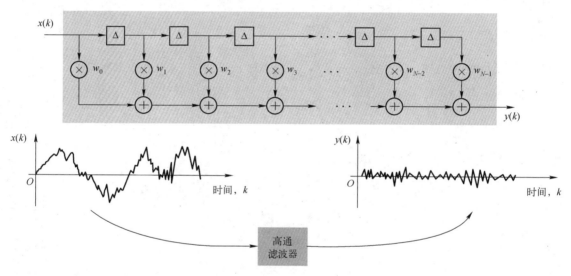

图 9.7　一个高通 FIR 滤波器的结构

一阶微分器是一个最简单的高通 FIR 滤波器，如图 9.8 所示。通过对该结构的直观观察，很容易理解为什么低频被衰减而高频可以通过。

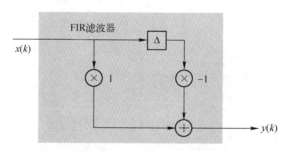

图 9.8　一阶微分器的结构

如果输入是一个频率非常低的信号，由于相邻的采样值变化很小，因此输出为一个非常小的数值，如图 9.9 所示。很明显，对于 DC，或者 0Hz 的输入，输出当然为零。如果输入是一个高频信号，由于相邻的采样值变化较大，因此输出的幅度便很大。

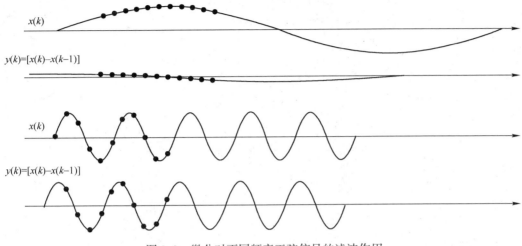

图 9.9　微分对不同频率正弦信号的滤波作用

2. FIR 数字滤波器的冲激响应特性

当一个单位冲激输入到 FIR 滤波器时，可在滤波器的输出端获得该滤波器的冲激响应特性，如图 9.10 所示。

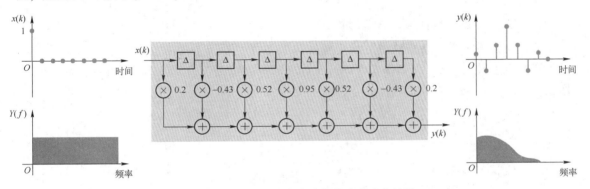

图 9.10　一个 FIR 数字滤波器的冲激响应特性

下面将解决一个非常重要的理论问题，即给系统施加一个单位冲激，实际上相当于在所有的频率上激励系统。

首先，如果取一个冲激的离散傅里叶变换，则所得的频谱图将是平的，通过下面内容来说明这个理论问题。

（1）产生幅度为 1 而频率分别为 10Hz、20Hz、30Hz、40Hz、…、200Hz 的一系列正弦波。当把所有正弦波加在一起时，如图 9.11 所示，将存在周期为 10Hz、形状类似于冲激函数的信号。

（2）如果将该序列的频率增加到 2000Hz，则冲激将变得更加尖锐，如图 9.12 所示。

（3）减少谐波之间的频率间隔，即 1Hz、2Hz、3Hz、4Hz、…、2000Hz，也减少了脉冲周期，如图 9.13 所示。因此，在极限状态下，当频率间隔趋于 0 时，最后的结果只是一个冲激脉冲。

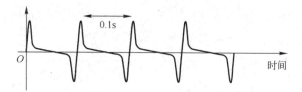

图 9.11　间隔为 10Hz 的信号合成（1）

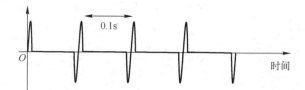

图 9.12　间隔为 10Hz 的信号合成（2）

图 9.13　间隔为 10Hz 的信号合成（3）

3. FIR 数字滤波器的频率响应特性

通过对冲激响应求取离散傅里叶变换（Discrete Fourier Tranform，DFT），就可获取所设计 FIR 数字滤波器的幅度-频率（幅频）响应和相位-频率（相频）响应特性，如图 9.14 所示。

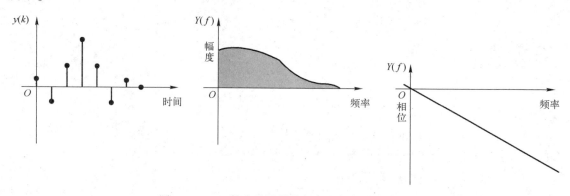

图 9.14　FIR 数字滤波器的幅频和相频响应特性

在数字信号处理中，傅里叶变换用来求取时域信号的频率成分。因此，通过对特定频率和相位的响应求取傅里叶变换的逆变换（Inverse Discrete Fourier Transform，IDFT），就可以设计数字滤波器。

如果对矩形滤波器求取 IDFT，则其冲激响应为非因果的，并且具有无限的长度，如图 9.15（a）所示。

为了实现因果的冲激响应，需要在滤波器中添加延迟，则在频域中相应地出现一个相

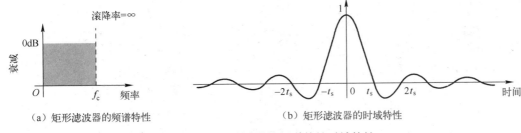

图 9.15 矩形滤波器的频谱特性时域特性

移,如图 9.16 (b) 所示。并且,从图 9.16 (a) 可知,当截断滤波器的长度时,对滤波器频域的影响是出现了纹波。

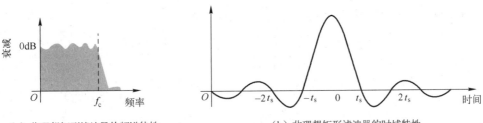

图 9.16 非理想矩形滤波器的频谱特性和时域特性

4. FIR 数字滤波器的 z 域分析

具有 4 个权值系数的 FIR 数字滤波器的结构如图 9.17 所示,该滤波器传递函数的根可由下面的计算过程求得:

$$Y(z) = w_0 X(z) + w_1 X(z) z^{-1} + w_2 X(z) z^{-2} + w_3 X(z) z^{-3}$$

$$\begin{aligned} H(z) = \frac{Y(z)}{X(z)} &= w_0 + w_1 z^{-1} + w_2 z^{-2} + w_3 z^{-3} \\ &= w_0 (1 - \xi_1 z^{-1})(1 - \xi_2 z^{-1})(1 - \xi_3 z^{-1}) \\ &= w_0 z^{-3} (z - \xi_1)(z - \xi_2)(z - \xi_3) \end{aligned} \tag{9.18}$$

其中,ξ_1、ξ_2、ξ_3 为滤波器的"零点"。当取这些零点的值时,$H(z) = 0$。

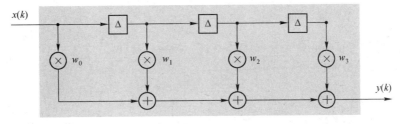

图 9.17 具有 4 个权值系数的 FIR 滤波器的结构

注:滤波器的零点可能为复数。因此,可以在复数平面上表示。

上面的 FIR 数字滤波器可以由 3 个一阶的滤波器级联构成,FIR 数字滤波器的级联结构如图 9.18 所示。

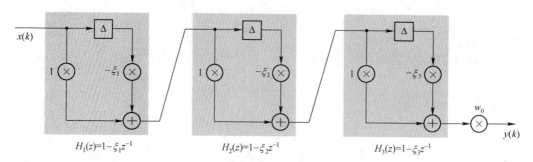

图 9.18　FIR 数字滤波器的级联结构

5. FIR 数字滤波器的线性相位及群延迟特性

如果滤波器的 N 个实值系数为对称或者反对称结构，则该滤波器具有线性相位：

$$w(n) = \pm w(N-1-n) \tag{9.19}$$

表示通过滤波器的所有频率部分具有相同的延迟量，如图 9.19 所示。

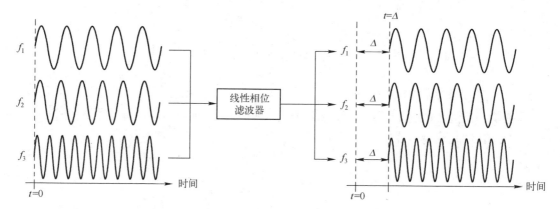

图 9.19　线性相位滤波器的特性

线性相位的概念很重要。通过上面的例子，可以认为经过滤波的信号被延迟了 Δ 秒的时间。

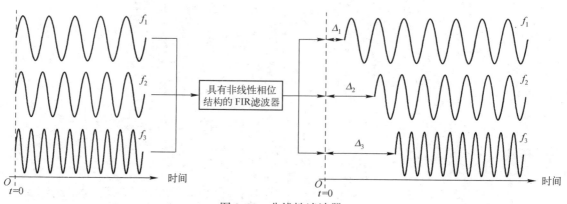

图 9.20　非线性滤波器

如图 9.20 所示,现在考虑一个具有非线性相位结构的 FIR 数字滤波器,同时考虑由频率分别为 f_1、f_2 和 f_3 的正弦信号合成的信号。如果这个信号通过一个具有非线性相位结构的 FIR 数字滤波器进行滤波,则每个正弦信号的延迟会各不相同,分别为 Δ_1、Δ_2 和 Δ_3。

这种情况,不可能说明信号被延迟了某个固定的时间长度,f_1 延迟了 $\Delta_1 s$,f_2 延迟了 $\Delta_2 s$,而 f_3 则延迟了 $\Delta_3 s$。

延迟的不固定性可能会产生严重的后果,所以设计者应该了解具有非线性相位结构的 FIR 数字滤波器的特征。线性相位滤波器最重要的特性就是其权值为对称或反对称的,如图 9.21 所示。

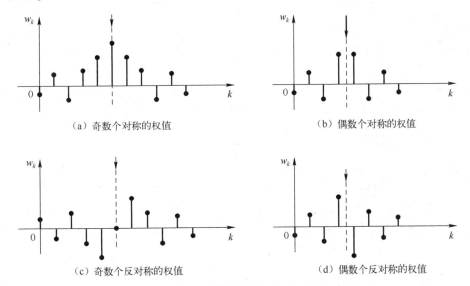

(a) 奇数个对称的权值　　　　　　(b) 偶数个对称的权值

(c) 奇数个反对称的权值　　　　　(d) 偶数个反对称的权值

图 9.21　线性相位滤波器的对称和反对称特性

下面将进一步通过公式来说明这个问题。

输入的单频率信号表示为

$$\cos(2\pi f_k / f_s) = \cos\omega k \tag{9.20}$$

式中,f_k 为输入信号的频率;f_s 为采样信号的频率。

偶数点对称系数采样的输出为

$$\begin{aligned} y(k) &= \sum_{n=0}^{N/2-1} \omega_n [\cos\omega(k-n) + \cos\omega(k-N+n)] \\ &= \sum_{n=0}^{N/2-1} 2\omega_n [\cos\omega(k-N/2) + \cos\omega(k-N/2)] \\ &= \cos\omega(k-N/2) \sum_{n=0}^{N/2-1} 2\omega_n \cos\omega(k-N/2) \\ &= M\cos\omega(k-N/2) \end{aligned} \tag{9.21}$$

式中:

(1) $M = \sum\limits_{n=0}^{N/2-1} 2\omega_n \cos\omega(k-N/2)$;

(2) N 是滤波器的系数个数,这个值仅与滤波器的结构有关,而与输入信号的频率 f_k

无关。

从式（9.21）中可以看出，输入的正弦信号的幅度发生了一定的变化。此外，正弦信号的相位也发生了改变。换句话说，信号在从滤波器输出时，与相同的输入信号相比，其存在几个采样的延迟，该延迟值为 $N/2$ 个采样。当滤波器的结构确定时，N 值固定不变，因此任何输入的正弦信号经滤波后都会存在同样大小的延迟。

式（9.21）表明，单频率的正弦信号被延迟了 $N/2$ 个采样，而与输入信号的频率无关，该延迟被称为群延迟。群延迟定义为相位响应的导数，表示为

$$\tau(\omega) = \text{grad}[H(e^{j\omega})] = -\frac{d}{d\omega}\{\text{grad}[H(e^{j\omega})]\} \tag{9.22}$$

如果群延迟为恒量，则相位响应一定是线性的。从式（9.21）可以看出，一个 N 抽头对称的 FIR 滤波器将输入的单频率信号延迟了 $N/2$ 个采样，这个延迟与输入信号的频率无关。因此，该滤波器导致的延迟对于所有频率的输入信号是个常数，因此将该延迟称为群延迟，这也就是这个名字的由来。由于线性相位滤波器将各种输入频率分量延迟了相同的量，所以对称 FIR 滤波器具有恒定的群延迟。

6. FIR 数字滤波器的最小相位特性

滤波器的所有零点值位于 z 域平面的单位圆中，线性相位滤波器是非最小相位（Non-Minimum Phase）的滤波器。

如果滤波器的所有零点存在于 z 域平面中的单位圆内，就称该 FIR 滤波器具有最小相位，如图 9.22 所示。如果有些零点存在于单位圆外，则该系统具有非最小相位。线性相位滤波器的特性之一就是它具有非最小相位。

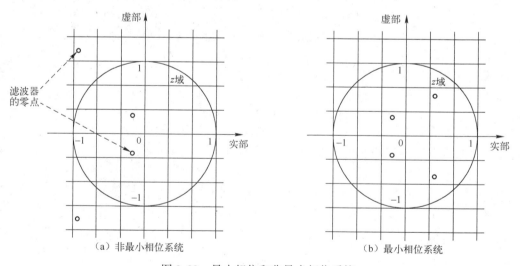

图 9.22　最小相位和非最小相位系统

9.3.2　FIR 滤波器的设计规则

在实际应用中，所需要的滤波器系数越多，对 FIR 滤波器处理能力的要求就越高。因此，设计者总是希望使用尽可能少的滤波器的系数。然而，滤波器的设计指标越接近理想滤波器，所要求的滤波器的长度也就越大。因此，需要根据 FIR 滤波器的处理性能做一个权

衡。设计 FIR 滤波器时需要考虑的参数如图 9.23 所示。

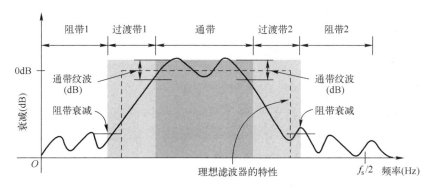

图 9.23 设计 FIR 滤波器时需要考虑的参数

设计 FIR 滤波器需要提供的参数有：
(1) 滤波器的类型，如低通滤波器、高通滤波器、带通滤波器，或带阻滤波器；
(2) 滤波器的采样频率；
(3) 滤波器权值的个数；
(4) 阻带衰减（dB）；
(5) 通带纹波（dB）；
(6) 过渡带带宽（Hz）。

考虑设计一个低通 FIR 数字滤波器，该滤波器使用凯撒（Kaiser）窗，其截止频率为 400Hz，采样频率为 f_s = 8000Hz，如图 9.24 所示。

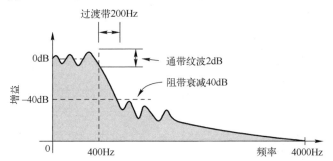

图 9.24 基于凯撒（Kaiser）窗的低通 FIR 数字滤波器的设计参数

该低通 FIR 数字滤波器的冲激响应需要 55 个滤波器权值系数，如图 9.25 所示。

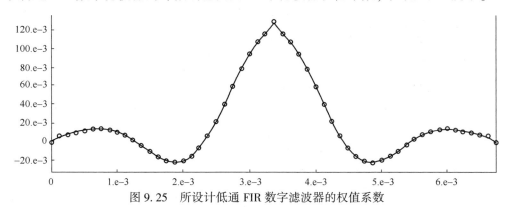

图 9.25 所设计低通 FIR 数字滤波器的权值系数

该低通 FIR 数字滤波器经过冲激响应的 DFT 变换后得到的频率特性如图 9.26 所示。从图中可以看出，该滤波器的响应更加接近理想滤波器。

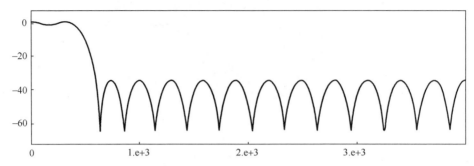

图 9.26 所设计低通 FIR 数字滤波器的频率特性

设计基于帕克思-麦克莱伦（Parks-McClellan）的 FIR 数字滤波器，该 FIR 数字滤波器的设计参数如图 9.27 所示。

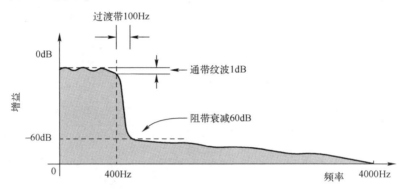

图 9.27 基于帕克思-麦克莱伦窗的 FIR 数字滤波器的设计参数

经过计算，该 FIR 数字滤波器的冲激响应需要 181 个滤波器权值系数，如图 9.28 所示。

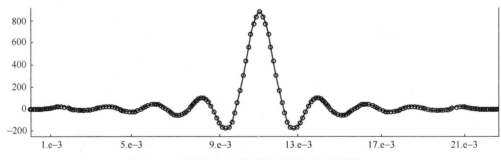

图 9.28 所设计 FIR 数字滤波器的权重系数

该 FIR 数字滤波器经过冲激响应的 DFT 变换后得到的频率特性如图 9.29 所示。

对于一个采样率为 f_s、滤波器权值个数为 N 的数字滤波算法，如果使用一个每秒执行 M 次乘-累加运算（MAC）的 DSP 来说，其参数满足下面的关系：

$$N < \frac{M}{f_s} \tag{9.23}$$

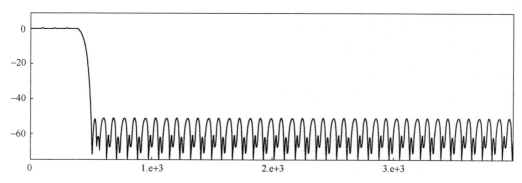

图 9.29　所设计 FIR 数字滤波器的频率特性

例如，一个每秒执行 20000000MAC/s 的 DSP，采样率为 $f_s=8000$Hz，则滤波器的最大权值数目为 2500。

9.4　IIR 数字滤波器的原理和结构

本节将介绍 IIR 数字滤波器的原理和结构，内容包括 IIR 数字滤波器的原理、IIR 数字滤波器的模型、IIR 数字滤波器的 z 域分析、IIR 数字滤波器的性能及稳定性。

9.4.1　IIR 数字滤波器的原理

如图 9.30 所示，无限冲激响应（Infinite Impulse Response，IIR）数字滤波器既包含递归的部分，也包含非递归部分。

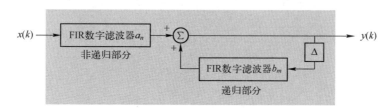

图 9.30　IIR 数字滤波器的结构

一个 IIR 数字滤波器可看作由两个 FIR 数字滤波器构成，其中一个滤波器位于反馈回路中。IIR 数字滤波器设计的关键是确保递归部分的稳定。

IIR 数字滤波器尽管具有一些优点，但同时也有许多缺点。总的来说，IIR 数字滤波器不具有线性相位，故而存在相位失真。虽然经过仔细设计，IIR 数字滤波器可在通频带内具有近似线性的相位，但在一些对相位比较敏感的应用中，如通信、高保真音响等，仍然需要仔细考虑 IIR 数字滤波器的使用。

IIR 数字滤波器的设计是基于双线性变换法的，这种方法是通过 s 域中的模拟滤波器的设计原型（Butterworth、Chebychev 等）得到一个近似的离散模型。

9.4.2　IIR 数字滤波器的模型

IIR 数字滤波器信号流如图 9.31 所示，该 IIR 数字滤波器可以用下式描述：

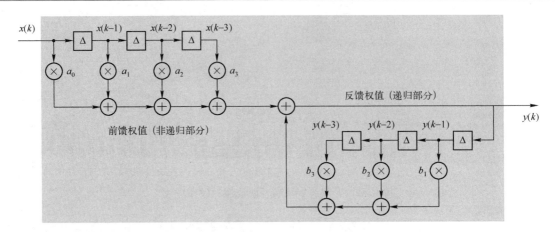

图 9.31 IIR 数字滤波器的信号流

$$y(k) = a_0 x(k) + a_1 x(k-1) + a_2 x(k-2) + a_3 x(k-3) + b_1 y(k-1) + b_2 y(k-2) + b_3 y(k-3)$$
$$= \sum_{n=0}^{3} a_n x(k-n) + \sum_{m=1}^{3} b_m y(k-m) \tag{9.24}$$

通常情况下，IIR 数字滤波器的前馈系数通常用符号 a_n 表示，而反馈系数用 b_m 表示。

> **注**：(1) 这里没有滤波器系数 b_0。如果有了 b_0，那么将存在一个无延迟单元的反馈支路，滤波器将变得不可实现。
> (2) 滤波器并不需要具有相同的系数个数。

对一个具有 N 个前馈系数和 $M-1$ 个反馈系数的 IIR 数字滤波器，其输入和输出的关系表示为

$$y(k) = \sum_{n=0}^{N-1} a_n x(k-n) + \sum_{m=1}^{M-1} b_m y(k-m) \tag{9.25}$$

如果用向量可以用下式表示：

$$y(k) = \boldsymbol{a}^{\mathrm{T}} x_k + \boldsymbol{b}^{\mathrm{T}} y_{k-1} = \boldsymbol{w}^{\mathrm{T}} u_k \tag{9.26}$$

其中，数字滤波器的系数与数据向量分别为

$$\boldsymbol{w}^{\mathrm{T}} = [\boldsymbol{a}^{\mathrm{T}}, \boldsymbol{b}^{\mathrm{T}}] = [a_0, a_1, a_2, \cdots, a_{N-1}, b_1, b_2, \cdots, b_{M-1}] \tag{9.27}$$

向量表示方法的使用能够产生更紧凑的表达式，并且更利于今后在数学上的简化。矩阵 $\boldsymbol{A}$ 的转置用 $\boldsymbol{A}^{\mathrm{T}}$ 表示为

$$\boldsymbol{A} = \begin{bmatrix} a_{11} & a_{12} & a_{13} \\ a_{21} & a_{22} & a_{23} \\ a_{31} & a_{32} & a_{33} \\ a_{41} & a_{42} & a_{43} \end{bmatrix} => \boldsymbol{A}^{\mathrm{T}} = \begin{bmatrix} a_{11} & a_{21} & a_{31} & a_{41} \\ a_{12} & a_{22} & a_{32} & a_{42} \\ a_{13} & a_{23} & a_{33} & a_{43} \end{bmatrix} \tag{9.28}$$

因此如果 $\boldsymbol{B} = \boldsymbol{A}^{\mathrm{T}}$，则对于 $\boldsymbol{A}$ 和 $\boldsymbol{B}$ 的每个项 $a_{ij} = b_{ji}$，同样可得：

$$(\boldsymbol{AB})^{\mathrm{T}} = \boldsymbol{B}^{\mathrm{T}} \boldsymbol{A}^{\mathrm{T}}, \quad (\boldsymbol{A}^{\mathrm{T}})^{\mathrm{T}} = \boldsymbol{A} \tag{9.29}$$

并且，在数字信号处理算法中，特别是由最小均方推导出的算法中，经常会出现乘积项 $\boldsymbol{A}^{\mathrm{T}} \boldsymbol{A}$。

9.4.3 IIR 数字滤波器的 z 域分析

对于图 9.31 给出的 IIR 数字滤波器结构而言，它在 z 域中的传递函数表示为

$$Y(z) = a_0 X(z) + a_1 X(z) z^{-1} + a_2 X(z) z^{-2} + a_3 X(z) z^{-3} + b_1 Y(z) z^{-1} + b_2 Y(z) z^{-2} + b_3 Y(z) z^{-3}$$

$$\frac{Y(z)}{X(z)} = \frac{a_0 + a_1 z^{-1} + a_2 z^{-2} + a_3 z^{-3}}{b_1 z^{-1} + b_2 z^{-2} + b_3 z^{-3}} = \frac{A(z)}{B(z)} \tag{9.30}$$

分子的根（$A(z) = 0$）提供滤波器的零点，而分母的根（$B(z) = 0$）提供滤波器的极点。

为了保证 IIR 数字滤波器的稳定性，所有极点的幅值均小于 1。另一种说法是，极点位于 z 平面的单位圆内，这等同于前面所说的幅值小于 1 的情况。

可以直接计算一阶递归滤波器的稳定性，然后通过观察每个一阶部分的稳定性来判定全部系统的稳定性。

考虑一个全极点 IIR 数字滤波器：

$$\begin{aligned}
\frac{Y(z)}{X(z)} &= \frac{1}{1 - b_1 z^{-1} - b_2 z^{-2} - b_3 z^{-3} - \cdots - b_{M-1} z^{-M+1}} \\
&= \frac{1}{(1 - \beta_1 z^{-1})(1 - \beta_2 z^{-1}) \cdots (1 - \beta_{M-1} z^{-1})} \\
&= \left(\frac{1}{1 - \beta_1 z^{-1}}\right)\left(\frac{1}{1 - \beta_2 z^{-1}}\right) \cdots \left(\frac{1}{1 - \beta_{M-1} z^{-1}}\right)
\end{aligned} \tag{9.31}$$

很明显，该滤波器可由一系列一阶滤波器的级联来实现，如图 9.32 所示。

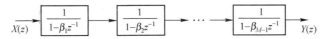

图 9.32 多个一阶滤波器级联构成的 IIR 数字滤波器

由于判断一阶部分的稳定性比较容易，故找到了判定滤波器整体稳定性的有效方法。也就是说，通过求出分母多项式的根来确认这些根均小于 1。

9.4.4 IIR 数字滤波器的性能及稳定性

只有一个系数的 IIR 数字滤波器的结构如图 9.33 所示，该结构可以直观地说明为什么 IIR 数字滤波器能使用很少的系数就可得到很尖锐的截止响应。

该 IIR 数字滤波器可用下式表示为

$$y(k) = x(k) + b_1 y(k-1) \tag{9.32}$$

（1）当 $b_1 < 1$ 时，冲激响应可以延续很长时间。$b_1 = -0.9$ 时图 9.33 所示滤波器的冲激响应 $h(k)$ 如图 7.34 所示。

（2）而 1 个系数的 FIR 数字滤波器仅具有长度为 1 的冲激响应。

由于只有一个系数的 IIR 数字滤波器可能具有无限长的冲激响应，所以将其命名为无限冲激响应滤波器。当使用有限精度计算（例如，固定 16 位字长）时，当输出小于可以表示的最小的数时，响应将最终趋向于零。

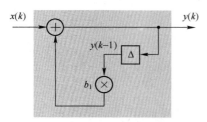

图 9.33　只有一个系数的 IIR 数字滤波器的结构

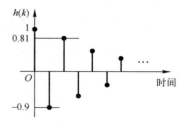

图 9.34　$b_1 = -0.9$ 时图 9.33 所示滤波器的冲激响应 $h(k)$

通过仔细选择递归滤波器的权值系数，便可以产生一个 IIR 数字滤波器结构，使其具有非常长的冲激响应。大多数滤波器的设计软件允许指定最多 10 个递归权值系数。

注： 如果 $b>1$，则滤波器输出将发散，也就是说该滤波器不稳定。

例如，$b_1 = 1.1$ 时，该滤波器的冲激响应（根据的卷积原理，将一个离散单元脉冲 $\delta(k)$ 作用于 IIR 滤波器）为

$$h(k) = b_k$$

因此，得出下面的结论：

（1）如果 $|b|<1$，则该滤波器收敛（稳定）；

（2）如果 $|b|>1$，该滤波器的冲激响应发散（不稳定）。

IIR 数字滤波器的设计目的是保证 IIR 数字滤波器处于稳定状态。

对于只有一个系数的滤波器，只要系数小于 1，其稳定性便易于被判断。然而，对于系数个数大于 1 的递归滤波器，不能再使用如此简单的判断依据。两个系数的 IIR 数字滤波器的结构如图 9.35 所示。

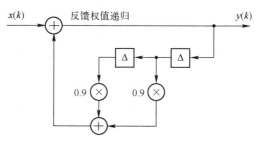

图 9.35　两个系数的 IIR 数字滤波器的结构

尽管两个系数均小于 1，但它们的累积效应将导致滤波器的不稳定。举个例子，对应于单位冲激输入脉冲 $\{1,0,0,0,\cdots\cdots\}$，其输出为 $\{1,0.9,1.71,2.349,\cdots\cdots\}$，从而导致了输出没有边界并且不稳定。

当用 z 域平面表示 IIR 数字滤波器时，可通过判断滤波器极点的位置来确保滤波器输出有界。滤波器阶数越高，通过多项式的因式分解来确定滤波器的不稳定性便越困难。

有时需要设计一个临界稳定的 IIR 数字滤波器，这样当存在一个冲激输入时，滤波器将振荡。使用一个简单 IIR 数字滤波器产生特定频率的正弦波，如图 9.36 所示。

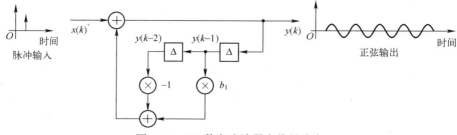

图 9.36　IIR 数字滤波器在临界稳定

这是一个两极点临界稳定的 IIR 数字滤波器。当有一个冲激时，滤波器开始振荡。振荡的频率由 b_1 控制。

> **注**：对于所有可能的 b_1 的值，极点的幅值为 1。

一个全极点 IIR 数字滤波器的结构如图 9.37 所示，这种滤波器可用完全等效的 SFG 表示，如图 9.38 表示。该 3 阶全极点 IIR 数字滤波器表示为

$$\frac{Y(z)}{X(z)} = \frac{1}{1-b_1z^{-1}-b_2z^{-2}-b_3z^{-3}}$$
$$= \frac{1}{(1-\beta_1 z^{-1})(1-\beta_2 z^{-1})(1-\beta_3 z^{-1})} \tag{9.33}$$

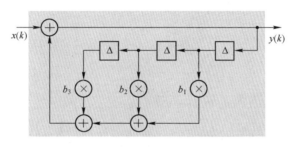

图 9.37 全极点 IIR 数字滤波器的结构

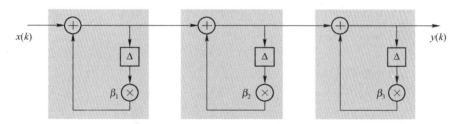

图 9.38 全极点 IIR 数字滤波器的 SFG 表示

如果该 IIR 数字滤波器是稳定的，则需要所有的 $\{\beta_1, \beta_2, \beta_3\} < 1$，也就是说多项式所有的根（极点）均小于 1。因此，判断递归滤波器稳定性的标准是滤波器所有的极点都小于 1。

一阶部分的级联不存在发散。极点可能是复数，但是只要滤波器的系数为实数，这些复数总是会以共扼对的形式存在。

通常都是在 z 域中绘制滤波器的极点和零点图，如果所有的极点都位于单位圆内部，则该滤波器稳定。

对于一个简单的 2 阶全通滤波器，其传递函数的极点和零点由下式得到：

$$\frac{Y(z)}{X(z)} = \frac{1+2z^{-1}+3z^{-2}}{3+2z^{-1}+z^{-2}} = \frac{[1-(1+j\sqrt{2})z^{-1}][1-(1-j\sqrt{2})z^{-1}]}{3[1-(1/3+j\sqrt{2/3})z^{-1}][1-(1/3-j\sqrt{2/3})z^{-1}]} \tag{9.34}$$

从该式中可以看出，极点在单位圆内，因此该 IIR 数字滤波器是稳定的；而零点在单位圆外，因此该 IIR 数字滤波器具有最大的相位。

由于将一个阶数大于 2 的多项式分解成因式是一件烦琐的事情，因此需要借助计算机来

获得零点和极点。对于二阶的滤波器,可以使用二次方程求解公式对其进行求解。

> **注**:(1)不管零点为何值,非递归滤波器总是无条件稳定的。
> (2)将滤波器描述为一系列一阶部分的级联只是为了便于分析。在实际中,实现这样的滤波器时,都将使用标准的非因式的形式,即滤波器的权值为 $b_1 \sim b_{M-1}$。

9.5 DA FIR 数字滤波器的设计

分布式算术(Distributed Arithmetic,DA)是实现数字滤波器的一种方法,其基本思想是将数字滤波器内的乘法和加法运算用查找表(Look Up Table,LUT)和一个移位累加器实现。在使用 DA 实现滤波器时,要求滤波器的系数是已知的。这样,$x[n]$ 与 $w[n]$ 的乘法运算就变成了与常数相乘的运算。

本节将首先介绍 DA 实现 FIR 数字滤波器的原理,然后通过 DSP Builder 构建并验证 DA FIR 数字滤波器模型。

9.5.1 DA FIR 数字滤波器的设计原理

本小节将介绍 DA FIR 数字滤波器的算法原理和硬件实现结构。

1. DA FIR 算法描述

DA 可以用于计算乘积的和。很多 DSP 算法,如卷积和相关,都是用乘积的和表示的。对于 N 个抽头的 FIR 数字滤波器而言,表示为

$$y(n) = \sum_{k=0}^{N-1} w(k) x(n-k) \tag{9.35}$$

其转置结构可表示为

$$y(n) = \sum_{k=0}^{N-1} x(k) w(n-k) \tag{9.36}$$

式中,$w(0), \cdots, w(N-1)$ 为 N 抽头 FIR 数字滤波器的权值。

为了分析问题的方便,令 $x'(k) = x(n-k)$,则式(9.35)简写为

$$y(n) = \sum_{k=0}^{N-1} w(k) x'(k) \tag{9.37}$$

对于每个 $x'(k)$,可以表示成二进制数的形式:

$$x'(k) = \sum_{b=0}^{B-1} x_b(k) \times 2^b \tag{9.38}$$

式中,$x_b(k)$ 表示二进制数的每一个比特位,其取值为 0 或 1;B 是 $x'(k)$ 所对应二进制数的位宽。

将式(9.38)带入式(9.37),可以得到:

$$y(n) = \sum_{k=0}^{N-1} w(k) x'(k) = \sum_{k=0}^{N-1} w(k) \sum_{b=0}^{B-1} x_b(k) \times 2^b \tag{9.39}$$

将式(9.39)展开,可以得到:

$$\begin{aligned}
y(n) &= \sum_{k=0}^{N-1} w(k) \sum_{b=0}^{B-1} x_b(k) \times 2^b \\
&= w(0) \cdot [x_{B-1}(0) \cdot 2^{B-1} + x_{B-2}(0) \cdot 2^{B-2} + \cdots + x_0(0) \cdot 2^0] \\
&\quad + w(1) \cdot [x_{B-1}(1) \cdot 2^{B-1} + x_{B-2}(1) \cdot 2^{B-2} + \cdots + x_0(1) \cdot 2^0] \\
&\quad + w(2) \cdot [x_{B-1}(2) \cdot 2^{B-1} + x_{B-2}(2) \cdot 2^{B-2} + \cdots + x_0(2) \cdot 2^0] \\
&\quad + \cdots \\
&\quad + w(N-1) \cdot [x_{B-1}(N-1) \cdot 2^{B-1} + x_{B-2}(N-1) \cdot 2^{B-2} + \cdots + x_0(N-1) \cdot 2^0]
\end{aligned}$$

进一步整理上式后可得到：

$$\begin{aligned}
y(n) &= \sum_{k=0}^{N-1} w(k) \sum_{b=0}^{B-1} x_b(k) \times 2^b \\
&= [w(0) \cdot x_{B-1}(0) + w(1) \cdot x_{B-1}(1) + \cdots + w(N-1) \cdot x_{B-1}(N-1)] \cdot 2^{B-1} \\
&\quad + [w(0) \cdot x_{B-2}(0) + w(1) \cdot x_{B-2}(1) + \cdots + w(N-1) \cdot x_{B-2}(N-1)] \cdot 2^{B-2} \\
&\quad + [w(0) \cdot x_{B-3}(0) + w(1) \cdot x_{B-3}(1) + \cdots + w(N-1) \cdot x_{B-3}(N-1)] \cdot 2^{B-3} \\
&\quad + \cdots \\
&\quad + [w(0) \cdot x_0(0) + w(1) \cdot x_0(1) + \cdots + w(N-1) \cdot x_0(N-1)] \cdot 2^0
\end{aligned} \quad (9.40)$$

上式的紧凑格式表示为

$$y = \sum_{b=0}^{B-1} 2^b \sum_{k=0}^{N-1} w(k) x_b(k) \quad (9.41)$$

实现式（9.41）的关键是映射到查找表 LUT 中。系数 $w(k)$ 是已知的，$x_b(k)$ 的取值为 1 或 0。因此，式中积之和的运算实际上只是 $w(k)$ 的组合。

对于式（9.40）中的一个求和项，如：

$$[w(0)x_{B-2}(0) + w(1)x_{B-2}(1) + \cdots + w(N-1)x_{B-2}(N-1)] \times 2^{B-2} \quad (9.42)$$

式中，x_{B-2} 的每一位 $x_{B-2}(0)$、$\cdots$、$x_{B-2}(N-1)$ 对应于不同的 $x(n)$。

然而，可以用 N 位的字长存放 2^N 个不同的值。对于 $N=7$ 而言，一个可能的结果是：

$$\begin{aligned}
&[w(0) \times 0 + w(1) \times 1 + w(2) \times 1 + w(3) \times 0 + w(4) \times 1 + w(5) \times 0 + w(6) \times 0] \times 2^{B-2} \\
&= [w(1) + w(2) + w(4)] \times 2^{B-2}
\end{aligned} \quad (9.43)$$

因此，乘以 2 的幂次方不再是一个移位，这样需要将 $x(n)$ 的不同位进行并置，用于建立一个表，给定所有已知的 $w(n)$。

下面说明对有符号 DA 的处理方法，需要修改的就是使用二进制补码表示。在二进制补码中，最高有效位 MSB 用于确定是正数还是负数。因此，表示为

$$x(0) = -2^{B-1} \times x_{B-1}(n) + \sum_{b=0}^{B-2} x_b(n) \times 2^b \quad (9.44)$$

2. DA FIR 数字滤波器结构

FIR 数字滤波器的 DA 实现结构如图 9.39 所示。

在基于 DA 的 FIR 数字滤波器结构中，需要使用以下模块，包括移位寄存器、查找表、查找表加法器和缩放比例加法器。

DSP Builder 支持导入 HDL 设计，其能以黑盒（Black Box）的方式导入 VHDL 和 Verilog HDL。在基于 DSP Builder 的模型设计中，黑盒模块与 DSP Builder Advanced Blockset 中的其他模块一样，能实现模块间的互相连接和参与仿真，以及将设计模型转换成硬件电路。

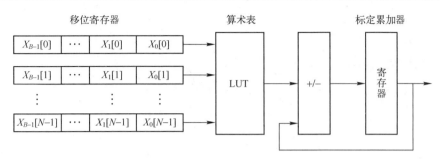

图 9.39　FIR 数字滤波器的 DA 实现结构

通过.m 函数实现 HDL 文件与黑盒的关联。通过可配置的.m 函数，原来 HDL 文件所有的信息都可以加载到黑盒中。可配置.m 函数不仅定义了接口、物理实现和仿真行为等信息，还包括下面的配置信息：顶层模块的实体名字、VHDL/Verilog HDL 语言选择标志、端口描述、模块的一般性需求、时钟和采样率、与模块有关的所有文件信息，以及模块中是否含有组合逻辑路径。

9.5.2 启动 DSP Builder

启动 DSP Builder 的步骤主要如下。

（1）启动 MATLAB R2019a（以下简称 MATLAB）集成开发环境。

（2）在 MATLAB 集成开发环境主页的标签界面中，将路径定位到 E:\intel_dsp_example\example_9_1 路径。

（3）在 MATLAB 集成开发环境主页的标签界面中，单击"Simulink"按钮。

（4）弹出 Simulink Start Page 页面。在该页面的右侧窗口中，单击名字为"Blank Model"的符号。

（5）弹出名字为"untitled-Simulink sponsored use"的空白设计页面。在该页面的工具栏中，单击名字为"Library Browser"的按钮。

（6）弹出 Simulink Library Browser 页面。调整该页面和空白设计页面的大小与位置，使得 Simulink Library Browser 页面位于电脑屏幕的左侧，空白设计页面位于电脑屏幕的右侧，便于从 Simulink Library Browser 页面中将元器件符号拖曳到空白设计页面中。

9.5.3 添加和配置信号源子系统

本小节将介绍如何在设计中添加信号源，主要步骤如下。

（1）在 Simulink Library Browser 页面的左侧窗口中，找到并展开"Simulink"选项。在展开项中，找到并选中"Sources"选项。在该页面的右侧窗口中，找到并将名字为"Sine Wave"的元器件符号拖曳到电脑屏幕右侧的设计界面中。

（2）重复步骤（1），再拖曳一个名字为"Sine Wave"的元器件符号到电脑屏幕右侧的设计界面中。

（3）在 Simulink Library Browser 页面的左侧窗口中，找到并展开"Simulink"选项。在展开项中，找到并选中"Math Operations"选项。在该页面的右侧窗口中，找到并将名字为"Add"的元器件符号拖曳到电脑屏幕右侧的设计界面中。

（4）在 Simulink Library Browser 页面的左侧窗口中，找到并展开"DSP Builder for Intel FPGAs - Advanced Blockset"选项。在展开项中，找到并展开"Primitives"选项。在展开项中，找到并选择"Primitive Configuration"选项。在该页面的右侧窗口中，找到并将名字为"GPIn"的元器件符号拖曳到右侧的设计界面中。

（5）在设计界面中，选中名字为"Sine Wave"、"Sine Wave1"、"Add"和"GPIn"的元器件符号，单击鼠标右键，出现浮动菜单。在浮动菜单内，选择 Format→Show Block Name→On，显示所有元器件符号的名字。

（6）在设计界面中，双击名字为"Sine Wave"的元器件符号，弹出"Block Parameters：Sine Wave"对话框。在该对话框中，按如下设置参数。

① Sine type：Time based。
② Frequency(rad/sec)：2 * pi * 5。
③ 其余按默认设置。

（7）单击"OK"按钮，退出"Block Parameters：Sine Wave"对话框。

（8）在设计界面中，双击名字为"Sine Wave1"的元器件符号，弹出"Block Parameters：Sine Wave1"对话框。在该对话框中，按如下设置参数。

① Sine type：Time based。
② Frequency(rad/sec)：2 * pi * 300。
③ 其余按默认设置。

（9）单击"OK"按钮，退出"Block Parameters：Sine Wave1"对话框。

（10）在设计界面中，双击名字为"Add"的元器件符号，弹出"Block Parameters：Add"对话框。在该对话框中，单击"Signal Attributes"标签。在该标签页中，单击"Output data type"下拉框右侧的 >> 按钮，按如下设置参数。

① Mode：Fixed point。
② Signedness：Signed。
③ Word length：8。
④ Scaling：Binary point。
⑤ Fraction length：4。
⑥ 其余按默认参数设置。

（11）单击"OK"按钮，退出"Block Parameters：Add"对话框。

（12）将信号子系统的各个元器件符号连接在一起，如图 9.40 所示。

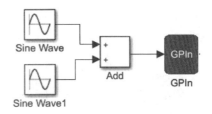

图 9.40 信号子系统的结构

9.5.4 添加和配置移位寄存器子系统

本小节将介绍如何构建移位寄存器子系统，主要步骤如下。

（1）在 Simulink Library Browser 页面的左侧窗口中，找到并展开"DSP Builder for Intel FPGAs - Advanced Blockset"选项。在展开项中，找到并展开"Primitives"选项。在展开项中，找到并选中"Primitive Basic Blocks"选项。在该页面的右侧窗口中，找到并将名字为"SampleDelay"的元器件符号拖曳到设计界面中。

（2）在设计界面中，找到并双击 SampleDelay 元器件符号，弹出"Block Parameters：SampleDelay"对话框。在该对话框中，按如下设置参数。

① 通过"Output data type modes"右侧的下拉框，将"Output data type modes"设置为"Spedify via dialog"。

② Output data type：sfix(8)。

③ Output scaling value：2^-4。

④ Number of delays：1。

（3）单击"OK"按钮，退出"Block Parameters：SampleDelay"对话框。

（4）再次选中 SampleDelay 元器件符号，按"Ctrl+C"组合键，复制该元器件符号。

（5）在设计界面中，按"Ctrl+S"组合键6次，在设计界面中粘贴该元器件符号6次。

（6）分别选中这7个 SampleDelay 元器件符号，然后单击鼠标右键，出现浮动菜单。在浮动菜单内，选择 Format→Show Block Name→On，显示所有 SampleDelay 元器件符号的名字。

（7）将 SampleDelay 元器件符号连接在一起，并将其与信号子系统连接，如图 9.41 所示为移位寄存器子系统与信号子系统的连接。

（8）选中图 9.41 中的7个 SampleDelay 元器件符号，单击鼠标右键，出现浮动菜单。在浮动菜单内，选择"Create Subsystem from Selection"选项。在设计界面中，将自动创建一个名字为"Subsystem"的子系统元器件符号，并执行步骤（6）相似的操作以显示该子系统元器件符号的名字。

（9）在设计界面中，双击移位子系统元器件符号，打开其内部结构，如图 9.42 所示。

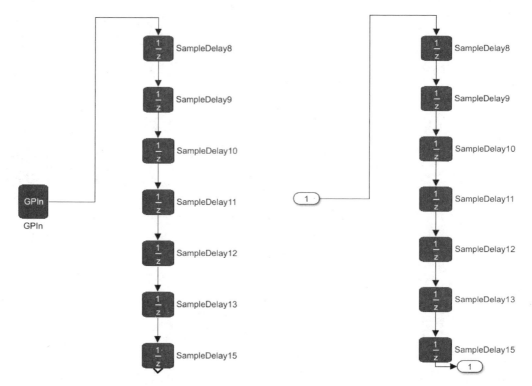

图 9.41　移位寄存器子系统与信号子系统的连接　　　图 9.42　移位寄存器子系统的内部结构

(10) 双击图 9.42 中名字为 "Out1" 的输出端口符号,弹出 "Block Parameters: Out1" 对话框。在该对话框中,单击 "Main" 标签。在该标签页中,将 "Port number" 设置为 7。

(11) 在 Simulink Library Browser 页面的左侧窗口中,找到并展开 "Simulink" 选项。在展开项中,找到并选中 "Commonly Used Blocks" 选项。在该页面的右侧窗口中,找到并将名字为 "Out1" 的元器件符号拖曳到设计界面中。

(12) 在设计界面中,选中 Out1 元器件符号,并按 "Ctrl+C" 组合键,复制该元器件符号。

(13) 在设计界面中,按 "Ctrl+V" 组合键 6 次,在该子系统设计界面中粘贴该元器件符号 6 次,并按图 9.43 布局这些输出端口元器件符号,并将这些元器件符号与移位寄存器子系统中的 SampleDelay 元器件符号进行连接。

(14) 在图 9.43 中,分别选中名字为 "In1"、"Out1"、"Out2"、"Out3"、"Out4"、"Out5"、"Out6" 和 "Out7" 的元器件符号,单击鼠标右键,出现浮动菜单。在浮动菜单内,选择 Format→Show Block Name→On,显示所有端口元器件符号的名字。

(15) 将 In1 端口的名字改为 "Signal_In",将 Out2 端口的名字改为 "Reg1",将 Out3 端口的名字改为 "Reg2",将 Out4 端口的名字改为 "Reg3",将 Out5 端口的名字改为 "Reg4",将 Out6 端口的名字改为 "Reg5",将 Out7 端口的名字改为 "Reg6",以及将 Out1 端口的名字改为 "Reg7",如图 9.44 所示。

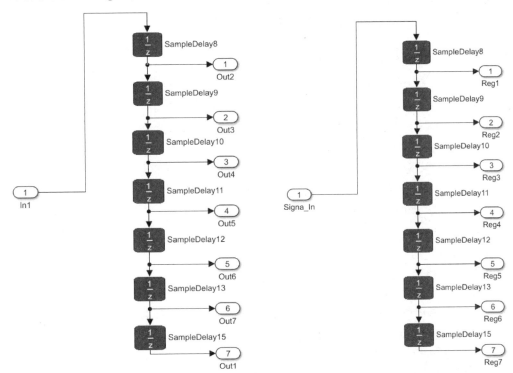

图 9.43 添加输出端口后移位寄存器子系统的内部结构

图 9.44 修改端口名字后移位寄存器子系统的内部结构

(16) 退出子系统,调整该子系统元器件符号的大小,并将该子系统元器件符号的名字改为 "Register",如图 9.45 所示。

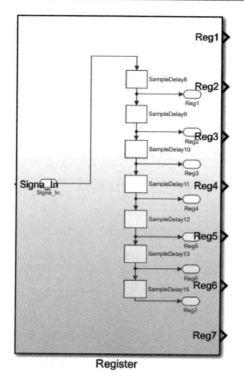

图 9.45 添加端口并修改名字后的子系统元器件符号

9.5.5 添加和配置位选择子系统

本小节将介绍如何使用 DSP Builder 中提供的元器件构建位选择子系统,主要步骤如下。

(1) 在 Simulink Library Browser 页面的左侧窗口中,找到并展开 "DSP Builder for Intel FPGAs – Advanced Blockset" 选项。在展开项中,找到并展开 "Primitives" 选项。在展开项中,找到并将名字为 "BitCombine" 的元器件符号拖曳到设计界面中。

(2) 在设计界面中,双击名字为 "BitCombine" 的元器件符号,弹出名字为 "Block Parameters: BitCombine" 的对话框。在该对话框中,按如下设置参数。

① Number of Inputs:7。
② Output data type mode:Specify via dialog。
③ Output data type:ufix(56)。
④ Output scaling value:2^-0。

(3) 单击 "OK" 按钮,退出 "Block Parameters: BitCombine" 对话框。

(4) 按图 9.46 所示,将 BitCombine 元器件符号与移位寄存器子系统连接在一起。

(5) 在 Simulink Library Browser 页面的左侧窗口中,找到并展开 "DSP Builder for Intel FPGAs – Advanced Blockset" 选项。在展开项中,找到并展开 "Primitives" 选项。在展开项中,找到并选中 "Primitive Basic Blocks" 选项。在该页面的右侧窗口中,找到并将名字为 "ChooseBits" 的元器件符号拖曳到设计界面中。

注:ChooseBits 块从其输入(标量)信号中选择单个位,并将它们并置在一起以形成其(标量)输出信号。通过提供非负整数的向量,可以指定输出信号中出现的位。向

量中的每个整数指定出现在输出中的一个输入位。该块从 0 (最低有效位) 开始对输入位进行编号,并列出从最低有效位开始的输出位 (小端顺序)。该块没有限制每个输入位在输出中出现的次数,可以删除、重排序或复制比特位。例如,向量 [0,1,4,4,6,5] 表示先输出输入信号的第 5 位,然后依次输出的顺序为输入信号的第 6 位、输入信号的第 4 位、输入信号的第 4 位、输入信号的第 1 位和输入信号的第 0 位 (特别注意输出的排列顺序!)。

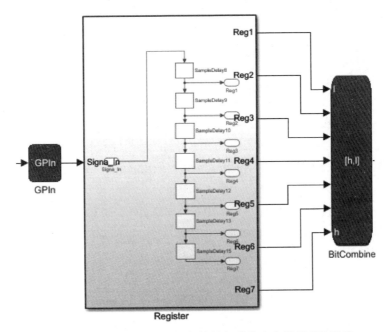

图 9.46　将 BitCombine 元器件符号与移位寄存器子系统连接

(6) 在设计界面中,选中 ChooseBits 元器件符号,按 "Ctrl+C" 组合键复制该元器件符号。

(7) 在设计界面中,按 "Ctrl+V" 组合键 15 次,即在设计界面中粘贴 15 次该元器件符号,使得设计界面中出现名字为 "ChooseBits"、"ChooseBits1" ~ "ChooseBits15" 的元器件符号。分别选中这些元器件符号,单击鼠标右键,出现浮动菜单。在浮动菜单内,选择 Format→Show Block Name→On,显示所有端口元器件符号的名字。

(8) 双击设计界面中名字为 "ChooseBits" 的元器件符号,弹出 "Block Parameters: ChooseBits" 对话框。在该对话框 "Bit Positions from Input Word" 标题栏下的文本框中输入 "[0,8,16,24]"。

(9) 单击 "OK" 按钮,退出 "Block Parameters: ChooseBits" 对话框。

(10) 双击设计界面中名字为 "ChooseBits1" 的元器件符号,弹出 "Block Parameters: ChooseBits1" 对话框。在该对话框 "Bit Positions from Input Word" 标题栏下的文本框中输入 "[32,40,48]"。

（11）单击"OK"按钮，退出"Block Parameters：ChooseBits1"对话框。

（12）双击设计界面中名字为"ChooseBits2"的元器件符号，弹出"Block Parameters：ChooseBits2"对话框。在该对话框"Bit Positions from Input Word"标题栏下的文本框中输入"[1,9,17,25]"。

（13）单击"OK"按钮，退出"Block Parameters：ChooseBits2"对话框。

（14）双击设计界面中名字为"ChooseBits3"的元器件符号，弹出"Block Parameters：ChooseBits3"对话框。在该对话框"Bit Positions from Input Word"标题栏下的文本框中输入"[33,41,49]"。

（15）单击"OK"按钮，退出"Block Parameters：ChooseBits3"对话框。

（16）双击设计界面中名字为"ChooseBits4"的元器件符号，弹出"Block Parameters：ChooseBits4"对话框。在该对话框"Bit Positions from Input Word"标题栏下的文本框中输入"[2,10,18,26]"。

（17）单击"OK"按钮，退出"Block Parameters：ChooseBits4"对话框。

（18）双击设计界面中名字为"ChooseBits5"的元器件符号，弹出"Block Parameters：ChooseBits5"对话框。在该对话框"Bit Positions from Input Word"标题栏下的文本框中输入"[34,42,50]"。

（19）单击"OK"按钮，退出"Block Parameters：ChooseBits5"对话框。

（20）双击设计界面中名字为"ChooseBits6"的元器件符号，弹出"Block Parameters：ChooseBits6"对话框。在该对话框"Bit Positions from Input Word"标题栏下的文本框中输入"[3,11,19,27]"。

（21）单击"OK"按钮，退出"Block Parameters：ChooseBits6"对话框。

（22）双击设计界面中名字为"ChooseBits7"的元器件符号，弹出"Block Parameters：ChooseBits7"对话框。在该对话框"Bit Positions from Input Word"标题栏下的文本框中输入"[35,43,51]"。

（23）单击"OK"按钮，退出"Block Parameters：ChooseBits7"对话框。

（24）双击设计界面中名字为"ChooseBits8"的元器件符号，弹出"Block Parameters：ChooseBits8"对话框。在该对话框"Bit Positions from Input Word"标题栏下的文本框中输入"[4,12,20,28]"。

（25）单击"OK"按钮，退出"Block Parameters：ChooseBits8"对话框。

（26）双击设计界面中名字为"ChooseBits9"的元器件符号，弹出"Block Parameters：ChooseBits9"对话框。在该对话框"Bit Positions from Input Word"标题栏下的文本框中输入"[36,44,52]"。

（27）单击"OK"按钮，退出"Block Parameters：ChooseBits9"对话框。

（28）双击设计界面中名字为"ChooseBits10"的元器件符号，弹出"Block Parameters：ChooseBits10"对话框。在该对话框"Bit Positions from Input Word"标题栏下的文本框中输入"[5,13,21,29]"。

（29）单击"OK"按钮，退出"Block Parameters：ChooseBits10"对话框。

（30）双击设计界面中名字为"ChooseBits11"的元器件符号，弹出"Block Parameters：ChooseBits11"对话框。在该对话框"Bit Positions from Input Word"标题栏下的文本框中输入"[37,45,53]"。

（31）单击"OK"按钮，退出"Block Parameters：ChooseBits11"对话框。

（32）双击设计界面中名字为"ChooseBits12"的元器件符号，弹出"Block Parameters：ChooseBits12"对话框。在该对话框"Bit Positions from Input Word"标题栏下的文本框中输入"[6,14,22,30]"。

（33）单击"OK"按钮，退出"Block Parameters：ChooseBits12"对话框。

（34）双击设计界面中名字为"ChooseBits13"的元器件符号，弹出"Block Parameters：ChooseBits13"对话框。在该对话框"Bit Positions from Input Word"标题栏下的文本框中输入"[38,46,54]"。

（35）单击"OK"按钮，退出"Block Parameters：ChooseBits13"对话框。

（36）双击设计界面中名字为"ChooseBits14"的元器件符号，弹出"Block Parameters：ChooseBits14"对话框。在该对话框"Bit Positions from Input Word"标题栏下的文本框中输入"[7,15,23,31]"。

（37）单击"OK"按钮，退出"Block Parameters：ChooseBits14"对话框。

（38）双击设计界面中名字为"ChooseBits15"的元器件符号，弹出"Block Parameters：ChooseBits15"对话框。在该对话框"Bit Positions from Input Word"标题栏下的文本框中输入"[39,47,55]"。

（39）单击"OK"按钮，退出"Block Parameters：ChooseBits15"对话框。

（40）将位选择子系统和移位寄存器子系统连接在一起，如图9.47所示。

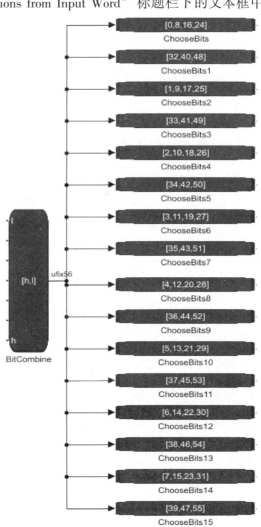

图9.47　将位选择子系统和移位寄存器子系统连接在一起

9.5.6　添加和配置查找表子系统

本小节将介绍如何添加和配置查找表子系统，主要步骤如下。

（1）在当前工程路径E:\intel_dsp_example\example_9_1中新建一个名字为"filter_lut_a.m"的文件。在该文件中，输入如代码清单9-1所示的设计代码。

代码清单 9-1　filter_lut_a. m 文件

```
a = [ bin2dec( "00000000000000000000000" ),
      bin2dec( "00000101101011000101011" ),
      bin2dec( "00001000110101101101101" ),
      bin2dec( "00001110100000110011000" ),
      bin2dec( "00001011001101100101110" ),
      bin2dec( "00010000111000101011001" ),
      bin2dec( "00010100000011010011011" ),
      bin2dec( "00011001011100011000110" ),
      bin2dec( "00011000001011110110001" ),
      bin2dec( "00010001100010000000100" ),
      bin2dec( "00010100111011101000110" ),
      bin2dec( "00011010100110101110001" ),
      bin2dec( "00010111010011100000111" ),
      bin2dec( "00011100111110100110010" ),
      bin2dec( "00100000001001001110100" ),
      bin2dec( "00100101110100010011111" ) ]
```

（2）按"Ctrl+S"组合键，保存该设计文件。

（3）在当前工程路径 E:\intel_dsp_example\example_9_1 中新建一个名字为"filter_lut_b. m"的文件。在该文件中，输入如代码清单 9-2 所示的设计代码。

代码清单 9-2　filter_lut_b. m 文件

```
b = [ bin2dec( "00000000000000000000000" ),
      bin2dec( "00001011001101100101110" ),
      bin2dec( "00001000110101101101101" ),
      bin2dec( "00010100000011010011011" ),
      bin2dec( "00000101101011000101011" ),
      bin2dec( "00010000111000101011001" ),
      bin2dec( "00001110100000110011000" ),
      bin2dec( "00011001101110011000110" ) ]
```

（4）按"Ctrl+S"组合键，保存该设计文件。

（5）在 Simulink Library Browser 页面的左侧窗口中，选择并展开"DSP Builder for Intel FPGAs - Advanced Blockset"选项。在展开项中，找到并展开"Primitives"选项。在展开项中，找到并选择"Primitive Basic Blocks"选项。在该页面的右侧窗口中，找到并将名字为"Lut"的元器件符号拖曳到设计界面中。

（6）在设计界面中，选中 Lut 元器件符号，按"Ctrl+C"组合键，复制该元器件符号。

（7）在设计界面中，按"Ctrl+V"组合键 15 次，在设计界面中粘贴 15 个 Lut 元器件符号。

（8）按图 9.48 调整这 16 个 Lut 元器件符号在设计界面中的位置。

（9）双击设计界面中名字为"Lut"的元器件符号，弹出"Block Parameters：Lut"对话框。在该对话框中，按如下设置参数。

① Output data type mode：Specify via dialog。

② Output data type：sfix(23)。

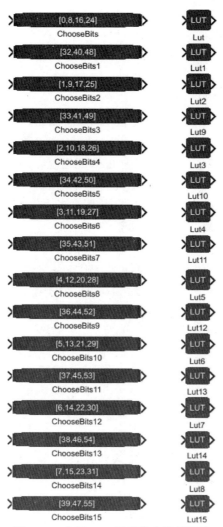

图 9.48 布局 LUT 子系统内的元器件

③ Output scaling value：2^0。

④ Output value map：a。

(10) 单击"OK"按钮，退出"Block Parameters：Lut"对话框。

(11) 双击设计界面中名字为"Lut1"的元器件符号，弹出"Block Parameters：Lut1"对话框。在该对话框中，按如下设置参数。

① Output data type mode：Specify via dialog。

② Output data type sfix(23)。

③ Output scaling value：2^0。

④ Output value map：b。

(12) 单击"OK"按钮，退出"Block Parameters：Lut1"对话框。

(13) 双击设计界面中名字为"Lut2"的元器件符号，弹出"Block Parameters：Lut2"对话框。在该对话框中，参数设置同 Lut 元器件。

(14) 单击"OK"按钮，退出"Block Parameters：Lut2"对话框。

(15) 双击设计界面中名字为 "Lut9" 的元器件符号，弹出 "Block Parameters：Lut9" 对话框。在该对话框中，参数设置同 Lut1 元器件。

(16) 单击 "OK" 按钮，退出 "Block Parameters：Lut9" 对话框。

(17) 双击设计界面中名字为 "Lut3" 的元器件符号，弹出 "Block Parameters：Lut3" 对话框。在该对话框中，参数设置同 Lut 元器件。

(18) 单击 "OK" 按钮，退出 "Block Parameters：Lut3" 对话框。

(19) 双击设计界面中名字为 "Lut10" 的元器件符号，弹出 "Block Parameters：Lut10" 对话框。在该对话框中，参数设置同 Lut1 元器件。

(20) 单击 "OK" 按钮，退出 "Block Parameters：Lut10" 对话框。

(21) 双击设计界面中名字为 "Lut4" 的元器件符号，弹出 "Block Parameters：Lut4" 对话框。在该对话框中，参数设置同 Lut 元器件。

(22) 单击 "OK" 按钮，退出 "Block Parameters：Lut4" 对话框。

(23) 双击设计界面中名字为 "Lut11" 的元器件符号，弹出 "Block Parameters：Lut11" 对话框。在该对话框中，参数设置同 Lut1 元器件。

(24) 单击 "OK" 按钮，退出 "Block Parameters：Lut11" 对话框。

(25) 双击设计界面中名字为 "Lut5" 的元器件符号，弹出 "Block Parameters：Lut5" 对话框。在该对话框中，参数设置同 Lut 元器件。

(26) 单击 "OK" 按钮，退出 "Block Parameters：Lut5" 对话框。

(27) 双击设计界面中名字为 "Lut12" 的元器件符号，弹出 "Block Parameters：Lut12" 对话框。在该对话框中，参数设置同 Lut1 元器件。

(28) 单击 "OK" 按钮，退出 "Block Parameters：Lut12" 对话框。

(29) 双击设计界面中名字为 "Lut6" 的元器件符号，弹出 "Block Parameters：Lut6" 对话框。在该对话框中，参数设置同 Lut 元器件。

(30) 单击 "OK" 按钮，退出 "Block Parameters：Lut6" 对话框。

(31) 双击设计界面中名字为 "Lut13" 的元器件符号，弹出 "Block Parameters：Lut13" 对话框。在该对话框中，参数设置同 Lut1 元器件。

(32) 单击 "OK" 按钮，退出 "Block Parameters：Lut13" 对话框。

(33) 双击设计界面中名字为 "Lut7" 的元器件符号，弹出 "Block Parameters：Lut7" 对话框。在该对话框中，参数设置同 Lut 元器件。

(34) 单击 "OK" 按钮，退出 "Block Parameters：Lut7" 对话框。

(35) 双击设计界面中名字为 "Lut14" 的元器件符号，弹出 "Block Parameters：Lut14" 对话框。在该对话框中，参数设置同 Lut1 元器件。

(36) 单击 "OK" 按钮，退出 "Block Parameters：Lut14" 对话框。

(37) 双击设计界面中名字为 "Lut8" 的元器件符号，弹出 "Block Parameters：Lut8" 对话框。在该对话框中，参数设置同 Lut 元器件。

(38) 单击 "OK" 按钮，退出 "Block Parameters：Lut8" 对话框。

(39) 双击设计界面中名字为 "Lut15" 的元器件符号，弹出 "Block Parameters：Lut15" 对话框。在该对话框中，参数设置同 Lut1 元器件。

(40) 单击 "OK" 按钮，退出 "Block Parameters：Lut15" 对话框。

如图 9.49 所示,将查找表子系统和位选择子系统连接在一起。

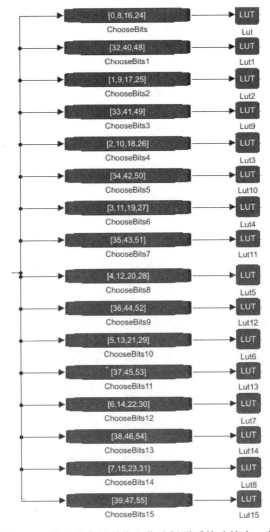

图 9.49 将查找表子系统和位选择子系统连接在一起

9.5.7 添加和配置加法器子系统

本小节将介绍如何在设计中添加并配置加法器子系统,主要步骤如下。

(1) 在 Simulink Library Browser 页面的左侧窗口中,找到并展开"DSP Builder for Intel FPGAs-Advanced Blockset"选项。在展开项中,找到并展开"Primitives"选项。在展开项中,找到并选中"Primitive Basic Blocks"选项。在该页面的右侧窗口中,找到并将名字为"Add"的元器件符号拖曳到设计界面中。

(2) 在设计界面中,双击 Add 元器件符号,弹出"Block Parameters:Add1"对话框。在该对话框中,按如下设置参数。

① Output data type mode:Spefify via dialog。

② Output data type sfix(23)。

③ Output scaling value:2^-21。

(3) 单击"OK"按钮,退出"Block Parameters:Add1"对话框。

(4) 在设计界面中,再次选中 Add 元器件符号,按"Ctrl+C"组合键,复制该元器件符号。

(5) 在设计界面中,按"Ctrl+V"组合键 7 次,在设计界面中粘贴 7 个 Add 元器件符号。

(6) 调整元器件的布局,并将加法器子系统与查找表子系统连接在一起,如图 9.50 所示。

(7) 在加法器子系统后添加一级流水线,如图 9.51 所示。

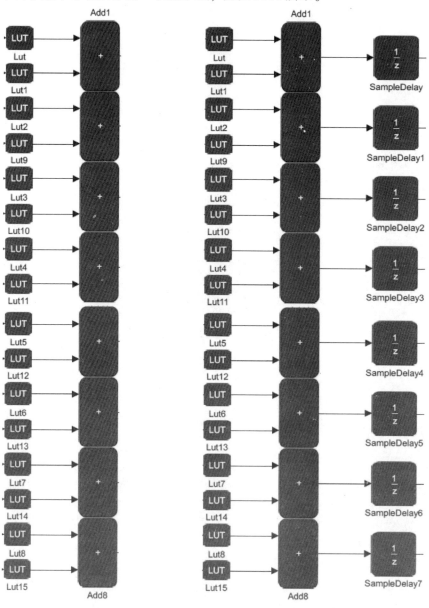

图 9.50 将加法器子系统与查找表子系统连接在一起

图 9.51 在加法器子系统后添加一级流水线

9.5.8 添加和配置缩放比例加法器子系统

本小节将介绍如何添加和配置缩放比例加法器子系统，主要步骤如下。

（1）在 Simulink Library Browser 页面的左侧窗口中，找到并展开 "DSP Builder for Intel FPGAs-Advanced Blockset" 选项。在展开项中，找到并展开 "Primitives" 选项。在展开项中，找到并选中 "Primitive Basic Blocks" 选项。在该页面的右侧窗口中，找到并将名字为 "ReinterpretCast" 的元器件符号拖曳到设计界面中。

（2）在设计界面中，双击该元器件符号，弹出 "Block Parameters：ReinterpretCast" 对话框。在该对话框中，按如下设置参数。

① Output data type mode：Specify via dialog。

② Output data type ufix(23)。

③ Output scaling value：2^0。

（3）单击 "OK" 按钮，退出 "Block Parameters：ReinterpretCast" 对话框。

（4）在设计界面中，再次选中 ReinterpretCast 元器件符号，按 "Ctrl+C" 组合键复制该元器件符号。

（5）在设计界面中，按 "Ctrl+V" 组合键 7 次，在设计界面中粘贴 ReinterpretCast 元器件符号 7 次。

（6）调整 8 个 ReinterpretCast 元器件符号的布局，并将其和一级流水线单元连接在一起，如图 9.52 所示。

（7）在 Simulink Library Browser 页面的左侧窗口中，找到并展开 "DSP Builder for Intel FPGAs-Advanced Blockset" 选项。在展开项中，找到并展开 "Primitives" 选项。在展开项中，找到并选中 "Primitive Basic Blocks" 选项。在该页面的右侧窗口中，找到并将名字为 "Const Mult" 的元器件符号拖曳到设计界面中。

（8）在设计界面中，再次选中 Const Mult 元器件符号，按 "Ctrl+C" 组合键复制该元器件符号。

（9）在设计界面中，按 "Ctrl+V" 组合键 7 次，在设计界面中粘贴 Const Mult 元器件符号 7 次。

（10）调整所有 Const Mult 元器件符号的布局，并将它们与 ReinterpretCast 元器件符号连接在一起，如图 9.53 所示。

（11）双击设计界面中名字为 "Const Mult1" 的元器件符号，弹出 "Block Parameters：Const Mult1" 对话框。在该对话框中，按如下设置参数。

① Output data type mode：Specify via dialog。

② Output data type ufix(30)。

③ Output scaling value：2^0。

④ Value：1。

（12）单击 "OK" 按钮，退出 "Block Parameters：Const Mult1" 对话框。

（13）双击设计界面中名字为 "Const Mult2" 的元器件符号，弹出 "Block Parameters：Const Mult2" 对话框。在该对话框中，参数设置与步骤（11）相同，但是需要将 "Value" 设置为 2。

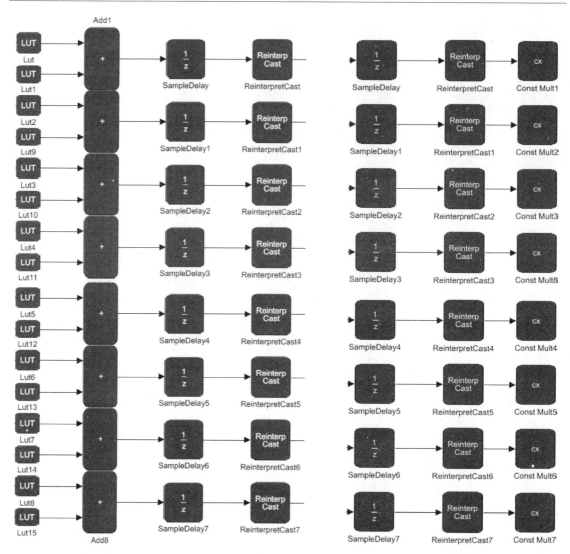

图 9.52 将 ReinterpretCast 元器件符号和一级流水线单元连接在一起

图 9.53 将 ReinterpretCast 元器件符号和 Const Mult 元器件符号连接在一起

（14）单击"OK"按钮，退出"Block Parameters: Const Mult2"对话框。

（15）双击设计界面中名字为"Const Mult3"的元器件符号，弹出"Block Parameters: Const Mult3"对话框。在该对话框中，参数设置与步骤（11）相同，但是需要将"Value"设置为 4。

（16）单击"OK"按钮，退出"Block Parameters: Const Mult3"对话框。

（17）双击设计界面中名字为"Const Mult8"的元器件符号，弹出"Block Parameters: Const Mult8"对话框。在该对话框中，参数设置与步骤（11）相同，但是需要将"Value"设置为 8。

（18）单击"OK"按钮，退出"Block Parameters: Const Mult8"对话框。

（19）双击设计界面中名字为"Const Mult4"的元器件符号，弹出"Block Parameters: Const Mult4"对话框。在该对话框中，参数设置与步骤（11）相同，但是需要将"Value"

设置为 16。

（20）单击"OK"按钮，退出"Block Parameters：Const Mult4"对话框。

（21）双击设计界面中名字为"Const Mult5"的元器件符号，弹出"Block Parameters：Const Mult5"对话框。在该对话框中，参数设置与步骤（11）相同，但是需要将"Value"设置为 32。

（22）单击"OK"按钮，退出"Block Parameters：Const Mult5"对话框。

（23）双击设计界面中名字为"Const Mult6"的元器件符号，弹出"Block Parameters：Const Mult6"对话框。在该对话框中，参数设置与步骤（11）相同，但是需要将"Value"设置为 64。

（24）单击"OK"按钮，退出"Block Parameters：Const Mult6"对话框。

（25）双击设计界面中名字为"Const Mult7"的元器件符号，弹出"Block Parameters：Const Mult7"对话框。在该对话框中，参数设置与步骤（11）相同，但是需要将"Value"设置为 128。

（26）单击"OK"按钮，退出"Block Parameters：Const Mult7"对话框。

（27）在 Simulink Library Browser 页面的左侧窗口中，找到并展开"DSP Builder for Intel FPGAs-Advanced Blockset"选项。在展开项中，找到并展开"Primitives"选项。在展开项中，找到并选中"Primitive Basic Blocks"选项。在该页面的右侧窗口中，找到并将名字为"Add"的元器件符号拖曳到设计界面中。

（28）在设计界面中，双击 Add 元器件符号，弹出"Block Parameters：Add"对话框。在该对话框中，按如下设置参数。

① Output data type mode：Specify via dialog。

② Output data type sfix（30）。

③ Output scaling value：2^0。

（29）单击"OK"按钮，退出"Block Parameters：Add"对话框。

（30）在设计界面中，再次选中 Add 元器件符号，按"Ctrl+C"组合键复制该元器件符号。

（31）在设计界面中，按"Ctrl+V"组合键 2 次，在设计界面中粘贴 Add 元器件符号 2 次。

（32）在 Simulink Library Browser 页面的左侧窗口中，找到并展开"DSP Builder for Intel FPGAs-Advanced Blockset"选项。在展开项中，找到并展开"Primitives"选项。在展开项中，找到并选中"Primitive Basic Blocks"选项。在该页面的右侧窗口中，找到并将名字为"Sub"的元器件符号拖曳到设计界面中。

（33）在设计界面中，双击 Sub 元器件符号，弹出"Block Parameters：Sub"对话框。在该对话框中，参数设置同步骤（28）。

（34）单击"OK"按钮，退出"Block Parameters：Sub"对话框。

（35）调整 Add 元器件符号和 Sub 元器件符号的布局，并将它们与 Const Mult 元器件符号连接在一起，如图 9.54 所示。

（36）在图 9.54 中选中名字为"Add9"的元器件符号，按"Ctrl+C"组合键复制该元器件符号。

(37) 在设计界面中,按"Ctrl+V"组合键 3 次,在设计界面中粘贴 Add 元器件符号 3 次,其名字分别为"Add13"、"Add14"和"Add15",如图 9.55 所示,将这 3 个 Add 元器件符号与前面的 Add 元器件符号和 Sub 元器件符号连接在一起。

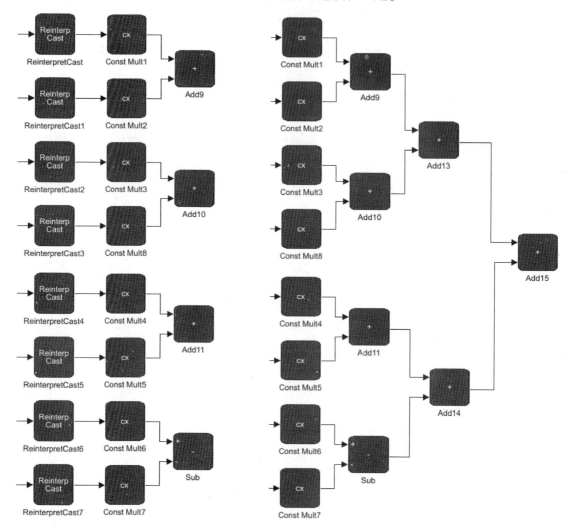

图 9.54 将 Const Mult 元器件符号与 Add 和 Sub 元器件符号连接在一起

图 9.55 添加 Add 元器件符号并与前面的 Add 元器件符号连接在一起

(38) 在 Simulink Library Browser 页面的左侧窗口中,找到并展开"DSP Builder for Intel FPGAs-Advanced Blockset"选项。在展开项中,找到并展开"Primitives"选项。在展开项中,找到并选中"Primitive Basic Blocks"选项。在该页面的右侧窗口中,找到并将名字为 "SampleDelay"的元器件符号拖曳到设计界面中,并将该元器件符号与 Add15 元器件符号连接在一起,如图 9.56 所示。

(39) 在 Simulink Library Browser 页面时左侧窗口中,找到并展开"DSP Builder for Intel FPGAs-Advanced Blockset"选项。在展开项中,找到并展开"Primitives"选项。在展开项中,找到并选中"Primitive Basic Blocks"选项。在该页面的右侧窗口中,找到并将名字为

"ReinterpretCast"的元器件符号拖曳到设计界面中,并将该元器件符号与新添加的 SampleDelay 元器件符号连接在一起,如图 9.56 所示。

(40) 在设计界面中,双击新添加的 ReinterpretCast 元器件符号,弹出"Block Parameters:ReinterpretCast8"对话框。在该对话框中,按如下设置参数。

① Output data type mode:Specify via dialog。

② Output data type sfix(30)。

③ Output scaling value:2^-25。

(41) 单击"OK"按钮,退出"Block Parameters:ReinterpretCast8"对话框。

(42) 在 Simulink Library Browser 页面的左侧窗口中,找到并展开"DSP Builder for Intel FPGAs-Advanced Blockset"选项。在展开项中,找到并展开"Primitives"选项。在展开项中,找到并选中"Primitive Configuration"选项。在该页面的右侧窗口中,找到并将名字为"GPOut"的元器件符号拖曳到右侧的设计界面中,并将该元器件符号与 ReinterpretCast 元器件符号连接在一起,如图 9.56 所示。

(43) 在 Simulink Library Browser 页面的左侧窗口中,找到并展开"Simulink"选项。在展开项中,找到并选中"Sinks"选项。在该页面的右侧窗口中,找到并将名字为"Scope"的元器件符号拖曳到设计界面中。

(44) 双击 Scope 元器件符号,弹出 Scope 界面。在该界面的主菜单下,选择 File→Number of Input Ports→2,然后通过在主菜单中选择 View→Layout 来选择仿真波形的布局。

(45) 退出 Scope 界面。

(46) 将 Scope 元器件符号的端口 1 连接到信号子系统的 Add 元器件符号的输出端,将 Scope 元器件符号的端口 2 连接到 GPOut 元器件符号,如图 9.56 所示。

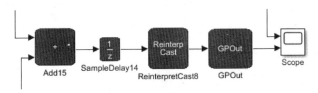

图 9.56 连接系统剩余的元器件符号

9.5.9 添加和配置系统控制模块

本小节将介绍如何添加和配置系统控制模块,主要步骤如下。

(1) 在 Simulink Library Browser 页面的左侧窗口中,找到并展开"DSP Builder for Intel FPGAs-Advanced Blockset"选项。在展开项中,找到并选中"Design Configuration"选项。在该页面的右侧窗口中,找到并将名字为"Control"和"Device"的元器件符号分别拖曳到设计界面中。

(2) 在 Simulink Library Browser 页面的左侧窗口中,找到并展开"DSP Builder for Intel FPGAs-Advanced Blockset"选项。在展开项中,找到并展开"Primitives"选项。在展开项中,找到并选中"Primitive Configuration"选项。在该页面的右侧窗口中,找到并将名字为"SynthesisInfo"的元器件符号拖曳到设计界面中。

(3) 双击设计界面中名字为"Device"的元器件符号，弹出"DSP Builder-Device Parameters"对话框。在该对话框中，按如下设置参数。

① Device Family：Cyclone 10 GX。
② Family member：10CX085YU484E6G。
③ Speed grade：6。

(4) 单击"OK"按钮，退出"DSP Builder-Device Parameters"对话框。

(5) 双击设计界面中名字为"Control"的元器件符号，弹出"DSP Builder for Intel FPGAs Blockset"对话框。在该对话框中，按如下设置参数。

① 单击"General"标签。在该标签页中，勾选"Generate hardware"前面的复选框，将"Hardware destination directory"设置为rtl。

② 单击"Clock"标签。在该标签页中，将"Clock Frequency(MHz)"设置为0.001。

(6) 单击"OK"按钮，退出"DSP Builder for Intel FPGAs Blockset"对话框。

(7) 在当前设计界面的主菜单下，选择 File→Model Properties→Model Properties，弹出"Model Properties"对话框。在该对话框中，按如下设置参数。

① 单击"Callbacks"标签。在该标签页的左侧窗口中，选中"PreLoadFcn"选项。在该标签页的右侧窗口中，输入下面的命令：

```
clear;
```

② 在"Callbacks"标签页的左侧窗口中，选中"InitFcn"选项。在该标签页的右侧窗口中，输入下面的命令：

```
filter_lut_a;
filter_lut_b;
```

(8) 单击"OK"按钮，退出"Model Properties"对话框。

(9) 如图9.57所示，选中阴影区中的所有元器件，单击鼠标右键，出现浮动菜单。在浮动菜单内，选择"Create Subsystem from Selection"选项，创建子系统。

(10) 调整信号子系统和Scope的布局，如图9.58所示。

(11) 在设计界面工具栏中名字为"Simulation stop time"的文本框中输入1。

(12) 按"Ctrl+V"组合键，将该设计保存为"DA_filter.slx"文件。

(13) 单击设计界面中名字为"Run"的按钮▶，对该设计执行仿真。

(14) 双击图9.58中名字为"Scope"的元器件符号，打开仿真后的波形，如图9.59所示。

(15) 关闭该设计。

思考与练习9-1：分析该设计模型，说明各个子系统的功能。

思考与练习9-2：在设计界面的主菜单下，选择 DSP Builder Resource Useage→Design，查开该设计所使用的资源。

思考与练习9-3：在设计界面的主菜单下，选择 Display→Signals & Ports→Port Data Types，查看设计中每个模块输入和输出的数据类型。

第 9 章 FIR 和 IIR 滤波器原理及实现

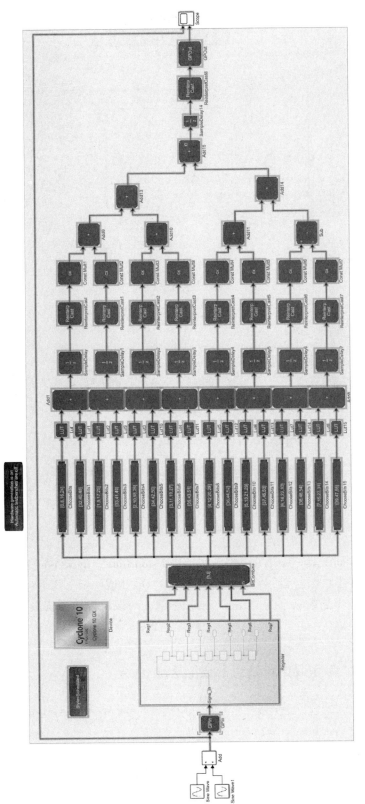

图9.57 创建子系统

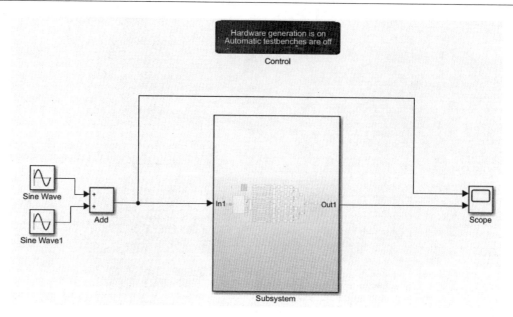

图 9.58　调整信号子系统和 Scope 的布局

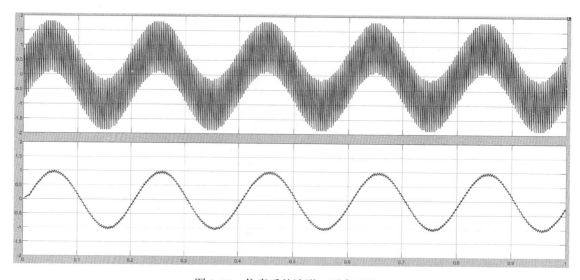

图 9.59　仿真后的波形（反色显示）

9.6　串行 MAC FIR 数字滤波器的设计

在一些 FIR 数字滤波器的应用中，如时钟的最高速度为 100MHz，而数据率只有 1Msps，此时就没有必要使用 FIR 数字滤波器的并行结构，而是使用 FIR 数字滤波器的串行结构。

9.6.1　串行和并行 MAC FIR 数字滤波器的原理

对于一个 FIR 串行滤波器而言，将单个乘和累加（Multiply Accumulate，MAC）硬件单元"重用"N 次（N 为滤波器的长度）。因此，滤波器的输出存在 N 个时钟周期的延迟。5

权值 FIR 数字滤波器的并行结构和串行结构如图 9.60 所示。

从图 9.60（b）可知，在 5 个时钟周期内，单个 MAC 单元均处于忙状态，用于计算第一个输出采样。因此，不能输入第二个采样，一直等到第五个时钟周期后才可以。这就意味着处理速率是较低的（在这种情况下因子为 5）。很明显，这是时分复用所导致的结果。

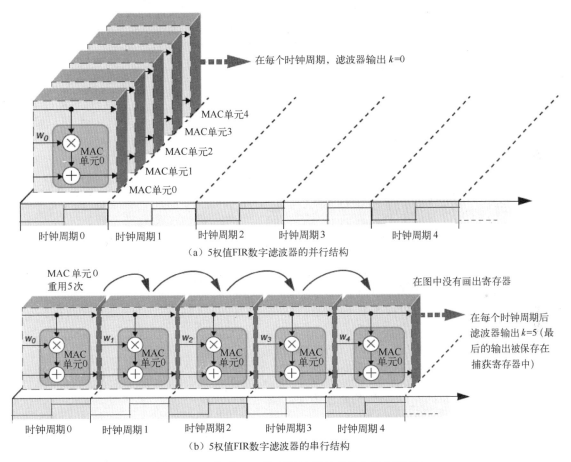

图 9.60　5 权值 FIR 数字滤波器的并行和串行结构

在脉动形式的并行滤波器中，对应于每个特定采样的输入，所实现 MAC 单元的行为在时域中是有"偏移"的。在这种情况下，将图 9.60（a）的图重新绘制为图 9.61。

在物理结构上，使用了 5 个 MAC 单元，这些单元在 100%的时间内都在工作，以实现吞吐量等于滤波器的时钟速率。由于采用了脉动形式的流水线，所以在任何特定时刻，每个 MAC 单元都会用于计算一个对应于不同输入采样的输出。

从图 9.60 可知，对于一个长度为 N 的 FIR 数字滤波器的并行结构而言，其吞吐量可以达到 $f_{\text{clk}}(\text{sps})$，而对于一个长度为 N 的 FIR 数字滤波器的串行结构而言，其吞吐量为 $f_{\text{clk}}/N(\text{sps})$。在实际实现时，建议选择中等"并行度"，即使用 1~N 个之间的 MAC 单元，相对应的吞吐量在 $f_{\text{clk}}/N \sim f_{\text{clk}}(\text{sps})$ 之间，这就意味着读者需要在实现成本和性能之间进行权衡。

需要记住的是，一个串行滤波器并不总是一个最好的选择。如果需要处理多通道的数据，更高效的方法是在数据流之间时分复用一个全并行的滤波器，而不是为每个通道创建一个串行滤波器。

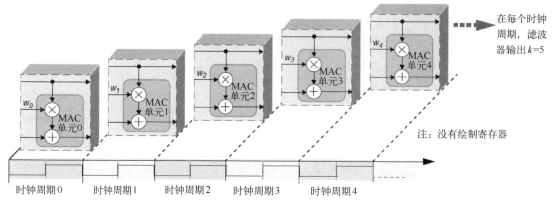

图9.61 5权值FIR数字滤波器的脉动并行结构

9.6.2 串行MAC FIR数字滤波器的结构

本小节将介绍如何实现串行MAC FIR数字滤波器，其中包括非对称权值和对称权值结构。

1. 非对称权值串行MAC FIR数字滤波器的实现

首先看一下对于非对称权值串行MAC FIR数字滤波器的实现。对于这个滤波器而言，其要求有一个MAC单元和额外的用于控制保存中间结果的电路，如图9.62所示。

1) 计数器

重复从0计数到$N-1$。计数器的采样率为M，它是数据率的N倍，这是因为滤波器硬件必须被时分复用N次，以计算N个权值滤波器的部分输出项。

2) MAC单元

用于计算滤波器操作的部分项。从图9.62中可知，其将MAC内的累加器第一次准确地画出来，它用于对每个输出采样的所有部分积进行求和。一旦计算完以前输出采样的最后一项，累加器将复位到输入项$w_0 \times x(k)$。

3) 可寻址的移位寄存器

用于保持到达输入采样的延迟线，数据以数据率的速度写到移位寄存器，并且以N倍的速度读出。在每个数据采样周期期间，来自延迟线的每个元素必须按顺序依次读取，然后和相对应的滤波器权值相乘。

4) 权值查找

用于在存储器中保存N个权值的值。如果滤波器响应特性是固定的，则它应该是只读存储器。

5) 捕获寄存器

用于保持由MAC单元计算得到的最终的值，即输出数据采样。

6) 降采样器（因子为N）

它在捕获寄存器后，将采样率降低到数据率。

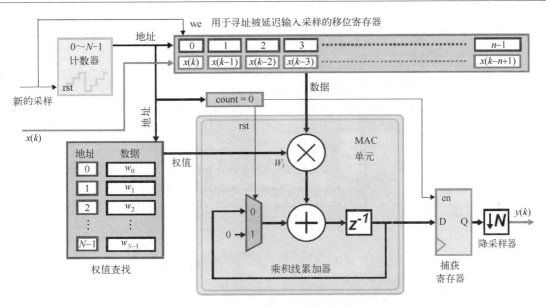

图 9.62 非对称权值串行 MAC FIR 数字滤波器的结构

7) 比较器

用于控制应用到累加器的复位，以便在正确的时间使能捕获寄存器。

2. 对称权值串行 MAC FIR 数字滤波器的实现

对于具有对称系数的串行滤波器而言，在进入 MAC 单元之前，使用预加法器将来自输入线的两个采样相加，这就意味着 MAC 单元可以在一次执行中实现两个对称权值。在这种情况下，要求在同一时刻加载来自输入延迟线的两个采样。然而，可寻址的移位寄存器（Addressable Shift Register，ASR）并不支持两个同步的读操作，这样就需要将延迟线分割成两部分。对于一个 8 权值对称滤波器而言，将延迟线分成两部分，每部分包含 4 个元素，如图 9.63 所示，图中使用相反的存储器地址。

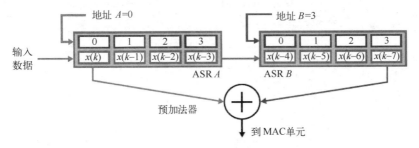

图 9.63 对称系数滤波器串行结构的预加法单元

假定可以同时从存储器得到两个输入采样，则可以将 ASR 分成两部分（其中一个用于滤波器输入线的前一半，另一个用于输入线的后一半）。前面所介绍的非对称权值串行 MAC FIR 数字滤波器的实现，将其修改后用于实现对称权值串行 MAC FIR 数字滤波器，如图 9.64 所示。

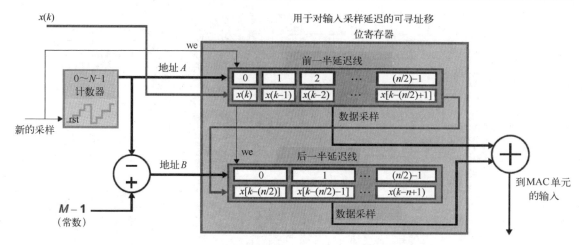

图 9.64 对称权值 MAC FIR 数字滤波器的结构

9.6.3 串行 MAC FIR 数字滤波器设计要求

本设计将构建串行 MAC FIR 数字滤波器,该 FIR 数字滤波器的幅频响应和相频响应特性如图 9.65 所示。图 9.65 中的设计指标满足下面的要求:

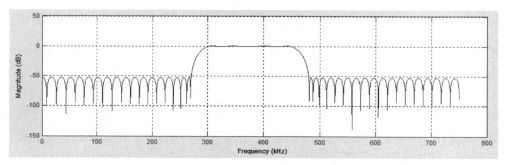

(a) 串行 MAC FIR 数字滤波器的幅频响应特性

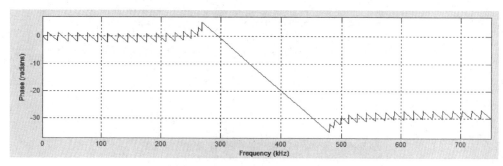

(b) 串行 MAC FIR 数字滤波器的相频响应特性

图 9.65 串行 MAC FIR 数字滤波器的幅频响应和相频响应特性

① 采样频率 $F_s = 1.5\text{MHz}$;② $F_{stop1} = 270\text{kHz}$;③ $F_{pass1} = 300\text{kHz}$;④ $F_{pass2} = 450\text{kHz}$;⑤ $F_{stop2} = 480\text{kHz}$;⑥ 通带双边带的衰减 $= 54\text{dB}$;⑦ 通带纹波 $= 1$。

根据前面所介绍的串行 MAC FIR 数字滤波器的结构,该设计的模型如图 9.66 所示。从

图中可知,该设计模型中包含下面的模块,即

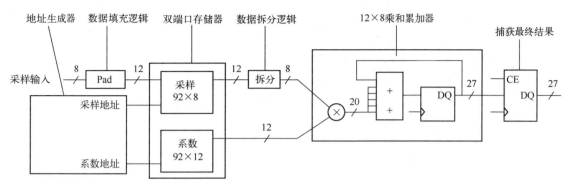

图 9.66 设计的模型

(1) 12×8 乘和累加器模块,该模块用于实现串行 FIR 数字滤波器中的 MAC 功能。
(2) 数据填充逻辑和数据拆分逻辑模块,该模块用于实现数据长度的填充和拆分。
(3) 地址生成器模块,该模块用于产生存储器所需要的地址。
(4) 双端口存储器模块,该模块用于存储数据和 FIR 数字滤波器的系数。

9.6.4 12×8 乘和累加器子系统的设计

本小节将介绍如何基于 DSP Builder 内的 Acc 块和 Mult 块构建 12×8 的乘和累加器子系统。

1. 累加器原理

DSP Builder for Intel FPGAs-Advanced Blockset 中提供了累加器(Accumulator, Acc)块,该块实现了专用浮点累加器,其功能描述为

$$r = \text{Acc}(x, n)$$

Acc 块允许累加可变长度的数据集。该块通过将累加的第一个元素设置为高来指示一个新的数据集,如图 9.67 所示。从图中可知,该例子对 $x_0+x_1+x_2$ 和 $y_0+y_1+y_2$ 进行累加。

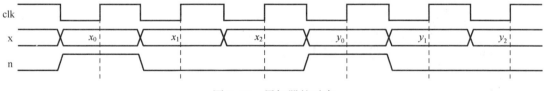

图 9.67 累加器的时序

Acc 块具有单精度和双精度浮点数据输入和输出,该块的参数如表 9.1 所示,该块的接口如表 9.2 所示。

表 9.1 Acc 块的参数

参 数	描 述
LSBA	该参数定义累加器 LSB 的权重,从而确定累加的精度。该值和要累计的最大项数设置了累加器的精度。设计可累加的最大项数会使累加器的 $\log_2(N)$ 个低位无效

续表

参数	描述
MSBA	累加结果的 MSB 权值
MaxMSBX	输入的最大权值。当加的概率小于或等于 1 时，将该权值设置为 0。在添加来自传感器的数据时，设置输入范围的界限，或者设置 MaxMSBX=MSBA。但是，架构的大小可能会增加

表 9.2 Acc 块的接口

信号	方向	类型	描述	支持矢量数据	支持复数数据
x	输入	单/双精度	操作数	是	否
n	输入	布尔	控制	是	否
r	输出	单/双精度	输出	是	否
xO	输出	布尔	当输入值的权值大于 MaxMSBX 选定的值时，该标志变高。累加结果无效	是	否
xU	输出	布尔	如果该标志变高，则输入值将完全移出累加器。该标志警告 LSBA 的值可能太大	是	否
aO	输出	布尔	当累加值的权值大于 MSBA 时，该标志变高。然后，累加的结果无效	是	否

2. 构建乘和累加器子系统模型

本部分将介绍如何构建 12×8 的乘和累加器子系统，主要步骤如下。

（1）按 9.5.2 小节的方法启动 DSP Builder，并打开一个空白的设计界面，以及 Simulink Library Browser 页面。调整空白设计界面和 Simlink Library Browser 页面的大小与位置，使得 Simulink Library Browser 页面位于电脑屏幕的左侧，空白设计界面位于电脑屏幕的右侧。

（2）在 Simulink Library Browser 页面的左侧窗口中，找到并展开 "DSP Builder for Intel FPGAs-Advanced Blockset" 选项。在展开项中，找到并选中 "Design Configuration" 选项。在该页面的右侧窗口中，找到并将名字为 "Device" 和 "Control" 的元器件符号拖曳到设计界面中。

（3）双击设计界面中名字为 "Device" 的元器件符号，弹出 "DSP Builder – Device Parameters" 对话框。在该对话框中，按如下设置参数。

① Device Family：Cyclone 10 GX。
② Family member：10CX085YU484E6G。
③ Speed grade：6。

（4）单击 "OK" 按钮，退出 "DSP Builder-Device Parameters" 对话框。

（5）在 Simulink Library Browser 页面的左侧窗口中，找到并展开 "DSP Builder for Intel FPGAs-Advanced Blockset" 选项。在展开项中，找到并展开 "Primitives" 选项。在展开项中，找到并选中 "Primitive Configuration" 选项。在该页面的右侧窗口中，找到并将名字为 "GPOut" 和 "SynthesisInfo" 的元器件符号拖曳到设计界面中。

（6）重复步骤（5），找到并将名字为 "GPIn" 的元器件符号分 3 次拖曳到设计界面中。

（7）在 Simulink Library Browser 页面的左侧窗口中，找到并展开 "DSP Builder for Intel FPGAs-Advanced Blockset" 选项。在展开项中，找到并展开 "Primitives" 选项。在展开项

中，找到并选中"Primitive Basic Blocks"选项。在该页面的右侧窗口中，找到并将名字为"SampleDelay"的元器件符号分4次拖曳到设计界面中。

(8) 重复步骤(7)，找到并将名字为"Convert"的元器件符号分2次拖曳到设计界面中。

(9) 在设计界面中双击名字为"Convert"的元器件符号，弹出"Block Parameters: Convert"对话框。在该对话框中，将"Output data type mode"设置为single。

(10) 单击"OK"按钮，退出"Block Parameters: Convert"对话框。

(11) 在设计界面中双击名字为"Convert1"的元器件符号，弹出"Block Parameters: Convert1"对话框。在该对话框中，按如下设置参数。

① Output data type mode: Specify via dialog。

② Output data type sfix(27)。

③ Output scaling value: 2^-0。

(12) 单击"OK"按钮，退出"Block Parameters: Convert1"对话框。

(13) 重复步骤(7)，找到并将名字为"Mult"的元器件符号拖曳到设计界面中。

(14) 双击设计界面中名字为"Mult"的元器件符号，弹出"Block Parameters: Mult"对话框。在该对话框中，按如下设置参数。

① Output data type mode: Specify via dialog。

② Output data type sfix(20)。

③ Output scaling value: 2^-0。

(15) 单击"OK"按钮，退出"Block Parameters: Mult"对话框。

(16) 重复步骤(7)，找到并将名字为"Acc"的元器件符号拖曳到设计界面中。

(17) 双击设计界面中名字为"Acc"的元器件符号，弹出"Block Parameters: Acc"对话框。在该对话框中，将"Accumulator setup"设置为[-100 100 100]。

(18) 单击"OK"按钮，退出"Block Parameters: Acc"对话框。

(19) 在Simulink Library Browser页面的左侧窗口中，找到并展开"Simulink"选项。在展开项中，找到并选中"Sources"选项。在该页面的右侧窗口中，找到并将名字为"Ramp"的元器件符号分2次拖曳到设计界面中。

(20) 重复步骤(19)，找到并将名字为"Pulse Generator"的元器件符号拖曳到设计界面中。

(21) 双击设计界面中名字为"Pulse Generator"的元器件符号，弹出"Block Parameters: Pulse Generator"对话框。在该对话框中，按如下设置参数。

① Pulse type: Sample based。

② Period: 100。

③ Pulse width: 1。

④ Sample time: 1。

(22) 单击"OK"按钮，退出"Block Parameters: Pulse Generator"对话框。

(23) 在Simulink Library Browser页面的左侧窗口中，找到并展开"Simulink"选项。在展开项中，找到并选中"Commonly Used Blocks"选项。在该页面的右侧窗口中，找到并将名字为"Data Type Conversion"的元器件符号分3次分别拖曳到设计界面中。

(24) 双击设计界面中名字为 "Data Type Conversion" 的元器件符号,弹出 "Block Parameters:Data Type Conversion" 对话框。在该对话框中,单击 "Output data type" 文本框右侧的 ">>" ,按如下设置参数。

① Mode:Fixed point。
② Signedness:Signed。
③ Word length:12。
④ Scaling:Binary point。
⑤ Fraction length:0。

(25) 单击 "OK" 按钮,退出 "Block Parameters:Data Type Conversion" 对话框。

(26) 双击设计界面中名字为 "Data Type Conversion1" 的元器件符号,弹出 "Block Parameters:Data Type Conversion1" 对话框。在该对话框中,单击 "Output data type" 文本框右侧的 ">>" ,按如下设置参数。

① Mode:Fixed point。
② Signedness:Signed。
③ Word length:8。
④ Scaling:Binary point。
⑤ Fraction length:0。

(27) 单击 "OK" 按钮,退出 "Block Parameters:Data Type Conversion1" 对话框。

(28) 双击设计界面中名字为 "Data Type Conversion2" 的元器件符号,弹出 "Block Parameters:Data Type Conversion2" 对话框。在该对话框中,将 "Output data type" 设置为 boolean。

(29) 单击 "OK" 按钮,退出 "Block Parameters:Data Type Conversion2" 对话框。

(30) 在 Simulink Library Browser 页面的左侧窗口中,找到并展开 "Simulink" 选项。在展开项中,找到并选中 "Sinks" 选项。在该页面的右侧窗口中,找到并将名字为 "Scope" 的元器件符号拖曳到设计界面中。

(31) 双击设计界面中名字为 "Scope" 的元器件符号,弹出 Scope 页面,按如下设置参数。

① 在主菜单下,选择 File→Number of Input Ports→4。
② 在主菜单下,选择 View→Layout…,出现浮动界面。在该界面中,设置显示仿真结果的布局。

(32) 退出 Scope 页面。

(33) 重复步骤(30),找到并将名字为 "Terminator" 的元器件符号分 3 次拖曳到设计界面中。

(34) 按图 9.68 所示,调整元器件在设计界面中的布局。

(35) 按图 9.69 所示,将设计中所使用的元器件连接在一起。

(36) 在图 9.70 所示的设计界面中,选中阴影区域中所有的元器件,单击鼠标右键,出现浮动菜单。在浮动菜单内,选择 "Create Subsystem from Selection" 选项,创建名字为 "Subsystem" 的子系统。将该子系统的名字改为 "MAC",如图 9.71 所示。

(37) 在设计界面工具栏中名字为 "Simulation stop time" 的文本框中输入 3500。

第 9 章 FIR 和 IIR 滤波器原理及实现

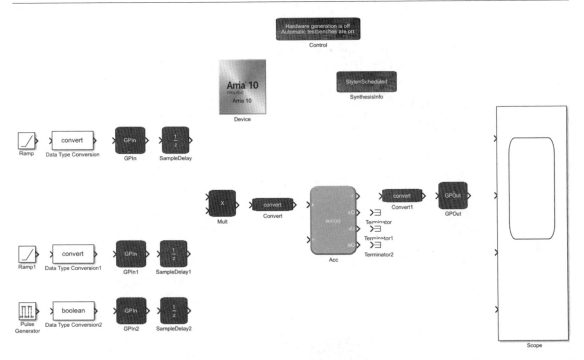

图 9.68　调整元器件在设计界面中的布局

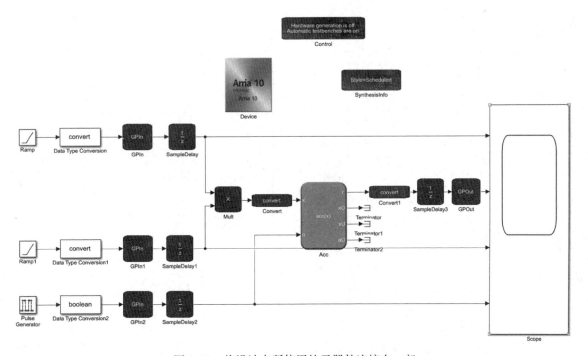

图 9.69　将设计中所使用的元器件连接在一起

（38）单击设计界面中名字为"Run"的按钮 ▶，对该设计执行 Simulink 仿真。

（39）双击设计界面中名字为"Scope"的元器件符号，打开该设计的仿真结果，如图 9.72 所示。

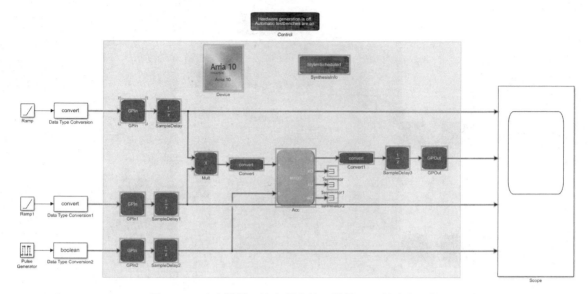

图 9.70 选中阴影区域中所有的元器件,以创建子系统

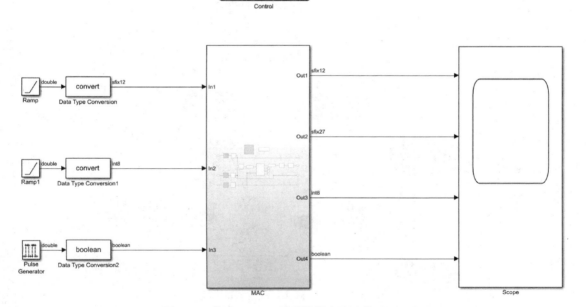

图 9.71 将 Subsystem 子系统的名字改为 "MAC"

(40)关闭该设计模型。

思考与练习 9-4:根据图 9.72 给出的仿真结果分析该乘和累加器子系统的设计原理,并说明设计的正确性。

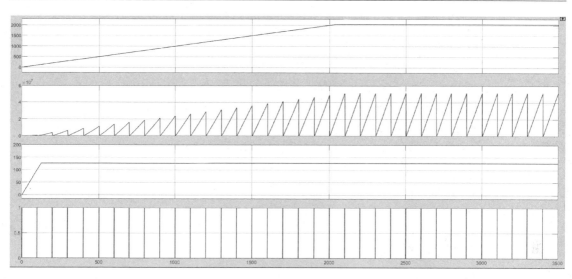

图 9.72 该设计的仿真结果

9.6.5 数据控制逻辑子系统设计

本小节将介绍如何设计数据控制逻辑子系统，其中包括数据组合逻辑和数据拆分逻辑模块。

1. 数据组合逻辑模块的设计

本部分将介绍如何设计数据组合逻辑模块，主要步骤如下。

（1）按 9.5.2 小节的方法启动 DSP Builder，并打开一个空白的设计界面，以及 Simulink Library Browser 页面。调整空白设计界面和 Simlink Library Browser 页面的大小与位置，使得 Simulink Library Browser 页面位于电脑屏幕的左侧，空白设计界面位于电脑屏幕的右侧。

> **注**：在 MATLAB 主界面的主页标签下，将路径设置为 E:\intel_dsp_example\example_9_2\lab2，并且将该设计文件命名为"padding.slx"。

（2）在 Simulink Library Browser 页面的左侧窗口中，找到并展开"DSP Builder for Intel FPGAs-Advanced Blockset"选项。在展开项中，找到并选中"Design Configuration"选项。在该页面的右侧窗口中，找到并将名字为"Control"和"Device"的元器件符号拖曳到设计界面中。

（3）双击设计界面中名字为"Control"的元器件符号，弹出"DSP Builder for Intel FPGAs Blockset-Settings"对话框。在该对话框中，单击"General"标签。在该标签页中，勾选"Generate hardware"前面的复选框。

（4）双击设计界面中名字为"Device"的元器件符号，弹出"DSP Builder-Device Parameters"对话框。在该对话框中，按如下设置参数。

① Device Family：Cyclone 10 GX。

② Family member：10CX085YU484E6G。

③ Speed grade：6。

（5）单击"OK"按钮，退出"DSP Builder-Device Parameters"对话框。

(6) 在 Simulink Library Browser 页面的左侧窗口中，找到并展开"DSP Builder for Intel FPGAs-Advanced Blockset"选项。在展开项中，找到并展开"Primitives"选项。在展开项中，找到并选中"Primitve Configuration"选项。在该页面的右侧窗口中，找到并将名字为"GPIn"、"GPOut"和"SynthesisInfo"的元器件符号拖曳到设计界面中。

(7) 在 Simulink Library Browser 页面的左侧窗口中，找到并展开"Simulink"选项。在展开项中，找到并选中"Commonly Used Blocks"选项。在该页面的右侧窗口中，找到并将名字为"Constant"的元器件符号拖曳到设计界面中。

(8) 双击设计界面中名字为"Constant"的元器件符号，弹出"Block Parameters: Constant"对话框。在该对话框中，按如下设置参数。

① 单击"Main"标签。在该标签页下，将"Constant value"设置为 0.5。

② 单击"Signal Attributes"标签。在该标签页下，单击"Output data type"文本框右侧的 >> 按钮，按如下设置参数。

① Mode：Fixed point。
② Signedness：Signed。
③ Word length：8。
④ Scaling：Binary point。
⑤ Fraction length：6。

(9) 单击"OK"按钮，退出"Block Parameters: Constant"对话框。

(10) 在 Simulink Library Browser 页面的左侧窗口中，找到并展开"DSP Builder for Intel FPGAs-Advanced Blockset"选项。在展开项中，找到并展开"Primitives"选项。在展开项中，找到并选中"Primitive Basic Blocks"选项。在该页面的右侧窗口中，找到并将名字为"ReinpterpretCast"、"BitCombine"和"Const"的元器件符号拖曳到设计界面中。

(11) 双击设计界面中名字为"ReinterpretCast"的元器件符号，弹出"Block Parameters: ReinterpretCast"对话框。在该对话框中，按如下设置参数。

① Output data type mode：Specify via dialog。
② Output data type ufix(8)。
③ Output scaling value：2^-0。

(12) 单击"OK"按钮，退出"Block Parameters: ReinterpretCast"对话框。

(13) 双击设计界面中名字为"Const"的元器件符号，弹出"Block Parameters: Const"对话框。在该对话框中，按如下设置参数。

① Output data type mode：Specify via dialog。
② Output data type ufix(4)。
③ Output scaling value：2^-0。
④ Value：1。

(14) 单击"OK"按钮，退出"Block Parameters: Const"对话框。

(15) 双击设计界面中名字为"BitCombine"的元器件符号，弹出"Block Parameters: BitCombine"对话框。在该对话框中，按如下设置参数。

① Output data type mode：Specify via dialog。
② Output data type ufiix(12)。

③ Output scaling value：2^-0。

（16）单击"OK"按钮，退出"Block Parameters：BitCombine"对话框。

（17）重复步骤（10），再拖曳一个名字为"ReinterpretCast"的元器件符号到设计界面中。

（18）双击 ReinterpretCast 元器件符号，弹出"Block Parameters：ReinterpretCast1"对话框。在该对话框中，按如下设置参数。

① Output data type mode：Specify via dialog。

② Output data type sfix(12)。

③ Output scaling value：2^-12。

（19）单击"OK"按钮，退出"Block Parameters：ReinterruptCast1"对话框。

（20）在 Simulink Library Browser 页面的左侧窗口中，找到并展开"Simulink"选项。在展开项中，找到并选中"Sinks"选项。在该页面的右侧窗口中，找到并将名字为"Display"的元器件符号拖曳到设计界面中。

（21）按图 9.73 所示，调整设计界面中元器件的布局。

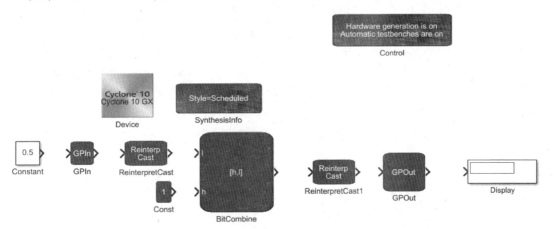

图 9.73　调整设计界面中元器件的布局

（22）按图 9.74 所示，将设计中的元器件连接在一起。

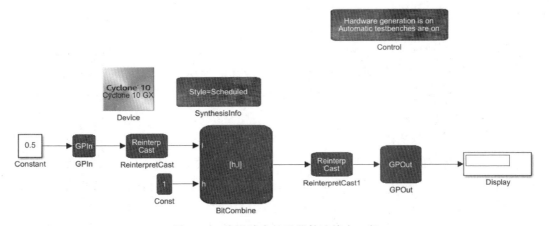

图 9.74　将设计中的元器件连接在一起

(23) 按图 9.75 所示，选中阴影区中所有的元器件，单击鼠标右键，出现浮动菜单。在浮动菜单内，选择 "Create Subsystem from Selection" 选项，创建名字为 "Subsystem" 的子系统，然后将该子系统的名字改为 "Padding"，如图 9.76 所示。

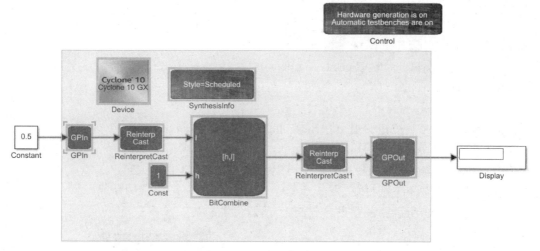

图 9.75 选中阴影区中的所有元器件

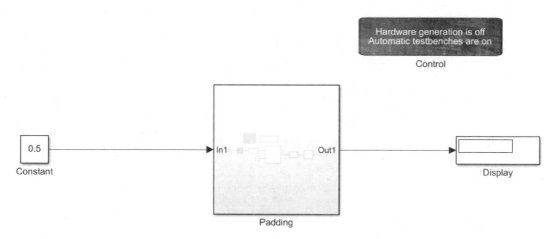

图 9.76 修改 Subsystem 子系统的名字为 "Padding"

(24) 在设计界面工具栏中名字为 "Simulation stop time" 的文本框中输入 10.0。
(25) 在设计界面工具栏中，单击 "Run" 按钮，对该设计执行 Simulink 仿真。
(26) 当仿真结束时，设计界面中的 Display 元器件符号上显示 0.07031。
(27) 关闭该设计模型。

2. 数据拆分逻辑模块的设计

本部分将介绍如何设计数据拆分逻辑模块，主要步骤如下。

(1) 按 9.5.2 小节的方法启动 DSP Builder，并打开一个空白的设计界面，以及 Simulink Library Browser 页面。调整空白设计界面和 Simlink Library Browser 页面的大小与位置，使得 Simulink Library Browser 页面位于电脑屏幕的左侧，空白设计界面位于电脑屏幕的右侧。

第 9 章 FIR 和 IIR 滤波器原理及实现

注：在 MATLAB 主界面的主页标签下，将路径设置为 E:\intel_dsp_example\example_9_2\ lab2，并且将该设计文件命名为 "unpadding.slx"。

(2) 在 Simulink Library Browser 页面的左侧窗口中，找到并展开 "DSP Builder for Intel FPGAs-Advanced Blockset" 选项。在展开项中，找到并选中 "Design Configuration" 选项。在该页面的右侧窗口中，找到并将名字为 "Control" 和 "Device" 的元器件符号拖曳到设计界面中。

(3) 双击设计界面中名字为 "Control" 的元器件符号，弹出 "DSP Builder for Intel FPGAs Blockset-Settings" 对话框。在该对话框中，单击 "General" 标签。在该标签页中，勾选 "Generate hardware" 前面的复选框。

(4) 双击设计界面中名字为 "Device" 的元器件符号，弹出 "DSP Builder-Device Parameters" 对话框。在该对话框中，按如下设置参数。

① Device Family：Cyclone 10 GX。
② Family member：10CX085YU484E6G。
③ Speed grade：6。

(5) 单击 "OK" 按钮，退出 "DSP Builder-Device Parameters" 对话框。

(6) 在 Simulink Library Browser 页面的左侧窗口中，找到并展开 "DSP Builder for Intel FPGAs-Advanced Blockset" 选项。在展开项中，找到并展开 "Primitives" 选项。在展开项中，找到并选中 "Primitve Configuration" 选项。在该页面的右侧窗口中，找到并将名字为 "GPIn"、"GPOut" 和 "SynthesisInfo" 的元器件符号拖曳到设计界面中。

(7) 在 Simulink Library Browser 页面的左侧窗口中，找到并展开 "Simulink" 选项。在展开项中，找到并选中 "Commonly Used Blocks" 选项。在该页面的右侧窗口中，找到并将名字为 "Constant" 的元器件符号拖曳到设计界面中。

(8) 双击设计界面中名字为 "Constant" 的元器件符号，弹出 "Block Parameters：Constant" 对话框。在该对话框中，按如下设置参数。

① 单击 "Main" 标签。在该标签页下，将 "Constant value" 设置为 0.0078125。
② 单击 "Signal Attributes" 标签。在该标签页下，单击 "Output data type" 文本框右侧的 >> 按钮，按如下设置参数。

① Mode：Fixed point。
② Signedness：Signed。
③ Word length：12。
④ Scaling：Binary point。
⑤ Fraction length：12。

(9) 单击 "OK" 按钮，退出 "Block Parameters：Constant" 对话框。

(10) 在 Simulink Library Browser 页面的左侧窗口中，找到并展开 "DSP Builder for Intel FPGAs-Advanced Blockset" 选项。在展开项中，找到并展开 "Primitive" 选项。在展开项中，找到并选中 "Primitive Basic Blocks" 选项。在该页面的右侧窗口中，找到并将名字为 "BitExtract" 和 "ReinterpretCast" 的元器件符号拖曳到设计界面中。

(11) 双击设计界面中名字为 "BitExtract" 的元器件符号，弹出 "Block Parameters：

BitExtract"对话框。在该对话框中，按如下设置参数。

① Output data type mode：Specify via dialog。

② Output data type ufix(8)。

③ Output scaling value：1。

④ Least Significant Bit Position from Input Word：0。

(12) 单击"OK"按钮，退出"Block Parameters：BitExtract"对话框。

(13) 双击设计界面中名字为"ReinterpretCast"的元器件符号，弹出"Block Parameters：ReinterpretCast"对话框。在该对话框中，按如下设置参数。

① Output data type mode：Specify via dialog。

② Output data type sfix(8)。

③ Output scaling value：2^-6。

(14) 单击"OK"按钮，退出"Block Parameters：ReinterpretCast"对话框。

(15) 在Simulink Library Browser页面的左侧窗口中，找到并展开"Simulink"选项。在展开项中，找到并选中"Sinks"选项。在该页面的右侧窗口中，找到并将名字为"Display"的元器件符号拖曳到设计界面中。

(16) 按图9.77调整设计中所用元器件的布局。

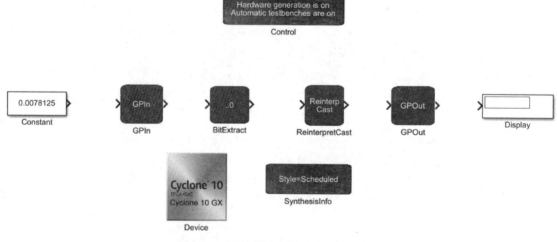

图9.77 调整设计中所用元器件的布局

(17) 按图9.78将设计中的元器件连接在一起。

(18) 按图9.79所示，选中阴影区中所有的元器件，单击鼠标右键，出现浮动菜单。在浮动菜单内，选择"Create Subsystem from Selection"选项，创建名字为"Subsystem"的子系统，然后将该子系统的名字改为"Unpadding"，如图9.80所示。

(19) 在设计界面工具栏中名字为"Simulation stop time"的文本框中输入10.0。

(20) 在设计界面工具栏中，单击"Run"按钮 ⊙，对该设计执行Simulink仿真。

(21) 当仿真结束时，设计界面中的Display元器件符号上显示0.5。

(22) 关闭该设计模型。

第 9 章 FIR 和 IIR 滤波器原理及实现　　441

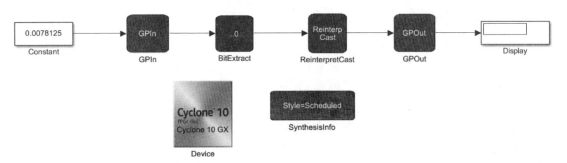

图 9.78　将设计中的元器件连接在一起

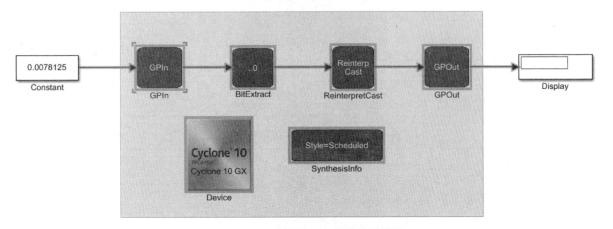

图 9.79　选中阴影区中所有的元器件

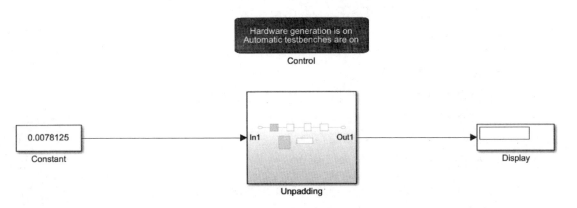

图 9.80　将 Subsystem 子系统的名字改为"Unpadding"

9.6.6 地址生成器子系统的设计

本小节将介绍如何基于可重加载计数器设计地址生成器子系统。

1. 可重加载计数器原理

DSP Builder for Intel FPGAs-Advanced Blockset 中提供了可重加载计数器（LoadableCounter）块，该块维护着一个计数器，你可以根据需要在线重新加载新的参数。计数器的值可以在使能输入为高的每个周期以步长值递增。如果计数器超过或等于模值，或者在负的步进值情况下发生下溢，则计数器会回卷到零或该值减去模值（如果适用）。当前计数器的值始终可以从块的唯一输出中获得。

内部寄存器保存计数器的值、模和步长，这些寄存器在复位时的值是可以在块上设置的。此外，你可以将 ld 信号升为高电平以在电路中用新值重新加载这些寄存器。当 ld 为高电平时，DSP Builder 将 i、s 和 m 输入信号的值分别写入值寄存器、步长寄存器和模寄存器。i 的值传递到计数器输出。当 ld 再次变低时，计数器将从这些新值开始恢复其正常操作。

如果初始值或步长值超过模值，则行为不确定。使用带符号的步长值会增加硬件中逻辑资源的使用率。

可重加载计数器的参数如表 9.3 所示，其接口信号如表 9.4 所示。

表 9.3 可重加载计数器的参数

参　　数	描　　述
Counter setup	一个向量，用于指定在复位时的计数器设置，其格式如下： [<初始值> <模> <步长>]

表 9.4 可重加载计数器的接口信号

信号	方向	类型	描　　述	支持向量数据	支持复数数据
en	输入	布尔	使能计数器	是	否
ld	输入	布尔	加载计数器	是	否
i	输入	任何无符号整数	加载新的初始值	是	否
s	输入	任何整数	加载新的步长值	是	否
m	输入	任何非零无符号整数	加载新的模值	是	否
q	输出	无符号整数	计数器的值	是	否

2. 构建地址生成器子系统

本部分将介绍如何构建地址生成器子系统，主要步骤如下。

（1）按 9.5.2 小节的方法启动 DSP Builder，并打开一个空白的设计界面，以及 Simulink Library Browser 页面。调整空白设计界面和 Simlink Library Browser 页面的大小与位置，使得 Simulink Library Browser 页面位于电脑屏幕的左侧，空白设计界面位于电脑屏幕的右侧。

> **注**：在 MATLAB 主界面的主页标签下，将路径设置为 E:\intel_dsp_example\example_9_2\lab3，并且将该设计文件命名为"counter_enable.slx"。

(2) 在 Simulink Library Browser 页面的左侧窗口中,找到并展开 "DSP Builder for Intel FPGAs-Advanced Blockset" 选项。在展开项中,找到并选中 "Design Configuration" 选项。在该页面的右侧窗口中,找到并将名字为 "Control" 和 "Device" 的元器件符号拖曳到设计界面中。

(3) 双击设计界面中名字为 "Control" 的元器件符号,弹出 "DSP Builder for Intel FPGAs Blockset-Settings" 对话框。在该对话框中,单击 "General" 标签。在该标签页中,勾选 "Generate hardware" 前面的复选框。

(4) 双击设计界面中名字为 "Device" 的元器件符号,弹出 "DSP Builder-Device Parameters" 对话框。在该对话框中,按如下设置参数。

① Device Family: Cyclone 10 GX。

② Family member: 10CX085YU484E6G。

③ Speed grade: 6。

(5) 单击 "OK" 按钮,退出 "DSP Builder-Device Parameters" 对话框。

(6) 在 Simulink Library Browser 页面的左侧窗口中,找到并展开 "DSP Builder for Intel FPGAs-Advanced Blockset" 选项。在展开项中,找到并展开 "Primitives" 选项。在展开项中,找到并选中 "Primitve Configuration" 选项。在该页面的右侧窗口中,找到并将名字为 "SynthesisInfo" 的元器件符号拖曳到设计界面中。

(7) 在 Simulink Library Browser 页面的左侧窗口中,找到并展开 "DSP Builder for Intel FPGAs-Advanced Blockset" 选项。在展开项中,找到并展开 "Primitives" 选项。在展开项中,找到并选中 "Primitve Basic Blocks" 选项。在该页面的右侧窗口中,找到并将名字为 "Counter" 的元器件符号分 2 次分别拖曳到设计界面中。

(8) 重复步骤 (7),将名字为 "Const" 的元器件符号分 5 次分别拖曳到设计界面中。

(9) 重复步骤 (7),将名字为 "CmpEQ" 的元器件符号分 2 次分别拖曳到设计界面中。

(10) 重复步骤 (7),将名字为 "LoadableCounter" 的元器件符号拖曳到设计界面中。

(11) 重复步骤 (7),将名字为 "Not" 的元器件符号拖曳到设计界面中。

(12) 重复步骤 (7),将名字为 "SampleDelay" 的元器件符号拖曳到设计界面中。

(13) 重复步骤 (6),将名字为 "GPOut" 的元器件符号分 3 次拖曳到设计界面中。

(14) 在 Simulink Library Browser 页面的左侧窗口中,找到并展开 "Simulink" 选项。在展开项中,找到并选择 "Commonly Used Blocks" 选项。在该页面的右侧窗口中,找到并将名字为 "Constant" 的元器件符号拖曳到设计界面中。

(15) 在 Simulink Library Browser 页面的左侧窗口中,找到并展开 "Simulink" 选项。在展开项中,找到并选择 "Sinks" 选项。在该页面的右侧窗口中,找到并将名字为 "Scope" 的元器件符号拖曳到设计界面中。

(16) 双击设计界面中名字为 "Counter" 的元器件符号,弹出 "Block Parameters: Counter" 对话框。在该对话框中,按如下设置参数。

① Output data type mode: Specify via dialog。

② Output data type ufix(8)。

③ Output scaling value: 2^-0。

④ Counter setup：[-1 92 1]。

(17) 单击"OK"按钮，退出"Block Parameters：Counter"对话框。

(18) 双击设计界面中名字为"Counter1"的元器件符号，弹出"Block Parameters：Counter1"对话框。在该对话框中，按如下设置参数。

① Output data type mode：Specify via dialog。

② Output data type ufix(8)。

③ Output scaling value：2^-0。

④ Counter setup：[-1 92 1]。

(19) 单击"OK"按钮，退出"Block Parameters：Counter1"对话框。

(20) 双击设计界面中名字为"Const"的元器件符号，弹出"Block Parameters：Const"对话框。在该对话框中，按如下设置参数。

① Output data type mode：boolean。

② Value：1。

(21) 单击"OK"按钮，退出"Block Parameters：Const"对话框。

(22) 双击设计界面中名字为"Const1"的元器件符号，弹出"Block Parameters：Const1"对话框。在该对话框中，将"Value"设置为92。

(23) 单击"OK"按钮，退出"Block Parameters：Const1"对话框。

(24) 双击设计界面中名字为"Const2"的元器件符号，弹出"Block Parameters：Const2"对话框。在该对话框中，将"Value"设置为1。

(25) 单击"OK"按钮，退出"Block Parameters：Const2"对话框。

(26) 双击设计界面中名字为"Const3"的元器件符号，弹出"Block Parameters：Const3"对话框。在该对话框中，将"Value"设置为184。

(27) 单击"OK"按钮，退出"Block Parameters：Const3"对话框。

(28) 双击设计界面中名字为"Const4"的元器件符号，弹出"Block Parameters：Const4"对话框。在该对话框中，按如下设置参数。

① Output data type mode：boolean。

② Value：1。

(29) 单击"OK"按钮，退出"Block Parameters：Const4"对话框。

(30) 双击设计界面中名字为"Const5"的元器件符号，弹出"Block Parameters：Const5"对话框。在该对话框中，按如下设置参数。

① Output data type mode：Specify via dialog。

② Output data type ufix(8)。

③ Output scaling value：2^-0。

④ Value：91。

(31) 单击"OK"按钮，退出"Block Parameters：Const5"对话框。

(32) 双击设计界面中名字为"LoadableCounter"的元器件符号，弹出"Block Parameters：LoadableCounter"对话框。在该对话框中，按如下设置参数。

① Output data type mode：Specify via dialog。

② Output data type ufix(8)。

第 9 章 FIR 和 IIR 滤波器原理及实现

③ Ouput scaling value：2^-0。

④ Counter setup：[92 184 1]。

(33) 单击"OK"按钮，退出"Block Parameters：LoadableCounter"对话框。

(34) 双击设计界面中名字为"Constant"的元器件符号，弹出"Block Parameters：Constant"对话框。在该对话框中，按如下设置参数。

① 单击"Main"标签。在该标签页下，将"Constant value"设置为 183，将"Sample time"设置为 1。

② 单击"Signal Attributes"标签。在该标签页下，单击"Output data type"文本框右侧的 >> 按钮，将"Mode"设置为 Fixed point，将"Signedness"设置为 Unsigned，将"Word length"设置为 8，将"Scaling"设置为 Binary point，将 Fraction length 设置为 0。

(35) 单击"OK"按钮，退出"Block Parameters：Constant"对话框。

(36) 按图 9.81 所示，调整设计中元器件的布局。

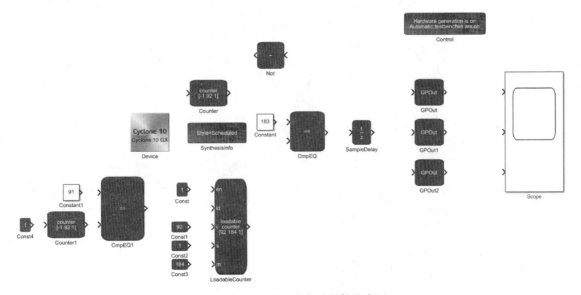

图 9.81 调整设计中元器件的布局

(37) 按图 9.82 所示，将设计中的元器件连接在一起。

(38) 按图 9.83 所示，选中阴影区域中所有的元器件，单击鼠标右键，出现浮动菜单。在浮动菜单中，选择"Create Subsystem from Selection"选项，创建名字为"Subsystem"的子系统，并将该子系统的名字改为"AddrGen"，如图 9.84 所示。

(39) 在设计界面工具栏中名字为"Simulation stop time"的文本框中输入 200.0。

(40) 在设计界面工具栏中，单击"Run"按钮 ▶，对该设计执行 Simulink 仿真。

(41) 仿真结束后，双击设计界面中名字为"Scope"的元器件符号，仿真结果如图 9.85 所示。

(42) 关闭该设计模型。

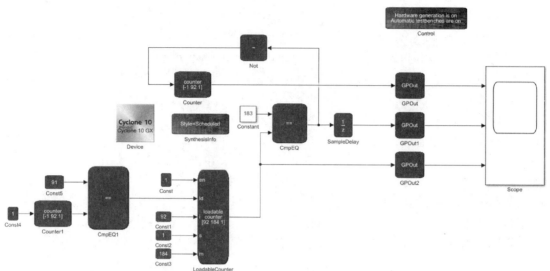

图 9.82 将设计中的元器件连接在一起

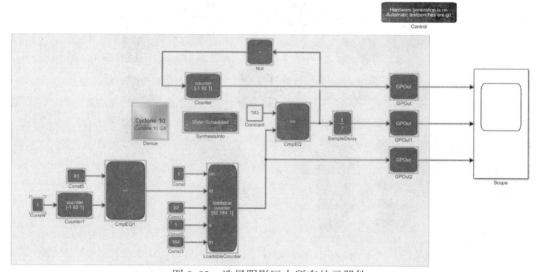

图 9.83 选择阴影区中所有的元器件

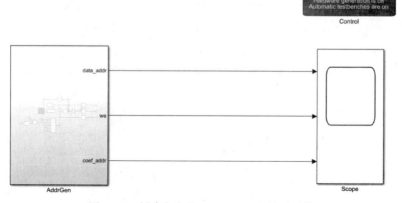

图 9.84 创建名字为"AddrGen"的子系统

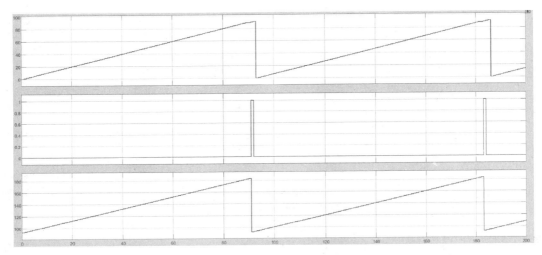

图 9.85 仿真结果（反色显示）

9.6.7 完整串行 MAC FIR 数字滤波器模型的设计

本小节将介绍如何在前面子系统设计的基础上构建一个完整的串行 MAC FIR 数字滤波器。

1. 双端口存储器原理

DSP Builder for Intel FPGAs-Advanced Blockset 中提供了双端口存储器（Dual Memory，DualMem）块，该块为双端口存储器结构建模。你可以读或写第一个数据接口（输入 d、a 和 w），第二个数据接口（在第二个地址输入上指定）是只读的。可以通过初始化数组的大小来推断出存储器的大小。

存储器写周期中的读行为取决于你要读取的接口，即

（1）当写接口 1 时，从 q1 读取，在 q1 上输出新数据（write-first 行为）。

（2）当写接口 1 时，从 q2 读取，在 q2 上输出旧的数据（read-first 行为）。

勾选"DON'T_CARE"选项可能会为你的设计提供更高的 f_{MAX}，特别是你使用 MLAB 实现存储器时。勾选该选项时，不会将输出寄存两次（因此，在 MLAB 实现中，使用较少的外部寄存器），并且你将在输出上获得额外的半个周期。在块符号上覆盖该选项字样时，表示当前设置为"DON'T CARE"。默认不勾选该选项，在写入期间读取时输出旧的数据。

DualMem 块的参数如表 9.5 所示。

表 9.5 DualMem 块的参数

参　数	描　述
Out data type mode （输出数据类型模式）	确定块如何设置其输出类型。 （1）Inherit via internal rule（通过内部规则继承）：整数和小数位是输入数据类型中位数的最大值。 （2）Specify via dialog（通过对话框指定）：当选择该选项时，使用可用的其他字段，可以显式设置块的输出类型。该选项根据指定的类型重新解释 LSB 的输出位模式。 （3）Boolean（布尔）：输出类型是布尔

续表

参　数	描　述
Output data type（输出数据类型）	指定输出数据类型。例如，sfix(16)，uint (8)
Output scaling value（输出标定值）	指定输出标定值。例如，2^-15
Initial contents（初始化内容）	指定初始化数据。一维数组的大小决定了存储器的大小。当指定任意高精度的数据时，该参数也可能是 fi 对象
Use DONT_CARE when reading form and writing to the same address（当读和写相同地址时，使用DON'T_CARE）	勾选该选项将产生更快的硬件（更高的 f_{MAX}），但是如果你对相同的地址同时执行读写操作时，硬件读取的数据不确定。确保不要同时读写相同的地址，以保证有效的读取数据
Allow write on both ports（允许写所有端口）	在 v15.0 之前的版本中，你可以在第一个端口上进行读写操作，但是在第二个端口上只能进行读操作。从 v15.0 版本开始，当你勾选该选项时，可以在所有端口上执行读写操作

你可以使用下面的其中一种方法指定 DualMem 块的内容，包括：

（1）使用单个行或列向量指定表内容。一维行或列向量的长度确定表中可寻址入口的数量。如果 DSP Builder 从表中读取向量数据，则给定向量的所有元器件共享相同的值。

（2）当查找表包含向量数据时，你可以提供一个矩阵来指定表的内容。矩阵中的行数确定表中可寻址选项的个数。每行指定相应表入口的向量内容。列数必须与向量长度匹配，否则 DSP Builder 会产生错误。

当指定掩码（Mask）时，每个 Primitive 库块都接受双精度浮点值，这种格式将精度限制为不超过 53 位，这对于大多数块来说已经足够了。为了获得更高的精度，Const、DualMem 或 LUT 块可以选择使用 Simulink 的 Fixed Point 数据类型接受值。例如：

$$constValue = fi(0.142, 1, 16, 5)$$

$$vectorValue = fi(sin([0:10]'), 1, 18, 15)$$

要用精度高于 IEEE 双精度的数据配置 Const、DualMem 或 LUT，请创建包含更高精度数据所需精度的 fi 对象。创建该对象时避免截断。使用 fi 对象指定 Const 的值、DualMem 块的初始化内容，或者 LUT 块的输出值映射。

DualMem 块的接口信号如表 9.6 所示。

表 9.6　DualMem 块的接口信号

信号	方向	类型	描　述	支持矢量数据	支持复数数据
d	输入	任何定点类型	写到接口 1 的数据	是	是
a	输入	无符号整数	接口 1 的读/写地址	是	否
w	输出	布尔型	当为"1"时，使能写接口 1 操作；当为"0"时，使能读接口 1 操作	是	否
a	输入	无符号整数	接口 2 的读地址	是	否
q1	输出	定点类型	从接口 1 的数据输出[1]	是	是
q2	输出	定点类型	从接口 2 的数据输出[2]	是	是

注：(1) 如果接口1的地址超过了存储器的大小，则q1未确定；

(2) 如果接口2的地址超过了存储器的大小，则q2未确定。当DSP Builder从q2读取时，对相同的位置进行写操作时，你必须在所有的接口提供相同的地址。

2. 生成和保存滤波器系数

本部分将介绍如何生成滤波器系统和设置系统的采样率，主要步骤如下。

(1) 在Windows 10操作系统桌面，选择开始→Intel FPGA 19.4.0.64 Pro Edition→DSP Builder-Start in MATLAB R2019a，启动MATLAB R2019a（以下简称MATLAB）集成开发环境。

(2) 在MATLAB主界面下，单击"APP"标签。在该标签页中，找到并单击"Filter Designer"按钮，如图9.86所示。

图9.86 单击"Filter Designer"按钮

(3) 弹出Filter Designer页面，如图9.87所示，按如下设置参数。

① 选择"Bandpass"前面的复选框。

② 选择"FIR"前面的复选框，在"FIR"右侧的下拉框中选择"Equiripple"。

③ 选择"Minimum order"前面的复选框。

④ Density Factor：16。

⑤ Unit：kHz。

⑥ Fs：1500。

⑦ Fstop1：270。

⑧ Fpass1：300。

⑨ Fpass2：450。

⑩ Fstop2：480。

⑪ Units：dB。

⑫ Astop1：54。

⑬ Apass：1。

⑭ Astop2：54。

(4) 单击图9.87中的"Design Filter"按钮，该滤波器的幅度-频率响应特性如图9.88所示。

(5) 在Filter Designer页面的主菜单下，选择File→Export。

(6) 弹出"Export"对话框，如图9.89所示。在该对话框中，按如下设置参数。

① Export As：Coefficients（通过下拉框设置）。

② Numerator：coef（通过文本框输入）。

(7) 单击"Export"按钮，将生成的滤波器系数导出到工作空间。

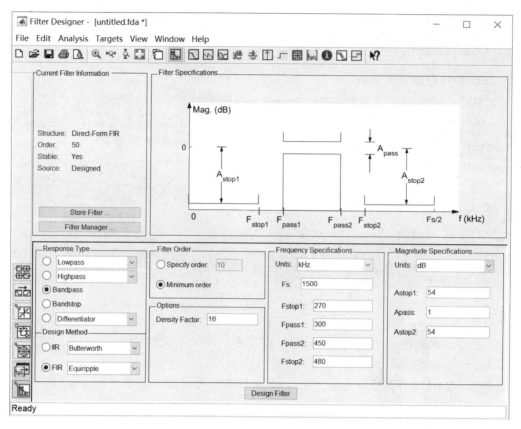

图 9.87　Filter Designer 页面

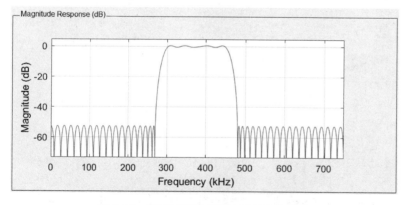

图 9.88　该滤波器的幅度-频率响应特性

图 9.89　"Export"对话框

(8) 关闭 Filter Designer 页面。

(9) 弹出"FDATool"对话框。在该对话框中，提示"Save untitled session before closing?"信息。单击"否"按钮，退出"FDATool"对话框。

思考与练习9-5：在 MATLAB 主界面命令行提示符"≫"的后面键入"coef"，以查看生成的滤波器系数。

第 9 章　FIR 和 IIR 滤波器原理及实现　　451

思考与练习 9-6：在 MATLAB 主界面命令行提示符"≫"的后面分别键入"max(coef)"和"min(coef)"命令,查看系数的取值范围。

（10）将工作空间的数据以数组名 coef 的方式保存在 E:\intel_example\example_9_2\lab4 工作路径,文件名为"load_coef.m"（精度只保留小数后的 6 位）。

3. 建立新的设计模型

本部分将介绍如何建立新的设计模型,主要步骤如下。

（1）按 9.5.2 小节的方法启动 DSP Builder,并打开一个空白的设计界面,以及 Simulink Library Browser 页面。调整空白设计界面和 Simlink Library Browser 页面的大小与位置,使得 Simulink Library Browser 页面位于电脑屏幕的左侧,空白设计界面位于电脑屏幕的右侧。

> **注**：在 MATLAB 主界面的主页标签下,将路径设置为 E:\intel_dsp_example\example_9_2\lab4,并且将该设计文件命名为"mac_bandpass.slx"。

（2）在设计界面的主菜单下,选择 File→Model Properties→Model Properties。

（3）弹出"Model Properties"对话框。在该对话框中,单击"Callbacks"标签。在该标签页的左侧窗口中,找到并选中"InitFcn"选项。在该标签页的右侧窗口中,输入下面的命令：

```
Ts = 1/1500000;
load_coef;
```

（4）单击"OK"按钮,退出"Model Properties"对话框。

4. 构建串行 MAC FIR 数字滤波器模型

本部分将介绍如何构建串行 MAC FIR 数字滤波器模型,主要步骤如下。

（1）在 Simulink Library Browser 页面的左侧窗口中,找到并展开"DSP Builder for Intel FPGAs-Advanced Blockset"选项。在展开项中,找到并选中"Design Configuration"选项。在该页面的右侧窗口中,选中并将名字为"Control"的元器件符号拖曳到设计界面中。

（2）双击设计界面中名字为"Control"的元器件符号,弹出"DSP Builder for Intel FPGAs Blockset-Settings"对话框。在该对话框中,按如下设置参数。

① 单击"General"标签。在该标签页中,勾选"Generate hardware"前面的复选框,将"Hardware destination directory"设置为 rtl。

② 单击"Clock"标签。在该标签页中,将"Clock Frequency(MHz)"设置为 1.5。

（3）单击"OK"按钮,退出"DSP Builder for Intel FPGAs Blockset-Settings"对话框。

（4）在 Simulink Library Browser 页面的左侧窗口中,找到并展开"DSP Builder for Intel FPGAs-Advanced Blockset"选项。在展开项中,找到并展开"Primitives"选项。在展开项中,找到并选中"Primitive Configuration"选项。在该页面的右侧窗口中,找到并将名字为"SynthesisInfo"的元器件符号拖曳到设计界面中。

（5）在 Simulink Library Browser 页面的左侧窗口中,找到并展开"Simulink"选项。在展开项中,找到并选中"Sources"选项。在该页面的右侧窗口中,找到并将名字为"Step"的元器件符号拖曳到设计界面中。

（6）双击设计界面中名字为"Step"的元器件符号,弹出"Block Parameters：Step"对话框。在该对话框中,按如下设置参数。

① Step time:1 * Ts。

② Sample time:Ts。

(7) 单击"OK"按钮,退出"Block Parameters:Step"对话框。

(8) 在 Simulink Library Browser 页面的左侧窗口中,找到并展开"Simulink"选项。在展开项中,找到并选中"Commonly Used Blocks"选项。在该页面的右侧窗口中,找到并将名字为"Data Type Conversion"的元器件符号拖曳到设计界面中。

(9) 双击设计界面中名字为"Data Type Conversion"的元器件符号,弹出"Block Parameters:Data Type Conversion"对话框。在该对话框中,单击"Output data type"下拉框右侧的 >> 按钮。在展开的界面中,按如下设置参数。

① Signedness:Signed。

② Word length:8。

③ Scaling:Binary point。

④ Fraction length:6。

(10) 单击"OK"按钮,退出"Block Parameters:Data Type Conversion"对话框。

(11) 重复步骤 (4),找到并将名字为"GPIn"的元器件符号拖曳到设计界面中。

(12) 在 Simulink Library Browser 页面的左侧窗口中,找到并展开"DSP Builder for Intel FPGAs-Advanced Blockset"选项。在展开项中,找到并展开"Primitives"选项。在展开项中,找到并选中"Primitive Basic Blocks"选项。在该页面的右侧窗口中,找到并将名字为"SampleDelay"的元器件符号拖曳到设计界面中。

(13) 在 Simulink Library Browser 页面的左侧窗口中,找到并展开"DSP System Toolbox"选项。在展开项中,找到并选中"Signal Operations"选项。在该页面的右侧窗口中,找到并将名字为"Upsample"的元器件符号拖曳到设计界面中。

(14) 双击设计界面中名字为"Upsample"的元器件符号,弹出"Block Parameters:Upsample"对话框。在该对话框中,按如下设置参数。

① Upsample factor,L:2。

② Input processing:Elements as channels (sample based)。

(15) 单击"OK"按钮,退出"Block Parameters:Upsample"对话框。

(16) 按图9.90所示,调整前面元器件的布局,并将其连接在一起。

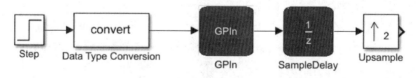

图9.90 调整元器件的布局,并连接元器件 (1)

(17) 将前面设计的数据组合逻辑子系统复制粘贴到当前设计界面中。

(18) 将前面设计的地址生成器子系统复制粘贴到当前设计界面中。

(19) 重复步骤 (12),将名字为"Const"的元器件符号分2次分别拖曳到设计界面中。

(20) 将前面设计的数据拆分逻辑子系统复制粘贴到当前设计界面中。

(21) 重复步骤 (12),将名字为"DualMem"的元器件符号拖曳到设计界面中。

(22) 双击设计界面中名字为"DualMem"的元器件符号,弹出"Block Parameters:DualMem"对话框。在该对话框中,按如下设置参数。

① Output data type mode：Specify via dialog。

② Output data type sfix(12)。

③ Output scaling value：2^-12。

④ Initial contents：[zeros(1, length(coef)) coef']。

⑤ 勾选"Use DONT_CARE when reading from and writing to the same address"前面的复选框。

⑥ 勾选"Allow write on both Ports"前面的复选框。

(23) 单击"OK"按钮,退出"Block Parameters:DualMem"对话框。

(24) 将前面设计的乘和累加子系统复制粘贴到当前设计界面中。

(25) 按图 9.91 所示,调整上面元器件和子系统的布局,将它们连接在一起,然后与图 9.90 给出的子系统连接。

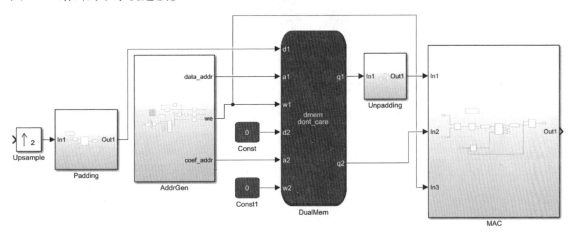

图 9.91　调整元器件的布局,并连接元器件 (2)

(26) 双击图 9.91 中名字为"Padding"的子系统符号,打开其内部结构,按图 9.92 修改其内部结构。

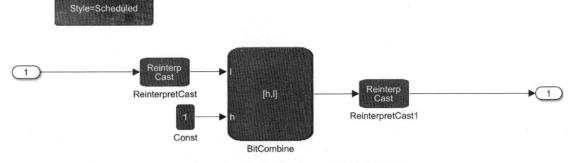

图 9.92　修改后的 Padding 子系统的内部结构

（27）双击图 9.91 中名字为"AddrGen"的子系统符号，打开其内部结构，按图 9.93 修改其内部结构。

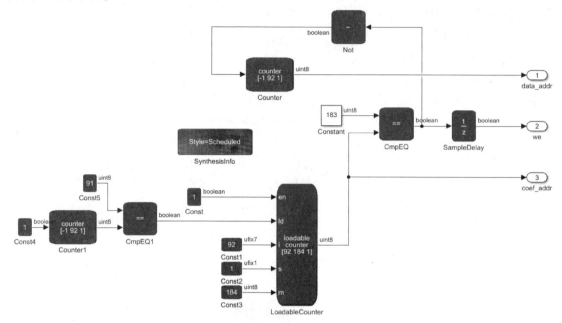

图 9.93　修改后的 AddrGen 子系统的内部结构

（28）双击图 9.91 中名字为"MAC"的子系统符号，打开其内部结构，按图 9.94 修改其内部结构。

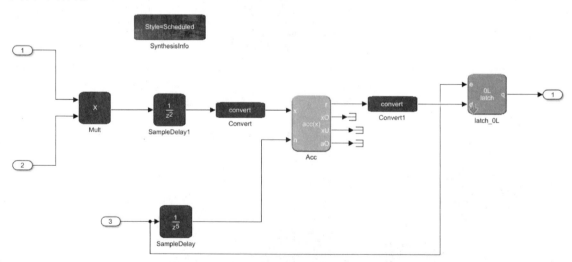

图 9.94　修改后的 MAC 子系统的内部结构

注：修改后的 MAC 子系统内使用了 DSP Builder for Intel FPGAs-Advanced Blockset 库中的零延迟锁存器（zero-latency latch，latch_0L）块，该块使能信号立即对输出产生影响。

当使能信号为高时,数据直接通过。当使能变为低电平时,latch_0L 块输出并保持前一个周期的数据输入。在该块接口中,e 信号是类型为 ufix(1) 的使能信号。当 e 为高电平时,该块将数据从输入 d 馈送到输出 q;当 e 信号为低电平时,该块保持最后的输出。

(29) 双击图 9.91 中名字为"Unpadding"的子系统符号,打开其内部结构,按图 9.95 修改其内部结构。

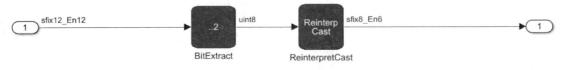

图 9.95 修改后的 Unpadding 子系统的内部结构

(30) 重复步骤 (13),找到并将名字为"Downsample"的元器件符号拖曳到设计界面中。

(31) 双击设计界面中名字为"Downsample"的元器件符号,弹出"Block Parameters:Downsample"对话框。在该对话框中,按如下设置参数。

① Downsample factor,K:2。

② Input processing:Elements as channels (sample based)。

(32) 单击"OK"按钮,退出"Block Parameters:Downsample"对话框。

(32) 重复步骤 (12),找到并将名字为"SampleDelay"的元器件符号拖曳到设计界面中。

(33) 在设计界面中双击 SampleDelay 元器件符号,弹出"Block Parameters:SampleDelay1"对话框。在该对话框中,将"Number of delay"设置为 400。

(34) 重复步骤 (4),找到并将名字为"GPOut"的元器件符号拖曳到设计界面中。

(35) 在 Simulink Library Browser 页面的左侧窗口中,找到并展开"Simulink"选项。在展开项中,找到并选中"Sinks"选项。在该页面的右侧窗口中,找到并将名字为"Scope"的元器件符号拖曳到设计界面中。

(36) 双击设计界面中名字为"Scope"的元器件符号,弹出 Scope 页面。在该页面中,按如下设置参数。

① 在主菜单下,选择 File→Number of Input Ports→2。

② 在主菜单下,选择 View→Layout...,出现浮动界面。在该界面中,设置显示仿真结果的布局。

(37) 按图 9.96 调整元器件的布局,然后将元器件连接起来,最后将其和图 9.91 给出的系统连接在一起。

(38) 在图 9.97 所示的设计界面中,选中阴影区域中所有的元器件,单击鼠标右键,出现浮动菜单。在浮动菜单内,选择"Create Subsystem from Selection"选项,创建名字为"Subsystem"的子系统。

(39) 将子系统的名字改为"MAC Serial MAC Filter",如图 9.98 所示为包含 MAC Serial MAC Filter 子系统的完整串行 MAC FIR 数字滤波器设计模型。

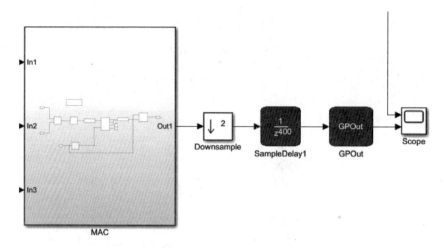

图 9.96　调整元器件的布局并连接元器件（3）

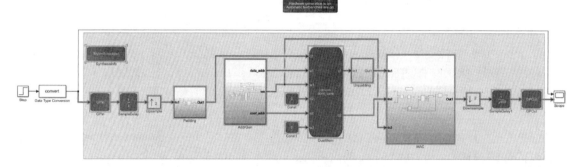

图 9.97　选中阴影区域中所有的元器件

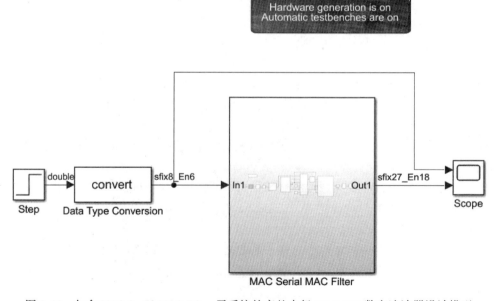

图 9.98　包含 MAC Serial MAC Filter 子系统的完整串行 MAC FIR 数字滤波器设计模型

（40）在当前设计界面工具栏中名字为"Simulation stop time"的文本框中输入 100 * Ts。

（41）在当前设计界面的工具栏中单击名字为"Run"的按钮 ▶，对该设计执行 Simulink 仿真。

（42）双击图 9.98 中名字为"Scope"的元器件符号，打开 Scope 页面。该页面将给出设计的仿真结果，如图 9.99 所示。

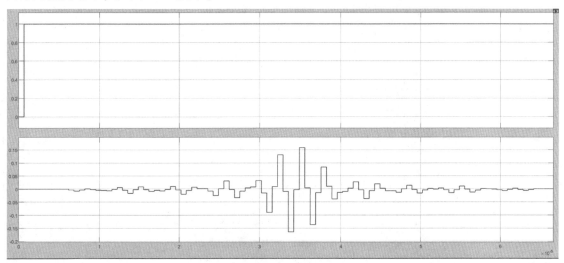

图 9.99 设计的仿真结果（反色显示）

（43）关闭该设计模型。

9.7 基于 FIR IP 核的滤波器设计

本节将介绍如何使用 DSP Builder for Intel FPGAs-Advanced Blockset→IP→Channel Filter And Waveform 库中的 SingleRateFIR IP 核构造一个滤波器模型。

9.7.1 SingleRateFIR IP 原理

SingleRateFIR 块可直接从 Simulink 模型中设置各种参数来实现高效的多通道有限冲激响应滤波器。存储器映射的接口允许你直接读写系数，从而简化系统集成。SigngleRateFIR 块对多通道数据流执行过滤，并以增加的采样率生成输出数据流。

你可以在数字上变频器（Digital Up Converter，DUC）中将 SingleRateFIR 块用于射频系统或通用 DSP 应用。系数核输入的数据是定点类型的，其输出是隐含的全精度定点类型。你可以通过使用单独的 Scale 块来降低精度，该块可以执行舍入和饱和操作以提供所需的输出精度。

SingleRateFIR 块的参数如表 9.7 所示，该块的端口接口如表 9.8 所示。

表 9.7 SingleRateFIR 块的参数

参　数	描　述
Input rate per channel	指定每个通道输入数据的采样率，以每秒百万个采样（Samples Per Second，MSPS）度量

续表

参　数	描　述
Number of channels	指定要处理通道的个数
Symmetry	可以选择对称（symmetrical）的或反对称（anti-symmetrical）的系数。与非对称系数相比，对称系数可以节省硬件资源
Coefficient	你可以使用 Simulink 定点对象 fi(0) 指定滤波器系数。定点对象的数据类型确定系数的宽度和格式。数组的长度决定了滤波器的长度，如 fi(fir1(49,0.3),1,18,19)
Base address	你可以将滤波器的系数映射到系统的地址空间中。该字段确定系数的起使地址。它被指定为 MATLAB double 类型（十进制整数），但是如果需要，你可以使用 MATLAB 表达式指定十六进制或八进制类型
Read/Write mode	允许你从系统接口读（read）、写（write）或读/写（read/write）访问。选择 Constant（常数）时，将系数映射到系统地址空间
Expose Avalon-MM Slave in Simulink	允许你在没有 Qsys 的情况下重新配置系数。此外，它还允许你同时对多个 FIR 数字滤波器进行重新编程。使能该选项时，将在 Simulink 中将 Avalon-MM 输入和输出显示为常规端口
Reconfigurable channels	打开可重配置的 FIR 数字滤波器
Channel mapping	输入参数作为可重配置 FIR 数字滤波器的 2 维（2D）数组。每行代表一个模式；行中的每个入口代表该时隙上的通道输入。例如，[0,0,0,0;0,1 2,3] 给出第二行的第一个元素为 0，这意味着当 FIR 设置为模式 1 时，DSP Builder 在第一个周期处理通道 0

表 9.8　SingleRateFIR 块的端口接口

信号	方向	描　述
a	输入	输入到该块的定点数据。如果你请求的通道数量超出一条总线上的容量，则该信号为矢量。以位为单位的宽度是从输入线继承的
v	输入	指示数据输入信号的有效性。如果 v 为高，则线上的数据有效
c	输入	指示数据输入信号的通道。如果 v 为高，则 c 表示数据对应的通道
m	输入	表示可重新配置的滤波器
b	输入	表示多组滤波器
q	输出	从块输出的定点滤波数据。如果你请求的通道数量超过一条总线上的容量，则该信号为矢量。以位为单位的宽度是输入以位为单位的宽度和参数设置的函数
v	输出	指示输出信号的有效性。当 v 为低时，输出数据可以是非零的
c	输出	指示数据输出信号的通道。当 v 为低时，输出数据可以是非零的

9.7.2　建立新的设计模型

本小节将介绍如何建立新的设计模型，主要步骤如下。

（1）将 E:\intel_dsp_example\example_9_2\lab4 路径下的 load_coef.m 文件复制到路径 E:\intel_dsp_example\example_9_3 下。

（2）按 9.5.2 小节的方法启动 DSP Builder，并打开一个空白的设计界面，以及 Simulink Library Browser 页面。调整空白设计界面和 Simlink Library Browser 页面的大小与位置，使得 Simulink Library Browser 页面位于电脑屏幕的左侧，空白设计界面位于电脑屏幕的右侧。

注：在 MATLAB 主界面的主页标签下，将路径设置为 E:\intel_dsp_example\example_9_3，并且将该设计文件命名为"bandpass_fir.slx"。

(3) 在设计界面的主菜单下,选择 File→Model Properties→Model Properties。

(4) 弹出"Model Properties"对话框。在该对话框中,单击"Callbacks"标签。在该标签页的左侧窗口中,找到并选中"InitFcn"选项。在该标签页的右侧窗口中,输入下面的命令:

```
clear;
Ts = 1/1500000;
load_coef;
```

(5) 单击"OK"按钮,退出"Model Properties"对话框。

9.7.3 构建基于 SingleRateFIR 块的滤波器模型

本小节将介绍如何构建基于 SingleRateFIR 块的滤波器模型,主要步骤如下。

(1) 在 Simulink Library Browser 页面的左侧窗口中,找到并展开"Simulink"选项。在展开项中,找到并选中"Sources"选项。在该页面的右侧窗口中,找到并将名字为"Random Number"的元器件符号拖曳到设计界面中。

(2) 双击设计界面中名字为"Random Number"的元器件符号,弹出"Block Parameters: Random Number"对话框。在该对话框中,按如下设置参数。

① Sample time:Ts。
② 其余按默认参数设置。

(3) 单击"OK"按钮,退出"Block Parameters: Random Number"对话框。

(4) 在 Simulink Library Browser 页面的左侧窗口中,找到并展开"DSP System Toolbox"选项。在展开项中,找到并选中名字为"Sources"的选项。在该页面的右侧窗口中,找到并将名字为"Chirp"的元器件符号拖曳到设计界面中。

(5) 双击设计界面中名字为"Chirp"的元器件符号,弹出"Block Parameters: Chirp"对话框。在该对话框中,按如下设置参数。

① Frequency sweep:Linear。
② Sweep mode:Unidirectional。
③ Initial frequency (Hz):0。
④ Target frequency (Hz):75000。
⑤ Target time (s):100。
⑥ Sweep time (s):100。
⑦ Initial phase (rad):0。
⑧ Sample time:Ts。
⑨ Sample per frame:1。
⑩ Output data type Double。

(6) 单击"OK"按钮,退出"Block Parameters: Chirp"对话框。

(7) 在 Simulink Library Browser 页面的左侧窗口中,找到并单击"Simulink"选项。在展开项中,找到并选中"Signal Routing"选项。在该页面的右侧窗口中,找到并将名字为"Manual Switch"的元器件符号拖曳到设计界面中。

(8) 在 Simulink Library Browser 页面的左侧窗口中,找到并展开"Simulink"选项。在

展开项中，找到并选中"Commonly Used Blocks"选项。在该页面的右侧窗口中，找到并将名字为"Data Type Conversion"的元器件符号拖曳到设计界面中。

（9）在设计界面中双击名字为"Data Type Conversion"的元器件符号，弹出"Block Parameters：Data Type Conversion"对话框。在该对话框中，单击"Output data type"下拉框右侧的 >> 按钮。在展开界面中，按如下设置参数。

① Signedness：Signed。

② Word length：8。

③ Scaling：Binary point。

④ Fraction length：6。

（10）单击"OK"按钮，退出"Block Parameters：Data Type Conversion"对话框。

（11）重复步骤（8），找到并将名字为"Constant"的元器件符号分2次分别拖曳到设计界面中。

（12）双击设计界面中名字为"Constant"的元器件符号，弹出"Block Parameters：Constant"对话框。在该对话框中，按如下设置参数。

① 单击"Main"标签。在该标签页中，将"Constant value"设置为1，将"Sample time"设置为Ts。

② 单击"Signal Attributes"标签。在该标签页中，将"Output data type"设置为boolean。

（13）单击"OK"按钮，退出"Block Parameters：Constant"对话框。

（14）双击设计界面中名字为"Constant1"的元器件符号，弹出"Block Parameters：Constant1"对话框。在该对话框中，按如下设置参数。

① 单击"Main"标签。在该标签页中，将"Constant value"设置为0，将"Sample time"设置为Ts。

② 单击"Signal Attributes"标签。在该标签页中，单击"Output data type"右侧的下拉框，在下拉框中选择uint8。

（15）单击"OK"按钮，退出"Block Parameters：Constant1"对话框。

（16）在Simulink Library Browser页面的左侧窗口中，找到并展开"DSP Builder for Intel FPGAs-Advanced Blockset"选项。在展开项中，找到并展开"IP"选项。在展开项中，找到并选中"Channel Filter And Waveform"选项。在该页面的右侧窗口中，找到并将名字为"SingleRateFIR"的元器件符号拖曳到设计界面中。

（17）双击设计界面中名字为"SingleRateFIR"的元器件符号，弹出"Block Parameters：SingleRateFIR"对话框。在该对话框中，按如下设置参数。

① Input Rate per Channel/MSPS：1.5。

② Number of Channels：1。

③ Symmetry：Symmetrical。

④ Coefficients：fi(coef, 1, 16, 14)。

⑤ Base Address：2048。

⑥ Read/WriteMode：Read/Write。

⑦ Filter Structure：Use All Taps。

⑧ 不勾选"Expose Avalon-MM Slave in Simulink"前面的复选框。

⑨ 不勾选"Reconfigurable Channels"前面的复选框。

（18）单击"OK"按钮，退出"Block Parameters：SingleRateFIR"对话框。

（19）在 Simulink Library Browser 页面的左侧窗口中，找到并展开"DSP System Toolbox"选项。在展开项中，找到并选中"Sinks"选项。在该页面的右侧窗口中，找到并将名字为"Spectrum Analyzer"的元器件符号分 2 次分别拖曳到设计界面中。

（20）在 Simulink Library Browser 页面的左侧窗口中，找到并展开"Simulink"选项。在展开项中，找到并选中"Sinks"选项。在该页面的右侧窗口中，找到并将名字为"Scope"的元器件符号拖曳到设计界面中。

（21）双击设计界面中名字为"Scope"的元器件符号，弹出 Scope 页面。在该页面中，按如下设置参数。

① 在主菜单下，选择 File→Number of Input Ports→4。

② 在主菜单下，选择 View→Layout…，出现浮动界面。在该界面中，设置显示仿真结果的布局。

（22）在 Simulink Library Browser 页面的左侧窗口中，找到并展开"DSP Builder for Intel FPGAs-Advanced Blockset"选项。在展开项中，找到并选中"Design Configuration"选项。在该页面的右侧窗口中，选中并将名字为"Control"和"Device"的元器件符号分别拖曳到设计界面中。

（23）双击设计界面中名字为"Control"的元器件符号，弹出"DSP Builder for Intel FPGAs Blockset-Settings"对话框。在该对话框中，按如下设置参数。

① 单击"General"标签。在该标签页中，勾选"Generate hardware"前面的复选框，将"Hardware destination directory"设置为 rtl。

② 单击"Clock"标签。在该标签页中，将"Clock Frequency(MHz)"设置为 1.5。

（24）单击"OK"按钮，退出"DSP Builder for Intel FPGAs Blockset-Settings"对话框。

（25）双击设计界面中名字为"Device"的元器件符号，弹出"DSP Builder-Device Parameters"对话框。在该对话框中，按如下设置参数。

① Device Family：Cyclone 10 GX。

② Family member：10CX085YU484E6G。

③ Speed grade：6。

（26）单击"OK"按钮，退出"DSP Builder-Device Parameters"对话框。

（27）按图 9.100 所示，调整设计中元器件的布局。

（28）按图 9.101 所示，将设计中的元器件连接在一起。

（29）在图 9.101 所示的设计界面中，同时选中 Device 块符号和 SingleRateFIR 块符号，单击鼠标右键，出现浮动菜单。在浮动菜单内，选择"Create Subsystem from Selection"选项，创建名字为"Subsystem"的子系统，并将该子系统的名字改为"Bandpass_filter"，如图 9.102 所示为包含 Bandpass_filter 子系统的设计模型。

（30）在当前设计界面工具栏中名字为"Simulation stop time"的文本框中输入 100。

（31）在当前设计界面的工具栏中单击"Run"按钮，运行 Simulink 仿真，同时自动打开 Spectrum Analyzer 和 Spectrumm Analyzer1 的频谱分析界面。

（32）先将 Manual Switch 切换到 Random Number 信号源，Spectrum Analyzer 的分析结果

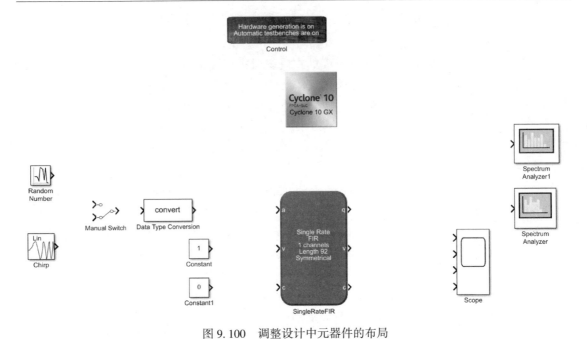

图 9.100 调整设计中元器件的布局

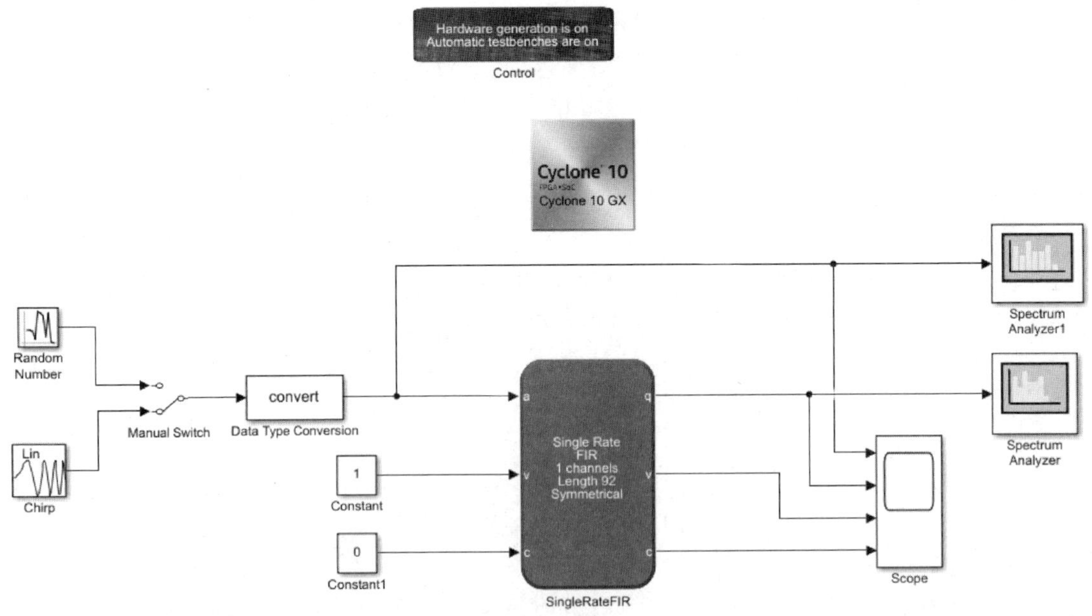

图 9.101 连接设计中的元器件

如图 9.103 所示，Spectrum Analyzer1 的分析结果如图 9.104 所示。

（33）将 Manual Switch 切换到 Chirp 信号源，Spectrum Analyzer 的分析结果如图 9.105 所示，Spectrum Analyzer1 的分析结果如图 9.106 所示。

第 9 章　FIR 和 IIR 滤波器原理及实现

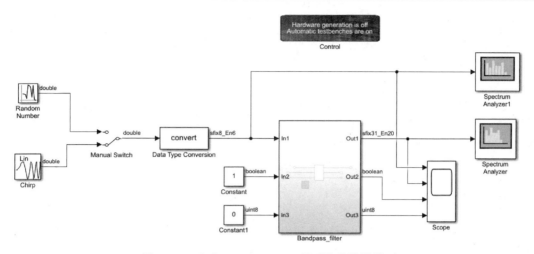

图 9.102　包含 Bandpass_filter 子系统的设计模型

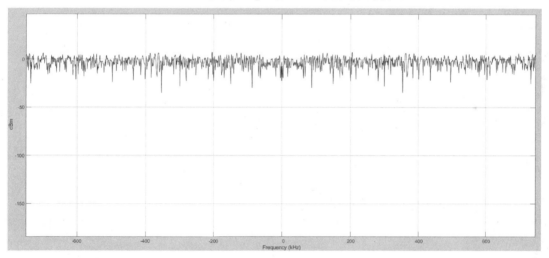

图 9.103　Spectrum Analyzer 的分析结果（Random Number 信号源）

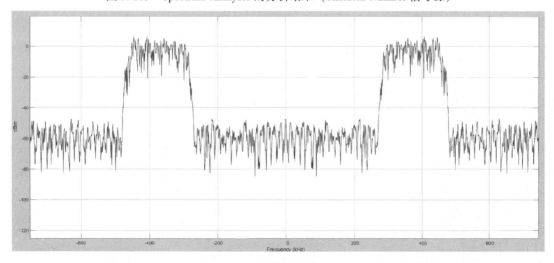

图 9.104　Spectrum Analyzer1 的分析结果（Random Number 信号源）

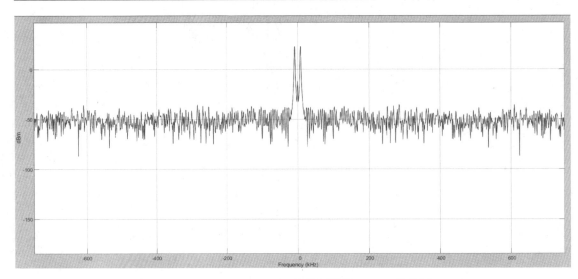

图 9.105　Spectrum Analyzer 的分析结果（Chirp 信号源）

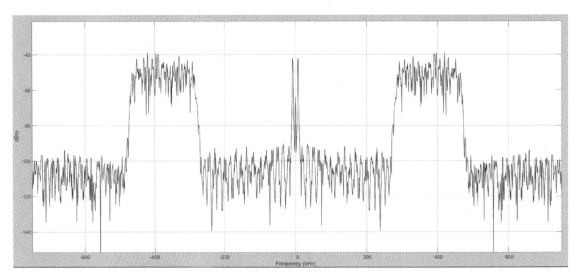

图 9.106　Spectrum Analyzer1 的分析结果（Chirp 信号源）

9.8　FIR 数字滤波器的 C++描述和 HLS 实现

本节将介绍如何在 Intel HLS 工具中使用 C++语言构建并验证 FIR 数字滤波器模型，然后通过 HLS 将设计转换为 RTL 描述。在此基础上，使用用户命令对该设计进行优化，以实现性能优化的 FIR 数字滤波器设计。

9.8.1　设计原理

设计中包括一个 FIR 数字滤波器，用于过滤 4KHz 的音调，且该音调被添加到一个 CD（48kHz）中。该 FIR 数字滤波器的特性包括：①Fs=48000Hz；②Fpass1=2000Hz；③Fstop1

= 3800Hz；④Fstop2 = 4200Hz；⑤Fpass2 = 6000Hz；⑥Apass1 = Apass2 = 1dB；⑦Astop = 60dB。

9.8.2 创建新的设计工程

本小节将介绍如何在 Visual Studio 2015 集成开发环境中建立新的设计工程，主要步骤如下。

（1）在 Window 10 操作系统桌面，选择开始→Visual Studio 2015，启动 Visual Studio 2015（以下简称 Visual Studio）集成开发环境。

（2）在 Visual Studio 集成开发环境主界面的主菜单下，选择文件→新建→项目…。

（3）出现"新建项目"对话框。在该对话框的左侧窗口中，选择"Visual C++"选项。在该对话框的右侧窗口中，选择"空项目"选项，然后按如下设置参数。

① 名称：FIR_project。

② 位置：E:\intel_dsp_example\example_9_4\。

（4）单击"确定"按钮，退出"新建项目"对话框。

9.8.3 创建设计文件

本小节将介绍如何创建设计文件，其中设计文件包括 C++源文件、H 头文件和系数文件。

1. 创建 C++源文件

本部分将介绍如何创建 C++源文件，主要步骤如下。

（1）在 Visual Studio 主界面的主菜单下，选择项目→添加新项…。

（2）弹出"添加新项"对话框。在该对话框的左侧窗口中，选择"Visual C++"选项。在该对话框的右侧窗口中，选中"C++文件(.cpp)"选项，然后按如下设置参数。

① 名称（N）：FIR.cpp。

② 位置（L）：E:\intel_dsp_example\example_9_4\FIR_project\FIR_project\。

（3）单击"添加"按钮，退出"添加新项"对话框，同时打开名字为"FIR.cpp"的空白设计界面。

（4）在该空白设计界面中输入如代码清单 9-3 所示的设计代码。

代码清单 9-3　FIR.cpp 文件

```
#include "fir.h"

void component fir( data_t *y, data_t x)
{
  const coef_t c[ N + 1 ] = {
        #include "fir_coef.dat"
   };

    static data_t shift_reg[ N ];
    acc_t acc;
    int i;
    acc = ( acc_t )shift_reg[ N - 1 ] * ( acc_t )c[ N ];
loop:for (i = N - 1; i != 0; i--)
```

```c
        {
            acc+= (acc_t)shift_reg[i-1] * (acc_t)c[i];
            shift_reg[i] = shift_reg[i-1];
        }
        acc+= (acc_t)x * (acc_t)c[0];
        shift_reg[0] = x;
            *y = acc >> 15;
    }

    int main() {
        FILE    *fp;

        data_t signal, output;

        fp = fopen("fir_impulse.dat", "w");
        int i;
        for (i = 0; i<SAMPLES; i++)
        {
            if (i == 0)
                signal = 0x8000;
            else
                signal = 0;
            fir(&output, signal);
            fprintf(fp, "%i %d %d\n", i, signal, output);
        }
        fclose(fp);
        return 0;
    }
```

（5）按"Ctrl+S"组合键，保存该设计文件。

思考与练习9-7：分析设计中fir元器件模块的实现方法。

思考与练习9-8：分析设计中对fir元器件模块的测试方法。

2. 创建H头文件

本部分将介绍如何创建H头文件，主要步骤如下。

（1）在Visual Studio主界面的主菜单下，选择项目→添加新项…。

（2）弹出"添加新项"对话框。在该对话框的左侧窗口中，选择"Visual C++"选项。在该对话框的右侧窗口中，选中"头文件（.h）"选项，然后按如下设置参数。

① 名称：fir.h。

② 位置：E:\intel_dsp_example\example_9_4\FIR_project\FIR_project。

（3）单击"添加"按钮，退出"添加新项"对话框，同时打开名字为"fir.h"的空白设计界面。

（4）在该空白设计界面中输入如代码清单9-4所示的设计代码。

代码清单 9-4 fir.h 文件

```
#ifndef _FIR_H_
#define _FIR_H_
#include "HLS/hls.h"
#include "ref/ac_int.h"
#include "HLS/math.h"
#include "HLS/stdio.h"
#define N 58
#define SAMPLES N+10            // just few more samples then number of taps
typedef short coef_t;
typedef short data_t;
typedef int38 acc_t;

void fir(data_t *y,data_t x);

#endif
```

(5) 按"Ctrl+S"组合键，保存该设计文件。

> 注：当使用 Intel HLS 工具编译时，要将#include "ref/ac_int.h" 改为#include "HLS/hls.h"，这一点要特别注意！

3. 创建数据源文件

本部分将介绍如何创建数据源文件，主要步骤如下。

(1) 定位到 E:\intel_dsp_example\example_9_4\FIR_project\FIR_project 路径。
(2) 创建一个名字为"fir_coef.dat"的文件。
(3) 在该文件中输入系数。
(4) 按"Ctrl+S"组合键，保存该设计文件。

9.8.4 验证 C++模型

本小节将介绍如何在 Visual Studio 集成开发环境中验证 C++模型的正确性，主要步骤如下。

(1) 在 Visual Studio 右侧的解决方案资源管理器窗口中，选中名字为"FIR_project"的选项，单击鼠标右键，出现浮动菜单。在浮动菜单内，选择"属性"选项。

(2) 出现"FIR_project 属性"对话框。在该对话框的左侧窗口中，选择"VC++"选项。按本书前面所讲的方法，在该对话框右侧窗口的"包含目录"一行中添加包含目录的路径 D:\intelFPGA_pro\19.4\hls\include。

(3) 在"FIR_project 属性"对话框的左侧窗口中，选择并展开"C/C++"选项。在展开项中，找到并选择"命令行"选项。在该对话框右侧窗口下方的"其他选项（D）"标题栏下的文本框中添加命令：

/D _CRT_SECURE_NO_WARNINGS。

（4）单击"确定"按钮，退出 FFT_Project 属性页对话框。

（5）在 FFT_project.cpp 的第 41 行代码处添加一个断点。

（6）在 Visual Studio 集成开发环境主界面的主菜单下，选择调试→开始调试。

（7）定位到路径 E:\intel_dsp_example\example_9_4\FIR_project\FIR_project。在该路径下，找到并打开 fir_impulse.dat 文件。

（8）在 Visual Studio 集成开发环境主界面的工具栏中单击"停止调试"按钮■，退出调试界面。

（9）在 Visual Studio 集成开发环境主界面的主菜单下选择文件→关闭解决方案，退出该设计功能。

思考与练习 9-9：查看 fir_impulse.dat 文件的内容，以确认 fir 元器件模块设计的正确性。

9.8.5 设计综合

本小节将介绍如何对该 C++模型使用 Intel HLS 工具进行综合，并将其转换成 RTL 描述。设计综合的步骤主要如下。

（1）在 Windows 10 操作系统桌面，选择开始→Visual Studio 2015→VS2015 ×64 本机工具命令提示符。

（2）弹出 VS2015 ×64 本机工具命令提示符界面。在该界面的命令提示符后面依次输入下面的命令：

① d:。

② cd intelFPGA_pro\19.4\hls。

进入到目录 D:\intelFPGA_pro\19.4\hls。在命令提示符后面输入"init_hls.bat"。

（3）在 VS2015 ×64 本机工具命令提示符界面的命令提示符后面依次输入下面的命令：

① e:。

② cd intel_dsp_example\example_9_4\FIR_project\FIR_project。

进入到目录 E:\intel_dsp_example\example_9_4\FIR_project\FIR_project。

（4）在命令行提示符后面输入下面的编译器命令：

```
i++ -march=10CX085YU484E6G -v FIR_project.cpp
```

9.8.6 查看综合结果

本小节将介绍如何查看使用 Intel HLS 工具对 C++模型处理并转换成 RTL 描述后给出的报告，主要步骤如下。

（1）定位到路径 E:\intel_dsp_example\example_9_4\FIR_project\FIR_project\a.prj\reports。

（2）找到 report.html 文件，并用浏览器打开该文件。

（3）在"Reports"菜单栏中，单击"Summary"按钮，查看该设计所使用的资源，如图 9.107 所示。

（4）在"Reports"菜单栏中，单击"Throughput Analysis"按钮，出现浮动菜单。在浮

Summary

Estimated Resource Usage

Function Name	ALUTs	FFs	RAMs	DSPs	MLABs
fir	734	914	0	1	9
Total	734 (0%)	914 (0%)	0 (0%)	1 (1%)	9
Available	160660	321320	587	192	0

Compile Warnings

图 9.107 设计所使用的资源

动菜单内,选择"f_{MAX} Ⅱ Report"选项,出现 f_{MAX} Ⅱ Report 界面,如图 9.108 所示。

f_{MAX} Ⅱ Report

	Target II	Scheduled fMAX	Block II	Latency	Max Interleaving Iterations
Function: fir (Target Fmax : Not specified MHz) (FIR.cpp:3)					
Block: fir.B0.runOnce	Not specified	240.0	1	2	1
Block: fir.B2.runOnce	Not specified	240.0	1	1	1
Loop: fir.B1.runOnce (Unknown location:0)					
Block: fir.B1.runOnce	Not specified	240.0	1	7	1

图 9.108 f_{MAX} Ⅱ Report 界面

思考与练习 9-10:根据图 9.108,分析 fir 元器件内部不同操作的延迟性能。

(5) 在"Reports"菜单栏中,单击"System Viewers"按钮,出现浮动菜单。在浮动菜单内,选择"Graph List(beta)"选项,出现新的界面。在该界面左侧的 Graph List 窗口中,找到并选择"fir"选项。在该界面右侧的 Graph Viewer 窗口中,观察 fir 元器件内部的操作流,如图 9.109 所示。

思考与练习 9-11:根据图 9.109,分析 fir 元器件内部的操作流。

(6) 双击\intel_dsp_example\example_9_4\FIR_project\FIR_project 路径下的 a.exe 文件,验证 Intel HLS 转换的正确性。

思考与练习 9-12:根据前面的分析,推断该 fir 元器件的架构(串行/并行?)。

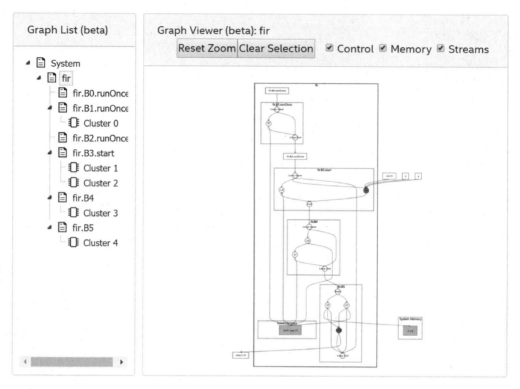

图 9.109　fir 元器件内部的操作流

9.8.7　设计优化：添加存储器属性命令

本小节将介绍如何在前面的 C++模型中添加存储器属性命令，并对添加存储器属性命令后的 C++模型使用 Intel HLS 工具转换为 RTL 描述和对转换后的报告进行分析。

1. 修改 C++模型

本部分将介绍如何在前面的 C++模型中添加存储器属性命令，主要步骤如下。

（1）在目录 E:\intel_dsp_example\example_9_4 中，新建一个名字为 "FIR_project_1" 的子目录。

（2）将目录 E:\intel_dsp_example\example_9_4\FIR_project 中的所有文件（包括文件夹）复制粘贴到新建的子目录下（E:\intel_dsp_example\example_9_4\FIR_project_1）。

（3）在 Visual Studio 集成开发环境主界面的主菜单下，选择文件→打开→项目/解决方案。

（4）弹出"打开项目"对话框。在该对话框中，将路径定位到 E:\intel_dsp_example\example_9_4\FIR_project_1，在该路径指向文件夹下，找到并选中 "FIR_project.sln"。

（5）单击"打开"按钮，退出"打开项目"对话框。

（6）在 Visual Studio 集成开发环境右侧的解决方案资源管理器中，找到并展开 "FIR_project" 选项。在展开项中，找到并展开"源文件"选项。在展开项中，找到并双击 "FIR.cpp" 选项，打开 FIR.cpp 文件。

(7) 在 FIR.cpp 文件中添加存储器属性命令，如代码清单 9-5 所示。

代码清单 9-5　添加存储器属性命令的 FIR.cpp 文件代码片段

```
void component fir( data_t *y, data_t x)
{
    hls_register
    const coef_t c[ N + 1 ] = {
            #include "fir_coef.dat"
    };
        hls_register
    static data_t shift_reg[ N ];
    acc_t acc;
    int i;
    acc = ( acc_t)shift_reg[ N - 1 ] * ( acc_t)c[ N ];
loop:for (i = N - 1; i ! = 0; i--)
    {
    acc+= ( acc_t)shift_reg[ i - 1 ] * ( acc_t)c[ i ];
    shift_reg[ i ] = shift_reg[ i - 1 ];
    }
    acc+= ( acc_t)x * ( acc_t)c[ 0 ];
    shift_reg[ 0 ] = x;
       *y = acc >> 15;
}
```

(8) 按 "Ctrl+S" 组合键，保存该设计文件。

(9) 在 Visual Studio 集成开发环境右侧的解决方案资源管理器窗口中，找到并选择 "FIR_project" 选项，单击鼠标右键，出现浮动菜单。在浮动菜单内，选择 "属性" 选项。

(10) 出现 "FIR_project 属性" 对话框。在该对话框中，按如下设置参数。

① 在左侧窗口中，选择 "VC++" 选项，在右侧窗口的 "包含目录" 中添加下面的包含路径：D:\intelFPGA_pro\19.4\hls\include。

② 在左侧窗口中，找到并展开 "C/C++" 选项。在展开项中，找到并选中 "命令行" 选项。在右侧窗口 "其他选项（D）" 标题栏下的文本框中输入下面的命令：

/D _CRT_SECURE_NO_WARNINGS。

(11) 单击 "OK" 按钮，退出 "FIR_project 属性" 对话框。

2. 设计综合

本部分将介绍如何使用 Intel HLS 工具对修改的 C++文件重新执行高级综合，主要步骤如下。

(1) 打开选择 VS2015 ×64 本机工具命令提示符界面。在该界面下，将路径指向 D:\intelFPGA_pro\19.4\hls。在命令提示符后面输入 "init_hls.bat"。

(2) 在命令行提示符后面，输入命令将路径指向 F:\intel_dsp_example\example_9_4\FIR_project_1\FIR_project。在命令提示符后面输入下面的 HLS 编译器命令：

i++ -march=10CX085YU484E6G -v FIR.cpp

3. 查看综合结果

本部分将介绍如何查看并分析高级综合后给出的设计报告，主要步骤如下。

(1) 等待高级综合工具运行完后，在 Windows 10 操作系统的文件资源管理器中，定位到路径 E:\intel_dsp_example\example_9_4\FIR_project_1\FIR_project\a.prj\reports。

(2) 用 IE/谷歌浏览器打开 report.html 文件。

(3) 在"Reports"菜单栏中，单击"Summary"按钮，查看该设计所使用的资源，如图 9.110 所示。

Summary

Estimated Resource Usage

Function Name	ALUTs	FFs	RAMs	DSPs	MLABs
fir	4604	2030	0	2	4
Total	4604 (3%)	2030 (1%)	0 (0%)	2 (1%)	4
Available	160660	321320	587	192	0

Compile Warnings

图 9.110　设计所使用的资源

思考与练习 9-13：与未添加存储器属性命令的原始设计相比，说明设计在添加完存储器属性命令后资源使用情况的变化。

(4) 在"Reports"菜单栏中，单击"Throughput Analysis"按钮，出现浮动菜单。在浮动菜单内，选择"f_{MAX} II Report"选项，出现 f_{MAX} II Report 界面，如图 9.111 所示。

f_{MAX} II Report

	Target II	Scheduled fMAX	Block II	Latency	Max Interleaving Iterations
Function: fir (Target Fmax : Not specified MHz) (FIR.cpp:3)					
Block: fir.B0.runOnce	Not specified	240.0	1	2	1
Loop: fir.B1.start (Unknown location:0)					
Block: fir.B1.start	Not specified	240.0	1	4	1
Loop: fir.B2 (FIR.cpp:16)					
Block: fir.B2	Not specified	240.0	1	11	1
Block: fir.B3	Not specified	240.0	1	10	1

图 9.111　f_{MAX} II Report 界面

思考与练习 9-14：与未添加存储器属性命令的原始设计相比，说明设计在添加完存储器属性命令后对延迟和吞吐量的改善情况。

（5）在"Reports"菜单栏中，单击"System Viewers"按钮，出现浮动菜单。在浮动菜单内，选择"Graph List(beta)"选项，出现新的界面。在该界面左侧的 Graph List 窗口中，找到并选择"fir"选项。在该界面右侧的 Graph Viewer 窗口中，观察 fir 元器件内部的操作流，如图 9.112 所示。

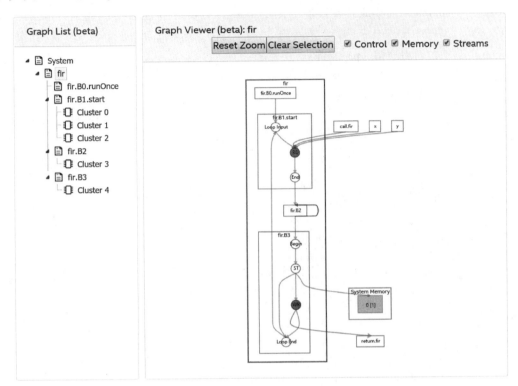

图 9.112 fir 元器件内部的操作流

思考与练习 9-15：根据图 9.112，分析 fir 元器件内部的操作流。

9.8.8 设计优化：添加循环展开命令

本小节将介绍如何在前面添加存储器属性命令的 C++模型中添加循环展开命令，并对添加循环展开命令后的 C++模型使用 Intel HLS 工具将其转换为 RTL 描述和对转换后的报告进行分析。

1. 修改 C++模型

本小节将介绍如何在添加存储器属性命令的 C++模型中添加循环展开命令，主要步骤如下。

（1）在目录 E:\intel_dsp_example\example_9_4 中新建一个名字为"FIR_project_2"的子目录。

（2）将目录 E:\intel_dsp_example\example_9_4\FIR_project_1 中的所有文件（包括文件夹）复制粘贴到新建的子目录下（E:\intel_dsp_example\example_9_4\FIR_project_2）。

(3) 在 Visual Studio 集成开发环境主界面的主菜单下,选择文件→打开→项目/解决方案。

(4) 弹出"打开项目"对话框。在该对话框中,将路径定位到 E:\intel_dsp_example\example_9_4\FIR_project_2,在该路径指向的文件夹下,找到并选中"FIR_project.sln"。

(5) 单击"打开"按钮,退出"打开项目"对话框。

(6) 在 Visual Studio 集成开发环境右侧的解决方案资源管理器中,找到并展开"FIR_project"选项。在展开项中,找到并展开"源文件"选项。在展开项中,找到并双击"FIR.cpp"选项,打开 FIR.cpp 文件。

(7) 在 FIR.cpp 文件中,添加循环展开命令,如代码清单 9-6 所示。

代码清单 9-6 添加循环展开命令的 FIR.cpp 文件代码片段

```cpp
void component fir( data_t *y, data_t x)
{
        hls_register
const coef_t c[ N + 1 ] = {
            #include "fir_coef.dat"
    };
        hls_register
    static data_t shift_reg[ N ];
    acc_t acc;
    int i;
    acc = (acc_t)shift_reg[ N - 1 ] * (acc_t)c[ N ];
loop:
#pragma unroll 58
    for (i = N - 1; i != 0; i--)
    {
    acc += (acc_t)shift_reg[ i - 1 ] * (acc_t)c[ i ];
    shift_reg[ i ] = shift_reg[ i - 1 ];
    }
    acc += (acc_t)x * (acc_t)c[ 0 ];
    shift_reg[ 0 ] = x;
       *y = acc >> 15;
}
```

(8) 按 Ctrl+S 按键,保存该设计文件。

(9) 在 Visual Studio 集成开发环境右侧的解决方案资源管理器中,找到并选择"FIR_project"选项,单击鼠标右键,出现浮动菜单。在浮动菜单内,选择"属性"选项。

(10) 出现"FIR_project 属性"对话框。在该对话框中,按如下设置参数。

① 在左侧窗口中,选择"VC++"选项,在右侧窗口的"包含目录"中添加下面的包含路径:D:\intelFPGA_pro\19.4\hls\include。

② 在左侧窗口中,找到并展开"C/C++"选项。在展开项中,找到并选中"命令行"选项。在右侧窗口"其他选项(D)"标题栏下的文本框中输入下面的命令:

/D _CRT_SECURE_NO_WARNINGS。

（11）单击“OK”按钮，退出“FIR_project 属性”对话框。

2. 设计综合

本部分将介绍如何使用 Intel HLS 工具对修改的 C++文件重新执行高级综合，主要步骤如下。

（1）打开选择 VS2015×64 本机工具命令提示符界面。在该界面下，将路径指向 D:\intelFPGA_pro\19.4\hls。在命令提示符后面输入“init_ hls.bat”。

（2）在命令行提示符后面，输入命令将路径指向 F:\intel_dsp_example\example_9_4\FIR_project_2\FIR_project。在命令提示符后面输入下面的 HLS 编译器命令：

```
i++ -march=10CX085YU484E6G -v FIR.cpp
```

3. 查看综合结果

本部分将介绍如何查看并分析高级综合后给出的设计报告，主要步骤如下。

（1）等待高级综合工具运行完后，在 Windows 10 操作系统的文件资源管理器中，定位到路径 E:\intel_dsp_example\example_9_4\FIR_project_2\FIR_project\a.prj\reports。

（2）用 IE/谷歌浏览器打开 report.html 文件。

（3）在“Reports”菜单栏中，单击“Summary”按钮，查看该设计所使用的资源，如图 9.113 所示。

Summary

Run Quartus compile to populate this section. See details for more information.

Estimated Resource Usage

Function Name	ALUTs	FFs	RAMs	DSPs	MLABs
fir	2230	4849	3	25	13
Total	2230 (1%)	4849 (2%)	3 (1%)	25 (13%)	13
Available	160660	321320	587	192	0

图 9.113　设计所使用的资源

思考与练习 9-16：与只添加存储器属性命令而未添加循环展开命令的设计相比，说明在设计添加循环展开命令后资源使用情况的变化。

（4）在“Reports”菜单栏中，单击“Throughput Analysis”按钮，出现浮动菜单。在浮动菜单内，选择“f_{MAX} II Report”选项，出现 f_{MAX} II Report 界面，如图 9.114 所示。

思考与练习 9-17：与只添加存储器属性命令而未添加循环展开命令的设计相比，说明设计在添加循环展开命令后对延迟和吞吐量的影响（提示：吞吐量提高一倍，延迟增加了一倍）。

（5）在“Reports”菜单栏中，单击“System Viewers”按钮，出现浮动菜单。在浮动菜单内，选择“Graph List(beta)”选项，出现新的界面。在该界面左侧的 Graph List 窗口中，找到并选择"fir"选项。在该界面右侧的 Graph Viewer 窗口中，观察 fir 元器件内部的操作流，如图 9.115 所示。

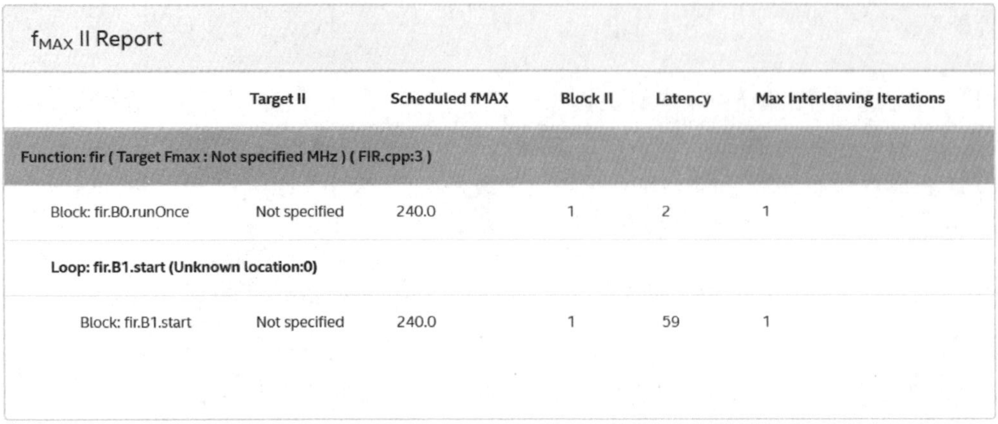

	Target II	Scheduled fMAX	Block II	Latency	Max Interleaving Iterations
Function: fir (Target Fmax : Not specified MHz) (FIR.cpp:3)					
Block: fir.B0.runOnce	Not specified	240.0	1	2	1
Loop: fir.B1.start (Unknown location:0)					
Block: fir.B1.start	Not specified	240.0	1	59	1

图 9.114　f_{MAX} Ⅱ Report 界面

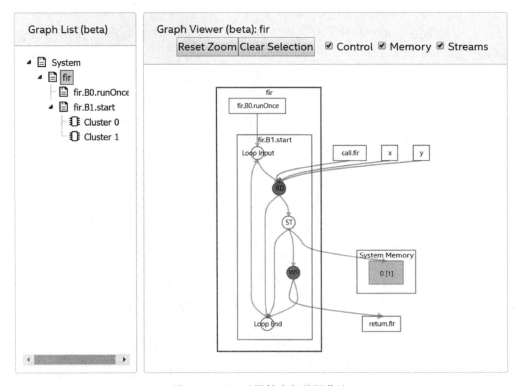

图 9.115　fir 元器件内部的操作流

思考与练习 9-18：根据图 9.115，分析 fir 元器件内部的操作流。

思考与练习 9-19：根据前面的分析，推断该 fir 元器件的架构（串行/并行？）。

9.9 基于模型的 IIR 滤波器设计

本节将介绍如何在 DSP Builder 中构造 Elliptic 型 IIR 滤波器。

9.9.1 Elliptic 型 IIR 滤波器原理

Elliptic 型数字 IIR 滤波器的传递函数表示为

$$H(z)=\frac{B(z)}{A(z)}=\frac{b(1)+b(2)z^{-1}+\cdots+b(n+1)z^{-n}}{a(1)+a(2)z^{-1}+\cdots+a(n+1)z^{-n}}$$

Ellliptic 型模拟 IIR 滤波器的传递函数表示为

$$H(s)=\frac{B(s)}{A(s)}=\frac{b(1)s^n+b(2)s^{n-1}+\cdots+b(n+1)}{a(1)s^n+a(2)s^{n-1}+\cdots+a(n+1)}$$

在 MABLAB 中提供了 Elliptic 型 IIR 滤波器的设计函数 ellip。在该设计中，使用该函数的语法形式为

$$[b,a]=\text{ellip}(n,\text{Rp},\text{Rs},\text{Wp})$$

其中，(1) n 为滤波器阶数，指定为一个整数标量。对于带通和带阻滤波器设计，n 表示滤波器阶数的一半。

(2) Rp 为峰-峰通带纹波，指定为以分贝表示的正标量。如果你的规格 ℓ 以线性单位表示，则可以使用 $\text{Rp}=40\log_{10}((1+\ell)/(1-\ell))$ 将其转换为分贝。

(3) Rs 为阻带衰减。阻带衰减从通带峰值减少，该值指定为以分贝表示的正标量。如果你的规格 ℓ 以线性单位表示，则可以使用 $\text{Rs}=-20\log_{10}\ell$ 将其转换为分贝。

(4) Wp 为通带边缘频率。指定为标量或者两元素矢量。通带边缘频率是滤波器的幅度响应为-Rp 分贝的频率。通带纹波的 Rp 越小，阻带衰减的 Rs 越大，都会导致更宽的过渡带。

① 如果 Wp 是一个标量，则设计一个边缘频率为 Wp 的低通或高通滤波器；如果 Wp 是二元素矢量 $[w_1 w_2]$，其中 $w_1<w_2$，则 ellip 设计具有较低边缘频率 w_1 和较高边缘频率 w_2 的带通与带阻滤波器。

② 对于数字滤波器，通带边缘频率必须在 0~1 之间，其中 1 对应于奈奎斯特速率-采样速率的一半或 πrad/sample；对于模拟滤波器，通带边缘频率必须以弧度每秒表示，并且可以取任何值。

该函数返回具有归一化通带边沿频率 Wp 的 n 阶低通数字椭圆滤波器的传递函数系数。所得的滤波器具有 Rp 分贝的峰-峰通带纹波和 Rs 分贝的阻带衰减（从通带峰值降低）。

9.9.2 获取 Elliptic 型 IIR 滤波器的系数和特性

在该设计中，所设计的 Elliptic 型 IIR 滤波器满足下面的要求，即

$$[b,a]=\text{ellip}(2,1,10,0.3)$$

获取 Elliptic 型 IIR 滤波器系数和特性的主要步骤如下。
(1) 打开 MATLAB R2019a（以下简称 MATLAB）集成开发环境。

（2）在 MATLAB 主界面命令行提示符"≫"后面输入下面的命令：

[b a] = ellip(2,1,10,0.3)

得到该滤波器的系数为

| b = 0.3434 | −0.0380 | 0.3434 |
| a = 1.0000 | −0.7820 | 0.5099 |

（3）在命令行提示符"≫"后面输入下面的命令：

freqz(b,a)

得到该滤波器的幅频响应特性和相频响应特性，如图 9.116 所示。

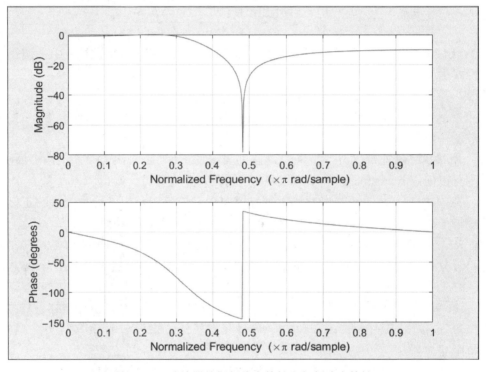

图 9.116 滤波器的幅频响应特性和相频响应特性

将得到的滤波器系数带入 Elliptic 型 IIR 数字滤波器的传递函数中：

$$H(z) = \frac{Y(z)}{X(z)} = \frac{0.3434 - 0.038z^{-1} + 0.3434z^{-2}}{1 - 0.782z^{-1} + 0.5099z^{-2}}$$

得到下面的等式：

$$Y(z)[1 - 0.782z^{-1} + 0.5099z^{-2}] = X(z)[0.3434 - 0.038z^{-1} + 0.3434z^{-2}]$$

整理上式得到：

$$Y(z) = X(z)[0.3434 - 0.038z^{-1} + 0.3434z^{-2}] + Y(z)0.782z^{-1} - Y(z)0.5099z^{-2}$$

进一步的得到时域表达式：

$$y(n) = 0.3434x(n) - 0.038x(n-1) + 0.3434x(n-2) + 0.782y(n-1) - 0.5099y(n-2)$$

9.9.3 建立新的设计模型

本小节将介绍如何建立新的设计模型,主要步骤如下。

(1) 按 9.5.2 小节的方法启动 DSP Builder,并打开一个空白的设计界面,以及 Simulink Library Browser 页面。调整空白设计界面和 Simlink Library Browser 页面的大小与位置,使得 Simulink Library Browser 页面位于电脑屏幕的左侧,空白设计界面位于电脑屏幕的右侧。

> 注:在 MATLAB 主界面的主页标签下,将路径设置为 E:\intel_dsp_example\example_9_5,并且将该设计文件命名为"elliptic_IIR.slx"。

(2) 在设计界面的主菜单下,选择 File→Model Properties→Model Properties。

(3) 弹出"Model Properties"对话框。在该对话框中,单击"Callbacks"标签。在该标签页的左侧窗口中,找到并选中"InitFcn"选项。在其右侧窗口中,输入下面的命令:

```
clear;
[b,a]=ellip(2,1,10,0.3);
```

(4) 单击"OK"按钮,退出"Model Properties"对话框。

9.9.4 构建 Elliptic 型 IIR 滤波器模型

本小节将介绍如何在新的设计模型中添加并配置元器件块,以构建完整的 Elliptic 型 IIR 滤波器模型。

1. 构建信号源子系统

本部分将介绍如何构建信号源子系统,主要步骤如下。

(1) 在 Simulink Library Browser 页面的左侧窗口中,找到并展开"DSP System Toolbox"选项。在展开项中,找到并选择"Sources"选项。在其右侧窗口中,找到并将名字为"Chirp"的元器件符号拖曳到设计界面中。

(2) 在设计界面中,双击名字为"Chirp"的元器件符号,弹出"Block Parameters:Chirp"对话框。在该对话框中,按如下设置参数。

① Frequency sweep:Linear。
② Sweep mode:Unidirectional。
③ Initial frequency (Hz):0。
④ Target frequency (Hz):1000。
⑤ Target time (s):100。
⑥ Sweep time (s):100。
⑦ Initial phase (rad):0。
⑧ Sample time:1/1000。
⑨ Samples per frame:1。
⑩ Output data type:Double。

(3) 单击"OK"按钮,退出"Block Parameters:Chirp"对话框。

(4) 在 Simulink Library Browser 页面的左侧窗口中,找到并展开"Simulink"选项。在

展开项中,找到并选中"Sources"选项。在该页面的右侧窗口中,找到并将名字为"Random Number"的元器件符号拖曳到设计界面中。

(5) 双击设计界面中名字为"Random Number"的元器件符号,弹出"Block Parameters:Random Number"对话框。在该对话框中,按如下设置参数。

① Mean:0。

② Variance:0.9。

③ Seed:0。

④ Sample time:1/1000。

(6) 单击"OK"按钮,退出"Block Parameters:Random Number"对话框。

(7) 在 Simulink Library Browser 页面的左侧窗口中,找到并展开"Simulink"选项。在展开项中,找到并选中"Signal Routing"选项。在该页面的右侧窗口中,找到并将名字为"Manual Switch"的元器件符号拖曳到设计界面中。

(8) 按图 9.117 所示,将设计中的元器件连接在一起。

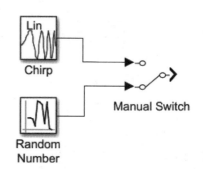

图 9.117 设计中的元器件连接在一起

2. 构建信号输入通路

本部分将介绍如何构建信号输入通路,主要步骤如下。

(1) 在 Simulink Library Browser 页面的左侧窗口中,找到并展开"Simulink"选项。在展开项中,找到并选中"Commonly Used Blocks"选项。在该页面的右侧窗口中,找到并将名字为"Constant"的元器件分2次拖曳到设计界面中。

(2) 双击设计界面中名字为"Constant"的元器件符号,弹出"Block Parameters:Constant"对话框。在该对话框中,按如下设置参数。

① 单击"Main"标签。在该标签页中,将"Constant value"设置为1。

② 单击"Signal Attributes"标签。在该标签页中,通过"Output data type"右侧的下拉框,将其设置为 boolean。

(3) 单击"OK"按钮,退出"Block Parameters:Constant"对话框。

(4) 双击设计界面中名字为"Constant1"的元器件符号,弹出"Block Parameters:Constant1"对话框。在该对话框中,按如下设置参数。

① 单击"Main"标签。在该标签页中,将"Constant value"设置为0。

② 单击"Signal Attributes"标签。在该标签页中,通过"Output data type"右侧的下拉框,将其设置为 uint8。

(5) 单击"OK"按钮,退出"Block Parameters:Constant1"对话框。

(6) 重复步骤(1),找到并将名字为"Data Type Conversion"的元器件符号拖曳到设计界面中。

(7) 双击设计界面中名字为"Data Type Conversion"的元器件符号,弹出"Block Parameters:Data Type Conversion"对话框。在该对话框中,单击"Output data type"下拉框右侧的 >> 按钮。在展开界面中,按如下设置参数。

① Mode: Fixed point。

② Signedness: Signed。

③ Word length: 18。

④ Scaling: Binary point。

⑤ Fraction length: 16。

(8) 单击 "OK" 按钮，退出 "Block Parameters: Data Type Conversion" 对话框。

(9) 在 Simulink Library Browser 页面的左侧窗口中，找到并展开 "DSP Builder for Intel FPGAs-Advanced Blockset" 选项。在展开项中，找到并展开 "Primitives" 选项。在展开项中，找到并选中 "Primitive Configuration" 选项。在该页面的右侧窗口中，找到并将名字为 "ChannelIn" 的元器件符号拖曳到设计界面中。

(10) 按图 9.118 所示，调整元器件的布局，并将元器件连接在一起。

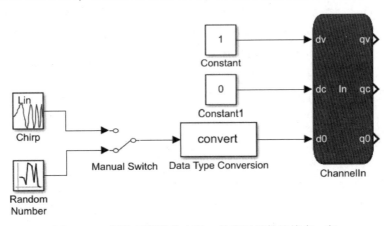

图 9.118 调整元器件的布局，并将元器件连接在一起

3. 构建 IIR 滤波器前馈通路

本部分将介绍如何构建 IIR 滤波器前馈通路，主要步骤如下。

(1) 在 Simulink Library Browser 页面的左侧窗口中，找到并展开 "DSP Builder for Intel FPGAs-Advanced Blockset" 选项。在展开项中，找到并展开 "Primitives" 选项。在展开项中，找到并选中 "Primitive Basic Blocks" 选项。在其右侧窗口中，找到并将名字为 "SampleDelay" 的元器件符号分 2 次分别拖曳到设计界面中。

(2) 重复步骤 (1)，找到并将名字为 "Const" 的元器件符号分 3 次拖曳到设计界面中。

(3) 重复步骤 (1)，找到并将名字为 "Mult" 的元器件符号分 3 次拖曳到设计界面中。

(4) 重复步骤 (1)，找到并将名字为 "Add" 的元器件符号分 2 次拖曳到设计界面中。

(5) 重复步骤 (1)，找到并将名字为 "Sub" 的元器件符号拖曳到设计界面中。

(6) 双击设计界面中名字为 "Const" 的元器件符号，弹出 "Block Parameters: Const" 对话框。在该对话框中，按如下设置参数。

① Output data type mode: Specify via dialog。

② Output data type: sfix(18)。

③ Output scaling value：2^-16。

④ Value：b(1)。

⑤ 勾选"Warn when value is saturated"前面的复选框。

(7) 单击"OK"按钮，退出"Block Parameters：Const"对话框。

(8) 双击设计界面中名字为"Const1"的元器件符号，弹出"Block Parameters：Const1"对话框。在该对话框中，按如下设置参数。

① Output data type mode：Specify via dialog。

② Output data type：sfix(18)。

③ Output scaling value：2^-16。

④ Value：b(2)。

⑤ 勾选"Warn when value is saturated"前面的复选框。

(9) 单击"OK"按钮，退出"Block Parameters：Const1"对话框。

(10) 双击设计界面中名字"Const2"的元器件符号，弹出"Block Parameters：Const2"对话框。在该对话框中，按如下设置参数。

① Output data type mode：Specify via dialog。

② Output data type：sfix(18)。

③ Output scaling value：2^-16。

④ Value：b(3)。

⑤ 勾选"Warn when value is saturated"前面的复选框。

(11) 单击"OK"按钮，退出"Block Parameters：Const2"对话框。

(12) 按图9.119所示，调整元器件的布局，并将IIR滤波器的前馈通路与信号输入通路连接在一起。

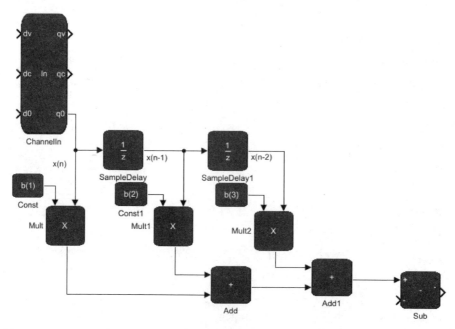

图9.119 调整元器件的布局，并将IIR滤波器的前馈通路和信号输入通路连接在一起

4. 构建 IIR 滤波器反馈通路

本部分将介绍如何构建 IIR 滤波器的反馈通路，主要步骤如下。

（1）在 Simulink Library Browser 页面的左侧窗口中，找到并展开"DSP Builder for Intel FPGAs-Advanced Blockset"选项。在展开项中，找到并展开"Primitives"选项。在展开项中，找到并选中"Primitive Basic Blocks"选项。在其右侧窗口中，找到并将名字为"Convert"的元器件符号拖曳到设计界面中。

（2）双击设计界面中名字为"Convert"的元器件符号，弹出"Block Parameters: Convert"对话框。在该对话框中，按如下设置参数。

① Output data type mode：Specify via dialog。

② Ouput data type：sfix(18)。

③ Output scaling value：2^-16。

④ Rounding method：Truncate。

（3）单击"OK"按钮，退出"Block Parameters: Convert"对话框。

（4）重复步骤（1），找到并将名字为"SampleDelay"的元器件符号分 2 次分别拖曳到设计界面中。

（5）重复步骤（1），找到并将名字为"Const Mult"的元器件符号分 2 次分别拖曳到设计界面中。

（6）双击设计界面中名字为"Const Mult"的元器件符号，弹出"Block Parameters: Const Mult"对话框。在该对话框中，按如下设置参数。

① Output data type mode：Specify via dialog。

② Output data type：sfix(36)。

③ Output scaling value：2^32。

④ Value：a(2)。

（7）单击"OK"按钮，退出"Block Parameters: Const Mult"对话框。

（8）双击设计界面中名字为"Const Mult1"的元器件符号，弹出"Block Parameters: Const Mult1"对话框。在该对话框中，按如下设置参数。

① Output data type mode：Specify via dialog。

② Output data type：sfix(36)。

③ Output scaling value：2^-32。

④ Value：a(3)。

（9）单击"OK"按钮，退出"Block Parameters: Const Mult1"对话框。

（10）重复步骤（1），找到并将名字为"Add"的元器件符号拖曳到设计界面中。

（11）调整元器件的布局，并将反馈通路和前馈通路连接在一起，如图 9.120 所示。

5. 构建信号输出通路

本部分将介绍如何构建信号的输出通路，主要步骤如下。

（1）在 Simulink Library Browser 页面的左侧窗口中，找到并展开"DSP Builder for Intel FPGAs-Advanced Blockset"选项。在展开项中，找到并选择"Primitives"选项。在展开项中，找到并选择"Primitive Configuration"选项。在该页面的右侧窗口中，找到并将名字为

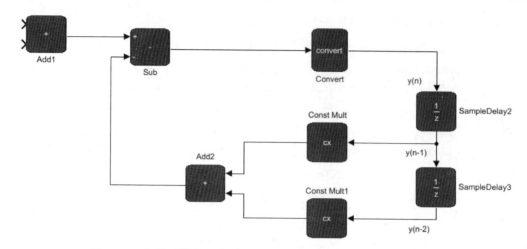

图 9.120 调整元器件的布局,并将反馈通路和前馈通路连接在一起

"ChannelOut"和"SynthesisInfo"的元器件符号拖曳到设计界面中。

(2) 在 Simulink Library Browser 页面的左侧窗口中,找到并展开"Simulink"选项。在展开项中,找到并选中"Sinks"选项。在该页面的右侧窗口中,找到并将名字为"Terminator"的元器件符号分 2 次分别拖入设计界面中。

(3) 重复步骤(2),找到并将名字为"Scope"的元器件符号拖曳到设计界面中。

(4) 在 Simulink Library Browser 页面的左侧窗口中,找到并展开"DSP System Toolbox"选项。在展开项中,找到并选中"Sinks"选项。在该页面的右侧窗口中,找到并将名字为"Spectrum Analyzer"的元器件符号分 2 次分别拖曳到设计界面中。

(5) 在 Simulink Library Browser 页面的左侧窗口中,找到并展开"DSP Builder for Intel FPGAs-Advanced Blockset"选项。在展开项中,找到并选中"Design Configuration"选项。在该页面的右侧窗口中,找到并将名字为"Control"和"Device"的元器件符号分别拖曳到设计界面中。

(6) 双击设计界面中名字为"Device"的元器件符号,弹出"DSP Builder-Device Parameters"对话框。在该对话框中,按如下设置参数。

① Device Family:Cyclone 10 GX。

② Family member:10CX085YU484E6G。

③ Speed grade:6。

(7) 单击"OK"按钮,退出"DSP Builder-Device Parameters"对话框。

(8) 双击设计界面中名字为"Scope"的元器件符号,弹出 Scope 页面。在该页面中,按如下设置参数。

① 在主菜单下,选择 File→Number of Input Ports→2。

② 在主菜单下,选择 View→Layout…,出现浮动小方格界面。在该界面中,选择显示仿真结果的方式。

(9) 退出 Scope 页面。

(10) 双击设计界面中名字为"Control"的元器件符号,弹出"DSP Builder for Intel FPGAs Blockset-Settings"对话框。单击"General"标签,在该标签页中,勾选"Generate

hardware"前面的复选框。

(11) 单击"OK"按钮,退出"DSP Builder for Intel FPGAs Blockset-Settings"对话框。

(12) 按图 9.121 调整元器件的布局,并完成设计中剩余元器件的连接。

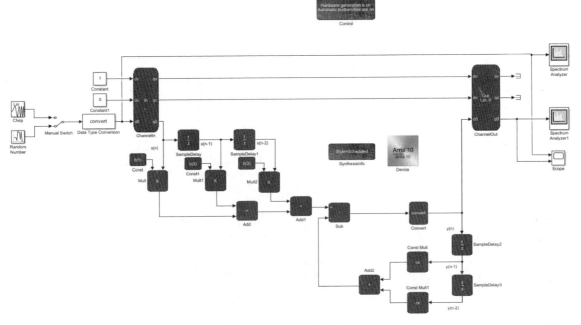

图 9.121　Elliptic 型 IIR 滤波器的完整设计模型

(13) 按图 9.122 所示,选中阴影区域中所有的元器件,单击鼠标右键,出现浮动菜单。在浮动菜单内,选择"Create Subsystem from Selection"选项,创建名字为"Subsystem"的子系统,并将子系统的名字改为"elliptic_IIR_filter",如图 9.123 所示。

(14) 在当前设计界面工具栏中名字为"Simulation stop time"的文本框中输入 100。

(15) 将 Manual Switch 切换到 Chirp 信号源。

(16) 单击当前设计界面工具栏中名字为"Run"的按钮 ,自动弹出 Spectrum Analyzer 页面(图 9.124)和 Spectrum Analyzer1 页面(图 9.125)。

思考与练习 9-20:在仿真的过程中,同时观察图 9.125 所示的频谱跟随图 9.124 所示的频谱的变化,与图 9.116 给出的 Elliptic 型 IIR 滤波器的幅频响应特性相比较,图 9.125 给出的频谱变化规律是否与图 9.116 相吻合。

思考与练习 9-21:双击设计界面中的 Scope 元器件符号,打开 Scope 页面,观察 Chirp 信号的时域变化规律,以及经过 Elliptic 型 IIR 滤波器后信号的时域变化规律,说明时域信号变化的规律和幅频响应特性之间的关系。

(17) 将 Manual Switch 切换到 Random Number 信号源。

(18) 单击当前设计界面工具栏中名字为"Run"的按钮 。自动弹出 Spectrum Analyzer 页面(图 9.126)和 Spectrum Analyzer1 页面(图 9.127)。

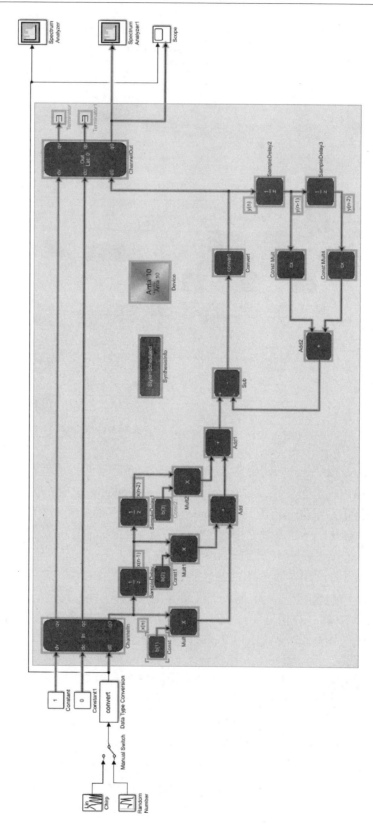

图9.122 选中阴影区域中所有的元器件

第 9 章 FIR 和 IIR 滤波器原理及实现

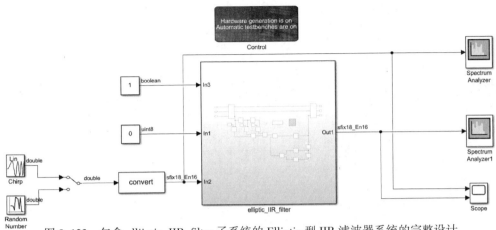

图 9.123 包含 elliiptic_IIR_filter 子系统的 Elliptic 型 IIR 滤波器系统的完整设计

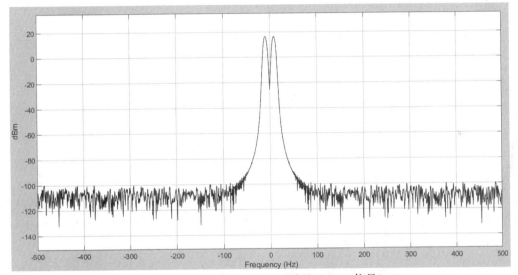

图 9.124 Spectrum Analyzer 页面（Chirp 信号）

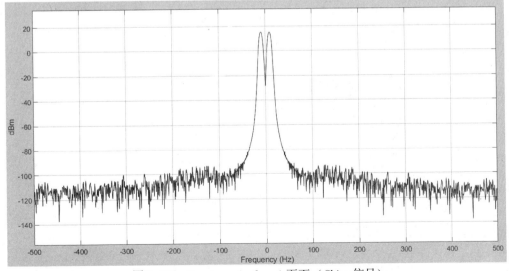

图 9.125 Spectrum Analyzer1 页面（Chirp 信号）

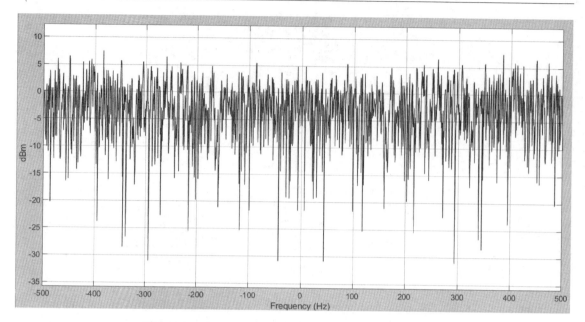

图 9.126 Spectrum Analyzer 页面（Random Number 信号）

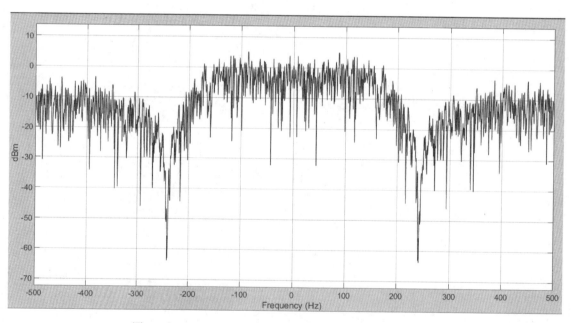

图 9.127 Spectrum Analyzer1 页面（Random Number 信号）

第 10 章 重定时信号流图原理及实现

本章将主要介绍信号流图的概念和割集重定时规则,主要内容包括信号流图基本概念、割集重定时及规则、不同形式的 FIR 滤波器、FIR 滤波器构建块,以及标准形式和脉动形式 FIR 滤波器的实现。

重定时信号流图是对系统进行优化处理的重要理论基础,读者要了解和掌握该章内容,为后续系统优化打下良好的基础。

10.1 信号流图基本概念

本节将介绍信号流图关键路径和信号流图的延迟。

10.1.1 标准形式 FIR 信号流图

$N=5$ 的标准 FIR 滤波器的信号流图(Signal Flow Graph,SFG)如图 10.1 所示,该滤波器表示为

$$y(k) = \sum_{n=0}^{N-1} x(k-n) w_n$$

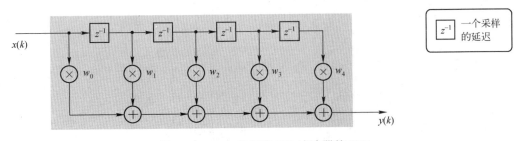

图 10.1 $N=5$ 的标准 FIR 滤波器的 SFG

其中:(1) x 为输入信号;
(2) k 为采样索引;
(3) w 为权值。

为了更准确地表示图 10.1 的结构,在图 10.1 中添加 $x(k)$ 的输入寄存器和 $y(k)$ 的输出寄存器,如图 10.2 所示,并且保证所有寄存器都具有时钟输入。

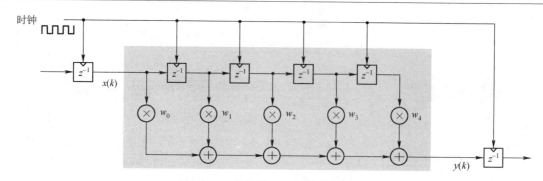

图 10.2 完整的 FIR 滤波器的结构

10.1.2 关键路径和延迟

前面提到，在两个受时钟控制的寄存器之间所存在的最长组合逻辑路径我们称为关键路径。关键路径的信号延迟称为关键路径延迟，其限制了电路的最高时钟频率，即

$$f_{\text{clk}} \leqslant \frac{1}{\tau_{\text{关键路径}}}$$

在本章中，假设在一个理想的 SFG 中，所有元器件（延迟、加法器和乘法器）之间的连接都是无延迟的，只考虑穿过逻辑元器件的延迟。

术语"延迟"用于表示采样到达电路后，直到观察到相应输出采样延迟的个数。延迟常用于描述一个"未受控制的"（或不可控的）电路传输延迟。例如，通过乘法器的延迟由乘法器内部各种逻辑单元的传播延迟决定。所以，可以说乘法器的延迟包含组成乘法器单元的各种加法器和门电路的延迟（乘法器不同的实现方法会产生不同的延迟）。

在本章节，我们将确定关键路径以便理解与最大时钟速率相关的问题。通过管理与最小化这个关键路径，将能够提高设计的时钟速率。

5 个权值标准形式的 FIR 滤波器的最长路径如图 10.3 所示。图中：

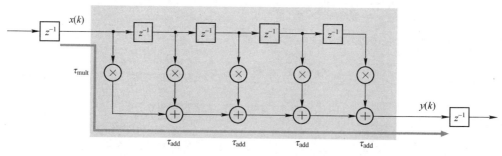

图 10.3　5 个权值标准形式的 FIR 滤波器的最长路径

（1）τ_{add} 为加法器的传输延迟；

（2）τ_{mult} 是乘法器的传输延迟。

关键路径的延迟满足下面的关系：

$$\tau_{\text{关键路径}} = \tau_{\text{mult}} + 4\,\tau_{\text{add}}$$

因此，最高的时钟工作频率 $f_{\text{clk(max)}}$ 表示为

$$f_{\text{clk(max)}} = \frac{1}{\tau_{\text{mult}} + 4\ \tau_{\text{add}}}$$

在全面的分析中,考虑到较长的连线应该包括任何可见的延迟,这样就可得到总的时间延迟。假设 $\tau_{\text{mult}} = 1\text{ns}$ 且 $\tau_{\text{add}} = 0.1\text{ns}$,则该滤波器的最大时钟频率 $f_{\text{clk(max)}}$ 表示为

$$f_{\text{clk(max)}} = \frac{1}{\tau_{\text{mult}} + 4\ \tau_{\text{add}}} = \frac{1}{1 + (4 \times 0.1)} \times 10^9 \approx 714\text{MHz}$$

如图 10.4 所示,如果考虑 10 个权值标准形式的 FIR 滤波器,则其关键路径的延迟满足下面的关系:

$$\tau_{\text{关键路径}} = \tau_{\text{mult}} + 9\ \tau_{\text{add}}$$

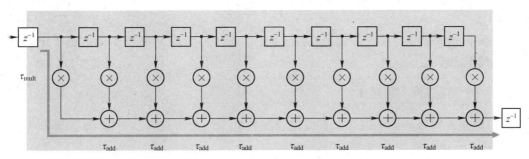

图 10.4 10 个权值标准形式的 FIR 滤波器

因此,最高的时钟工作频率 $f_{\text{clk(max)}}$ 表示为

$$f_{\text{clk(max)}} = \frac{1}{\tau_{\text{mult}} + 9\ \tau_{\text{add}}}$$

假设 $\tau_{\text{mult}} = 1\text{ns}$ 且 $\tau_{\text{add}} = 0.1\text{ns}$,则该滤波器的最高时钟频率 $f_{\text{clk(max)}}$ 为

$$f_{\text{clk(max)}} = \frac{1}{\tau_{\text{mult}} + 9\ \tau_{\text{add}}} = \frac{1}{1 + (9 \times 0.1)} \times 10^9 \approx 526\text{MHz}$$

通过比较 5 权值和 10 权值标准形式的 FIR 滤波器的最高时钟频率 $f_{\text{clk(max)}}$ 可知,这种形式的滤波器长度越长,则时钟工作频率就越低。这是我们不希望看到的事情!

10.2 割集重定时及规则

本节将介绍割集重定时的概念及其使用规则。

10.2.1 割集重定时概念

割集源于图论理论,它可以被用来重定时 SFG,使其具有更通用的形式。重定时技术用于管理延迟,即通过很小的关键路径来确保很高的最大时钟频率。

割集是一组边,可以把它们从图中移走而产生两个不连接的子图。在 SFG 中,割集是能够将 SFG 分割成两个部分的最小边集,它的一个表示如图 10.5 所示。

由于割集重定时这个方法容易理解并易于使用,所以它是通过 FPGA 对数字信号处理并行系统设计最有用和功能最强大的设计方法。

脉动阵列是通过简单数据传递与邻近单元通信来实现简单运算单元的阵列。在脉动阵列

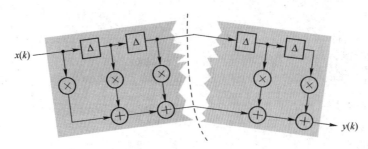

图 10.5　割集的一个表示

中,通信是同步的。术语"脉动"最早用于表示心脏有规律的跳动。脉动阵列实质上是并行处理器。

另一种可选择的并行阵列形式是波前阵列,该阵列中相邻单元之间通过握手进行通信,因此波前阵列是异步的。

10.2.2　割集重定时规则 1

在割集重定时规则 1 中进行如下规定,即根据不同边沿进入或者出去的方向,可以超前或延迟这些边沿。

如图 10.6 所示,在 SFG 上进行切割。以任意方向穿过它进入的所有信号连接称为"进入"。类似地,以任意方向穿过它出去的所有信号连接称为"出去"。

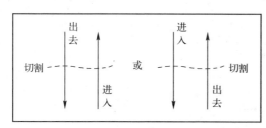 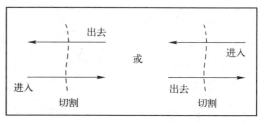

图 10.6　通过割集的信号"进"和"出"

注:可以以任意的方向绘制割集。

进一步,将时间超前应用于"进入",而将时间延迟应用于"出去"。出于简便和统一写法的考虑,使用 z^{-1} 表示一个采样延迟,z^{+1} 表示一个采样超前,如图 10.7 所示。

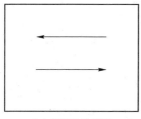 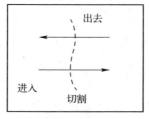 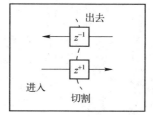

(a) 原始的信号流　　　　(b) 分割后的信号流　　　　(c) 重定时后的信号流

图 10.7　通过割集的信号"进"和"出"与超前和延迟之间的关系

在该设计中，可以在两个任意 SFG 之间的连接处执行割集重定时。注意，重定时并不会影响这些 SFG 的内容。下面将在图 10.8 中插入一个割集，将经过割集的这些边分组为"进入边"和"出去边"。

在图 10.8 给出的例子中，将信号流图从上至下垂直切断。将从左到右的数据传输路径指定为"进入"，而将从右到左的数据传输路径指定为"出去"。

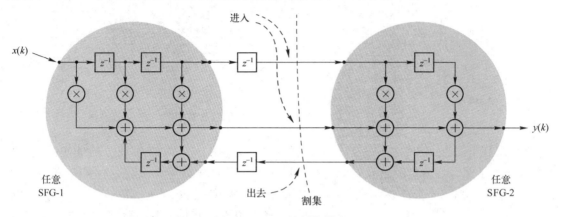

图 10.8 SFG 的割集描述

下面将通过一个实例来说明某些重定时是不可能实现的，即尽管可以使用割集表示它们的信号流，但实际实现的时候会使用到非因果（时间提前）元器件。

对于图 10.8 而言，将所有"进入边"增加时间延迟 z^{-1}，将所有的"出去边"增加时间超前 z^{+1}，得到图 10.9。

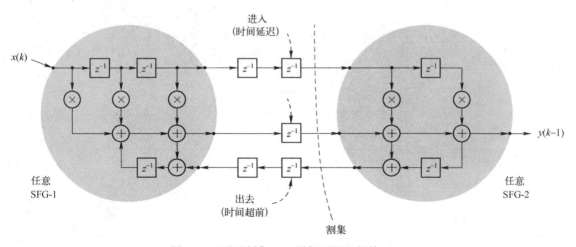

图 10.9 通过割集 SFG 增加延迟和超前（1）

通过使用下面的恒等变形规则：
$$z^{-1} \cdot z^{-1} = z^{-2}$$
$$z^{-1} \cdot z^{+1} = 1$$

得到重定时后的 SFG 如图 10.10 所示，图中给出了一个信号流图的内部结构。很明显，信号流图 SFG1 和信号流图 SFG2 内部的电路可执行任意的 DSP 运算。

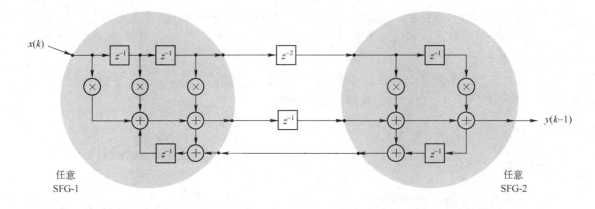

图 10.10 通过割集后的重定时 SFG

图 10.10 给出的 SFG 并不是某个特定的电路，其仅仅是一个带有乘法和加法的数字信号处理线性系统。如果打算研究这个电路，也许会注意到输出 $y(k)$ 是 $x(k)$ 和 $w(k)$ 当前与过去的值，以及 $y(k)$ 过去值的线性组合。因此，图 10.10 是包含两个输入的关于 $y(k)$ 的线性递归系统，在此讨论的重点集中在 SFG1 和 SFG2 边界上的重定时问题。

图中，将所有进入边的时间延迟表示为 z^{-1}，将所有出去边的时间超前表示为 z^{+1}。因此，电路内部没有发生改变，即仅在割集上添加或消除延迟。显然，在出去数据路径上的时间超前 z^{+1} 与时间延迟 z^{-1} 相互抵消，即 $z^{+1}z^{-1}=1$。而且，包含双倍延迟，$z^{-1}z^{-1}=z^{-2}$。

需要注意的是，当执行割集重定时时，如果任何数据传递路径以一个时间超前结束，那么系统为非因果。这是因为时间超前 z^{+1} 表示在时间上预先知道了将来的信号，这样的事情是不可能的。

于图 10.8 的 SFG 给出了一个不可能实现的割集划分，即在图中选择了一个相反的操作，将所有出去边的时间延迟 z^{-1}，将所有进入边的时间超前 z^{+1}，将得到图 10.11 所示的结果。

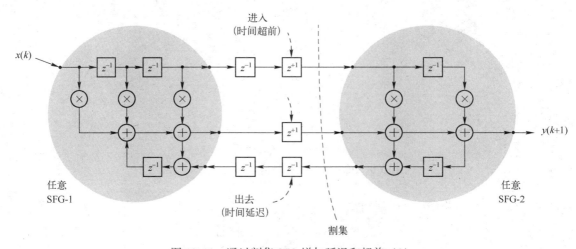

图 10.11 通过割集 SFG 增加延迟和超前（2）

很明显，如图 10.12 所示，该电路结构最终是非因果系统，因此是不能物理实现的，这是因为该结构尚未具备预测未来 z^{+1} 要求的能力。因此,这种划分方法并不是割集重定时的正确选择,因为使用了一个不可能实现的割集划分方法。

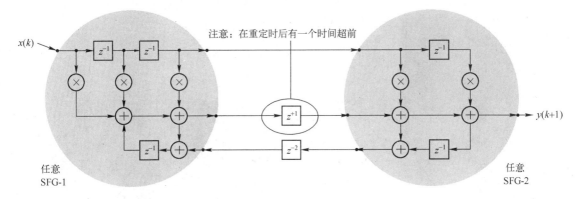

图 10.12　通过割集重定时后的 SFG,非因果系统

下面考虑输入到输出的延迟。很明显,当把割集重定时应用于 SFG 时,可能会改变输入到输出的延迟。为了计算这个变化,从输入到输出绘制一个 I/O 测试线,如图 10.13 所示,并且考虑由不同割集所增加的延迟。

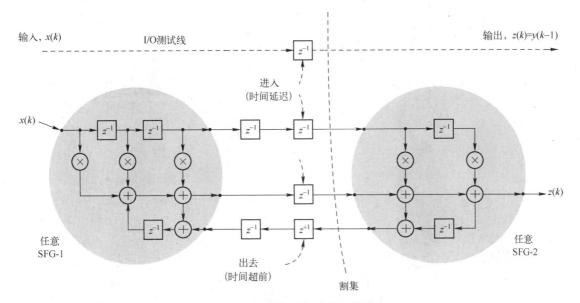

图 10.13　由割集重定时引入的延迟

从图中可知,I/O 测试线作为进入边穿过了切割线,因此在割集中从输入到输出增加了一个延迟。在重定时以前的电路中,输出表示为 $y(k)$;而当重定时后,输出延迟一个采样,即 $z(k) = y(k-1)$,这就意味重定时的结果引入了一个采样延迟。

在大多数的数字信号处理系统中,从输入到输出的传输路径上增加几个延迟并非一个大问题,但是在某些情况下需要注意这个问题。因此,需要跟踪增加的延迟。

在一个 SFG 内,如果需要对一个指定的位置进行延迟,则使用割集理论非常有用。

图 10.14 给出了使用割集理论的一个划分，图 10.15 给出了使用割集理论的另一种划分。

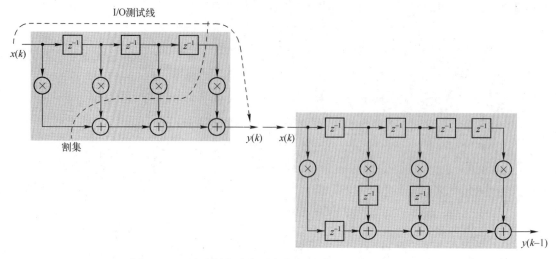

图 10.14　通过割集重定时在指定的位置引入的延迟（1）

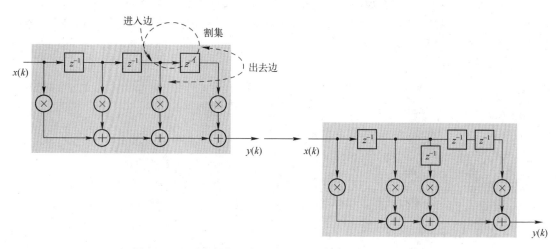

图 10.15　通过割集重定时在指定的位置引入的延迟（2）

10.3　不同形式的 FIR 滤波器

本节将介绍如何使用割集重定时得到不同形式的 FIR 滤波器结构。

10.3.1　转置形式的 FIR 滤波器

FIR 滤波器的另一种结构如图 10.16 所示，即把标准 FIR 滤波器的信号流结构重新进行调整。在该结构中，并没有对其进行重定时操作。由于认为数据传输路径无延迟，所以只是沿加法器线的方向倒转。

FIR 滤波器 SFG 的一个割集划分如图 10.17 所示。

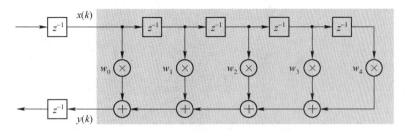

图 10.16　FIR 滤波器的另一种结构

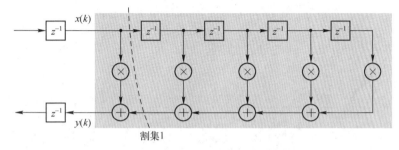

图 10.17　FIR 滤波器 SFG 的一个割集划分（1）

考虑 SFG 的左侧，可以超前所有的进入边和延迟所有的输出边来重定时，如图 10.18 所示。

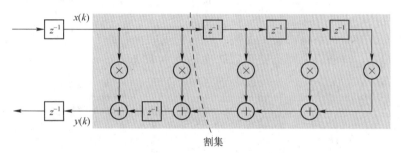

图 10.18　FIR 滤波器 SFG 的一个割集划分（2）

对于第二个割集，再一次超前所有的进入边并延迟所有的输出边实现重定时，如图 10.19 所示。

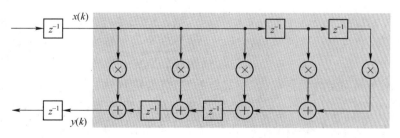

图 10.19　FIR 滤波器 SFG 的一个割集划分（3）

类似地，随后应用一系列割集和延迟传递来完成对 FIR 滤波器 SFG 的重定时划分，如

图 10.20 所示。

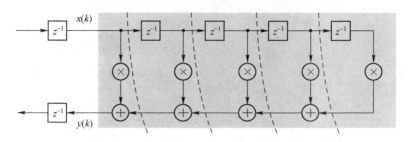

图 10.20　FIR 滤波器 SFG 的重定时划分

这样，就得到了 FIR 滤波器的转置结构。如图 10.21 所示，其给出了转置 FIR 滤波器 SFG 的结构。

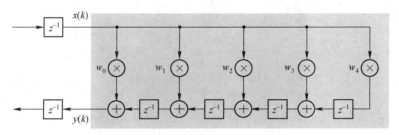

图 10.21　转置 FIR 滤波器 SFG 的结构

将转置滤波器的输入重新调整到左侧，而输出重新调整到右侧，得到图 10.22 所示的结构。需要注意的是，该结构中滤波器系数的次序发生了变化。

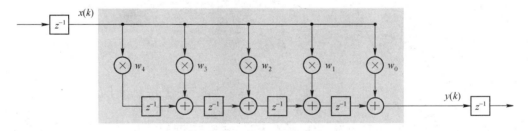

图 10.22　重新绘制转置 FIR 滤波器 SFG 的结构

由于大多数 FIR 滤波器的结构都是对称的，因此重排序并未对滤波器产生影响。例如，包含 5 个权值系数的对称滤波器结构满足 $w_0=w_4$ 和 $w_1=w_3$。对于转置 FIR 滤波器的结构，从输入到输出的延迟并没有发生改变。所以，使用转置 FIR 滤波器的结构并不会带来额外的延迟。因此，其输入到输出的操作与标准/规范的 FIR 滤波器结构是相同的。

注：无论选择什么样的从输入到输出的 I/O 测试线，都将得到相同的结果。

如图 10.23 所示，选择的构造线的割集将跨越 4 个输入边和 4 个输出边。

因此，边上的时间提前和延迟将保持平衡，并给出与上面相同的结果，即延迟没有改变，也就是 $z^{-4}z^{+4}=1$。很明显，转置 FIR 滤波器的结构减少了不同非理想元器件所导致的最

大延迟，因此其显著降低了总延迟，如图 10.24 所示。转置 FIR 滤波器结构的总延迟表示为

$$\tau_{\text{mult}} + \tau_{\text{add}}$$

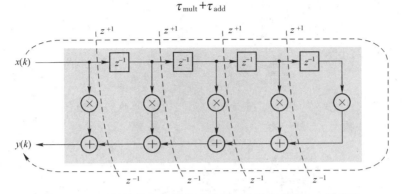

图 10.23　选择的构造线割集将跨越 4 个输入边和 4 个输出边

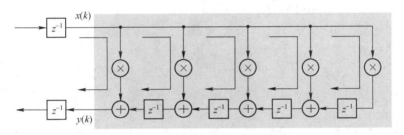

图 10.24　转置 FIR 滤波器的延迟减少

现在知道两个寄存器之间存在的最大延迟 z^{-1}，前提条件是数据从一个同步寄存器输入，而输出在时钟控制下进入另一个寄存器。因此，对于 N 个权值的系统，其最大的数据采样时钟频率为

$$f_{\text{clk(max)}} = \frac{1}{\tau_{\text{mult}} + \tau_{\text{add}}}$$

很明显，与标准形式的 FIR 滤波器结构相比，转置形式的 FIR 滤波器结构的时钟频率将显著提高，并且随着权值系数长度的增加，这种优势就越明显。

转置滤波器的劣势是 SFG 顶层的"广播线"，如图 10.25 所示。从硬件实现来说，这就意味着滤波器的输入必须连接到滤波器的每个乘法器的输入。很明显，如果滤波器越长，乘法器用得越多，扇出就越高。与广播线相关的布线延迟就变成一个很重要的问题，特别是对于较长的滤波器。因此，在转置情况下，计算关键路径延迟时应该包含布线延迟。

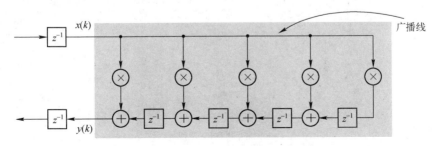

图 10.25　转置滤波器存在"广播线"

为了对转置滤波器关键路径的计算建立更准确的模型,应该也包含元器件的布线延迟,以便描述长广播线的延迟。假设布线延迟表示为

$$\tau_{\text{route}} = N \times \tau_{\text{weight}}$$

因此,时钟频率 f_{clk} 表示为

$$f_{\text{clk}} = \frac{1}{(N \times \tau_{\text{weight}}) + \tau_{\text{mult}} + \tau_{\text{add}}}$$

因此,对于 5 权值的转置 FIR 滤波器结构,假设每个滤波器权值的布线延迟为 0.02ns,则其关键路径的时钟频率 f_{clk} 表示为

$$f_{\text{clk}} = \frac{1}{(5 \times 0.02\text{ns}) + 1\text{ns} + 0.1\text{ns}} = \frac{1}{1.2} \times 10^9 = 833\text{MHz}$$

对于 10 权值的转置 FIR 滤波器结构,其关键路径的时钟频率 f_{clk} 表示为

$$f_{\text{clk}} = \frac{1}{(10 \times 0.02\text{ns}) + 1\text{ns} + 0.1\text{ns}} = \frac{1}{1.3} \times 10^9 = 769\text{MHz}$$

通过上面的计算可知,对于转置 FIR 滤波器而言,其关键路径和滤波器的长度之间存在联系,这是不期望的。然而,它的性能要比标准形式的滤波器高。

乍一看,与标准形式的 FIR 滤波器结构相比,实现转置形式 FIR 的滤波器结构没有额外的消耗逻辑资源。很明显,它们都要求相同数量的乘法器、加法器和延迟,如图 10.26 所示。从图中可知,它们都需要 5 个乘法器、4 个延迟和 4 个加法器。因此,读者可能会觉得从标准形式的结构到转置形式的结构没带来什么好处。但是,通过对电路的重定时,读者可以从该实现中得到更多的好处,即时钟工作频率可以更快,这是因为转置形式的 FIR 滤波器结构具有更小的关键路径延迟。但是,读者知道这个世界没有免费的东西,这里总存在着一些隐藏的成本或者开销。下面将分析 8 位算术运算元器件真正的"开销"。实际上,具有对称系数转置形式的 FIR 滤波器只执行两个乘法操作,如图 10.27 所示。因此,将原来结构简单地重构后将进一步降低实现转置形式 FIR 滤波器的成本。

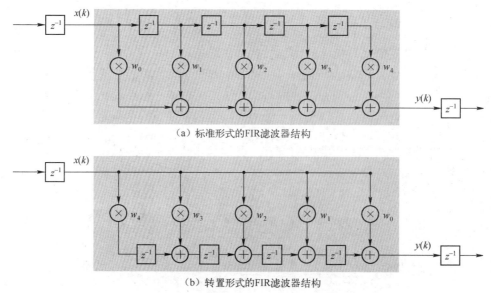

图 10.26 标准形式和转置形式的 FIR 滤波器结构

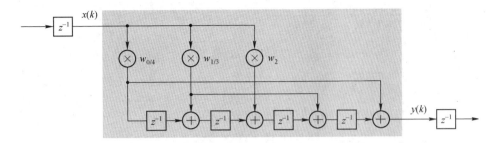

图 10.27 具有对称系数的转置 FIR 滤波器

假设滤波器的权值和采样数据都是 8 位的分辨率,实现转置形式 FIR 滤波器结构的成本较高。如图 10.28 所示,很明显,在标准形式 FIR 滤波器的实现细节中,其延迟单元都是 8 位的;而在转置形式 FIR 滤波器的实现细节中,其延迟单元的位宽将从最少的 16 位增加到 18 位。实际上,实现转置形式 FIR 滤波器结构所用的延迟寄存器数量是实现标准形式 FIR 滤波器结构所用延迟寄存器数量的两倍。因此,与 8 位宽度的寄存器相比,16 位宽度的寄存器需要更多的连接。

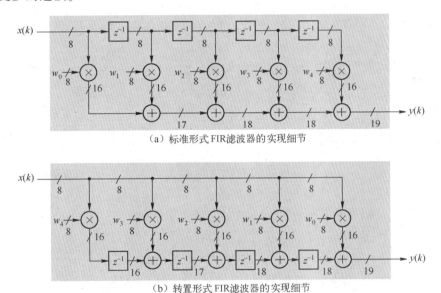

图 10.28 标准和转置形式 FIR 滤波器的实现细节

对于较长的转置形式的 FIR 滤波器结构,其字长会不断地增加,如图 10.29 所示。与标准形式的 FIR 滤波器结构相比,在某种程度上这就是转置形式的 FIR 滤波器结构的劣势。然而,如果在逻辑结构中实现它,延迟可以直接映射到 LUT 后的触发器中,这样延迟就不会额外消耗其他的逻辑设计资源。

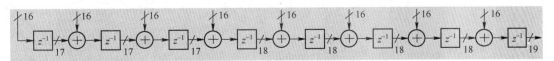

图 10.29 转置形式 FIR 滤波器的字长随滤波器长度的增加而增加

10.3.2 脉动形式的 FIR 滤波器

在 20 世纪 80 年代和 20 世纪 90 年代初，人们就开始广泛地研究与设计脉动阵列。脉动结构（也称为脉动阵列）表示一种有节奏的计算过程，并且通过系统传输到数据处理单元（Processing Elements，PE），这些单元非常规则地泵入和泵出数据以维持系统中存在规则的数据流。脉动系统的典型特征是模块化和规则化，这对超大规模集成电路设计非常重要。脉动阵列可以作为与主计算机结合的协处理器，从主计算机接受数据样本并发送到 PE，然后将最终结果返回到主计算机。类似于人心脏的血液流动，因此将其称为脉动。

脉动阵列的主要特点如下。

（1）同步性。在全局时钟的定时下，数据按节奏计算，并通过网络传输。

（2）模块性与规则性。阵列由模块化的处理单元组成，单元之间相互连接，可以无限扩展阵列。

（3）时空局部性。阵列意味着一个局部化的通信互联结构，也就是说，空间局部化。至少共享一个单元时间延迟，以便将信号从一个节点传输到下一个节点，这是时间局部化，因此缩短了关键路径。

（4）流水线性。阵列具有流水线结构，即时间延迟若按 α 重新标定，那么将允许阵列同时处理 α 个数据集。

在 20 世纪 80 年代，人们对脉动阵列的实现方法进行了大量的研究，这些研究主要针对每个通用的 DSP 算法和基于矩阵的算法，包括滤波器、自适应滤波器、线性系统求解，以及图像处理算法等。

但是，实际上到底做出来多少个这样的阵列？答案是几乎没有。研究工作主要基于映射算法和设计的通用步骤等。

脉动阵列没有实际应用的最直接原因是集成电路设计工艺还无法满足脉动阵列的要求。有一些实验室曾经尝试过晶片缩比集成（Wafer Scale Integration，WSI）方法，但结果并不令人满意。因此，只能等待工艺成熟时才能应用脉动阵列和简单的并行化技术。

自 20 世纪 80 年代以来，数字系统设计中就已经开始使用 FPGA 了。然而，最近几年，在较大规模的 FPGA 内才提供了快速乘法器和其他算术功能。尽管 FPGA 并不是专门用于脉动阵列的实现，但是通过割集、重定时和延迟定标等方法就可以实现具有脉动阵列属性的信号流。采用脉动阵列的设计结构将产生非常规则的阵列结构，因而将显著缩短关键路径。

标准形式 FIR 滤波器其他的割集形式如图 10.30 所示，使用该割集形式可得到另一种 FIR 滤波器结构，如图 10.31 所示。

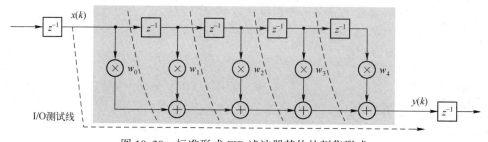

图 10.30　标准形式 FIR 滤波器其他的割集形式

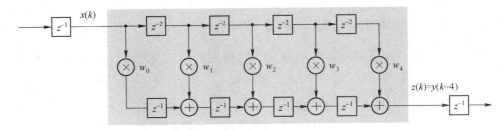

图 10.31 另一种 FIR 滤波器结构

从图 10.30 中可知,I/O 测试线显示出重定时后的 SFG 输出延迟了 4 个采样,即

$$z(k) = y(k-4)$$

在这种情况下,总的传播延迟又减少为 $\tau_{mult} + \tau_{add}$,如图 10.32 所示。因此,其时钟工作频率要高于标准形式 FIR 滤波器的工作频率。与转置形式 FIR 滤波器结构不同,这里不需要考虑广播线对延迟的影响,因此预测脉动形式 FIR 滤波器的工作速度要高于转置形式 FIR 滤波器的工作速度。

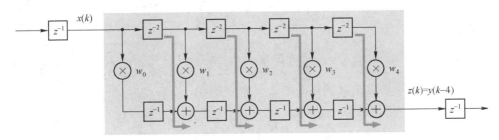

图 10.32 脉动形式 FIR 滤波器的关键路径

标准形式的 FIR 滤波器输出为

$$y(k) = w_0 x(k) + w_1 x(k-1) + w_2 x(k-2) + w_3 x(k-3)$$

转置形式 FIR 滤波器的输出为

$$z(k) = y(k-4) = w_0 x(k-4) + w_1 x(k-5) + w_2 x(k-6) + w_3 x(k-7)$$

如果需要在信号流图中指定的位置加入延迟,那么割集理论非常重要。如图 10.31 所示,其给出了一个 SFG 的割集划分。输入到输出的 I/O 测试线说明在该重定时信号流图中将输出延迟了一个采样。

对于 5 权值脉动形式的 FIR 滤波器结构,其最高时钟频率 $f_{clk(max)}$ 为

$$f_{clk(max)} = \frac{1}{\tau_{mult} + \tau_{add}}$$

假设 $\tau_{mult} = 1$ 和 $\tau_{add} = 0.1$,得到:

$$f_{clk(max)} = \frac{1}{1+0.1} \times 10^9 \approx 909 \text{MHz}$$

注:实际上,任意长度脉动形式的 FIR 滤波器的 $f_{clk(max)}$ 都相同。

10.3.3 包含流水线乘法器的脉动 FIR 滤波器

需要注意,并没有规定必须要从相同的方向插入割集,读者可以在水平方向上划分割集。对图 10.32 中加法器和乘法器之间的连线添加一个切割,可以将关键路径延迟减少为一个乘法器,如图 10.33 所示。

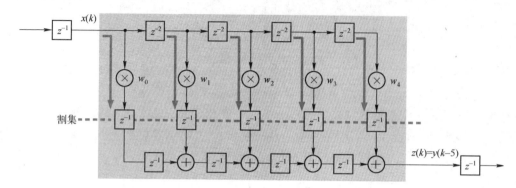

图 10.33 添加水平方向的割集

> 注:与 n 位加法器相比,n 位乘法器具有更长的关键路径。

水平方向插入割集后,系统的最高时钟工作频率 $f_{\text{clk(max)}}$ 为

$$f_{\text{clk(max)}} = \frac{1}{\tau_{\text{mult}}} = \frac{1}{1} \times 10^9 \approx 1000 \text{MHz}$$

与脉动形式的 FIR 滤波器结构一样,其关键路径和滤波器的长度之间没有任何联系。

10.3.4 FIR 滤波器 SFG 乘法器流水线

当使用 FPGA 实现 FIR 滤波器结构时,通过将乘法器流水线来进一步提高效率和速度。如图 10.34 所示,该 FIR 滤波器 SFG 的标准流水线结构使用了 4 位宽度的采样数据和权值。

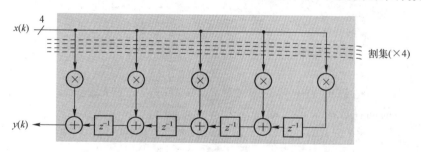

图 10.34 给 FIR 滤波器标准流水线结构添加割集

使用 4 个割集后,将得到包含流水线乘法器的 FIR 滤波器结构,如图 10.35 所示。

根据图 10.36 给出的 4 位乘法器的原理和结构,可知一个 4 位的整数类型的乘法器有 7 个单元的延迟(最长路径)。

很明显,可以考虑在图 10.36 所示的乘法单元之间添加流水线,这样图 10.34 的乘法器内部单元可以以流水线的形式工作,如图 10.37 所示。

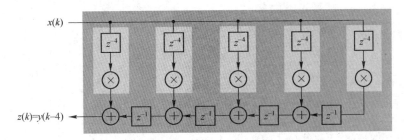

图 10.35 将乘法器流水线后的 FIR 滤波器结构

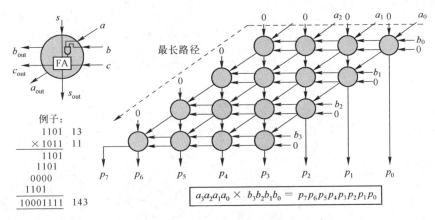

图 10.36 4 位整数的乘法及其延迟

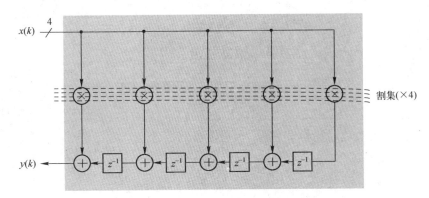

图 10.37 将乘法器内部流水线化

很明显,与前面在数据采样之间添加流水线不同,此处是在逻辑层面的细粒度流水线操作。

当使用内部细粒度流水线乘法器结构时,最高时钟频率 $f_{\text{clk(max)}}$ 表示为

$$f_{\text{clk(max)}} = \frac{1}{\tau_{\text{mult}}/N + \tau_{\text{add}}}$$

式中,N 为乘法器的位宽,以比特表示。很明显,当采用内部细粒度流水线乘法器结构时,将近一步提高时钟的工作频率。

10.4 FIR 滤波器构建块

在 FPGA 中,需要将 FIR 滤波器的标准形式、转置形式、脉动形式,以及包含流水线乘法器的脉动形式映射到 FPGA 内的 DSP 单元中,如图 10.38 所示。

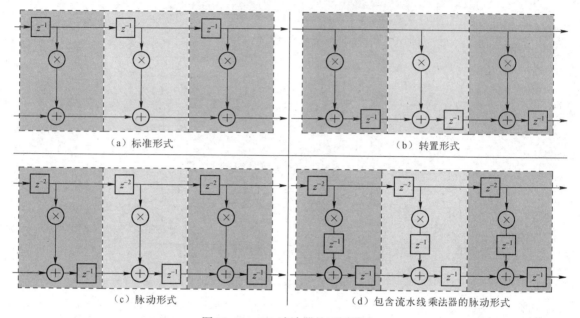

图 10.38 FIR 滤波器的不同形式

这 4 种形式的滤波器所要求的寄存器数量如表 10.1 所示。

表 10.1 不同形式的 FIR 滤波器所要求的寄存器数量

	标准形式	转置形式	脉动形式	包含流水线乘法器的脉动形式
输入线	1	0	2	2
乘法器	0	0	0	1
加法器线	0	1	1	1

根据表 10.1,给出寄存器选项的"超集",如图 10.39 所示。在 Intel FPGA 内集成的 DSP 块内可以找到这些寄存器的映射,读者可以参考本书 2.3.6 小节的内容。

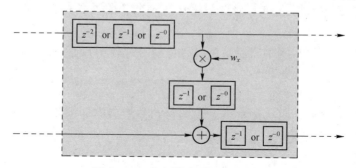

图 10.39 寄存器选项的"超集"

10.4.1 带加法器树的 FIR 滤波器

考虑一个使用加法器树来产生乘积的和的 FIR 滤波器结构，如图 10.40 所示。显然加法器树非常适合系数个数为 2 的幂次方的滤波器。

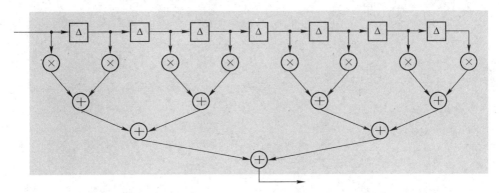

图 10.40 使用加法器树的 FIR 滤波器结构

该 FIR 滤波器结构的关键路径表示为

$$\tau_{mult} + 3 * \tau_{add}$$

对于一个 8 个系数的滤波器，标准 FIR 滤波器的关键路径为

$$\tau_{mult} + 7 * \tau_{add}$$

通常在使用线性信号流图时，可以根据一些简单的运算法则移动加法器、延迟和乘法器，如图 10.41 和图 10.42 所示。

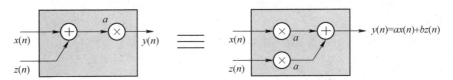

图 10.41 恒等变换（1）

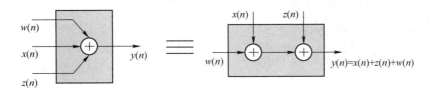

图 10.42 恒等变换（2）

10.4.2 加法器树的流水线

如果一个信号流图内部互联不存在延迟，则可以移动/挪动周围的元器件而不改变信号流图的功能。

对图 10.43 的加法器执行割集重定时，可以实现加法器树的流水线操作，如图 10.44 所示。

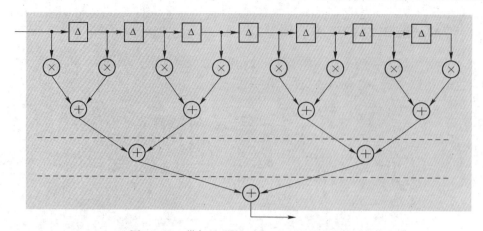

图 10.43 带加法器的 FIR SFG 割集重定时

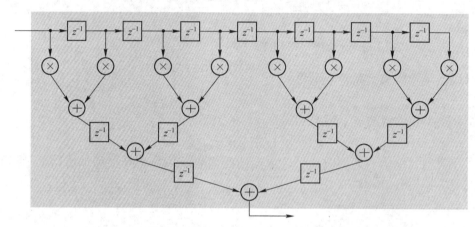

图 10.44 带加法器的 FIR SFG 割集重定时的进一步划分

该流水线加法器的路径表示为

$$\tau_{mult}+\tau_{add}$$

通过在乘法器下面应用一个割集来将延迟进一步缩小至 τ_{mult}。

10.4.3 对称 FIR 滤波器

许多应用领域,特别是在信号处理中,要求 FIR 滤波器具有对称的系数,因为这确保了线性相位或恒定群延迟,如图 10.45 所示。在本书第 9 章提到,当 FIR 滤波器的 N 个实数权值为对称或者反对称时,滤波器具有线性相位,即

$$w(n)=\pm w(N-1-n)$$

这就表示通过滤波器的所有频率延迟相同的值。线性相位 FIR 滤波器的脉冲响应为奇数或者偶数个权值。

前面提到,线性相位在一些应用中特别重要。在这些应用中,信号的相位提供了重要的信息。假设以频率 f_s 对一个频率为 f 的余弦信号进行采样,然后将采样后的信号馈送到具有偶数个对称系数的 FIR 滤波器,该滤波器的权值特性表示为

$$w_n=w_{N-n}, n=0,1,\cdots,N/2-1$$

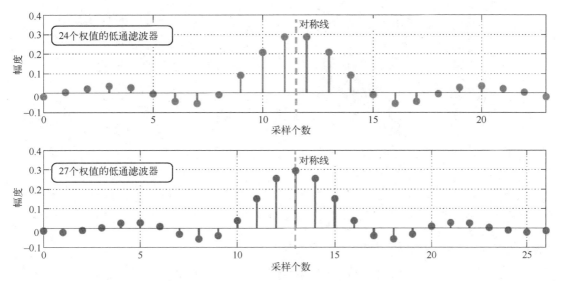

图 10.45 对称系数滤波器

为了方便起见,令 $\omega = 2\pi f/f_s$。则滤波器的输出 $y(k)$ 表示为

$$y(k) = \sum_{n=0}^{N-1} w_n \cos\omega(k-n) = \sum_{n=0}^{\frac{N}{2}-1} w_n [\cos\omega(k-n) + \cos\omega(k-N+n)]$$

$$= \sum_{n=0}^{\frac{N}{2}-1} 2w_n \cos\omega(k-N/2)\cos\omega(n-N/2)$$

$$= 2\cos\omega\left(k-\frac{N}{2}\right)\sum_{n=0}^{\frac{N}{2}-1} w_n \cos\omega\left(n-\frac{N}{2}\right) = M \cdot \cos\omega\left(k-\frac{N}{2}\right)$$

式中,$M = \sum_{n=0}^{\frac{N}{2}-1} 2w_n \cos\omega\left(n-\frac{N}{2}\right)$。

从上式可知,不管输入信号的频率是多少,输入余弦信号只延迟 $N/2$ 采样,经常将其称为群延迟,它的幅度由 M 标定。因此,这样一个 FIR 滤波器的相位响应只是由 $\omega N/2$ 定义的一条直线。通常,群延迟是相位响应特性对角频率的导数。因此,一个线性相位滤波器的群延迟对所有频率而言都是一个常数。对于任意输入的时域波形,一个具有恒定群延迟的全通滤波器只产生延迟。

考虑具有对称系数 $\{-3,5,-7,9,-7,5,-3\}$ 的 7 阶 FIR 滤波器信号流结构,如图 10.46 所示,该滤波器的对称系数特性表示为

$$w_0 = w_6$$
$$w_1 = w_5$$
$$w_2 = w_4$$

很明显,对每个采样的输出需要执行 7 个乘/累加操作。利用对称系数特性,为了减少操作次数,需要首先将 $x(k)$ 和 $x(k-6)$ 相加,然后执行乘法操作;$x(k-1)$ 和 $x(k-5)$ 相加,然后执行乘法操作;$x(k-2)$ 和 $x(k-4)$ 相加,然后执行乘法操作。这样,显著减少了乘法的次数。

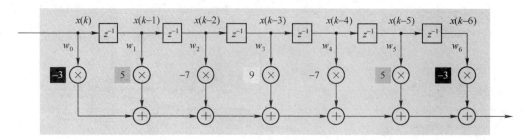

图 10.46 具有 7 个对称系数的 FIR 滤波器结构

很明显，由于该滤波器具有奇数个权值，因此只有 $N-1$ 个权值可以配对，而最中间的那个权值只能独立进行计算。因此，对不同延迟时刻的采样同时进行 3 个预相加，然后再进行 4 个乘法操作。

优化计算前，对称滤波器的输出 $y(k)$ 表示为

$$y(k)=x(k)w_0+x(k-1)w_1+x(k-2)w_2+x(k-3)w_3+x(k-4)w_4+x(k-5)w_5+x(k-6)w_6$$

利用对称系数的特性，将上式重新写作：

$$y(k)=x(k)w_0+x(k-1)w_1+x(k-2)w_2+x(k-3)w_3+x(k-4)w_2+x(k-5)w_1+x(k-6)w_0$$

将上面的等式进行分组，得到：

$$y(k)=[x(k)+x(k-6)]w_0+[x(k-1)+x(k-5)]w_1+[x(k-2)+x(k-4)]w_2+x(k-3)w_3$$

重新排列对称系数，减少运算量，重排对称系数后的 FIR 滤波器结构如图 10.47 所示。很明显，对于一个 N 系数滤波器，其乘法器的数量为

（1）当 N 为偶数时，乘法器的数量为 $N/2$；
（2）当 N 为奇数时，乘法器的数量为 $N/2+1$。

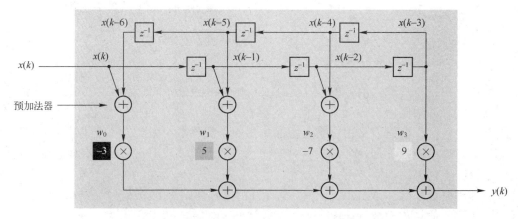

图 10.47 重排对称系数后的 FIR 滤波器结构

注意，对称滤波器中使用的乘法器在硬件开销上有所提高。例如，以前的两个输入为 N 位，因此需要一个 $N \times N$ 的乘法器。由于现在某个采样加法器的输入为 $N+1$ 位，因此乘法器的硬件开销稍微增加到 $(N+1) \times N$，但是硬件的总开销降低了，如图 10.48 所示。

注意原来对称系数 FIR 滤波器的关键路径，如图 10.49 所示。从图中可知，其关键路径延迟表示为 $\tau_{预加法器}+\tau_{mult}+3\tau_{add}$。进一步推广：

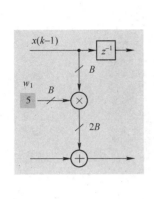
（a）原始滤波器

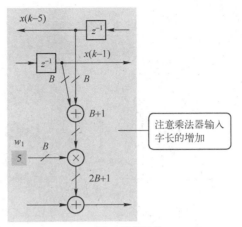
（b）对称滤波器

图 10.48 乘法器字长的增加

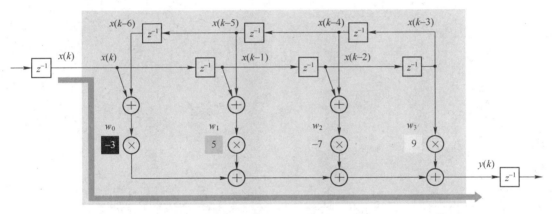

图 10.49 对称 FIR 滤波器的关键路径

对于具有 N 为奇数的对称权值 FIR 滤波器而言，其关键路径延迟表示为

$$\tau_{\text{预加法器}} + \tau_{\text{mult}} + \left(\frac{N-1}{2}\right)\tau_{\text{add}}$$

对于 N 为偶数的对称权值 FIR 滤波器而言，其关键路径延迟表示为

$$\tau_{\text{预加法器}} + \tau_{\text{mult}} + \left(\frac{N}{2}-1\right)\tau_{\text{add}}$$

对图 10.47 给出的对称系数 FIR 滤波器使用割集重定时来进一步减少关键路径，这样滤波器可以工作在更高的工作频率上，如图 10.50 所示。从图中可知，其关键路径延迟为

$$\tau_{\text{预加法器}} + \tau_{\text{mult}} + \tau_{\text{add}}$$

注：使用 3 个垂直方向的割集后，滤波器增加了 3 个延迟。

当然，读者可以在水平方向使用割集来进一步减少关键路径延迟，如图 10.51 所示。

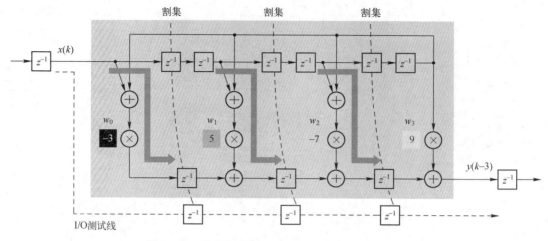

图 10.50 将割集应用于对称 FIR 滤波器后的结构

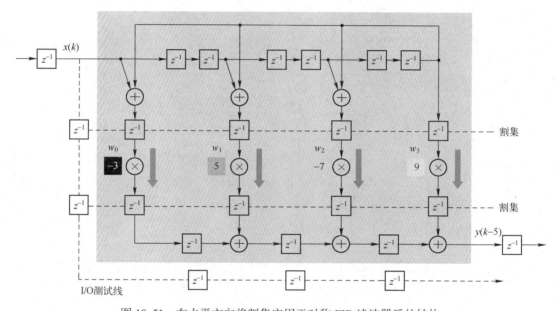

图 10.51 在水平方向将割集应用于对称 FIR 滤波器后的结构

10.5 标准形式和脉动形式 FIR 滤波器的实现

通过在每个 MAC 单元之间插入割集，将标准形式的 FIR 滤波器转换成脉动形式的，如图 10.52 所示。

从图中可知，关键路径减少为一个乘法器和一个加法器，但是消除了广播线。对于标准形式的 FIR 滤波器而言，其输出表示为

$$y(k) = x(k-2)W_0 + x(k-3)W_1 + x(k-4)W_2 + x(k-5)W_3 \tag{10.1}$$

对于脉动形式的 FIR 滤波器而言，其输出表示为

$$y'(k) = x(k-5)W_0 + x(k-6)W_1 + x(k-7)W_2 + x(k-8)W_3 \tag{10.2}$$

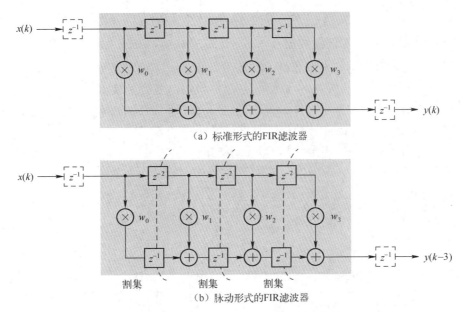

图 10.52 标准形式和脉动形式的 FIR 滤波器

将式（10.1）和式（10.2）相比，得到：

$$y(k-3) = y'(k)$$

下面给出这两种形式在 Simulink 中的具体表现形式，设计中的权值为

$$W_0 = -10, W_1 = -20, W_2 = 50, W_3 = 80$$

10.5.1 标准形式 FIR 滤波器模型的实现

本小节将介绍如何设计标准形式的 FIR 滤波器模型，并对该模型进行验证。

1. 建立新的设计模型

本部分将介绍如何建立新的设计模型，主要步骤如下。

（1）启动 DSP Builder，并打开一个空白的设计界面，以及 Simulink Library Browser 页面。调整空白设计界面和 Simulink Library Browser 页面的大小与位置，使得 Simulink Library Browser 页面位于电脑屏幕的左侧，空白设计界面位于电脑屏幕的右侧。

> **注**：在 MATLAB 主界面的主页标签下，将路径设置为 E:\intel_dsp_example\example_10_1。并且将该设计文件命名为 "standard_4.slx"。

（2）在设计界面的主菜单下，选择 File→Model Properties→Model Properties。

（3）弹出 "Model Properties" 对话框。在该对话框中，单击 "Callbacks" 标签。在该标签页的左侧窗口中，找到并选中 "InitFcn" 选项。在该标签页的右侧窗口中，输入下面的命令：

```
clear;
MHz = 100;
fs = MHz * 1e6;
```

（4）单击"OK"按钮，退出"Model Properties"对话框。

2. 构建标准形式 FIR 滤波器模型

本部分将介绍如何构建标准形式的 FIR 滤波器模型，主要步骤如下。

（1）在 Simulink Library Browser 页面的左侧窗口中，找到并展开"DSP System Toolbox"选项。在展开项中，找到并选中"Sources"选项。在该页面的右侧窗口中，找到并将名字为"Discrete Impulse"的元器件符号拖曳到设计界面中。

（2）双击设计界面中名字为"Discrete Impulse"的元器件符号，弹出"Block Parameters: Discrete Impulse"对话框。在该对话框中，按如下设置参数。

① 单击"Main"标签。在该标签页中，按如下设置参数。
- Delay (sample)：0。
- Sample time：1/fs。
- Samples per frame：1。

② 单击"Data Types"标签。在该标签页下，单击"Output data type"右下拉框右侧的 >> 按钮。在展开界面中，按如下设置参数。
- Mode：Fixed point。
- Signedness：Signed。
- Word length：8。
- Scaling：Binary point。
- Fraction length：0。

（3）单击"OK"按钮，退出"Block Parameters: Discrete Impulse"对话框。

（4）在 Simulink Library Browser 页面的左侧窗口中，找到并展开"DSP Builder for Intel FPGAs-Advanced Blockset"选项。在展开项中，找到并展开"Primitives"选项。在展开项中，找到并选中"Primitive Configuration"选项。在该页面的右侧窗口中，找到并将名字为"GPIn"、"GPOut"和"SynthesisInfo"的元器件符号分别拖曳到设计界面中。

（5）在 Simulink Library Browser 页面的左侧窗口中，找到并展开"DSP Builder for Intel FPGAs-Advanced Blockset"选项。在展开项中，找到并选中"Design Configuration"选项。在该页面的右侧窗口中，找到并将名字为"Control"和"Device"的元器件符号分别拖曳到设计界面中。

（6）双击设计界面中名字为"Device"的元器件符号，弹出"DSP Builder-Device Parameters"对话框。在该对话框中，按如下设置参数。

① Device Family：Cyclone 10 GX。
② Family member：10CX085YU484E6G。
③ Speed grade：6。

（7）单击"OK"按钮，退出"DSP Builder-Device Parameters"对话框。

（8）双击设计界面中名字为"Control"的元器件符号，弹出"DSP Builder for Intel FPGAs Blockset-Settings"对话框。在该对话框中，单击"General"标签。在该标签页中，勾选"Generate hardware"前面的复选框，将"Hardware destination directory"设置为 rtl。

（9）单击"OK"按钮，退出"DSP Builder for Intel FPGAs Blockset-Settings"对话框。

（10）在 Simulink Library Browser 页面的左侧窗口中，找到并展开"DSP Builder for Intel

FPGAs-Advanced Blockset"选项。在展开项中，找到并展开"Primitives"选项。在展开项中，找到并选中"Primitive Basic Blocks"选项。在该页面的右侧窗口中，找到并将名字为"SampleDelay"的元器件符号分 5 次分别拖曳到设计界面中。

（11）重复步骤（10），找到并将名字为"Const Mult"的元器件符号分 4 次拖曳到设计界面中。

（12）双击设计界面中名字为"Const Mult"的元器件符号，弹出"Block Parameters: Const Mult"对话框。在该对话框中，按如下设置参数。

① Output data type mode：Specify via dialog。

② Output data type：sfix(8)。

③ Output scaling value：2^-0。

④ Value：-10。

（13）单击"OK"按钮，退出"Block Parameters: Const Mult"对话框。

（14）双击设计界面中名字为"Const Mult1"的元器件符号，弹出"Block Parameters: Const Mult1"对话框。在该对话框中，按如下设置参数。

① Output data type mode：Specify via dialog。

② Output data type：sfix(8)。

③ Output scaling value：2^-0。

④ Value：20。

（15）单击"OK"按钮，退出"Block Parameters: Const Mult1"对话框。

（16）双击设计界面中名字为"Const Mult2"的元器件符号，弹出"Block Parameters: Const Mult2"对话框。在该对话框中，按如下设置参数。

① Output data type mode：Specify via dialog。

② Output data type：sfix(8)。

③ Output scaling value：2^-0。

④ Value：50。

（17）单击"OK"按钮，退出"Block Parameters: Const Mult2"对话框。

（18）双击设计界面中名字为"Const Mult3"的元器件符号，弹出"Block Parameters: Const Mult3"对话框。在该对话框中，按如下设置参数。

① Output data type mode：Specify via dialog。

② Output data type：sfix(8)。

③ Output scaling value：2^-0。

④ Value：80。

（19）单击"OK"按钮，退出"Block Parameters: Const Mult3"对话框。

（20）重复步骤（10），找到并将名字为"Add"的元器件符号分 3 次拖曳到设计界面中。

（21）在 Simulink Library Browser 页面的左侧窗口中，找到并展开"Simulink"选项。在展开项中，找到并选中"Sinks"选项。在该页面的右侧窗口中，找到并将名字为"Scope"的元器件符号拖曳到设计界面中。

（22）双击设计界面中名字为"Scope"的元器件符号，弹出 Scope 页面。在该页面中，按如下设置参数。

① 在主菜单下,选择 File→Number of Input Ports→2。

② 在主菜单下,选择 View→Layout…,出现浮动方格界面。在该界面中,设置仿真结果的布局。

(23) 退出 Scope 页面。

(24) 在 Simulink Library Browser 页面的左侧窗口中,找到并展开"DSP System Toolbox"选项。在展开项中,找到并选中"Sinks"选项。在该页面的右侧窗口中,找到并将名字为"Spectrum Analyzer"的元器件符号拖曳到设计界面中。

(25) 按图 10.53 调整元器件的布局,并将设计中的元器件连接在一起。

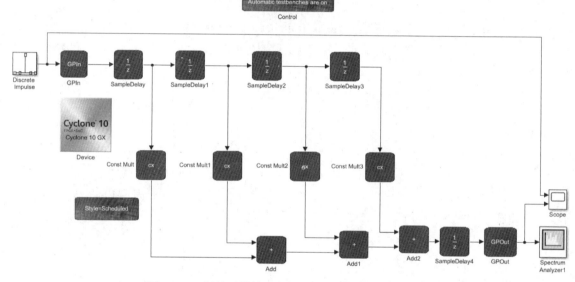

图 10.53 调整元器件的布局,并连接设计中的元器件

(26) 按图 10.54 所示,选中阴影区域中所有的元器件,单击鼠标右键,出现浮动菜单。在浮动菜单内,选择"Create Subsystem from Selection"选项,创建包含子系统的设计,如图 10.55 所示。

(27) 在当前设计界面工具栏内名字为"Simulation stop time"的文本框中输入 2048/fs。

(28) 在当前设计界面的工具栏内找到并单击名字为"Run"的按钮⊙,自动弹出 Spectrum Analyzer 界面。

思考与练习 10-1:根据 Spectrum Analyzer 界面给出的频谱分析结果分析该滤波器的幅频响应特性。

思考与练习 10-2:双击设计界面中名字为"Scope"的元器件符号,打开 Scope 页面,查看输入信号和滤波器输出信号的时域波形,说明时序波形与滤波器幅频响应特性之间的关系。

思考与练习 10-3:在当前设计界面的主菜单下,选择 DSP Builder→Resource Usage…→Design,查看该设计所使用的 FPGA 设计资源。

(29) 关闭该设计模型。

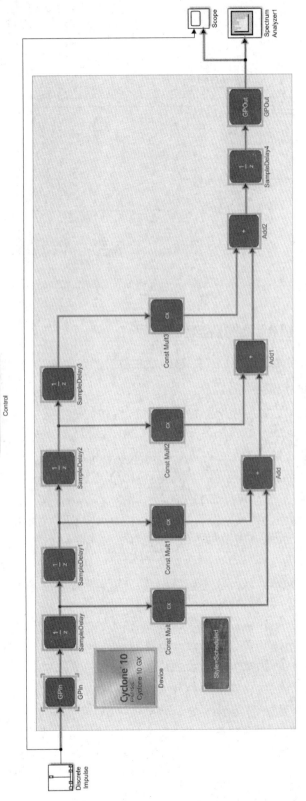

图10.54 选中阴影区域中所有的元器件

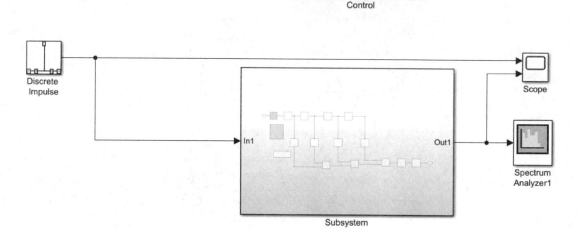

图 10.55 创建包含 Subsystem 子系统的标准形式 FIR 滤波器模型

10.5.2 脉动形式 FIR 滤波器模型的实现（一）

本小节将介绍如何修改标准形式的 FIR 滤波器模型以实现脉动形式的 FIR 滤波器模型。

1. 复制并打开设计模型

本部分将介绍如何复制并打开在 10.5.1 小节构建的标准形式的 FIR 滤波器模型，主要步骤如下。

(1) 建立新的设计目录 E:\intel_dsp_example\example_10_2。

(2) 将路径 E:\intel_dsp_example\example_10_1 下的文件 standard_4.slx 复制粘贴到步骤 (1) 新建的设计目录中，并将该文件的名字改为"systolic_4.slx"。

(3) 启动 MATLAB R2019a（以下简称 MATLAB）集成开发环境。

(4) 在 MATLAB 集成开发环境的主界面中，将路径定位到 E:\intel_dsp_example\example_10_2。

(5) 在 MATLAB 集成开发环境中，单击"主页"标签。在该标签页的工具栏中，单击"Simulink"按钮。

(6) 弹出 Simulink Start Page 页面。在该页面的左侧窗口中，单击"Open"按钮。

(7) 弹出"打开文件"对话框。在该对话框中，将路径定位到 E:\intel_dsp_example\example_10_2。在该路径下，选中 systolic_4.slx 文件。

(8) 单击"打开"按钮，退出"打开文件"对话框。

(9) 在打开设计界面的工具栏中，单击"Library Browser"按钮 ⊙，弹出 Simulink Library Browser 页面。调整设计界面和 Simulink Library Browser 页面的大小与位置，使得 Simulink Library Browser 页面位于电脑屏幕的左侧，空白设计界面位于电脑屏幕的右侧。

2. 修改设计模型

本部分将介绍如何修改打开的设计模型，以实现脉动形式的 FIR 滤波器模型，主要步骤如下。

(1) 双击设计界面中的 Subsystem 子系统元器件符号,打开其内部结构。

(2) 双击设计界面中名字为"Sample Delay1"的元器件符号,弹出"Block Parameters:SampleDelay1"对话框。在该对话框中,将"Number of delays"修改为2。

(3) 单击"OK"按钮,退出"Block Parameters:SampleDelay1"对话框。

(4) 双击设计界面中名字为"Sample Delay2"的元器件符号,弹出"Block Parameters:SampleDelay2"对话框。在该对话框中,将"Number of delays"修改为2。

(5) 单击"OK"按钮,退出"Block Parameters:SampleDelay2"对话框。

(6) 双击设计界面中名字为"Sample Delay3"的元器件符号,弹出"Block Parameters:SampleDelay3"对话框。在该对话框中,将"Number of delays"修改为2。

(7) 单击"OK"按钮,退出"Block Parameters:SampleDelay3"对话框。

(8) 在 Simulink Library Browser 页面的左侧窗口中,找到并展开"DSP Builder for Intel FPGAs-Advanced Blockset"选项。在展开项中,找到并展开"Primitives"选项。在展开项中,找到并选中"Primitive Basic Blocks"选项。在该页面的右侧窗口中,找到并将名字为"SampleDelay"的元器件符号分3次分别拖曳到设计界面中。

(9) 按图 10.56 所示调整元器件的布局,并修改元器件的连接关系以实现脉动形式的 FIR 滤波器模型。

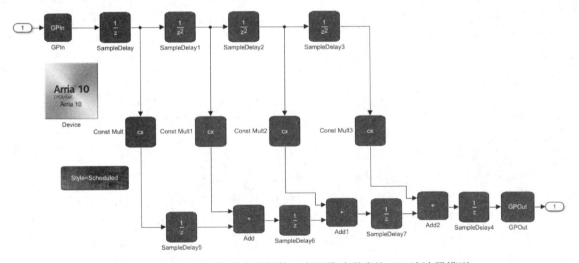

图 10.56 修改子系统的内部结构,实现脉动形式的 FIR 滤波器模型

(10) 双击设计界面中名字为"Control"的元器件符号,弹出"DSP Builder for Intel FPGAs Blockset-Settings"对话框。在该对话框中,单击"General"标签。在该标签页中,勾选"Generate hardware"前面的复选框,并将"Hardware destination directory"设置为 rtl。

(11) 单击"OK"按钮,退出"DSP Builder for Intel FPGAs Blockset-Settings"对话框。

(12) 在当前设计界面的工具栏内,找到并单击名字为"Run"的按钮 ⊙ ,自动弹出 Spectrum Analyzer 界面。

思考与练习 10-4:双击设计界面中名字为"Scope"的元器件符号,打开 Scope 页面,查看输入信号和滤波器输出信号的时域波形,分析延迟的变化情况。

思考与练习 10-5：在当前设计界面的主菜单下选择 DSP Builder→Resource Usage…→Design，查看该设计所使用的资源。

10.5.3 脉动形式 FIR 滤波器模型的实现（二）

进一步地在乘法器和加法器之间插入流水线，如图 10.57 所示。

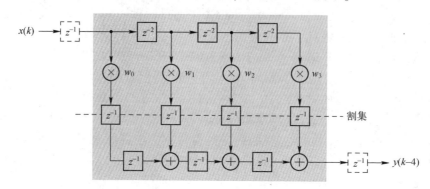

图 10.57 包含流水线的 4 权值乘法器 FIR 滤波器（脉动形式）

从图 10.57 中可知，其将关键路径缩短为一个乘法器。对于脉动形式的包含流水线乘法器的 FIR 滤波器，其可表示为

$$y''(k)=x(k-6)w_0+x(k-7)w_1+x(k-8)w_2+x(k-9)w_3 \qquad (10.3)$$

式（10.1）和式（10.3）相比，得到：

$$y(k-4)=y''(k)$$

1. 复制并打开设计模型

本部分将介绍如何复制并打开在 10.5.1 小节构建的标准形式的 FIR 滤波器模型，主要步骤如下。

（1）建立新的设计目录 E:\intel_dsp_example\example_10_3。

（2）将路径 E:\intel_dsp_example\example_10_2 下的 systolic.slx 文件复制粘贴到步骤（1）新建的设计目录中，并将该文件的名字改为 "systolic_pm_4.slx"。

（3）启动 MATLAB R2019a（以下简称 MATLAB）集成开发环境。

（4）在 MATLAB 集成开发环境的主界面中，将路径定位到 E:\intel_dsp_example\example_10_3。

（5）在 MATLAB 集成开发环境中，单击"主页"标签。在该标签页的工具栏中，单击"Simulink"按钮。

（6）弹出 Simulink Start Page 页面。在该页面的左侧窗口中，单击"Open"按钮。

（7）弹出"打开文件"对话框。在该对话框中，将路径定位到 E:\intel_dsp_example\example_10_2。在该路径下，选中 systolic_pm_4.slx 文件。

（8）单击"打开"按钮，退出"打开文件"对话框。

（9）在打开设计界面的工具栏中，单击"Library Browser"按钮，弹出 Simulink Library Browser 页面。调整设计界面和 Simulink Library Browser 页面的大小与位置，使得 Simulink Library Browser 页面位于电脑屏幕的左侧，空白设计界面位于电脑屏幕的右侧。

2. 修改设计模型

本部分将介绍如何修改打开的设计模型，在乘法器和加法器之间插入流水线寄存器以进一步细化脉动形式的 FIR 滤波器模型，主要步骤如下。

（1）双击设计界面中的 Subsystem 子系统元器件符号，打开其内部结构。

（2）在 Simulink Library Browser 页面的左侧窗口中，找到并展开"DSP Builder for Intel FPGAs-Advanced Blockset"选项。在展开项中，找到并展开"Primitives"选项。在展开项中，找到并选中"Primitive Basic Blocks"选项。在该页面的右侧窗口中，找到并将名字为"SampleDelay"的元器件符号分 4 次分别拖曳到设计界面中。

（3）按图 10.58 所示调整元器件的布局，并修改元器件的连接关系，实现细粒度脉动形式的 FIR 滤波器模型。

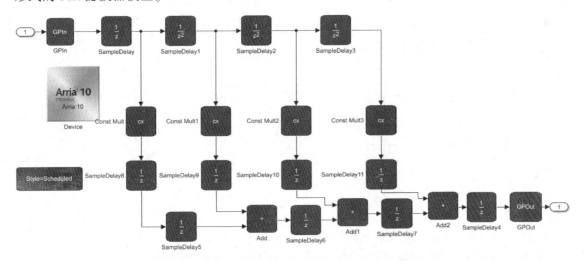

图 10.58　修改子系统的内部结构，实现细粒度脉动形式的 FIR 滤波器模型

（4）双击设计界面中名字为"Control"的元器件符号，弹出"DSP Builder for Intel FPGAs Blockset-Settings"对话框。在该对话框中，单击"General"标签。在该标签页中，勾选"Generate hardware"前面的复选框，并将"Hardware destination directory"设置为 rtl。

（5）单击"OK"按钮，退出"DSP Builder for Intel FPGAs Blockset-Settings"对话框。

（6）在当前设计界面工具栏内找到并单击名字为"Run"的按钮⏵，自动弹出 Spectrum Analyzer 界面。

思考与练习 10-6：双击设计界面中名字为"Scope"的元器件符号，打开 Scope 页面，查看输入信号和滤波器输出信号的时域波形，分析延迟的变化情况。

思考与练习 10-7：在当前设计界面的主菜单下，选择 DSP Builder→Resource Usage…→Design，查看该设计所使用的 FPGA 资源。

第 11 章 多速率信号处理原理及实现

本章将主要介绍多速率信号处理的原理及其实现方法,主要内容包括多速率信号处理的一些需求、多速率操作、多速率信号处理的典型应用、多相 FIR 滤波器的原理和实现、直接和多相插值器的设计、直接和多相抽取器的设计,以及抽取和插值 IP 核原理和系统设计。

通过本章内容的学习,将帮助读者掌握多速率信号处理的原理,以及多速率信号处理方法在信号处理中的应用。

11.1 多速率信号处理的一些需求

本节将先介绍一些多速率信号处理应用的场景,以帮助读者认识多速率信号处理的重要性。

11.1.1 信号重构

如果在把信号送到 DAC 之前进行过采样,则将显著降低后端模拟重构滤波器设计的复杂度。

如图 11.1(a)所示,当以奈奎斯特采样率产生数字信号送给 DAC 时,其频谱以 f_s、$2f_s$、$3f_s$ 和 $4f_s$ 镜像分布,由于频谱之间靠得比较近,所以在设计重构滤波器时,要求其有较陡的"过渡带"。当以高于麦奎斯特采样率的采样率(如 4 倍)对信号采样时,如图 11.1(b)所示,其频谱之间的间隔将增加,这样在设计重构滤波器时并不要求其有很陡的过渡带。

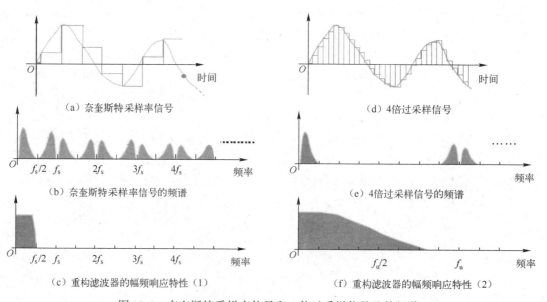

图 11.1 奈奎斯特采样率信号和 4 倍过采样信号及其频谱

11.1.2 数字下变频

数字通信接收机系统中通常有很多采样率,如图 11.2 所示。图中的 f_{ADC} 表示 ADC 的采样率,R_s 为符号率。系统接收机系统中要求不同的采样率,这是因为:基带处理工作在符号率速度上;通道滤波器必须工作在过采样率速度上。

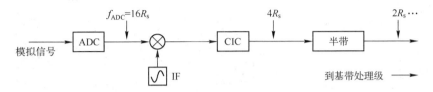

图 11.2 数字通信接收机系统中不同的采样率

从图 11.2 中可知,ADC 将以 16 倍符号率的速度对输入的模拟信号进行采样。下变换器将高采样率降低到接近于符号率的速度,实现这个目的最有效的方法是使用一连串的降采样率滤波器,其中的每个滤波器将采样率降低一个整数因子,最终在滤波器链的末端,采样率将适用于基带信号处理的要求。

为什么不在开始的时候就以期望的采样率采样信号?问题是后续将在 ADC 前面要求一个特别高性能的抗混叠滤波器。事实上,对于一些通信系统而言,设计一个模拟滤波器来实现这个目的是不可能的。如果在一开始就将采样率设置得很高,则就可以降低所设计的抗混叠滤波器的要求,并且使用更灵活和精度更高的数字滤波器来去除不需要的频率分量,这与信号的重建有很近的关系,如图 11.3 所示。

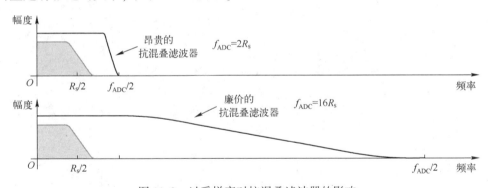

图 11.3 过采样率对抗混叠滤波器的影响

11.1.3 子带处理

通过子带处理可能降低计算量,将信号分割到不同的频带内(子带),每个子带之间相互独立。与原始信号相比,其采样率较低,如图 11.4 所示。例如,图形均衡器可将一个语音信号分散到子带中,这样允许修改每个子带的增益,然后对它们重组后构成均衡器的输出信号。有时候,对于特殊的信号处理任务而言,要求使用子带分解。在其他场合下,在子带处理信号比在全带宽内处理信号效率更高。

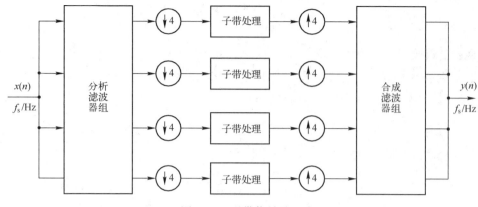

图 11.4 子带信号处理

11.1.4 提高分辨率

在 ADC 中，使用比奈奎斯特采样率更高的采样率，可以真正地识别更多的位，如图 11.5 所示。从图中可知，如果量化噪声是白色的，则在过采样时的带内量化噪声能量表示为

$$\text{奈奎斯特量化噪声能量} = \frac{q^2}{12} \frac{1}{4}$$

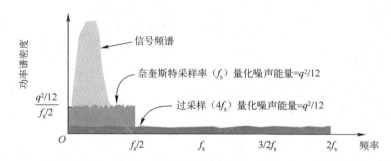

图 11.5 当提高采样率时，将减少带内的量化噪声能量，进而提高信号的分辨率

11.2 多速率操作

本节将介绍多速率操作，包括降采样、升采样、按有理分式的重采样、按无理因子的重采样、多相信号分解和重构。

11.2.1 采样率转换

当采样率发生变化时，读者需要认真考虑信号在频率域的变化情况，并且经常要求某些形式的滤波。将采样率按整数因子变化时，其是比较容易观察的。例如，当采样率降低一个整数因子时，要求在抽取后跟随带限滤波；当采样率增加一个整数因子时，要求扩展，要求后面跟随镜像抗混叠滤波器。对于非整数的采样率的变换，其是比较难于实现的。

1. 抽取

对于每 N 个采样,只保留其中一个采样值,将其他的 $N-1$ 个采样值丢弃,就相当于将采样率降低了 N 倍,即采样率为原来的 $1/N$。对于 $N=4$ 的抽取,如图 11.6 所示。将 $x[n]$ 序列和 $y[n]$ 序列之间的关系写作 $y[n]=x[Nn]$,当 $N=4$ 时,$y[0]=x[0]$、$y[1]=x[4]$、$y[2]=x[8]$ 等。从图 11.6 中可知,抽取的效果是使得采样率降低为原来采样率的 $1/4$,即

$$f_d = f_s / N$$

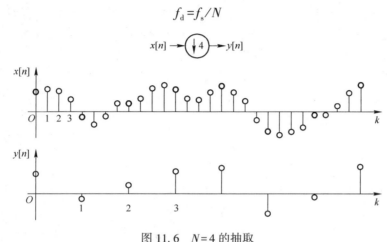

图 11.6 $N=4$ 的抽取

注:符号 ⓝ 用在信号流中,用于表示抽取。

如图 11.7 所示为信号抽取前后的频谱分布。对模拟信号进行采样后,其频谱以采样率 f_s 以及 f_s 的整数倍进行扩展。抽取后,即表示以新的采样率 f_d 进行采样后,频谱以采样率 f_d 以及 f_d 的整数倍进行扩展。当 N 值增加的时候,频谱之间的间隔会减少。很明显,如果抽取后的采样率 f_d 低于模拟信号最高频率的 2 倍时,将会发生频谱混叠现象。

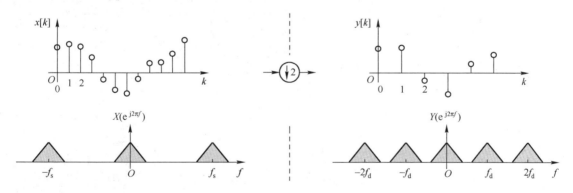

图 11.7 $N=2$ 时,抽取前后的频谱分布

此外,A/D 转换时,相同的方法也会发生混叠。因此,在对一个信号进行抽取前,需要使用一个抗混叠滤波器,如图 11.8 所示。因此,一个降采样器包括:

(1) 低通抗混叠滤波器;
(2) 用于产生所期望速率的抽取器。

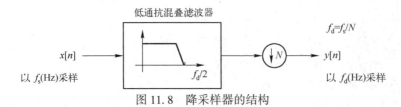

图 11.8　降采样器的结构

前面已经提到，对信号进行因子 N 的抽取，使得信号的频谱出现在新采样率整数倍的位置。如果没有对信号带限，则会出现混叠。当出现混叠时，混叠部分的频谱将不能分离出现。

这个滤波器结构的一个重要特性是，每 N 个采样值只保留其中一个。例如，当 $N=8$ 时，表示滤波器输出的每 8 个采样值只会有一个被保留下来。这就表示 8 个采样值有 7 个采样值将被浪费。将低通抗混叠滤波器和采样器进行组合，构成一个称为采样 FIR 滤波器的结构，这样就可以避免出现这种情况。

2. 扩展

在每个采样之间插入 $N-1$ 个零，结果就是对于每个原始的采样，最终由 N 个采样对应。因此，采样率增加了 N 倍。例如，对于 $N=4$ 而言，在每个原来的采样之间插入 3 个零，如图 11.9 所示。

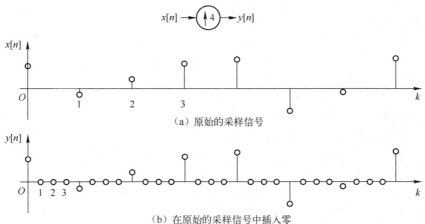

图 11.9　原始采样信号及在原始采样信号中插入零

对于 $x[n]$ 和 $y[n]$ 之间的关系，可以表示为

$$y[n] = \begin{cases} x\left[\dfrac{n}{N}\right], n = \lambda N \\ 0, n \neq \lambda N \end{cases}, \lambda \text{ 为任意整数}$$

很明显，如果原始信号 $x[n]$ 的采样率为 f_s，则信号 $y[n]$ 的采样率 f_u 为 Nf_s。符号 ↑N 经常用在信号流图中，用于表示升采样。

对信号进行扩展并不会影响原始信号的频谱分量。如图 11.10 所示，在对原始信号进行扩展的过程中没有添加或者删除信息。从图 11.10 中可知，在采样率 f_s 处出现的频谱会出现在 $f_u/2$ 之下。很明显，通过低通滤波器可以过滤掉重复的频谱，即 $f_u/2 \sim f_s/2$ 之间。因此，将该滤波器称为内插低通滤波器，如图 11.11 所示。

当 $N=2$ 时，在每个原始的采样点之间插入一个零，然后再经过内插低通滤波器，如

图 11.12 所示。内插低通滤波器将出现在 f_s、$3f_s$、$5f_s$、$7f_s$ 等处的频谱去除，使得原始的时域信号在内插零后的输出信号更加"平滑"。

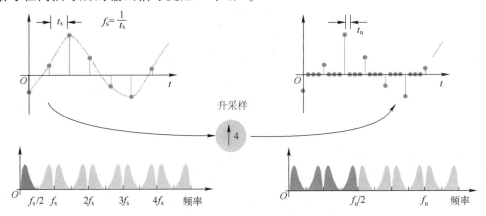

图 11.10　原始采样信号的频谱和在原始采样信号中插入零后的信号频谱

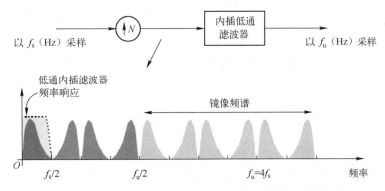

图 11.11　使用内插低通滤波器过滤掉重复的频谱分量

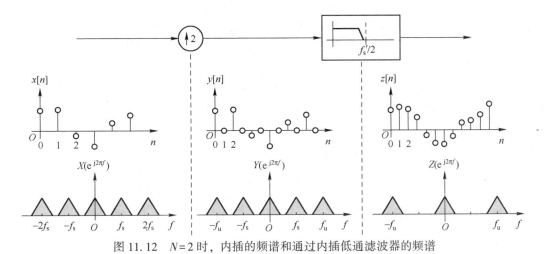

图 11.12　$N=2$ 时，内插的频谱和通过内插低通滤波器的频谱

3. 重采样

如果采样率变化因子是有理数，即升采样因子为 N，降采样因子为 M，则最终输出的采

样率 f_o 表示为

$$f_o = \frac{N}{M} f_s$$

其数据流如图 11.13 所示。

图 11.13 采样率变化因子为有理数的数据流

在图 11.13 中，为了避免丢失我们所希望保留的任何频谱分量，需要先上采样（因子为 N），然后再下采样（因子为 M）。

低通滤波器用于下面的两个过程，即

(1) 抑制掉不希望的镜像（它出现在原始采样率及其整倍数的地方）；

(2) 避免在采样过程中造成频谱的混叠。

因此，滤波器的截止频率是 $f_s/2$ 或者 $f_o/2$，即取两者之间较小频率作为截止频率。因此，对于低通滤波器截止频率的要求如下：

(1) 如果 $f_o > f_s$ 时，低通滤波器的截止频率为 $f_s/2$；

(2) 如果 $f_o \leqslant f_s$ 时，低通滤波器的截止频率为 $f_o/2$。

4. 小结

当进行采样率转换时，需要注意：

(1) 对频域的影响；

(2) 在绝大多数情况下，一些类型的滤波要求对信号的频谱进行约束；

(3) 当采样率的变化为整数时，比较直观并且容易理解；

(4) 将采样率增加整数倍时，首先要求进行扩展，然后跟随镜像抑制滤波器；

(5) 将采样率降低整数倍时，首先要求带限，然后进行抽取；

(6) 非整数的采样率比较难于实现。

11.2.2 多相技术

前面介绍过，包含滤波器的降采样后面跟随抽取级，其实现效率较低，这是因为在对信号抽取后，会将 N 个采样中的 $N-1$ 个采样"丢弃"。对于升采样而言，其实现效率也较低，这是因为所通过的 N 个采样中有 $N-1$ 个采样为零。当把一个滤波器分解为多相元器件后，就可以显著提高多相操作的效率。例如，下面两个降采样滤波器是等效的，如图 11.14 所示。

对于图 11.14（a）所示，输出 $y(n)$ 和 $x(n)$ 之间存在下面的关系：

$$\begin{cases} x(4)w_0 + x(3)w_1 + x(2)w_2 + x(1)w_3 + x(0)w_4 = y(0) \\ x(5)w_0 + x(4)w_1 + x(3)w_2 + x(2)w_3 + x(1)w_4 = y(1) \\ x(6)w_0 + x(5)w_1 + x(4)w_2 + x(3)w_3 + x(2)w_4 = y(2) \\ x(7)w_0 + x(6)w_1 + x(5)w_2 + x(4)w_3 + x(3)w_4 = y(3) \\ \cdots \\ x(n)w_0 + x(n-1)w_1 + x(n-2)w_2 + x(n-3)w_3 + x(n-4)w_4 = y(n-4) \end{cases}$$

由于在末端进行 $N=2$ 的抽取，所以真正有用的输出为 $y(0)$、$y(2)$、$y(4)$ 等。

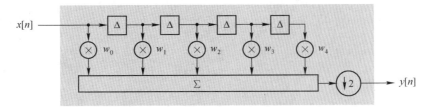

（a）原始滤波器

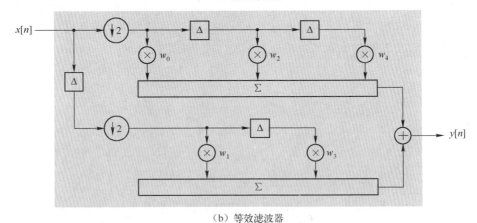

（b）等效滤波器

图 11.14　原始滤波器及其等效结构（降采样）

如图 11.15（b）所示，由于在其前端进行了 $N=2$ 的抽取，所以使用的采样序列为 $x(0)$、$x(2)$、$x(4)$、……

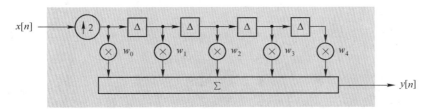

（a）原始滤波器

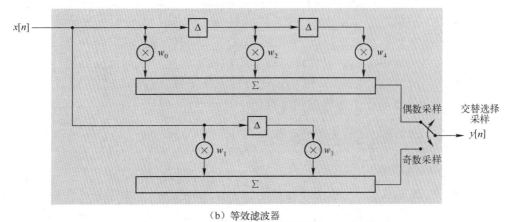

（b）等效滤波器

图 11.15　原始滤波器及其等效结构（升采样）

图 11.14（b）中，滤波器的上半部分表示为

$$x(4)w_0+x(2)w_2+x(0)w_4 \tag{11.1}$$

$$x(6)w_0+x(4)w_2+x(2)w_4 \tag{11.2}$$

滤波器的下半部分（存在一个延迟）表示为

$$x(3)w_1+x(1)w_3 \tag{11.3}$$

$$x(5)w_0+x(3)w_2 \tag{11.4}$$

式（11.1）和式（11.3）相加后，式（11.2）和式（11.4）相加后，其效果等同于图 11.14（a）。

从图 11.14 中可知，两个滤波器实现的功能是相同的。但是，对图 11.14（b）的每个输出采样而言，其所需要的乘和累加操作（MAC）只有图 11.14（a）的一半。

下面两个升采样插值滤波的效果相同，如图 11.15 所示。对于图 11.15（a）而言，送到其滤波器的序列为（$N=2$，插入一个零后）$x(0)$、0、$x(1)$、0、$x(2)$、0、……对于图 11.15（a）而言，输出 $y(n)$ 和 $x(n)$ 之间存在下面的关系：

$$\begin{cases} x(2)w_0+0 \cdot w_1+x(1)w_2+0 \cdot w_3+x(0)w_4=y(0) \\ 0 \cdot w_0+x(2) \cdot w_1+0 \cdot w_2+x(1)w_3+0 \cdot w_4=y(1) \\ x(3)w_0+0 \cdot w_1+x(2)w_2+0 \cdot w_3+x(1)w_4=y(2) \\ 0 \cdot w_0+x(3) \cdot w_1+0 \cdot w_2+x(2)w_3+0 \cdot w_4=y(3) \\ \cdots \end{cases}$$

对于图 11.15（b）而言，偶数采样表示为

$$x(2)w_0+x(1) \cdot w_2+x(0)w_4=y(0)$$

$$x(3)w_0+x(2) \cdot w_2+x(1)w_4=y(2)$$

奇数采样表示为

$$x(2) \cdot w_1+x(1)w_3=y(1)$$

$$x(3) \cdot w_1+x(2)w_3=y(3)$$

因此，通过开关切换交替输出偶数采样值和奇数采样值。

1. 多相插值滤波器

多相插值滤波器是实现一个插值滤波器的高效方法，它可以将采样率提高到所给定的整数因子。对于一个升采样率因子 $N=4$ 的采样率，如图 11.16 所示，从计算复杂度的角度来看，多相实现导致复杂度降低为原来的 $1/N$，该多相插值滤波器和原始滤波器的关系如图 11.17 所示。从图 11.17 中可知，每个多相分量都是对低通滤波器原型的抽取。此外，每个多相插值滤波器产生具有不同相位的最终升采样信号的输出。所设计的原型滤波器用于去除在升采样过程中镜像的信号频谱。

> **注**：并不要求一定是一个正弦滤波器。

2. 多相重采样滤波器

前面的多相实现展示了一个重采样滤波器的工作原理，每个多相分量产生输出信号的一个相位。本质上，每个相位是对相同信号在不同偏置时间的采样。不同于需要计算所有相位的输出，读者只需要选择感兴趣的一个，并且只计算它即可。如果要求对时间相位进行改

变,则只需要选择不同的多相插值滤波器。

尽管低通滤波器的原型有很多系数,但是每个相位分量只包含系数的一小部分。

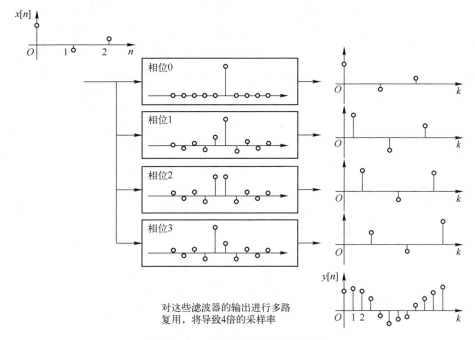

图 11.16　多相插值滤波器的原理

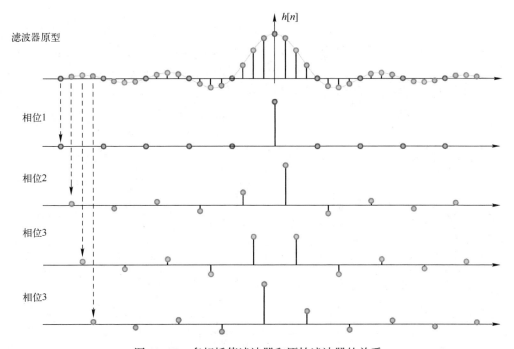

图 11.17　多相插值滤波器和原始滤波器的关系

11.2.3 高级重采样技术

在前面介绍多速率技术时,讨论过的是固定变化的采样率,以及整数或者有理数的转换因子。然而,当所要求的转换因子是无理数或者转换率因子变化时,情况如何?

一个离散的时间信号代表了所有的信息,通过这些信息重新创建其相应连续的时间信号。因此,离散的时间信号也包含足够多的信息以恢复连续时间信号的其他采样点序列,如图 11.18 所示。

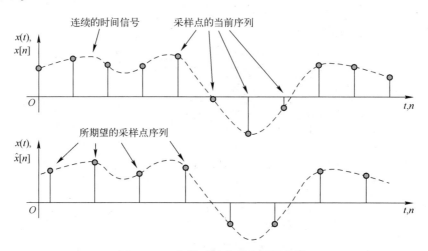

图 11.18 离散时间序列和模拟信号

重采样被看作能够对一个连续的时间信号进行"重构",然后以期望的时序"时刻"对它进行采样,如图 11.19 所示。从图中可知,如果使用理想的数字-模拟转换器,则就可以实现理想的重采样。对于一个理想的 DAC 而言,其频率响应特性为"矩形",如一个 sinc 滤波器,如图 11.20 所示为砖墙滤波器的频率特性和时域特性,其 $h(t)$ 表示为

$$h(t) = \text{sinc}(\pi t/T_s) = \frac{\sin(\pi t/T_s)}{\pi t/T_s} \tag{11.5}$$

式中,T_s 为采样周期。

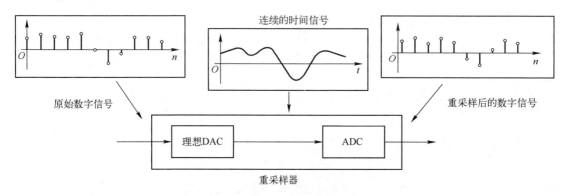

图 11.19 重采样器对信号的重新处理

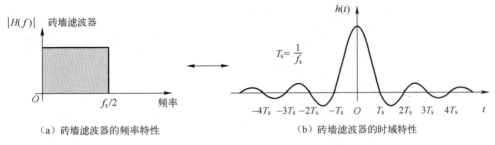

(a) 砖墙滤波器的频率特性   (b) 砖墙滤波器的时域特性

图 11.20　砖墙滤波器的频率特性和时域特性

当使用理想的 DAC 对信号进行重构时，在每个离散的采样时间，将 sinc 函数的中心对准该采样时刻，然后用该采样值来标定每个 sinc 函数，如图 11.21 所示。将采样时刻的所有 sinc 函数相加，这样就可得到重构后的模拟信号，如图 11.22 所示。

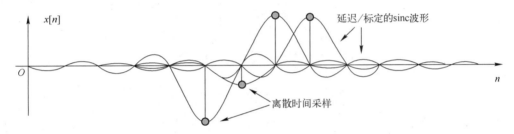

图 11.21　不同采样时刻的 sinc 函数

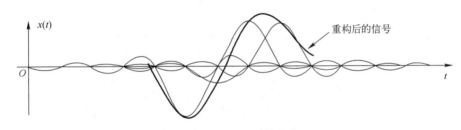

图 11.22　重构后的模拟信号

如果 $x[n]$ 表示离散的时间信号，则其所对应的模拟信号表示为 $x(t)$，两者之间的关系表示为

$$x(t) = \sum_{n=-\infty}^{+\infty} x[n]h(t-nT_s) \tag{11.6}$$

通过对信号的重构，就可以通过重新采样来得到新的序列信息，如图 11.23 所示。图 11.23（a）表示原始的采样信号，图 11.23（b）表示原始采样信号对新信号的贡献，图 11.23（c）表示对这些信号求和得到新的采样。

如图 11.24 所示，考虑改变下面信号的相位，使用下面配置的方法实现改变相位，如图 11.25 所示，其推导过程如下：

$$y[k] = x(t)\big|_{t=(k+\rho)T_s} = \sum_{n=-\infty}^{+\infty} x[n]h[(k+\rho)T_s - nT_s]$$

$$= \sum_{n=-\infty}^{+\infty} x[n]h[(k-n+\rho)T_s]$$

$$= \sum_{n=-\infty}^{+\infty} x[n]\omega_{k-n} \tag{11.7}$$

式中，$\omega_{k-n} = h[(k-n+\rho)T_s]$。

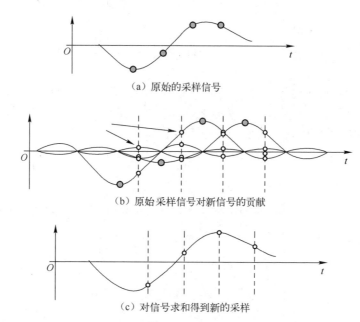

图 11.23　由原始采样信号得到新的采样信号

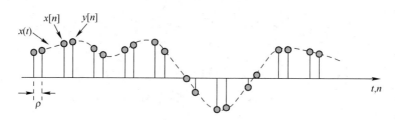

图 11.24　改变信号的相位

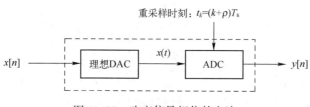

图 11.25　改变信号相位的方法

通过上式可知，在不同的采样相位上重采样信号，其过程将归结为一个 FIR 滤波操作，在 FIR 滤波器中有一系列的常数值，它依赖于引入的时间偏置，如图 11.26 所示。对于 $\rho=0$ 和 $\rho=1$ 而言，滤波器的区别在于有一个采样延迟。下面讨论 $0<\rho<1$ 的情况，如图 11.27

所示。从图中可知,这是非因果滤波器。此外,sinc 函数需要花费很长时间"衰减"。

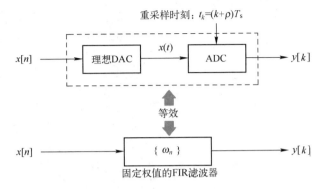

图 11.26 重采样及其等效结构

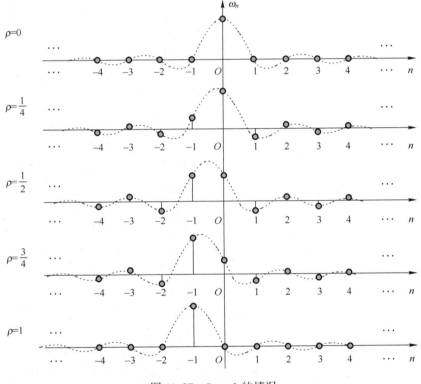

图 11.27 $0<\rho<1$ 的情况

通过"截断"并引入延迟,可以将非因果滤波器转换成因果滤波器,如图 11.28 所示。从图中可知,FIR 滤波器的长度限制为 9,并且对于不同的 ρ 有不同的权值对应。然而,当把 sinc 滤波器函数截断时,将在滤波器幅度-频率响应函数的通带内引入纹波(吉布斯现象)。因此,这个方法并不是一个理想的方法。

然而很明显,除非采样信号的频率分量最高到达 $f_s/2$,没有必要使用一个 sinc 重构滤波器。例如,考虑到真实的 DAC 甚至都没有一个完美的"砖墙"响应,但是仍然可以准确地重构模拟信号。

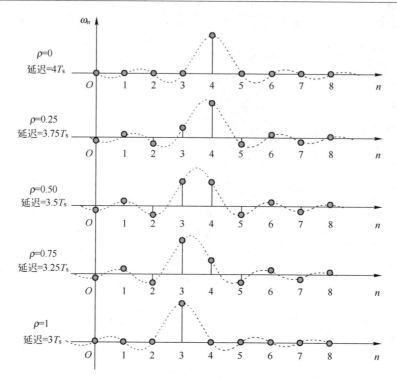

图 11.28 通过截断并引入延迟,将非因果滤波器转换成因果滤波器

前面提到,只有在信号所包含的频率最高达到 $f_s/2$ 时才需要使用砖墙滤波器,如图 11.29 所示。

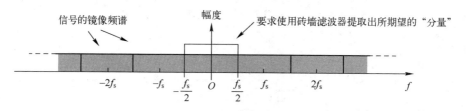

图 11.29 砖墙滤波器的应用

在实际应用中,由于采用了过采样技术,使得频率分量限制在远小于奈奎斯特采样率二分之一($f_s/2$)的范围内,因此并不要求滤波器有"较陡"的过渡带,如图 11.30 所示。

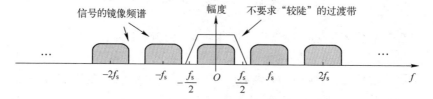

图 11.30 实际应用中不要求滤波器有"较陡"的过渡带

从图 11.31 可知,原型滤波器出现混叠。在这种情况下,混叠是可以接受的,假设信号在所标记的区域内,如图 11.32 所示。这种方法的一个重要优势在于不要求较陡的滤波器过

渡带，这样减少了滤波器的长度，因此计算量也显著减少。

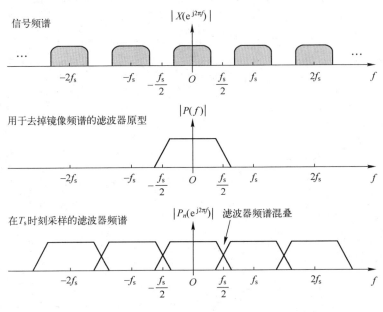

图 11.31　对滤波器的原型进行改进

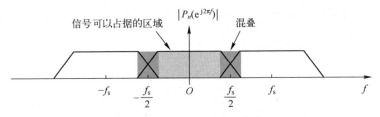

图 11.32　可接受混叠的信号区域

升余弦滤波器可以很好地替代 sinc 滤波器，其是一个奈奎斯特脉冲，如图 11.33 所示。该滤波器的过渡带相对较宽松，并且很容易通过滚降因子进行控制。当对该滤波器截断时，通带内的纹波较小。

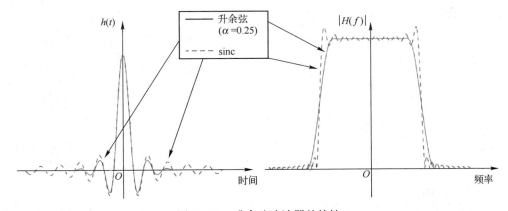

图 11.33　升余弦滤波器的特性

通过使重采样相位随时间线性地增加或者减少时，就可以实现采样率的变化，如图 11.34 和图 11.35 所示。

$$y[k] = x(t)\big|_{t=kT_o} = \sum_{n=-\infty}^{\infty} x(n)h(kT_o - nT_S) \qquad (11.8)$$

$$= \sum_{n=-\infty}^{\infty} x[[n]]h\left[T_S\left(k\frac{T_o}{T_S} - n\right)\right]$$

$$= \sum_{n=-\infty}^{\infty} x[n]h[T_S(k - n + \rho_k)]$$

$$= \sum_{n=-\infty}^{\infty} x[n]\omega_{k-n}(\rho_k)$$

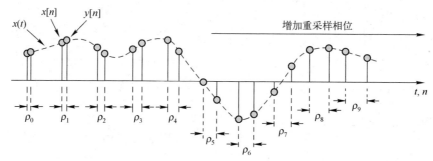

图 11.34　实现重采样的方法

图 11.35　当采样相位变化时，滤波器的系数也需要变化

很明显，如果要求重采样的相位变化，则需要实时计算滤波器的权值。从图 11.35 可知，每个滤波器的权值应看作 ρ 的函数。通常有两种方法可以实现，即多相滤波器组和多项式逼近。

1. 多项滤波器组

保存 k 个滤波器权值序列，即多相分量，其中的每个滤波器权值序列涵盖了一个不同的采样相位值，其中相位值 ρ_k 表示为

$$\rho_k = \frac{k}{K}, k = 0, 1, \cdots, K-1$$

从中选择离所要求采样相位最近的滤波器相位，如图 11.36 所示。

如图 11.37 所示，对 sinc 函数进行 4 倍过采样，这样在一个输入采样周期内就会有 4 个滤波器响应的采样，图中给出了 4 个这个滤波器的 4 个多相分量。实际上，保存一组滤波器权值与保存一个多项滤波器的过采样是相同的。

当然，大量的滤波器要求能准确地覆盖任意一个采样相位，为了改善性能，应该在两个滤波器权值之间执行线性插值。

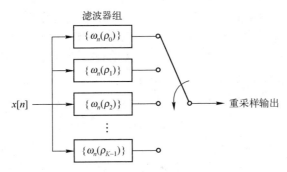

图 11.36　实现重采样的方法

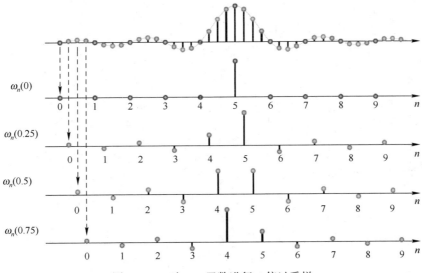

图 11.37　对 sinc 函数进行 4 倍过采样

2. 多项式逼近

将滤波器响应分成 L 段（部分），每段（部分）对应于重采样器的一阶/权值，如图 11.38 所示。每个权值由下面的多项式进行逼近：

$$\hat{\omega}_n(\rho) = \alpha_{n,0} + \alpha_{n,1}\rho + \alpha_{n,2}\rho^2 + \cdots + \alpha_{n,m}\rho^m \tag{11.9}$$

式中，系数 $\{\alpha_{n,m}\}$ 可以通过曲线拟合的方法得到。

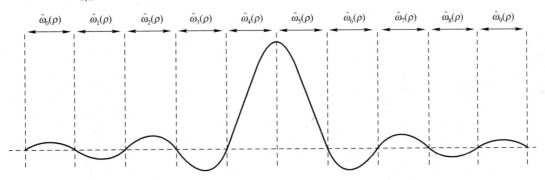

图 11.38　滤波器响应中的每个权值

一个升余弦滤波器的多项式逼近,如图 11.39 所示,图中给出了对于一个升余弦滤波器的一阶、二阶和三阶多项式逼近的结果。该滤波器被分割成 8 部分,以 ρ 为系数的多项式用于逼近每一段。在这种情况下,多项式系数由最小均方曲线拟合得到。在重采样滤波器中,FIR 滤波器的每个权值应该由其中的一个多项式计算。

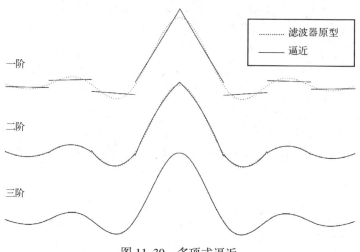

图 11.39 多项式逼近

权值的列向量估计表示为

$$\boldsymbol{w}(\rho) = [\hat{\omega}_0(\rho)\, \hat{\omega}_1(\rho) \cdots \hat{\omega}_{L-1}(\rho)]^T$$

列向量包含 $\rho^m, m = 0, 1, \cdots M \cdots$

滤波器的输入向量为 $\boldsymbol{x}$,此处假设为 L 阶 FIR:

$$\boldsymbol{x} = \{x[n]\, x[n-1]\, x[n-2] \cdots x[n-L+1]\}^T$$

因此,得到矩阵 $\boldsymbol{A}$ 为 $(M+1) \times L$ 多项式矩阵,表示为 $A_{nm} = \alpha_{n,m}$,即

$$\boldsymbol{A} = \begin{bmatrix} \alpha_{0,0} & \alpha_{0,1} & \cdots & \alpha_{0,L-1} \\ \alpha_{1,0} & \alpha_{1,1} & \cdots & \alpha_{1,L-1} \\ \vdots & \vdots & \cdots & \vdots \\ \alpha_{M,0} & \alpha_{M,1} & \cdots & \alpha_{M,L-1} \end{bmatrix} \tag{11.10}$$

从多项式系数和 ρ 当前的值估计滤波器的权值,即

$$\boldsymbol{w}^T(\rho) = \boldsymbol{r}^T \boldsymbol{A} = [1\ \rho\ \rho^2 \cdots \rho^M] \begin{bmatrix} \alpha_{0,0} & \alpha_{0,1} & \cdots & \alpha_{0,L-1} \\ \alpha_{1,0} & \alpha_{1,1} & \cdots & \alpha_{1,L-1} \\ \vdots & \vdots & \cdots & \vdots \\ \alpha_{M,0} & \alpha_{M,1} & \cdots & \alpha_{M,L-1} \end{bmatrix} \tag{11.11}$$

通过权值计算滤波器的输出:

$$y[n] = \boldsymbol{w}^T(\rho)\boldsymbol{x} = \boldsymbol{r}^T \boldsymbol{A} \boldsymbol{x} = [1\ \rho\ \rho^2 \cdots \rho^M] \begin{bmatrix} \alpha_{0,0} & \alpha_{0,1} & \cdots & \alpha_{0,L-1} \\ \alpha_{1,0} & \alpha_{1,1} & \cdots & \alpha_{1,L-1} \\ \vdots & \vdots & \cdots & \vdots \\ \alpha_{M,0} & \alpha_{M,1} & \cdots & \alpha_{M,L-1} \end{bmatrix} \begin{bmatrix} x[n] \\ x[n-1] \\ x[n-2] \\ \vdots \\ x[n-L+1] \end{bmatrix} \tag{11.12}$$

计算 $y[n]$ 的两种可选择的方法如下。

1) 首先计算 $r^T A$

由于 $w^T(\rho) = r^T A$，因此可以准确地计算出滤波器的权值，计算 $w^T(\rho)x$ 只是一个标准的 FIR 滤波器，如图 11.40 所示。

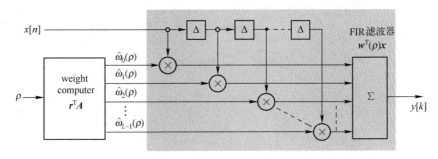

图 11.40 第一种实现的结构

一个 6 阶权值，三次多项式滤波器权值计算结构如图 11.41 所示。注意，ρ 的幂次方只计算一次，然后在每个多项式计算中重复使用。ρ 的幂次方通过该结构顶层的乘法器链产生。

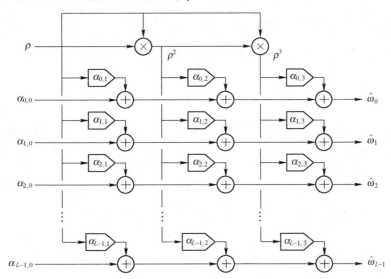

图 11.41 对于一个 6 阶信号流图，使用 3 阶多项式

2) 首先计算 Ax

这对应于 $M+1$ FIR 滤波器的操作，这也称为 Farrow 结构。滤波器的输出是乘法器和加法器链的组合，如图 11.42 所示。

$$Ax = \begin{bmatrix} \alpha_{0,0} & \alpha_{0,1} & \cdots & \alpha_{0,L-1} \\ \alpha_{1,0} & \alpha_{1,1} & \cdots & \alpha_{1,L-1} \\ \vdots & \vdots & \cdots & \vdots \\ \alpha_{M,0} & \alpha_{M,1} & \cdots & \alpha_{M,L-1} \end{bmatrix} \begin{bmatrix} x[n] \\ x[n-1] \\ x[n-2] \\ \vdots \\ x[n-L+1] \end{bmatrix} = \begin{bmatrix} a_0^T \\ a_1^T \\ a_2^T \\ \vdots \\ a_M^T \end{bmatrix} x = \begin{bmatrix} a_0^T x \\ a_1^T x \\ a_2^T x \\ \vdots \\ a_M^T x \end{bmatrix} \quad (11.13)$$

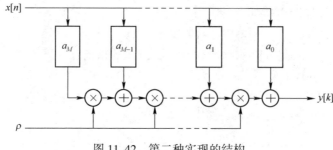

图 11.42 第二种实现的结构

对于 $a_m^T x$ 的操作,就是一个固定的 FIR 滤波器操作,重采样滤波器的最终输出表示为

$$y[k] = [1\ \rho\ \rho^2 \cdots \rho^M] \begin{bmatrix} a_0^T x \\ a_1^T x \\ a_2^T x \\ \vdots \\ a_M^T x \end{bmatrix} = a_0^T x + \rho(a_1^T x + \rho(a_2^T x + \cdots \rho(a_{M-1}^T x + \rho a_M^T x)\cdots)) \quad (11.14)$$

11.3 多速率信号处理的典型应用

本节将介绍多速率信号处理的典型应用。

11.3.1 分析和合成滤波器

包含 4 个子带分析滤波器(降采样)的结构如图 11.43 所示。从图中可知,一个带宽信号 $x(n)$ 被分割到了不同的频带内。减少带宽的目的是要降低采样率,这称为子带信号分解。

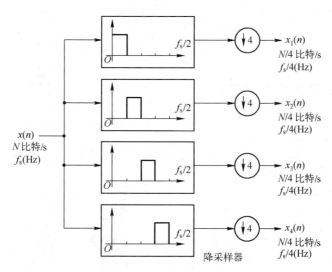

图 11.43 包含 4 个子带分析滤波器(降采样)的结构

值得强调的是,奈奎斯特采样定理指出,要想正确地采样一个信号,要求采样率大于信号带宽的两倍。假设一个信号的带宽被限制到 $X\sim X+Y(\text{Hz})$,如图 11.44 所示。如果需要保留信号的所有信息,按要求奈奎斯特采样率要大于 $2(X+Y)(\text{Hz})$。但是,可以将该带限信号调制到基带,然后再对该信号进行采样。这样,就可以保留所有的信息,并且采样率只需要大于 $2Y(\text{Hz})$ 即可。通过采样带限信号,信号可以有效地"混叠"到基带。

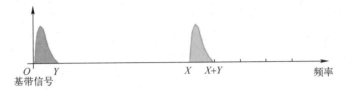

图 11.44 采样信号的带宽

包含 4 个子带合成滤波器(升采样)的结构如图 11.45 所示。从图中可知,可以从 4 个子带中重构出原始的信号 $x(n)$。

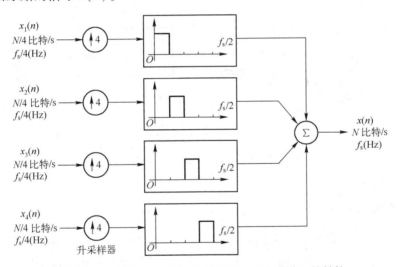

图 11.45 包含 4 个子带合成滤波器(升采样)的结构

将图 11.43 所示的分析滤波器和图 11.45 所示的合成滤波器组进行组合,允许在子带内处理信号,如图 11.46 所示。这种处理方法的优势主要如下。

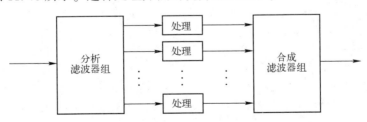

图 11.46 包含分析滤波器组和合成滤波器组的子带信号处理(1)

(1) 以较低的采样率处理信号。
(2) 与原来信号所需要的滤波器相比,长度更短。

(3) 可以在每个独立的子带系统中并行处理信号。

(4) 利用频谱特性（如 codec）。

对于分析滤波器抽取后的输出，并不会一开始就进行计算，可以转换为另一种等效结构，如图 11.47 所示。

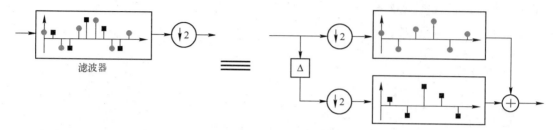

图 11.47　降采样（抽取）的等效结构

对于包含扩展零的合成滤波器而言，可以删除与扩展零的乘法操作，转换为另一种结构，如图 11.48 所示。

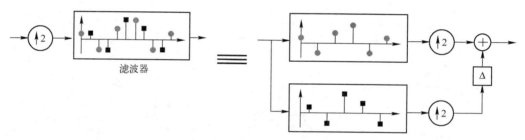

图 11.48　升采样（插值）的等效结构

11.3.2　通信系统的应用

在通信系统中，经常在单个发送通道中传输几个信号，如图 11.49 所示。从图中可知，一个复用器可以使用分析滤波器组实现；信号分离器可以使用合成滤波器组实现。例如时分复用（Time Division Multiplexers，TDMA）、频分复用（Frequency Division Multiplexers，FDMA）和码分复用（Code Division Multiplexers，CDMA）。

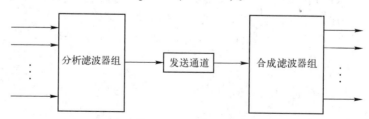

图 11.49　包含分析滤波器组和合成滤波器组的子带信号处理（2）

通过将滤波器组作为复用器和分离器，从多个用户/呼叫方产生一个单通道信号，这种实现系统的方式，在通信系统中称为卷积编码器。在卷积编码器中，通过一个正交（几乎正交）编码序列，每个用户信号将被编码，并且允许在接收端从重叠信号中恢复每个信号。

如图 11.50 所示，滤波器组被定性为变换器，在发送方，每个通道与变换矩阵 T 的每一行进行卷积。类似地，在接收一侧，通过正交矩阵 T 的求逆得到每个通道信号。

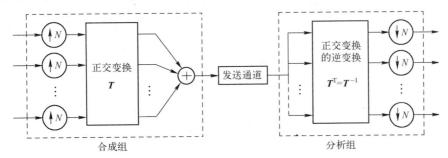

图 11.50 信号的复用原理

实现不同的复用策略，取决于变换矩阵 T 的选择。最常用的情况是码分多址（Code Division Multiple Access，CDMA），这里使用了任意正交矩阵。滤波器只需要满足正交性，但不需要有较好的选择性。扩展频谱技术完全"摒弃"砖墙滤波器的出发点，尝试创建正交滤波器。

在真实世界中，滤波器有有限的过渡带和阻带衰减，非重叠滤波器保留了很小的频谱"间隙"，重叠滤波器在抽取级产生混叠。在合成滤波器组中，可以消除混叠。

理想情况下，一个分析和合成滤波器组应该只会构成"延迟"，如图 11.51 所示。从图中可知，使用线性相位滤波器是比较好的。

图 11.51 由分析和合成滤波器组组合引入的延迟

前面提到在理想情况下，分析和合成滤波器组应该只会构成一个延迟，如图 11.52 所示，即

$$X(z) = Z^{-L} X(z) \tag{11.15}$$

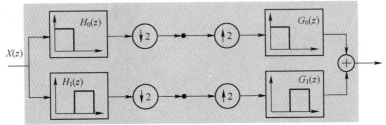

图 11.52 由分析和合成滤波器组组合引入的延迟内部结构

在两通道情况下，选择一对具有正交镜像滤波器（Quadrature Mirror Filter，QMF）特性的低通和高通滤波器。通过仔细的滤波器设计，可以实现抑制幅度和相位的扭曲，其特性表示为

$$G_1(z) = H_0(-z) \tag{11.16}$$
$$H_1(z) = G_0(-z) \tag{11.17}$$

对于整体滤波器组的输入 $X(z)$ 和输出 $\hat{X}(z)$ 的关系，表示为

$$\hat{X}(z) = \frac{1}{2} [G_0(z)\ G_1(z)] \begin{bmatrix} H_0(z) & H_0(-z) \\ H_1(z) & H_1(-z) \end{bmatrix} \begin{bmatrix} X(z) \\ X(-z) \end{bmatrix} \quad (11.18)$$

为了消除混叠项 $X(-z)$，选择：

$$G_0(z) = H_1(z) \quad (11.19)$$

这表示了 QMF 的关系。进一步，选择 $G_0(z) = H_0(z)$ 和 $G_1(z) = H_1(z)$，得到：

$$\hat{X}(z) = \frac{1}{2} [H_0(z)H_0(z) + H_0(-z)H_0(-z)] X(z) \quad (11.20)$$

很明显，为了抑制幅度扭曲，相位扭曲和混叠：

$$H_0(z)H_0(z) + H_0(-z)H_0(-z) = 2 \quad (11.21)$$

包含更多子带更复杂的滤波器组可以通过迭代一个完美重构两通道设计来实现。对于一样的滤波器组，可以进一步分割每个子带，如图 11.53 所示。

不相同的滤波器组给出了一个不平衡树结构，如倍频程滤波器（Octave Filter）组只迭代分割低通带，并且实现频率轴的对数分割，如图 11.54 所示。

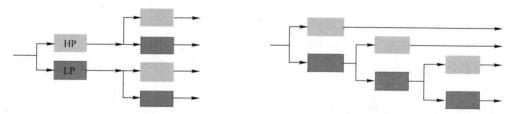

图 11.53　对于一样的滤波器，将子带进行分割　　图 11.54　不相同的滤波器组的不平衡树结构

对一个原型低通滤波器的调制可以很方便地生成相同的 M 通道滤波器组，如图 11.55 所示。这里存在不同的调制技术，如离散余弦调试（DCT-IV）、DFT 调制滤波器组、广义 DFT 滤波器组。

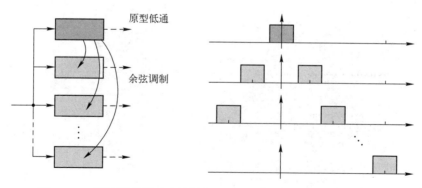

图 11.55　通过原型低通滤波器的调制生成相同的 M 通道滤波器组

在两通道的 QMF 滤波器组内，低通和高通滤波器之间的关系由一个原型低通滤波器的余弦调制（采样率的 1/2）给出，如图 11.56 所示，即

$$g_1(k) = h_0(k)\cos(2\pi f_s T_s k) = h_0(k)(-1)^k \quad (11.22)$$

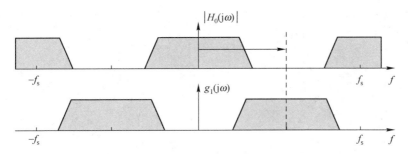

图 11.56 调制滤波器组的调制关系

对于调制的滤波器组,对在不同分支上的公共滤波器操作可以进行分组(类似于 FFT 方法),如两通道 QMF,如图 11.57 所示。通常,在分析一侧,多相实现由多路复用、多相滤波器和变换(如余弦、DCT、DFT 等)组成;在合成一侧,这些组件以相反的顺序构建在一起。

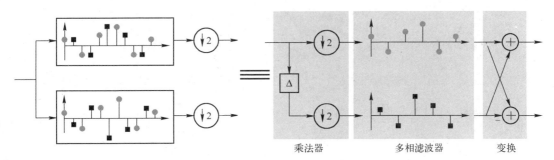

图 11.57 信号的复用原理

11.4 多相 FIR 滤波器的原理和实现

本节介绍多相 FIR 滤波器的不同设计方法。

11.4.1 FIR 滤波器的分解

对于一个 13 权值的 FIR 滤波器而言,如图 11.58 所示,其传递函数为
$$H(z) = w_0 + w_1 z^{-1} + w_2 z^{-2} + w_3 z^{-3} + \cdots + w_{11} z^{-11} + w_{12} z^{-12} \tag{11.23}$$
将其分解为低阶传输函数,称为多相分量。在该例子中,创建 3 个相位,如图 11.59 所示,其传递函数表示为

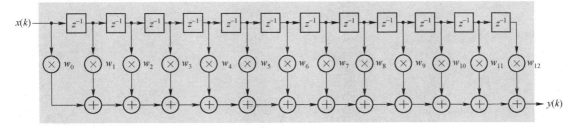

图 11.58 13 权值的 FIR 滤波器

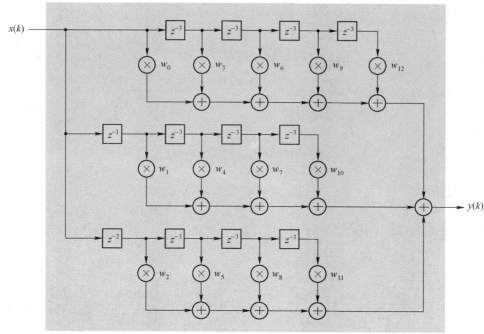

图 11.59 通过多相结构将图 11.58 分解为低阶滤波器的结构

$$H(z) = w_0 + w_3 z^{-3} + w_6 z^{-6} + w_9 z^{-9} + w_{12} z^{-12} +$$
$$w_1 z^{-1} + w_4 z^{-4} + w_7 z^{-7} + w_{10} z^{-10} +$$
$$w_2 z^{-2} + w_5 z^{-5} + w_8 z^{-8} + w_{11} z^{-11} \tag{11.24}$$

进一步从式（11.24）的第 2 相和第 3 相的传递函数中提取，重新写作：

$$H(z) = w_0 + w_3 z^{-3} + w_6 z^{-6} + w_9 z^{-9} + w_{12} z^{-12} +$$
$$z^{-1}(w_1 + w_4 z^{-3} + w_7 z^{-6} + w_{10} z^{-9}) +$$
$$z^{-2}(w_2 + w_5 z^{-3} + w_8 z^{-6} + w_{11} z^{-9}) \tag{11.25}$$

下一步，定义 3 个子传递函数：

$$P_0(z) = w_0 + w_3 z^{-1} + w_6 z^{-2} + w_9 z^{-3} + w_{12} z^{-4} \tag{11.26}$$

$$P_1(z) = w_1 + w_4 z^{-1} + w_7 z^{-2} + w_{10} z^{-3} \tag{11.27}$$

$$P_2(z) = w_2 + w_5 z^{-1} + w_8 z^{-2} + w_{11} z^{-3} \tag{11.28}$$

注：在上面给出的传输中，将延迟项分离出来。

将式（11.26）~式（11.28）与式（11.25）进行比较，得到下面的关系：

$$H(z) = P_0(z^3) + z^{-1} P_1(z^3) + z^{-2} P_2(z^3) \tag{11.29}$$

用两种不同的数据流图表示，如图 11.60 所示。

更进一步，对于长度为 N 的传递函数 $H(z)$ 而言，可以分解给 ρ 个多相分量，即 $P_0(z)$、$P_1(z)$、$P_2(z)$、……、$P_{\rho-1}(z)$，表示为

$$H(z) = \sum_{k=0}^{\rho-1} z^{-k} P_k(z^\rho) \tag{11.30}$$

其中：

$$P_k(z^\rho) = \sum_{n=0}^{\lfloor N/\rho \rfloor} w(\rho n + k) z^{-n}, 0 \leq k \leq \rho - 1 \tag{11.31}$$

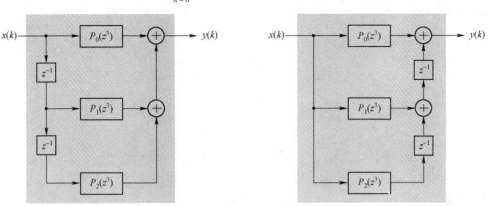

图 11.60 两种不同的数据流图

11.4.2 Noble Identity

Noble Identity 通常用于提高多速率系统的效率。下面的降采样系统是等效的，如图 11.61 所示。

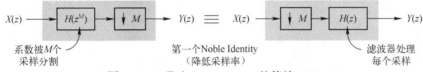

图 11.61 通过 Noble Identity 的等效（1）

（1）一个滤波器处理第 M 个采样，然后一个 M:1 的降采样器。
（2）一个 M:1 的降采样器，跟随一个处理每个采样的滤波器。
此外，下面的升采样系统也是等效的，如图 11.62 所示。
（1）一个 1:L 的升采样器，后面跟着可以处理第 L 个采样的滤波器。
（2）一个处理每个采样的滤波器，后面跟着一个 1:L 的升采样器。

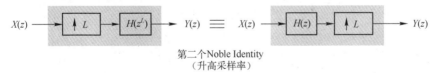

图 11.62 通过 Noble Identity 的等效（2）

Noble Identity 可以用于说明下面两对系统是等效的，如图 11.63 所示。

通过上面介绍的等效关系，可以将原来图 11.60 给出的多相结构变成一个简单的抽取器的多相版本，如图 11.64 所示。下面对这两个结构的运算效率进行分析：

（1）图 11.64（a），对最初 FIR 滤波器的直接替换，从而产生多相滤波器结构。注意，这种结构没有节省计算成本，由于要求与原始 FIR 滤波器有相同的硬件资源，并且工作在高于 2 倍的采样率，即与原始 FIR 滤波器一切"相同"。

（2）图 11.64（b），应用 Noble Identity，将采样器移动到滤波器的前面，显著降低了运

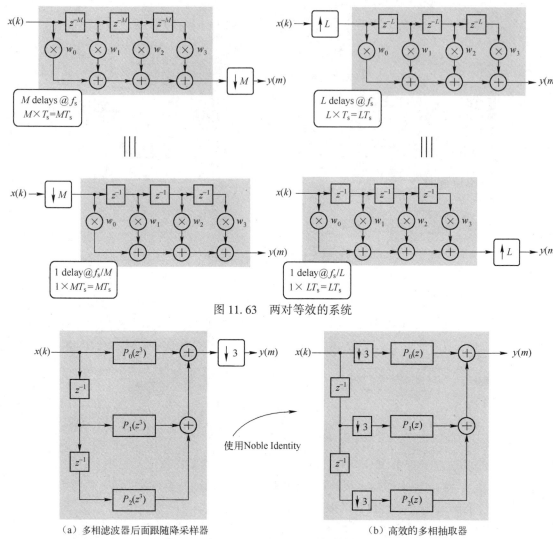

图 11.63 两对等效的系统

(a) 多相滤波器后面跟随降采样器　　(b) 高效的多相抽取器

图 11.64 图 11.60 的等效结构

算成本。该图是一个高效的多相结构。此处，多相滤波器的运行速度降为原来的 1/3，同时滤波器的硬件保持同样规模（除了减少输入线上采样延迟的个数）。因此，该高效多相滤波器的计算成本是图 11.64（a）所示结构的 1/3。由于采样率降低了，因此可以使用时分复用技术，如使用多通道和/或串行滤波器来降低成本。

> **注**：在抽取器中，选择实现多相滤波器，其延迟在多相传输函数之前。当使用 Noble Identity 时，降采样（因子为 3）只能移动到这个位置，而不能移动到图的最左边。换句话说，如果设计了一个多相滤波器的 SFG 包含单周期延迟，该延迟在多相传输函数后面，这种情况是不可能应用 Noble Identity 的。

类似抽取器，通过 Noble Identity，替换原始的多相滤波器来实现多相内插器，如图 11.65 所示。

前面已经提到，一个信号可以分解为 p 个多相分量，每个构成原始采样在不同偏移位置的子

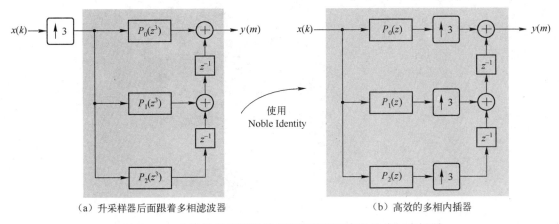

(a) 升采样器后面跟着多相滤波器　　　　　　　(b) 高效的多相内插器

图 11.65　升采样器后面跟着多相滤波器和高效的多相内插器

序列（每 p 个采样），如 $p=3$，如图 11.66 所示。信号可以被分解为任意个数的多相。通常，将序列 $x(k)$ 分解为 p 个多相分量，结果是有 p 个序列，表示为 $x_0(m)$、$\cdots$、$x_{p-1}(m)$，由下式确定：

$$x_i(m) = x(mp+i), \quad i=0,1,\cdots,p-1 \tag{11.32}$$

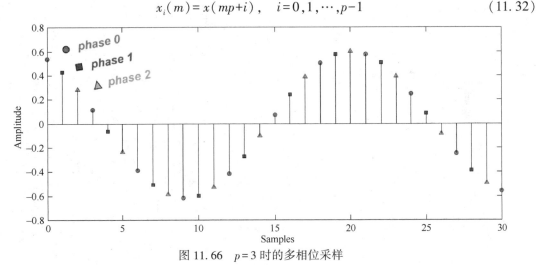

图 11.66　$p=3$ 时的多相位采样

其中，(1) i 是多相分量的索引（它也用作一个基于采样的偏移）。
(2) k 是原始序列的采样索引。
(3) m 是多相分量的采样索引。

注：(1) 多相分量的采样率低于原始采样率（因子为 p）。
(2) 在整数速率变化的多速率信号处理中，多相分量的个数与速率变化因子匹配。因此，$p=L$ 或者 $p=M$（根据插值或抽取来确定）。

根据前面所介绍的知识，可以实现信号的多相分解和重构。很明显，一个信号可以分解为它的多相分量（因子为 p，p 为不同的采样偏移）。

11.4.3　多相抽取和插值的实现

将对应偏移的扩展的（升采样的）多相分量进行组合，可以重构信号，如图 11.67 所示。

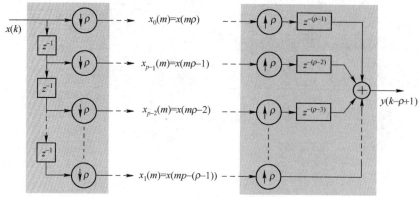

图 11.67 信号的分解和重构

$p=3$ 时的情况如图 11.68 所示。从图中可知，所有降采样器的输出都发生在同一时刻。因此，当分解为降采样后的多相分量后，不能简单地通过重叠来构成原始的序列。

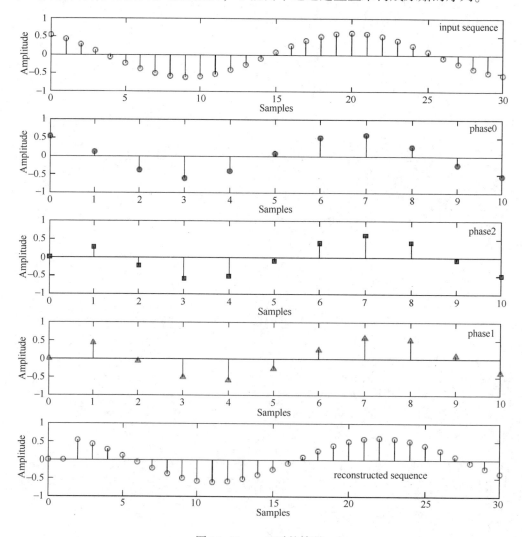

图 11.68 $p=3$ 时的情况

从实现的角度而言，它与同步在 f_s/p 的时钟操作同步。实际中，当然只存在一个版本的时钟，而不会有 p 个版本的不同相位。因此，一旦处于已分解状态，在任意索引 i 的采样都将被并行处理。

重构信号时，通过在较高速率下插入延迟来重新引入必要的时间和采样偏移。在真实世界的实现中，通过系统的延迟是不可避免的。

1. 多相抽取器的执行

一个多相抽取器的实现结构如图 11.69 所示，从图中可知：

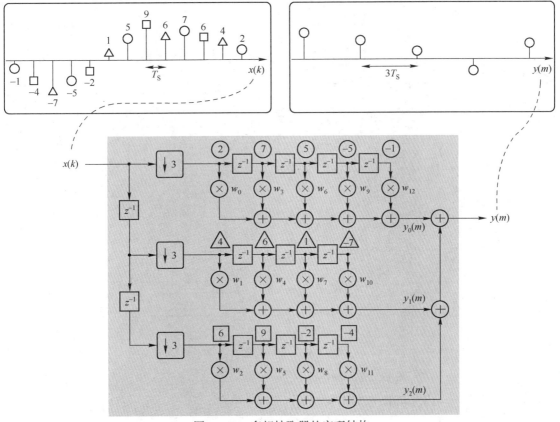

图 11.69　多相抽取器的实现结构

$$y_0(m) = 2w_0 + 7w_3 + 5w_6 - 5w_9 - 1w_{12} \quad (11.33)$$

$$y_1(m) = 4w_1 + 6w_4 + 1w_7 - 7w_{10} \quad (11.34)$$

$$y_2(m) = 6w_2 + 9w_5 - 2w_8 - 4w_{11} \quad (11.35)$$

因此，其整体的输出表示为

$$y(m) = 2w_0 + 4w_1 + 6w_2 + 7w_3 + 6w_4 + 9w_5 + 5w_6 + \\ 1w_7 - 2w_8 - 5w_9 - 7w_{10} - 4w_{11} - 1w_{12} \quad (11.36)$$

通过这个例子可知，每个计算得到的输出采样对应于原始滤波器的完整卷积核。由于使用了高效率的多相结构，因此可以在较低的输出速率下执行所有的 MAC 计算。

2. 多相插值器的执行

一个多相插值器的实现如图 11.70 所示，从图中可知，在输出端给出了采样索引，滤波器的输出等效于上游多相分支的输出,如 $y(m)=y_0(k)$。由于在每个分支内的采样器(因子为 3)在数据采样之间插入两个零,然后分支对其重组,在任何特殊的采样点上,3 个分支中的 2 个"贡献"零,而剩余的分支生成滤波器的输出。

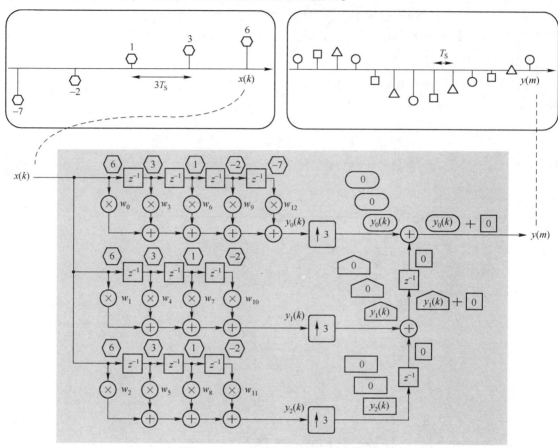

图 11.70 一个多相插值器的实现结构

此外,图中给出了升采样器的 3 个采样输出(索引为 m 时)。现在考虑在 $m+1$ 和 $m+2$ 时的输出,即

$$y(m) = 6w_0 + 3w_3 + 1w_6 - 2w_9 - 7w_{12} \tag{11.37}$$

$$y(m+1) = 6w_1 + 3w_4 + 1w_7 - 2w_{10} \tag{11.38}$$

$$y(m+2) = 6w_2 + 3w_5 + 1w_8 - 2w_{11} \tag{11.39}$$

在索引为 $m+1$ 时的滤波器输出如图 11.71 所示。

根据上面的推导过程我们可以确定:通过所包含递增相位滤波器来处理连续输

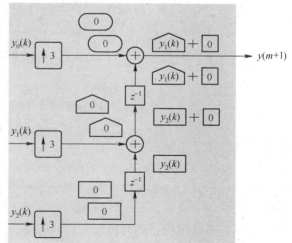

图 11.71 索引为 $m+1$ 时的滤波器输出

入的采样就可以生成输出采样。在任何特定的采样索引时刻,剩余滤波器的权值(那些对应到由直接抽取器模型插入的零)并不会被计算。

在多相抽取器和内插器中,电路的主要部分工作在两个速率中较低的速率(在该例子中为 $f_s/3$),如图 11.72 所示。用于全并行的方式实现多相滤波器并不是高效的。

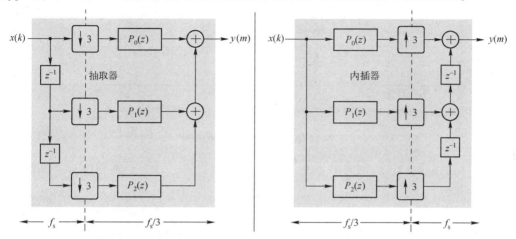

图 11.72 多相系统的运行

一个常用的提高计算效率的方法是使用系数对称的滤波器。然而,一个对称滤波器的多相分解没有必然产生一套对称的相位,如图 11.73 所示。图中,相位 0 是对称的,而相位 1 和相位 2 是不对称的。具有对称权值的奇数长度滤波器的 2 相分解产生两个子带滤波器,它也是对称的。

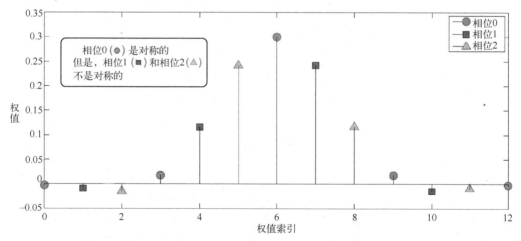

图 11.73 多相系统相位非对称

这就意味着可以利用一个对称滤波器结构用于所有的相位,这样就减少了相位 i 从 W_i 到 $\lceil W_i/2 \rceil$ 范围内 MAC 单元的个数,其中 W_i 为那个相位的权值个数。

例如,如图 11.74 所示,其给出了将图 11.73 所示的 13 权值滤波器进行 2 相分解后的图。很明显,在这种情况下,这里有 2 个对称相位,一个包含 7 个系数,另一个包含 6 个系数。事实上,一个是奇数个权值,另一个是偶数个权值,这意味着每个分支的滤波器结构稍有不同。

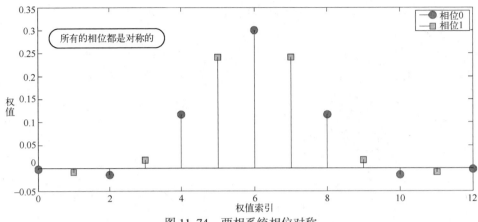

图 11.74 两相系统相位对称

对于多相滤波器而言，对称并不是一个强有力的工具，因为通常相位有不同的对称类型，或者非对称。

这里可以考虑两个主要方法，通过时间共享 MAC 硬件来减少多相滤波器的成本，即

(1) 串行。独立处理每个相位，并且串行化，尽可能利用对称性。

(2) 多通道。将相位看作"通道"，实现一个全并行滤波器，使得所有相位可以共享它。

再次回到前面所说的 13 权值、3 相位的例子，图 11.75 给出的是"候选"的结构（以抽取器为例）。在这种情况下，其在 MAC 单元方面和整体开销方面是相同的。

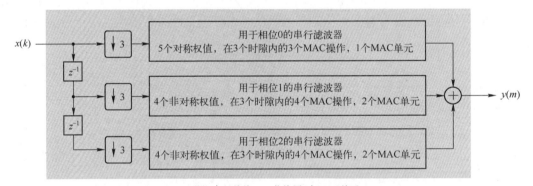

(a) 串行结构，一共使用5个MAC单元

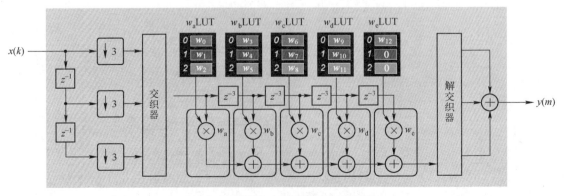

(b) 多通道结构，一共使用5个MAC单元

图 11.75 串行和多通道结构

> **注**：当然，其他"变形"也是可以的，如并行-串行滤波器和多通道串行滤波器。对于任何特殊设计最有效的实现方式取决于很多不同的因素。

此外，半带滤波器是一个特殊的、超级有效的滤波器，用于插值和抽取（比率为2）。在多相形式中，"奇数"相位几乎消失！事实上，它只包含一个乘0.5（这对实现来说显得微不足道），如图11.76所示。

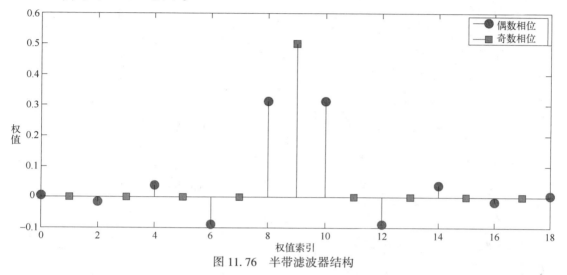

图 11.76 半带滤波器结构

下面考虑一个长度为 N 的半带滤波器，N 定义为奇数。因此，"奇数"相位包含 $\lceil N/2 \rceil$ 个权值，而"偶数"相位有 $\lceil N/2 \rceil$。然而，奇数相位只有一个非零权值（中间一个点），其值为 0.5，这可以通过右移移位这种低成本方式来实现。

更进一步，可以利用偶数相位对称，使用一个 MAC 单元实现一个对称权值对。因此，半带滤波器的计算成本为 $\lceil N/4 \rceil$ MAC 操作。例如，一个 19 权值半带滤波器的输出可以只使用 5 个 MAC 操作实现，如图 11.77 所示。

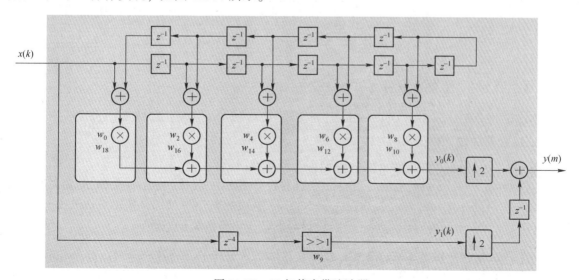

图 11.77 19 权值半带滤波器

11.5 直接和多相插值器的设计

在直接形式中，插值涉及升采样（在一个输入采样之间插入 $N-1$ 个零），然后通过滤波器将镜像频谱去除。然而，当升采样在滤波器之前时，在每 N 个采样中只处理一个非零值，这就造成运算量的巨大浪费了。插值因子为 2 的直接插值器的 SFG 如图 11.78 所示。

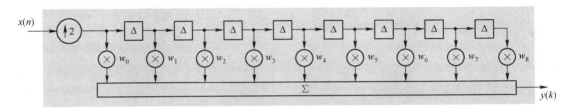

图 11.78　插值因子为 2 的直接插值器的 SFG

多相插值效率更高，这是因为它避免了处理零值采样。首先以较低的采样率执行滤波，并且将 N 相进行组合。如图 11.79 所示，对于 $N=2$ 的多相插值器的 SFG，其实现的功能与图 11.78 给出结构的相同，但是总的运算量减少了一半。

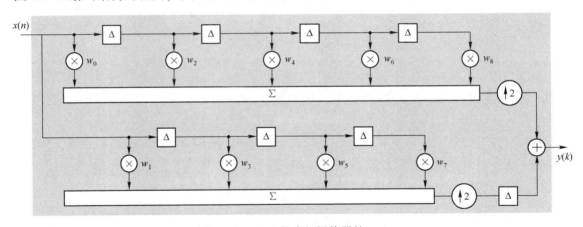

图 11.79　$N=2$ 的多相插值器的 SFG

11.5.1　直接插值器的设计

本小节将介绍如何使用 DSP Builder 实现图 11.78 所示的插值因子为 2 的直接插值器。

1. 建立新的设计模型

本部分将介绍如何建立新的设计模型，主要步骤如下。

（1）启动 DSP Builder，并打开一个空白的设计界面，以及 Simulink Library Browser 页面。调整空白设计界面和 Simulink Library Browser 页面的大小与位置，使得 Simulink Library Browser 页面位于电脑屏幕的左侧，空白设计界面位于电脑屏幕的右侧。

> 注：在 MATLAB 主界面的主页标签下，将路径设置为 E:\intel_dsp_example\example_11_1。并且将该设计文件命名为"direct_interpolation.slx"。

（2）在设计界面的主菜单下，选择 File→Model Properties→Model Properties。

（3）弹出"Model Properties"对话框。在该对话框中，单击"Callbacks"标签。在该标签页下，按如下设置参数。

① 在左侧窗口中找到并选中"InitFcn"选项，在右侧窗口中输入下面的命令：

```
Num=[-0.024 -0.1195 0.0091 0.3128 0.4918 0.3128 0.0091 -0.1195 -0.024];
N=2;
MHz=100;
fs=MHz*1e6;
```

② 在左侧窗口中找到并选中"StopFcn"选项，在右侧窗口中输入下面的命令：

```
figure(2)
subplot(2,1,1)
stem(out.IN,'k','MarkerFaceColor','r');
xlabel('Samples');
ylabel('Amplitude');
legend({'IN'},'FontSize',12);
subplot(2,1,2)
stem(out.FIROUT,'k','MarkerFaceColor','r');
xlabel('Samples');
ylabel('Amplitude');
legend({'FIROUT'},'FontSize',12);
set(2,'Name','Direct impulse Responses','NumberTitle','off');
```

（4）单击"OK"按钮，退出"Model Properties"对话框。

2. 构建直接形式的插值器模型

本部分将介绍如何构建直接形式的插值器模型，主要步骤如下。

（1）在 Simulink Library Browser 页面的左侧窗口中，找到并展开"DSP System Toolbox"选项。在展开项中，找到并选中"Sources"选项。在该页面的右侧窗口中，找到并将名字为"Discrete Impulse"的元器件拖曳到设计界面中。

（2）双击设计界面中名字为"Discrete Impulse"的元器件符号，弹出"Block Parameters: Discrete Impulse"对话框。在该对话框中，按如下设置参数。

① 单击"Main"标签。在该标签页中，按如下设置参数。

- Delay（sample）：0。
- Sample time：2/fs。
- Samples per frame：1。

② 单击"Data Types"标签。在该标签页下，单击"Output data type"下拉框右侧的 >> 按钮。在展开界面中，按如下设置参数。

- Mode：Fixed point。
- Signedness：Signed。
- Word length：16。
- Scaling：Binary point。
- Fraction length：14。

(3) 单击"OK"按钮,退出"Block Parameters: Discrete Impulse"对话框。

(4) 在 Simulink Library Browser 页面的左侧窗口中,找到并展开"Simulink"选项。在展开项中,找到并选中"Sinks"选项。在该页面的右侧窗口中,找到并将名字为"To Workspace"的元器件符号拖曳到设计界面中。

(5) 双击设计界面中名字为"To Workspace"的元器件符号,弹出"Block Parameters: To Workspace"对话框。在该对话框中,按如下设置参数。

① Variable name: IN。

② Save format: Array。

③ Save 2-D signals as: 2-D array (concatenate along first dimension)。

(6) 单击"OK"按钮,退出"Block Parameters: To Workspace"对话框。

(7) 在 Simulink Library Browser 页面的左侧窗口中,找到并展开"DSP Builder for Intel FPGAs-Advanced Blockset"选项。在展开项中,找到并展开"Primitives"选项。在展开项中,找到并选中"Primitive Configuration"选项。在该页面的右侧窗口中,找到并将名字为"GPIn"、"GPOut"和"SynthesisInfo"的元器件符号分别拖曳到设计界面中。

(8) 在 Simulink Library Browser 页面的左侧窗口中,找到并展开"DSP Builder for Intel FPGAs-Advanced Blockset"选项。在展开项中,找到并选中"Design Configuration"选项。在该页面的右侧窗口中,找到并将名字为"Control"和"Device"的元器件符号分别拖曳到设计界面中。

(9) 双击设计界面中名字为"Device"的元器件符号,弹出"DSP Builder-Device Parameters"对话框。在该对话框中,按如下设置参数。

① Device Family: Cyclone 10 GX。

② Family member: 10CX085YU484E6G。

③ Speed grade: 6。

(10) 单击"OK"按钮,退出"DSP Builder-Device Parameters"对话框。

(11) 双击设计界面中名字为"Control"的元器件符号,弹出"DSP Builder for Intel FPGAs Blockset-Settings"对话框。在该对话框中,按如下设置参数。

① 单击"General"标签。在该标签页中,按如下设置参数。

● 勾选"Generate hardware"前面的复选框。

● Hardware destination directory: rtl。

② 单击"Clock"标签。在该标签页下,按如下设置参数。

● Clock Frequency (MHz): 100。

(12) 单击"OK"按钮,退出"DSP Builder for Intel FPGAs Blockset-Settings"对话框。

(13) 在"Simulink Library Browser"页面的左侧窗口中,找到并展开"DSP Builder for Intel FPGAs-Advanced Blockset"选项。在展开项中,找到并选中"Signal Operations"选项。在该页面的右侧窗口中,找到并将名字为"Upsample"的元器件符号拖曳到设计界面中。

(14) 双击设计界面中名字为"Upsample"的元器件符号,弹出"Block Parameters: Upsample"对话框。在该对话框中,按如下设置参数。

① Upsample factor, L: 2。

② Input processing: Elements as channels (sample based)。

(15) 单击"OK"按钮,退出"Block Parameters:Upsample"对话框。

(16) 在 Simulink Library Browser 页面的左侧窗口中,找到并展开"DSP Builder for Intel FPGAs-Advanced Blockset"选项。在展开项中,找到并展开"Primitives"选项。在展开项中,找到并选中"Primitive Basic Blocks"选项。在该页面的右侧窗口中,找到并将名字为"SampleDelay"的元器件符号分 11 次拖曳到设计界面中。

(17) 重复步骤(16),找到并将名字为"Const Mult"的元器件符号分 9 次拖曳到设计界面中。

(18) 双击设计界面中名字为"Const Mult"的元器件符号,弹出"Block Parameters:Const Mult"对话框。在该对话框中,按如下设置参数。

① Output data type mode:Specify via dialog。

② Output data type sfix(16)。

③ Output scaling value:2^-14。

④ Value:Num(1)。

(19) 单击"OK"按钮,退出"Block Parameters:Const Mult"对话框。

(20) 双击设计界面中名字为"Const Mult1"的元器件符号,弹出"Block Parameters:Const Mult1"对话框。在该对话框中,按如下设置参数。

① Output data type mode:Specify via dialog。

② Output data type sfix(16)。

③ Output scaling value:2^-14。

④ Value:Num(2)。

(21) 单击"OK"按钮,退出"Block Parameters:Const Mult1"对话框。

(22) 双击设计界面中名字为"Const Mult2"的元器件符号,弹出"Block Parameters:Const Mult2"对话框。在该对话框中,按如下设置参数。

① Output data type mode:Specify via dialog。

② Output data type sfix(16)。

③ Output scaling value:2^-14。

④ Value:Num(3)。

(23) 单击"OK"按钮,退出"Block Parameters:Const Mult2"对话框。

(24) 双击设计界面中名字为"Const Mult3"的元器件符号,弹出"Block Parameters:Const Mult3"对话框。在该对话框中,按如下设置参数。

① Output data type mode:Specify via dialog。

② Output data type sfix(16)。

③ Output scaling value:2^-14。

④ Value:Num(4)。

(25) 单击"OK"按钮,退出"Block Parameters:Const Mult3"对话框。

(26) 双击设计界面中名字为"Const Mult4"的元器件符号,弹出"Block Parameters:Const Mult4"对话框。在该对话框中,按如下设置参数。

① Output data type mode:Specify via dialog。

② Output data type sfix(16)。

③ Output scaling value：2^-14。

④ Value：Num(5)。

（27）单击"OK"按钮，退出"Block Parameters：Const Mult4"对话框。

（28）双击设计界面中名字为"Const Mult5"的元器件符号，弹出"Block Parameters：Const Mult5"对话框。在该对话框中，按如下设置参数。

① Output data type mode：Specify via dialog。

② Output data type sfix(16)。

③ Output scaling value：2^-14。

④ Value：Num(6)。

（29）单击"OK"按钮，退出"Block Parameters：Const Mult5"对话框。

（30）双击设计界面中名字为"Const Mult6"的元器件符号，弹出"Block Parameters：Const Mult6"对话框。在该对话框中，按如下设置参数。

① Output data type mode：Specify via dialog。

② Output data type sfix(16)。

③ Output scaling value：2^-14。

④ Value：Num(7)。

（31）单击"OK"按钮，退出"Block Parameters：Const Mult6"对话框。

（32）双击设计界面中名字为"Const Mult7"的元器件符号，弹出"Block Parameters：Const Mult7"对话框。在该对话框中，按如下设置参数。

① Output data type mode：Specify via dialog。

② Output data type sfix(16)。

③ Output scaling value：2^-14。

④ Value：Num(8)。

（33）单击"OK"按钮，退出"Block Parameters：Const Mult7"对话框。

（34）双击设计界面中名字为"Const Mult8"的元器件符号，弹出"Block Parameters：Const Mult8"对话框。在该对话框中，按如下设置参数。

① Output data type mode：Specify via dialog。

② Output data type sfix(16)。

③ Output scaling value：2^-14。

④ Value：Num(9)。

（35）单击"OK"按钮，退出"Block Parameters：Const Mult8"对话框。

（36）重复步骤（16），找到并将名字为"Add"的元器件符号分8次拖曳到设计界面中。

（37）重复步骤（4），找到并将名字为"To Workspace"的元器件符号拖曳到设计界面中。

（38）双击设计界面中名字为"To Workspace"的元器件符号，弹出"Block Parameters：To Workspace"对话框。在该对话框中，按如下设置参数。

① Variable name：FIROUT。

② Save format：Array。

③ Save 2-D signals as: 2-D array (concatenate along first dimension)。
(39) 按图11.80调整元器件的布局,并将设计中的元器件连接在一起。

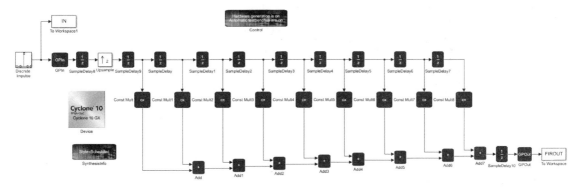

图 11.80 调整元器件的布局,并将设计中的元器件连接在一起

(40) 按图11.81所示,选中阴影区域中所有的元器件,单击鼠标右键,出现浮动菜单。在浮动菜单内,选择"Create Subsystem from Selection"选项,创建包含子系统的设计,如图11.82所示为包含子系统的直接插值器模型。

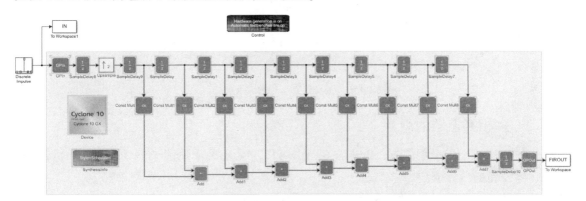

图 11.81 选中阴影区域中所有的元器件

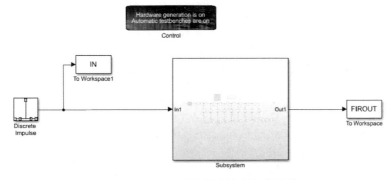

图 11.82 包含子系统的直接形插值器模型

(41) 在当前设计界面工具栏内名字为"Simulation stop time"的文本框中输入16/fs。
(42) 在当前设计界面工具栏内找到并单击名字为"Run"的按钮 ⊙,自动弹出Direct

impulse Response 页面，如图 11.83 所示。在该页面中，给出了输入和输出信号的时域波形。

（43）关闭该设计模型。

思考与练习 11-1：根据图 11.83 给出的输入和输出信号的时域波形，验证该设计的正确性。

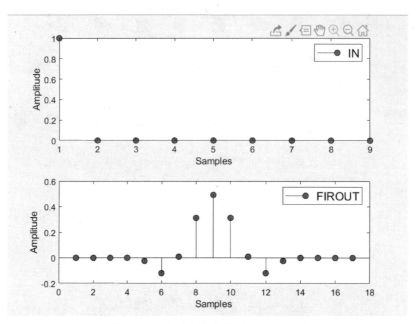

图 11.83　输入和输出信号的时域波形

11.5.2　多相插值器的设计

本小节将介绍如何使用 DSP Builder 实现图 11.79 所示的插值因子为 2 的多相插值器。

1. 建立新的设计模型

本部分将介绍如何建立新的设计模型，主要步骤如下。

（1）启动 DSP Builder，并打开一个空白的设计界面，以及 Simulink Library Browser 页面。调整空白设计界面和 Simulink Library Browser 页面的大小与位置，使得 Simulink Library Browser 页面位于电脑屏幕的左侧，空白设计界面位于电脑屏幕的右侧。

> **注**：在 MATLAB 主界面的主页标签下，将路径设置为 E:\intel_dsp_example\example_11_2。并且将该设计文件命名为"polyphase_interpolation.slx"。

（2）在设计界面的主菜单下，选择 File→Model Properties→Model Properties。

（3）弹出"Model Properties"对话框。在该对话框中，单击"Callbacks"标签。在该标签页下，按如下设置参数。

① 在左侧窗口中找到并选中"InitFcn"选项，在右侧窗口中输入下面的命令：

```
Num=[-0.024 -0.1195 0.0091 0.3128 0.4918 0.3128 0.0091 -0.1195 -0.024];
N=2;
MHz=100;
fs=MHz*1e6;
```

② 在左侧窗口中找到并选中"StopFcn"选项，在右侧窗口中输入下面的命令：

```
figure(4)
subplot(4,1,1)
stem(out.IN,'k','MarkerFaceColor','r');
xlabel('Samples');
ylabel('Amplitude');
legend({'IN'},'FontSize',12);

subplot(4,1,2)
stem(out.polyphase,'k','MarkerFaceColor','b');
xlabel('Samples');
ylabel('Amplitude');
legend({'Polyphase'},'FontSize',12);

subplot(4,1,3)
stem(out.phase1,'k','MarkerFaceColor','m');
xlabel('Samples');
ylabel('Amplitude');
legend({'Phase 1'},'FontSize',12);

subplot(4,1,4)
stem(out.phase2,'k','MarkerFaceColor','g');
xlabel('Samples');
ylabel('Amplitude');
legend({'Phase 2'},'FontSize',12);
```

(4) 单击"OK"按钮，退出"Model Properties"对话框。

2. 构建多相插值器模型

本部分将介绍如何构建多相插值器模型，主要步骤如下。

(1) 在 Simulink Library Browser 页面的左侧窗口中，找到并展开"DSP System Toolbox"选项。在展开项中，找到并选中"Sources"选项。在该页面的右侧窗口中，找到并将名字为"Discrete Impulse"的元器件拖曳到设计界面中。

(2) 双击设计界面中名字为"Discrete Impulse"的元器件符号，弹出"Block Parameters: Discrete Impulse"对话框。在该对话框中，按如下设置参数。

① 单击"Main"标签。在该标签页中，按如下设置参数。
- Delay (sample)：0。
- Sample time：2/fs。
- Samples per frame：1。

② 单击"Data Types"标签。在该标签页下，单击"Output data type"下拉框右侧的 >> 按钮。在展开界面中，按如下设置参数。
- Mode：Fixed point。
- Signedness：Signed。
- Word length：16。

- Scaling：Binary point。
- Fraction length：14。

（3）单击"OK"按钮，退出"Block Parameters：Discrete Impulse"对话框。

（4）在 Simulink Library Browser 页面的左侧窗口中，找到并展开"Simulink"选项。在展开项中，找到并选择"Sinks"选项。在该页面的右侧窗口中，找到并将名字为"To Workspace"的元器件符号拖曳到设计界面中。

（5）双击设计界面中名字为"To Workspace"的元器件符号，弹出"Block Parameters：To Workspace"对话框。在该对话框中，按如下设置参数。

① Variable name：IN。
② Save format：Array。
③ Save 2-D signals as：2-D array（concatenate along first dimension）。

（6）单击"OK"按钮，退出"Block Parameters：To Workspace"对话框。

（7）在 Simulink Library Browser 页面的左侧窗口中，找到并展开"DSP Builder for Intel FPGAs-Advanced Blockset"选项。在展开项中，找到并展开"Primitives"选项。在展开项中，找到并选中"Primitive Configuration"选项。在该页面的右侧窗口中，找到并将名字为"GPIn"和"SynthesisInfo"的元器件符号分别拖曳到设计界面中。

（8）在 Simulink Library Browser 页面的左侧窗口中，找到并展开"DSP Builder for Intel FPGAs-Advanced Blockset"选项。在展开项中，找到并选中"Design Configuration"选项。在该页面的右侧窗口中，找到并将名字为"Control"和"Device"的元器件符号分别拖曳到设计界面中。

（9）双击设计界面中名字为"Device"的元器件符号，弹出"DSP Builder-Device Parameters"对话框。在该对话框中，按如下设置参数。

① Device Family：Cyclone 10 GX。
② Family member：10CX085YU484E6G。
③ Speed grade：6。

（10）单击"OK"按钮，退出"DSP Builder-Device Parameters"对话框。

（11）双击设计界面中名字为"Control"的元器件符号，弹出"DSP Builder for Intel FPGAs Blockset-Settings"对话框。在该对话框中，按如下设置参数。

① 单击"General"标签。在该标签页中，按如下设置参数。
- 勾选"Generate hardware"前面的复选框。
- Hardware destination directory：rtl。

② 单击"Clock"标签。在该标签页中，按如下设置参数。
- Clock Frequency（MHz）：100。

（12）单击"OK"按钮，退出"DSP Builder for Intel FPGAs Blockset-Settings"对话框。

（13）在 Simulink Library Browser 页面的左侧窗口中，找到并展开"DSP Builder for Intel FPGAs-Advanced Blockset"选项。在展开项中，找到并展开"Primitives"选项。在展开项中，找到并选中"Primitive Basic Blocks"选项。在该页面的右侧窗口中，找到并将名字为"SampleDelay"的元器件符号分 11 次拖曳到设计界面中。

（14）重复步骤（13），找到并将名字为"Const Mult"的元器件符号分 9 次拖曳到设计界面中。

(15) 双击设计界面中名字为"Const Mult"的元器件符号,弹出"Block Parameters: Const Mult"对话框。在该对话框中,按如下设置参数。

① Output data type mode:Specify via dialog。

② Output data type sfix(16)。

③ Output scaling value:2^-14。

④ Value:Num(1)。

(16) 单击"OK"按钮,退出"Block Parameters:Const Mult"对话框。

(17) 双击设计界面中名字为"Const Mult1"的元器件符号,弹出"Block Parameters: Const Mult1"对话框。在该对话框中,按如下设置参数。

① Output data type mode:Specify via dialog。

② Output data type sfix(16)。

③ Output scaling value:2^-14。

④ Value:Num(2)。

(18) 单击"OK"按钮,退出"Block Parameters:Const Mult1"对话框。

(19) 双击设计界面中名字为"Const Mult2"的元器件符号,弹出"Block Parameters: Const Mult2"对话框。在该对话框中,按如下设置参数。

① Output data type mode:Specify via dialog。

② Output data type sfix(16)。

③ Output scaling value:2^-14。

④ Value:Num(3)。

(20) 单击"OK"按钮,退出"Block Parameters:Const Mult2"对话框。

(21) 双击设计界面中名字为"Const Mult3"的元器件符号,弹出"Block Parameters: Const Mult3"对话框。在该对话框中,按如下设置参数。

① Output data type mode:Specify via dialog。

② Output data type sfix(16)。

③ Output scaling value:2^-14。

④ Value:Num(4)。

(22) 单击"OK"按钮,退出"Block Parameters:Const Mult3"对话框。

(23) 双击设计界面中名字为"Const Mult4"的元器件符号,弹出"Block Parameters: Const Mult4"对话框。在该对话框中,按如下设置参数。

① Output data type mode:Specify via dialog。

② Output data type sfix(16)。

③ Output scaling value:2^-14。

④ Value:Num(5)。

(24) 单击"OK"按钮,退出"Block Parameters:Const Mult4"对话框。

(25) 双击设计界面中名字为"Const Mult5"的元器件符号,弹出"Block Parameters: Const Mult5"对话框。在该对话框中,按如下设置参数。

① Output data type mode:Specify via dialog。

② Output data type sfix(16)。

③ Output scaling value：2^-14。

④ Value：Num(6)。

(26) 单击"OK"按钮，退出"Block Parameters：Const Mult5"对话框。

(27) 双击设计界面中名字为"Const Mult6"的元器件符号，弹出"Block Parameters：Const Mult6"对话框。在该对话框中，按如下设置参数。

① Output data type mode：Specify via dialog。

② Output data type sfix(16)。

③ Output scaling value：2^-14。

④ Value：Num(7)。

(28) 单击"OK"按钮，退出"Block Parameters：Const Mult6"对话框。

(29) 双击设计界面中名字为"Const Mult7"的元器件符号，弹出"Block Parameters：Const Mult7"对话框。在该对话框中，按如下设置参数。

① Output data type mode：Specify via dialog。

② Output data type sfix(16)。

③ Output scaling value：2^-14。

④ Value：Num(8)。

(30) 单击"OK"按钮，退出"Block Parameters：Const Mult7"对话框。

(31) 双击设计界面中名字为"Const Mult8"的元器件符号，弹出"Block Parameters：Const Mult8"对话框。在该对话框中，按如下设置参数。

① Output data type mode：Specify via dialog。

② Output data type sfix(16)。

③ Output scaling value：2^-14。

④ Value：Num(9)。

(32) 单击"OK"按钮，退出"Block Parameters：Const Mult8"对话框。

(33) 重复步骤（13），找到并将名字为"Add"的元器件符号分8次拖曳到设计界面中。

(34) 在Simulink Library Browser页面的左侧窗口中，找到并展开"DSP System Toolbox"选项。在展开项中，找到并选中"Signal Operations"选项。在该页面的右侧窗口中，找到并将名字为"Upsample"的元器件符号分2次拖曳到设计界面中。

(35) 双击设计界面中名字为"Upsample"的元器件符号，弹出"Block Parameters：Upsample"对话框。在该对话框中，按如下设置参数。

① Upsample factor，L：2。

② Input processing：Elements as channels（sample based）。

(36) 单击"OK"按钮，退出"Block Parameters：Upsample"对话框。

(37) 双击设计界面中名字为"Upsample1"的元器件符号，弹出"Block Parameters：Upsample1"对话框。在该对话框中，按如下设置参数。

① Upsample factor，L：2。

② Input processing：Elements as channels（sample based）。

(38) 单击"OK"按钮,退出"Block Parameters:Upsample1"对话框。

(39) 双击设计界面中名字为"SampleDelay9"的元器件符号,弹出"Block Parameters:SampleDelay9"对话框。在该对话框中,将"Number of delays"设置为2。

(40) 单击"OK"按钮,退出"Block Parameters:SampleDelay9"对话框。

(41) 双击设计界面中名字为"SampleDelay8"的元器件符号,弹出"Block Parameters:SampleDelay8"对话框。在该对话框中,将"Number of delays"设置为3。

(42) 单击"OK"按钮,退出"Block Parameters:SampleDelay8"对话框。

(43) 重复步骤(7),找到并将名字为"GPOut"的元器件符号分2次拖曳到设计界面中。

(44) 在 Simulink Library Browser 页面的左侧窗口中,找到并展开"Simulink"选项。在展开项中,找到并选中"Math Operation"选项。在该页面的右侧窗口中,找到并将名字为"Add"的元器件符号拖曳到设计界面中。

(45) 重复步骤(4),找到并将名字为"To Workspace"的元器件符号分3次拖曳到设计界面中。

(46) 双击设计界面中名字为"To Workspace1"的元器件符号,弹出"Block Parameters:To Workspace1"对话框。在该对话框中,按如下设置参数。

① Variable name:phase1。

② Save format:Array。

③ Save 2-D signals as:2-D array (concatenate along first dimension)。

④ Sample time:1/fs。

(47) 单击"OK"按钮,退出"Block Parameters:To Workspace1"对话框。

(48) 双击设计界面中名字为"To Workspace2"的元器件符号,弹出"Block Parameters:To Workspace2"对话框。在该对话框中,按如下设置参数。

① Variable name:polyphase。

② Save format:Array。

③ Save 2-D signals as:2-D array (concatenate along first dimension)。

④ Sample time:1/fs。

(49) 单击"OK"按钮,退出"Block Parameters:To Workspace2"对话框。

(50) 双击设计界面中名字为"To Workspace3"的元器件符号,弹出"Block Parameters:To Workspace3"对话框。在该对话框中,按如下设置参数。

① Variable name:phase2。

② Save format:Array。

③ Save 2-D signals as:2-D array (concatenate along first dimension)。

④ Sample time:1/fs。

(51) 单击"OK"按钮,退出"Block Parameters:To Workspace1"对话框。

(52) 按图11.84调整元器件的布局,并连接设计中的元器件。

(53) 按图11.85所示,选中阴影区域中所有的元器件,单击鼠标右键,出现浮动菜单。在浮动菜单内,选择"Create Subsystem from Selection"选项,创建包含子系统的设计,如图11.86所示为包含子系统的完整多相插值器模型。

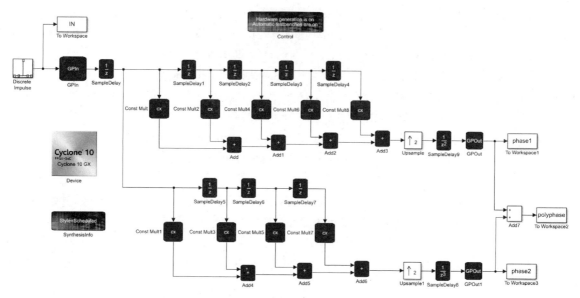

图 11.84 调整元器件的布局，并连接设计中的元器件

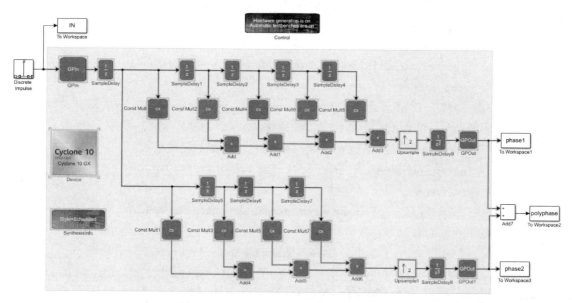

图 11.85 选择阴影区域中所有的元器件

（54）在当前设计界面工具栏内将名字为"Simulation stop time"的文本框设置为 16/fs。

（55）在当前设计界面工具栏内单击名字为"Run"的按钮 ▶，弹出如图 11.87 所示的仿真结果界面。

思考与练习 11-2：观察图 11.87 给出的仿真波形，说明设计的正确性。

思考与练习 11-3：根据图 11.86 给出的包含子系统的完整多相插值器模型，说明多相插值器模型的实现原理。

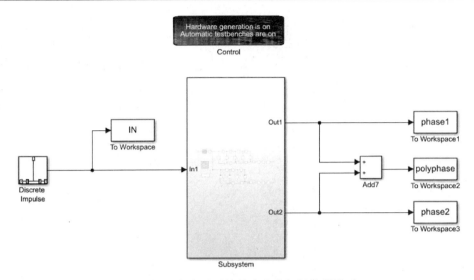

图 11.86　包含子系统的完整多相插值器模型

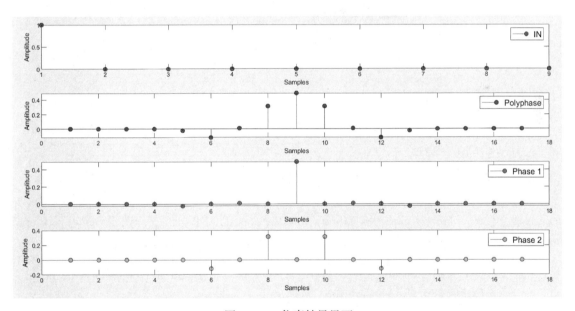

图 11.87　仿真结果界面

11.6　直接和多相抽取器的设计

直接抽取效率很低，由于滤波器所计算的采样随后被降采样器的处理过程给"丢弃"了。抽取因子为 2 时直接形式的抽取器的 SFG 如图 11.88 所示。

多相抽取器将计算重新组合为两相设计，如图 11.89 所示。降采样级在滤波器的前面，因此最终的实现结构避免进行冗余的计算。实际上，每秒只需要一半的乘和累加运算。

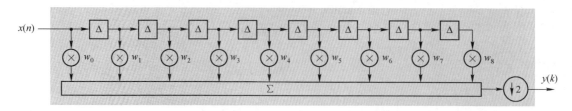

图 11.88 抽取因子为 2 的直接抽取器的 SFG

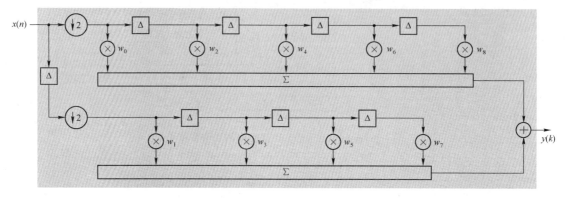

图 11.89 $N=2$ 的多相抽取器的 SFG

11.6.1 直接抽取器的设计

本小节将介绍如何在 DSP Builder 中实现图 11.88 所示的抽取因子为 2 的直接抽取器。

1. 建立新的设计模型

本部分将介绍如何建立新的设计模型,主要步骤如下。

(1) 启动 DSP Builder,并打开一个空白的设计界面,以及 Simulink Library Browser 页面。调整空白设计界面和 Simulink Library Browser 页面的大小与位置,使得 Simulink Library Browser 页面位于电脑屏幕的左侧,空白设计界面位于电脑屏幕的右侧。

> **注**:在 MATLAB 主界面的主页标签下,将路径设置为 E:\intel_dsp_example\example_11_3。并且将该设计文件命名为 "direct_decimation.slx"。

(2) 在设计界面的主菜单下,选择 File→Model Properties→Model Properties。

(3) 弹出 "Model Properties" 对话框。在该对话框中,单击 "Callbacks" 标签。在该标签页下,按如下设置参数。

① 在左侧窗口中找到并选中 "InitFcn" 选项,在右侧窗口中输入下面的命令:

```
clear;
Num=[-0 -0.1196 -0 0.3131 0.5 0.3131 -0 -0.1196 -0]
N=2;
MHz=100;
fs=MHz*1e6;
```

② 在左侧窗口中找到并选中 "StopFcn" 选项,在右侧窗口中输入下面的命令:

```
figure(2);
subplot(2,1,1);
stem(out.IN,'k','MarkerFaceColor','r');
xlabel('Samples');
ylabel('Amplitude');
legend({'IN'},'FontSize',12);
subplot(2,1,2);
stem(out.FIROUT,'k','MarkerFaceColor','r');
xlabel('Samples');
ylabel('Amplitude');
legend({'FIROUT'},'FontSize',12);
set(2,'Name','Direct impulse Responses','NumberTitle','off');
```

(4) 单击"OK"按钮,退出"Model Properties"对话框。

2. 构建直接抽取器模型

本部分将介绍如何构建直接抽取器模型,主要步骤如下。

(1) 在 Simulink Library Browser 页面的左侧窗口中,找到并展开"DSP System Toolbox"选项。在展开项中,找到并选中"Sources"选项。在该页面的右侧窗口中,找到并将名字为"Discrete Impulse"的元器件符号拖曳到设计界面中。

(2) 双击设计界面中名字为"Discrete Impulse"的元器件符号,弹出"Block Parameters: Discrete Impulse"对话框。在该对话框中,按如下设置参数。

① 单击"Main"标签。在该标签页中,按如下设置参数。
- Delay (sample):0。
- Sample time:1/fs。
- Samples per frame:1。

② 单击"Data Types"标签。在该标签页下,单击"Output data type"下拉框右侧的 >> 按钮。在展开界面中,按如下设置参数。
- Mode:Fixed point。
- Signedness:Signed。
- Word length:16。
- Scaling:Binary point。
- Fraction length:14。

(3) 单击"OK"按钮,退出"Block Parameters: Discrete Impulse"对话框。

(4) 在 Simulink Library Browser 页面的左侧窗口中,找到并展开"Simulink"选项。在展开项中,找到并选中"Sinks"选项。在该页面的右侧窗口中,找到并将名字为"To Workspace"的元器件符号拖曳到设计界面中。

(5) 双击设计界面中名字为"To Workspace"的元器件符号,弹出"Block Parameters: To Workspace"对话框。在该对话框中,按如下设置参数。

① Variable name:IN。
② Save format:Array。
③ Save 2-D signals as:2-D array (concatenate along first dimension)。

（6）单击"OK"按钮，退出"Block Parameters: To Workspace"对话框。

（7）在 Simulink Library Browser 页面的左侧窗口中，找到并展开"DSP Builder for Intel FPGAs-Advanced Blockset"选项。在展开项中，找到并展开"Primitives"选项。在展开项中，找到并选中"Primitive Configuration"选项。在该页面的右侧窗口中，找到并将名字为"GPIn"、"GPOut"和"SynthesisInfo"的元器件符号分别拖曳到设计界面中。

（8）在 Simulink Library Browser 页面的左侧窗口中，找到并展开"DSP Builder for Intel FPGAs-Advanced Blockset"选项。在展开项中，找到并选中"Design Configuration"选项。在该页面的右侧窗口中，找到并将名字为"Control"和"Device"的元器件符号分别拖曳到设计界面中。

（9）双击设计界面中名字为"Device"的元器件符号，弹出"DSP Builder-Device Parameters"对话框。在该对话框中，按如下设置参数。

① Device Family: Cyclone 10 GX。

② Family member: 10CX085YU484E6G。

③ Speed grade: 6。

（10）单击"OK"按钮，退出"DSP Builder-Device Parameters"对话框。

（11）双击设计界面中名字为"Control"的元器件符号，弹出"DSP Builder for Intel FPGAs Blockset-Settings"对话框。在该对话框中，按如下设置参数。

① 单击"General"标签。在该标签页中，按如下设置参数。

- 勾选 Generate hardware 前面的复选框。
- Hardware destination directory: rtl。

② 单击"Clock"标签。在该标签页中，按如下设置参数。

- Clock Frequency (MHz): 100。

（12）单击"OK"按钮，退出"DSP Builder for Intel FPGAs Blockset-Settings"对话框。

（13）在 Simulink Library Browser 页面的左侧窗口中，找到并展开"DSP Builder for Intel FPGAs-Advanced Blockset"选项。在展开项中，找到并展开"Primitives"选项。在展开项中，找到并选中"Primitive Basic Blocks"选项。在该页面的右侧窗口中，找到并将名字为"SampleDelay"的元器件符号分 8 次拖曳到设计界面中。

（14）重复步骤（13），找到并将名字为"Const Mult"的元器件符号分 9 次拖曳到设计界面中。

（15）双击设计界面中名字为"Const Mult"的元器件符号，弹出"Block Parameters: Const Mult"对话框。在该对话框中，按如下设置参数。

① Output data type mode: Specify via dialog。

② Output data type sfix(16)。

③ Output scaling value: 2^-14。

④ Value: Num(1)。

（16）单击"OK"按钮，退出"Block Parameters: Const Mult"对话框。

（17）双击设计界面中名字为"Const Mult1"的元器件符号，弹出"Block Parameters: Const Mult1"对话框。在该对话框中，按如下设置参数。

① Output data type mode: Specify via dialog。

② Output data type sfix(16)。

③ Output scaling value：2^-14。

④ Value：Num(2)。

(18) 单击"OK"按钮，退出"Block Parameters：Const Mult1"对话框。

(19) 双击设计界面中名字为"Const Mult2"的元器件符号，弹出"Block Parameters：Const Mult2"对话框。在该对话框中，按如下设置参数。

① Output data type mode：Specify via dialog。

② Output data type sfix(16)。

③ Output scaling value：2^-14。

④ Value：Num(3)。

(20) 单击"OK"按钮，退出"Block Parameters：Const Mult2"对话框。

(21) 双击设计界面中名字为"Const Mult3"的元器件符号，弹出"Block Parameters：Const Mult3"对话框。在该对话框中，按如下设置参数。

① Output data type mode：Specify via dialog。

② Output data type sfix(16)。

③ Output scaling value：2^-14。

④ Value：Num(4)。

(22) 单击"OK"按钮，退出"Block Parameters：Const Mult3"对话框。

(23) 双击设计界面中名字为"Const Mult4"的元器件符号，弹出"Block Parameters：Const Mult4"对话框。在该对话框中，按如下设置参数。

① Output data type mode：Specify via dialog。

② Output data type sfix(16)。

③ Output scaling value：2^-14。

④ Value：Num(5)。

(24) 单击"OK"按钮，退出"Block Parameters：Const Mult4"对话框。

(25) 双击设计界面中名字为"Const Mult5"的元器件符号，弹出"Block Parameters：Const Mult5"对话框。在该对话框中，按如下设置参数。

① Output data type mode：Specify via dialog。

② Output data type sfix(16)。

③ Output scaling value：2^-14。

④ Value：Num(6)。

(26) 单击"OK"按钮，退出"Block Parameters：Const Mult5"对话框。

(27) 双击设计界面中名字为"Const Mult6"的元器件符号，弹出"Block Parameters：Const Mult6"对话框。在该对话框中，按如下设置参数。

① Output data type mode：Specify via dialog。

② Output data type sfix(16)。

③ Output scaling value：2^-14。

④ Value：Num(7)。

(28) 单击"OK"按钮，退出"Block Parameters：Const Mult6"对话框。

(29) 双击设计界面中名字为 "Const Mult7" 的元器件符号，弹出 "Block Parameters：Const Mult7" 对话框。在该对话框中，按如下设置参数。

① Output data type mode：Specify via dialog。
② Output data type sfix(16)。
③ Output scaling value：2^-14。
④ Value：Num(8)。

(30) 单击 "OK" 按钮，退出 "Block Parameters：Const Mult7" 对话框。

(31) 双击设计界面中名字为 "Const Mult8" 的元器件符号，弹出 "Block Parameters：Const Mult8" 对话框。在该对话框中，按如下设置参数。

① Output data type mode：Specify via dialog。
② Output data type sfix(16)。
③ Output scaling value：2^-14。
④ Value：Num(9)。

(32) 单击 "OK" 按钮，退出 "Block Parameters：Const Mult8" 对话框。

(33) 重复步骤 (13)，找到并将名字为 "Add" 的元器件符号分 8 次拖曳到设计界面中。

(34) 在 Simulink Library Browser 页面的左侧窗口中，找到并展开 "DSP Builder for Intel FPGAs-Advanced Blockset" 选项。在展开项中，找到并选中 "Signal Operations" 选项。在该页面的右侧窗口中，找到并将名字为 "Downsample" 的元器件符号拖曳到设计界面中。

(35) 双击设计界面中名字为 "Downsample" 的元器件符号，弹出 "Block Parameters：Downsample" 对话框。在该对话框中，按如下设置参数。

① Downsample factor, L：2。
② Input processing：Elements as channels（sample based）。

(36) 单击 "OK" 按钮，退出 "Block Parameters：Upsample" 对话框。

(37) 在 Simulink Library Browser 页面的左侧窗口中，找到并展开 "Simulink" 选项。在展开项中，找到并选中 "Commonly Used Blocks" 选项。在该页面的右侧窗口中，找到并将名字为 "Delay" 的元器件符号拖曳到设计界面中。

(38) 双击设计界面中名字为 "Delay" 的元器件符号，弹出 "Block Parameters：Delay" 对话框。在该对话框中，按如下设置参数。

① Delay length：2。
② Input processing：Elements as channels（sample based）。
③ Sample time：2/fs。

(39) 单击 "OK" 按钮，退出 "Block Parameters：Delay" 对话框。

(40) 重复步骤 (4)，找到并将名字为 "To Workspace" 的元器件符号拖曳到设计界面中。

(41) 双击设计界面中名字为 "To Workspace" 的元器件符号，弹出 "Block Parameters：To Workspace" 对话框。在该对话框中，按如下设置参数。

① Variable name：FIROUT。
② Save format：Array。

③ Save 2-D signals as：2-D array（concatenate along first dimension）。
④ Sample time：2/fs。

（42）单击"OK"按钮，退出"Block Parameters：To Workspace"对话框。

（43）按图 11.90 调整元器件的布局，并将设计中的元器件连接在一起。

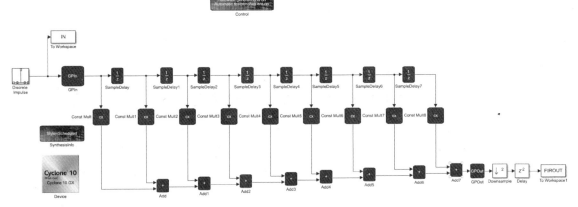

图 11.90 调整元器件的布局，并将设计中的元器件连接在一起

（44）按图 11.91 所示，选中阴影区域中所有的元器件，单击鼠标右键，出现浮动菜单。在浮动菜单内，选择"Create Subsystem from Selection"选项，创建包含子系统的设计，如图 11.92 所示为包含子系统的直接抽取器模型。

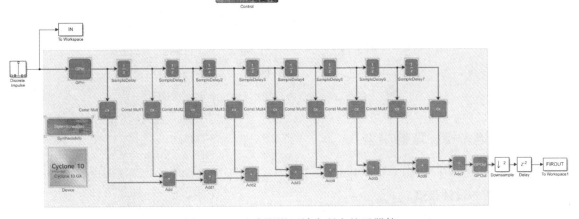

图 11.91 选中阴影区域中所有的元器件

（45）在当前设计界面工具栏内名字为"Simulation stop time"的文本框中输入 20/fs。

（46）在当前设计界面工具栏内找到并单击名字为"Run"的按钮 ⊙，自动弹出仿真结果界面，如图 11.93 所示。

（47）关闭该设计模型。

思考与练习 11-4：根据图 11.93 给出的输入和输出信号的时域波形，验证该设计的正确性。

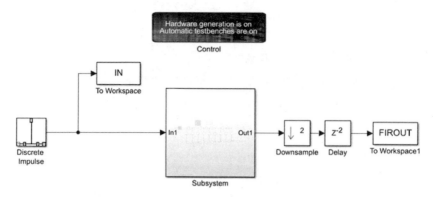

图 11.92 包含子系统的直接抽取器模型

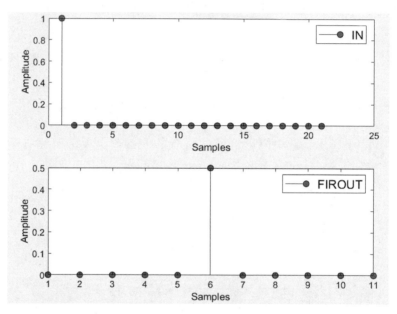

图 11.93 仿真结果界面

11.6.2 构建多相抽取器模型

本小节将介绍如何使用 DSP Builder 实现图 11.89 所示的插值因子为 2 的多相抽取器。

1. 建立新的设计模型

本部分将介绍建立新的设计模型,主要步骤如下。

(1) 启动 DSP Builder,并打开一个空白的设计界面,以及 Simulink Library Browser 页面。调整空白设计界面和 Simulink Library Browser 页面的大小与位置,使得 Simulink Library Browser 页面位于电脑屏幕的左侧,空白设计界面位于电脑屏幕的右侧。

> 注:在 MATLAB 主界面的主页标签下,将路径设置为 E:\intel_dsp_example\example_11_4。并且将该设计文件命名为 "polyphase_decimation.slx"。

(2) 在设计界面的主菜单下,选择 File→Model Properties→Model Properties。

(3) 弹出"Model Properties"对话框。在该对话框中,单击"Callbacks"标签。在该标签页下,按如下设置参数。

① 在左侧窗口中找到并选中"InitFcn"选项,在右侧窗口中输入下面的命令:

```
Num = [-0.024 -0.1195 0.0091 0.3128 0.4918 0.3128 0.0091 -0.1195 -0.024];
N = 2;
MHz = 100;
fs = MHz * 1e6;
```

② 在左侧窗口中找到并选中"StopFcn"选项,在右侧窗口中输入下面的命令:

```
figure(4)
subplot(4,1,1)
stem(out.IN,'k','MarkerFaceColor','r');
xlabel('Samples');
ylabel('Amplitude');
legend({'IN'},'FontSize',12);

subplot(4,1,2)
stem(out.polyphase,'k','MarkerFaceColor','b');
xlabel('Samples');
ylabel('Amplitude');
legend({'Polyphase'},'FontSize',12);

subplot(4,1,3)
stem(out.phase1,'k','MarkerFaceColor','m');
xlabel('Samples');
ylabel('Amplitude');
legend({'Phase 1'},'FontSize',12);

subplot(4,1,4)
stem(out.phase2,'k','MarkerFaceColor','g');
xlabel('Samples');
ylabel('Amplitude');
legend({'Phase 2'},'FontSize',12);
```

(4) 单击"OK"按钮,退出"Model Properties"对话框。

2. 构建多相抽取器模型

本部分将介绍如何构建多相抽取器模型,主要步骤如下。

(1) 在 Simulink Library Browser 页面的左侧窗口中,找到并展开"DSP System Toolbox"选项。在展开项中,找到并选中"Sources"选项。在该页面的右侧窗口中,找到并将名字为"Discrete Impulse"的元器件拖曳到设计界面中。

(2) 双击设计界面中名字为"Discrete Impulse"的元器件符号,弹出"Block Parameters: Discrete Impulse"对话框。在该对话框中,按如下设置参数。

① 单击"Main"标签。在该标签页中,按如下设置参数。

- Delay (sample): 0。

- Sample time：1/fs。
- Samples per frame：1。

② 单击"Data Types"标签。在该标签页下，单击"Output data type"下拉框右侧的 >> 按钮。在展开界面中，按如下设置参数。

- Mode：Fixed point。
- Signedness：Signed。
- Word length：16。
- Scaling：Binary point。
- Fraction length：14。

（3）单击"OK"按钮，退出"Block Parameters：Discrete Impulse"对话框。

（4）在Simulink Library Browser页面的左侧窗口中，找到并展开"Simulink"选项。在展开项中，找到并选中"Sinks"选项。在该页面的右侧窗口中，找到并将名字为"To Workspace"的元器件符号拖曳到设计界面中。

（5）双击设计界面中名字为"To Workspace"的元器件符号，弹出"Block Parameters：To Workspace"对话框。在该对话框中，按如下设置参数。

① Variable name：IN。
② Save format：Array。
③ Save 2-D signals as：2-D array（concatenate along first dimension）。

（6）单击"OK"按钮，退出"Block Parameters：To Workspace"对话框。

（7）在Simulink Library Browser页面的左侧窗口中，找到并展开"DSP System Toolbox"选项。在展开项中，找到并选中"Signal Operation"选项。在该页面的右侧窗口中，找到并将名字为"Downsample"的元器件符号分2次拖曳到设计界面中。

（8）双击设计界面中名字为"Downsample"的元器件符号，弹出"Block Parameters：Downsample"对话框。在该对话框中，按如下设置参数。

① Downsample factor，K：2。
② Input processing：Elements as channels（sample based）。

（9）单击"OK"按钮，退出"Block Parameters：Downsample"对话框。

（10）双击设计界面中名字为"Downsample1"的元器件符号，弹出"Block Parameters：Downsample1"对话框。在该对话框中，按如下设置参数。

① Downsample factor，K：2。
② Input processing：Elements as channels（sample based）。

（11）单击"OK"按钮，退出"Block Parameters：Downsample1"对话框。

（12）重复步骤（7），找到并将名字为"Delay"的元器件符号拖曳到设计界面中。

（13）双击设计界面中名字为"Delay"的元器件符号，弹出"Block Parameters：Delay"对话框。在该对话框中，按如下设置参数。

① Delay length：1。
② Input processing：Elements as channels（sample based）。

（14）单击"OK"按钮，退出"Block Parameters：Delay"对话框。

（15）在Simulink Library Browser页面的左侧窗口中，找到并展开"DSP Builder for Intel

FPGAs-Advanced Blockset"选项。在展开项中，找到并展开"Primitives"选项。在展开项中，找到并选中"Primitive Configuration"选项。在该页面的右侧窗口中，找到并将名字为"GPIn"的元器件符号分 2 次分别拖曳到设计界面中。

(16) 重复步骤 (15)，找到并将名字为"SynthesisInfo"的元器件符号拖曳到设计界面中。

(17) 在 Simulink Library Browser 页面的左侧窗口中，找到并展开"DSP Builder for Intel FPGAs-Advanced Blockset"选项。在展开项中，找到并选中"Design Configuration"选项。在该页面的右侧窗口中，找到并将名字为"Control"和"Device"的元器件符号分别拖曳到设计界面中。

(18) 双击设计界面中名字为"Device"的元器件符号，弹出"DSP Builder-Device Parameters"对话框。在该对话框中，按如下设置参数。

① Device Family：Cyclone 10 GX。

② Family member：10CX085YU484E6G。

③ Speed grade：6。

(19) 单击"OK"按钮，退出"DSP Builder-Device Parameters"对话框。

(20) 双击设计界面中名字为"Control"的元器件符号，弹出"DSP Builder for Intel FPGAs Blockset-Settings"对话框。在该对话框中，按如下设置参数。

① 单击"General"标签。在该标签页中，按如下设置参数。

• 勾选"Generate hardware"前面的复选框。

• Hardware destination directory：rtl。

② 单击"Clock"标签。在该标签页中，按如下设置参数。

• Clock Frequency（MHz）：100。

(21) 单击"OK"按钮，退出"DSP Builder for Intel FPGAs Blockset-Settings"对话框。

(22) 在 Simulink Library Browser 页面的左侧窗口中，找到并展开"DSP Builder for Intel FPGAs-Advanced Blockset"选项。在展开项中，找到并展开"Primitives"选项。在展开项中，找到并选中"Primitive Basic Blocks"选项。在该页面的右侧窗口中，找到并将名字为"SampleDelay"的元器件符号分 7 次分别拖曳到设计界面中。

(23) 重复步骤 (22)，找到并将名字为"Const Mult"的元器件符号分 9 次拖曳到设计界面中。

(24) 双击设计界面中名字为"Const Mult"的元器件符号，弹出"Block Parameters：Const Mult"对话框。在该对话框中，按如下设置参数。

① Output data type mode：Specify via dialog。

② Output data type sfix(16)。

③ Output scaling value：2^-14。

④ Value：Num(1)。

(25) 单击"OK"按钮，退出"Block Parameters：Const Mult"对话框。

(26) 双击设计界面中名字为"Const Mult1"的元器件符号，弹出"Block Parameters：Const Mult1"对话框。在该对话框中，按如下设置参数。

① Output data type mode：Specify via dialog。

② Output data type sfix(16)。

③ Output scaling value：2^-14。

④ Value：Num(2)。

(27) 单击"OK"按钮，退出"Block Parameters：Const Mult1"对话框。

(28) 双击设计界面中名字为"Const Mult2"的元器件符号，弹出"Block Parameters：Const Mult2"对话框。在该对话框中，按如下设置参数。

① Output data type mode：Specify via dialog。

② Output data type sfix(16)。

③ Output scaling value：2^-14。

④ Value：Num(3)。

(29) 单击"OK"按钮，退出"Block Parameters：Const Mult2"对话框。

(30) 双击设计界面中名字为"Const Mult3"的元器件符号，弹出"Block Parameters：Const Mult3"对话框。在该对话框中，按如下设置参数。

① Output data type mode：Specify via dialog。

② Output data type sfix(16)。

③ Output scaling value：2^-14。

④ Value：Num(4)。

(31) 单击"OK"按钮，退出"Block Parameters：Const Mult3"对话框。

(32) 双击设计界面中名字为"Const Mult4"的元器件符号，弹出"Block Parameters：Const Mult4"对话框。在该对话框中，按如下设置参数。

① Output data type mode：Specify via dialog。

② Output data type sfix(16)。

③Output scaling value：2^-14。

④ Value：Num(5)。

(33) 单击"OK"按钮，退出"Block Parameters：Const Mult4"对话框。

(34) 双击设计界面中名字为"Const Mult5"的元器件符号，弹出"Block Parameters：Const Mult5"对话框。在该对话框中，按如下设置参数。

① Output data type mode：Specify via dialog。

② Output data type sfix(16)。

③ Output scaling value：2^-14。

④ Value：Num(6)。

(35) 单击"OK"按钮，退出"Block Parameters：Const Mult5"对话框。

(36) 双击设计界面中名字为"Const Mult6"的元器件符号，弹出"Block Parameters：Const Mult6"对话框。在该对话框中，按如下设置参数。

① Output data type mode：Specify via dialog。

② Output data type sfix(16)。

③ Output scaling value：2^-14。

④ Value：Num(7)。

(37) 单击"OK"按钮，退出"Block Parameters：Const Mult6"对话框。

(38) 双击设计界面中名字为"Const Mult7"的元器件符号，弹出"Block Parameters：

Const Mult7"对话框。在该对话框中，按如下设置参数。

① Output data type mode：Specify via dialog。

② Output data type sfix(16)。

③ Output scaling value：2^-14。

④ Value：Num(8)。

(39) 单击"OK"按钮，退出"Block Parameters：Const Mult7"对话框。

(40) 双击设计界面中名字为"Const Mult8"的元器件符号，弹出"Block Parameters：Const Mult8"对话框。在该对话框中，按如下设置参数。

① Output data type mode：Specify via dialog。

② Output data type sfix(16)。

③ Output scaling value：2^-14。

④ Value：Num(9)。

(41) 单击"OK"按钮，退出"Block Parameters：Const Mult8"对话框。

(42) 重复步骤(13)，找到并将名字为"Add"的元器件符号分8次拖曳到设计界面中。

(43) 重复步骤(15)，找到并将名字为"GPOut"的元器件符号分3次分别拖曳到设计界面中。

(44) 重复步骤(7)，找到并将名字为"Delay"的元器件符号分3次分别拖曳到设计界面中。

(45) 双击设计界面中名字为"Delay1"的元器件符号，弹出"Block Parameters：Delay1"对话框。在该对话框中，按如下设置参数。

① Delay length：3。

② Input processing：Elements as channels (sample based)。

③ Sample time：2/fs。

(46) 单击"OK"按钮，退出"Block Parameters：Delay1"对话框。

(47) 重复步骤(45)~(46)，为设计中名字为"Delay2"的元器件设置相同参数。

(48) 重复步骤(45)~(46)，为设计中名字为"Delay3"的元器件设置相同参数。

(49) 重复步骤(4)，找到并将名字为"To Workspace"的元器件符号分3次拖曳到设计界面中。

(50) 双击设计界面中名字为"To Workspace1"的元器件符号，弹出"Block Parameters：To Workspace1"对话框。在该对话框中，按如下设置参数。

① Variable name：phase1。

② Save format：Array。

(51) 单击"OK"按钮，退出"Block Parameters：To Workspace1"对话框。

(52) 双击设计界面中名字为"To Workspace2"的元器件符号，弹出"Block Parameters：To Workspace2"对话框。在该对话框中，按如下设置参数。

① Variable name：polyphase。

② Save format：Array。

(53) 单击"OK"按钮，退出"Block Parameters：To Workspace2"对话框。

(54) 双击设计界面中名字为"To Workspace3"的元器件符号，弹出"Block

Parameters: To Workspace3"对话框。在该对话框中,按如下设置参数。
① Variable name: phase2。
② Save format: Array。

(55) 单击"OK"按钮,退出"Block Parameters: To Workspace1"对话框。
(56) 按图 11.94 调整元器件的布局,并连接设计中的元器件。

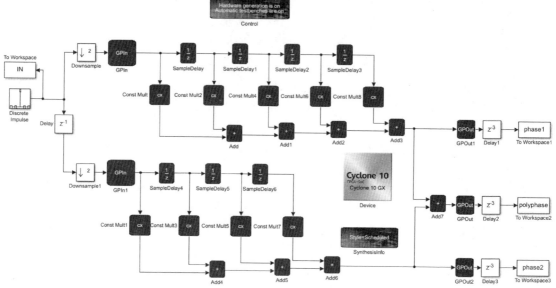

图 11.94 调整元器件的布局,并连接设计中的元器件

(57) 按图 11.95 所示,选中阴影区域中所有的元器件,单击鼠标右键,出现浮动菜单。在浮动菜单内,选择"Create Subsystem from Selection"选项,创建包含子系统的设计,如图 11.96 所示为包含子系统的完整多相抽取器模型。

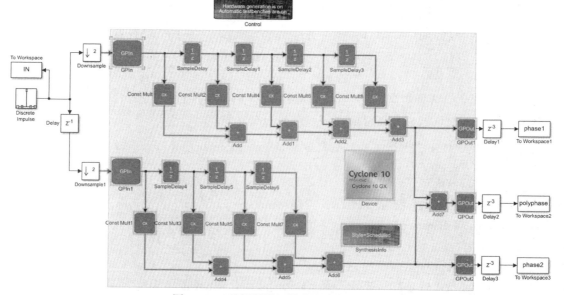

图 11.95 选择阴影区域中所有的元器件

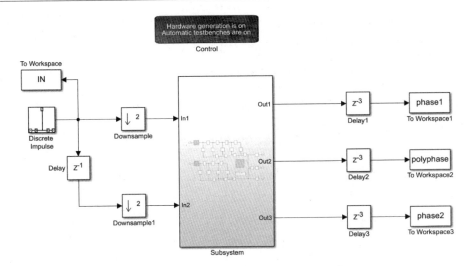

图 11.96 包含子系统的完整多相抽取器模型

（58）在当前设计界面工具栏内将名字为"Simulation stop time"的文本框设置为 20/fs。

（59）在当前设计界面工具栏内单击名字为"Run"的按钮 ▶，弹出仿真结果界面，如图 11.97 所示。

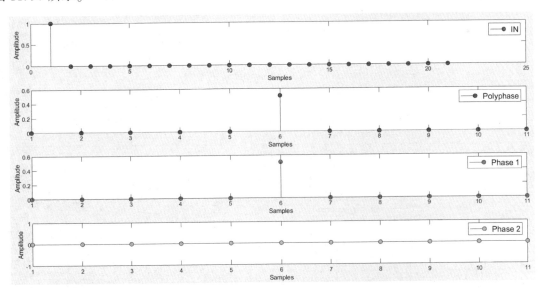

图 11.97 仿真结果界面

思考与练习 11-5：观察图 11.97 给出的仿真波形，说明设计的正确性。

思考与练习 11-6：根据图 11.96 给出的包含子系统的完整多相抽取器模型，说明多相抽取器模型的实现原理。

11.7 抽取和插值 IP 核原理和系统设计

本节将介绍 DSP Builder for Intel FPGAs–Advanced Blockset 中的 Channel Filter And Waveform IP 核库中所提供的 DecimatingFIR IP 核和 InterpolatingFIR IP 核的原理，以及基于该 IP 核的抽取滤波器和插值滤波器的实现方法。

11.7.1 DecimatingFIR IP 核原理和系统设计

本小节将介绍 DecimatingFIR IP 核原理其系统设计方法。

1. DecimatingFIR IP 核原理

DecimatingFIR 块可直接通过 Simulink 模型的大量参数设置来实现多通道 FIR 滤波器。存储器映射接口允许直接读/写系数，从而简化系统集成。DecimatingFIR 块对多通道输入数据流进行滤波，并以增加的采样率生成输出数据流。

数字下变频器中的抽取 FIR 块用于射频系统或通用 DSP 应用。系数和输入数据是定点类型，输出是隐含的全精度定点类型。你可以通过使用单独的 Scale 块来降低精度，该块可以执行舍入和饱和以提供所需的输出精度。

抽取 FIR 块支持速率从两个以上的变化，系数宽度在 2~32 位之间，半带和 L 带奈奎斯特滤波器，实数和复数滤波器，对称和反（负）对称。

在每个采样时间 k，通过将系数 a 与输入 x 最近的过去值相乘来计算新的输出 y。

抽取 FIR 的输出采样率比输入采样率低一个因子 D（抽取因子）。抽取 FIR 丢弃了 D 个输出采样中的 $D-1$ 采样，因此将采样率降低了 D 倍。

物理实现避免了与这些零样本的相乘，从而减低了滤波器的成本。

DecimatingFIR 块的参数如表 11.1 所示。

表 11.1 DecimatingFIR 块的参数

参数	描述
Input rate per channel（每通道输入速率）	指定每个通道输入数据的采样率，以每秒百万个（Millions of Samples Per Second, MSPS）采样度量
Decimation（抽取）	指定抽取率。必须为整数
Number of channels（通道数）	指定要处理的通道数
Symmetry（对称）	你可以选择对称（Symmetrical）或反对称（Anti-Symmetrical）系数。对称系数比非对称的版本更加节省硬件资源
Coefficients（系数）	你可以使用 Simulink 定点对象 fi(0)。定点对象的数据类型确定系数的宽度和格式。数据的长度决定了滤波器的长度。 例如，fi(fir1(49,0.3),1,18,19)
Base address（基地址）	你可以将滤波器的系数映射到系统的地址空间中。该字段确定系数的起始地址。它被指定为 MATLAB 双精度类型（十进制整数），但是如果需要，你可以使用 MATLAB 表达式来指定十六进制或八进制类型
Read/Write mode（读/写模式）	你可以允许从系统接口进行读（Read）、写（Write）或读/写（Read/Write）访问。选择 Constant 选项，将系数映射到系统地址空间
Filter structure（滤波器结构）	你可以选择 Use All Taps、Half Band 或其他指定的带（从 3rd Band 到 46th Band）
Expose Avalon-MM Slave in Simulink（在 Simulink 中暴露 Avalon-MM 从接口）	允许你在没有 Qsys 的情况下重新配置系数。此外，它还允许你同时对多个 FIR 滤波器进行重新编程。勾选"Expose Avalon-MM Slave in Simulink"前面的复选框，将 Avalon-MM 输入和输出显示为普通端口。Read/Write mode（读/写模式）确定了显示在块上的 Avalon-MM 从端口的有效子集。如果选择 Constant 选项，则块将不显示 Avalon-MM 端口

续表

参数	描述
Reconfigurable channel（可重配置通道）	勾选"Reconfigurable Channels"前面的复选框，用于可重配置的 FIR 滤波器
Channel mapping（通道映射）	输入参数作为 MATLAB 2D array，用于可重配置的 FIR 滤波器。每行代表一个模式；行中的每个入口代表该时隙上的通道输入。例如，[0, 0, 0, 0; 0, 1, 2, 3] 给出第二行的第一个元素为 0，这意味着当 FIR 设置为模式 1 时，DSP Builder 在第一个周期处理通道 0

DecimatingFIR 块的端口接口如表 11.2 所示。

表 11.2 DecimatingFIR 块的端口接口

信号	方向	描述
a	输入	输入到块的定点数据。如果你请求的通道数量超出一条总线上的容量，则该信号为矢量。以位为单位的宽度是从输入线继承的
v	输入	指示数据输入信号的有效性。如果 v 为高，则线上的数据有效
c	输入	指示数据输入信号的通道。如果 v 为高，则 c 指示数据所对应的通道
m	输入	指示可重配置的滤波器
b	输入	指示多组滤波器。当你在"Block Parameters"对话框的 Coefficients 参数中添加第二个滤波器定义时，显示该输入
q	输出	从块输出的定点滤波数据。如果你请求的通道数量超过一条总线上的容量，则该信号为矢量。以位为单位的宽度是输入以位为单位的宽度和参数设置的函数
v	输出	指示数据输出信号的有效性
c	输出	指示数据输出信号的通道。当 v 为低时，输出数据可以非零

2. 建立新的设计模型

本部分将介绍如何建立新的设计模型，主要步骤如下。

（1）启动 DSP Builder，并打开一个空白的设计界面，以及 Simulink Library Browser 页面。调整空白设计界面和 Simulink Library Browser 页面的大小与位置，使得 Simulink Library Browser 页面位于电脑屏幕的左侧，空白设计界面位于电脑屏幕的右侧。

注： 在 MATLAB 主界面的主页标签下，将路径设置为 E:\intel_dsp_example\example_11_5。并且将该设计文件命名为"decimating_FIR_IP.slx"。

（2）在设计界面的主菜单下，选择 File→Model Properties→Model Properties。

（3）弹出"Model Properties"对话框。在该对话框中，单击"Callbacks"标签。在该标签页的左侧窗口中，找到并选中"InitFcn"选项。在其右侧窗口中，输入下面的命令：

```
clear;
Ts = 1/100000000;
fs = 1/Ts/1000000;
Num = [-0 -0.1196 -0 0.3131 0.5 0.3131 -0 -0.1196 -0];
```

（4）单击"OK"按钮，退出"Model Properties"对话框。

3. 构建基于 DecimatingFIR 块的滤波器模型

本部分将介绍如何基于 DecimatingFIR 块构建滤波器模型，主要步骤如下。

（1）在 Simulink Library Browser 页面的左侧窗口中，找到并展开"DSP System Toolbox"选项。在展开项中，找到并选中"Sources"选项。在该页面的右侧窗口中，找到并将名字为"Discrete Impulse"的元器件符号拖曳到设计界面中。

（2）双击设计界面中名字为"Discrete Impulse"的元器件符号，弹出"Block Parameters：Discrete Impulse"对话框。在该对话框中，按如下设置参数。

① 单击"Main"标签。在该标签页中，按如下设置参数。

- Sample time：Ts。
- Delay（samples）：0。
- Samples per frame：1。

② 单击"Data Types"标签。在该标签页中，单击"Output data type"下拉框右侧的 >> 按钮。在展开界面中，按如下设置参数。

- Mode：Fixed point。
- Signedness：Signed。
- Word length：16。
- Scaling：Binary point。
- Fraction length：14。

③ 单击"OK"按钮，退出"Block Parameters：Discrete Impulse"对话框。

（3）重复步骤（1），找到并将名字为"Constant"的元器件符号分 2 次分别拖曳到设计界面中。

（4）双击设计界面中名字为"Constant"的元器件符号，弹出"Block Parameters：Constant"对话框。在该对话框中，按如下设置参数。

① 单击"Main"标签。在该标签页中，按如下设置参数。

- Constant value：1。
- Sample time：Ts。

② 单击"Signal Attributes"标签。在该标签页中，按如下设置参数。

- Output data type boolean。

（5）单击"OK"按钮，退出"Block Parameters：Constant"对话框。

（6）双击设计界面中名字为"Constant1"的元器件符号，弹出"Block Parameters：Constant1"对话框。在该对话框中，按如下设置参数。

① 单击"Main"标签。在该标签页中，按如下设置参数。

- Constant value：0。
- Sample time：Ts。

② 单击"Signal Attributes"标签。在该标签页中，按如下设置参数。

- 单击"Output data type"下拉框，在下拉框中选择"uint8"选项。

（7）单击"OK"按钮，退出"Block Parameters：Constant1"对话框。

（8）在 Simulink Library Browser 页面的左侧窗口中，找到并展开"DSP Builder for Intel

FPGAs-Advanced Blockset"选项。在展开项中，找到并展开"IP"选项。在展开项中，找到并选中"Channel Filter And Waveform"选项。在该页面的右侧窗口中，找到并将名字为"DecimatingFIR"的元器件符号拖曳到设计界面中。

（9）双击设计界面中名字为"DecimatingFIR 的元器件符号，弹出 Block Parameters：DecimatingFIR"对话框。在该对话框中，按如下设置参数。

- Input Rate per Channel/MSPS：fs。
- Decimation：5。
- Number of Channels：1。
- Symmetry：Symmetrical。
- Coefficients：fi(Num, 1, 16, 14)。
- Base Address：512。
- Read/WriteMode：Read/Write。
- Filter Structure：Half Band。
- 不勾选"Expose Avalon-MM Slave in Simulink"前面的复选框。
- 不勾选"Reconfigurable Channels"前面的复选框。

（10）单击"OK"按钮，退出"Block Parameters：DecimatingFIR"对话框。

（11）在 Simulink Library Browser 页面的左侧窗口中，找到并展开"Simulink"选项。在展开项中，找到并选中"Sinks"选项。在该页面的右侧窗口中，找到并将名字为"Scope"的元器件符号拖曳到设计界面中。

（12）双击设计界面中名字为"Scope"的元器件符号，弹出 Scope 页面。在该页面中，按如下设置参数。

① 在主菜单下，选择 File→Number of Input Ports→2。

② 在主菜单下，选择 View→Layout…，出现浮动界面。在该界面中，设置显示仿真结果的布局。

（13）重复步骤（11），找到并将名字为"Terminator"的元器件符号分 2 次分别拖曳到设计界面中。

（14）在 Simulink Library Browser 页面的左侧窗口中，找到并展开"DSP Builder for Intel FPGAs-Advanced Blockset"选项。在展开项中，找到并选中"Design Configuration"选项。在该页面的右侧窗口中，找到并将名字为"Control"和"Device"的元器件符号分别拖曳到设计界面中。

（15）双击设计界面中名字为"Control"的元器件符号，弹出"DSP Builder for Intel FPGAs Blockset-Settings"对话框。在该对话框中，按如下设置参数。

① 单击"General"标签。在该标签页中，按如下设置参数。

- 勾选"Generate hardware"前面的复选框。
- Hardware destination directory：rtl。

② 单击"Clock"标签。在该标签页中，按如下设置参数。

- Clock Frequency (MHz)：100。

（16）单击"OK"按钮，退出"DSP Builder for Intel FPGAs Blockset-Settings"对话框。

（17）双击设计界面中名字为"Device"的元器件符号，弹出"DSP Builder-Device Parameters"对话框。在该对话框中，按如下设置参数。

- Device Family：Cyclone 10 GX。
- Family member：10CX085YU484E6G。
- Speed grade：6。

（18）单击"OK"按钮，退出"DSP Builder-Device Parameters"对话框。

（19）按图 11.98 所示，调整设计中元器件的布局，并连接设计中的元器件。

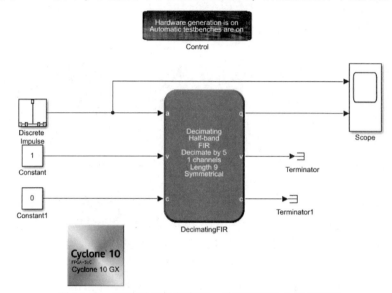

图 11.98　调整元器件的布局，并连接设计中的元器件

（20）按图 11.99 所示，选中阴影区域中所有的元器件，单击鼠标右键，出现浮动菜单。在浮动菜单内，选择"Create Subsystem from Selection"选项，创建名字为"Subsystem"的子系统，并将子系统的名字改为"Decimating_FIR_IP"，如图 11.100 所示。

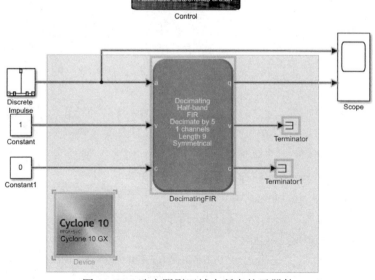

图 11.99　选中阴影区域中所有的元器件

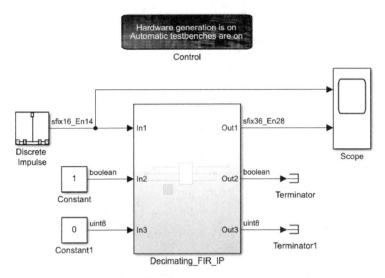

图 11.100 包含子系统 Decimating_FIR_IP 的设计模型

（21）在当前设计界面工具栏中名字为"Simulation stop time"的文本框中输入 10^-6。

（22）在当前设计界面工具栏中单击"Run"按钮 ▶，运行 Simulink 仿真。

（23）双击设计界面中名字为"Scope"的元器件符号，打开设计的仿真结果，如图 11.101 所示。

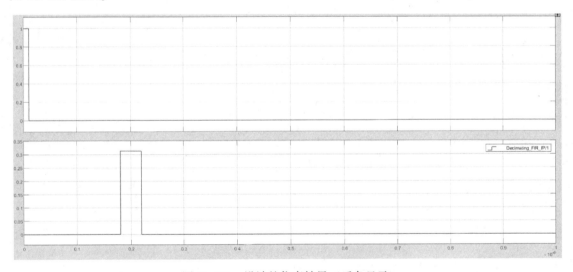

图 11.101 设计的仿真结果（反色显示）

（24）关闭设计模型。

11.7.2 InterpolatingFIR IP 核原理和系统设计

本小节将介绍 InterpolatingFIR IP 核的原理和系统设计方法

1. InterpolatingFIR IP 核原理

InterpolatingFIR 块可直接通过 Simulink 模型的大量参数设置来实现多通道 FIR 滤波器。

存储器映射接口允许你直接读/写系数，从而简化系统集成。InterpolatingFIR 块对多通道输入数据流执行滤波器，并以增加的采样频率生成输出数据流。

数字上变频器中的抽取 FIR 块用于射频系统或通用 DSP 应用。系数和输入数据是定点类型，输出是隐含的全精度定点类型。你可以通过使用单独的 Scale 块来降低精度，该块可以执行舍入和饱和以提供所需的输出精度。

抽取 FIR 块支持下面的功能：

在基本的等式中，在每个采样时间 k，通过将系数 a 与输入 x 最近的过去值相乘来计算新的输出 y。

InterpolatingFIR 的输出采样率比输入采样率高一个因子 I（插值因子）。通常，插值滤波器为每个输入采样插入 $I-1$ 个零，将采样率提高 I 倍。

物理实现避免了与这些零样本的相乘，从而减低了滤波器的成本。

InterpolatingFIR 块的参数如表 11.3 所示。

表 11.3　InterpolatingFIR 块的参数

参　数	描　述
Input rate per channel（每通道输入速率）	指定每个通道输入数据的采样率，以每秒百万个（Millions of Samples Per Second, MSPS）采样度量
Interpolation（插值）	指定插值率。必须为整数
Number of channels（通道数）	指定要处理的通道数
Symmetry（对称）	你可以选择对称（Symmetrical）或反对称（Anti-Symmetrical）系数。对称系数比非对称的版本更加节省硬件资源
Coefficients（系数）	你可以使用 Simulink 定点对象 fi(0)。定点对象的数据类型确定系数的宽度和格式。数据的长度决定了滤波器的长度。 例如，fi(fir1(49,0.3),1,18,19)
Base address（基地址）	你可以将滤波器的系数映射到系统的地址空间中。该字段确定系数的起始地址。它被指定为 MATLAB 双精度类型（十进制整数），但是如果需要，你可以使用 MATLAB 表达式来指定十六进制或八进制类型
Read/Write mode（读/写模式）	你可以允许从系统接口进行读（Read）、写（Write）或读/写（Read/Write）访问。选择 Constant 选项，将系数映射到系统地址空间
Filter structure（滤波器结构）	你可以选择 Use All Taps、Half Band 或其他指定的带（从 3rd Band 到 46th Band）
Expose Avalon-MM Slave in Simulink（在 Simulink 中暴露 Avalon-MM 从接口）	允许你在没有 Qsys 的情况下重新配置系数。此外，它还允许你同时对多个 FIR 滤波器进行重新编程。勾选 "Expose Avalon-MM Slave in Simulink" 前面的复选框，将 Avalon-MM 输入和输出显示为普通端口。Read/Write mode（读写模式）确定了显示在块上的 Avalon-MM 从端口的有效子集。如果选择 Constant 选项，则块将不显示 Avalon-MM 端口
Reconfigurable channel（可重配置通道）	勾选 "Reconfigurable Channels" 前面的复选框，用于可重配置的 FIR 滤波器
Channel mapping（通道映射）	输入参数作为 MATLAB 2D array，用于可重配置的 FIR 滤波器。每行代表一个模式；行中的每个入口代表该时隙上的通道输入。例如，[0,0,0,0;0,1 2,3]给出第二行的第一个元素为 0，这意味着当 FIR 设置为模式 1 时，DSP Builder 在第一个周期处理通道 0

InterpolatingFIR 块的端口接口如表 11.4 所示。

表 11.4 InterpolatingFIR 块的端口接口

信号	方向	描述
a	输入	输入到块的定点数据。如果你请求的通道数量超出一条总线上的容量，则该信号为矢量。以位为单位的宽度是从输入线继承的
v	输入	指示数据输入信号的有效性。如果 v 为高，则线上的数据有效
c	输入	指示数据输入信号的通道。如果 v 为高，则 c 指示数据所对应的通道
m	输入	指示可重配置的滤波器
b	输入	指示多组滤波器。当你在"Block Parameters"对话框的 Coefficients 参数中添加第二个滤波器定义时，显示该输入
q	输出	从块输出的定点滤波数据。如果你请求的通道数量超过一条总线上的容量，则该信号为矢量。以位为单位的宽度是输入以位为单位的宽度和参数设置的函数
v	输出	指示数据输出信号的有效性。当 v 为低时，输出数据可以非零
c	输出	指示数据输出信号的通道。当 v 为低时，输出数据可以非零

2. 建立新的设计模型

本部分将介绍如何建立新的设计模型，主要步骤如下。

（1）启动 DSP Builder，并打开一个空白的设计界面，以及 Simulink Library Browser 页面。调整空白设计界面和 Simulink Library Browser 页面的大小与位置，使得 Simulink Library Browser 页面位于电脑屏幕的左侧，空白设计界面位于电脑屏幕的右侧。

> 注：在 MATLAB 主界面的主页标签下，将路径设置为 E:\intel_dsp_example\example_11_6。并且将该设计文件命名为"interpolating_FIR_IP.slx"。

（2）在设计界面的主菜单下，选择 File→Model Properties→Model Properties。

（3）弹出"Model Properties"对话框。在该对话框中，单击"Callbacks"标签。在该标签页的左侧窗口中，找到并选中"InitFcn"选项。在其右侧窗口中，输入下面的命令：

```
clear;
Num=[-0.024 -0.1195 0.0091 0.3128 0.4918 0.3128 0.0091 -0.1195 -0.024];
Ts=1/100000000;
fs=1/Ts/1000000;
```

（4）单击"OK"按钮，退出"Model Properties"对话框。

3. 构建基于 InterpolatingFIR 块的滤波器模型

本部分将介绍如何基于 InterpolatingFIR 块构建滤波器模型，主要步骤如下。

（1）在 Simulink Library Browser 页面的左侧窗口中，找到并展开"DSP System Toolbox"选项。在展开项中，找到并选中"Sources"选项。在该页面的右侧窗口中，找到并将名字为"Discrete Impulse"的元器件符号拖曳到设计界面中。

（2）双击设计界面中名字为"Discrete Impulse"的元器件符号，弹出"Block Parameters: Discrete Impulse"对话框。在该对话框中，按如下设置参数。

① 单击"Main"标签。在该标签页中，按如下设置参数。

- Sample time：Ts。
- Delay（samples）：0。
- Samples per frame：1。

② 单击"Data Types"标签。在该标签页中，单击"Output data type"下拉框右侧的 >> 按钮。在展开界面中，按如下设置参数。

- Mode：Fixed point。
- Signedness：Signed。
- Word length：16。
- Scaling：Binary point。
- Fraction length：14。

③ 单击"OK"按钮，退出"Block Parameters：Discrete Impulse"对话框。

（3）重复步骤（1），找到并将名字为"Constant"的元器件符号分2次分别拖曳到设计界面中。

（4）双击设计界面中名字为"Constant"的元器件符号，弹出"Block Parameters：Constant"对话框。在该对话框中，按如下设置参数。

① 单击"Main"标签。在该标签页中，按如下设置参数。

- Constant value：1。
- Sample time：Ts。

② 单击"Signal Attributes"标签。在该标签页中，按如下设置参数。

- Output data type boolean。

（5）单击"OK"按钮，退出"Block Parameters：Constant"对话框。

（6）双击设计界面中名字为"Constant1"的元器件符号，弹出"Block Parameters：Constant1"对话框。在该对话框中，按如下设置参数。

① 单击"Main"标签。在该标签页中，按如下设置参数。

- Constant value：0。
- Sample time：Ts。

② 单击"Signal Attributes"标签。在该标签页中，按如下设置参数。

- 单击"Output data type"下拉框，在下拉框中选择"uint8"选项。

（7）单击"OK"按钮，退出"Block Parameters：Constant1"对话框。

（8）在Simulink Library Browser页面的左侧窗口中，找到并展开"DSP Builder for Intel FPGAs-Advanced Blockset"选项。在展开项中，找到并展开"IP"选项。在展开项中，找到并选中"Channel Filter And Waveform"选项。在该页面的右侧窗口中，找到并将名字为"InterpolatingFIR"的元器件符号拖曳到设计界面中。

（9）双击设计界面中名字为"InterpolatingFIR"的元器件符号，弹出"Block Parameters：InterpolatingFIR"对话框。在该对话框中，按如下设置参数。

- Input Rate per Channel/MSPS：fs。
- Interpolation：2。
- Number of Channels：1。
- Symmetry：Symmetrical。

- Coefficients: fi(Num, 1, 16, 14)。
- Base Address: 512。
- Read/WriteMode: Read/Write。
- Filter Structure: Half Band。
- 不勾选"Expose Avalon-MM Slave in Simulink"前面的复选框。
- 不勾选"Reconfigurable Channels"前面的复选框。

（10）单击"OK"按钮，退出"Block Parameters: InterpolatingFIR"对话框。

（11）在 Simulink Library Browser 页面的左侧窗口中，找到并展开"Simulink"选项。在展开项中，找到并选中"Sinks"选项。在该页面的右侧窗口中，找到并将名字为"Scope"的元器件符号拖曳到设计界面中。

（12）双击设计界面中名字为"Scope"的元器件符号，弹出 Scope 页面。在该页面中，按如下设置参数。

① 在主菜单下，选择 File→Number of Input Ports→2。

② 在主菜单下，选择 View→Layout…，出现浮动界面。在该界面中，设置显示仿真结果的布局。

（13）重复步骤（11），找到并将名字为"Terminator"的元器件符号分 2 次分别拖曳到设计界面中。

（14）在 Simulink Library Browser 页面的左侧窗口中，找到并展开"DSP Builder for Intel FPGAs-Advanced Blockset"选项。在展开项中，找到并选中"Design Configuration"选项。在该页面的右侧窗口中，找到并将名字为"Control"和"Device"的元器件符号分别拖曳到设计界面中。

（15）双击设计界面中名字为"Control"的元器件符号，弹出"DSP Builder for Intel FPGAs Blockset-Settings"对话框。在该对话框中，按如下设置参数。

① 单击"General"标签。在该标签页中，按如下设置参数。

- 勾选"Generate hardware"前面的复选框。
- Hardware destination directory: rtl。

② 单击"Clock"标签。在该标签页中，按如下设置参数。

- Clock Frequency(MHz): 100。

（16）单击"OK"按钮，退出"DSP Builder for Intel FPGAs Blockset-Settings"对话框。

（17）双击设计界面中名字为"Device"的元器件符号，弹出"DSP Builder-Device Parameters"对话框。在该对话框中，按如下设置参数。

- Device Family: Cyclone 10 GX。
- Family member: 10CX085YU484E6G。
- Speed grade: 6。

（18）单击"OK"按钮，退出"DSP Builder-Device Parameters"对话框。

（19）按图 11.102 所示，调整设计中元器件的布局，并连接设计中的元器件。

（20）按图 11.103 所示，选中阴影区域中所有的元器件，单击鼠标右键，出现浮动菜单。在浮动菜单内，选择"Create Subsystem from Selection"选项，创建名字为"Subsystem"的子系统，并将子系统的名字改为"Interpolating_FIR_IP"，如图 11.104 所示。

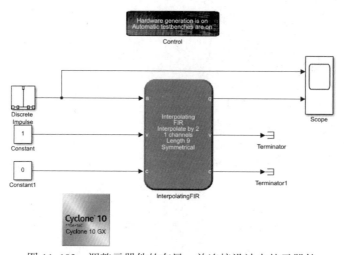

图 11.102　调整元器件的布局，并连接设计中的元器件

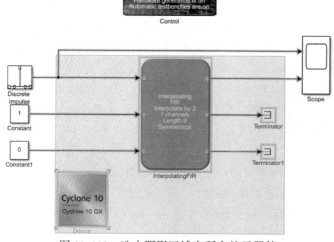

图 11.103　选中阴影区域中所有的元器件

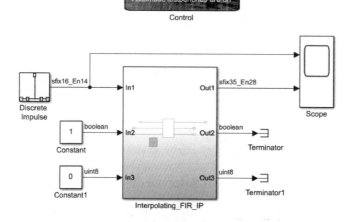

图 11.104　包含子系统 Interpolating_FIR_IP 的设计模型

(21) 在当前设计界面工具栏中名字为"Simulation stop time"的文本框中输入 $5*10^{-7}$。

(22) 在当前设计界面工具栏中单击"Run"按钮 ▶，运行 Simulink 仿真。

(23) 双击设计界面中名字为"Scope"的元器件符号，打开设计的仿真结果，如图 11.105 所示。

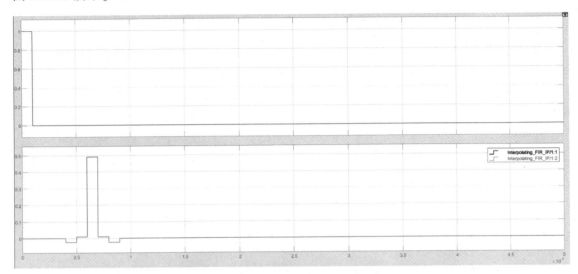

图 11.105 设计的仿真结果（反色显示）

(24) 关闭设计模型。

第 12 章 多通道 FIR 滤波器原理及实现

本章将介绍多通道 FIR 滤波器的原理和实现方法,主要内容包括割集重定时规则 2、割集重定时规则 2 的应用、多通道并行滤波器的实现,以及多通道串行滤波器的实现。

通过本章内容的介绍,读者可以进一步学习多通道 FIR 滤波器的实现原理,以及在 FPGA 内实现多通道 FIR 滤波器的方法。

12.1 割集重定时规则 2

在数据流图中,可通过一个正数来标定所有的延迟,即 $z^{-1} \rightarrow z^{-\alpha}$。所有的输入和输出速率均相应地通过因子 α 标定。如图 12.1 所示,通过使用 $\alpha=2$ 标定一个标准 FIR 滤波器结构中的所有延迟,即 $z^{-1} \rightarrow z^{-2}$。

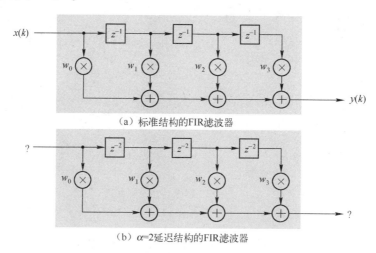

(a) 标准结构的FIR滤波器

(b) $\alpha=2$延迟结构的FIR滤波器

图 12.1 不同延迟因子的 FIR 滤波器结构

现在需要仔细考虑延迟标度的结果。前面定义滤波器的输出为 $y(k)$,但现在需要重新考虑输出,这是因为在数学运算上数据流图(SFG)一旦发生变化,输出也将发生改变。

在进行标定前,滤波器的输出为过去输入的加权和,即通过数据向量和输入向量来指定滤波器系数,用下式表示为

$$y(k) = \bm{w}^T \bm{x}_k = w_0 x(k) + w_1 x(k-1) + w_2 x(k-2) + w_3 x(k-3)$$

式中:(1) $\bm{w}^T = [w_0, w_1, w_2, w_3]$

(2) $\bm{x}_k^T = [x(k), x(k-1), x(k-2), x(k-3)]$

很明显,标定之后只是将电路中所有的延迟加倍(通过 $\alpha=2$ 标定)。图 12.1(b)的结构也可用如图 12.2 的形式表示。

第 12 章 多通道 FIR 滤波器原理及实现

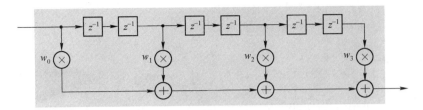

图 12.2 α=2 延迟结构的 FIR 滤波器的另一种结构

延迟 α=2 的 FIR 滤波器结构如图 12.3 所示。本质上，这种 FIR 滤波器 SFG 上的延迟标度是将滤波器的长度从 4 增加到 8，但其中的第偶数个系数都是 0。

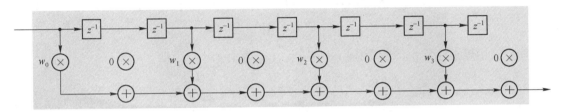

图 12.3 延迟 α=2 的 FIR 滤波器结构

对于延迟标定滤波器，系数向量现表示为

$$\boldsymbol{w}^{\mathrm{T}} = [w_0, 0, w_1, 0, w_2, 0, w_3, 0]$$

因此，对于一个给定的输入数据序列，为了使延迟标定 SFG 产生相同的输出，要求数据向量为

$$\boldsymbol{x}_k^{\mathrm{T}} = [x(k), 0, x(k-1), 0, x(k-2), 0, x(k-3), 0]$$

注：最后的系数 0 不是必需的，可以删除。

对于给定的输入序列 $x(k)$，为了产生相同的输出序列，该输入序列需要通过因子 2 升频采样，或者将第偶数个输入设置为 0。

标准 FIR 滤波器的输入和输出如图 12.4 所示。当没有标定因子 α 存在时，数据可按全速率以通常的方式进入 FIR 滤波器。

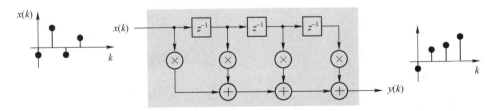

图 12.4 标准 FIR 滤波器的输入和输出

延迟 α=2 的 FIR 滤波器的输入和输出如图 12.5 所示。通过 α=2 的延迟标定之后，输入的采样率将提高一倍，这样就可以产生相同序列的输出数值。

同样地，可通过 z 变换表示时间标定因子。图 12.4 所描述的系统输出的时域表达式为

$$y(k) = w_0 x(k) + w_1 x(k-1) + w_2 x(k-2) + w_3 x(k-3)$$

对表达式两边做 z 变换，得到：

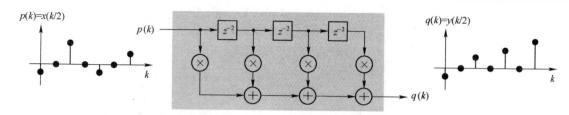

图 12.5　延迟 $\alpha=2$ 的 FIR 滤波器的输入和输出

$$Y(z) = w_0 X(z) + w_1 X(z) z^{-1} + w_2 X(z) z^{-2} + w_3 X(z) z^{-3}$$
$$= (w_0 + w_1 z^{-1} + w_2 z^{-2} + w_3 z^{-3}) X(z)$$
$$\frac{Y(z)}{X(z)} = w_0 + w_1 z^{-1} + w_2 z^{-2} + w_3 z^{-3}$$

现在如果应用延迟标定，如使用代换 $z^{-1} \to z^{-2}$，（等效为 $z \to z^2$），则：

$$\frac{Y(z^2)}{X(z^2)} = w_0 + w_1 z^{-2} + w_2 z^{-4} + w_3 z^{-6} = \frac{Q(z)}{P(z)}$$

假设如果输入序列，表示为一组采样 $x(k) = [x_0, x_1, x_2, x_3, \cdots, x_N]$，则 z 变换为

$$X(z) = x_0 + x_1 z^{-1} + x_2 z^{-2} + x_3 z^{-3} + \cdots + x_N z^{-N}$$

经过延迟标之后，该表达式变成：

$$X(z^2) = P(z) = x_0 + x_1 z^{-2} + x_2 z^{-4} + x_3 z^{-6} + \cdots + x_N z^{-2N}$$

取 z 变换的反变换，得到：

$$P(k) = [x_0, 0, x_1, 0, x_2, 0, x_3, 0, \cdots, x_N]$$

因此，延迟标定使得在输入序列中插入了零。同样地，在输出序列 $q(k)$ 中也添加了零。

从上面可以看出，引入时间标定所带来的一个重要问题就是其使得运算的效率下降。很明显，对于前面按 2 标定的 FIR 滤波器，由于第偶数个输入均是 0，因此在第偶数个时钟周期内，只有 0 输入到乘法器。所以，FIR 滤波器只有 50% 的运算效率。

连续两个周期的输入和输出的关系如图 12.6 所示。在输入序列为

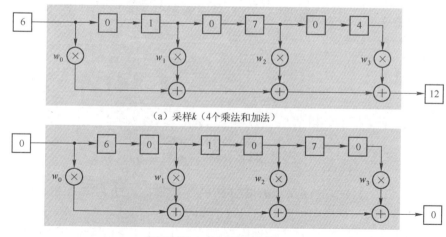

(a) 采样 k（4 个乘法和加法）

(b) 采样 $k+1$（0 个乘法和加法）

图 12.6　连续两个周期的输入和输出关系

$$x(k)=[4,0,7,0,1,0,6]$$

时,将其送入到 FIR 滤波器,观察两个连续的周期。

每经过偶数个时钟周期时,FIR 滤波器信号流图中乘法器的输入就为零,此时不需要任何的计算来产生 0 输出。因此,在这种情况下,该阵列具有 50% 的效率(1/2 的效率)。

通过 $\alpha=3$ 的因子来延迟标定,则阵列仅有 1/3 或者 33% 的效率,如图 12.7 所示,故对应于输入序列为 $[4,0,0,7,0,0,1,0,0,6]$。

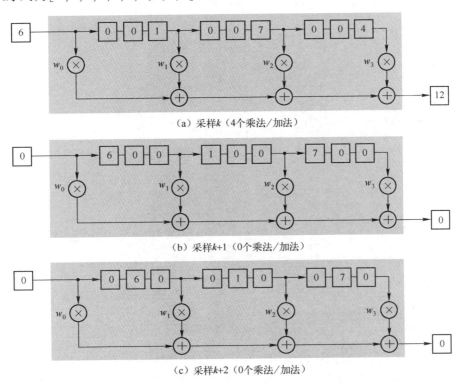

图 12.7 延迟 $\alpha=3$ 的 FIR 滤波器的输入和输出

12.2 割集重定时规则 2 的应用

本节将介绍割集重定时规则 2 的应用,包括通过共享 SFG 提高效率、输入和输出多路复用,以及三通道滤波器的实例。

12.2.1 通过共享 SFG 提高效率

对于一个通过延迟标定的信号流图,当输入序列通过 α 升频采样(插入 $\alpha-1$ 个零)时,信号流图的效率就降低为原来的 $1/\alpha$。为了增加信号流图的利用效率,使其重新回到 100% 的效率(效率为 1),一个聪明的做法就是,可用信号流图处理一个通道以上的数据,即多通道信号处理。

如图 12.8 所示,其给出了对于 $\alpha=2$ 的 FIR 滤波器输入和输出的关系。可以通过复用阵列来处理 2 组独立的输入数据,如图 12.9 所示。很明显,另一种不同的信号可以取代前面通过升频采样引入的 0。

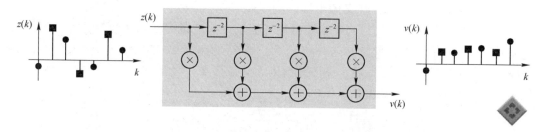

图 12.8　$\alpha=2$ 的 FIR 滤波器的输入和输出关系

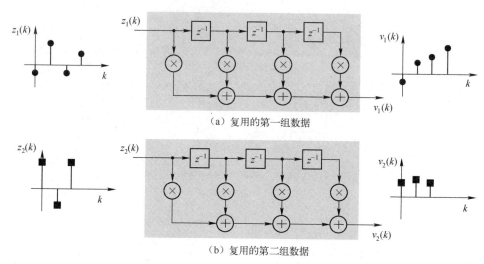

（a）复用的第一组数据

（b）复用的第二组数据

图 12.9　两组数据的复用

在如图 12.9 所示的 2 延迟标定的 SFG 中，其复用了两组数据 $z_1(k)$ 和 $z_2(k)$。该技术特别适用于必须通过相同的滤波器处理不同组数据的情况。由于可以忍受共享或复用 SFG 所导致的操作速率降低，因此这个结构非常适合多信道应用，即通过相同的滤波器特性处理不同的数据源。

12.2.2　输入和输出多路复用

两个通道信号的交织如图 12.10 所示。图中，在输入端交织/复用 2 个信道的升频采样信号 $z_1(k)$ 和 $z_2(k)$，最终产生交织信号 $z(k)$。

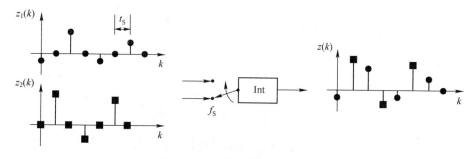

图 12.10　两个通道信号的交织

解交织/解复用以产生两个输出信号,如图 12.11 所示。

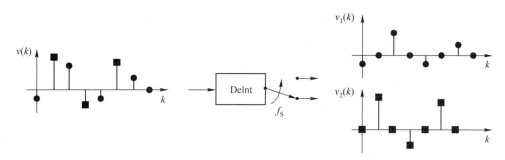

图 12.11　1 个通道交织信号的解交织

图 12.10 和图 12.11 中,采样率为 $f_s = 1/t_s$。

通常,为了执行 N 个信道的交织,需要通过 N 个延迟标定,并且输入信号通过 N 来升频采样。因此,如果一个 FIR 滤波器信号流图的采样率为 $f_s = 100\text{MHz}$,则一个数据信道可工作于 100MHz 的输入采样率。如果该阵列通过 $\alpha = 4$ 来标定延迟,则 FIR 滤波器信号流图可按 100/4 = 25MHz 的最大数据率来处理 4 个独立的信道。

如果 FIR 滤波器具有 20 个系数,则无论是对于 100MHz 的单个信道,还是 25MHz 的 4 个信道,每秒执行的 MAC(乘-累加)的总数都为 20 亿次。

12.2.3　三通道滤波器的例子

根据割集重定时延迟标定规则,可以使用一个滤波器来处理 α 离散通道。通过一个因子 α 来标定信号流图内的所有延迟。使用一个标准形式 FIR 滤波器的 SFG,然后使用 $\alpha = 3$ 进行标定的结构,如图 12.12 所示。很明显,对于多个周期的延迟而言,在 FPGA 内可以通过使用 LUT 作为移位寄存器来实现。只有来自延迟线的每 3 个采样对任何特定的输出采样有作用。注意,此处仍然可以使用割集延迟传输规则来实现脉动形式、流水线乘法器等。在延迟传输规则前,使用延迟标定规则非常重要,因此在 SFG 的每一部分只标定一个延迟因子 α,否则所要求的寄存器个数会急剧上升。图 12.13 给出的 SFG,其实现成本要高于图 12.12(b)。

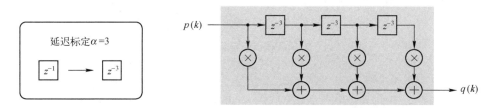

图 12.12　使用 $\alpha = 3$ 标定标准形式的 SFG

在 SFG 中,输入数据流的"交织"和输出数据流的"解交织"被表示为"交换子"。在硬件中,使用因子 M 对硬件时钟速率 f_s 进行标定,多路选择器、计数器和寄存器能用作交织/解交织,如图 12.14 所示。

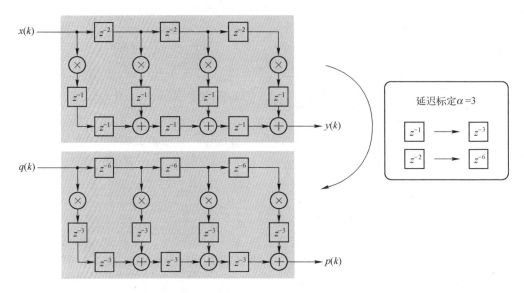

图 12.13　使用 $\alpha=3$ 标定脉动形式的 SFG

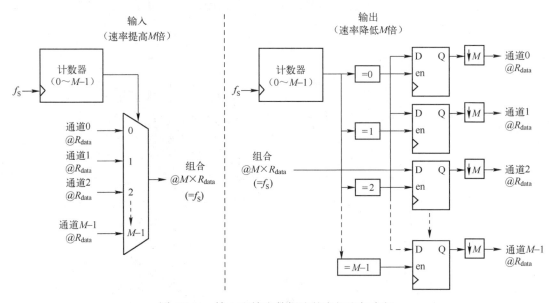

图 12.14　输入和输出数据流的交织和解交织

一个完整的多通道滤波器由 3 个子系统构成，即通道交织器、带有时间标定的滤波器本身和通道解交织器。用于 3 通道滤波器的例子，如图 12.15 所示，从图中可知如何将其变为脉动形式和使用流水线乘法器。

前面介绍的多通道滤波器都使用了相同的过滤操作，用于多个离散的数据流。如果想让每个通道有不同的滤波器特性，该如何实现呢？一个四通道滤波器的例子，如图 12.16 所示。从图中可知，对于每个滤波器的权值，其都有一个小的 LUT 用于保存 4 个值，并且计数器用于寻址查找表，从而选择正确的权值。

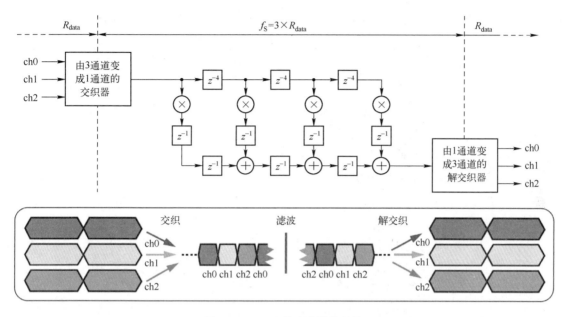

图 12.15　3 通道滤波器的结构

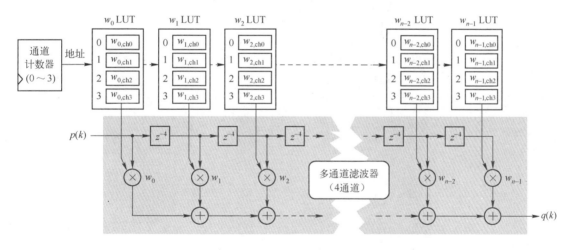

图 12.16　不同通道使用不同的权值（四通道滤波器）

定时器用于定位，这样当计算对应于一个特定通道（通道 X）的输出采样时，将会送给乘法器两个输入，即来自通道 X 的采样和对应到通道 X 的权值。为了更清楚地说明它，给出了一个标准形式的滤波器，如图 12.17 所示为不同通道使用不同的权值。如果使用脉动形式，则对权值 LUT 的查找应该随着所插入的流水线延迟而调整。

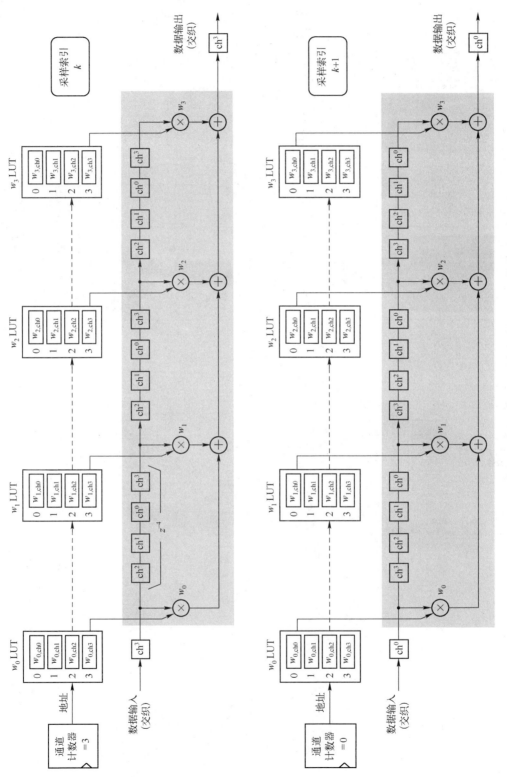

图12.17 不同通道使用不同的权值(采样索引k和采样索引k+1)

12.3 多通道并行滤波器的实现

本节将介绍多通道滤波器的实现方法,包括并行方式和串行方式。割集重定时的延迟标定规则允许一个滤波器的输入和输出速率降低 α,这通过将滤波器的所有延迟标定为相同的因子 α 来实现,然后通过对输入和输出数据流的 α 个复用,使得滤波器能够同时处理多个通道。

例如,一个 8 权值的包含流水线乘法器的脉动形式滤波器,如图 12.18(a) 所示。使用 $\alpha=2$ 标定延迟,则会得到如图 12.18(b) 所示的结构,然后使用割集重定时,得到图 12.18(c)。

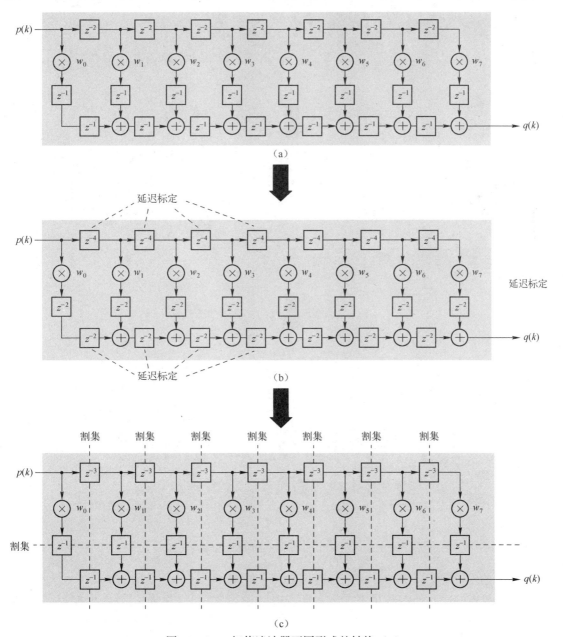

图 12.18 8 权值滤波器不同形式的转换(1)

因此，假设时钟频率为200MHz，图12.18（a）给出的滤波器能以200Msps的速度处理一个通道的数据。通过使用$\alpha=2$标定，则滤波器能够支持以100Msps的速度处理两个通道数据的能力，图12.18（b）中的$p(k)$和$q(k)$表示组合后的信号。在这种情况下，割集重定时用来减少所要求的总的延迟时间。

只是为了证明这些重定时思想的灵活性，所以以一个标准形式的滤波器开始，然后实现相同的结果，如图12.19所示。

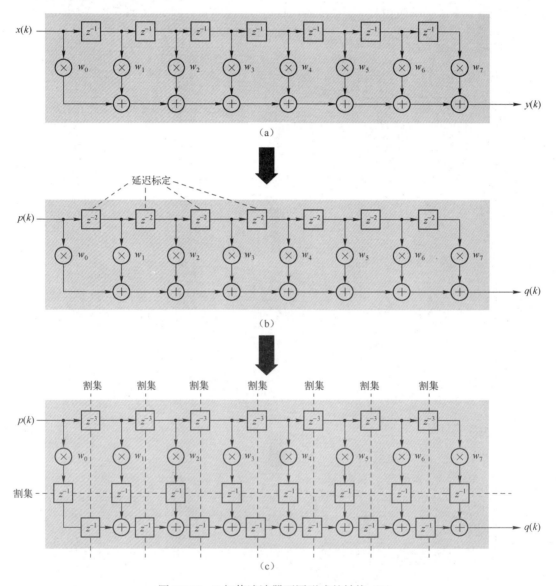

图12.19　8权值滤波器不同形式的转换（2）

在实际的术语中，以这种方式"通道化"一个滤波器意味着几个数据流要求相同的滤波器操作，所要求的总的硬件数量减少α（假设时钟速率支持）。例如，取代要求两个工作在100MHz的全并行滤波器，一个多通道的方法使得其使用一个工作在200MHz的滤波器。当然，这就意味着滤波器的关键路径要足够短，以允许200MHz的时钟速率，如图12.20所示。

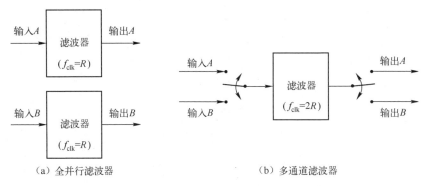

图 12.20 全并行滤波器和多通道滤波器的比较

12.3.1 多独立通道并行滤波器设计

本小节将介绍如何设计包含 3 个独立通道的并行滤波器设计模型。

1. 建立新的设计模型

本部分将介绍如何建立新的设计模型,主要步骤如下。

(1) 启动 DSP Builder,并打开一个空白的设计界面,以及 Simulink Library Browser 页面。调整空白设计界面和 Simulink Library Browser 页面的大小与位置,使得 Simulink Library Browser 页面位于电脑屏幕的左侧,空白设计界面位于电脑屏幕的右侧。

> **注**:在 MATLAB 主界面的主页标签下,将路径设置为 E:\intel_dsp_example\example_12_1。并且将该设计文件命名为"individual.slx"。

(2) 在设计界面的主菜单下,选择 File→Model Properties→Model Properties。
(3) 弹出 "Model Properties" 对话框。在该对话框中,单击 "Callbacks" 标签。在该标签页下,按如下设置参数。
① 在左侧窗口中找到并选中 "InitFcn" 选项,在右侧窗口中输入下面的命令:

```
Num = [-0.0193 -0.0433 -0.0008 0.1172 0.2701 0.3366 0.2701 0.1172 -0.0008 -0.0433 -0.0193];
MHz = 40;
fs = MHz * 1e6;
```

② 在左侧窗口中找到并选中 "StopFcn" 选项,在右侧窗口中输入下面的命令:

```
figure(2)
subplot(3,1,1)
stem(out.output_A1,'k','MarkerFaceColor','r')
xlabel('Samples');
ylabel('Amplitude');
legend('Output A1');

subplot(3,1,2)
stem(out.output_B1,'k','MarkerFaceColor','b')
```

```
            xlabel('Samples');
            ylabel('Amplitude');
            legend('Output B1');

            subplot(3,1,3)
            stem(out. output_C1,'k','MarkerFaceColor','g')
            xlabel('Samples');
            ylabel('Amplitude');
            legend('Output C1');

        set(2,'Name','Impulse Responses of Channels A, B and C (Separate Filters)','NumberTitle','off');
```

(4) 单击"OK"按钮,退出"Model Properties"对话框。

2. 构建独立通道并行滤波器设计模型

本部分将介绍如何构建独立通道并行滤波器设计模型,主要步骤如下。

(1) 在 Simulink Library Browser 页面的左侧窗口中,找到并展开"DSP System Toolbox"选项。在展开项中,找到并选中"Sources"选项。在该页面的右侧窗口中,找到并将名字为"Discrete Impulse"的元器件符号拖曳到设计界面中。

(2) 双击设计界面中名字为"Discrete Impulse"的元器件符号,弹出"Block Parameters:Discrete Impulse"对话框。在该对话框中,单击"Main"标签。在该标签页中,将"Sample time"设置为 1/fs。

(3) 在 Simulink Library Browser 页面的左侧窗口中,找到并展开"Simulink"选项。在展开项中,找到并选中"Commonly Used Blocks"选项。在该页面的右侧窗口中,找到并将名字为"Data Type Conversion"的元器件符号拖曳到设计界面中。

(4) 双击设计界面中名字为"Data Type Conversion"的元器件符号,弹出"Block Parameters:Data Type Conversion"对话框。在该对话框中,单击"Output data type"下拉框右侧的 >> 按钮。在展开界面中,按如下设置参数。

① Mode:Fixed point。

② Signedness:Signed。

③ Word length:16。

④ Scaling:Binary point。

⑤ Fraction length:14。

(5) 单击"OK"按钮,退出"Block Parameters:Data Type Conversion"对话框。

(6) 在 Simulink Library Browser 页面的左侧窗口中,找到并展开"DSP Builder for Intel FPGAs-Advanced Blockset"选项。在展开项中,找到并展开"Primitives"选项。在展开项中,找到并展开"Primitive Configuration"选项。在该页面的右侧窗口中,找到并将名字为"GPIn"和"GPOut"的元器件符号拖曳到设计界面中。

(7) 在 Simulink Library Browser 页面的左侧窗口中,找到并展开"DSP Builder for Intel FPGA-Advanced Blockset"选项。在展开项中,找到并展开"Primitives"选项。在展开项中,找到并展开"Primitive Basic Blocks"选项。在该页面的右侧窗口中,找到并将名字为"SampleDelay"的元器件符号分 12 次拖曳到设计界面中。

(8) 重复步骤 (7), 找到并将名字为 "Const Mult" 的元器件符号分 11 次分别拖曳到设计界面中。

(9) 双击设计界面中名字为 "Const Mult" 的元器件符号, 打开 "Block Parameters: Const Mult" 对话框。在该对话框中, 按如下设置参数。

① Output data type mode: Specify via dialog。

② Output data type sfix(16)。

③ Output scaling value: 2^-14。

④ Value: Num(1)。

(10) 单击 "OK" 按钮, 退出 "Block Parameters: Const Mult" 对话框。

(11) 重复步骤 (9)~(10), 为元器件 Const Mult1 元器件设置参数。除将 "Const Mult1" 元器件的 "Value" 设置为 Num(2) 外, 其余参数同 Const Mult 元器件的参数设置。

(12) 重复步骤 (9)~(10), 为 Const Mult2 元器件设置参数。除将 Const Mult2 元器件的 "Value" 设置为 Num(3) 外, 其余参数同 Const Mult 元器件的参数设置。

(13) 重复步骤 (9)~(10), 为 Const Mult3 元器件设置参数。除将 Const Mult3 元器件的 "Value" 设置为 Num(4) 外, 其余参数同 Const Mult 元器件的参数设置。

(14) 重复步骤 (9)~(10), 为 Const Mult4 元器件设置参数。除将 Const Mult4 元器件的 "Value" 设置为 Num(5) 外, 其余参数同 Const Mult 元器件的参数设置。

(15) 重复步骤 (9)~(10), 为 Const Mult5 元器件设置参数。除将 Const Mult5 元器件的 "Value" 设置为 Num(6) 外, 其余参数同 Const Mult 元器件的参数设置。

(16) 重复步骤 (9)~(10), 为 Const Mult6 元器件设置参数。除将 Const Mult6 元器件的 "Value" 设置为 Num(7) 外, 其余参数同 Const Mult 元器件的参数设置。

(17) 重复步骤 (9)~(10), 为 Const Mult7 元器件设置参数。除将 Const Mult7 元器件的 "Value" 设置为 Num(8) 外, 其余参数同 Const Mult 元器件的参数设置。

(18) 重复步骤 (9)~(10), 为 Const Mult8 元器件设置参数。除将 Const Mult8 元器件的 "Value" 设置为 Num(9) 外, 其余参数同 Const Mult 元器件的参数设置。

(19) 重复步骤 (9)~(10), 为 Const Mult9 元器件设置参数。除将 Const Mult9 元器件的 "Value" 设置为 Num(10) 外, 其余参数同 Const Mult 元器件的参数设置。

(20) 重复步骤 (9)~(10), 为 Const Mult10 元器件设置参数。除将 Const Mult10 元器件的 "Value" 设置为 Num(11) 外, 其余参数同 Const Mult 元器件的参数设置。

(21) 重复步骤 (7), 找到并将名字为 "Add" 的元器件符号分 10 次分别拖曳到设计界面中。

(22) 在 Simulink Library Browser 页面的左侧窗口中, 找到并展开 "Simulink" 选项。在展开项中, 找到并展开 "Sinks" 选项。在该页面的右侧窗口中, 找到并将名字为 "To Workspace" 的元器件符号拖曳到设计界面中。

(23) 双击设计界面中名字为 "To Workspace" 的元器件符号, 弹出 "Block Parameters: To Workspace" 对话框。在该对话框中, 按如下设置参数。

① Variable name: output_A1。

② 其余按默认参数设置。

(24) 单击 "OK" 按钮, 退出 "Block Parameters: To Workspace" 对话框。

(25) 按图 12.21 调整元器件的布局,并连接设计中的元器件。

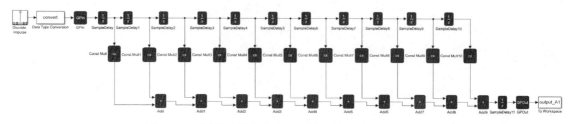

图 12.21 调整元器件的布局,并连接设计中的元器件

(26) 按图 12.22 所示,选中阴影区域中所有的元器件,单击鼠标右键,出现浮动菜单。在浮动菜单内,选择"Create Subsystem from Selection"选项,生成包含子系统的单通道完整滤波器设计模型,如图 12.23 所示。

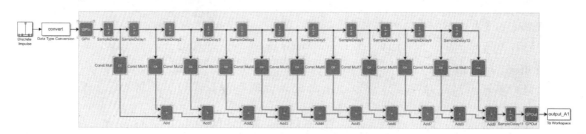

图 12.22 选中阴影区域中所有的元器件

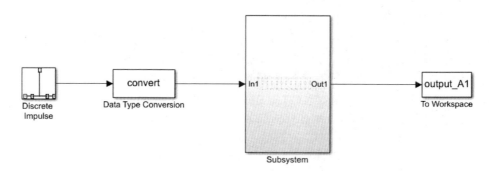

图 12.23 包含子系统的单通道完整滤波器设计模型

(27) 选中图 12.23 中的单通道完整设计模型,按"Ctrl+C"组合键,复制当前的单通道完整滤波器设计模型。

(28) 按"Ctrl+V"组合键,在当前的设计界面中粘贴一个单通道完整滤波器设计模型。

(29) 按"Ctrl+V"组合键,在当前的设计界面中再粘贴一个单通道完整滤波器设计模型。这样,就构成了 3 个独立通道并行滤波器的设计模板,如图 12.24 所示。

(30) 双击设计界面中名字为"Discrete Impulse1"的元器件符号,弹出"Block Parameters:Discrete Impulse1"对话框。在该对话框中,将"Delay"重新设置为 4,其他参数保持不变。

(31) 单击"OK"按钮,退出"Block Parameters:Discrete Impulse1"对话框。

第 12 章　多通道 FIR 滤波器原理及实现　　613

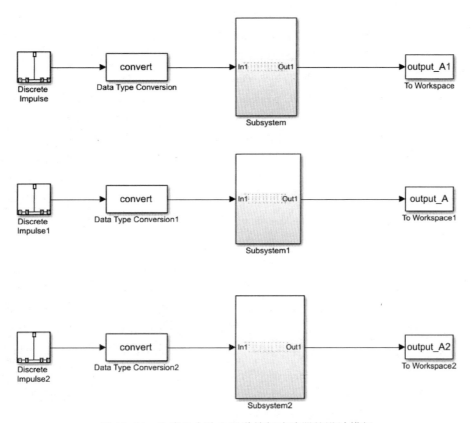

图 12.24　生成 3 个独立通道并行滤波器的设计模板

（32）双击设计界面中名字为"Discrete Impulse2"的元器件符号，弹出"Block Parameters：Discrete Impulse2"对话框。在该对话框中，将"Delay"重新设置为 9，其他参数保持不变。

（33）单击"OK"按钮，退出"Block Parameters：Discrete Impulse2"对话框。

（34）在 Simulink Library Browser 页面的左侧窗口中，选择并展开"Simulink"选项。在展开项中，找到并选中"Commonly Used Blocks"选项。在该页面的右侧窗口中，找到并将名字为"Gain"的元器件符号拖曳到设计界面中。

（35）将名字为"Gain"的元器件符号插入到 Discrete Impulse1 元器件符号和 Data Type Conversion1 元器件符号之间。

（36）将名字为"Gain1"的元器件符号插入到 Discrete Impulse2 元器件符号和 Data Type Conversion2 元器件符号之间。

（37）双击设计界面中名字为"Gain"的元器件符号，弹出"Block Parameters：Gain"对话框。在该对话框中，将"Gain"设置为 0.55。

（38）单击"OK"按钮，退出"Block Parameters：Gain"对话框。

（39）双击设计界面中名字为"Gain1"的元器件符号，弹出"Block Parameters：Gain1"对话框。在该对话框中，将"Gain"设置为 -0.5。

（40）单击"OK"按钮，退出"Block Parameters：Gain1"对话框。

（41）双击设计界面中名字为"To Workspace1"的元器件符号，弹出"Block Parameters：To Workspace1"对话框。在该对话框中，将"Variable name"设置为 output_B1。

（42）单击"OK"按钮，退出"Block Parameters：To Workspace1"对话框。

（43）双击设计界面中名字为"To Workspace2"的元器件符号，弹出"Block Parameters：To Workspace2"对话框。在该对话框中，将"Variable name"设置为 output_C1。

（44）单击"OK"按钮，退出"Block Parameters：To Workspace2"对话框。

（45）在 Simulink Library Browser 页面的左侧窗口中，找到并展开"DSP Builder for Intel FPGAs-Advanced Blockset"选项。在展开项中，找到并选中"Design Configuration"选项。在其右侧窗口中，找到并将名字为"Control"和"Device"的元器件符号拖曳到设计界面中。

（46）双击设计界面中名字为"Control"的元器件符号，弹出"DSP Builder for Intel FPGAs Blockset-Settings"对话框。在该对话框中，按如下设置参数。

① 单击"General"标签。在该标签页中，勾选"Generate hardware"前面的复选框，将"Hardware destination directory"设置为 rtl。

② 单击"Clock"标签。在该标签页中，将"Clock Frequency(MHz)"设置为 fs。

（47）单击"OK"按钮，退出"DSP Builder for Intel FPGAs Blockset-Settings"对话框。

（48）双击设计界面中名字为"Device"的元器件符号，弹出"DSP Builder-Device Parameters"对话框。在该对话框中，按如下设置参数。

① Device family：Cyclone 10 GX。

② Family member：10CX085YU484E6G。

③ Speed grade：6。

（49）单击"OK"按钮，退出"DSP Builder-Device Parameters"对话框。

（50）在 Simulink Library Browser 页面的左侧窗口中，选择并展开"DSP Builder for Intel FPGAs-Advanced Blockset"选项。在展开项中，找到并展开"Primitives"选项。在该页面的右侧窗口中，找到并将名字为"SynthesisInfo"的元器件符号拖曳到设计界面中。

（51）如图 12.25 所示，选中阴影区域中所有的元器件，单击鼠标右键，出现浮动菜单。在浮动菜单内，选择"Create Subsystem from Selection"选项，生成子系统，并将子系统的名字改为"Three individual channel"，如图 12.26 所示为包含 3 个独立通道并行滤波器的完整设计模型。

（52）在当前设计界面工具栏中名字为"Simulation stop time"的文本框中输入 33/fs。

（53）在当前设计界面中单击"Run"按钮 ▶，开始运行 Simulink 仿真，自动弹出仿真结果界面，如图 12.27 所示。

第 12 章　多通道 FIR 滤波器原理及实现

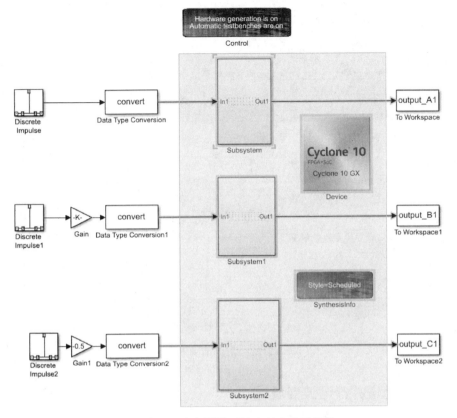

图 12.25　选中阴影区域中所有的元器件

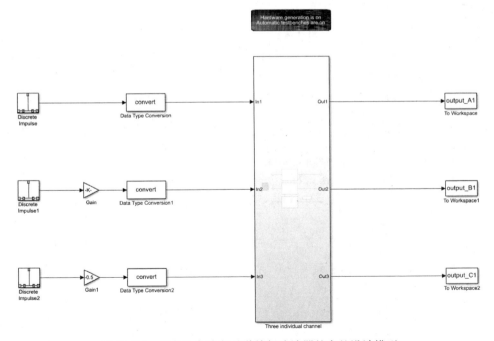

图 12.26　包含 3 个独立通道并行滤波器的完整设计模型

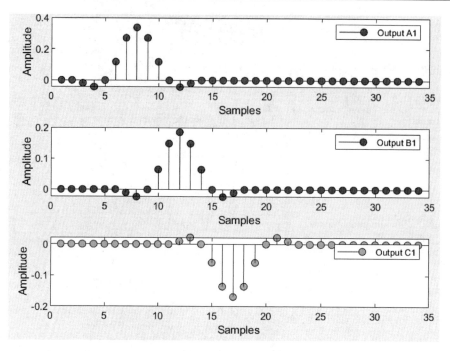

图 12.27 仿真结果界面

12.3.2 多共享通道并行滤波器设计

本小节将介绍如何设计包含 3 个共享通道的并行滤波器设计模型。

1. 建立新的设计模型

本部分将介绍如何建立新的设计模型,主要步骤如下。

(1) 启动 DSP Builder,并打开一个空白的设计界面,以及 Simulink Library Browser 页面。调整空白设计界面和 Simulink Library Browser 页面的大小与位置,使得 Simulink Library Browser 页面位于电脑屏幕的左侧,空白设计界面位于电脑屏幕的右侧。

> **注**:在 MATLAB 主界面的主页标签下,将路径设置为 E:\intel_dsp_example\example_12_1。并且将该设计文件命名为 "individual.slx"。

(2) 在设计界面的主菜单下,选择 File→Model Properties→Model Properties。

(3) 弹出 "Model Properties" 对话框。在该对话框中,单击 "Callbacks" 标签。在该标签页下,按如下设置参数。

① 在左侧窗口中找到并选中 "InitFcn" 选项,在右侧窗口中输入下面的命令:

```
Num = [-0.0193 -0.0433 -0.0008 0.1172 0.2701 0.3366 0.2701 0.1172 -0.0008 -0.0433 -0.0193];
MHz = 120;
fs = MHz * 1e6;
```

② 在左侧窗口中找到并选中 "StopFcn" 选项,在右侧窗口中输入下面的命令:

```
figure(2)
subplot(3,1,1)
stem(out.output_A1,'k','MarkerFaceColor','r')
xlabel('Samples');
ylabel('Amplitude');
legend('Output A1');

subplot(3,1,2)
stem(out.output_B1,'k','MarkerFaceColor','b')
xlabel('Samples');
ylabel('Amplitude');
legend('Output B1');

subplot(3,1,3)
stem(out.output_C1,'k','MarkerFaceColor','g')
xlabel('Samples');
ylabel('Amplitude');
legend('Output C1');

set(2,'Name','Impulse Responses of Channels A, B and C (Separate Filters)','NumberTitle','off');
```

（4）单击"OK"按钮，退出"Model Properties"对话框。

2. 构建共享通道并行滤波器设计模型

本部分将介绍如何构建共享通道并行滤波器设计模型，主要步骤如下。

（1）在 Simulink Library Browser 页面的左侧窗口中，找到并展开"DSP System Toolbox"选项。在展开项中，找到并选中"Sources"选项。在该页面的右侧窗口中，找到并将名字为"Discrete Impulse"的元器件符号分 3 次分别拖曳到设计界面中。

（2）双击设计界面中名字为"Discrete Impulse"的元器件符号，弹出"Block Parameters：Discrete Impulse"对话框。在该对话框中，按如下设置参数。

① 单击"Main"标签。在该标签页中，按如下设置参数。

- Delay：0。
- Sample time：3/fs。
- Samples per frame：1。

② 单击"Data Types"标签。在该标签页中，单击"Output data type"下拉框右侧的按钮 >> 。在展开界面中，按如下设置参数。

- Mode：Fixed point。
- Signedness：Signed。
- Word length：17。
- Scaling：Binary point。
- Fraction length：14。

（3）单击"OK"按钮，退出"Block Parameters：Discrete Impulse"对话框。

（4）双击设计界面中名字为"Discrete Impulse1"的元器件符号，弹出"Block Parameters：Discrete Impulse1"对话框。在该对话框中，按如下设置参数。

① 单击"Main"标签。在该标签页中,按如下设置参数。
- Delay:4。
- Sample time:3/fs。
- Samples per frame:1。

② 单击"Data Types"标签。在该标签页中,将"Output data type"设置为double。

(5) 单击"OK"按钮,退出"Block Parameters:Discrete Impulse1"对话框。

(6) 双击设计界面中,名字为"Discrete Impulse2"的元器件符号,弹出"Block Parameters:Discrete Impulse2"对话框。在该对话框中,按如下设置参数。

① 单击"Main"标签。在该标签页中,按如下设置参数。
- Delay:9。
- Sample time:3/fs。
- Samples per frame:1。

② 单击"Data Types"标签。在该标签页中,将"Output data type"设置为double。

(7) 单击"OK"按钮,退出"Block Parameters:Discrete Impulse2"对话框。

(8) 在Simulink Library Browser页面的左侧窗口中,找到并展开"Simulink"选项。在展开项中,找到并选中"Commonly Used Blocks"选项。在该页面的右侧窗口中,找到并将名字为"Gain"的元器件符号分2次分别拖曳到设计界面中。

(9) 双击设计界面中名字为"Gain"的元器件符号,弹出"Block Parameters:Gain"对话框。在该对话框中,按如下设置参数。

① 单击"Main"标签。在该标签页中,将"Gain"设置为0.55。

② 单击"Signal Attributes"标签。在该标签页中,按如下设置参数。
- Mode:Fixed point。
- Signedness:Signed。
- Word length:17。
- Scaling:Binary point。
- Fraction length:14。

(10) 单击"OK"按钮,退出"Block Parameters:Gain"对话框。

(11) 重复步骤(9)~(10),为设计界面中名字为"Gain1"的元器件符号设置参数。除了需要将Gain1元器件中的参数"Gain"设置为-0.5,其余参数的设置同Gain元器件。

(12) 在Simulink Library Browser页面的左侧窗口中,找到并展开"DSP System Toolbox"选项。在展开项中,找到并选中"Signal Operation"选项。在该页面的右侧窗口中,找到并将名字为"Upsample"的元器件符号分3次分别拖曳到设计界面中。

(13) 双击设计界面中名字为"Upsample"的元器件符号,弹出"Block Parameters:Upsample"对话框。在该对话框中,按如下设置参数。

① Upsample factor, L:3。
② Sample offset:0。
③ Input processing:Elements as channels(sample based)。

(14) 单击"OK"按钮,退出"Block Parameters:Upsample"对话框。

(15) 重复步骤(13)~(14),为设计界面中名字为"Upsample1"的元器件设置参数。

除了将 Upsample1 元器件的参数"Sample offset"设置为 1，其他参数的设置同 Upsample 元器件。

（16）重复步骤（13）~（14），为设计界面中名字为"Upsample2"的元器件设置参数。除了将 Upsample2 元器件的参数"Sample offset"设置为 2，其他参数的设置同 Upsample 元器件。

（17）在 Simulink Library Browser 页面的左侧窗口中，找到并展开"DSP Builder for Intel FPGAs-Advanced Blockset"选项。在展开项中，找到并展开"Primitives"选项。在展开项中，找到并选中"Primitive Configuration"选项。在该页面的右侧窗口中，找到并将名字为"GPIn"的元器件符号分 3 次分别拖曳到设计界面中。

（18）在 Simulink Library Browser 页面的左侧窗口中，找到并展开"DSP Builder for Intel FPGAs-Advanced Blockset"选项。在展开项中，找到并展开"Primitives"选项。在展开项中，找到并选中"Primitive Basic Blocks"选项。在该页面的右侧窗口中，找到并将名字为"Add"的元器件符号分 2 次分别拖曳到设计界面中。

（19）按图 12.28 调整元器件的布局，并连接设计中的元器件。

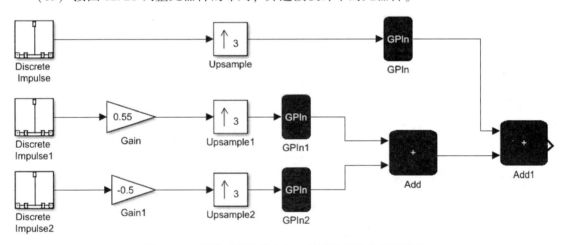

图 12.28　调整元器件的布局，并连接设计中的元器件

（20）重复步骤（18），找到并将名字为"SampleDelay"的元器件符号分 30 次分别拖曳到设计界面中。

（21）重复步骤（18），找到并将名字为"Const Mult"的元器件符号分 11 次分别拖曳到设计界面中。

（22）双击设计界面中名字为"Const Mult"的元器件符号，弹出"Block Parameters：Const Mult"对话框。在该对话框中，将"Value"设置为 Num(1)。

（23）单击"OK"按钮，退出"Block Parameters：Const Mult"对话框。

（24）重复步骤（22）~（23），为设计界面中名字为"Const Mult1"的元器件设置参数，需要将该元器件的"Value"设置为 Num(2)。

（25）重复步骤（22）~（23），为设计界面中名字为"Const Mult2"的元器件设置参数，需要将该元器件的"Value"设置为 Num(3)。

（26）重复步骤（22）~（23），为设计界面中名字为"Const Mult3"的元器件设置参数，需要将该元器件的"Value"设置为 Num(4)。

(27) 重复步骤 (22)~(23),为设计界面中名字为"Const Mult4"的元器件设置参数,需要将该元器件的"Value"设置为 Num(5)。

(28) 重复步骤 (22)~(23),为设计界面中名字为"Const Mult5"的元器件设置参数,需要将该元器件的"Value"设置为 Num(6)。

(29) 重复步骤 (22)~(23),为设计界面中名字为"Const Mult6"的元器件设置参数,需要将该元器件的"Value"设置为 Num(7)。

(30) 重复步骤 (22)~(23),为设计界面中名字为"Const Mult7"的元器件设置参数,需要将该元器件的"Value"设置为 Num(8)。

(31) 重复步骤 (22)~(23),为设计界面中名字为"Const Mult8"的元器件设置参数,需要将该元器件的"Value"设置为 Num(9)。

(32) 重复步骤 (22)~(23),为设计界面中名字为"Const Mult9"的元器件设置参数,需要将该元器件的"Value"设置为 Num(10)。

(33) 重复步骤 (22)~(23),为设计界面中名字为"Const Mult10"的元器件设置参数,需要将该元器件的"Value"设置为 Num(11)。

(34) 重复步骤 (18),找到并将名字为"Add"的元器件符号分 10 次分别拖曳到设计界面中。

(35) 重复步骤 (17),找到并将名字为"GPOut"的元器件符号拖曳到设计界面中。

(36) 按图 12.29 调整元器件布局,并连接元器件以构建并行滤波器设计模型。

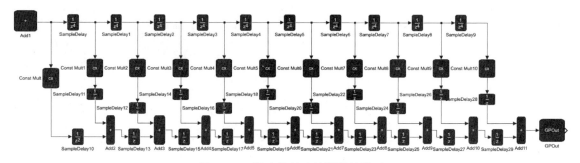

图 12.29 构建并行滤波器设计模型

(37) 重复步骤 (12),找到并将名字为"Downsample"的元器件符号分 3 次分别拖曳到设计界面中。

(38) 双击设计界面中名字为"Downsample"的元器件符号,弹出"Block Parameters: Downsample"对话框。在该对话框中,按如下设置参数。

① Downsample factor, K: 3。
② Sample offset: 2。
③ Input processing: Elements as channels (sample based)。

(39) 单击"OK"按钮,退出"Block Parameters: Downsample"对话框。

(40) 重复步骤 (38)~(39),为设计界面中名字为"Downsample1"的元器件设置参数。除了将参数"Sample offset"设置为 0,其他参数的设置同 Downsample 元器件。

(41) 重复步骤 (38)~(39),为设计界面中名字为"Downsample2"的元器件设置参数。除了将参数"Sample offset"设置为1,其他参数的设置同 Downsample 元器件。

(42) 重复步骤(12),找到并将名字为"Delay"的元器件符号分3次分别拖曳到设计界面中。

(43) 双击设计界面中名字为"Delay"的元器件符号,弹出"Block Parameters:Delay"对话框。在该对话框中,按如下设置参数。

① Delay length:2。

② Input processing:Elements as channels(sample based)。

(44) 单击"OK"按钮,退出"Block Parameters:Delay"对话框。

(45) 重复步骤(43)~(44),为设计界面中名字为"Delay1"的元器件设置参数。除了将"Delay length"设置为4,其他参数的设置同 Delay 元器件。

(46) 重复步骤(43)~(44),为设计界面中名字为"Delay2"的元器件设置参数。除了将"Delay length"设置为3,其他参数的设置同 Delay 元器件。

(47) 在 Simulink Library Browser 页面的左侧窗口中,找到并展开"Simulink"选项。在展开项中,找到并选中"Sinks"选项。在该页面的右侧窗口中,找到并将名字为"To Workspace"的元器件符号分3次分别拖曳到设计界面中。

(48) 双击设计界面中名字为"To Workspace"的元器件符号,弹出"Block Parameters:To Workspace"对话框。在该对话框中,按如下设置参数。

① Variable name:output_A1。

② Save format:Array。

③ Sample time:3/fs。

(49) 单击"OK"按钮,退出"Block Parameters:To Workspace"对话框。

(50) 重复步骤(48)~(49),为设计界面中名字为"To Workspace1"的元器件设置参数。除了将"Variable name"设置为 output_B1,其他参数的设置同 To Workspace 元器件。

(51) 重复步骤(48)~(49),为设计界面中名字为"To Workspace2"的元器件设置参数。除了将"Variable name"设置为 output_C1,其他参数的设置同 To Workspace 元器件。

(52) 按图 12.30 调整元器件的布局,并连接设计中的元器件,从而实现从共享通道中分离出3个独立通道的模型。

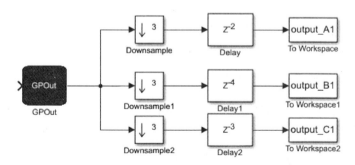

图 12.30 从共享通道中分离出3个独立通道的模型

(53) 在 Simulink Library Browser 页面的左侧窗口中,找到并展开"DSP Builder for Intel FPGAs-Advanced Blockset"选项。在展开项中,找到并选择"Design Configuration"选项。

在该页面的右侧窗口中，找到并将名字为"Control"和"Device"的元器件符号分别拖曳到设计界面中。

（54）双击设计界面中名字为"Control"的元器件符号，弹出"DSP Builder for Intel FPGAs Blockset-Settings"对话框。在该对话框中，按如下设置参数。

① 单击"General"标签。在该标签页中，按如下设置参数。
- 勾选"Generate hardware"前面的复选框。
- Hardware destination directory：rtl。

② 单击"Clock"标签。在该标签页中，将"Clock Frequency（MHz）"设置为120。

（55）单击"OK"按钮，退出"DSP Builder for Intel FPGAs Blockset-Settings"对话框。

（56）双击设计界面中名字为"Device"的元器件符号，弹出"DSP Builder-Device Parameters"对话框。在该对话框中，按如下设置参数。

① Device Family：Cyclone 10 GX。
② Family member：10CX085YU484E6G。
③ Speed grade：6。

（57）单击"OK"按钮，退出"DSP Builder-Device Parameters"对话框。

（58）重复步骤（17），找到并将名字为"SynthesisInfo"的元器件符号拖曳到设计界面中。

（59）按图12.31所示，选中阴影区域中所有的元器件，单击鼠标右键，出现浮动菜单，在浮动菜单内，选择"Create Subsystem from Selection"选项，生成包含并行滤波器子系统的设计模型，如图12.32所示。

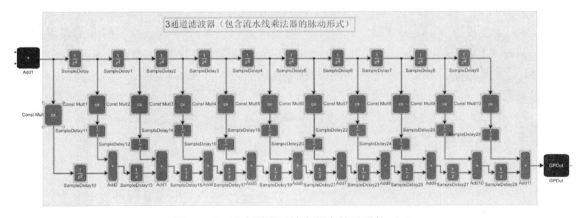

图12.31 选中阴影区域中所有的元器件（1）

（60）按图12.33所示，选中阴影区域中所有的元器件，单击鼠标右键，出现浮动菜单，在浮动菜单内，选择"Create Subsystem from Selection"选项，生成包含并行滤波器子系统和3个共享通道模块的子系统设计模型，并将该子系统的名字改为"Three individual channel"，如图12.34所示。

（61）在当前设计界面工具栏中名字为"Simulation stop time"的文本框中输入100/fs。

（62）在当前设计界面中单击"Run"按钮▶，开始运行Simulink仿真，自动弹出仿真结果界面，如图12.35所示。

第 12 章 多通道 FIR 滤波器原理及实现

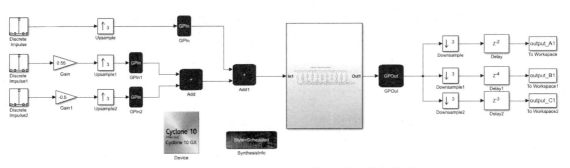

图 12.32 生成包含并行滤波器子系统的设计模型

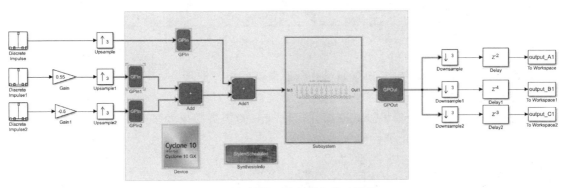

图 12.33 选中阴影区域中所有的元器件（2）

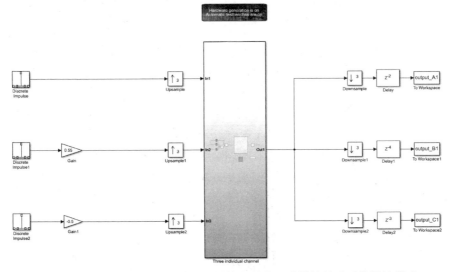

图 12.34 生成包含并行滤波器子系统和共享通道模块的子系统设计模型

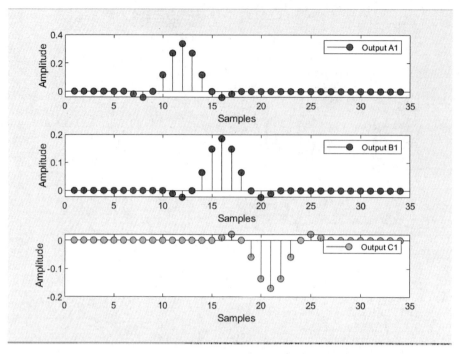

图 12.35　3 仿真结果界面

思考与练习 12-1：分析多独立通道并行滤波器的设计原理。

思考与练习 12-2：分析多共享通道并行滤波器的设计原理。

思考与练习 12-3：比较多独立通道并行滤波器的仿真结果和多共享通道并行滤波器的仿真结果，以验证设计的正确性。

12.4　多通道串行滤波器的实现

当总的数据率小于滤波器可以实现的最高时钟速率时，在数据流之间时分复用一个滤波器的实现是可能的。在这种情况下，可以将串行化和多通道技术进行组合，实现多通道滤波器的"串行化"。例如，假设有 10 个通道的数据，每个通道的数据率为 2.4Msps，总的数据率为 24MHz。很明显，这个组合后的吞吐量要远低于 356Msps 全并行滤波器的吞吐量。像前面一样，滤波器的长度为 12 个权值，这样就可以只使用 1 个 MAC 单元，并且使用时分复用（因子为 12）方式来实现这个设计要求。时分复用一个 MAC 单元将得到最大总的吞吐量为 356MHz/12 = 29.7Msps，足以支持 24Msps 的吞吐量要求。实际上，该设计所需合适的时钟速率为 24Msps×12 = 288MHz。单个 MAC 的操作，如图 12.36 所示为多通道滤波器串行实现的操作过程。对于 10 个数据通道中每个通道的 12 个权值，它必须计算每个权值和数据采样乘积。很明显，这需要 12×10 = 120 个时钟周期来完成所有通道的滤波操作。在第 121 个时钟周期，从滤波器产生第一个有效的输出，每个输出采样的周期为 120×(1/288MHz) = 416.7ns，对应于所期望的 2.4Msps 的数据率。

串行滤波器的多通道版本可以通过在累加器中使用因子 α 标定延迟时间来实现。一个 $\alpha = 3$ 通道的例子，如图 12.37 所示串行滤波器多通道版本的结构框图。

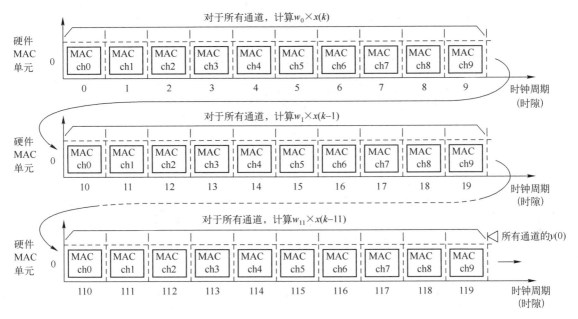

图 12.36　多通道滤波器串行实现的操作过程

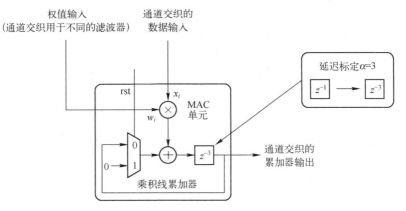

图 12.37　串行滤波器多通道版本的结构框图（1）

> **注**：反馈环中的采样是交织的，即 3 个通道保持完全的独立。

如图 12.38 所示为串行滤波器多通道版本的详细操作过程，其可以帮助我们说明这个情况。图中，变量 i 用于表示所有通道的一个 MAC 操作。图 12.38（a）中，累加通道 0 的结果 acc_0 是加法器的输入，同时通道 0 的数据采样 $x_{i,ch0}$ 和应用于通道 0 的权值 $w_{i,ch0}$ 相乘。很明显，在这一点上，通道 1 和通道 2 的结果 acc_1 和 acc_2 只保存在存储器中，并不会影响加法器的输出。在下一个周期，图 12.38（b）中，到乘法器和加法器的输入用于通道 1。

现在，多个通道共享一个 MAC 单元，输入以通道交织的形式提供。如果每个通道使用不同的滤波器，则输入的权值也是以通道交织的形式提供的，如图 12.39 所示。

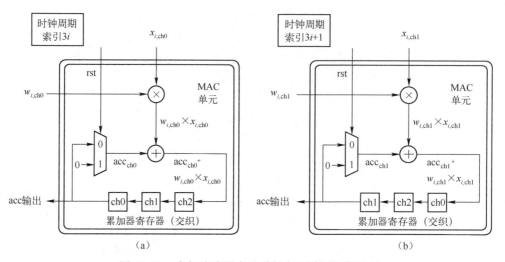

图 12.38 串行滤波器多通道版本的详细操作过程

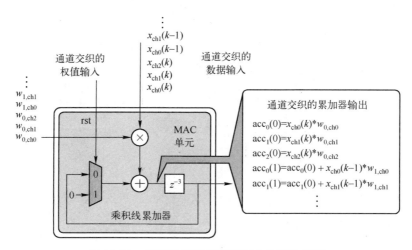

图 12.39 串行滤波器多通道版本的结构框图

第 13 章 其他类型数字滤波器原理及实现

本章将主要介绍其他类型数字滤波器的原理及实现方法,这些内容包括滑动平均滤波器原理及结构、微分器和积分器原理及特性、积分器梳状滤波器原理及特性、中频调制信号产生和解调、CIC 滤波器实现方法、CIC 滤波器位宽确定、CIC 滤波器的锐化、CIC 滤波器递归和非递归结构和 CIC 滤波器实现、基于模型的 CIC 滤波器实现,以及 DecimatingCIC 和 InterpolatingCIC IP 核原理及应用。

本章所介绍的滤波器,尤其是 CIC 滤波器在通信信号处理中有着及其重要的应用。因此,读者要熟练掌握本章的内容。

13.1 滑动平均滤波器原理及结构

本章将介绍滑动平均滤波器的原理和结构,内容包括滑动平均一般原理、8 个权值滑动平均结构及特性、9 个权值滑动平均结构及特性和滑动平均滤波器的转置结构。

13.1.1 滑动平均一般原理

移动平均(Moving Average,MA)滤波器的所有权值系数均相同,其值恒为 1,如图 13.1 所示。MA 滤波器是一种低成本的滤波器,可以实现对信号的平滑作用。

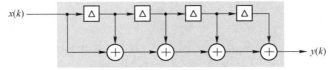

图 13.1 滑动平均滤波器的结构

MA 滤波器具有简单的低通特性。由于 MA 滤波器不需要乘法运算,所以实现成本较低。在实际实现时,推荐使用 2 的幂次方个系数结构来实现 MA 滤波器。

例如,具有 6 个权值的 MA 滤波器在 $0\sim f_s/2$(f_s 为采样率,且 $f_s=10\text{MHz}$)的范围内有 3 个谱线零点,如图 13.2 所示。对于一般的 MA 滤波器而言,当 N 点值确定后,很容易在 $0\sim f_s/2$ 的范围内绘制出该滤波器的频谱特性。

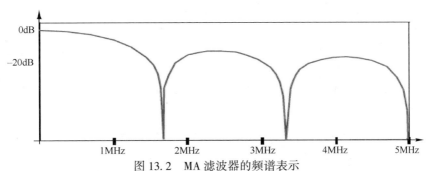

图 13.2 MA 滤波器的频谱表示

13.1.2 8个权值滑动平均结构及特性

具有 8 个权值的 MA 滤波器的所有系数均为 1，如图 13.3 所示，该滤波器的冲激响应 $H(z)$ 表示为

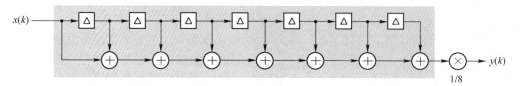

图 13.3　8 权值 MA 滤波器的结构

$$H(z) = (1 + z^{-1} + z^{-2} + z^{-3} + z^{-4} + z^{-5} + z^{-6} + z^{-7}) \times \frac{1}{8}$$

进一步得出：

$$H(z) = \frac{1}{8} \times \frac{1 - z^{-8}}{1 - z^{-1}} \tag{13.1}$$

将 $z = e^{j\omega}$ 代入式（13.1），可以得到：

$$H(z) = \frac{1}{8} \times \frac{1 - (e^{j\omega})^{-8}}{1 - (e^{j\omega})^{-1}} = \frac{1}{8} \times \frac{e^{-4j\omega}(e^{4j\omega} - e^{-4j\omega})}{e^{-\frac{j\omega}{2}}(e^{\frac{j\omega}{2}} - e^{-\frac{j\omega}{2}})} = \frac{1}{8} \times \frac{e^{-4j\omega}\cos(4\omega)}{e^{-\frac{j\omega}{2}}\cos\left(\frac{\omega}{2}\right)}$$

$1 - (e^{j\omega})^{-8} = 0$，即当 $\omega = \pi/4$、$2\pi/4$、$3\pi/4$、π、$5\pi/4$、$6\pi/4$、$7\pi/4$ 时，其为 MA 滤波器的频谱零点，即零点个数为 7(8-1)。因此，在 $N = 8$ 的情况下，在 $0 \sim f_s/2$ 频率之间具有 4 个频谱零点，即 $\omega = \pi/4$、$2\pi/4$、$3\pi/4$、π。根据关系：

$$\omega = T_s \Omega$$

其中，ω 表示数字域角频率；Ω 表示物理角频率。假定 $f_s = 10\text{MHz}$，可以得到在 $0 \sim f_s/2$ 频率之间，所对应的频谱零点的物理频率分别为 1.25MHz、2.5MHz、3.75MHz、5MHz，如图 13.4 所示。

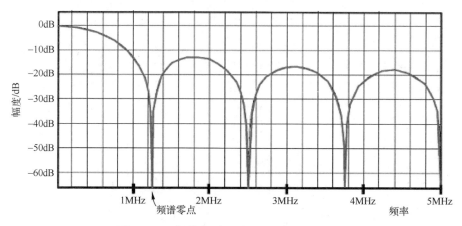

图 13.4　8 权值滑动平均滤波器的频谱特征

很明显，在该 MA 滤波器中，在输出 $y(k)$ 之前乘以常系数 1/8（左移 3 位），该乘法等价于对 MA 滤波器内的所有系数乘以 1/8。

进一步推广，对于 N（N 为偶数）权值的 MA 滤波器而言，在 $0\sim f_s$ 之间，该滤波器具有 $N-1$ 个频谱零点。

在 8 权值 MA 滤波器的结构中，假定输入信号 $x(k)$ 的位宽为 16 位，则需要考虑加法器位宽的值，这是因为只有加法器有合适的位宽时才能保证 8 权值 MA 滤波器不会产生溢出。

假设 $x(k)$ 的输入幅度可以用最大 16 位位宽的二进制数表示，即用二进制表示 $x(k)$ 的最大为 $|-2^{15}|=32768$。因此，最大可能的输出幅度为

$$8\text{倍的最大幅度值}=2^3\times 2^{15}=2^{18}$$

因此，需要具有 19 位分辨率的加法器，这样才能保证 MA 滤波器不会溢出。该 MA 滤波器可以表示补码的范围为 $-2^{18}\sim 2^{18}-1$。

如图 13.5 所示，该结构所要求的七个加法器的位宽分别为 17 位、18 位、18 位、19 位、19 位、19 位和 19 位。为了便于实现，在该 MA 滤波器中使用规则结构，即所有加法器的位宽都为 19 位。

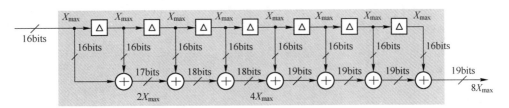

图 13.5 8 权值 MA 整数实现

13.1.3 9 个权重滑动平均结构及特性

9 个权值的滑动平均（MA）滤波器所有的系数也均为 1，如图 13.6 所示。该 MA 滤波器的冲激响应特性 $H(z)$ 可以表示为

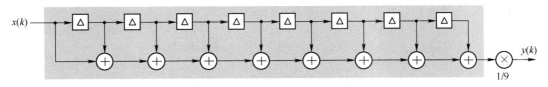

图 13.6 9 权值 MA 滤波器

$$H(z)=(1+z^{-1}+z^{-2}+z^{-3}+z^{-4}+z^{-5}+z^{-6}+z^{-7}+z^{-8})\times\frac{1}{9}$$

进一步得出：

$$H(z)=\frac{1}{9}\times\frac{1-z^{-9}}{1-z^{-1}} \tag{13.2}$$

将 $z=e^{j\omega}$ 代入式（13.2），可以得到：

$$H(z) = \frac{1}{9} \times \frac{1-(\mathrm{e}^{\mathrm{j}\omega})^{-9}}{1-(\mathrm{e}^{\mathrm{j}\omega})^{-1}} = \frac{1}{9} \times \frac{\mathrm{e}^{-\frac{9}{2}\mathrm{j}\omega}(\mathrm{e}^{\frac{9}{2}\mathrm{j}\omega}-\mathrm{e}^{-\frac{9}{2}\mathrm{j}\omega})}{\mathrm{e}^{-\frac{\mathrm{j}\omega}{2}}(\mathrm{e}^{\frac{\mathrm{j}\omega}{2}}-\mathrm{e}^{-\frac{\mathrm{j}\omega}{2}})} = \frac{1}{9} \times \frac{\mathrm{e}^{-\frac{9}{2}\mathrm{j}\omega}\cos\left(\frac{9\omega}{2}\right)}{\mathrm{e}^{-\frac{\mathrm{j}\omega}{2}}\cos\left(\frac{\omega}{2}\right)}$$

$1-(\mathrm{e}^{\mathrm{j}\omega})^{-9} = 0$，即当 $\omega = 2\pi/9$、$4\pi/9$、$6\pi/9$、$8\pi/9$、$10\pi/9$、$12\pi/9$、$14\pi/9$、$16\pi/9$ 时，其为 MA 滤波器的频谱零点，即零点个数为 $8(9-1)$。因此，在 $N=9$ 的情况下，在 $0 \sim f_s/2$ 频率之间具有 4 个频谱零点，即 $\omega = 2\pi/9$、$4\pi/9$、$6\pi/9$、$8\pi/9$。根据关系：

$$\omega = T_s \Omega$$

其中，ω 表示数字域角频率；Ω 表示物理角频率。假定 $f_s = 10\mathrm{MHz}$，则可以得到在 $0 \sim f_s/2$ 频率之间，所对应的频谱零点的物理频率分别为 1.11MHz、2.22MHz、3.33MHz、4.44MHz，如图 13.7 所示。

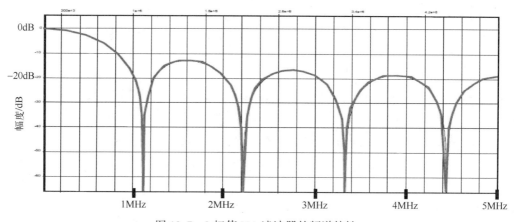

图 13.7　9 权值 MA 滤波器的频谱特性

13.1.4　滑动平均滤波器的转置结构

在实际中，实现 MA 滤波器时不采用类似标准 FIR 滤波器的结构，这是由于标准 FIR 滤波器的结构存在着很长的关键路径，其会影响滤波器的整体性能。一个 16 个权值转置结构的 MA 滤波器提供了更短的关键路径，这样允许滤波器有更高的工作频率，如图 13.8 所示。从图中可知，与标准结构 FIR 滤波器的关键路径为 16 个加法器相比，转置结构的关键路径仅为 1 个加法器。

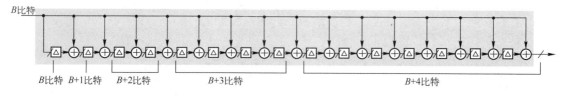

图 13.8　16 个权值转置结构的 MA 滤波器

> **注**：对于 N 个权值的 MA 滤波器而言，标准结构的关键路径为 $N-1$ 个加法器路径。

尽管这种结构的字长与标准结构一样，但是转置结构的实现成本要高于标准结构。与

MA 滤波器的标准结构相比，在 MA 的转置结构内需要更多的触发器以实现加法器线上的延迟。标准结构和转置结构所需要的资源比较如表 13.1 所示。

表 13.1 两种结构所需要的资源比较

	标 准 结 构	转 置 结 构
$B+1$ 位加法器	1	1
$B+2$ 位加法器	2	2
$B+3$ 位加法器	4	4
$B+4$ 位加法器	8	8
B 位延迟	15	1
$B+1$ 位延迟	0	1
$B+2$ 位延迟	0	2
$B+3$ 位延迟	0	4
$B+4$ 位延迟	0	7

从表 13.1 中可知，16 权值 MA 滤波器的标准结构要求 $15 \times B$ 个触发器来实现延迟。而 MA 滤波器的转置结构最多要求 $15 \times B + (1 \times 1) + (2 \times 2) + (4 \times 3) + (7 \times 4) = (15 \times B + 45)$ 个单比特触发器。

13.2 微分器和积分器原理及特性

本节将介绍微分器和积分器的原理及特性。从实现成本而言，微分器和积分器是两种低成本的滤波器。

13.2.1 微分器原理及特性

微分器内包含值分别为 +1 和 -1 的权值系数，如图 13.9 所示。由微分器所构成的滤波器具有简单的高通幅频响应特性。由于图 13.9 所示的微分器不需要任何乘法操作，因此它是一种低成本的滤波器。

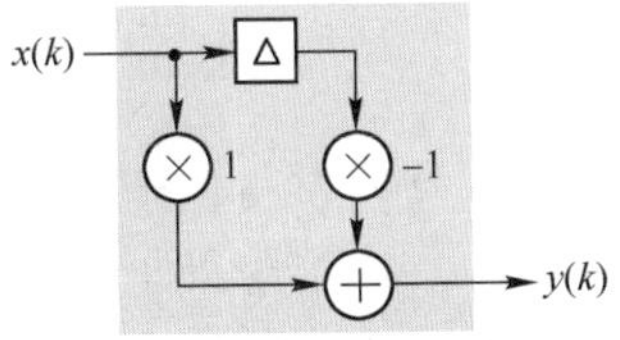

该滤波器可以用下式表示：

$$y(k) = x(k) - x(k-1) \quad (13.3)$$

图 13.9 微分器的结构

该滤波器的 z 变换表示为

$$Y(z) = X(z) - X(z)z^{-1} = X(z)(1 - z^{-1}) \quad (13.4)$$

因此，微分器的传递函数表示为

$$H(z) = \frac{Y(z)}{X(z)} = 1 - z^{-1} \quad (13.5)$$

当微分器的输入为一个恒定的交流信号时，在初始的暂态响应结束之后，输出结果为 0，如图 13.10 所示。因此，它在 0Hz 处具有一个频谱零点。当使用线性刻度表示时，频谱零点是增益为 0 的点；如果以对数刻度表示频谱零点，应为 $20\log 0 = -\infty$。

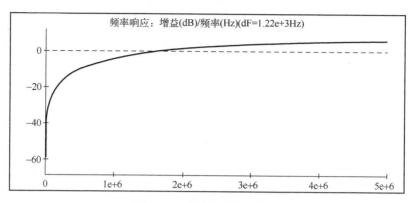

图 13.10 微分器的频谱特性

13.2.2 积分器原理及特性

积分器是只有一个系数的 IIR 滤波器（包含反馈回路），如图 13.11 所示。由积分器所构成的滤波器具有低通滤波器的幅频响应特性，并且其也不需要任何乘法运算。图 13.11 所示积分器的输出表示为

$$q(k)=p(k)+q(k-1) \tag{13.6}$$

该积分器的 z 变换表示为

$$Q(z)=P(z)+Q(z)z^{-1} \tag{13.7}$$

因此，积分器的传递函数表示为

$$G(z)=\frac{Q(z)}{P(z)}=\frac{1}{1-z^{-1}} \tag{13.8}$$

如果在积分器中引入一个值为 b 的反馈系数，如图 13.12 所示，根据 z 变换可知稳定性条件：

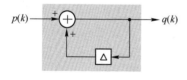

图 13.11 积分器

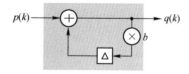

图 13.12 引入 b 反馈的积分器

(1) 当 $|b|<1$ 时，该结构通常被成为泄漏积分器；
(2) 当 $|b|>1$ 时，该滤波器将在单位圆外具有一个级点，并将发散或不稳定。

> **注**：一般而言，当用 FPGA 或 ASIC 实现数字信号处理时，不用考虑泄露积分器的情况。

经过上面的分析可知，积分器与微分器的特性正好相反，从频域的角度而言：
(1) 微分器在 0Hz 处存在无限大的衰减；
(2) 积分器在 0Hz 处具有无限大的增益。

因此，在部分情况下，无限大与 0 的乘积正好为 1，如图 13.13 所示，由积分器和微分器构成的滤波器结构传递函数可以表示为

$$G(z)H(z) = \left(\frac{1}{1-z^{-1}}\right)(1-z^{-1}) = 1 \tag{13.9}$$

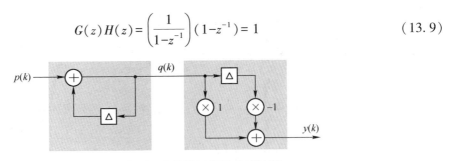

图 13.13　积分器和微分器级联构成滤波器

进一步可以得到：

$$y(k) = q(k) - q(k-1) = [p(k) + q(k-1)] - q(k-1) = p(k) \tag{13.10}$$

13.3　积分梳状滤波器原理及特性

本节首先将介绍梳状滤波器的原理和结构，然后再导出积分梳状滤波器的原理和结构。

梳状滤波器的两端包含系数为 1 和 -1 的权值，如图 13.14 所示，该梳状滤波器具有简单的多通道频率响应特性，其不需要任何乘法操作。

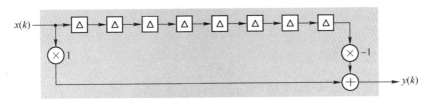

图 13.14　梳状滤波器

使用符号 z 来表示该结构内的 8 个延迟，将其总延迟表示为 z^{-8}，如图 13.15 所示。因此，该梳状滤波器的频率响应特性 $H(z)$ 表示为

$$H(z) = \frac{Y(z)}{X(z)} = 1 - z^{-8} \tag{13.11}$$

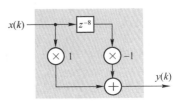

图 13.15　使用 z 变换描述滤波器

带有 N 个采样延迟（或 N+1 个权重）的梳状滤波器在 $0 \sim f_s/2$ 之间具有均匀分布的 N 个频谱零点。当采样率为 $f_s = 10\text{MHz}$ 时，上面的 8 延迟梳状滤波器在 $0 \sim 5\text{MHz}$ 之间有 4 个频谱零点，彼此的间隔为 1.25MHz，如图 13.16 所示。

使用积分梳状（Integrator-comb，IC）滤波器结构生成一个具有 MA 滤波器特性的冲激响应，如图 13.17 所示，从图中可知，该滤波器内包含一个积分器和具有 M 个延迟的梳状滤波器。MA 滤波器的频率响应特性 $H(z)$ 表示为

$$H(z) = \frac{1-z^{-8}}{1-z^{-1}} = \frac{(1+z^{-1}+z^{-2}+z^{-3}+z^{-4}+z^{-5}+z^{-6}+z^{-7})(1-z^{-1})}{1-z^{-1}} \\ = 1+z^{-1}+z^{-2}+z^{-3}+z^{-4}+z^{-5}+z^{-6}+z^{-7} \tag{13.12}$$

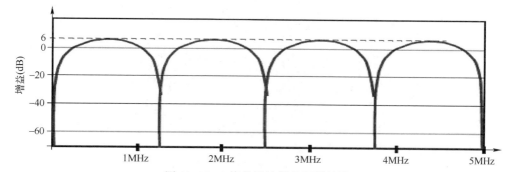

图 13.16　8 梳状滤波器的频谱特性

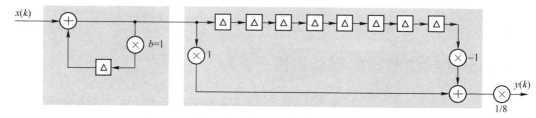

图 13.17　积分器和梳状滤波器级联构成 MA 滤波器

注：在该结构中不考虑 1/8 系数。

在 IC 滤波器中，积分器在直流处具有无限大的增益，而梳状滤波器单元在直流上的增益为零。将其推广到系数为 N 的情况：

$$H(z) = \frac{1-z^{-N}}{1-z^{-1}} = H_1(z) \cdot H_2(z) \mid z = e^{j\omega}$$

$$= e^{-j\omega \cdot N/2} \cdot 2\left[\frac{e^{j\omega \cdot N/2} - e^{-j\omega \cdot N/2}}{2}\right] \cdot \frac{e^{j\omega/2}}{2} \cdot \left[\frac{e^{j\omega/2} - e^{-j\omega/2}}{2}\right]^{-1} \tag{13.13}$$

其幅度-频率响应特性表示为

$$|H(e^{j\omega})| = \left|\frac{\sin(\omega N/2)}{\sin(\omega/2)}\right|$$

从上式可知，在结果上，IC 滤波器和 MA 滤波器有相同的效果，但是存在下面的差异：

（1）与 MA 滤波器中需要 8 次加法运算相比，IC 滤波器仅需要 2 次加法运算；

（2）与 MA 滤波器相比较，IC 滤波器需要 9 个寄存器，而 MA 滤波器仅需要 7 个寄存器。

IC 滤波器输出的定量分析，如图 13.18 所示，即

$$y(12) = \frac{q(12)-q(4)}{8} = \frac{11-3}{8} = 1 \tag{13.14}$$

$$y(128) = \frac{q(128)-q(120)}{8} = \frac{127-119}{8} = 1 \tag{13.15}$$

通过上面的分析可知，在任何一个时刻，它输出都为 1。然而，当积分器的加法器采用定点结构时，对数值范围有限制，因此就存在计算结果溢出的可能性。例如，如果加法器的字长为 8 位，则它可以表示有符号数的范围为 -128 ~ 127。所以，在 $k = 128$ 后，积分器的输出将溢出。因此，必须保证该滤波器的加法器有足够的位宽。前面已经知道，对于 8 个权值

16 位输入的 MA 滤波器而言,最后一级的加法器要求 19 位字长。如果在 IC 滤波器内选择 19 位的加法器,则在积分器的输出端仍然存在溢出的可能性,但是在微分器内的运算将使得输出的值仍然正确。

假设 IC 滤波器的字长为 4 位(数的表示范围为 $-8 \sim +7$),如图 13.19 所示,这个结构的推导过程:

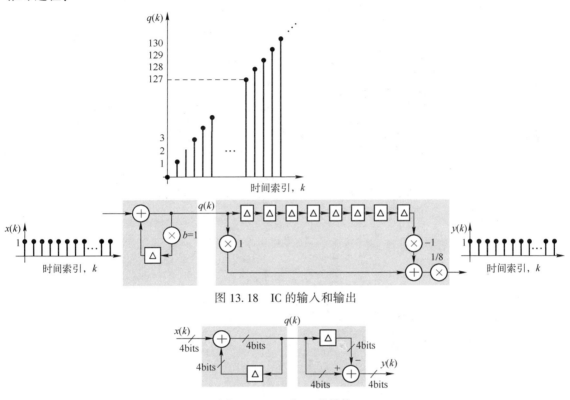

图 13.18 IC 的输入和输出

图 13.19 一种 IC 的结构

该滤波器 $y(k)=x(k)$,如果输入一个直流信号,则希望有相同的输出。

注:对于这样的输入,积分器的输出 $q(k)=k+1$。

积分器的输出如表 13.2 所示。

表 13.2 积分器的输出

k	$x(k)$	$q(k)=q(k-1)+x(k)$		$q(k)$		$y(k)=q(k)-q(k-1)$
	二进制	二进制	十进制	二进制	十进制	二进制
0	0001	0001	1	0000	0	0000
1	0001	0010	2	0001	0	0001
2	0001	0011	3	0010	1	0001
3	0001	0100	4	0011	2	0001
4	0001	0101	5	0100	3	0001

续表

k	$x(k)$ 二进制	$q(k)=q(k-1)+x(k)$ 二进制	十进制	$q(k)$ 二进制	十进制	$y(k)=q(k)-q(k-1)$ 二进制
5	0001	0110	6	0101	4	0001
6	0001	0111	7	0110	5	0001
7	0001	1000	−8	0111	6	0001
8	0001	1001	−7	1000	7	0001
9	0001	1010	−6	1001	−8	0001
10	0001	1011	−5	1010	−7	0001

$$y(2)=q(2)-q(1)=0011_2-0010_2=0001_2=3-2=1 \quad (13.16)$$

$$y(6)=q(6)-q(5)=0111_2-0110_2=7-6=1 \quad (13.17)$$

$$y(7)=q(6)+0001_2=0111_2+0001_2=1000=-8,\text{结果溢出} \quad (13.18)$$

$$y(8)=q(8)-q(7)=1000_2-0111_2=0001_2 \quad (13.19)$$

可以通过级联 IC 滤波器使得级联积分梳状（Cascade Integrator-Comb，CIC）滤波器组具有更好的低通特性，如图 13.20 所示为由 5 个 IC 单元级联构成的 CIC。

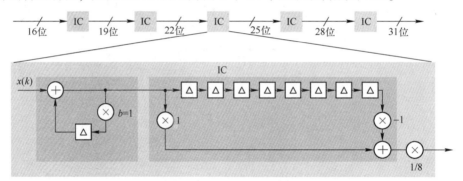

图 13.20 5 级 CIC 滤波器级联

注：随着 CIC 级数的增加，字宽也不断增加，最后的字宽可以达到 31 位。

该级联 CIC 的频谱特性显示出基带的衰减变坏，如图 13.21 所示。

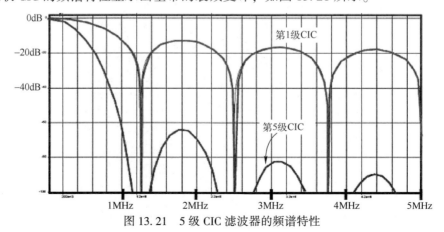

图 13.21 5 级 CIC 滤波器的频谱特性

13.4 中频调制信号产生和解调

本节将介绍产生和解调中频调制信号的方法，内容包括产生中频调制信号、解调中频调制信号、CIC 提取基带信号、CIC 滤波器的衰减及修正。

13.4.1 产生中频调制信号

如图 13.22 所示，其给出了产生调幅信号的方法。从图中可知，高频正弦载波的幅度按低频信号的幅度成比例地变化。

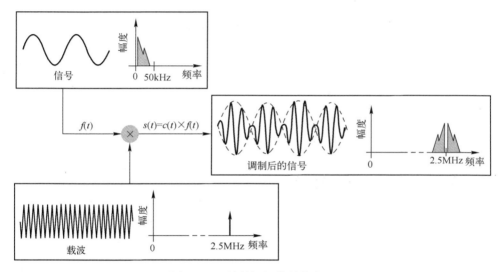

图 13.22 简单调幅信号的产生

下面将对已调信号进行恢复，信号的中心频率 f_c = 2.5MHz，信号带宽为 100kHz，采样率 f_s = 10MHz，该信号的频谱如图 13.23 所示。对该信号的处理要求使用尽可能低的运算量来恢复基带频率上的 IF 信号。

当接收到调制信号时，50kHz 频带之外的频谱很可能让其他信号和噪声所占据，为了恢复信号，常用的方法是将其解调至基带，然后利用低通滤波器来恢复信号。

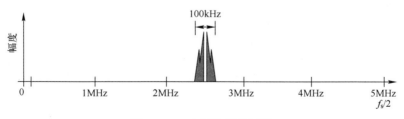

图 13.23 中频信号的频谱

13.4.2 解调中频调制信号

用数字化方法解调信号，如图 13.24 所示。首先将接收到的信号经过抗混叠滤波器进行处理，然后送到高速 ADC 中，并以 10MHz 的采样率对该信号采样，然后与 2.5MHz 的余弦信号相乘。

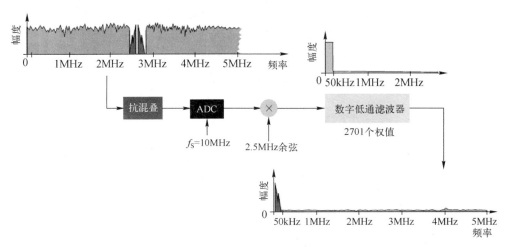

图 13.24　数字化解调信号（1）

注：余弦信号也是以 10MHz 的采样率被离散量化为数字信号。

经过相乘后，得到两个不同的频带信号，其中一个信号在 0~50KHz 范围内，可以通过数字低通滤波器提取该信号。从图中可知，该滤波器有 2701 个权值。

通过上面的数字解调过程，可以知道该数字低通滤波器的硬件开销表示为

$$10000000 \times 2701 = 27010000000 = 27 \text{billion MACs/s} \tag{13.20}$$

该设计最终需要的采样率为 250kHz，如图 13.25 所示。由于是带限信号，因此应将降采样因子设置为 40。从这个数字解调过程可知，当采用降采样率后，数字滤波器的开销显著降低，该数字滤波器的硬件开销表示为

$$10000000/40 \times 2701 = 270100000 = 675 \text{ million MACs/s} \tag{13.21}$$

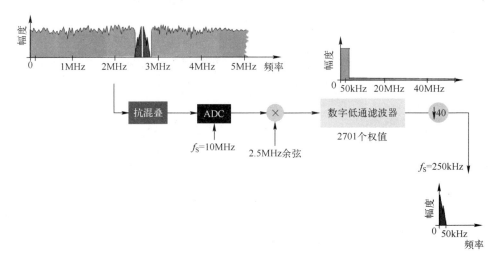

图 13.25　数字化解调信号（2）

13.4.3 CIC 提取基带信号

现在考虑通过级联低成本的简单滤波器来实现低通滤波器，使之能够提取 0~50kHz 范围内的信号。这样做能否降低硬件开销？如图 13.26 所示，如果使用 5 阶 CIC 滤波器对感兴趣的信号进行低通滤波，然后通过欠采样因子为 2 的降采样器将采样频率降为 5MHz，则较高频率信号的混叠来自于能量很低的那部分频段。

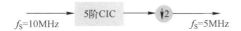

图 13.26　抽取因子为 2 的降采样处理

如图 13.27 所示，输出频谱几乎完全保留了 0~50kHz 的信号部分，并对高于 50kHz 的信号能量进行衰减。

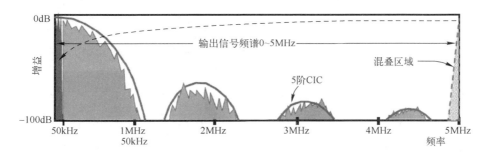

图 13.27　抽取因子为 2 的降采样处理的频谱

注意到其他的空频段，实际可以取欠采样因子为 4，如图 13.28 所示。

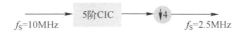

图 13.28　抽取因子为 4 的降采样处理

抽取因子为 4 的降采样处理的频谱图如图 13.29 所示。

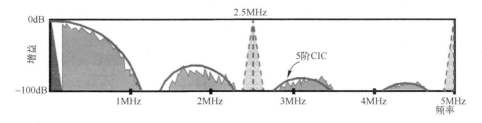

图 13.29　抽取因子为 4 的降采样处理的频谱图

再次注意到其他的空频段，实际上欠采样因子可以设置为 8，如图 13.30 所示。

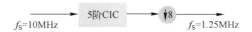

图 13.30　抽取因子为 8 的降采样处理

抽取因子为 8 的降采样处理的频谱图如图 13.31 所示。

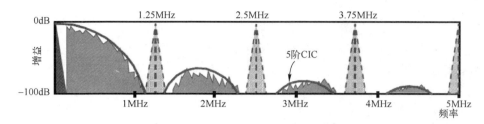

图 13.31　抽取因子为 8 的降采样处理的频谱图

如图 13.32 所示，使用一个标准低通滤波器执行最后一级抽取操作。从图中可知，5 阶 CIC 与包含 171 个权值系数的低通滤波器（采样率 f_s = 1.25MHz）用于对信号进行最后的处理，其总的计算量表示为

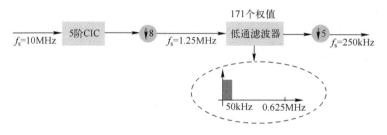

图 13.32　最后一级抽取因子为 5

$$171 \times 1250000/5 = 42.75 \text{millionMAC/s}$$

很明显，计算量下降到原来的 2701 个权值系数低通滤波器的 1/16。

13.4.4　CIC 滤波器的衰减及修正

到目前为止，一直忽略了 CIC 低通滤波器的低频段存在的衰减现象。仔细观察频谱图，发现衰减大约为 0.5dB，如图 13.33 所示。修改这种衰减的方法是在末级低通滤波器的通频带中加入提升来补偿衰减，如图 13.34 所示。

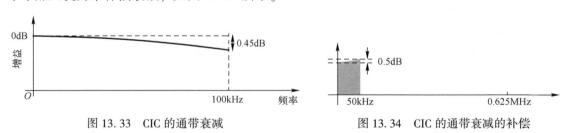

图 13.33　CIC 的通带衰减　　　　图 13.34　CIC 的通带衰减的补偿

13.5　CIC 滤波器实现方法

通过恒等变换，可以证明图 13.35 所示的两个系统等效。

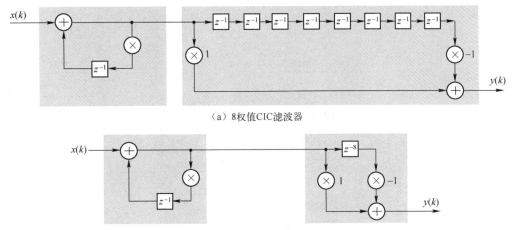

(a) 8权值CIC滤波器

(b) 8权值CIC滤波器的紧凑结构

图 13.35　8 权值 CIC 滤波器的结构

注：在图 13.35 中使用符号 z^{-1} 代表一个延迟，可以更紧凑地表示梳状滤波器。

考虑 3 阶级联 CIC 滤波器组，在该 CIC 滤波器组末端有一个降采样器，如图 13.36 所示。

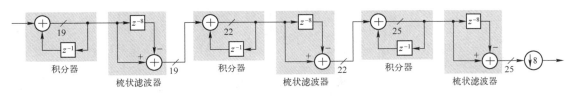

图 13.36　三阶 CIC 滤波器

对上面的 3 阶 CIC 滤波器组重新排序，如图 13.37 所示。从图中可知，这种结构将积分器单独级联在一起，将梳状滤波器单独级联在一起，并且在末级采用降采样器。

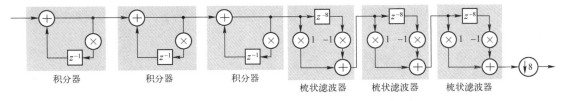

图 13.37　重排后三阶 CIC 滤波器

基于图 13.38（a）给出的恒等变换，可以把下采样器移到梳状滤波器之前，如图 13.38 所示。因此，梳状滤波器现在工作在降采样频率上，因此可以用更少的寄存器来实现它。并且，积分器工作在原来的采样频率上。

CIC 滤波器是一个包含 N 个积分器和 N 个梳状滤波单元的多数据率滤波器，其特点包括：①积分器运行在高采样率 f_s；②梳状部分的采样率为 f_s/R；③无乘法操作；④只需要最小的存储量。

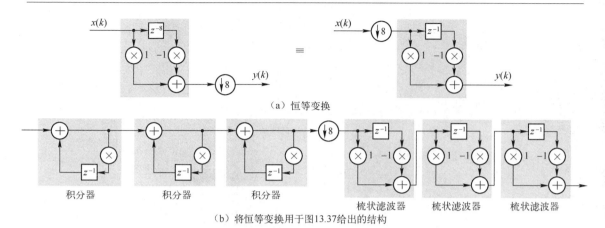

(a) 恒等变换

(b) 将恒等变换用于图13.37给出的结构

图 13.38 采样器移到梳状滤波器之前

可以将该滤波器配置为抑制混叠抽取滤波器，或被配置为抑制镜像插值滤波器。抽取 CIC 滤波器的结构如图 13.39 所示，插值 CIC 滤波器的结构如图 13.40 所示。

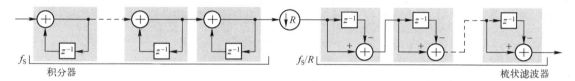

图 13.39 抽取 CIC 滤波器的结构

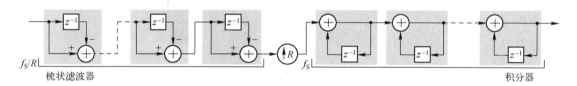

图 13.40 插值 CIC 滤波器的结构

CIC 滤波器使用了多速率系统中的恒等变换特性，如图 13.41（a）所示，通过这种等价关系，允许高效地选择上/下采样器的位置。这样，允许将升/降采样装置放在积分器和梳状部分之间。因此，该结构与抽取率无关。例如，将图 13.39 给出的抽取 CIC 滤波器变换为图 13.41（b）给出的结构。

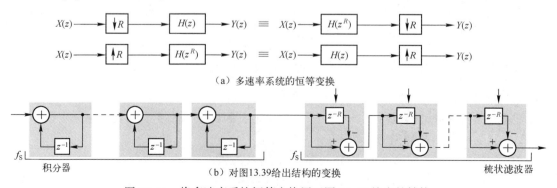

(a) 多速率系统的恒等变换

(b) 对图13.39给出结构的变换

图 13.41 将多速率系统恒等变换用于图13.40给出的结构

前面介绍，从数学上来说，CIC 滤波器等效于 N 个 MA 滤波器的级联。很明显，尽管它包含递归的积分器部分，但是它仍然是一个 FIR 滤波器，如图 13.42 所示（图中没有给出采样率的变化）。当 $N=1$ 时，MA 滤波器的传递函数 $H_{MA}(z)$ 表示为

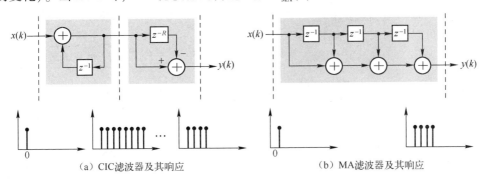

（a）CIC 滤波器及其响应　　　　　　（b）MA 滤波器及其响应

图 13.42　CIC 和 MA 滤波器及其响应

$$H_{MA}(z) = \frac{1}{R}\sum_{k=0}^{R-1} z^{-R}$$

CIC 滤波器的传递函数 $H_{CIC}(z)$ 表示为

$$H_{CIC}(z) = \frac{1}{R}\left(\frac{1-z^{-R}}{1-z^{-1}}\right)$$

13.6　CIC 滤波器位宽确定

本节将介绍 CIC 抽取滤波器和 CIC 插值滤波器位宽的确定方法。

13.6.1　CIC 抽取滤波器位宽确定

CIC 抽取滤波器的增益为 $G = R^N$，其中：
（1）R 为抽取率；
（2）N 为 CIC 滤波器的个数。

当使用二进制补码表示时，假设输入的位宽为 B_{IN}，滤波器的输出位宽为 B_{OUT}。则 B_{OUT} 和 B_{IN} 之间存在下面的关系：

$$B_{OUT} = B_{IN} + \lceil \log_2 G \rceil = B_{IN} + \lceil N\log_2 R \rceil \tag{13.22}$$

注：输出位宽 B_{OUT} 同时也是滤波器每一级需要的位宽。

根据 Hogenauer 提出的方法，如果 B_{OUT} 的值超过滤波器输出要求的位数，则可能需要舍弃前几级中的某些 LSB。

当信号通过抽取 CIC 滤波器时，如果允许满位增长，则每级的位宽必须被设置为 B_{OUT}。由于积分器具有一个无限的直流增益，所以输出的 MSB 也必须是滤波器积分器部分的 MSB。为了使得积分器通过 CIC 到输出存在一个传输路径，因此 B_{OUT} 也必须是梳状结构部分所要求的位宽。

对于更高阶的滤波器和较大的抽取率而言，B_{OUT} 的位宽将是相当可观的。例如，对于一

个 $N=5$、$R=32$,以及输入位宽 B_{IN} 为 16 的 CIC 滤波器,为了满位增长,在每一个滤波器级,需要满足下面的关系:

$$B_{OUT} = B_{IN} + \lceil \log_2 G \rceil = B_{IN} + \lceil N\log_2 R \rceil = 16 + \lceil 5\log_2 32 \rceil = 46b \quad (13.23)$$

如果滤波器输出所需的位宽小于 B_{OUT},根据 Hogenauer 的舍入技术,将中间滤波器级的 LSB 截断,则可以节约大量的硬件资源。

通过舍入操作,由舍弃中间级的 LSB 所引入的量化误差并不比在滤波器输出级由截断/舍入所引入的误差大。

抽取因子为 16 的 3 级 CIC 滤波器的性能如图 13.43 所示。

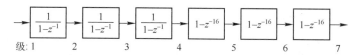

图 13.43 抽取因子为 16 的 3 级 CIC 滤波器

如果希望 $B_{IN} = B_{OUT} = 16$ 位,那么需要按表 13.3 截断每一级的带宽。

表 13.3 每一级舍弃的位

级 数	位 宽	丢 弃 位
1	27	1
2	24	4
3	21	7
4	20	8
5	19	9
6	18	10
7	16	12

把每一级舍弃的位看作在滤波器输出端的噪声源,现在要确定在每一级被舍弃的位的数目。下面将介绍一些数学知识来帮助解决这个问题。

首先,知道在第 i 级截断所引入的噪声的概率分布是宽度为 $E_i = 2^{B_i}$ 的均匀分布。其中,B_i 是第 i 级被舍弃的位数,该误差的方差表示为

$$\sigma_i^2 = E_i^2/12$$

因为预先已经知道要求 16 位的输出,所以很容易确定第 7 级中误差的方差。这意味着将舍弃 12 位,则可以得出下面的关系:

$$\sigma_i^2 = E_i^2/12 = 2^{2 \times 12}/12 = 1398101.33 \quad (13.24)$$

从第 i 级到滤波器输出,由噪声源所引入的总的噪声方差 $\sigma_{T_i}^2$ 表示为

$$\sigma_{T_i}^2 = \sigma_i^2 F_i^2 = \sigma_i^2 \sum_{k=0}^{L} h_i^2(k)$$

$$L = \begin{cases} N(R-1)+i-1, & i=1,2,3 \\ 2N+1-i, & i=4,5,6 \end{cases} \quad (13.25)$$

其中,F_i^2 是从第 i 级到输出的噪声方差的增益;$h_i(k)$ 的值为第 i 级传递函数系数,由下式表示为

$$h_j(k) = \begin{cases} \sum_{d=0}^{\lfloor k/R \rfloor} (-1)^d \binom{N}{d} \binom{N-i+k-Rd}{k-Rd}, & i=1,2,3 \\ (-1)^K \binom{2N+1-i}{k}, & i=4,5,6 \end{cases} \quad (13.26)$$

假设每个误差源导致的误差是相等的。前 $2N$（这里 $2N=6$）个误差源的方差将小于或等于在输出端的截断或舍入引入的误差方差，表示为

$$\sigma_{T_i}^2 \leqslant \frac{1}{2N}\sigma_{T_{2N+1}}^2, i=1,2,\cdots,2N$$

$$\because \sigma_{T_i}^2 = \frac{1}{12}\times 2^{2B_i}F_i^2$$

$$\therefore 2^{2B_i}F_i^2 \leqslant \frac{6}{N}\sigma_{T_{2N+1}}^2 \quad (13.27)$$

对上式两端取对数，则可表示如下：

$$B_i \leqslant -\log_2 F_i + \log_2 \sigma_{T_{2N+1}} + 1 + \frac{1}{2}\log 2\left(\frac{6}{N}\right) \quad (13.28)$$

对上式取整得到：

$$B_i = \left\lfloor -\log_2 F_i + \log_2 \sigma_{T_{2N+1}} + 1 + \frac{1}{2}\log 2\left(\frac{6}{N}\right) \right\rfloor \quad (13.29)$$

按照表 13.4 计算被舍弃的 LSB。

表 13.4 计算被舍弃的 LSB

Stage	F_i	$-\log_2(F_i)$	$\sigma_{T_{2N+1}}^2$	$\log_2 \sigma_{T_{2N+1}}$	$\frac{1}{2}\log_2\left(\frac{6}{N}\right)$	B_i
1	760.095	-9.570	1398101.33	10.208	0.5	1
2	64.125	-6.003	1398101.33	10.208	0.5	4
3	9.798	-3.292	1398101.33	10.208	0.5	7
4	4.472	-2.161	1398101.33	10.208	0.5	8
5	2.449	-1.292	1398101.33	10.208	0.5	9
6	1.414	-0.500	1398101.33	10.208	0.5	10
7	1	0	1398101.33	10.208	0.5	12

13.6.2 CIC 插值滤波器位宽确定

与 CIC 抽取滤波器不同的是，CIC 插值滤波器不要求所有的滤波器级具有相同的位宽。如果把梳状部分从 1 到 N 编号，而积分器部分从 $N+1$ 到 $2N$ 编号，那么在 i 级的 CIC 插值滤波器的增益表示为

$$G_i = \begin{cases} 2^i, & i=1,2,\cdots,N \\ \dfrac{2^{2N-i}R^{i-N}}{R}, & i=N+1,\cdots,2N \end{cases} \quad (13.30)$$

对于输入位宽 B_{IN}，为了保证满位增长，每个滤波器级所要求的位宽满足下式：

$$B_i = B_{IN} + \lfloor \log_2 G_i \rfloor \tag{13.31}$$

> **注**：在 CIC 插入滤波器的输出不能执行舍入操作，这是由于积分器跟在梳状滤波器的后面。CIC 插入滤波器的梳状部分所引入的量化误差将引起滤波器的不稳定，显然这是由于该误差将在积分器内累计的结果。

13.7 CIC 滤波器的锐化

在本节前面的部分中，当观察 CIC 滤波器的响应时，发现通频带 f_c 包括了一个与抽取率相关的衰减。通常，对于带有可编程抽取率的 CIC 滤波器而言，可以利用一个包含可编程系数的第 2 级滤波器来补偿通频带响应中的衰落。但是，系数可编程的滤波器导致了额外的硬件开销，很明显需要保存几组系数。

下面介绍锐化 CIC 滤波器，由于该滤波器没有可编程通频带衰落的校正环节，所以在某些情况下可降低多速率抽取器设计对硬件的要求。

13.7.1 SCIC 滤波器的特性

20 世纪 70 年代，由 Kaiser 和 Hamming 提出了锐化级联积分梳状滤波器（Sharpened-CIC，SCIC）的理论。该理论以幅度变化函数为中心，将多项式 P 用于滤波器传递函数 $H(z)$ 中，在 $P[H(z)]=0$ 和 $P[H(z)]=1$ 的点，其斜率为 0，滤波器的通带与阻带特性都得到改善。

这些多项式被称为幅度变化函数，本小节所介绍的 SCIC 滤波器只使用了一个三次多项式：

$$3H^2(z) - 2H^3(z) \tag{13.32}$$

来设计 SCIC 滤波器。

1. SCIC 滤波器的传递函数

SCIC 滤波器传递函数的推导包含了将最简单的 Kaiser 和 Hamming 幅度变化多项式应用到 CIC 滤波器的传递函数的过程：

$$H_{CIC}(z) = \left[\frac{1}{R} \left(\frac{1-Z^{-R}}{1-Z^{-1}} \right) \right]^N \tag{13.33}$$

$$H_{SCIC} = 3z^{-\frac{N}{2}(R-1)} H_{CIC}^2(z) - 2H_{CIC}^3(z) \tag{13.34}$$

因此，式（13.34）用图 13.44 的信号流图来表示。

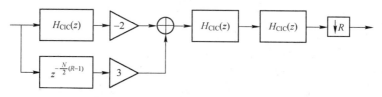

图 13.44　SCIC 滤波器的数据流描述

下面给出一个具体的例子（$N=2$）来说明这个滤波器，$N=2$ 的 SCIC 滤波器结构如图 13.45 所示。

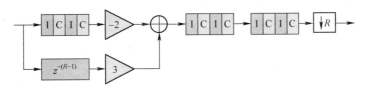

图 13.45　$N=2$ 的 SCIC 滤波器的结构

当使用 CIC 滤波器时，信号流图的分析表格并不表示其在硬件内的具体实现。通过使用恒等式，使降采样器在积分器和梳状滤波器之间进行移动，这样就可以降低存储要求，将同样的结构应用于任意抽取率的应用中。

> **注**：在分析 SFG 时，要求一个延迟 $\dfrac{N}{2}(R-1)$ 来处理第一个 CIC 滤波器的群延迟。

在降采样器之前，将在割集的所有分支上添加延迟，总延迟为 $NR/2$，如图 13.46 所示。当 $N=2$ 时，延迟为 R。使用第一个恒等式就能将电路低分支上的 R 延迟移动到降采样器的另一侧，这样就能独立于 R。

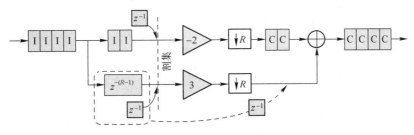

图 13.46　SCIC 滤波器的结构

应用割集重定时，得到最终通用的 SCIC 结构如图 13.47 所示。

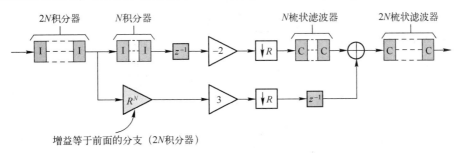

图 13.47　通用 SCIC 滤波器结构

当 N 是奇数时，对于 R 取值的所有情况，延迟 $\dfrac{N}{2}(R-1)$ 不是整数。在这种情况下，不可能利用第一恒等变换来使得群延迟的均衡与 R 无关。因此，SCIC 滤波器仅使用于 N 为偶数的情况。

图 13.47 给出的通用结构如图 13.48 所示。

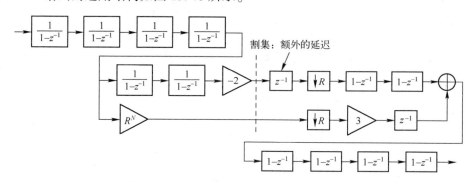

图 13.48　$N=2$ 的 SCIC 滤波器的通用结构

2. SCIC 滤波器通频带

如图 13.49 所示针对 $R=16$、$N=4$ 的 CIC 滤波器和 $R=16$、$N=2$ 的 SCIC 滤波器，对其通频带 f_c 的值进行比较，具体的数据如表 13.5 所示。

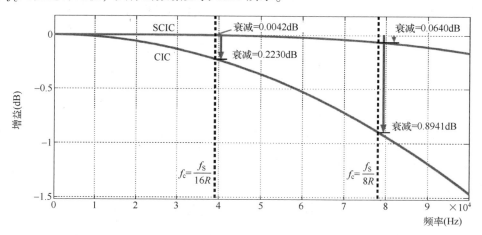

图 13.49　比较 $R=16$、$N=4$ 的 CIC 滤波器和 $R=16$、$N=2$ 的 SCIC 滤波器的通频带 f_c 的值

表 13.5　CIC 滤波器和 SCIC 滤波器的比较

滤波器	通带衰减（dB）		混叠抑制（dB）	
	$f_c=\dfrac{1}{8R}$	$f_c=\dfrac{1}{16R}$	$f_c=\dfrac{1}{8R}$	$f_c=\dfrac{1}{16R}$
CIC	0.8941	0.2230	68.3	94.1
SCIC	0.0640	0.0042	58.9	84.6

SCIC 滤波器的通频带足够平坦，因此不再需要某些应用中的可编程滤波器。然而，与 CIC 滤波器相比，SCIC 滤波器多需要两个积分器和两个梳状滤波器，因此使用 SCIC 滤波器的优点需要根据处理链中所节省的硬件资源的情况来判断。

SCIC 滤波器的结构比 CIC 滤波器需要更多的资源。与 N 阶的积分器和梳状滤波器比较，SCIC 滤波器需要 $3N$ 个积分器和梳状滤波器，两个常系数增益，延迟和一个额外的加法器。

> 注：不能把 SCIC 滤波器简单地看作对 CIC 滤波器的替代，用于补偿通带内的衰减。SCIC 滤波器的使用有一些限制，如 N 必须是偶数，对于奇数而言，并不适合。

对于 SCIC 滤波器，当 $N>2$ 时，SCIC 滤波器开始出现通带衰落，此时仍然要求使用可编程的修正。

最后需要注意的是，在一个完全的抽取滤波器中，只有在滤波器的最后一级，通带的平坦程度才变得重要。对于固定抽取率系统，情况的确是这样的；而对于一些抽取率可编程的系统而言，通过使用一个带有固定系数的第二级滤波，SCIC 滤波器才可能实现硬件资源的节约。

13.7.2　ISOP 滤波器的特性

二阶插值多项式（Interpolated Second Order Polynomial，ISOP）滤波器是一个只有一个可编程系数的简单的补偿滤波器。

1. ISOP 滤波器的传递函数

ISOP 滤波器可被用来补偿可编程抽取系统中任意的滤波器阶数的 CIC 滤波器的衰减，其结构如图 13.50 所示。

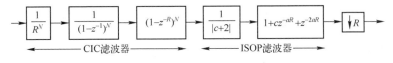

图 13.50　ISOP 滤波器的结构

通过第一个恒等变形，可以得到 ISOP 的另一种结构，如图 13.51 所示。

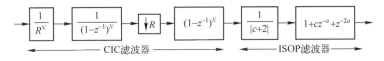

图 13.51　ISOP 滤波器的另一种结构

当 $c<-2$ 并且 CIC 滤波器的输入采样率为 f_s 时，在 $0\sim f_s/2$ 范围内，多项式：
$$B(z)=(1+cz^{-1}+z^{-2})/|c+2|$$
的频率响应是单调递增的。$|c+2|$ 项将增益修正到 0dB。

从前面已经知道 CIC 滤波器的频率响应在 $0\sim f_c$（f_c 是全多速率滤波器通频带的截止频率）之间是单调递减的，该多速率滤波器的第一级是 CIC 滤波器。为了补偿 CIC 滤波器中的通频带衰落，需要一个频率响应在 $0\sim f_c$ 范围内单调递增的滤波器，可以使用 $B(z)$ 的插值（不要与插值滤波器混淆）来达到此目的。通过将 $B(z)$ 的冲激响应展开，可以压缩单调递增的那部分频带，使其刚好与通带 $0\sim f_c$ 重合，ISOP 滤波器的实现结构如图 13.52 所示。

2. ISOP 滤波器的频率响应

二阶多项式 $B(z)$ 和插值二阶多项式（ISOP）$P(z)$ 的冲激响应如图 13.53 所示，其中 $a=1$，$f_c=1/8R$，$R=8$，$c=-7.47$。

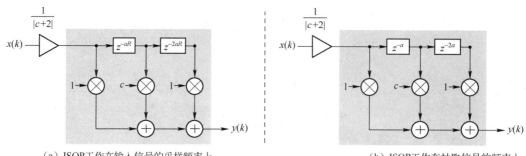

（a）ISOP工作在输入信号的采样频率上　　　　（b）ISOP工作在抽取信号的频率上

图 13.52　ISOP 滤波器的实现结构

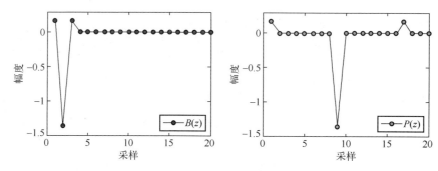

图 13.53　$B(z)$ 和 $P(z)$ 的冲激响应

与原来的多项式响应相比较，ISOP 滤波器响应被压缩并重复，如图 13.54 所示。

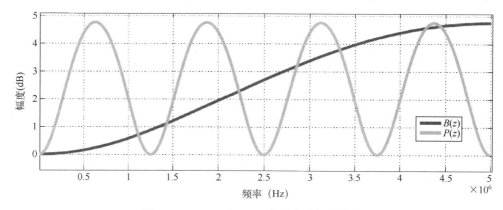

图 13.54　$B(z)$ 和 $P(z)$ 多项式的频谱特性

$B(z)$ 的插值（ISOP）形式为 $P(z)=(1+cz^{-aR}+z^{-2aR})/|c+2|$。前面提到，ISOP 滤波器的频率响应在 CIC 滤波器的通带中是单调递增的。一个重要的事实是，$P(z)$ 的最小值出现在 $1/aR$ 的整数倍上，刚好与 CIC 相应的零点重合。这使得 ISOP 滤波器对 CIC 滤波器的混迭抑制特性的影响达到了最小。

通过关系式 $1 \leqslant a \leqslant \dfrac{1}{2Rf_c}$ 来计算延迟系数 a，其中 f_c 表示通频带截止频率，它是输入采样率的分数值。

对于满足上面取值范围的每个整数值 a，可求得系数 c 的值。这对 (a,c) 就是要寻找的滤波器值，它提供了最接近所希望的平坦通带。在前面和后面的讲解中，频率响应所对应的 c 值通过 MATLAB 求得。对于 $N=4$、$R=8$、$f_c=1/(8R)$ 和 $a=1$ 而言，c 的值为 -7.4700291402367。

3. ISOP 补偿 CIC 滤波器

ISOP 与 CIC 滤波器的频率响应如图 13.55 所示。

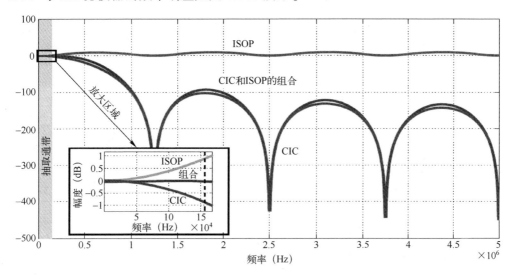

图 13.55　ISOP 与 CIC 滤波器的频率响应

使用 ISOP 补偿滤波器的主要硬件成本可编程乘法器和系数存储量。该乘法器的规格取决于 CIC 滤波器的输出位宽与系数 c 的位宽。尽管这里给出的 CIC 通带衰落解决方法比 $N=2$ 的 SCIC 滤波器略微大，但在其他场合，它提供了更大的灵活性。如前所述，SCIC 滤波器受限于 N 是偶数并且随着滤波器阶数的增大，SCIC 对硬件的需求比 CIC 滤波器对硬件的需求增加更快。因此，如果 CIC 滤波器阶数是可编程的（如 $N=3$、4、5），则 ISOP 比 SCIC 具有更好的硬件伸缩性能，因为在每一种情况下，ISOP 所要求的硬件规模大体上是相同的。

13.8　CIC 滤波器的递归和非递归结构

当介绍 CIC 滤波器的传递函数时，注意到它等价于 N 个滑动平均滤波器的级联。CIC 与基于滑动平均算法之间的主要区别在于 CIC 结构的递归性特点。

尽管在数学上是等价的，但是当分别研究它们电路的速度、功耗、所消耗的逻辑资源，以及抽取率的可编程性时，每种结构又都具有各自的优缺点。

本节将介绍一种具有低功耗特性，并能够将非递归级分离的技术。此外，还将介绍另一种实现 SCIC 滤波器的非递归方法。

级分离是一种对滤波器传递函数做因式分解的技术，通过使用恒等变换，使得大部分的信号处理能够以比输入采样更低的采样率来执行处理。

考虑下面的例子，由于：

$$H(z) = \left(\frac{1-z^{-R}}{1-z^{-1}}\right)^N = \left(\sum_{k=0}^{R-1} z^{-k}\right)^N \tag{13.35}$$

对一个非素数值的抽取率 R，可以将滤波器分成 d 个滤波器的级联，其中 d 为素数，并且是 R 的因子。如果 R 为 2 的幂次方，则 $R=2^d$，得到下面的关系式：

$$H(z) = \left(\sum_{k=0}^{2^d-1} z^{-k}\right)^N = \prod_{i=0}^{R-1} (z^{-2^i})^N \tag{13.36}$$

对于 $d=3$ 的情况，有 $R=2^3=8$，$H(z)$ 可被扩展为

$$\begin{aligned}H(z) &= (1+z^{-1}+z^{-2}+z^{-3}+z^{-4}+z^{-5}+z^{-6}+z^{-7})^N \\ &= (1+z^{-1})^N (1+z^{-2})^N (1+z^{-4})^N\end{aligned} \tag{13.37}$$

因此，不需要在下采样之前执行所有的滤波操作，如图 13.56 所示，取而代之的是使用恒等变换将传递函数因式中的延迟量分成很多级，它们中的大多数运行在低于输入率的频率上，这样就潜在地降低了电路的功耗。该结构也是一个级数分离、非递归的 $R=8$ 的滑动平均滤波器 3 级联接的实现。

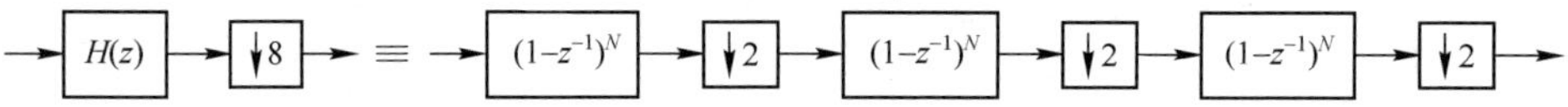

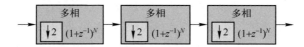

图 13.56 $H(z)$ 分解降低功耗

不再需要将每个非递归 FIR 滤波器分成 4 个系数为 (1, 1) 的滤波器级联，而是将每个滤波器在硬件上实现为一个全并行的、多相的、转置形式的系数为 (1, 4, 6, 4, 1) 的 FIR 滤波器，如图 13.57 所示。在该结构中的每个 $(1+z^{-1})^N$ $(N=4)$ 表示为

图 13.57 多相滤波器的实现

$$(1+z^{-1})^N = 1+4z^{-1}+6z^{-2}+4z^{-3}+1z^{-4}$$

在该结构中，系数可以简单地通过移位/移位相加的操作来实现，而无须使用通用的乘法器。该多项滤波器的实现结构如图 13.58 所示。

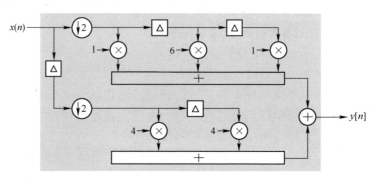

图 13.58 多项滤波器的实现结构

最初使用 CIC 滤波器是因为实现其结构的成本低，图 13.59 给出了 CIC 和分级 FIR 级联所消耗资源的比较。

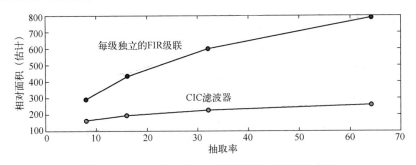

图 13.59 CIC 和分级 FIR 级联所消耗资源的比较

可通过使用一些简单的公式估算 CIC/滑动平均滤波器的最大速率、面积和功耗。

假设设计采用全流水线结构，则每个滤波器的关键路径将在比率（单个最长加法操作）/（该部分的抽取率）最高的滤波器组成部分中。因此，最高的电路速度 F_{MAX} 可以表示为

$$F_{MAX} = 1 \Big/ \left(\max_{i \in \{1, \cdots, v\}} \left(\frac{\log_2 B_i}{D_i} \right) \right) \tag{13.38}$$

其中，v 是滤波器级的个数；B_i 是第 i 级的输出位宽；D_i 是第 i 级的抽取率。对于 $N=4$、$R=8$ 的 CIC 滤波器而言，$v=8$，表示这 8 级中的前 4 个以输入采样的速率运行，而后 4 个以输入采样/8 的速率运行。CIC 滤波器满位增长的要求意味着每一级的 B_i 都是相同的。

对于 $N=4$ 的级分离 MA 滤波器而言，有 $v=3$ 个滤波器级。每级的位增长是 $\log_2(1+4+6+4+1) = 4$ 位。第一级的工作频率为输入速率/2，因为使用多相分解技术，第二级的工作频率为输入速率/4，第三级的工作频率为输入速率/8 等。

所消耗的硬件面积表示为

$$A = \sum_{i=1}^{v} B_i W_i \tag{13.39}$$

其中，W_i 为滤波器部分中加法操作的次数。在很大程度上，加法操作的次数表示了该滤波器面积消耗的程度，但是在这里它仅仅作为一个相对估计。其他因素也会影响这个值；如实现平台和在设计中使用流水线的程度。对使用 ASIC 的实现而言，增加流水也潜在地增加了面积的消耗；但对 FPGA 实现而言，其影响程度较小。因为那些已经存在于 FPGA 逻辑中的寄存器并不需要增加额外的成本。

假设一个分割时钟结构（ASIC 设计中很常见，但很少应用在 FPGA 设计中，一般推荐采用带有时钟使能的同步设计），其功耗表示为

$$P = \sum_{i=1}^{v} (B_i W_i)/D_i \tag{13.40}$$

CIC 滤波器和分级级联 FIR 滤波器在速度和功耗方面的比较如图 13.60 所示。

通过考察下面的关于前面例子中的位增长和电路速率就可以理解在功耗和最大速率方面的区别。如图 13.61 所示，在非递归架构中，当位宽增加时所要求的处理能力的增加被每一级采样率的降低所平衡。CIC 滤波器的功耗主要由运行在输入数据速率的 4 个积分器决定。类似地，CIC 滤波器的最高运行速度也受限于积分器级中加法器的字长。

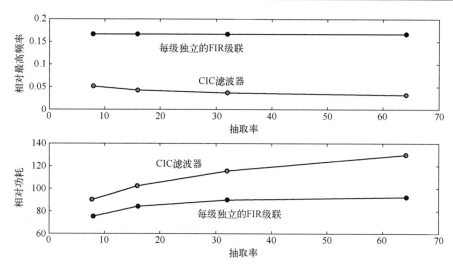

图 13.60　CIC 滤波器和分级级联 FIR 滤波器在速度和功耗方面的比较

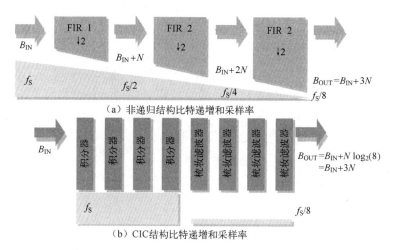

图 13.61　非递归结构和 CIC 结构的比特递增与采样率

下面讨论非递归 SCIC 滤波器的结构。

对于 CIC 滤波器，可以通过滤波器传递函数的级分离来产生一个数学上等价、非递归的滤波器。以增加硬件的面积消耗为代价，非递归架构获得了更高的最大电路速率和更低的功率消耗。

从数学角度而言，将 SCIC 滤波器以这种方式进行级分离是不可能的。然而，有可能获得一个非递归的 SCIC 的另一种结构，如图 13.62 所示，方法是将简单的半带滤波器级联，每个半带滤波器按两个采样对输入信号进行抽取。

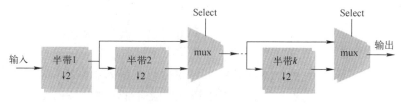

图 13.62　SCIC 的另一种实现方法

当抽取率为 2 的乘方时，通过选择或不选择每个半带滤波器使该滤波器具有可编程性。

当 SCIC 滤波器的抽取因数为 2 时，其数学上等价转置滤波器是系数为（-1,0,9,16,9,0,-1）的半带滤波器，左移了 1 个位置（增益为 2）。

与 CIC 滤波器等价的非递归形式不同的是，级联这些半带滤波器中的两个并不能产生一个抽取因子为 4、在数学上与 SCIC 等价的滤波器。然而，从其所具有的功能来看，当可编程抽取率为 2 的乘方时，按 2 及其以上的因子抽取时，在最坏情况下的混叠抑制是相同的。因此，在某些情况可以将这些半带滤波器的级联看作 SCIC 滤波器另一个不错的选择。

对 2 的幂次方抽取率，抽取因子是 2 及其以上时的可编程性可以通过多路器选择或不选择半带滤波器来获得。可获得的最大抽取率为 2^k。

13.9 基于模型的 CIC 滤波器实现

本节将通过使用 DSP Builder 实现一级和多级 CIC 滤波器结构，并对其仿真结果进行分析。

13.9.1 单级定点 CIC 滤波器的设计

本小节将介绍如何使用 DSP Builder 设计单级定点 CIC 滤波器，其主要步骤如下。

（1）启动 DSP Builder，打开一个空白的设计界面，以及 Simulink Library Browser 页面。调整空白设计界面和 Simulink Library Browser 页面的大小与位置，使得 Simulink Library Browser 页面位于电脑屏幕的左侧，空白设计界面位于电脑屏幕的右侧。

> **注**：在 MATLAB 主界面的主页标签下，将路径设置为 E:\intel_dsp_example\example_13_1。并且将该设计文件命名为 "cic.slx"。

（2）在 Simulink Library Browser 页面的左侧窗口中，找到并展开 "DSP System Toolbox" 选项。在展开项中，找到并选中 "Sources" 选项。在该页面的右侧窗口中，找到并将名字为 "Discrete Impulse" 的元器件符号拖曳到设计界面中。

（3）双击设计界面中名字为 "Discrete Impulse" 的元器件符号，弹出 "Block Parameters：Discrete Impulse" 对话框。在该对话框中，按如下设置参数。

① 单击 "Main" 标签。在该标签页中，按如下设置参数。
- Delay（samples）：8。
- Sample time：1/100e6。
- Samples per frame：1。

② 单击 "Data Types" 标签。在该标签页中，单击 "Output data type" 下拉框右侧的 >> 按钮。在展开的对话框中，按如下设置参数。
- Mode：Fixed point。
- Signedness：Signed。
- Word length：16。
- Scaling：Binary point。
- Fraction length：0。

(4) 单击"OK"按钮,退出"Block Parameters:Discrete Impulse"对话框。

(5) 在 Simulink Library Browser 页面的左侧窗口中,找到并展开"DSP Builder for Intel FPGAs-Advanced Blockset"选项。在展开项中,找到并展开"Primitives"选项。在展开项中,找到并展开"Primitive Configuration"选项。在该页面的右侧窗口中,找到并将名字为"GPIn"、"GPOut"和"SynthesisInfo"的元器件符号拖曳到设计界面中。

(6) 在 Simulink Library Browser 页面的左侧窗口中,找到并展开"DSP Builder for Intel FPGAs-Advanced Blockset"选项。在展开项中,找到并展开"Primitives"选项。在展开项中,找到并选中"Primitive Basic Blocks"选项。在该页面的右侧窗口中,找到并将名字为"SampleDelay"的元器件符号分 4 次分别拖曳到设计界面中。

(7) 双击设计界面中名字为"SampleDelay2"的元器件符号,弹出"Block Parameters:SampleDelay2"对话框。在该对话框中,将"Number of delays"设置为 8。

(8) 单击"OK"按钮,退出"Block Parameters:SampleDelay2"对话框。

(9) 重复步骤 (6),找到并将名字为"Add"的元器件符号分两次分别拖曳到设计界面中。

(10) 双击设计界面中名字为"Add"的元器件符号,弹出"Block Parameters:Add"对话框。在该对话框中,按如下设置参数。

① Output data type mode:Specify via dialog。

② Output data type sfix(19)。

③ Output scaling value:2^-0。

(11) 单击"OK"按钮,退出"Block Parameters:Add"对话框。

(12) 重复步骤 (10)~(11),为设计界面中名字为"Add1"的元器件设置与名字为"Add"的元器件完全相同的参数。

(13) 在 Simulink Library Browser 页面的左侧窗口中,找到并展开"DSP Builder for Intel FPGAs-Advanced Blockset"选项。在展开项中,找到并选中"Design Configuration"选项。在该页面的右侧窗口中,找到并将名字为"Control"和"Device"的元器件符号分别拖曳到设计界面中。

(14) 双击设计界面中名字为"Control"的元器件符号,弹出"DSP Builder for Intel FPGAs Blockset-Settings"对话框。在该对话框中,按如下设置参数。

① 单击"General"标签。在该标签页中,按如下设置参数。

• 勾选"Generate hardware"前面的复选框。

• Hardware destination directory:rtl。

② 单击"Clock"标签。在该标签页中,将"Clock Frequency (MHz)"设置为 100。

(15) 单击"OK"按钮,退出"DSP Builder for Intel FPGAs Blockset-Settings"对话框。

(16) 双击设计界面中名字为"Device"的元器件符号,弹出"DSP Builder-Device Parameters"对话框。在该对话框中,按如下设置参数。

① Device Family:Cyclone 10 GX。

② Family member:10CX085YU484E6G。

③ Speed grade:6。

(17) 单击"OK"按钮,退出"DSP Builder-Device Parameters"对话框。

(18) 在 Simulink Library Browser 页面的左侧窗口中，找到并展开"Simulink"选项。在展开项中，找到并选择"Sinks"选项。在该界面的右侧窗口中，找到并将名字为"Scope"的元器件符号拖曳到设计界面中。

(19) 按图 13.63 调整元器件的布局，并连接设计中的元器件。

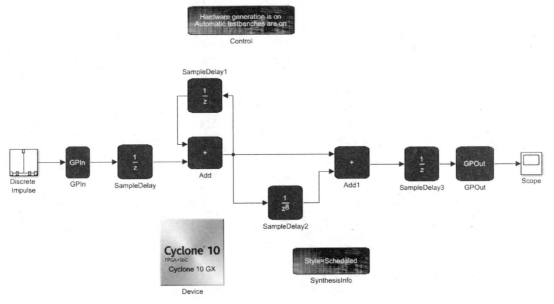

图 13.63 调整设计中元器件的布局并连接元器件

(20) 按图 13.64 所示，选择阴影区域中所有的元器件，单击鼠标右键，出现浮动菜单。在浮动菜单内，选择"Create Subsystem from Selection"选项，生成包含子系统的设计，如图 13.65 所示。

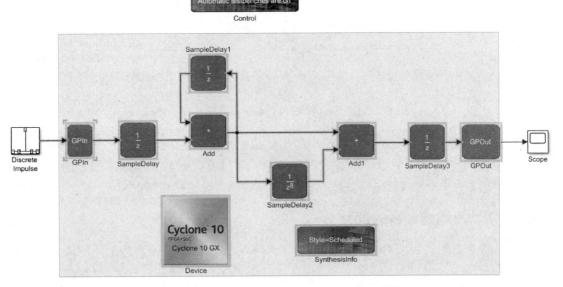

图 13.64 选择阴影区域中设计的所有元器件

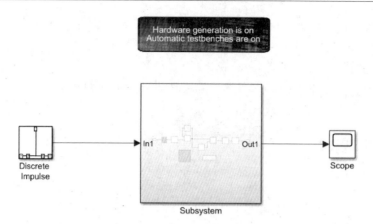

图 13.65 生成包含子系统的完整设计模型

（21）在当前设计界面工具栏中名字为"Simulation stop time"的文本框中输入 128/100e6。

（22）在当前设计界面中，单击工具栏中的"Run"按钮 ⊙，执行 Simulink 仿真。

（23）双击设计界面中名字为"Scope"的元器件符号，打开仿真波形，如图 13.66 所示。

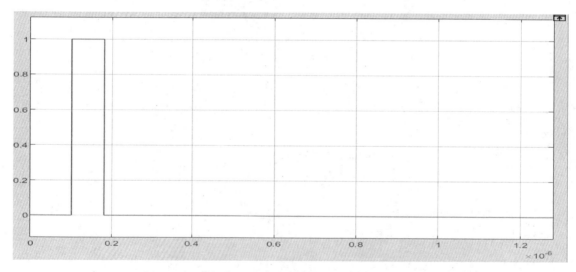

图 13.66 单极定点 CIC 滤波器的仿真结果（反色显示）

思考与练习 13-1：查看图 13.66 给出的仿真结果，验证设计的正确性。

思考与练习 13-2：在一级 CIC 滤波器实验中，通过改变参数观察输出信号的波形，分析输出信号的宽度由什么参数决定的，并改变该参数观察设想是否正确？

13.9.2 滑动平均滤波器的设计

本小节将介绍如何使用 DSP Builder 设计滑动平均滤波器。设计滑动平均滤波器的主要步骤如下。

（1）启动 DSP Builder，并打开一个空白的设计界面，以及 Simulink Library Browser 页

第 13 章 其他类型数字滤波器原理及实现

面。调整空白设计界面和 Simulink Library Browser 页面的大小与位置，使得 Simulink Library Browser 页面位于电脑屏幕的左侧，空白设计界面位于电脑屏幕的右侧。

> **注**：在 MATLAB 主界面的主页标签下，将路径设置为 E:\intel_dsp_example\example_13_2。并且将该设计文件命名为"ma.slx"。

（2）在 Simulink Library Browser 页面的左侧窗口中，找到并展开"DSP System Toolbox"选项。在展开项中，找到并选中"Sources"选项。在该页面的右侧窗口中，找到并将名字为"Discrete Impulse"的元器件符号拖曳到设计界面中。

（3）双击设计界面中名字为"Discrete Impulse"的元器件符号，弹出"Block Parameters: Discrete Impulse"对话框。在该对话框中，按如下设置参数。

① 单击"Main"标签。在该标签页中，按如下设置参数。
- Delay (samples)：8。
- Sample time：1/100e6。
- Samples per frame：1。

② 单击"Data Types"标签。在该标签页中，单击"Output data type"下拉框右侧的 >> 按钮。在展开的对话框中，按如下设置参数。
- Mode：Fixed point。
- Signedness：Signed。
- Word length：16。
- Scaling：Binary point。
- Fraction length：0。

（4）单击"OK"按钮，退出"Block Parameters: Discrete Impulse"对话框。

（5）在 Simulink Library Browser 页面的左侧窗口中，找到并展开"DSP Builder for Intel FPGAs-Advanced Blockset"选项。在展开项中，找到并展开"Primitives"选项。在展开项中，找到并展开"Primitive Configuration"选项。在该页面的右侧窗口中，找到并将名字为"GPIn"、"GPOut"和"SynthesisInfo"的元器件符号拖曳到设计界面中。

（6）在 Simulink Library Browser 页面的左侧窗口中，找到并展开"DSP Builder for Intel FPGAs-Advanced Blockset"选项。在展开项中，找到并展开"Primitives"选项。在展开项中，找到并选中"Primitive Basic Blocks"选项。在该页面的右侧窗口中，找到并将名字为"SampleDelay"的元器件符号分 9 次分别拖曳到设计界面中。

（7）重复步骤（6），找到并将名字为"Add"的元器件符号分 7 次分别拖曳到设计界面中。

（8）双击设计界面中名字为"Add"的元器件符号，弹出"Block Parameters: Add"对话框。在该对话框中，按如下设置参数。

① Output data type mode：Specify via dialog。
② Output data type sfix(17)。
③ Output scaling value：2^-0。

（9）单击"OK"按钮，退出"Block Parameters: Add"对话框。

（10）重复步骤（8）~（9），为设计界面中名字为"Add1"的元器件设置参数。除了将

"Output data type"设置为sfix(18),其他参数的设置与Add元器件的完全相同。

(11) 重复步骤(8)~(9),为设计界面中名字为"Add2"的元器件设置参数。除了将"Output data type"设置为sfix(18),其他参数的设置与Add元器件的完全相同。

(12) 重复步骤(8)~(9),为设计界面中名字为"Add3"的元器件设置参数。除了将"Output data type"设置为sfix(19),其他参数的设置与Add元器件的完全相同。

(13) 重复步骤(8)~(9),为设计界面中名字为"Add4"的元器件设置参数。除了将"Output data type"设置为sfix(19),其他参数的设置与Add元器件的完全相同。

(14) 重复步骤(8)~(9),为设计界面中名字为"Add5"的元器件设置参数。除了将"Output data type"设置为sfix(19),其他参数的设置与Add元器件的完全相同。

(15) 重复步骤(10)~(11),为设计界面中名字为"Add5"的元器件设置参数。除了将"Output data type"设置为sfix(19),其他参数的设置与"Add"元器件的完全相同。

(16) 在Simulink Library Browser页面的左侧窗口中,找到并展开"DSP Builder for Intel FPGAs-Advanced Blockset"选项。在展开项中,找到并选中"Design Configuration"选项。在该页面的右侧窗口中,找到并将名字为"Control"和"Device"的元器件符号分别拖曳到设计界面中。

(17) 双击设计界面中名字为"Control"的元器件符号,弹出"DSP Builder for Intel FPGAs Blockset-Settings"对话框。在该对话框中,按如下设置参数。

① 单击"General"标签。在该标签页中,按如下设置参数。
- 勾选"Generate hardware"前面的复选框。
- Hardware destination directory:rtl。

② 单击"Clock"标签。在该标签页中,将"Clock Frequency(MHz)"设置为100。

(18) 单击"OK"按钮,退出"DSP Builder for Intel FPGAs Blockset-Settings"对话框。

(19) 双击设计界面中名字为"Device"的元器件符号,弹出"DSP Builder-Device Parameters"对话框。在该对话框中,按如下设置参数。

① Device Family:Cyclone 10 GX。
② Family member:10CX085YU484E6G。
③ Speed grade:6。

(20) 单击"OK"按钮,退出"DSP Builder-Device Parameters"对话框。

(21) 在Simulink Library Browser页面的左侧窗口中,找到并展开"Simulink"选项。在展开项中,找到并选择"Sinks"选项。在该页面的右侧窗口中,找到并将名字为"Scope"的元器件符号拖曳到设计界面中。

(22) 双击设计界面中名字为"Scope"的元器件符号,弹出Scope页面。在该页面中,按如下设置参数。

① 在主菜单下,选择File→Number of Input Ports→2。
② 在主菜单下,选择View→Layout,出现浮动小方格界面。在该界面中,设置仿真结果显示窗口的布局。

(23) 退出Scope页面。

(24) 按图13.67调整元器件的布局,并连接设计中的元器件。

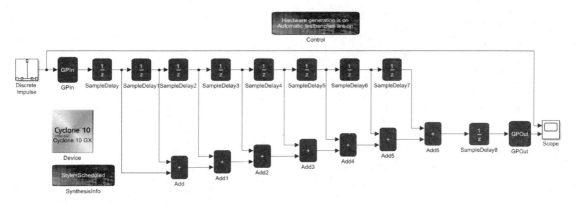

图 13.67 调整元器件的布局,并连接设计中的元器件

(25) 按图 13.68 所示,选择阴影区域中的所有元器件,单击鼠标右键,出现浮动菜单。在浮动菜单内,选择 "Create Subsystem from Selection" 选项,生成包含子系统的设计,并将该子系统的名字改为 "MA Filter",如图 13.69 所示。

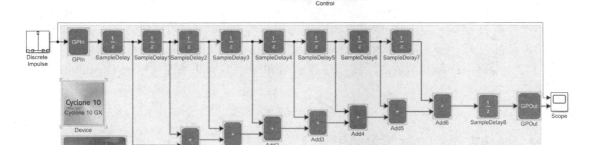

图 13.68 选择阴影区域中所有的元器件

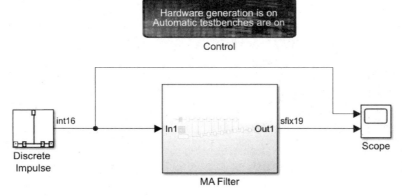

图 13.69 包含子系统 MA Filter 的完整设计模型

(26) 在当前设计界面工具栏中名字为 "Simulation stop time" 的文本框中输入 64/100e6。
(27) 在当前设计界面中,单击工具栏中的 "Run" 按钮 ▶,执行 Simulink 仿真。

（28）双击设计界面中名字为"Scope"的元器件符号，打开仿真结果，如图 13.70 所示。

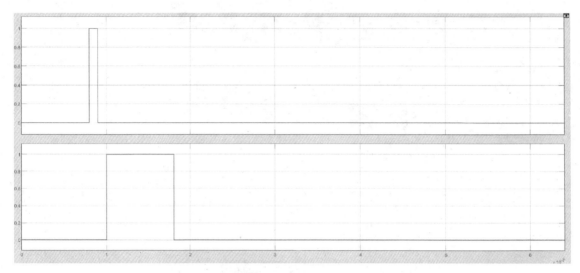

图 13.70　滑动滤波器模型的仿真结果（反色显示）

思考与练习 13-3：查看图 13.70 所示的仿真结果，验证设计的正确性。

思考与练习 13-4：比较滑动平均滤波器与一级 CIC 滤波器，完成下面的内容。

（1）分别将保持相同参数的一级 CIC 滤波器和滑动平均滤波器生成为 Quartus Prime 软件可执行的工程文件。

（2）比较两个系统中的硬件资源消耗、最大频率参数。

13.9.3　多级定点 CIC 滤波器的设计

本小节将介绍如何在 13.9.1 小节所设计的一级定点 CIC 滤波器模型的基础上通过级联的方式生成三级定点 CIC 滤波器模型，其主要步骤如下。

（1）启动 DSP Builder，并打开一个空白的设计界面，以及 Simulink Library Browser 页面。调整空白设计界面和 Simulink Library Browser 页面的大小与位置，使得 Simulink Library Browser 页面位于电脑屏幕的左侧，空白设计界面位于电脑屏幕的右侧。

> **注**：在 MATLAB 主界面的主页标签下，将路径设置为 E：\intel_dsp_example\example_13_3。并且将该设计文件命名为"cic_3_order.slx"。

（2）按 13.9.1 小节所介绍的步骤，构建一级定点 CIC 滤波器模型，如图 13.71 所示，其参数设置与单极定点 CIC 滤波器模型完全相同。

（3）按图 13.72 所示，选中阴影区域内所有的元器件，按"Ctrl+C"组合键，复制单极定点 CIC 滤波器模型。

（4）在设计界面中，按"Ctrl+V"组合键两次，在设计界面中粘贴两个单极定点 CIC 滤波器设计模型，并与前级定点 CIC 滤波器连接，这样构成 3 级定点 CIC 滤波器设计模板，如图 13.73 所示。

第 13 章 其他类型数字滤波器原理及实现

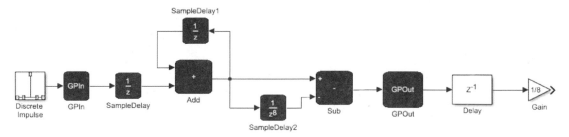

图 13.71　单极定点 CIC 滤波器模型

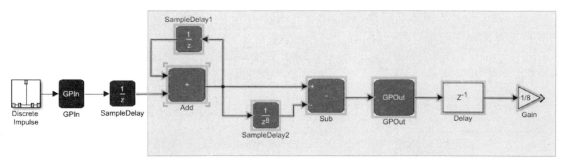

图 13.72　选中阴影区域中所有的元器件

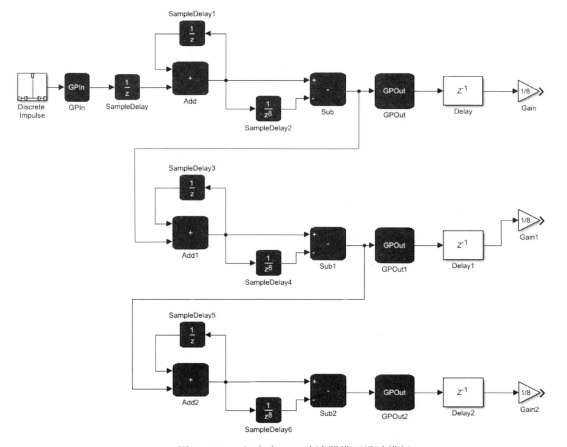

图 13.73　3 级定点 CIC 滤波器模型设计模板

(5) 双击设计界面中名字为"Add1"的元器件符号,弹出"Block Parameters:Add1"对话框。在该对话框中,将"Output data type"的设置修改为sfix(22),其他参数保持不变。

(6) 单击"OK"按钮,退出"Block Parameters:Add1"对话框。

(7) 双击设计界面中名字为"Sub1"的元器件符号,弹出"Block Parameters:Sub1"对话框。在该对话框中,将"Output data type"的设置修改为sfix(22),其他参数保持不变。

(8) 单击"OK"按钮,退出"Block Parameters:Sub1"对话框。

(9) 双击设计界面中名字为"Gain1"的元器件符号,弹出"Block Parameters:Gain1"对话框。在该对话框中,将"Gain"的设置修改为1/64。

(10) 单击"OK"按钮,退出"Block Parameters:Gain1"对话框。

(11) 双击设计界面中名字为"Add2"的元器件符号,弹出"Block Parameters:Add2"对话框。在该对话框中,将"Output data type"的设置修改为sfix(25),其他参数保持不变。

(12) 单击"OK"按钮,退出"Block Parameters:Add2"对话框。

(13) 双击设计界面中名字为"Sub2"的元器件符号,弹出"Block Parameters:Sub2"对话框。在该对话框中,将"Output data type"的设置修改为sfix(25),其他参数保持不变。

(14) 单击"OK"按钮,退出"Block Parameters:Sub2"对话框。

(15) 双击设计界面中名字为"Gain2"的元器件符号,弹出"Block Parameters:Gain2"对话框。在该对话框中,将"Gain"的设置修改为1/512。

(16) 单击"OK"按钮,退出"Block Parameters:Gain2"对话框。

(17) 选中设计界面中名字为"Delay2"的元器件,按"Del"键,从设计界面中删除该元器件,并将元器件GPOut2的输出与元器件Gain2的输入直接连接。

(18) 在设计界面中,找到并选中名字为"SampleDelay"的元器件符号,按"Ctrl+C"组合键,复制该元器件符号,然后按"Ctrl+V"组合键,在当前设计界面中粘贴一个新的名字为"SampleDelay7"的元器件符号,并将该元器件插在元器件Sub2的输出和元器件GPOut2的输入之间。

(19) 在Simulink Library Browser页面的左侧窗口中,找到并展开"Simulink"选项。在展开项中,找到并选择"Sinks"选项。在该界面的右侧窗口中,找到并将名字为"Scope"的元器件符号拖曳到设计界面中。

(20) 双击设计界面中名字为"Scope"的元器件符号,弹出"Scope页面。在该页面中,按如下设置参数。

① 在主菜单下,选择File→Number of Input Ports→3。

② 在主菜单下,选择View→Layout,出现浮动小方格界面。在该界面中,设置仿真结果显示窗口的布局。

(21) 关闭Scope页面。

(22) 在Simulink Library Browser页面的左侧窗口中,找到并展开"DSP Builder for Intel FPGAs-Advanced Blockset"选项。在展开项中,找到并展开"Primitives"选项。在展开项

中,找到并展开"Primitive Configuration"选项。在该页面的右侧窗口中,找到并将名字为"SynthesisInfo"的元器件符号拖曳到设计界面中。

(23) 在 Simulink Library Browser 页面的左侧窗口中,找到并展开"DSP Builder for Intel FPGAs-Advanced Blockset"选项。在展开项中,找到并选中"Design Configuration"选项。在该页面的右侧窗口中,找到并将名字为"Control"和"Device"的元器件符号分别拖曳到设计界面中。

(24) 双击设计界面中名字为"Control"的元器件符号,弹出"DSP Builder for Intel FPGAs Blockset-Settings"对话框。在该对话框中,按如下设置参数。

① 单击"General"标签。在该标签页中,按如下设置参数。
- 勾选"Generate hardware"前面的复选框。
- Hardware destination directory:rtl。

② 单击"Clock"标签。在该标签页中,将"Clock Frequency(MHz)"设置为100。

(25) 单击"OK"按钮,退出"DSP Builder for Intel FPGAs Blockset-Settings"对话框。

(26) 双击设计界面中名字为"Device"的元器件符号,弹出"DSP Builder-Device Parameters"对话框。在该对话框中,按如下设置参数。

① Device Family:Cyclone 10 GX。
② Family member:10CX085YU484E6G。
③ Speed grade:6。

(27) 单击"OK"按钮,退出"DSP Builder-Device Parameters"对话框。

(28) 按图13.74调整元器件的布局,并连接设计中的元器件。

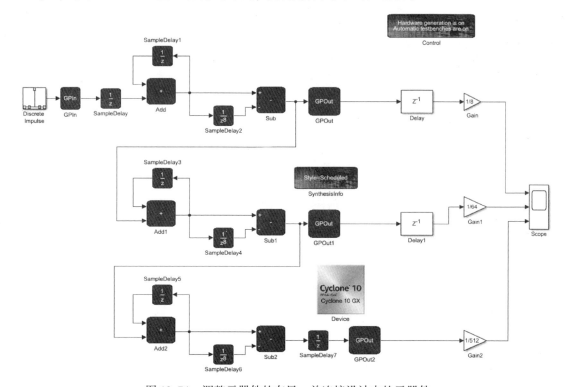

图13.74 调整元器件的布局,并连接设计中的元器件

(29)按图 13.75 所示,选中阴影区域中所有的元器件,单击鼠标右键,出现浮动菜单。在浮动菜单内,选择"Create Subsystem from Selection"选项,生成包含子系统的设计,并将该子系统的名字改为"3 Order CIC Filter",如图 13.76 所示。

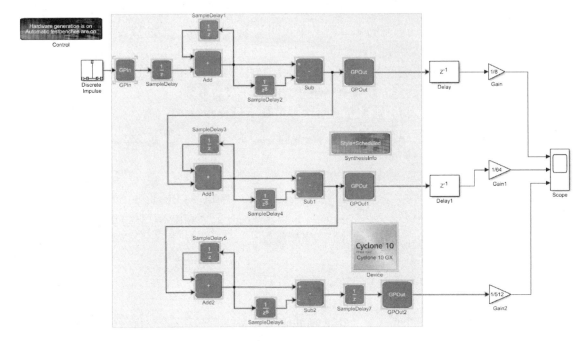

图 13.75　选中阴影区域中所有的元器件

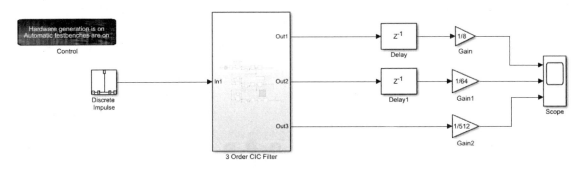

图 13.76　包含子系统 3 Order CIC Filter 的完整设计模型

(30)在当前设计界面工具栏中名字为"Simulation stop time"的文本框中输入 1024/100e6。

(31)在当前设计界面中,单击工具栏中的"Run"按钮 ▶,执行 Simulink 仿真。

(32)双击设计界面中名字为"Scope"的元器件符号,打开仿真结果,如图 13.77 所示。

思考与练习 13-5:根据图 13.77 给出的仿真结果,说明设计的正确性。

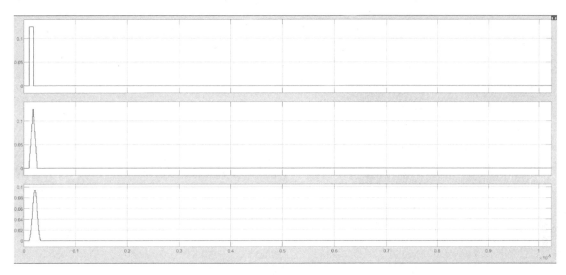

图 13.77 多级定点 CIC 滤波器模型的仿真结果（反色显示）

13.9.4 定点和浮点 CIC 多级滤波器的设计

本小节将介绍如何在多极定点 CIC 滤波器模型的基础上添加多级浮点 CIC 滤波器模型，然后对多级定点 CIC 滤波器模型和多级浮点 CIC 滤波器模型的性能进行比较。实现定点和浮点 CIC 多级滤波器模型的步骤主要如下。

（1）启动 DSP Builder，并打开一个空白的设计界面，以及 Simulink Library Browser 页面。调整空白设计界面和 Simulink Library Browser 页面的大小与位置，使得 Simulink Library Browser 页面位于电脑屏幕的左侧，空白设计界面位于电脑屏幕的右侧。

> **注**：在 MATLAB 主界面的主页标签下，将路径设置为 E:\intel_dsp_example\example_13_4。并且将该设计文件命名为"fixed_float_point_cic.slx"。

（2）在 Simulink Library Browser 页面的左侧窗口中，找到并展开"Simulink"选项。在展开项中，找到并选中"Sources"选项。在该页面的右侧窗口中，找到并将名字为"Random Number"和"Sine Wave"的元器件符号分别拖曳到设计界面中。

（3）双击设计界面中名字为"Random Number"的元器件符号，弹出"Block Parameters：Random Number"对话框。在该对话框中，按如下设置参数。

① Mean：0。
② Variance：10000000。
③ Seed：1。
④ Sample time：1/100e6。

（4）单击"OK"按钮，退出"Block Parameters：Random Number"对话框。

（5）双击设计界面中名字为"Sine Wave"的元器件符号，弹出"Block Parameters：Sine Wave"对话框。在该对话框中，按如下设置参数。

① Sine type：Time based。
② Time：Use simulation time。

③ Amplitude：2^14。

④ Bias：0。

⑤ Frequency（rad/sec）：1256637。

⑥ Phase（rad）：0。

⑦ Sample time：1/100e6。

（6）单击"OK"按钮，退出"Block Parameters：Sine Wave"对话框。

（7）在 Simulink Library Browser 页面的左侧窗口中，找到并展开"Simulink"选项。在展开项中，找到并选中"Math Operations"选项。在该页面的右侧窗口中，找到并将名字为"Add"的元器件符号拖曳到设计界面中。

（8）在 Simulink Library Browser 页面的左侧窗口中，找到并展开"Simulink"选项。在展开项中，找到并选中"Commonly Used Blocks"选项。在该页面的右侧窗口中，找到并将名字为"Data Type Conversion"的元器件符号拖曳到设计界面中。

（9）双击设计界面中名字为"Data Type Conversion"的元器件符号，弹出"Block Parameters：Data Type Conversion"对话框。在该对话框中，在"Output data type"右侧的下拉框中选择"fixdt（1，16，0）"。

（10）单击"OK"按钮，退出"Block Parameters：Data Type Conversion"对话框。

（11）按图 13.78 所示，调整元器件的布局，并连接设计中的元器件，以生成该设计模型的信号源部分。

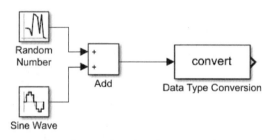

图 13.78　调整元器件的布局，并连接设计中的元器件，构成系统的信号源

（12）按图 13.79 所示，重新绘制多级定点 CIC 滤波器模型，生成该多级定点 CIC 滤波器的子系统模块，将该子系统的名字改为"Fixed Point 3 Order CIC Filter"，并将该系统与信号源连接，如图 13.80 所示。

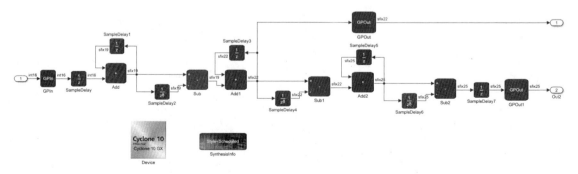

图 13.79　多级定点 CIC 滤波器的内部结构

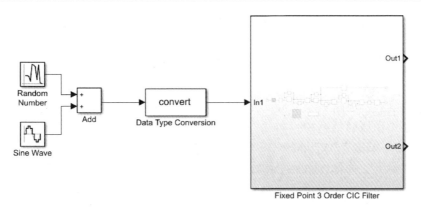

图 13.80　子系统 Fixed Point 3 Order CIC Filter 与信号源的连接

（13）按图 13.81 所示，绘制多级浮点 CIC 滤波器模型，生成该多级浮点 CIC 滤波器的子系统模块，将该子系统的名字改为"Floating Point 3 Order CIC Filter"，并将该系统与信号源连接，如图 13.82 所示。

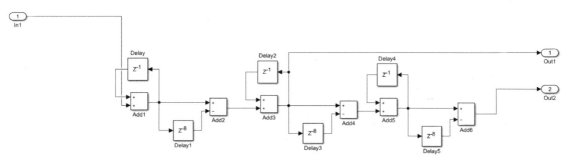

图 13.81　多级浮点 CIC 滤波器的内部结构

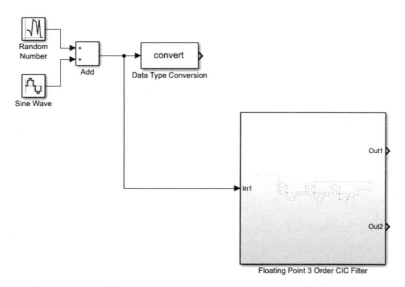

图 13.82　子系统 Floating Point 3 Order CIC Filter 与信号源的连接

（14）在 Simulink Library Browser 页面的左侧窗口中，找到并展开"Simulink"选项。在

展开项中，找到并选择"Sinks"选项。在该页面的右侧窗口中，找到并将名字为"Scope"的元器件符号拖曳到设计界面中。

（15）双击设计界面中名字为"Scope"的元器件符号，弹出"Scope 页面。在该页面中，按如下设置参数。

① 在主菜单下，选择 File→Number of Input Ports→More，弹出"Configuration Properties：Scope"对话框。在该对话框中，单击"Main"标签。在该标签页中，将"Number of input ports"设置为6。单击"OK"按钮，退出"Configuration Properties：Scope"对话框。

② 在主菜单下，选择 View→Layout，出现浮动小方格界面。在该界面中，设置仿真结果显示窗口的布局。

（16）关闭 Scope 页面。

（17）在 Simulink Library Browser 页面的左侧窗口中，找到并展开"DSP Builder for Intel FPGAs-Advanced Blockset"选项。在展开项中，找到并选中"Design Configuration"选项。在该页面的右侧窗口中，找到并将名字为"Control"的元器件符号拖曳到设计界面中。

（18）双击设计界面中名字为"Control"的元器件符号，弹出"DSP Builder for Intel FPGAs Blockset-Settings"对话框。在该对话框中，按如下设置参数。

① 单击"General"标签。在该标签页中，按如下设置参数。
- 勾选"Generate hardware"前面的复选框。
- Hardware destination directory：rtl。

② 单击"Clock"标签。在该标签页中，将"Clock Frequency（MHz）"设置为100。

（19）单击"OK"按钮，退出"DSP Builder for Intel FPGAs Blockset-Settings"对话框。

（20）按图 13.83 所示，调整元器件的布局，并连接设计中的所有元器件，以构成完成的定点和浮点 CIC 滤波器设计模型。

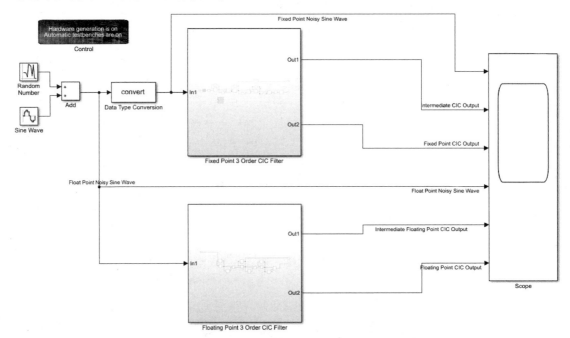

图 13.83　包含定点和浮点 CIC 多级滤波器子系统的完整设计模型

第 13 章　其他类型数字滤波器原理及实现　　671

（21）在当前设计界面工具栏中名字为"Simulation stop time"的文本框中输入 1024/100e6。

（22）在当前设计界面中，单击工具栏中的"Run"按钮 ⊙，执行 Simulink 仿真。

（23）双击设计界面中名字为"Scope"的元器件符号，弹出仿真结果界面，如图 13.84 所示。

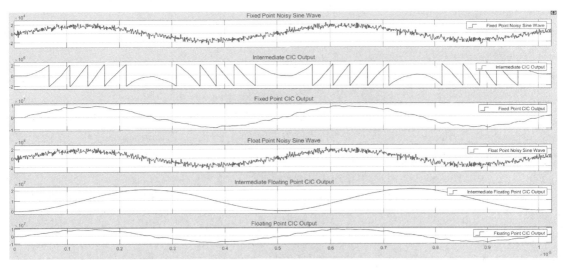

图 13.84　包含定点和浮点 CIC 多级滤波器子系统的仿真结果（反色显示）

思考与练习 13-6：根据图 13.84 给出的仿真结果，比较浮点 CIC 多级滤波器和定点 CIC 多级滤波器的计算精度。

13.9.5　CIC 抽取滤波器的设计

本小节将介绍如何设计 CIC 抽取滤波器，且该 CIC 抽取滤波器的抽样因子为 16，其由 4 个单元构成。该滤波器的采样率被设计为从 10MHz 降到 625kHz，而低通的通频带为 78.125kHz。设计 CIC 抽取滤波器的步骤主要如下。

（1）启动 DSP Builder，并打开一个空白的设计界面，以及 Simulink Library Browser 页面。调整空白设计界面和 Simulink Library Browser 页面的大小与位置，使得 Simulink Library Browser 页面位于电脑屏幕的左侧，空白设计界面位于电脑屏幕的右侧。

> **注**：在 MATLAB 主界面的主页标签下，将路径设置为 E:\intel_dsp_example\example_13_5。并且将该设计文件命名为"cic_decimator.slx"。

（2）在 Simulink Library Browser 页面的左侧窗口中，找到并展开"DSP System Toolbox"选项。在展开项中，找到并选中"Sources"选项。在该页面的右侧窗口中，找到并将名字为"Discrete Impulse"的元器件符号拖曳到设计界面中。

（3）双击设计界面中名字为"Discrete Impulse"的元器件符号，弹出"Block Parameters：Discrete Impulse"对话框。在该对话框中，按如下设置参数。

① 单击"Main"标签。在该标签页中，按如下设置参数。
- Delay（samples）：4。

- Sample time：1/fs。
- Samples per frame：1。

② 单击"Data Types"标签。在该标签页中，单击"Output data type"下拉框右侧的 >> 按钮。在展开的对话框中，按如下设置参数。

- Mode：Fixed point。
- Signedness：Signed。
- Word length：18。
- Scaling：Binary point。
- Fraction length：16。

（4）单击"OK"按钮，退出"Block Parameters：Discrete Impulse"对话框。

（5）在 Simulink Library Browser 页面的左侧窗口中，找到并展开"DSP Builder for Intel FPGAs-Advanced Blockset"选项。在展开项中，找到并展开"Primitives"选项。在展开项中，找到并选中"Primitive Configuration"选项。在该页面的右侧窗口中，找到并将名字为"GPIn"的元器件符号拖曳到设计界面中。

（6）在 Simulink Library Browser 页面的左侧窗口中，找到并展开"DSP Builder for Intel FPGAs-Advanced Blockset"选项。在展开项中，找到并展开"Primitives"选项。在展开项中，找到并选中"Primitive Basic Blocks"选项。在该页面的右侧窗口中，找到并将名字为"Const"和"Shift"的元器件符号拖曳到设计界面中。

（7）双击设计界面中名字为"Const"的元器件符号，弹出"Block Parameters：Const"对话框。在该对话框中，按如下设置参数。

① Output data type mode：Specify via dialog。
② Output data type uint(8)。
③ Output scaling value：2^-0。
④ Value：16。

（8）单击"OK"按钮，退出"Block Parameters：Const"对话框。

（9）重复步骤（6），找到并将名字为"SampleDelay"的元器件符号分 4 次分别拖曳到设计界面中。

（10）重复步骤（6），找到并将名字为"Add"的元器件符号分 4 次分别拖曳到设计界面中。

（11）双击设计界面中名字为"Add"的元器件符号，弹出"Block Parameters：Add"对话框。在该对话框中，按如下设置参数。

① Output data type mode：Specify via dialog。
② Output data type sfix(18)。
③ Output scaling value：2^-16。

（12）单击"OK"按钮，退出"Block Parameters：Add"对话框。

（13）重复步骤（11）~（12），为名字为"Add1"的元器件设置与元器件 Add 完全相同的参数。

（14）重复步骤（11）~（12），为名字为"Add2"的元器件设置与元器件 Add 完全相同的参数。

（15）重复步骤（11）~（12），为名字为"Add3"的元器件设置与元器件 Add 完全相同的参数。

（16）重复步骤（6），找到并将名字为"GPOut"的元器件符号拖曳到设计界面中。

（17）重复步骤（6），找到并将名字为"SynthesisiInfo"的元器件符号拖曳到设计界面中。

（18）在 Simulink Library Browser 页面的左侧窗口中，找到并展开"DSP Builder for Intel FPGAs-Advanced Blockset"选项。在展开项中，找到并选中"Design Configuration"选项。在该页面的右侧窗口中，找到并将名字为"Device"的元器件符号拖曳到设计界面中。

（19）双击设计界面中名字为"Device"的元器件符号，弹出"DSP Builder-Device Parameters"对话框。在该对话框中，按如下设置参数。

① Device Family：Cyclone 10 GX。

② Family member：10CX085YU484E6G。

③ Speed grade：6。

（20）单击"OK"按钮，退出"DSP Builder-Device Parameters"对话框。

（21）按图 13.85 所示，调整元器件的布局，并连接设计中的所有元器件。

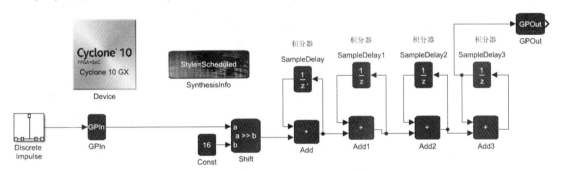

图 13.85　4 个积分器和信号的连接

（22）在 Simulink Library Browser 页面的左侧窗口中，找到并展开"DSP System Toolbox"选项。在展开项中，找到并选中"Signal Operation"选项。在该页面的右侧窗口中，找到并将名字为"Delay"和"Downsample"的元器件符号拖曳到设计界面中。

（23）双击设计界面中名字为"Delay"的元器件符号，弹出"Block Parameters：Delay"对话框。在该对话框中，单击"Main"标签。在该标签页中，按如下设置参数。

① Delay length：1。

② Input processing：Elements as channels（sample based）。

（24）单击"OK"按钮，退出"Block Parameters：Delay"对话框。

（25）双击设计界面中名字为"Downsample"的元器件符号，弹出"Block Parameters：Downsample"对话框。在该对话框中，按如下设置参数。

① Downsample factor，K：16。

② Input processing：Elements as channels（sample based）。

（26）单击"OK"按钮，退出"Block Parameters：Downsample"对话框。

（27）将设计界面中 Delay 元器件的输入与 GPOut 元器件的输出连接，将 Downsample 元器件的输入与 Delay 元器件的输出连接。

（28）重复步骤（5），找到并将名字为"GPIn"、"GPOut"和"SynthesisInfo"的元器件符号拖曳到设计界面中。

（29）重复步骤（6），找到并将名字为"SampleDelay"的元器件符号分 8 次分别拖曳到设计界面中。

（30）重复步骤（6），找到并将名字为"Sub"的元器件符号分 4 次分别拖曳到设计界面中。

（31）双击设计界面中名字为"SampleDelay"的元器件符号，弹出"Block Parameters：SampleDelay4"对话框。在该对话框中，将"Number of delays："设置为 16。

（32）单击"OK"按钮，退出"Block Parameters：SampleDelay4"对话框。

（33）重复步骤（31）~（32），为设计界面中的元器件 SampleDelay5 ~ SampleDelay11 设置与元器件 SampleDelay4 完全相同的参数。

（34）双击设计界面中名字为"Sub"的元器件符号，弹出"Block Parameters：Sub"对话框。在该对话框中，按如下设置参数。

① Output data type mode：Specify via dialog。
② Output data type sfix(18)。
③ Output scaling value：2^-16。

（35）单击"OK"按钮，退出"Block Parameters：Sub"对话框。

（36）重复步骤（34）~（35），为设计界面中的元器件 Sub1 ~ Sub3 设置与元器件 Sub 完全相同的参数。

（37）按图 13.86 调整元器件的布局，并连接设计中的元器件，以完成 4 级梳妆滤波器与降采样元器件 Downsample 的连接。

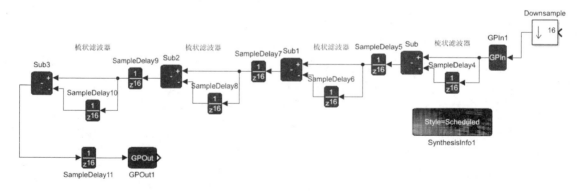

图 13.86 4 级梳状滤波器和降采样元器件 Downsample 的连接

（38）在 Simulink Library Browser 页面的左侧窗口中，找到并展开"Simulink"选项。在展开项中，找到并选择"Sinks"选项。在该页面的右侧窗口中，找到并将名字为"Scope"的元器件符号拖曳到设计界面中。

（39）双击设计界面中名字为"Scope"的元器件符号，弹出 Scope 页面。在该页面中，按如下设置参数。

① 在主菜单下，选择 File→Number of Input Ports→3。

② 在主菜单下，选择 View→Layout，出现浮动小方格界面。在该界面中，设置仿真结果显示窗口的布局。

（40）关闭 Scope 页面。

（41）重复步骤（18），找到并将名字为"Control"的元器件符号拖曳到设计界面中。

（42）双击设计界面中名字为"Control"的元器件符号，弹出"DSP Builder for Intel FPGAs Blockset-Settings"对话框。在该对话框中，按如下设置参数。

① 单击"General"标签。在该标签页中，按如下设置参数。

- 勾选"Generate hardware"前面的复选框。
- Hardware destination directory：rtl。

② 单击"Clock"标签。在该标签页中，将"Clock Frequency（MHz）"设置为 100。

（43）单击"OK"按钮，退出"DSP Builder for Intel FPGAs Blockset-Settings"对话框。

（44）按图 13.87 调整元器件的布局，并连接设计中的所有元器件，以构成完整的 CIC 抽取滤波器模型。

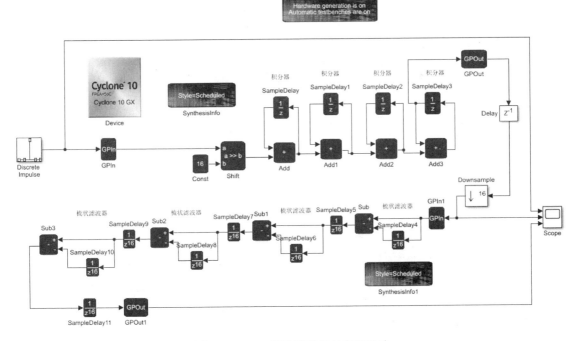

图 13.87　CIC 抽取滤波器的完整设计

（45）按图 13.88 所示，选中阴影区域中所有的元器件，单击鼠标右键，出现浮动菜单。在浮动菜单内，选择"Create Subsystem from Selection"选项，生成子系统 Subsystem，如图 13.89 所示。

（46）按图 13.89 所示，选中阴影区域中所有的元器件，单击鼠标右键，出现浮动菜单。在浮动菜单内，选择"Create Subsystem from Selection"选项，生成子系统 Subsystem1，如图 13.90 所示。

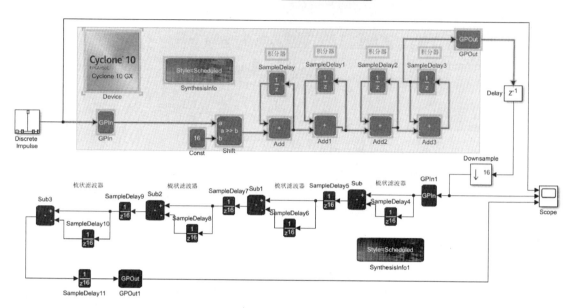

图 13.88 选中阴影区域中所有的元器件（1）

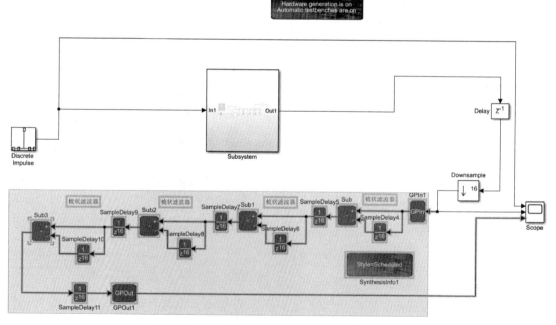

图 13.89 选中阴影区域中所有的元器件（2）

(47) 在当前设计界面工具栏中名字为 "Simulation stop time" 的文本框中输入 256/100e6。

(48) 在当前设计界面中，单击工具栏中的 "Run" 按钮 ⊙，执行 Simulink 仿真。

(49) 双击设计界面中名字为 "Scope" 的元器件符号，仿真结果如图 13.91 所示。

第 13 章 其他类型数字滤波器原理及实现

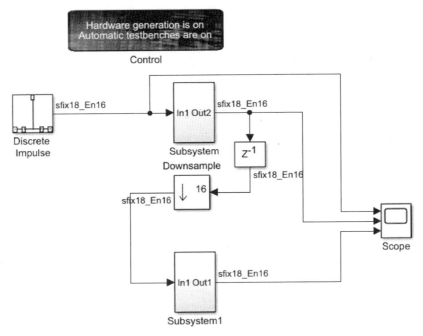

图 13.90 包含子系统 Subsystem 和 Subsystem1 的 CIC 抽取滤波器的完整设计模型

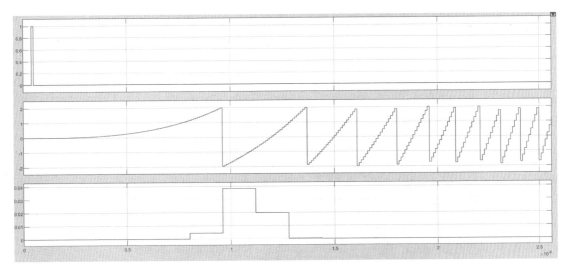

图 13.91 CIC 抽取滤波器仿真结果（反色显示）

思考与练习 13-7：根据图 13.91 给出的仿真结果，验证设计的正确性。

思考与练习 13-8：使用 DSP Builder 和 Quartus Prime Pro 工具，分析该工程中的硬件资源消耗情况和系统的最高工作频率。

13.9.6 CIC 插值滤波器的设计

本小节将介绍如何设计 CIC 插值滤波器。正弦输入信号按照 8 倍因子进行扩展，然后使用 CIC 滤波器滤波衰减。设计 CIC 插值滤波器的步骤主要如下。

（1）启动 DSP Builder，并打开一个空白的设计界面，以及 Simulink Library Browser 页

面。调整空白设计界面和 Simulink Library Browser 页面的大小与位置，使得 Simulink Library Browser 页面位于电脑屏幕的左侧，空白设计界面位于电脑屏幕的右侧。

> **注**：在 MATLAB 主界面的主页标签下，将路径设置为 E:\intel_dsp_example\example_13_6。并且将该设计文件命名为"cic_interpolator.slx"。

（2）在 Simulink Library Browser 页面的左侧窗口中，找到并展开"Simulink"选项。在展开项中，找到并选中"Sources"选项。在该页面的右侧窗口中，找到并将名字为"Sine Wave"的元器件符号拖曳到设计界面中。

（3）双击设计界面中名字为"Sine Wave"的元器件符号，弹出"Block Parameters：Sine Wave"对话框。在该对话框中，按如下设置参数。

① Sine type：Time based。
② Time：Use simulation time。
③ Amplitude：2^14。
④ Biase：0。
⑤ Frequency (rad/sec)：5026548。
⑥ Sample time：1/100e6。

（4）单击"OK"按钮，退出"Block Parameters：Sine Wave"对话框。

（5）在 Simulink Library Browser 页面的左侧窗口中，找到并展开"Simulink"选项。在展开项中，找到并选中"Commonly Used Blocks"选项。在该页面的右侧窗口中，找到并将名字为"Data Type Conversion"的元器件符号拖曳到设计界面中。

（6）双击设计界面中名字为"Data Type Conversion"的元器件符号，弹出"Block Parameters：Data Type Conversion"对话框。在该对话框中，在"Output data type"右侧下拉框中选择"fixdt(1,16,0)"选项，将"Output data type"设置为 fixdt(1,16,0)。

（7）单击"OK"按钮，退出"Block Parameters：Data Type Conversion"对话框。

（8）在 Simulink Library Browser 页面的左侧窗口中，找到并展开"DSP Builder for Intel FPGAs-Advanced Blockset"选项。在展开项中，找到并展开"Primitives"选项。在展开项中，找到并选中"Primitive Configuration"选项。在该页面的右侧窗口中，找到并将名字为"GPIn"的元器件符号拖曳到设计界面中。

（9）在 Simulink Library Browser 页面的左侧窗口中，找到并展开"DSP Builder for Intel FPGAs-Advanced Blockset"选项。在展开项中，找到并展开"Primitives"选项。在展开项中，找到并选中"Primitive Basic Blocks"选项。在该页面的右侧窗口中，找到并将名字为"SampleDelay"的元器件符号拖曳到设计界面中。

（10）在 Simulink Library Browser 页面的左侧窗口中，找到并展开"DSP System Toolbox"选项。在展开项中，找到并选中"Signal Operations"选项。在该页面的右侧窗口中，找到并将名字为"UpSample"的元器件符号拖曳到设计界面中。

（11）双击设计界面中名字为"UpSample"的元器件符号，弹出"Block Parameters：Upsample"对话框。在该对话框中，按如下设置参数。

① Upsample factor, L：8。
② Input processing：Elements as channels (sample based)。

(12) 单击"OK"按钮,退出"Block Parameters: Upsample"对话框。

(13) 重复步骤(9),找到并将名字为"SampleDelay"的元器件符号分7次分别拖曳到设计界面中。

(14) 重复步骤(9),找到并将名字为"Add"的元器件符号分3次分别拖曳到设计界面中。

(15) 重复步骤(9),找到并将名字为"Sub"的元器件符号分3次分别拖曳到设计界面中。

(16) 重复步骤(8),找到并将名字为"GPOut"的元器件符号分4次分别拖曳到设计界面中。

(17) 双击设计界面中名字为"Add"的元器件符号,弹出"Block Parameters: Add"对话框。在该对话框中,按如下设置参数。

① Output data type mode: Specify via dialog。
② Output data type sfix(19)。
③ Output scaling value: 2^-0。

(18) 单击"OK"按钮,退出"Block Parameters: Add"对话框。

(19) 重复步骤(17)~(18),为元器件 Add1 设置参数。除了将参数"Output data type"设置为 sfix(22),其余参数的设置与元器件 Add 完全相同。

(20) 重复步骤(17)~(18),为元器件 Add2 设置参数。除了将参数"Output data type"设置为 sfix(25),其余参数的设置与元器件 Add 完全相同。

(21) 双击设计界面中名字为"Sub"的元器件符号,弹出"Block Parameters: Sub"对话框。在该对话框中,按如下设置参数。

① Output data type mode: Specify via dialog。
② Output data type sfix(19)。
③ Output scaling value: 2^-0。

(22) 单击"OK"按钮,退出"Block Parameters: Sub"对话框。

(23) 重复步骤(21)~(22),为元器件 Sub1 设置参数。除了将"Output data type"设置为 sfix(22),其余参数的设置与元器件 Sub 的完全相同。

(24) 重复步骤(21)~(22),为元器件 Sub2 设置参数。除了将"Output data type"设置为 sfix(25),其余参数的设置与元器件 Sub 的完全相同。

(25) 双击设计界面中名字为"SampleDelay2"的元器件符号,弹出"Block Parameters: SampleDelay2"对话框。在该对话框中,将"Number of delays"设置为8。

(26) 单击"OK"按钮,退出"Block Parameters: SampleDelay2"对话框。

(27) 重复步骤(25)~(26),为元器件 SampleDelay4 和 SampleDelay6 设置与元器件 SampleDelay2 完全相同的参数。

(28) 重复步骤(8),找到并将名字为"SynthesisInfo"的元器件符号拖曳到设计界面中。

(29) 按图 13.92 调整元器件的布局,并连接设计中的元器件。

(30) 重复步骤(5),找到并将名字为"Gain"的元器件符号分3次分别拖曳到设计界面中。

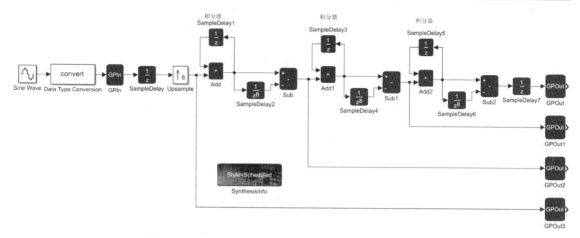

图 13.92 调整元器件的布局,并连接设计中的元器件

(31) 将元器件 Gain 的输入连接到元器件 GPOut 的输出,并双击元器件符号 Gain,弹出"Block Parameters:Gain"对话框。在该对话框中,将"Gain"设置为 1/512。

(32) 单击"OK"按钮,退出"Block Parameters:Gain"对话框。

(33) 将元器件 Gain1 的输入连接到元器件 GPOut1 的输出,然后双击元器件符号 Gain1,弹出"Block Parameters:Gain1"对话框。在该对话框中,将"Gain"设置为 1/64。

(34) 单击"OK"按钮,退出"Block Parameters:Gain1"对话框。

(35) 将元器件 Gain2 的输入连接到元器件 GPOut2 的输出,然后双击元器件符号 Gain2,弹出"Block Parameters:Gain2"对话框界面。在该对话框中,将"Gain"设置为 1/8。

(36) 在 Simulink Library Browser 页面的左侧窗口中,找到并展开"Simulink"选项。在展开项中,找到并选中"Sinks"选项。在该页面的右侧窗口中,找到并将名字为"To Workspace"的元器件符号分 4 次分别拖曳到设计界面中。

(37) 找到并将名字为"Scope"的元器件符号拖曳到设计界面中。

(38) 将元器件 Gain 的输出连接到 To Workspace 的输入,然后双击该元器件符号,弹出"Block Parameters:To Workspace"对话框。在该对话框中,按如下设置参数。

① Variable name:CIC3。

② Save format:Array。

(39) 单击"OK"按钮,退出"Block Parameters:To Workspace"对话框。

(40) 将元器件 Gain1 的输出连接到 To Workspace1 的输入,然后双击元器件符号 To Workspace1,弹出"Block Parameters:To Workspace1"对话框。在该对话框中,按如下设置参数。

① Variable name:CIC2。

② Save format:Array。

(41) 单击"OK"按钮,退出"Block Parameters:To Workspace1"对话框。

(42) 将元器件 Gain2 的输出连接到 To Workspace2 的输入,然后双击元器件符号 To Workspace2,弹出"Block Parameters:To Workspace2"对话框界面。在该对话框中,按如下设置参数。

① Variable name:CIC1。

② Save format：Array。

（43）单击"OK"按钮，退出"Block Parameters：To Workspace2"对话框。

（44）将元器件 GPOut3 的输出连接到 To Workspace3 的输入，然后双击元器件符号 To Workspace3，弹出"Block Parameters：To Workspace3"对话框。在该对话框中，按如下设置参数。

① Variable name：SINE。

② Save format：Array。

（45）单击"OK"按钮，退出"Block Parameters：To Workspace3"对话框。

（46）双击设计界面中名字为"Scope"的元器件符号，弹出 Scope 页面。在该页面中，按如下设置参数。

① 在主菜单下，选择 File→Number of Input Ports→More…，弹出"Configuration Properties：Scope"对话框。在该对话框中，将"Number of input ports"设置为 4。单击"OK"按钮，退出"Configuration Properties：Scope"对话框。

② 在主菜单下，选择 View→Layout，出现浮动小方格界面。在该界面中，设置仿真结果显示窗口的布局。

（47）关闭 Scope 页面。

（48）在 Simulink Library Browser 页面的左侧窗口中，找到并展开"DSP Builder for Intel FPGAs-Advanced Blockset"选项。在展开项中，找到并选中"Design Configuration"选项。在该页面的右侧窗口中，找到并将名字为"Control"和"Device"的元器件符号分别拖曳到设计界面中。

（49）双击设计界面中名字为"Control"的元器件符号，弹出"DSP Builder for Intel FPGAs Blockset-Settings"对话框。在该对话框中，按如下设置参数。

① 单击"General"标签。在该标签页中，按如下设置参数。

• 勾选"Generate hardware"前面的复选框。

• Hardware destination directory：rtl。

② 单击"Clock"标签。在该标签页中，将"Clock Frequency（MHz）"设置为 100。

（50）单击"OK"按钮，退出"DSP Builder for Intel FPGAs Blockset-Settings"对话框。

（51）双击设计界面中名字为"Device"的元器件符号，弹出"DSP Builder-Device Parameters"对话框。在该对话框中，按如下设置参数。

① Device Family：Cyclone 10 GX。

② Family member：10CX085YU484E6G。

③ Speed grade：6。

（52）单击"OK"按钮，退出"DSP Builder-Device Parameters"对话框。

（53）按图 13.93 调整元器件的布局，并连接设计中的元器件，以实现完整的 CIC 插值滤波器设计模型。

（54）按图 13.94 所示，选中阴影区域中所有的元器件，单击鼠标右键，出现浮动菜单。在浮动菜单内，选择"Create Subsystem from Selection"选项，生成子系统，并将该子系统的名字修改为"CIC Interploator"，如图 13.95 所示。

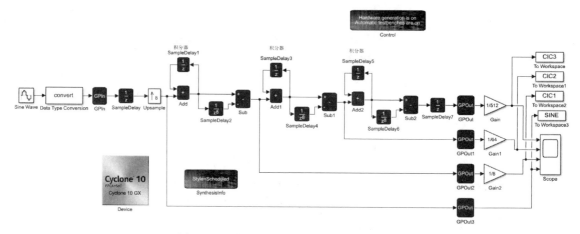

图 13.93　完整的 CIC 插值滤波器设计模型

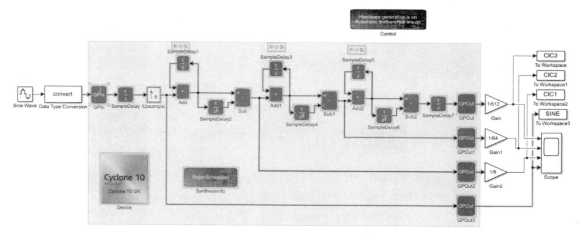

图 13.94　选中阴影区域中所有的元器件

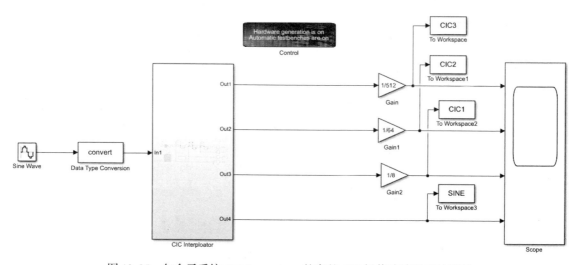

图 13.95　包含子系统 CIC Interploator 的完整 CIC 插值滤波器设计模型

(55) 在当前设计界面的主菜单下，选择 File→Model Properties→Model Properties。

(56) 弹出"Model Properties：cic_interpolator"对话框。在该对话框中，单击"Callbacks"标签。在该标签页中，按如下设置参数。

① 在该标签页的左侧窗口中，选中"InitFcn"选项。在该标签页的右侧窗口中，输入下面的命令：

```
clear all;
```

② 在该标签页的左侧窗口中，选中"StopFcn"选项。在该标签页的右侧窗口中，输入下面的命令：

```
doFFTplot(100e6,[out.CIC1,out.SINE],['CIC1';'SINE'],1,1);
doFFTplot(100e6,[out.CIC2,out.SINE],['CIC2';'SINE'],1,2);
doFFTplot(100e6,[out.CIC3,out.SINE],['CIC3';'SINE'],1,3);
```

(57) 单击"OK"按钮，退出"Model Properties"对话框。

(58) 将名字为"doFFTplot.m"的文件复制粘贴到当前的工作目录 E:\intel_dsp_example\example_13_6 下。

(59) 在当前设计界面工具栏中名字为"Simulation stop time"的文本框中输入 1024/100e6。

(60) 单击设计界面工具栏中名字为"Run"的按钮 ▶，运行 Simulink 仿真。

(61) 弹出频谱分析界面，如图 13.96 所示。

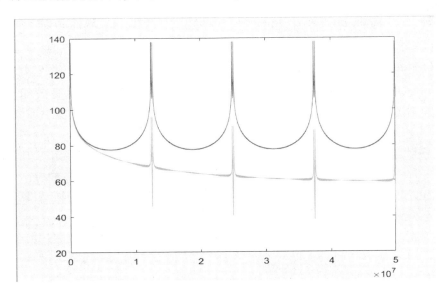

图 13.96 频谱分析界面

思考与练习13-9：比较每级的输出频谱，注意原正弦信号的频域镜像在镜像段中被抑制。

(62) 双击设计界面中名字为"Scope"的元器件符号，仿真结果如图 13.97 所示。

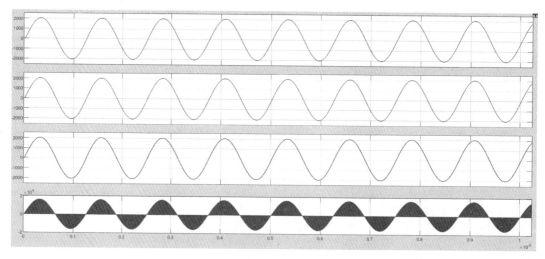

图 13.97 CIC 插值滤波器的仿真结果（反色显示）

13.10 DecimatingCIC 和 InterpolatingCIC IP 核原理及应用

本节将介绍 DSP Builder 内提供的 DecimatingCIC IP 核和 InterpolatingCIC IP 核。

13.10.1 DecimatingCIC IP 核原理及应用

本小节将介绍 DecimatingCIC IP 核的原理，以及基于该 IP 核实现抽取 CIC 滤波器模型的方法。

1. DecimatingCIC IP 核原理

DecimatingCIC 块通过在 Simulink 模型中设置大量的参数来实现高效的多通道 CIC 滤波器。DecimatingCIC 块对多通道输入数据流执行过滤并生成降低采样频率的输出数据流。

你可以在数字下变频器（Digital Down Converter，DDC）中将该块用于射频系统或通用的 DSP 应用。系数和输入数据是定点类型，输出是隐含的全精度定点类型。你可以使用单独的 Scale 块来降低精度，该块可以进行舍入和饱和操作，从而以提供所需的输出精度。

DecimatingCIC 块的输出采样率比输入采样率低一个因子 D，其中 D 是抽取因子。通常，DecimatingCIC 块会从 D 个输出采样中丢弃（$D-1$）个采样，从而将采样率降低 D 倍。物理实现时，避免执行导致丢弃这些采样的加法运算，从而降低了滤波器的成本。

DecimatingCIC 块的参数如表 13.6 所示，DecimatingCIC 块的端口接口如表 13.7 所示。

表 13.6 DecimatingCIC 块的参数

参 数	描 述
Input rate per channel	指定每个通道输入数据的采样率，单位为每秒百万个采样（Millions of Samples Per Second，MSPS）
Number of channels	指定处理通道的数量

参　数	描　述
Number of stages	指定梳状和积分器的阶数
Decimation factor	指定抽取因子1/（整数）。（大于1的整数表示插值）
Differential delay	指定差分延迟

表 13.7　DecimatingCIC 块的端口接口

信　号	方　向	描　述
a	输入	馈送到块的定点格式的输入数据。如果你请求的通道数量超过了一条总线上的容量，则该信号为矢量。从输入线继承宽度（按位计算）
v	输入	指示数据输入信号的有效。当v为高时，线上的数据有效
c	输入	指示数据输入信号对应的通道。如果v为高，则c指示数据所对应的通道
bypass	输入	当该输入有效时，使用零来填充输入数据，并通过滤波器的增益进行标定，这在硬件调试期间非常有用
q	输出	从块输出的数据。如果你请求的通道数超出一条总线上的容量，则该信号为矢量
v	输出	指示数据输出信号的有效性
c	输出	指示数据输出信号所对应的通道

2. 基于 DecimatingCIC IP 核的 CIC 抽取滤波器模型设计

（1）启动 DSP Builder，并打开一个空白的设计界面，以及 Simulink Library Browser 页面。调整空白设计界面和 Simulink Library Browser 页面的大小与位置，使得 Simulink Library Browser 页面位于电脑屏幕的左侧，空白设计界面位于电脑屏幕的右侧。

> **注**：在 MATLAB 主界面的主页标签下，将路径设置为 E:\intel_dsp_example\example_13_7。并且将该设计文件命名为"decimatingCIC_IP.slx"。

（2）在 Simulink Library Browser 页面的左侧窗口中，找到并展开"DSP System Toolbox"选项。在展开项中，找到并选中"Sources"选项。在该页面的右侧窗口中，找到并将名字为"Discrete Impulse"的元器件符号拖曳到设计界面中。

（3）双击设计界面中名字为"Discrete Impulse"的元器件符号，弹出"Block Parameters：Discrete Impulse"对话框。在该对话框中，按如下设置参数。

① 单击"Main"标签。在该标签页中，按如下设置参数。

- Sample time：1/fs。
- Delay (samples)：4。
- Samples per frame：1。

② 单击"Data Types"标签。在该标签页中，单击"Output data type"下拉框右侧的 >> 按钮。在展开的对话框中，按如下设置参数。

- Mode：Fixed point。
- Signedness：Signed。
- Word length：16。

- Scaling：Binary point。
- Fraction length：14。

(4) 单击 "OK" 按钮，退出 "Block Parameters：Discrete Impulse" 对话框。

(5) 重复步骤（2），找到并将名字为 "Constant" 的元器件符号分 3 次分别拖曳到设计界面中。

(6) 双击设计界面中名字为 "Constant" 的元器件符号，弹出 "Block Parameters：Constant" 对话框。在该对话框中，按如下设置参数。

① 单击 "Main" 标签。在该标签页中，将 "Constant value" 设置为 1。
② 单击 "Signal Attributes" 标签。在该标签页中，将 "Output data type" 设置为 boolean。

(7) 单击 "OK" 按钮，退出 "Block Parameters：Constant" 对话框。

(8) 双击设计界面中名字为 "Constant1" 的元器件符号，弹出 "Block Parameters：Constant1" 对话框。在该对话框中，按如下设置参数。

① 单击 "Main" 标签。在该标签页中，将 "Constant value" 设置为 0。
② 单击 "Signal Attributes" 标签。在该标签页中，单击 "Output data type" 右侧的下拉框，在下拉框中选择 "uint8" 选项。

(9) 单击 "OK" 按钮，退出 "Block Parameters：Constant1" 对话框。

(10) 双击设计界面中名字为 "Constant2" 的元器件符号，弹出 "Block Parameters：Constant2" 对话框。在该对话框中，按如下设置参数。

① 单击 "Main" 标签。在该标签页中，将 "Constant value" 设置为 1。
② 单击 "Signal Attributes" 标签。在该标签页中，将 "Output data type" 设置为 boolean。

(11) 单击 "OK" 按钮，退出 "Block Parameters：Constant" 对话框。

(12) 在 Simulink Library Browser 页面的左侧窗口中，找到并展开 "DSP Builder for Intel FPGAs-Advanced Blockset" 选项。在展开项中，找到并展开 "IP" 选项。在展开项中，找到并选中 "Channel Filter And Waveform" 选项。在该页面的右侧窗口中，找到并将名字为 "DecimatingCIC" 的元器件符号拖曳到设计界面中。

(13) 双击设计界面中名字为 "DecimatingCIC 的元器件符号，弹出 "Block Parameters：DecimatingCIC" 对话框。在该对话框中，按如下设置参数。

① Input Rate per Channel/MSPS：100。
② Number of Channels：1。
③ Number of Stages：8。
④ Decimation Factor：1/32。
⑤ Differential Delay：1。

(14) 单击 "OK" 按钮，退出 "Block Parameters：DecimatingCIC" 对话框。

(15) 在 Simulink Library Browser 页面的左侧窗口中，找到并展开 "Simulink" 选项。在展开项中，找到并选中 "Sinks" 选项。在该页面的右侧窗口中，找到并将名字为 "Scope" 的元器件符号拖曳到设计界面中。

(16) 双击设计界面中名字为 "Scope" 的元器件符号，弹出 "Scope 页面。在该页面中，按如下设置参数。

① 在主菜单下，选择 File→Number of Input Ports→2。

② 在主菜单下，选择 View→Layout…。出现浮动界面，在该界面中设置显示仿真结果的布局。

（17）重复步骤（15），找到并将名字为"Terminator"的元器件符号分 2 次分别拖曳到设计界面中。

（18）在 Simulink Library Browser 页面的左侧窗口中，找到并展开"DSP Builder for Intel FPGAs-Advanced Blockset"选项。在展开项中，找到并选中"Design Configuration"选项。在该页面的右侧窗口中，选中并将名字为"Control"和"Device"的元器件符号分别拖曳到设计界面中。

（19）双击设计界面中名字为"Control"的元器件符号，弹出"DSP Builder for Intel FPGAs Blockset-Settings"对话框。在该对话框中，按如下设置参数。

① 单击"General"标签。在该标签页中，按如下设置参数。

- 勾选"Generate hardware"前面的复选框。
- Hardware destination directory：rtl。

② 单击"Clock"标签。在该标签页中，按如下设置参数。

- Clock Frequency(MHz)：100。

（20）单击"OK"按钮，退出"DSP Builder for Intel FPGAs Blockset-Settings"对话框。

（21）双击设计界面中名字为"Device"的元器件符号，弹出"DSP Builder-Device Parameters"对话框。在该对话框中，按如下设置参数。

① Device Family：Cyclone 10 GX。

② Family member：10CX085YU484E6G。

③ Speed grade：6。

（22）单击"OK"按钮，退出"DSP Builder-Device Parameters"对话框。

（23）按图 13.98 所示，调整设计中元器件的布局，并连接设计中的元器件。

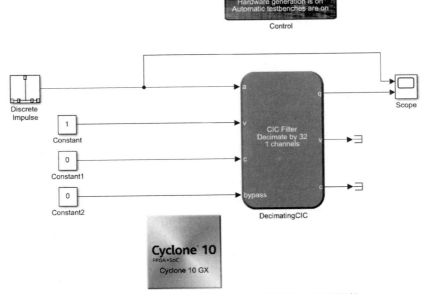

图 13.98　调整元器件的布局，并连接设计中的元器件

(24)按图 13.99 所示,选中阴影区域中所有的元器件,单击鼠标右键,出现浮动菜单。在浮动菜单内,选择"Create Subsystem from Selection"选项,创建名字为"Subsystem"的子系统,并将子系统的名字改为"Decimating_CIC_IP",如图 13.100 所示。

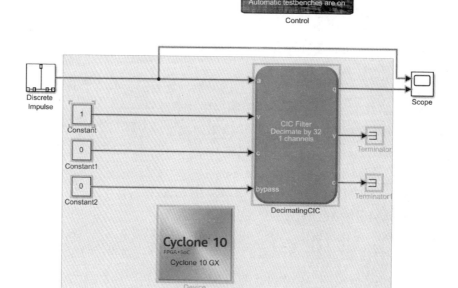

图 13.99 选中阴影区域中所有的元器件

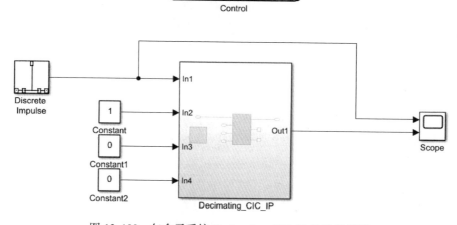

图 13.100 包含子系统 Decimating_CIC_IP 的设计模型

(25)在当前设计界面工具栏中名字为"Simulation stop time"的文本框中输入 256/fs。

(26)在当前设计界面工具栏中,单击"Run"按钮,运行 Simulink 仿真。

思考与练习 13-10:修改 DecimatingCIC IP 核的参数设置,进行仿真,观察仿真结果(图 13.101),并对仿真结果进行分析。

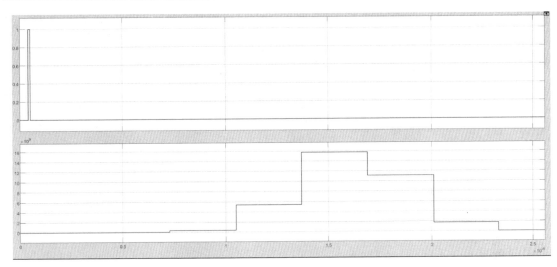

图 13.101 基于 DecimatingCIC IP 核的 CIC 抽取滤波器的仿真结果（反色显示）

13.10.2 InterpolatingCIC IP 核原理及应用

本小节将介绍 InterpolatingCIC IP 核的原理，以及基于该 IP 核实现插值 CIC 滤波器模型的方法。

1. InterpolatingCIC IP 核原理

InterpolatingCIC 块通过在 Simulink 模型中设置大量的参数来实现高效的多通道级联积分器和梳妆滤波器。InterpolatingCIC 块对多通道输入数据流执行过滤并生成提高采样频率的输出数据流。

你可以在数字上变频器（Digital Up Converter，DUC）中，将该块用于射频系统或通用的 DSP 应用。系数和输入数据是定点类型，输出是隐含的全精度定点类型。你可以使用单独的 Scale 块来降低精度，该块可以进行舍入和饱和操作，从而以提供所需的输出精度。

InterpolatingCIC 块的输出采样率比输入采样率高一个因子 I，其中 I 是插值率。通常，InterpolatingCIC 块会在每个输入采样中插入（$I-1$）个零，从而将采样率提高 I 倍。

InterpolatingCIC 块的参数如表 13.8 所示，InterpolatingCIC 块的端口接口如表 13.9 所示。

表 13.8 InterpolatingCIC 块的参数

参　　数	描　　述
Input rate per channel	指定每个通道输入数据的采样率，单位为每秒百万个采样（Millions of Samples Per Second，MSPS）
Number of channels	指定处理通道的数量
Number of stages	指定梳状和积分器的阶数
Interpolation factor	指定插值因子。必须是整数
Differential delay	指定差分延迟
Final	

表 13.9 InterpolatingCIC 块的端口接口

信号	方向	描述
a	输入	馈送到块的定点格式的输入数据。如果你请求的通道数量超过了一条总线上的容量,则该信号为矢量。从输入线继承宽度(按位计算)
v	输入	指示数据输入信号的有效。当 v 为高时,线上的数据有效
c	输入	指示数据输入信号对应的通道。如果 v 为高,则 c 指示数据所对应的通道
bypass	输入	当该输入有效时,使用零来填充输入数据,并通过滤波器的增益进行标定,这在硬件调试期间非常有用
q	输出	从块输出的数据。如果你请求的通道数超出一条总线上的容量,则该信号为矢量
v	输出	指示数据输出信号的有效性
c	输出	指示数据输出信号所对应的通道

2. 基于 InterpolatingCIC IP 核的插值

(1)启动 DSP Builder,并打开一个空白的设计界面,以及 Simulink Library Browser 页面。调整空白设计界面和 Simulink Library Browser 页面的大小与位置,使得 Simulink Library Browser 页面位于电脑屏幕的左侧,空白设计界面位于电脑屏幕的右侧。

> **注**:在 MATLAB 主界面的主页标签下,将路径设置为 E:\intel_dsp_example\example_13_8。并且将该设计文件命名为"InterpolatingCIC_IP.slx"。

(2)在 Simulink Library Browser 页面的左侧窗口中,找到并展开"DSP System Toolbox"选项。在展开项中,找到并选中"Sources"选项。在该页面的右侧窗口中,找到并将名字为"Sine Wave"的元器件符号拖曳到设计界面中。

(3)双击设计界面中名字为"Discrete Impulse"的元器件符号,弹出"Block Parameters:Sine Wave"对话框。在该对话框中,按如下设置参数。

① Sine type:Time based。
② Time(t):Use simulation time。
③ Amplitude:1。
④ Frequency(rad/sec):5026548。
⑤ Sample time:1/fs。

(4)单击"OK"按钮,退出"Block Parameters:Sine Wave"对话框。

(5)在 Simulink Library Browser 页面的左侧窗口中,找到并展开"Simulink"选项。在展开项中,找到并选中"Commonly Used Blocks"选项。在该页面的右侧窗口中,找到并将名字为"Data Type Conversion"的元器件符号拖曳到设计界面中。

(6)双击设计界面中名字为"Data Type Conversion"的元器件符号,弹出"Block Parameters:Data Type Conversion"对话框。在该对话框中,单击"Output data type"下拉框右侧的 >> 按钮。在展开的对话框中,按如下设置参数。

① Mode:Fixed point。
② Signedness:Signed。
③ Word length:16。

④ Scaling：Binary point。

⑤ Fraction length：14。

（7）单击"OK"按钮，退出"Block Parameters：Data Type Conversion"对话框。

（8）重复步骤（2），找到并将名字为"Constant"的元器件符号分3次分别拖曳到设计界面中。

（9）双击设计界面中名字为"Constant"的元器件符号，弹出"Block Parameters：Constant"对话框。在该对话框中，按如下设置参数。

① 单击"Main"标签。在该标签页中，将"Constant value"设置为1。

② 单击"Signal Attributes"标签。在该标签页中，将"Output data type"设置为boolean。

（10）单击"OK"按钮，退出"Block Parameters：Constant"对话框。

（11）双击设计界面中名字为"Constant1"的元器件符号，弹出"Block Parameters：Constant1"对话框。在该对话框中，按如下设置参数。

① 单击"Main"标签。在该标签页中，将"Constant value"设置为0。

② 单击"Signal Attributes"标签。在该标签页中，单击"Output data type"右侧的下拉框，在下拉框中选择"uint8"选项。

（12）单击"OK"按钮，退出"Block Parameters：Constant1"对话框。

（13）双击设计界面中名字为"Constant2"的元器件符号，弹出"Block Parameters：Constant2"对话框。在该对话框中，按如下设置参数。

① 单击"Main"标签。在该标签页中，将"Constant value"设置为1。

② 单击"Signal Attributes"标签。在该标签页中，将"Output data type"设置为boolean。

（14）单击"OK"按钮，退出"Block Parameters：Constant2"对话框。

（15）在Simulink Library Browser页面的左侧窗口中，找到并展开"DSP Builder for Intel FPGAs-Advanced Blockset"选项。在展开项中，找到并展开"IP"选项。在展开项中，找到并选中"Channel Filter And Waveform"选项。在该页面的右侧窗口中，找到并将名字为"InterpolatingCIC"的元器件符号拖曳到设计界面中。

（16）双击设计界面中名字为"InterpolatingCIC"的元器件符号，弹出"Block Parameters：InterpolatingCIC"对话框。在该对话框中，按如下设置参数。

① Input Rate per Channel/MSPS：100。

② Number of Channels：1。

③ Number of Stages：8。

④ Interpolation Factor：2。

⑤ Differential Delay：1。

⑥ Final Decimation：1。

（17）单击"OK"按钮，退出"Block Parameters：InterpolatingCIC"对话框。

（18）在Simulink Library Browser页面的左侧窗口中，找到并展开"Simulink"选项。在展开项中，找到并选中"Sinks"选项。在该页面的右侧窗口中，找到并将名字为"Scope"的元器件符号拖曳到设计界面中。

（19）双击设计界面中名字为"Scope"的元器件符号，弹出Scope页面。在该页面中，按如下设置参数。

① 在主菜单下，选择 File→Number of Input Ports→2。

② 在主菜单下，选择 View→Layout…。出现浮动界面，在该界面中设置显示仿真结果的布局。

（20）重复步骤（18），找到并将名字为"Terminator"的元器件符号分 2 次分别拖曳到设计界面中。

（21）在 Simulink Library Browser 页面的左侧窗口中，找到并展开"DSP Builder for Intel FPGAs-Advanced Blockset"选项。在展开项中，找到并选中"Design Configuration"选项。在该页面的右侧窗口中，选中并将名字为"Control"和"Device"的元器件符号分别拖曳到设计界面中。

（22）双击设计界面中名字为"Control"的元器件符号，弹出"DSP Builder for Intel FPGAs Blockset-Settings"对话框。在该对话框中，按如下设置参数。

① 单击"General"标签。在该标签对话框中，按如下设置参数。
- 勾选"Generate hardware"前面的复选框。
- Hardware destination directory：rtl。

② 单击"Clock"标签。在该标签页中，按如下设置参数。
- Clock Frequency（MHz）：400。

（23）单击"OK"按钮，退出"DSP Builder for Intel FPGAs Blockset-Settings"对话框。

（24）双击设计界面中名字为"Device"的元器件符号，弹出"DSP Builder-Device Parameters"对话框。在该对话框中，按如下设置参数。

① Device Family：Cyclone 10 GX。
② Family member：10CX085YU484E6G。
③ Speed grade：6。

（25）单击"OK"按钮，退出"DSP Builder-Device Parameters"对话框。

（26）按图 13.102 所示，调整设计中元器件的布局，并连接设计中的元器件。

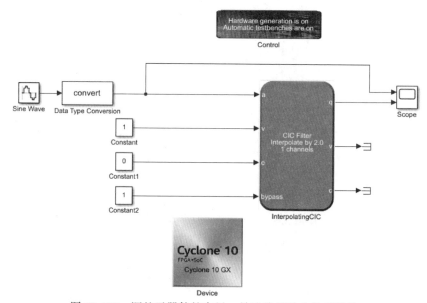

图 13.102　调整元器件的布局，并连接设计中的元器件

(27) 按图 13.103 所示，选中阴影区域中所有的元器件，单击鼠标右键，出现浮动菜单。在浮动菜单内，选择"Create Subsystem from Selection"选项，创建名字为"Subsystem"的子系统，并将子系统的名字改为"Intepolating_CIC_IP"，如图 13.104 所示。

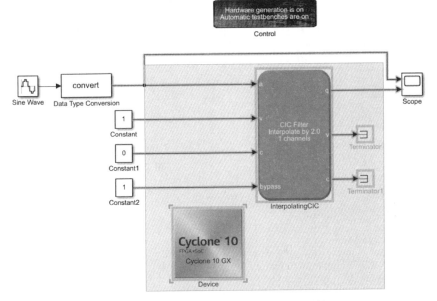

图 13.103　选中阴影区域中所有的元器件

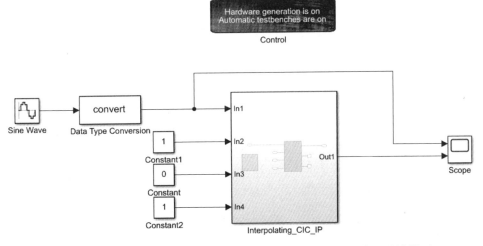

图 13.104　包含子系统 Interpolating_CIC_IP 的插值滤波器的完整设计模型

(28) 在当前设计界面工具栏中名字为"Simulation stop time"的文本框中输入 256/fs。

(29) 在当前设计界面工具栏中，单击"Run"按钮 ▶，运行 Simulink 仿真。

注：在本书所使用的版本中，执行该仿真会出现错误提示，查看 Intel 官方解答，考虑是该 IP 核的 bug，请读者使用更高版本运行该设计实例。

反侵权盗版声明

电子工业出版社依法对本作品享有专有出版权。任何未经权利人书面许可,复制、销售或通过信息网络传播本作品的行为;歪曲、篡改、剽窃本作品的行为,均违反《中华人民共和国著作权法》,其行为人应承担相应的民事责任和行政责任,构成犯罪的,将被依法追究刑事责任。

为了维护市场秩序,保护权利人的合法权益,本社将依法查处和打击侵权盗版的单位和个人。欢迎社会各界人士积极举报侵权盗版行为,本社将奖励举报有功人员,并保证举报人的信息不被泄露。

举报电话:(010)88254396;(010)88258888
传　　真:(010)88254397
E-mail:dbqq@phei.com.cn
通信地址:北京市海淀区万寿路173信箱
　　　　　电子工业出版社总编办公室
邮　　编:100036